科学版考研复习指导系列

分析化学硕士生入学考试复习指导

潘祖亭　曾百肇　（武汉大学）
刘　东　（华中师范大学）　编
刘志广　（大连理工大学）

科学出版社
北　京

内 容 简 介

本书为《科学版考研复习指导系列》之一。本套丛书是为帮助参加硕士及博士研究生入学考试的同学系统有效地复习而编写的，旨在辅导读者在较短的时间内掌握学科要点、重点及难点，并通过阅读习题解析、练习模拟试题达到充分应考的目的。

本书作者为武汉大学、华中师范大学和大连理工大学长期讲授“分析化学”的一线教师，具有多年命题和考研辅导的经验，又代表三类不同高校的学科要求与优势，突出重点与综合性，力求提高读者全面应用分析化学知识分析和解决问题的能力。

本书可作为化学、应用化学以及其他相关专业硕士研究生及博士研究生入学考试的复习辅导用书，也可供分析化学专业的师生日常教学参考。

图书在版编目(CIP)数据

分析化学硕士生入学考试复习指导/潘祖亭等编. —北京：科学出版社，2005
科学版考研复习指导系列
ISBN 978-7-03-015738-6

Ⅰ. 分…　Ⅱ. 潘…　Ⅲ. 分析化学-研究生-入学考试-自学参考资料
Ⅳ. O65

中国版本图书馆 CIP 数据核字(2005)第 065560 号

责任编辑：杨向萍　吴伶伶　丁　里 / 责任校对：李奕萱
责任印制：赵　博 / 封面设计：耕者工作室

科学出版社 出版
北京东黄城根北街 16 号
邮政编码：100717
http://www.sciencep.com

三河市骏杰印刷有限公司印刷
科学出版社发行　各地新华书店经销
*
2005 年 9 月第　一　版　　开本：720×1000　1/16
2017 年 6 月第二次印刷　　印张：30 1/2
字数：572 000

定价：98.00 元

（如有印装质量问题，我社负责调换）

前　言

“师傅引进门,修行在个人。”国外 Anonymous 也说:“Teachers open the door, but it is up to you to enter”。

分析化学是发展和应用各种理论、方法、仪器和策略以获得有关物质在空间和时间方面的组成和性质的信息的一门科学①,又被称为分析科学,它与化学、物理学、生命科学、材料科学、环境科学、能源科学、地球与空间科学等都有密切的联系、交叉和渗透。分析化学不仅是科学技术的眼睛,用于发现问题,而且参于实际问题的解决。

分析化学是高等学校化学、应用化学、材料化学、生命科学、环境科学、医学、药学、农学、地学等专业的重要基础课之一,也多为有关专业考研的科目之一。通常,一份研究生入学考试的分析化学试卷由基本题(约占 70%)和较难的试题或综合题(约占 30%)组成,基本题非常重要,应试者在这一方面显然不应丢分太多,而考研成败的关键、重点应在综合题和较难的试题,这里才更显示利用基本理论、基础知识、基本操作分析解决问题能力的高低。

本书每章由复习要求、内容提要、要点及疑难点解析、例题和自测题五个部分组成,另附 8 套模拟试卷和两套 2003 年中国科学技术大学研究生考试分析化学试题,以及参考答案。复习要求以教学大纲及考研难度要求为依据;例题有代表性,涵盖知识点多,难度拔高,注重解析过程,以利培养学生举一反三的能力;自测题题型根据近年研究生入学考试中出现的普遍题型为准,参考答案附书后。考虑到部分高校的分析化学采用双语教学并有加强国际交流的要求,分析化学考研试题中有部分英文分析化学试题,本书中也予保留,另给出分析化学常用名词术语汉英对照。

本书的编者分属武汉大学、华中师范大学和大连理工大学,他们多年参加考研命题和考前辅导,积累了一些经验,编写时还参考吸收了国内外同类分析化学出版物的一些精华,在此谨致谢意。

对于书中的错误,如蒙不吝指正,编者万分感谢,Joseph Joubert 说过:“To teach is learn twice”,这对于编者也是重新学习的好机会。

编者(潘祖亭执笔)
2005 年春于武昌

---

① Kaller R, Mermet J M, Otto M et al. Analytical Chemistry. New York: Wiley-VCH, 1998

符号及缩写

1. 英　文

a	①activity	活度
	②fraction titrated	滴定分数
a	acid	酸
A	absorbance	吸光度
A_r	relative atomic mass	相对原子质量
A. R.	analytical reagent	分析(纯)试剂
b	base	碱
[B]	equilibrium concentration of species B	形式 B 的平衡浓度
c_B	analytical concentration of substance B	物质 B 的分析浓度
CV	coefficient of variation	变异系数(相对标准偏差)
CBE	charge balance equation	电荷平衡方程
D	distribution ratio	分配比
$\bar{d}$	mean deviation	平均偏差
e	electron	电子
E	①extraction rate	萃取率
	②electrode potential	电极电势
$E^{\ominus}$	standard electrode potential	标准电极电势
$E^{\ominus\prime}$	conditional electrode potential	条件电位
E_a	absolute error	绝对误差
E_r	relative error	相对误差
ep	end point	终点
EBT	eriochrome black T	铬黑 T
EDTA	ethylene diamine tetraacetic acid	乙二胺四乙酸
f	degree of freedom	自由度
F	stoichiometric factor	化学因数(换算因数)
GR	guaranteed reagent	保证试剂
I	①ionic strength	离子强度
	②electric current	电流
	③luminous intensity	光强度
In	indicator	指示剂

K	equilibrium constant	平衡常数
K'	conditional equilibrium constant	条件平衡常数
K°	thermodynamic constant	势力学常数
K^{c}	concentration constant	浓度常数
K^{mix}	mixed constant	混合常数
K_t	titration constant	滴定常数
K_D	distribution coefficient	分配系数
M	molar mass	摩尔质量
m_B	mass of substance B	物质 B 的质量
MO	methyl orange	甲基橙
MR	methyl red	甲基红
MBE	material balance equation	物料平衡方程
n	①amount of substance	物质的量
	②sample capacity	样本容量
Ox	oxidation state	氧化态
P	①probability	概率
	②confidence level	置信水平
PP	phenolphthalein	酚酞
PBE	proton balance equation	质子平衡方程
R	range	极差
Red	reduced state	还原态
Redox	oxidation-reduction	氧化还原
RSD	relative standard deviation	相对标准偏差
RMD	relative mean deviation	相对平均偏差
s	sample	试样
s	①standard deviation	标准偏差
	②solubility	溶解度
sp	stoichiometric point	化学计量点
t	①time	时间
	②student distribution	t 分布
T	①thermodynamic temperature	热力学温度
	②transmittance	透射比
E_t	①end point error	终点误差
	②titration error	滴定误差
V	Volt	伏特
V	volume	体积
w	mass fraction	质量分数
XO	xylenol orange	二甲酚橙

$\bar{x}$	mean(average)	平均值
x_T	true value	真值
x_M	median	中位数

2. 希　文

α	①side reaction coefficient	副反应系数
	②buffer capacity	缓冲容量
	③significance level	显著性水平
β	①buffer index	缓冲指数
	②cumulative stability constant	累积稳定常数
γ	activity coefficient	活度系数
δ	①distribution fraction	分布分数
	②population mean deviation	总体平均偏差
ε	molar absorption coefficient	摩尔吸收系数
λ	wavelength	波长
μ	population mean	总体平均值
ρ	mass density	质量浓度
σ	population standard deviation	总体标准偏差

分析化学常用名词术语汉英对照

氨羧络合剂	complexone
螯合物	chelate
螯合物萃取	chelate extraction
百里酚酞	thymolphthalein(THPP)
半微量分析	semimicro analysis
包藏	oculusion
保干器	desiccator
保证试剂	guaranteed reagent(G. R.)
被滴物	titrand
比色法	colorimetry
比色计	colorimeter
比消光系数	specific extinction coefficient
比移值	R_f value
变色间隔	transition interval
变异系数	coefficient of variation
标定	standardization
标准电位	standard potential
标准偏差	standard deviation
标准曲线	standard curve
标准溶液	standard solution
标准物质	reference material(RM)
标准系列法	standard series method
表观形成常数	apparent formation constant
表面活性剂	surfactant;surface active agent
玻璃棒	glass rod
玻璃比色皿	glass cell
薄层色谱	thin layer chromatography(TLC)
不稳定常数	instability constant
裁判分析	umpire analysis
参比溶液	reference solution
参考水平	reference level
测量值	measured value
常规分析	routine analysis

常量分析	macro analysis
超痕量分析	ultratrace analysis
沉淀滴定法	precipitation titration
沉淀剂	precipitant
沉淀形	precipitation form
陈化	aging
称量瓶	weighing bottle
称量形	weighing form
纯度	purity
催化反应	catalyzed reaction
萃取常数	extraction constant
萃取光度法	extraction spectrophotometric method
萃取率	extraction rate
带宽	bandwidth
带状光谱	band spectrum
单光束分光光度计	single beam spectrophotometer
单盘天平	single-pan balance
单色光	monochromatic light
单色器	monochromator
氘灯	deuterium lamp
导数光谱	derivative spectrum
等物质的量系列法	equimolar series method
等吸光点	isoabsorptive point
滴定	titration
滴定常数	titration constant
滴定碘法	iodometry
滴定分数	titration fraction
滴定分析	titrimetry
滴定管	burette
滴定管夹	burette holder
滴定管架	burette support
滴定剂	titrant
滴定曲线	titration curve
滴定突跃	titration jump
滴定误差	titration error
滴定指数	titration index
碘滴定法	iodimetry
碘钨灯	iodine-tungsten lamp

电荷平衡	charge balance
电热板	hot plate
电泳	electrophoresis
电子天平	electronic balance
淀粉	starch
淀帚	policeman
定量分析	quantitative analysis
定性分析	qualitative analysis
多元酸	polyprotic acid
多组分同时测定	simultaneous detemination of multicomponents
惰性溶剂	inert solvent
二苯胺磺酸钠	sodium diphenylamine sulfonate
二甲酚橙	xylenol orange(XO)
二氯荧光黄	dichloro fluorescein
二元酸	dibasic acid
发色团	chromophoric group
法扬司法	Fajans method
砝码	weights
反萃取	back extraction
放大反应	amplification reaction
非水滴定	non-aqueous titration
分辨力	resolution
分布图	distribution diagram
分步沉淀	fractional precipitation
分步滴定	stepwise titration
分光光度法	spectrophotometry
分光光度计	spectrophotometer
分离	separation
分离因数	separation factor
分配比	distribution ratio
分配系数	distribution coefficient
分析化学	analytical chemistry
分析浓度	analytical concentration
分析试剂	analytical reagent(A. R.)
分析天平	analytical balance
分子光谱	molecular spectrum
酚酞	phenolphthalein(PP)
福尔哈德法	Volhard method

副反应系数	side reaction coefficient
富集	enrichment
钙指示剂	calconcarboxylic acid
概率	probability
干燥剂	desiccant; drying agent
坩埚	crucible
高锰酸钾法	permanganate titration
高效液相色谱	high performance liquid chromatography(HPLC)
铬黑 T	eriochrome black T(EBT)
工作曲线	working curve
汞灯	mercury lamp
汞量法	mercurimetry
共沉淀	coprecipitation
共轭酸碱对	conjugate acid-base pair
固定相	stationary phase
固有碱度	intrinsic basicity
固有溶解度	intrinsic solubility
固有酸度	intrinsic acidity
光程	path length; light path
光电倍增管	photomultiplier
光电比色计	photoelectric colorimeter
光电池	photocell
光电管	phototube
光谱分析	spectral analysis
光源	light source
光栅	grating
国际标准化组织	International Standardization Organization(ISO)
国际纯粹与应用化学联合会	International Union of Pure and Applied Chemistry(I-UPAC)
过饱和	supersaturation
过滤	filtration
痕量分析	trace analysis
恒量	constant weight
烘箱	oven
红移	bathochromic shift
后沉淀	postprecipitation
互补色	complementary light
化学纯	chemical pure(C. P.)

化学分析	chemical analysis
化学计量点	stoichiometric point
化学需氧量	chemical oxygen demand
化学因数	chemical factor
缓冲容量	buffer capacity
缓冲溶液	buffer solution
灰化	ashing
挥发	volatilization
回收率	recovery
混合指示剂	mixed indicator
混晶	mixed crystal
活度	activity
活度系数	activity coefficient
基准物质	primary standard substance
极性溶剂	polar solvent
甲基橙	methyl orange(MO)
甲基红	methyl red(MR)
交换容量	exchange capacity
交联度	extent of crosslinking
校正	correction
校准	calibration
校准曲线	calibrated curve
结构分析	structure analysis
解蔽	demasking
解离常数	dissociation constant
介电常数	dielectric constant
金属指示剂	metallochromic indicator
晶形沉淀	crystalline precipitate
精密度	precision
绝对误差	absolute error
均相沉淀	homogeneous precipitation
卡尔·费歇尔法	Karl Fischer titration
凯氏定氮法	Kjeldahl determination
可测误差	determinate error
空白	blank
拉平效应	leveling effect
朗伯-比尔定律	Lambert-Beer law
累积常数	cumulative constant

棱镜	prism
离群值	outlier
离子缔合物萃取	ion association extraction
离子交换	ion exchange
离子交换树脂	ion exchange resin
离子强度	ionic strength
离子色谱	ion chromatography(IC)
连续萃取	continuous extraction
连续光谱	continuous spectrum
两性溶剂	amphiprotic solvent
两性物	amphoteric substance
量大吸收	maximum absorption
量筒	measuring cylinder
邻二氮菲亚铁离子	ferroin
淋洗剂	eluant
零水平	zero level
流动相	mobile phase
漏斗	filler
滤光片	filter
滤纸	filter paper
络合滴定法	complexometry;complexometric titration
络合反应	complexation
络合物	complex
马弗炉	muffle furnace
摩尔吸光系数	molar absorptivity
莫尔法	Mohr method
凝乳状沉淀	curdy precipitate
浓度常数	concentration constant
偶然误差	accident error
配位体	ligand
偏差	deviation
频率	frequency
频率密度	frequency density
平衡浓度	equilibrium concentration
平均偏差	deviation average
平均值	mean;average
平行测定	parallel determination
气相色谱	gas chromatography(GC)

亲和力	affinity
氢灯	hydrogen lamp
区分效应	differentiating effect
取样	sampling
全距(极差)	range
热力学常数	thermodynamic constant
容量分析	volumetry
容量瓶	volumetric flask
溶度积	solubility product
溶剂萃取	solvent extraction
熔剂	flux
熔融	fusion
三元酸	triacid
色谱法	chromatography
色散	dispersion
烧杯	beaker
示差光度法	differential spectrophotometry
试剂空白	reagent blank
试剂瓶	reagent bottle
试样;样品	sample
试液	test solution
铈量法	ceriometry
曙红	eosin
双波长分光光度法	dual-wavelength spectrophotometry
双光束分光光度计	double beam spectrophotometer
双盘天平	dual-pan balance
水相	aqueous phase
水浴	water bath
四分法	quartering
酸度常数	acidity constant
酸碱滴定	acid-base titration
酸效应曲线	acidic effective curve
酸效应系数	acidic effective coefficient
随机误差	random error
条件萃取常数	conditional extraction constant
条件电位	conditional potential
条件溶度积	conditional solubility product
条件形成常数	conditional formation constant

透射比	transmittance
微量分析	micro analysis
稳定常数	stability constant
钨灯	tungsten lamp
无定形沉淀	amorphous precipitate
物料平衡	material balance
物质的量比法	mole ratio method
误差	error
吸附	adsorption
吸附剂	adsorbent
吸附指示剂	adsorption indicator
吸光度	absorbance(A)
吸量筒	pipet(te);measuring pipet
吸收峰	absorption peak
吸收曲线	absorption curve
吸收系数	absorptivity;absorption coefficient
洗瓶	wash bottle
洗液	washings
系统误差	systematic error
狭缝	slit
显色剂	color reagent
显著性检验	significance test
线性回归	linear regression
线状光谱	line spectrum
相比	phase ratio
相对误差	relative error
相关系数	correlation coefficient
形成常数	formation constant
型体(物种)	species
溴量法	bromometry
颜色转变点	color transition point
掩蔽	masking
掩蔽指数	masking index
氧化还原滴定	redox titration
氧化还原指示剂	redox indicator
液相色谱	liquid chromatography(LC)
一元酸	monoacid
仪器分析	instrumental analysis

移液管	pipette
乙二胺四乙酸	ethylene diamine tetraacetic acid(EDTA)
银量法	argentimetry
荧光黄	fluorescein
游码	rider
有机相	organic phase
有效数字	significant figure
诱导反应	induced reaction
预富集	pre-concentration
原子光谱	atomic spectrum
沾污	contamination
真值	true value
蒸发皿	evaporating dish
蒸馏	distillation
蒸汽浴	steam bath
正态分布	normal distribution
直读天平	direct reading balance
纸色谱	paper chromatography(PC)
指示剂	indicator
指示剂的封闭	blocking of indicator
指示剂的僵化	ossification of indicator
质量平衡	mass balance
质子	proton
质子化	protonation
质子化常数	protonation constant
质子条件	proton condition
质子自递常数	autoprotolysis constant
置信区间	confidence interval
置信水平	confidence level
中和	neutralization
中位数	median
中性溶剂	neutral solvent
终点	end point
终点误差	end point error
仲裁分析	arbitration analysis
重铬酸钾法	dichromate titration
重量分析	gravimetry
重量因数	gravimetric factor

逐级稳定常数	stepwise stability constant
助色团	auxochrome group
柱色谱	column chromatography
锥形瓶	erlenmeyer flask;conical flask
准确度	accuracy
灼烧	ignition
紫外/可见分光光度法	UV/VIS spectrophotometry
紫移	hypochromic shift
自动记录式分光光度计	recording spectrophotometer
自身指示剂	self indicator
自由度	degree of freedom
总体	population
1-(2-吡啶偶氮)-2-萘酚	1-(2-pyridylazo)-2-naphthol(PAN)
[筛]目	mesh
pH 玻璃电极	pH glass electrode

目　　录

第一章　分析化学导论

一、复习要求

（1）了解分析化学的定义和作用、分析方法的分类和选择。

（2）熟悉分析化学过程。

（3）掌握分析结果的表示与计算。

（4）掌握滴定分析基本概念与应用。

二、内容提要

（1）分析化学的定义及其与其他学科的关系。

（2）分析方法的分类与分析方法的选择。

（3）分析化学过程与步骤。

（4）分析结果的表示。

（5）滴定分析法概述，滴定分析法的特点，基准物质和标准溶液，滴定分析中的计算。

三、要点及疑难点解析

（一）分析化学的定义和作用

（1）分析化学是发展和应用各种理论、方法、仪器和策略以获得有关物质在空间和时间方面的组成和性质的信息的一门科学①②（analytical chemistry is a scientific discipline that develops and applies theories, methods, instruments and strategies to obtain informations on the composition and nature of matter in space and time.），又被称为分析科学。

分析化学是最早发展起来的化学分支学科，并且在早期化学的发展中一直处于前沿和主要的地位，被称为“现代化学之母”。分析化学是一门极其重要的、应用广泛的、理论与实际紧密结合的基础学科。分析化学与化学、物理学、生命科学、信

---

① Kaller R, Mermet J M, Otto M et al. Analytical Chemistry. New York: Wiley-VCH, 1998

② Kaller R, Mermet J M, Otto M et al. 分析化学. 李克安，金钦汉译. 北京：北京大学出版社，2001

息科学、材料科学、环境科学、能源科学、地球与空间科学等都有密切的联系、交叉和渗透,因而又有分析科学的称谓。

(2) 分析化学在国民经济的发展、国防力量的壮大、科学技术的进步和自然资源的开发等方面的作用是举足轻重的。例如,从工业原料的选择、工艺流程条件的控制直至成品质量检测;资源勘探、环境监测、海洋调查、武器和新型材料的研制以及医药、食品、反恐和突发公共卫生事件的处理等问题,都需要充分发挥分析化学的重要作用。分析化学不仅是科学技术的眼睛,用于发现问题,而且参与实际问题的解决。

(二) 分析方法的分类与分析化学文献资料

根据分析任务、分析对象、测定原理、试样用量与待测成分含量的不同以及工作性质等,分析方法可分为许多种类。

1. 定性分析、定量分析和结构分析

(略)

2. 化学分析和仪器分析

以物质的化学反应及其计量关系为基础的分析方法称为化学分析法。化学分析(chemical analysis)是分析化学的基础,又称经典分析法,主要有重量分析(称重分析)法和滴定分析(容量分析)法等。

重量分析法和滴定分析法主要用于高含量和中含量组分的测定(又称常量组分,即待测组分的质量分数在 1% 以上)。重量分析的准确度很高,至今还是一些组分测定的标准方法,但其操作繁琐,分析速度较慢。滴定分析法操作简便,条件易于控制,省时快速且测定结果的准确度高(相对误差约为 0.2%),是重要的例行分析方法。

化学分析和仪器分析(instrumental analysis)是分析化学的两大分支,两者互为补充且前者是后者的基础,滴定分析法仍有重要的应用价值,不可忽视。

以物质的物理性质和物理化学性质为基础的分析方法分别称为物理分析法(physical analysis)和物理化学分析法(physicochemical analysis)。这类方法通过测量物质的物理和物理化学参数完成,需要较特殊的仪器,通常称为仪器分析法。

仪器分析法的优点是操作简便快速,尤其适用于微量和痕量组分的分析。但仪器分析法一般相对误差较大,有的仪器价格较高,维护和维修比较困难。此外,在进行仪器分析时,需要与已知的标准做比较(而该标准则常以化学分析法测定),并用化学方法对试样进行处理,如溶解试样、分离与富集等。

各种不同分析方法在测量范围、准确度、精密度、选择性、分析速度、费用和主

要应用范围等方面是有区别的。

3. 无机分析和有机分析

无机分析(inorganic analysis)的对象是无机物质,有机分析(organic analysis)的对象是有机物质。两者分析对象不同,对分析的要求和使用的方法多有不同。针对不同的分析对象,还可以进一步分类,如冶金分析、地质分析、环境分析、药物分析、材料分析和生物分析等。

4. 常量分析、半微量分析、微量分析和超微量分析

根据分析过程中所需试样量的多少分类,如表 1-1 所示。

表 1-1　根据试样大小分析方法的分类

方　法	试样质量/mg	试样体积/μL
常量分析(meso analysis)	>100	>100
半微量分析(semimicro analysis)	10～100	50～100
微量分析(micro analysis)	1～10	<50
超微量分析(ultra micro analysis)	<1	

根据试样中被分析的组分在试样中的相对含量的高低可分为常量(major, >1%)组分分析、少量(minor, 0.01～1%)组分分析、痕量(trace, <0.01%)组分分析和超痕量(ultratrace, 约 0.0001%)组分分析。

5. 例行分析和仲裁分析

一般分析实验室对日常生产流程中的产品质量指标进行检查控制的分析称为例行分析(routine analysis)。不同企业部门或国际上对产品质量和分析结果有争议时,由具备资格的权威分析测试部门进行裁判的分析称为仲裁分析(arbital analysis)。

6. 分析化学参考文献

分析化学参考文献的种类和形式多样,如丛书、大全、手册、教材、期刊、论文、政府出版物以及专利等,又有国际互联网,真可谓数量庞大、增长迅速。分析化学工作者应养成通过多种途径和媒体如纸质媒体和电子媒体查阅有关的分析化学文献资料。

(三) 分析化学过程与步骤

分析化学过程通常包括:采样(取样);处理试样,即将待测物质转变为适合测

定的形式；分离，以消除干扰；分析测定；计算和评价分析结果，包括分析质量保证与控制。

1. 采样

采样又称取样，是分析化学成败的关键之一，其最基本的原则是使分析试样具有代表性；否则，后续的分析测试不但是毫无意义的，而且往往导致错误的结论。可以说采样比分析更重要。

2. 试样的处理

处理试样与分解应根据试样的形态、分析项目和分析方法等要求，进行科学的处理，选择适当的分解方法。

3. 分离

当试样中有多种组分存在，对欲测组分进行测定时，可能共存组分有干扰，应予以消除。消除干扰的方法应根据共存组分的性质和现有条件等灵活进行。若待测组分含量很低，也可以采用分离与富集同步进行。

4. 分析测定

在采样、制备并溶解试样后，配合分离可选择适当的测定方法对欲测组分进行分析。每一种组分可能有多种测定方法，例如，铁的测定方法有氧化还原滴定法、络合滴定法、重量分析法以及仪器分析法（如吸光光度法、电位滴定法、库仑滴定法等）等，而仅在氧化还原滴定中又有高锰酸钾法、重铬酸钾法及铈量法等。鉴于试样的种类繁多，测定要求又不尽相同，必然面临测定方法的选择问题。现将选择测定方法的一般原则分述如下。

(1) 应与测定的具体要求相适应。首先应明确测定的目的和要求，其中主要包括需要测定的组分、准确度及完成测定的速度等。例如，对相对原子质量的测定、仲裁分析、标准物及成品分析等的准确度要求较高，微量和痕量成分分析对灵敏度的要求高，而中间控制分析则首先要求的是快速简便。

(2) 应与被测组分的含量相适应。滴定分析法和重量分析法的相对误差一般是千分之几，它们一般适用于常量组分的测定。由于滴定分析法相对简便、快速，因此当两者均可应用时，一般选用滴定分析法（但滴定分析法需要准备标准溶液）。

对于微量组分的测定，一般应选用具有较高灵敏度的仪器分析方法，如吸光光度法、原子吸收光谱法、色谱分析或电分析等。这些方法的相对误差一般是百分之几，但对于微量组分的测定，这些方法的准确度已能满足要求。

(3) 应考虑被测组分的性质。通常，测定方法都是基于被测组分的性质。因此，对被测组分性质的了解有助于我们合理地选择测定方法。例如，很多金属离子可与 EDTA 形成稳定的络合物，因此络合滴定法是测定金属离子的重要方法；又如，测试具有酸(或碱)性或氧化(或还原)性，其含量和纯度又较高，可考虑用酸碱滴定法或氧化还原滴定法测定。

(4) 应考虑共存组分的影响。在选择测定方法时，必须同时考虑共存组分对测定的影响。控制适当的分析条件，选择适当的分离方法或加入掩蔽剂，消除各种干扰以后，才能提高选择性，进行准确的测定。

(5) 应考虑现有的实验条件。当我们根据试样的组成、被测组分的性质和含量、对测定的要求、共存的干扰组分的情况选择测定方法时，还需考虑现有的实验设备与技术条件，一切从实际出发，综合考虑到准确、专属、灵敏、快速、简便、节约等原则，选择适宜的测定方法，以求符合预定的目的和效果，为发现、分析和解决问题提供依据。

5. 计算与评价分析结果

根据试样质量、测量所得数据和分析过程中有关反应的化学计量关系，计算试样中有关组分的含量或浓度。分析结果常以待测组分实际存在形式的含量表示。

1) 分析化学中常用的量及单位

以国际单位制(SI)为基础，国务院颁布了《中华人民共和国法定计量单位》，其中分析化学常用的量及单位列于表 1-2 中。

表 1-2　分析化学中常用的量及单位[1)]

物理量		单位(符号)	说明
量的名称	量的符号		
物质的量	n	摩[尔](mol) 毫摩[尔](mmol)	必须指明基本单元
摩尔质量	M	克每摩[尔]($g\cdot mol^{-1}$)	必须指明基本单元
物质的量浓度	c	摩[尔]每升($mol\cdot L^{-1}$)	必须指明基本单元
质　量	m	克(g)，毫克(mg)	
体　积	V	升(L)，毫升(mL)	
质量分数	w	无量纲	可以用%、$mg\cdot g^{-1}$等表达
质量浓度	ρ	克每升($g\cdot L^{-1}$)	

1) 李慎安. 法定计量单位实用手册. 北京：机械工业出版社，1988. 510

2) 待测组分含量的表示方法

(1) 质量分数 w_B：试样中含待测物质 B 的质量 m_B 与试样的质量 m_s 之比

$$w_B = \frac{m_B(g)}{m_s(g)}$$

(2) 对于试样中微量组分含量，通常以 $\mu g\cdot g^{-1}$、$ng\cdot g^{-1}$和$pg\cdot g^{-1}$表示，而试液中的微量组分，则以 $mg\cdot L^{-1}$、$\mu g\cdot L^{-1}$表示。

(3) 气体试样：气体试样中常量组分的含量常以体积分数表示。对于微量组分的含量常以 $mg\cdot m^{-3}$[标]表示。[标]指在标准状况下的体积。例如，按照《中国空气污染物标准》，对于氮氧化物，任何一次取样，浓度限值($mg\cdot m^{-3}$[标])应为0.10(一级标准)。

3) 分析结果的评价与质量保证

对于测量与分析结果的计算应根据误差和数据的统计处理规则进行，去伪存真，符合质量保证与质量控制的要求。

(四) 滴定分析法概述

这是本章的重要内容。滴定分析法包括酸碱滴定法、络合滴定法、氧化还原滴定法和沉淀滴定法。滴定的方式有直接滴定法、返滴定法、置换滴定法、间接滴定法等。在例题中予以详细阐述。

1. 滴定分析法的特点和对化学反应的要求

滴定就是将一种已知准确浓度的标准溶液即滴定剂，从滴定管中滴加到被测物质溶液中的过程。当加入的标准溶液与被测物质定量反应完全时，反应到达"化学计量点"，以 sp 表示。计量点一般依据指示剂的变色来确定。在滴定过程中，指示剂正好发生颜色变化的转变点称为"滴定终点"。由于滴定终点与理论上的计量点不一定恰好相等，由此而造成的分析误差称为"终点误差"。

滴定分析法简便、快速、成熟，适用范围广泛，方法准确度较高，一般要求相对误差小于2.0‰。该法通常用于常量组分即被测物含量在1%以上，也可以用于微量组分的测定。

滴定分析法对化学反应的要求：

(1) 反应必须具有确定的化学计量关系，按一定的反应方程式进行。这是定量计算的基础。

(2) 反应必须定量地完全反应，要求达到99.9%以上。

(3) 必须具有较快的反应速率。对于速率慢的反应，有时可加热或加入催化剂来加快反应速率。

(4) 必须有适当简便的方法指示滴定终点。

凡能满足上述要求的反应，都可用直接滴定法，即用标准溶液直接滴定待测物质。

2. 标准溶液和基准物质

所谓标准溶液，是一种已知准确浓度的溶液。它常作为滴定剂，要求浓度的有效数字有 4 位，一般浓度单位以物质的量浓度（$mol \cdot L^{-1}$）表示，例如，$0.1234 mol \cdot L^{-1}$ HCl 标准溶液、$0.020\ 00 mol \cdot L^{-1}$ EDTA 标准溶液、$KMnO_4$ 标准溶液 $c_{KMnO_4} = 0.2345 mol \cdot L^{-1}$ 等。

基准物质是有特殊要求的物质：

(1) 基准物的组成应与它的化学式完全相等，如 $Na_2B_4O_7 \cdot 10H_2O$（硼砂），其结晶水的含量也要与化学式完全相等。

(2) 试剂纯度高，一般要用优级纯(G.R.)试剂或分析纯(A.R.)试剂，其纯度要在 99.9% 以上。化学纯(C.P.)试剂、实验试剂(L.R.)是不能用作基准物质的。

(3) 试剂在一般情况下应很稳定。

(4) 基准物参加反应时，只有按反应式定量进行，没有副反应发生，才能进行定量计算。

(5) 基准物最好有大的摩尔质量。常用的基准物质有纯金属和纯化合物。常见基准物质的应用见表 1-3。

表 1-3 常见基准物质的应用

标定的溶液	基准物质
HCl 标准溶液	无水碳酸钠(Na_2CO_3) 硼砂($Na_2B_4O_7 \cdot 10H_2O$)
NaOH 标准溶液	邻苯二甲酸氢钾($KHC_8H_4O_4$) 二水合草酸($H_2C_2O_4 \cdot 2H_2O$)
EDTA 标准溶液	纯锌(Zn) 碳酸钙($CaCO_3$)
$KMnO_4$ 标准溶液	二水合草酸($H_2C_2O_4 \cdot 2H_2O$) 草酸钠($Na_2C_2O_4$) 三氧化二砷(As_2O_3)
碘标准溶液(I_3^- 溶液)	三氧化二砷(As_2O_3)
硫代硫酸钠标准溶液 ($Na_2S_2O_3$ 标准溶液)	重铬酸钾($K_2Cr_2O_7$) 碘酸钾(KIO_3)
硝酸银标准溶液 ($AgNO_3$ 标准溶液)	氯化钠(NaCl) 氯化钾(KCl)

标准溶液的配制有直接法和标定法两种。

(1) 直接配制法：准确称取一定量基准物质，溶解后配制成一定体积的溶液，计算出该标准溶液的准确浓度。例如，重铬酸钾基准物很稳定，配成溶液也很稳定，往往可以直接配成标准溶液作滴定剂等。又如，纯锌等金属也可以直接配成标准溶液。

(2) 标定法：很多滴定剂因为所用物质不纯、不稳定、易挥发等原因不能直接配成标准溶液，而是先配成近似所需浓度溶液，然后再用基准物质来标定它的准确浓度。例如，$0.10\text{mol}\cdot\text{L}^{-1}$ NaOH 标准溶液，只能先称取分析纯(A.R.)NaOH 4g 加水溶解，稀释至约 1L，然后用基准物邻苯二甲酸氢钾标定它的准确浓度。

标准溶液的浓度通常用物质的量浓度表示

$$c_B = n_B/V$$

式中：n_B 表示溶液中溶质 B 的物质的量，单位为 mol 或 mmol；V 为溶液的体积，常用单位为 L 或 mL；浓度 c_B 的单位为 $\text{mol}\cdot\text{L}^{-1}$。物质的量($n$)的单位摩尔(mol)，是由第 14 届国际计量大会通过的基本单位。摩尔是一系统的物质的量，该系统中所包含的基本单元数与 $0.012\text{kg}\,^{12}\text{C}$ 的原子数目相等。在使用摩尔时，基本单元应予指明，可以是原子、分子、离子、电子及其他粒子，或是这些粒子的特定组合。

表示物质的量浓度时，必须指明基本单元，由于选择不同的基本单元，其摩尔质量就不同，浓度大小也不相同。其通式为

$$c_{\frac{b}{a}B} = \frac{a}{b}c_B$$

例如，$c_{\frac{1}{5}KMnO_4} = 0.1000\text{mol}\cdot\text{L}^{-1}$，求 c_{KMnO_4}。由 $0.1000 = \frac{5}{1}c_{KMnO_4}$，得

$$c_{KMnO_4} = \frac{0.1000}{5} = 0.020\,00(\text{mol}\cdot\text{L}^{-1})$$

基本单元的选择一般是以化学反应的计量关系为依据的。在分析化学中，常作为标准溶液的物质的基本单元的选择依据为：酸碱滴定法中，选 NaOH 为基本单元；氧化还原滴定法中，以电子得失或氧化数改变为依据；在高锰酸钾法中，有时可选 $\frac{1}{5}KMnO_4$ 为基本单元；重铬酸钾法中，可选 $\frac{1}{6}K_2Cr_2O_7$ 为基本单元；碘量法中，可选 $Na_2S_2O_3$ 为基本单元；溴酸钾法中可选 $\frac{1}{6}KBrO_3$ 为基本单元。总之，实际的化学反应的计量关系是选择"基本单元"的依据。

在络合滴定法中选 EDTA 为基本单元，因为 EDTA 作为标准溶液与金属离子的络合反应一般都是以 1∶1 的比例进行的，反应计量关系简单，计算结果简便。在沉淀滴定中，可选择滴定剂 $AgNO_3$ 为基本单元。

在生产单位例行分析中，有时用滴定度(T)表示标准溶液的浓度。例如，$T_{K_2Cr_2O_7/Fe}$ 表示每毫升一定浓度的 $K_2Cr_2O_7$ 滴定剂溶液相当于被测物质(Fe)的质量(g 或 mg)，计算简便。

3. 滴定分析法的计算

这是本章最重要的内容,要熟练掌握以下的计量关系和计算实例。

1) 滴定剂与被滴物质之间的计量关系

设滴定剂 T 与被滴物质 B 有下列反应

$$tT + bB = cC + dD$$

依据上述滴定反应中 T 与 B 的化学计量数,即反应的系数比$\frac{t}{b}$,则有 $n_B = \frac{b}{t} n_T$ 或 $n_T = \frac{t}{b} n_B$。n_B 为被滴物质的物质的量(mol),n_T 为滴定剂的物质的量(mol)。

例如,在酸性溶液中,以 $K_2Cr_2O_7$ 标准溶液滴定 $FeSO_4$ 溶液时,求 $FeSO_4 \cdot 7H_2O$的含量。其滴定反应式为

$$Cr_2O_7^{2-} + 6Fe^{2+} + 14H^+ = 2Cr^{3+} + 6Fe^{3+} + 7H_2O$$

可看出化学计量数$\frac{t}{b} = \frac{1}{6}$,故 $n_{FeSO_4 \cdot 7H_2O} = \frac{6}{1} n_{K_2Cr_2O_7}$。

2) 根据等物质的量反应规则计算

由化学反应首先确定滴定剂和被滴物质的基本单元,然后根据"反应中,反应物消耗的物质的量(mol)与产物的物质的量(mol)是相等的"这一原则来进行计算。这种方法尽管反映了滴定反应的本质,但也比较繁琐。如上例中,选择 $K_2Cr_2O_7$ 的基本单元为$\frac{1}{6}K_2Cr_2O_7$,$FeSO_4$ 的基本单元为 $FeSO_4$。在化学计量点时有下列关系:$n_{FeSO_4} = n_{\frac{1}{6}K_2Cr_2O_7}$。在置换滴定法和间接滴定法中,涉及两个以上的反应,要会从总的反应中找出滴定剂与被滴物之间化学计量关系。例如,在酸性溶液中以 KIO_3 为基准物质,标定 $Na_2S_2O_3$ 溶液浓度时,是一种置换滴定法,首先是在酸性溶液中 KIO_3 与过量 KI 反应析出一定量 I_2

$$IO_3^- + 5I^- + 6H^+ = 3I_2 + 3H_2O \tag{1-1}$$

然后用 $Na_2S_2O_3$ 溶液滴定析出的 I_2

$$2S_2O_3^{2-} + I_2 = S_4O_6^{2-} + 2I^- \tag{1-2}$$

可找出 KIO_3 与 $Na_2S_2O_3$ 在反应中的计量数$\frac{b}{t} = \frac{1}{6}$,故 $n_{Na_2S_2O_3} = 6n_{KIO_3}$。若以等物质的量规则计算,选 $Na_2S_2O_3$ 为基本单元,选 KIO_3 的基本单元为$\frac{1}{6}KIO_3$,则 $n_{Na_2S_2O_3} = n_{\frac{1}{6}KIO_3}$。

3) 标准溶液浓度的计算

直接配制法:准确称取一定量(m_B)基准物质 B,配制准确的体积 V_B(L),已知物质 B 的摩尔质量为 M_B,求算标准溶液浓度

$$c_B = \frac{m_B}{M_B \cdot V_B} (\text{mol} \cdot \text{L}^{-1})$$

标定法:若以固体基准物质标定标准溶液,称取基准物质质量为 m_T,其摩尔质量为 M_T,滴定反应的化学计量数为$\frac{b}{t}$,则在化学计量点(或滴定终点)时,可依公式计算

$$c_B \cdot V_B = \frac{b}{t} \cdot \frac{m_T}{M_T}$$

故

$$c_B = \frac{b}{t} \frac{m_T}{M_T \cdot V_B} (\text{mol} \cdot \text{L}^{-1})$$

若以已知准确浓度的标准溶液 c_T 来标定某待标定溶液的准确浓度 c_B,则有公式

$$c_B = \frac{b}{t} \frac{c_T \cdot V_T}{V_B} (\text{mol} \cdot \text{L}^{-1})$$

4) 待测组分含量的计算

设称取试样的质量为 m_s(g),而测得其中待测组分 B 的质量为 m_B(g),则待测组分 B 的含量用质量分数 w_B 表示为:$w_B = m_B / m_s$(无量纲)。依据滴定反应的化学计量关系,常以下面公式计算

$$w_B = \frac{\frac{b}{t} c_T \cdot V_T M_B}{m_s \times 1000} \times 100\%$$

式中分母乘以 1000,可以理解为滴定体积 V_T 以毫升数表示时,将 V_T 的单位由 mL 换算为 L,c_T 以单位 $\text{mol} \cdot \text{L}^{-1}$表示,$m_s$ 指直接参加滴定反应的试样质量(g)。总之,分子分母的单位应统一。

关于滴定分析法中的计算,应该反复演算一些典型例题,这样才能熟练掌握其要领、精华,达到举一反三的目的。

四、例　题

例 1-1　欲配制 $0.010\ 00 \text{mol} \cdot \text{L}^{-1}$ $K_2Cr_2O_7$ 标准溶液 250.0mL,应称取基准 $K_2Cr_2O_7$ 多少克?

解　用直接法配制该标准溶液,需要准确计算、准确称量基准 $K_2Cr_2O_7$,并经过溶解、定量转移,定容于 250mL 容量瓶中,即加水稀释到刻度、摇匀。

$$\begin{aligned} m_{K_2Cr_2O_7} &= c \cdot V \cdot M \\ &= 0.010\ 00 \text{mol} \cdot \text{L}^{-1} \times 0.2500 \text{L} \times 294.18 \text{g} \cdot \text{mol}^{-1} \end{aligned}$$

$$= 0.7354g$$

例 1-2　已知浓盐酸的密度为 $1.19g\cdot mL^{-1}$,其中 HCl 含量约为 37%。计算:(1)每升浓盐酸中所含 HCl 的物质的量和浓盐酸的浓度;(2)欲配制浓度为 $0.10mol\cdot L^{-1}$的稀盐酸 1.0×10^3mL,需量取上述浓盐酸多少毫升?

本题涉及对浓盐酸溶液浓度的计算和利用稀释定律配制稀溶液的原理,当然也要求会动手,进行实际操作。

解　(1) 已知 $M_{HCl}=36.46g\cdot mol^{-1}$,则 1.0L 浓盐酸中

$$n_{HCl}=\left(\frac{m}{M}\right)_{HCl}=\frac{1.19g\cdot mL^{-1}\times1.0\times10^3mL\times0.37}{36.46g\cdot mol^{-1}}=12mol$$

$$c_{HCl}=\left(\frac{n}{V}\right)_{HCl}=\frac{12mol}{1.0L}=12mol\cdot L^{-1}$$

(2) 稀释前 $c_{HCl}=12mol\cdot L^{-1}$;稀释后 $c'_{HCl}=0.10mol\cdot L^{-1}$, $V'_{HCl}=1.0\times10^3mL$。依据公式 $c_AV_A=c'_AV'_A$,得

$$V_{HCl}=\frac{c'_{HCl}V'_{HCl}}{C_{HCl}}=\frac{0.10mol\cdot L^{-1}\times1.0\times10^3mL}{12mol\cdot L^{-1}}=8.3mL$$

例 1-3　现有 $0.0982mol\cdot L^{-1}$ H_2SO_4 溶液 1.000×10^3mL,欲使其浓度增至 $0.1000mol\cdot L^{-1}$,问需加入多少毫升 $0.2000mol\cdot L^{-1}$ H_2SO_4 溶液?

本题涉及稀释定律,同时应注意有效数字的概念,并应会实际操作,如何准确加入所需的体积?

解　设需加入 $0.2000mol\cdot L^{-1}H_2SO_4$ 溶液为 V(mL),根据溶液增浓前后物质的量相等的原理,则

$$0.0982mol\cdot L^{-1}\times1.000\times10^3mL+0.2000mol\cdot L^{-1}\times V$$
$$=(1.000\times10^3mL+V)\times0.1000mol\cdot L^{-1}$$

解得

$$V=18.00mL$$

例 1-4　用 $Na_2B_4O_7\cdot10H_2O$ 标定 HCl 溶液的浓度,称取 0.4806g 硼砂,滴定至终点时消耗 HCl 溶液 25.20mL,计算 HCl 溶液的浓度。

解　已知 $M_{Na_2B_4O_7\cdot10H_2O}=381.42g\cdot mol^{-1}$,滴定反应为

$$Na_2B_4O_7+2HCl+5H_2O=\!=\!=4H_3BO_3+2NaCl$$

即

$$n_{Na_2B_4O_7\cdot10H_2O}=\left(\frac{1}{2}\right)n_{HCl}$$

$$\left(\frac{m}{M}\right)_{Na_2B_4O_7\cdot10H_2O}=\frac{1}{2}(cV)_{HCl}$$

$$c_{\mathrm{HCl}}=\frac{0.4806\mathrm{g}\times 2}{25.20\times 10^{-3}\mathrm{L}\times 381.42\mathrm{g\cdot mol^{-1}}}=0.1000\mathrm{mol\cdot L^{-1}}$$

例 1-5 要求在标定时用去 $0.10\mathrm{mol\cdot L^{-1}}$ NaOH 溶液 20～25mL，问应称取基准试剂邻苯二甲酸氢钾（KHP）多少克？如果改用草酸（$H_2C_2O_4\cdot 2H_2O$）作基准物质，又应称取多少克？

解 已知 $M_{\mathrm{KHP}}=204.22\mathrm{g\cdot mol^{-1}}$，以邻苯二甲酸氢钾为基准物质，其滴定反应为

$$\mathrm{KHP+NaOH=\!=\!=KNaP+H_2O}$$

即

$$n_{\mathrm{KHP}}=n_{\mathrm{NaOH}}$$

依题意

$$m_{\mathrm{KHP}}=(cV)_{\mathrm{NaOH}}M_{\mathrm{KHP}}$$

$V=20\mathrm{mL}$ 时

$$m_{\mathrm{KHP}}=0.10\mathrm{mol\cdot L^{-1}}\times 20\times 10^{-3}\mathrm{L}\times 204.22\mathrm{g\cdot mol^{-1}}=0.40\mathrm{g}$$

$V=25\mathrm{mL}$ 时

$$m_{\mathrm{KHP}}=0.10\mathrm{mol\cdot L^{-1}}\times 25\times 10^{-3}\mathrm{L}\times 204.22\mathrm{g\cdot mol^{-1}}=0.50\mathrm{g}$$

因此，邻苯二甲酸氢钾的称量范围为 0.40～0.50g。

若改用草酸为基准物质，已知 $M_{\mathrm{H_2C_2O_4\cdot 2H_2O}}=126.07\mathrm{g\cdot mol^{-1}}$，此时滴定反应为

$$\mathrm{H_2C_2O_4+2NaOH=\!=\!=Na_2C_2O_4+2H_2O}$$

即

$$n_{\mathrm{H_2C_2O_4\cdot 2H_2O}}=\left(\frac{1}{2}\right)n_{\mathrm{NaOH}}$$

因此

$$m_{\mathrm{H_2C_2O_4\cdot 2H_2O}}=\left(\frac{1}{2}\right)(cV)_{\mathrm{NaOH}}M_{\mathrm{H_2C_2O_4\cdot 2H_2O}}$$

$V=20\mathrm{mL}$ 时

$$m_{\mathrm{H_2C_2O_4\cdot 2H_2O}}=\frac{1}{2}\times 0.10\mathrm{mol\cdot L^{-1}}\times 20\times 10^{-3}\mathrm{L}\times 126.07\mathrm{g\cdot mol^{-1}}=0.13\mathrm{g}$$

$V=25\mathrm{mL}$ 时

$$m_{\mathrm{H_2C_2O_4\cdot 2H_2O}}=\frac{1}{2}\times 0.10\mathrm{mol\cdot L^{-1}}\times 25\times 10^{-3}\mathrm{L}\times 126.07\mathrm{g\cdot mol^{-1}}=0.16\mathrm{g}$$

故草酸的称量范围为 0.13～0.16g。

由以上计算可知，由于邻苯二甲酸氢钾的摩尔质量较大，草酸的摩尔质量较小，且又是二元酸，所以在标定同一浓度的 NaOH 溶液时，后者的称量范围要小得多。显然在分析天平的（绝对）称量误差一定时，采用摩尔质量较大的邻苯二甲酸

氢钾作为基准试剂，可以减小称量的相对误差。

例 1-6　测定氮肥中 NH_3 的含量。称取试样 1.616g，溶解并定容于 250mL 容量瓶中，摇匀。准确移取 25.00mL 试液于蒸馏瓶中，加入过量 NaOH 溶液，将产生的 NH_3 定量导入 40.00mL 0.051 00mol·L^{-1}的 H_2SO_4 吸收液中吸收，剩余的 H_2SO_4 用 0.096 00mol·L^{-1}的 NaOH 溶液滴定，消耗 17.00mL。计算该试样中 NH_3 的质量分数。（已知 $M_{NH_3}=17.01g\cdot mol^{-1}$）

解　本题采用酸碱返滴定法测定。根据化学反应式得出下列化学计量关系

$$n_{NH_3}=\frac{2}{1}\left(n_{H_2SO_4}-\frac{1}{2}n_{NaOH}\right)$$

所以

$$w_{NH_3}=\frac{\frac{2}{1}[(0.051\,00\times40.00)-\frac{1}{2}(0.096\,00\times17.00)]M_{NH_3}}{1.616\times\frac{1}{10}\times1000}\times100\%$$

$$=25.76\%$$

例 1-7　$K_2Cr_2O_7$ 标准溶液的 $T_{K_2Cr_2O_7/Fe}=0.011\,17g\cdot mL^{-1}$。测定 0.5000g 含铁试样时，用去该标准溶液 24.64mL。计算 $T_{K_2Cr_2O_7/Fe_2O_3}$ 和试样中 Fe_2O_3 的质量分数。

解　已知 $M_{Fe}=55.85g\cdot mol^{-1}$，$M_{Fe_2O_3}=159.69g\cdot mol^{-1}$，滴定反应为

$$6Fe^{2+}+Cr_2O_7^{2+}+14H^+ = 6Fe^{3+}+2Cr^{3+}+7H_2O$$

因为 Fe_2O_3～2Fe，故

$$T_{K_2Cr_2O_7/Fe_2O_3}=T_{K_2Cr_2O_7/Fe}\cdot\frac{M_{Fe_2O_3}}{2M_{Fe}}$$

$$=0.011\,17g\cdot mL^{-1}\times\frac{159.69g\cdot mol^{-1}}{2\times55.85g\cdot mol^{-1}}=0.015\,97g\cdot mL^{-1}$$

所以

$$w_{Fe_2O_3}=\frac{m_{Fe_2O_3}}{m_s}=\frac{T_{K_2Cr_2O_7/Fe_2O_3}\cdot V_{K_2Cr_2O_7}}{m_s}$$

$$=\frac{0.015\,97g\cdot mL^{-1}\times24.64mL}{0.5000g}=0.7870$$

例 1-8　称取 Pb_3O_4 试样 0.1000g，用 HCl 溶解后使其完全转化为 $PbCrO_4$ 沉淀。经过滤、洗涤，再将它溶于酸后，加入过量 KI，与 $Cr_2O_7^{2-}$ 反应析出 I_2，用 0.1000mol·L^{-1} $Na_2S_2O_3$ 标准溶液滴定，以淀粉作指示剂，终点时耗去 13.00mL。求试样中 Pb_3O_4 的质量分数。

解 本题涉及置换反应与间接碘量法，有多步化学反应式

$$Pb_3O_4 + 8HCl = 3PbCl_2 + Cl_2\uparrow + 4H_2O$$

$$Pb^{2+} + CrO_4^{2-} = PbCrO_4\downarrow$$

$$2PbCrO_4 + 2H^+ = 2Pb^{2+} + Cr_2O_7^{2-} + H_2O$$

$$Cr_2O_7^{2-} + 6I^- + 14H^+ = 2Cr^{3+} + 3I_2 + 7H_2O$$

$$I_2 + 2S_2O_3^{2-} = 2I^- + S_4O_6^{2-}$$

依上述有关反应，可见

$$1Pb_3O_4 \sim 3Pb^{2+} \sim 3PbCrO_4 \sim 1.5Cr_2O_7^{2-} \sim 4.5I_2 \sim 9S_2O_3^{2-}$$

所以

$$n_{Pb_3O_4} = \frac{1}{9} n_{S_2O_3^{2-}}$$

所以

$$w_{Pb_3O_4} = \frac{\frac{1}{9} n_{S_2O_3^{2-}} \times M_{Pb_3O_4}}{m_s \times 1000} \times 100\%$$

$$= \frac{\frac{1}{9} \times 0.1000 \times 13.00 \times 685.6}{0.1000 \times 1000} \times 100\%$$

$$= 99.03\%$$

例 1-9 用 KIO_3 标定 $Na_2S_2O_3$ 溶液的浓度。称取 KIO_3 0.3567g，用水溶解并稀释至 100mL，移取此标液 25.00mL，加入 H_2SO_4 和 KI 溶液，用 $Na_2S_2O_3$ 溶液滴定消耗 24.98mL 到终点。求 $Na_2S_2O_3$ 的物质的量浓度($mol \cdot L^{-1}$)。

解
$$IO_3^- + 5I^- + 6H^+ = 3I_2 + 3H_2O \quad (1)$$

$$I_2 + 2S_2O_3^{2-} = 2I^- + S_4O_6^{2-} \text{（以淀粉液作指示剂）} \quad (2)$$

从反应式看出，这是一种置换滴定法，反应(1)中基准物 KIO_3 在酸性介质中与过量 KI 反应置换一定量 I_2，反应式(2)中置换出的 I_2，与 $Na_2S_2O_3$ 标液有定量的滴定反应。计算时要找出滴定剂与被滴物之间的计量关系

$$1IO_3^- \sim 3I_2 \sim 3 \times 2S_2O_3^{2-}$$

从 $n_{IO_3^-} : n_{S_2O_3^{2-}} = 1:6$ 关系得到

$$c_{Na_2S_2O_3} \cdot V = \frac{6}{1} \frac{m_{KIO_3} \times \frac{25}{250}}{M_{KIO_3}} \qquad M_{KIO_3} = 214.0 g \cdot mol^{-1}$$

所以

$$c_{Na_2S_2O_3} = \frac{6}{1} \times \frac{0.3567 \times \frac{25}{250}}{214.0 \times 24.98 \times 10^{-3}} = 0.1001 (mol \cdot L^{-1})$$

例 1-10 在硫酸介质中,基准物 $Na_2C_2O_4$201.0mg,用 $KMnO_4$ 溶液滴定至终点,消耗其体积 30.00mL,计算 $KMnO_4$ 标准溶液的浓度($mol \cdot L^{-1}$)。

解法 1 $2MnO_4^- + 5C_2O_4^{2-} + 16H^+ \!=\!=\!= 2Mn^{2+} + 10CO_2\uparrow + 8H_2O$

$$(c_{KMnO_4} \cdot V_{KMnO_4}):\frac{m_{Na_2C_2O_4}}{M_{Na_2C_2O_4}} = 2:5$$

$$M_{Na_2C_2O_4} = 134.0g \cdot mol^{-1}$$

$$c_{KMnO_4} \cdot V_{KMnO_4} = \frac{2}{5}\frac{m_{Na_2C_2O_4}}{M_{Na_2C_2O_4}}$$

$$c_{KMnO_4} = \frac{2\times 201.0\times 10^{-3}}{5\times 134.0\times 30.00\times 10^{-3}} = 0.020\ 00(mol \cdot L^{-1})$$

对滴定反应,反应方程式一定要会写并配平,滴定反应的化学计量数(t/b)就是其滴定剂 T 与被滴物 B 的化学反应式系数比,本题$\frac{t}{b}=\frac{2}{5}$。滴定分析中消耗滴定剂的量常以毫升计,这时 $c \cdot V(mL) = n_T(mmol)$。

$$c \cdot V(mL) = \frac{2}{5}\times\frac{201.0(mg)}{134.0(mg \cdot mmol^{-1})}$$

故

$$c = \frac{2}{5}\times\frac{201.0}{134.0\times 30.00} = 0.020\ 00(mmol \cdot mL)或(mol \cdot L^{-1})$$

解法 2 若根据等物质的量反应规则计算:可选择 $KMnO_4$ 的基本单元为$\frac{1}{5}KMnO_4$,而 $H_2C_2O_4$ 的基本单元为$\frac{1}{2}H_2C_2O_4$。在化学计量点时有下列关系

$$n_{\frac{1}{5}KMnO_4} = n_{\frac{1}{2}H_2C_2O_4}$$

即反应按等物质的量(mol)反应。所以

$$M_{\frac{1}{2}H_2C_2O_4} = \frac{134.0}{2} = 67.00(g \cdot mol^{-1})$$

依题可知

$$n_{\frac{1}{2}H_2C_2O_4} = \frac{201.0\times 10^{-3}}{M_{\frac{1}{2}H_2C_2O_4}} = \frac{201.0\times 10^{-3}}{67.00}$$

$$= 3.000\times 10^{-3}(mol)$$

而

$$c_{\frac{1}{5}KMnO_4} \cdot V = n_{\frac{1}{2}H_2C_2O_4} = 3.000\times 10^{-3}(mol)$$

$$c_{\frac{1}{5}KMnO_4} = \frac{3.000\times 10^{-3}}{30.00\times 10^{-3}} = 0.1000(mol \cdot L^{-1})$$

又依通式

$$c_{\frac{b}{a}B} = \frac{a}{b} c_B$$

$$5c_{KMnO_4} = 0.1000 mol \cdot L^{-1}$$

$$c_{KMnO_4} = \frac{0.1000}{5} = 0.020\ 00(mol \cdot L^{-1})$$

这与前面计算 $c_{KMnO_4} = 0.020\ 00 mol \cdot L^{-1}$一致。

例 1-11 称取基准物 $K_2Cr_2O_7$ 0.4903g，用水溶解并稀释至 100mL，移取此 $K_2Cr_2O_7$ 溶液 25.00mL，加入 H_2SO_4 和 KI，用待标定 $Na_2S_2O_3$ 标准溶液滴定至终点，消耗 24.95mL，求 $Na_2S_2O_3$ 标准溶液的浓度 $c_{Na_2S_2O_3}$。

解 这是典型的置换滴定法例题。$K_2Cr_2O_7$ 是强氧化剂，与滴定剂 $Na_2S_2O_3$（还原剂）发生氧化还原反应，而不是按反应计量关系反应，产物有 SO_4^{2-} 或 $S_4O_6^{2-}$ 等，不属直接滴定法，无计量关系。有两个反应式

$$Cr_2O_7^{2-} + 6I^- + 14H^+ = 2Cr^{3+} + 3I_2 + 7H_2O \qquad (1)$$

置换出一定量 I_2，然后用 $Na_2S_2O_3$ 滴定剂滴定析出的 I_2

$$I_2 + 2S_2O_3^{2-} = 2I^- + S_4O_6^{2-} \qquad (2)$$

从这两个反应式中，找出滴定剂与基准物（$K_2Cr_2O_7$）之间的化学计量数

$$1Cr_2O_7^{2-} \sim 3I_2 \sim 3 \times 2S_2O_3^{2-}$$

即

$$1Cr_2O_7^{2-} \sim 6S_2O_3^{2-}$$

计量数$\frac{t}{b} = \frac{1}{6}$。即

$$n_{Na_2S_2O_3} = 6n_{K_2Cr_2O_7}$$

$$c_{Na_2S_2O_3} \cdot V = 6 \times \frac{0.4903 \times \frac{25}{100}}{M_{K_2Cr_2O_7}}$$

$$c_{Na_2S_2O_3} = \frac{6 \times 0.4903 \times \frac{1}{4}}{294.18 \times 24.95 \times 10^{-3}} = 0.1002(mol \cdot L^{-1})$$

若按等物质的量规则计算：选定 $Na_2S_2O_3$ 作为基本单元，则 $K_2Cr_2O_7$ 的基本单元为$\frac{1}{6}K_2Cr_2O_7$，故

$$n_{Na_2S_2O_3} = n_{\frac{1}{6}K_2Cr_2O_7}$$

$$M_{\frac{1}{6}K_2Cr_2O_7} = \frac{294.18}{6} = 49.03(g \cdot mol^{-1})$$

依题

$$n_{\frac{1}{6}K_2Cr_2O_7}=\frac{0.4903}{49.03}\times\frac{1000}{100}\times 25.00\times 10^{-3}=2.500\times 10^{-3}(\text{mol})$$

$$n_{Na_2S_2O_3}=c_{Na_2S_2O_3}\cdot V=2.500\times 10^{-3}(\text{mol})$$

所以

$$c_{Na_2S_2O_3}=\frac{2.500\times 10^{-3}}{24.95\times 10^{-3}}=0.1002(\text{mol}\cdot\text{L}^{-1})$$

以上计算说明,按滴定反应中化学计量数和按等物质的量反应规则计算,其结果是一致的。

例 1-12　已知在酸性溶液中,$KMnO_4$ 与 Fe^{2+} 反应时,1.00mL $KMnO_4$ 溶液相当于 0.1117g Fe,而 1.00mL $KHC_2O_4\cdot H_2C_2O_4$ 溶液在酸性介质中恰好和 0.20 mL 上述 $KMnO_4$ 溶液完全反应,问需要多少毫升 $0.2000\text{mol}\cdot\text{L}^{-1}$ NaOH 溶液才能与 1.00mL $KH_2C_2O_4\cdot H_2C_2O_4$ 溶液完全中和?

解　这是一道氧化还原反应和酸碱反应综合应用计算题,也有滴定度的概念。1mL 滴定剂相当被滴定物多少克? 本题 $T_{KMnO_4/Fe}=0.1117\text{g}\cdot\text{mL}^{-1}$。计算分三步进行,依滴定反应化学计量数关系计算较简便。

(1) $MnO_4^- + 5Fe^{2+} + 8H^+ = Mn^{2+} + 5Fe^{3+} + 4H_2O$

$$(c_{KMnO_4}\cdot V_1):\frac{m}{M_{Fe}}=1:5$$

即

$$c\cdot V_1\times 5=\frac{m}{M_{Fe}}$$

$$c_{KMnO_4}=\frac{m}{5\times M_{Fe}\cdot V_1}=\frac{0.1117}{5\times 55.85\times 1\times 10^{-3}}=0.4000(\text{mol}\cdot\text{L}^{-1})$$

(2) $4MnO_4^- + 5HC_2O_4^-\cdot H_2C_2O_4 + 17H^+ = 4Mn^{2+} + 20CO_2\uparrow + 16H_2O$

依题已知数据 $(c_{KMnO_4}\cdot V_1):(c_2\cdot V_2)=4:5$,所以

$$c_2=\frac{5\times 0.4000\times 0.2000}{4\times 1}=0.1000\ (\text{mol}\cdot\text{L}^{-1})$$

$$c_2=c_{HC_2O_4^-\cdot H_2C_2O_4}=0.1000\text{mol}\cdot\text{L}^{-1}$$

(3) $HC_2O_4^-\cdot H_2C_2O_4 + 3NaOH = 2C_2O_4^{2-} + 3H_2O + 3Na^+$

$$(c_2\cdot V_2):(c_3\cdot V_3)=1:3$$

即

$$3c_2\cdot V_2=c_3\cdot V_3$$

$$V_3=\frac{3\times 0.1000\times 1.00}{0.2000}=1.50(\text{mL})$$

例 1-13　称取混合碱 2.2560g,溶解后转入 250mL 容量瓶中定容。移取此试

液 25.00mL 两份：一份以酚酞为指示剂，用 0.1000mol · L^{-1} HCl 滴定耗去 30.00mL；另一份以甲基橙作指示剂耗去 HCl 35.00mL。问混合碱的组成是什么？含量各为多少？

解　混合碱的滴定常采用双指示剂法。

(1) 用酚酞作指示剂，以 HCl 标准溶液滴定至红色刚好消失，用去 HCl 的体积为 V_1(mL)。

(2) 再加甲基橙指示剂，继续用 HCl 滴定至橙色为终点，又用去 HCl 的体积为 V_2(mL)。根据 V_1 和 V_2 体积的大小，可以判断试样的组成：

HCl 标准溶液	试样的组成
$V_2=0$	NaOH
$V_1=0$	$NaHCO_3$
$V_1=V_2$	Na_2CO_3
$V_1>V_2$	$NaOH+Na_2CO_3$
$V_1<V_2$	$NaHCO_3+Na_2CO_3$

本题不是通常的双指示剂法，但由体积的大小，可知该混合碱的组成为 NaOH + Na_2CO_3。其反应式为

$$HCl+NaOH \xlongequal{\text{酚酞}} NaCl+H_2O$$

$$HCl+Na_2CO_3 \xlongequal{\text{酚酞}} NaHCO_3+NaCl$$

以甲基橙为指示剂时

$$NaHCO_3+HCl = NaCl+H_2CO_3 \quad (H_2CO_3 \rightarrow CO_2\uparrow+H_2O)$$

设滴定 NaOH 所消耗 HCl 标液体积为 V_1(mL)，滴定 Na_2CO_3 所消耗 HCl 标液体积为 V_2(mL)，则有

$$V_1+\frac{1}{2}V_2=30.00\text{mL} \qquad V_1+V_2=35.00\text{mL}$$

解此联立方程

$$V_1=25.00\text{mL} \qquad V_2=10.00\text{mL}$$

依反应

$$2HCl+Na_2CO_3 = 2NaCl+CO_2\uparrow+H_2O$$

所以

$$w_{\text{NaOH}}=\frac{0.1000\times25.00\times40.00}{2.2560\times\frac{25}{250}\times1000}\times100\%=44.33\%$$

$$w_{Na_2CO_3}=\frac{\frac{1}{2}\times(0.1000\times10.00)\times106.0}{2.2560\times\frac{1}{10}\times1000}\times100\%=23.49\%$$

例 1-14　精确称取硫酸铝试样 0.3734g，用水溶解，溶液以 $BaCl_2$ 定量沉淀 SO_4^{2-} 为 $BaSO_4$ 沉淀，沉淀经过滤、洗涤，溶于 0.021 21mol·L^{-1} 50.00mL EDTA 标准溶液中。过量的 EDTA 以 0.025 68mol·L^{-1} Mg^{2+} 标准溶液滴定，需 11.74mL。计算试样中 $Al_2(SO_4)_3$ 的质量分数。[已知 $M_{Al_2(SO_4)_3}=342.0g\cdot mol^{-1}$]

解　有关反应计量关系如下

$$Al_2(SO_4)_3\sim3BaSO_4\sim3H_2Y^{2-}\sim3Mg^{2+}$$

因此

$$3n_{Al_2(SO_4)_3}=n_{H_2Y^{2-}}$$

$$0.021\,21\times50.00=3n_{Al_2(SO_4)_3}+0.025\,68\times11.74$$

故

$$w_{Al_2(SO_4)_3}=\frac{\frac{1}{3}[(0.021\,21\times50.00)-(0.025\,68\times11.74)]\times342.0}{0.3734\times1000}$$

$$=0.2317$$

例 1-15　工业用水总硬度的测定，常采用络合滴定法：取水样 100.0mL 于锥瓶中，加 NH_3-NH_4Cl 缓冲溶液（pH10）及铬黑 T 指示剂，用 0.010 00mol·L^{-1} EDTA标准溶液滴定至溶液由紫红色变为纯蓝色为终点，消耗 EDTA 标准溶液 12.34mL，计算水样中总硬度[以 CaO(mg·L^{-1})计]。

解　水中总硬度的测定实际上就是测定水中钙、镁的总量，通常以 1L 水中含多少毫克 CaO 来表示，即总硬度以 CaO(mg·L^{-1})计。在 pH10 的氨性缓冲液中，Ca^{2+}、Mg^{2+}同时都被 EDTA 所滴定，其反应式

$$Ca^{2+}+H_2Y^{2-}=\!=\!=CaY^{2-}+2H^+$$

$$Mg^{2+}+H_2Y^{2-}=\!=\!=MgY^{2-}+2H^+$$

化学计量数都是$\frac{1}{1}$，所以 $n_{EDTA}=(n_{Ca^{2+}}+n_{Mg^{2+}})=n_{CaO}$。

$$CaO(mg\cdot L^{-1})=\frac{c_TV_TM_{CaO}}{V_{mL}}\times1000$$

$$=\frac{0.010\,00\times12.34\times56.08}{100.0}\times1000=83.0(mg\cdot L^{-1})$$

例 1-16　某合金钢中镍的测定，称取试样 0.5000g 于烧杯中，加王水溶解试样后注入 250mL 容量瓶中定容。分取 50.00mL 试液经丁二酮肟沉淀镍，分离干扰离子后，用热 HCl 溶解丁二酮肟镍于原烧杯中，加入 0.050 00mol·L^{-1}EDTA

30.00mL(控制适当过量),加少量水及六次甲基四胺缓冲溶液控制 pH≈5~6,以二甲酚橙为指示剂,用 0.025 00mol·L^{-1}Zn^{2+}标准溶液进行返滴定,呈紫红色为终点,消耗其体积 14.56mL,计算试样中 Ni 的含量。

解 本题是络合滴定的返滴定法,因为 Ni^{2+}与 EDTA 络合速度慢,又能封闭指示剂,所以首先加入过量 EDTA 标液、加热使 Ni^{2+}与 H_2Y^{2-}完全络合,剩余 EDTA用第二种标液 Zn^{2+}滴定。其反应式为

$$Ni^{2+} + H_2Y^{2-} \xlongequal{\quad} NiY^{2-} + 2H^+$$

$$Zn^{2+} + H_2Y^{2-}(\text{过量}) \xlongequal{\quad} ZnY^{2-} + 2H^+$$

化学计量数皆为$\frac{1}{1}$,所以$(n_{EDTA} - n_{Zn^{2+}}) = n_{Ni^{2+}}$。有

$$w_{Ni} = \frac{(0.050\,00 \times 30.00 - 0.025\,00 \times 14.56) \times M_{Ni}}{0.5000 \times \frac{50}{250} \times 1000} \times 100\%$$

$$= 66.67\%$$

例 1-17 用碘量法测定钢中的硫时,先使硫燃烧生成 SO_2,然后 SO_2 被含有淀粉的水溶液吸收,再用碘标准溶液滴定。若称取含硫 0.038%的标准钢样和被测钢样各 0.5000g,滴定标钢中的硫用去 I_2 标液 11.60mL,滴定被测钢样中的硫用去碘标液 12.34mL。试用滴定度表示碘溶液的浓度,并计算该钢样中硫的含量。

解 本题是直接碘量法。因为 I_2 作标液往往不稳定易挥发,浓度有变化,所以常用滴定度来表示,计算也方便。滴定度(T_{M_1/M_2})是指每毫升滴定剂溶液相当于被测物的质量(g 或 mg);或滴定度(T)表示 1mL 滴定剂相当于被测物质的质量分数(注意条件!),本题就是这种滴定度的应用。钢铁中硫化物主要以 FeS、MnS 等形体存在。其主要化学反应式为

$$3FeS + 5O_2 \xlongequal{1350℃\text{以上}} 3SO_2 + Fe_3O_4(\text{燃烧反应})$$

$$3MnS + 5O_2 \xlongequal{1350℃\text{以上}} 3SO_2 + Mn_3O_4$$

$$SO_2 + H_2O \xlongequal{\quad} H_2SO_3(\text{吸收反应})$$

$$H_2SO_3 + I_2 + H_2O \xlongequal{\text{淀粉}} 2HI + H_2SO_4(\text{滴定反应})$$

故

$$T_{I_2/S} = \frac{0.038\%}{11.60} = 0.003\,28\%$$

$$w_S = T \times V = 0.003\,28\% \times 12.34 = 0.040\%$$

淀粉液作指示剂,滴定到溶液刚呈纯蓝色为终点。

例 1-18 化学需氧量(COD)是量度水体受还原性物质(主要是有机物)污染

程度的综合性指标。对于地表水、饮用水等常采用高锰酸钾法测定 COD，即高锰酸盐指数。取某湖水 100mL 加 H_2SO_4 后，加 10.00mL 0.002 00mol·L^{-1} $KMnO_4$ 标液，立即加热煮沸 10min，冷却后又加入 10.00mL 0.005 00 mol·L^{-1} $Na_2C_2O_4$ 标液，充分摇动，用同上浓度 $KMnO_4$ 标液返滴定过剩的 $Na_2C_2O_4$，由无色变为淡红色为终点，消耗 V_2=5.50mL。计算该湖水的 COD[以 O_2(mg·L^{-1})计]。

解　主要化学反应式为

$$4KMnO_4 + 5C + 6H_2SO_4 = 4MnSO_4 + 5CO_2\uparrow + 2K_2SO_4 + 6H_2O$$

$$2MnO_4^- + 5C_2O_4^{2-} + 16H^+ = 2Mn^{2+} + 10CO_2\uparrow + 8H_2O$$

依上述反应式可以找出滴定剂与被测物(C)代表水中还原性有机物之间的计量关系

$$n_C = \frac{5}{4}\left(n_{KMnO_4} - \frac{2}{5}n_{Na_2C_2O_4}\right)$$

故

$$O_2(mg\cdot L^{-1}) = \frac{\left[c_{KMnO_4}\times(V_1+V_2) - \frac{2}{5}c_{Na_2C_2O_4}\cdot V_{Na_2C_2O_4}\right]\times\frac{5}{4}\times M_{O_2}\times 1000}{V_{水样}}$$

$$= \frac{\left[5\times c_{KMnO_4}\cdot(V_1+V_2) - 2c_{Na_2C_2O_4}\cdot V_{Na_2C_2O_4}\right]\times 8\times 1000}{100}$$

$$= [5\times 0.002\,00(10.00+5.50) - 2\times 0.005\,00\times 10.00]\times 8\times 10$$

$$= 4.40(mg\cdot L^{-1})$$

该湖水的 COD[以 O_2(mg·L^{-1})]为 4.40 mg·L^{-1}。

例 1-19　称取含砷试样 0.5000g，溶解后在弱碱性介质中使砷处理为 AsO_4^{3-}，然后沉淀为 Ag_3AsO_4。将沉淀过滤、洗涤，最后将沉淀溶于酸中。以 0.1000mol·L^{-1}NH_4SCN 溶液滴定其中的 Ag^+ 至终点，消耗 45.45mL。试计算试样中砷的含量。

解

$$AsO_4^{3-} + 3Ag^+ = Ag_3AsO_4\downarrow \qquad K_{sp} = 1\times 10^{-22}$$

$$Ag_3AsO_4\downarrow + 3HNO_3 = 3AgNO_3 + H_3AsO_4$$

$$Ag^+ + NH_4SCN = \underset{(白色)}{AgSCN\downarrow} + NH_4^+$$

以铁铵矾作指示剂，终点时

$$Fe^{3+} + SCN^- = FeSCN^{2+}(红色)$$

从上述反应式找出滴定剂 NH_4SCN 与被滴物 As 之间的化学计量数为 $\frac{b}{t} = \frac{1}{3}$，$M_{As}$=74.92g·mol^{-1}，故

$$n_{As} = \frac{1}{3}n_{NH_4SCN}$$

得

$$w_{As} = \frac{\frac{1}{3}c_T \cdot V_T \times M_{As}}{m_s \times 1000} \times 100\%$$

$$= \frac{\frac{1}{3} \times 0.1000 \times 45.45 \times 74.92}{0.5000 \times 1000} \times 100\%$$

$$= 22.70\%$$

例 1-20 新型节能材料高温超导体的最先突破是在 1987 年从新的钇钡铜氧材料的研究开始的。在制备钇钡铜氧高温超导体的同进，偶然得到了副产品——紫色的硅酸铜钡。凑巧的是，后者正是发现于中国汉代器物上的被称为“汉紫”的颜料，还发现于秦俑彩绘。

对钇钡铜氧材料的分析表明，其组成为$(Y^{3+})(Ba^{2+})_2(Cu^{2+})_2(Cu^{3+})(O^{2-})_7$；$\frac{2}{3}$的铜以 Cu^{2+} 形式存在，$\frac{1}{3}$则以罕见的 Cu^{3+} 形式存在；将 $YBa_2Cu_3O_7$ 试样溶于稀酸，Cu^{3+} 将全部被还原为 Cu^{2+}。

给出用间接碘量法测定 Cu^{2+} 和 Cu^{3+} 的简要设计方案，包括主要步骤、标准溶液（滴定剂）、指示剂和质量分数的计算公式[式中的溶液浓度、溶液体积(mL)、物质的摩尔质量、试样质量(g)和质量分数请分别采用通用符号 c、V、M、m_s 和 w 表示]。

解 实验步骤 A：称取试样 m_s，溶于稀酸，将全部 Cu^{3+} 转化为 Cu^{2+}，加入过量 KI($2Cu^{2+} 4I^- \xlongequal{} 2CuI\downarrow + I_2$)，再用 $Na_2S_2O_3$ 标准溶液滴定生成的 I_2（以淀粉为指示剂）。

实验步骤 B：仍称取试样 m_s，溶于含有过量 KI 的适当溶剂中，有关铜与 I^- 的反应分别为

$$2Cu^{2+} + 4I^- \xlongequal{} 2CuI\downarrow + I_2 \qquad (I_3^- \text{ 也正确})$$

$$Cu^{3+} + 3I^- \xlongequal{} CuI\downarrow + I_2 \qquad (I_3^- \text{ 也正确})$$

再以上述 $Na_2S_2O_3$ 标准溶液滴定生成的 I_2（淀粉指示剂）。

显然，同样质量 m_s 的 $YBa_2Cu_3O_7$ 试样，实验步骤 B 消耗的 $Na_2S_2O_3$ 的量将大于实验步骤 A，实验结果将佐证这一点，表明在钇钡铜氧高温超导体中确实有一部分铜以 Cu^{3+} 形式存在。此外，不仅由实验步骤 A 可测得试样中铜的总量，而且由两次实验消耗的 $Na_2S_2O_3$ 量之差还可测出 Cu^{3+} 在试样中的质量分数。

计算公式：设称取试样 m_1 和 m_2，按两种方法进行滴定。设试样中 Cu^{3+} 和 Cu^{2+} 的质量分数分别为 w_1 和 w_2。

先将 Cu^{3+} 还原成 Cu^{2+} 后用碘量法进行确定，此时消耗 $S_2O_3^{2-}$ 的量为 c_1V_1，有

$$2Cu^{2+} \sim 2S_2O_3^{2-} \sim 2I^- \sim I_2$$

$$\frac{w_1 m_1 + w_2 m_1}{M_{Cu}} = c_1 V_1 \times 10^{-3} \qquad (1)$$

直接用碘量法测定(试样量为 m_2),消耗 $S_2O_3^{2-}$ 为 $c_1 V_2$,有

$$Cu^{2+} \sim S_2O_3^{2-}$$

$$Cu^{3+} \sim I_2 \sim 2S_2O_3^{2-}$$

$$\frac{2w_1 m_2}{M_{Cu}} + \frac{w_2 m_2}{M_{Cu}} = c_1 V_2 \times 10^{-3} \qquad (2)$$

由式(1)和式(2)解得

$$w_1 = \frac{c_1(V_2 m_1 - V_1 m_2) M_{Cu} \times 10^{-3}}{m_1 m_2}$$

$$w_2 = \frac{c_1(2V_1 m_2 - V_2 m_1) M_{Cu} \times 10^{-3}}{m_1 m_2}$$

若 $m_1 = m_2 = m$,则

$$w_1 = \frac{(c_1 V_2 - c_1 V_1) M_{Cu}}{m} \times 10^{-3}$$

$$w_2 = \frac{(2c_1 V_1 - c_1 V_2) M_{Cu}}{m} \times 10^{-3}$$

五、自　测　题

1. 简述分析化学的定义、任务和作用。

2. 归纳分析方法的分类及分析方法的选择原则。

3. 解释以下名词术语:滴定分析法、滴定、滴定方式、标准溶液(滴定剂)、标定、化学计量点、滴定终点、滴定误差、指示剂、基准物质。

4. 滴定度的表示方法 $T_{B/A}$ 和 $T_{w_{B/A}}$ 的意义如何? 滴定度和物质的量浓度如何换算?

5. 基准试剂:(1) $H_2C_2O_4 \cdot 2H_2O$ 因保存不当而部分风化;(2) Na_2CO_3 因吸潮带有少量湿存水。用(1)标定 NaOH[或用(2)标定 HCl]溶液的浓度时,结果是偏高还是偏低? 用此 NaOH(HCl)溶液测定某有机酸(有机碱)的摩尔质量时,结果偏高还是偏低?

6. 下列各分析纯物质,用什么方法将它们配制成标准溶液? 如需标定,应该选用哪些相应的基准物质?

H_2SO_4,KOH,邻苯二甲酸氢钾,无水碳酸钠

7. 下列情况将对分析结果产生何种影响:正误差;负误差;无影响;结果混乱。

(1) 标定 HCl 溶液浓度时,使用的基准物 Na_2CO_3 中含有少量 $NaHCO_3$;

(2) 用递减法称量试样时,第一次读数时使用了磨损的砝码;

(3) 加热使基准物溶解后,溶液未经冷却即转移至容量瓶中并稀释至刻度,摇匀,马上进行标定;

(4) 配制标准溶液时未将容量瓶内溶液摇匀;

(5) 用移液管移取试样溶液时,事先未用待移取溶液润洗移液管;

(6) 称量时,承接试样的锥形瓶潮湿。

8. 在 1.000×10^3mL 0.2500mol·L^{-1} HCl 溶液中加入多少毫升纯水才能使稀释后的 HCl 标准溶液对 $CaCO_3$ 的滴定度 $T=0.010\ 01$g·mL^{-1}?(已知 $M_{CaCO_3}=100.09$g·mol^{-1})

9. 称取 4.710g 含 $(NH_4)_2SO_4$ 和 KNO_3 的混合试样,溶解后转入 250.0mL 容量瓶中,稀释至刻度,从容量瓶中移取 50.00mL 溶液两份,一份加 NaOH 溶液后蒸馏,用 H_3BO_3 吸收,用 0.096 10mol·L^{-1}HCl 溶液滴定用去 10.24mL;另一份用铅合金还原 NO_3^- 为 NH_4^+,加 NaOH 后,蒸馏,用 H_3BO_3 吸收,按与第一份相同的方法滴定用去 HCl 溶液 32.07mL。求样品中 $(NH_4)_2SO_4$ 和 KNO_3 的质量分数。(已知 $M_{KNO_3}=101.11$g·mol^{-1}, $M_{(NH_4)_2SO_4}=132.14$g·mol^{-1})

10. 测定工业纯碱中 Na_2CO_3 的含量时,称取 0.2457g 试样,用 0.2071 mol·L^{-1}的 HCl 标准溶液滴定,以甲基橙指示终点,用去 HCl 标准溶液 21.45mL。求纯碱中 Na_2CO_3 的质量分数。

11. 有一 $KMnO_4$ 标准溶液,已知其浓度为 0.020 10mol·L^{-1},求其 $T_{Fe/KMnO_4}$ 和 $T_{Fe_2O_3/KMnO_4}$。如果称取试样 0.2718g,溶解后将溶液中的 Fe^{3+} 还原成 Fe^{2+},然后用 $KMnO_4$ 标准溶液滴定,用去 26.30mL。求试样中 Fe、Fe_2O_3 的质量分数。

12. 称取 0.1500g $Na_2C_2O_4$ 基准物,溶解后在强酸溶液中用 $KMnO_4$ 滴定,用去 20.00mL,计算该溶液的浓度。

13. 已知高锰酸钾溶液浓度为 $T_{CaCO_3/KMnO_4}=0.005\ 005$g·mL^{-1},求此高锰酸钾溶液的浓度及它对铁的滴定度。

14. 已知浓硝酸的相对密度为 1.42,其中含 HNO_3 约为 70%,求其浓度。如欲配制 1L 0.25mol·L^{-1}HNO_3 溶液,应取这种浓硝酸多少毫升?

15. 已知浓硫酸的相对密度为 1.84,其中 H_2SO_4 含量约为 96%。如欲配制 1L 0.20mol·L^{-1} H_2SO_4 溶液,应取这种浓硫酸多少毫升?

16. 有一 NaOH 溶液,其浓度为 0.5450mol·L^{-1},取该溶液 100.0mL,需加水多少毫升方能配成 0.5000mol·L^{-1}的溶液?

17. 欲配制 0.2500mol·L^{-1}HCl 溶液,现有 0.2120mol·L^{-1}HCl 溶液 1000mL,

应加入 1.121mol·L^{-1}HCl 溶液多少毫升?

18. 酒石酸($H_2C_4H_4O_6$,Tar)是一个二元弱酸,它的 $pK_{a_1}=3.0$,$pK_{a_2}=4.4$。假设有一些不纯的酒石酸样品(纯度>80%),请你用约 0.1mol·L^{-1} NaOH 标准溶液去滴定其纯度,用指示剂以确定滴定终点。给出主要的实验步骤,特别注意你所称取样品的质量、选用的指示剂并给出计算酒石酸质量分数的公式。

19. 含有 Ni、Fe、Cr 的镍铬(电阻)合金试样采用 EDTA 滴定剂进行络合滴定分析。0.7176g 试样以 HNO_3 溶解后稀释至 250mL 容量瓶中,以水稀释到刻度并摇匀。准确移取 50.00mL 试液,以焦磷酸掩蔽其中的 Fe^{3+} 和 Cr^{3+},以紫脲酸铵作指示剂,需 26.14mL 0.058 61mol·L^{-1} EDTA 溶液滴定至终点;另一份 50.00mL 试液以六亚甲基四胺掩蔽其中的 Cr^{3+},以紫脲酸铵作指示剂,需上述浓度的EDTA 溶液 35.64mL 滴定至终点;第三份 50.00mL 试液中加入 50.00mL 上述浓度的 EDTA 溶液,仍以紫脲酸铵作指示剂,需 6.21mL 0.063 16mol·L^{-1} Cu^{2+} 标准溶液返滴定至终点。计算此合金试样中 Ni、Fe 和 Cr 的质量分数。(已知 Ni、Fe、Cr 的摩尔质量分别为 58.69g·mol^{-1}、55.847g·mol^{-1}、51.996g·mol^{-1})

20. 对下列各元素设计出基于酸碱滴定的分析方案。

元素	转化形式	吸收或沉淀产物	滴定
N	NH_3		
S	SO_2		
C	CO_2		
Cl(Br)	HCl		
F	SiF_4		
P	H_3PO_4		

21. 15.68L(标准状况)的氯气通入 70℃ 500mL 氢氧化钠溶液中,发生两个自身氧化还原反应,其氧化产物为次氯酸钠和氯酸钠。若吸取此溶液 25mL 稀释到 250mL。再吸取此稀释液 25mL 用乙酸酸化后,加入过量碘化钾溶液充分反应,此时只有次氯酸钠氧化碘化钾。用浓度为 0.20mol·L^{-1}的硫代硫酸钠滴定析出的碘,消耗硫代硫酸钠溶液 5.0mL 恰好到终点。将滴定后的溶液用盐酸调至强酸性,此时氯酸钠也能氧化碘化钾,析出的碘用上述硫代硫酸钠溶液再滴定到终点,需要硫代硫酸钠溶液 30.0mL。

(1) 计算发生了两个自身氧化还原反应后溶液中次氯酸钠和氯酸钠的物质的量之比;

(2) 写出 Cl_2 与 NaOH 总的反应方程式;

(3) 溶液中各生成物物质的量浓度。

22. 有生理盐水 10.00mL，加入 K_2CrO_4 指示剂，以 0.1043mol·L^{-1} $AgNO_3$ 标准溶液滴定至出现砖红色，用去 14.58mL。计算此生理盐水中 NaCl 的质量浓度(g·mL^{-1})。(已知 M_{NaCl} = 58.44g·mol^{-1})

23. 实验室定量分析某样品中亚硫酸钠的一种方法是：

(1) 在 1.520g 样品中加入碳酸氢钾溶液、0.13% I_2 的氯仿溶液，在分液漏斗中振荡 15min。离子方程式为

$$SO_3^{2-} + I_2 + 2HCO_3^- \longrightarrow SO_4^{2-} + 2I^- + 2CO_2\uparrow + H_2O$$

(2) 取(1)中所得的水溶液，加入一定量乙酸、足量的饱和溴水溶液，充分振荡，其中碘离子被氧化成碘酸根离子，得到 250mL 溶液。

(3) 在(2)所得溶液中取 25mL，滴加甲酸，除去其中过量的 Br_2。

(4) 将(3)所得溶液中加适量的乙酸钠，再加入足量的碘化钾溶液，振荡溶液。离子方程式为

$$6H^+ + IO_3^- + 5I^- \longrightarrow 3I_2 + 3H_2O$$

(5) 用标准的硫代硫酸钠溶液滴定(4)中所得溶液，共消耗 0.1120mol·L^{-1} $Na_2S_2O_3$ 15.10mL。离子方程式为

$$I_2 + 2S_2O_3^{2-} \longrightarrow 2I^- + S_4O_6^{2-}$$

回答下列问题：

(1) 写出操作(2)、(3)中所发生反应的离子方程式。

(2) (1)中为什么要用 0.13% I_2 的氯仿溶液，而不直接用 I_2 的水溶液？

(3) 计算样品中亚硫酸钠的质量分数。(已知 $M_{Na_2SO_3}$ = 126g·mol^{-1})

24. 含 S 有机试样 0.471g，在氧气中燃烧，使 S 氧化为 SO_2，用预中和过的 H_2O_2 将 SO_2 吸收，全部转化为 H_2SO_4，以 0.108mol·L^{-1}KOH 标准溶液滴定至化学计量点，消耗 28.2mL。求试样中 S 的质量分数。

25. 将 50.00mL 0.1000mol·L^{-1} $Ca(NO_3)_2$ 溶液加入到 1.000g 含 NaF 的试样溶液中，过滤、洗涤。滤液及洗液中剩余的 Ca^{2+} 用 0.0500mol·L^{-1}EDTA 滴定，消耗 24.20mL。计算试样中 NaF 的质量分数。

26. 今有 $MgSO_4 \cdot 7H_2O$ 纯试剂一瓶，设不含其他杂质，但有部分失水变为 $MgSO_4 \cdot 6H_2O$，测定其中 Mg 含量后，全部按 $MgSO_4 \cdot 7H_2O$ 计算，得质量分数为 100.96%。试计算试剂中为一级(G. R.)；99.00% ~ 100.5% 为二级(A. R.)；98.00%~101.0%为三级(C. P.)。现以 $KMnO_4$ 法测定，称取试样 1.012g，在酸性介质中用 0.020 34mol·L^{-1} $KMnO_4$ 溶液滴定，至终点时消耗 35.70%。计算此产品中 $FeSO_4 \cdot 7H_2O$ 的质量分数，并判断此产品符合哪一级化学试剂标准。

27. 有反应 $H_2C_2O_4 + 2Ce^{4+} \longrightarrow 2CO_2 + 2Ce^{3+} + 2H^+$，多少毫克的 $H_2C_2O_4 \cdot 2H_2O$(M_r = 126.07)将与 1.00mL 0.0273mol·L^{-1}的 $Ce(SO_4)_2$ 依上式反应？

28. CN^-可用EDTA间接滴定法测定。已知一定量过量的Ni^{2+}与CN^-反应生成$Ni(CN)_4^{2-}$，过量的Ni^{2+}以EDTA标准溶液滴定，$Ni(CN)_4^{2-}$并不发生反应。取12.7mL含CN^-的试液，加入25.00mL含过量Ni^{2+}的标准溶液以形成$Ni(CN)_4^{2-}$，过量的Ni^{2+}需与10.1mL 0.0130 $mol \cdot L^{-1}$ EDTA完全反应。另：39.3mL 0.0130$mol \cdot L^{-1}$ EDTA与上述Ni^{2+}标准溶液30.0mL完全反应。计算含CN^-试液中CN^-的物质的量浓度。

第二章　分析化学中的误差与数据处理

一、复习要求

(1) 了解误差的传递规律、分析结果异常值的取舍规则、线性回规法的原理。

(2) 熟悉系统误差和随机误差的特点及分布规律、消除或减少误差的方法、显著性检验及其适用的范围。

(3) 掌握各类误差、测量结果的分布区间及一定区间内的概率的计算方法，有效数字的计算规则。

二、内容提要

(一) 有效数字及其计算规则

有效数字是指有实际意义的数字，对于某一个数据来讲，它的有效数字的位数取决于实际情况，正确记录的数据中应当只有最后一位为可疑数字。一个数据的有效数字位数等于非零的最大位至最小的位的位数，对于用对数表示的数据，其有效数字的位数则取决于小数部分的位数。在进行有效数字计算时，若为加减法计算，则其结果的小数部分的有效数字位数应与小数部分位数最少的数据相同，整数部分的位数有几位就保留几位；若为乘除法计算，则结果应保留的有效数字的位数与有效数字位数最少的那个数据的相同。计算时可根据结果的位数，先对各个数据进行修约后再计算，最后对结果进行修约，也可先计算，到最后才修约。修约的原则是“四舍六入五成双”，若“5”后面还有数字则进位。

(二) 准确度与精密度

准确度是指测量结果与真值接近的程度，常用误差来表示。误差分为绝对误差和相对误差，若用数学式表示则分别为

$$E = x_i - x_T \qquad E_r = \frac{X_i - X_T}{X_T} \times 100\% = \frac{E}{X_T} \times 100\%$$

真值一般不知道，通常根据总体平均值来计算。总体平均值是指测定次数无限多时，所得结果的平均值，即

$$\mu = \lim_{n \to \infty} \frac{\sum X_i}{n}$$

若方法不存在系统误差,则总体平均值 μ 应等于真值 X_T。

精密度指单次测定结果相互接近的程度,用偏差来衡量。偏差分为相对偏差和平均偏差等多种,它们的计算式分别为:

单个测定结果的偏差

$$\delta_i = X_i - \mu$$

单个测量值的相对偏差

$$\delta_{ir} = \frac{X_i - \mu}{\mu} \times 100\% = \frac{\delta_i}{\mu} \times 100\%$$

平均偏差

$$\bar{\delta} = \frac{\sum |x_i - \mu|}{n} = \frac{\sum |\delta_i|}{n}$$

相对平均偏差

$$\bar{\delta}_r = \frac{\bar{\delta}}{\mu} \times 100\%$$

标准偏差

$$\sigma = \sqrt{\frac{\sum (X_i - \mu)^2}{n}}$$

相对标准偏差

$$\sigma_r = \frac{\sigma}{\mu} \times 100\%$$

根据单次测定结果的偏差,也可估计平均值的偏差,其计算式为:

平均值的标准偏差

$$\sigma_{\bar{X}} = \frac{\sigma}{\sqrt{n}}$$

平均值的平均偏差

$$\delta_{\bar{X}} = \frac{\bar{\delta}}{\sqrt{n}}$$

通常测定次数都比较少,总体平均值 μ 一般也不知道,因此只能根据少数测定结果的平均值来计算偏差,这时的偏差统称为样本偏差,以别于上述的总体偏差。样本偏差的计算式与总体偏差的计算式基本相同,只是符号不同而已,如

绝对偏差

$$d_i = x_i - \bar{x}$$

相对偏差

$$d_{ir} = \frac{d_i}{\bar{X}} \times 100\%$$

平均偏差

$$\bar{d}=\frac{\sum|d_i|}{n}$$

相对平均偏差

$$\bar{d}_{\mathrm{r}}=\frac{\bar{d}}{\bar{X}}\times 100\%$$

标准偏差

$$S=\sqrt{\frac{\sum(X_i-\bar{X})^2}{n-1}}$$

相对标准偏差

$$S_{\mathrm{r}}=\frac{S}{\bar{X}}\times 100\%$$

平均值的标准偏差

$$S_{\bar{X}}=\frac{S}{\sqrt{n}}$$

平均值的平均偏差

$$\bar{d}_{\bar{X}}=\frac{\bar{d}}{\sqrt{n}}$$

(三) 随机误差的分布规律

随机误差是由一些不确定的、偶然的因素引起的误差,它在实验中不可避免,难以预测。但当测试次数很多时,它符合正态分布规律。用一个数学式表达则为

$$y=f(x)=\frac{1}{\sigma\sqrt{2\pi}}\mathrm{e}^{-(x-\mu)^2/2\sigma^2}$$

式中:y 为概率密度,是指误差并值在某单位区间内出现的概率;其他符号具有通常的意义。正态分布曲线的形状取决于两个参数即 μ 和 σ,这两个参数确定了,曲线也就被定下来了,因此常用 $N(\mu,\sigma^2)$来表示某正态分布曲线。$\mu=0,\sigma^2=1$ 时的正态分布称为标准正态分布。为便于计算,通常将非标准正态分布曲线转化为标准正态分布曲线。变换的方法为将横坐标改为 u,即令 $u=(x-\mu)/\sigma$。将此代入上式并经适当变换,则得标准正态分布曲线方程

$$y=\Phi(u)=\frac{1}{\sqrt{2\pi}}\mathrm{e}^{-u^2/2}$$

由正态分布曲线可知,绝对值小的误差出现的概率大,反之出现的概率小;绝对值相等的正负误差出现的概率相等;标准偏差大时数据比较分散,反之比较集中。

若对上式进行积分,则可得到求出测量值落在某一区间的概率

$$P=\int_{X_1}^{X_2}f(x)\mathrm{d}x=\int_{X_1}^{X_2}\frac{1}{\sigma\sqrt{2\pi}}\mathrm{e}^{-(x-\mu)/2\sigma^2}\mathrm{d}x=\int_{u_1}^{u_2}\Phi(x)\mathrm{d}u$$

$$=\int_{u_1}^{u_2}\frac{1}{\sqrt{2\pi}}\mathrm{e}^{-\mu^2/2}\mathrm{d}u\leqslant 1$$

当测定次数较少时,则应用 t 分布进行统计处理。t 分布与正态分布的不同之处是它与自由度 f(即 $n-1$)有关,t 值大小还与置信度有关,因此常用下标来表示这两个参数,即 $t_{\alpha,f}$,查表时需看 α 和 f 的值。t 坐标的值为

$$t=\frac{x-\mu}{s_{\overline{X}}}$$

根据 t 值可计算测定值落在 $\mu\pm ts$ 范围内的概率。反之,可根据相应某置信度的 t 值,估计测定值的范围。

(四) 平均值的置信区间

总体平均值的置信区间即为在一定置信度下,以单次测量值 x 或者平均值 $\overline{X}$ 为中心,包括总体平均值 μ 的范围。其大小可根据下式估算

$$\mu=X\pm u\sigma$$

或

$$\mu=\overline{X}\pm u\sigma_{\overline{X}}=\overline{X}\pm\frac{u\sigma}{\sqrt{n}}$$

当测量数据较少时,则应根据 t 分布进行统计处理,此时

$$\mu=\overline{X}\pm ts_{\overline{X}}=\overline{X}\pm\frac{ts}{\sqrt{n}}$$

与之相似,根据总体平均值(或平均值)和给定的区间概率,可估计测定值出现的范围大小,即

$$x=\mu\pm u\sigma_{\overline{X}}=\mu\pm\frac{u\sigma}{\sqrt{n}}$$

或

$$x=\mu\pm ts_{\overline{X}}=\mu\pm\frac{ts}{\sqrt{n}}$$

(五) 分析结果的显著性检验

1. t 检验法

t 检验法可检查平均值与标准值有无显著性差异。这种比较主要是用来衡量所采用的分析方法和操作程序是不是存在系统误差。

根据 $\mu=\bar{X}\pm\frac{ts}{\sqrt{n}}$，则 $t=\frac{|\bar{X}-\mu|}{s}\sqrt{n}$，由求得的值与 $t_{\alpha,f}$ 值比较，若 $t>t_{\alpha,f}$，表明有显著性差异；反之则无。

t 检验法也可用于两组数据总体平均值的比较，看它们是不是存在统计学意义上的差异。进行这种检验时，先应看两组数据的精密度是否存在差别，只有在精密度没有差别的情况下比较才有意义。其比较方法为先求出其合并标准偏差

$$S=\sqrt{\frac{\sum(X_{1i}-\bar{X}_1)^2+\sum(X_{2i}-\bar{X}_2)^2}{n_1-1+n_2-1}}$$

总自由度

$$f=n_1+n_2-2$$

再求统计量

$$t=\frac{\bar{X}_1-\bar{X}_2}{S}\sqrt{\frac{n_1n_2}{n_1+n_2}}$$

若 $t>t_{表}$，表明有显著性差异；反之则无。

2．F 检验法

用于检查两组测量值精密度的差异。检验时先将每组测量值的标准偏差求出来，然后计算大偏差与小偏差的比值 F，即 $F=s_{大}{}^2/s_{小}{}^2$，再将其与表中的标准 F 值比较，若 $F>F_{表}$，则表明有显著性差异。用 F 检验法时，要注意是单边检验还是双边检验。如新仪器、改进后的新方法与原有仪器方法的比较属于单边检验；一般性的检验两种方法、两组测试数据、两人测试结果是否有显著性差异属于双边检验。

3．异常值的取舍

一组平行测定数据中，有时会有个别数据明显偏大或者偏小。对于这种异常值，是保留还是舍弃，在没有确定原因的情况下，不能随意取舍，而应根据一定的规则进行。常用于检验异常值的方法有 $4\bar{d}$ 法、格鲁布斯法和 Q 检验法。用 $4\bar{d}$ 法检验时，先将可疑值(X_i)排除在外，求平均值 $\bar{X}$ 和平均偏差 $\bar{d}$，再比较。若 $|\bar{X}-X_i|>4\bar{d}$，则该舍去。用格鲁布斯法检验时，先将测量值按大小顺序排列，这样一来，该取舍的只可能是两端的，即最小或最大的。假设 x_1 为可疑值，则计算统计量 $T=\frac{X-X_1}{S}$，然后再拿它与 $T_{\alpha,n}$ 比较，若 $T\geqslant T_{\alpha,n}$，则 X_1 该舍去；反之该保留。若怀疑 x_n 为可疑值，先求 $T=\frac{X_n-\bar{X}}{S}$，再比较。需要注意的是在进行格鲁布斯检验时，计算 $\bar{X}$ 和 S 时是把可疑值包括在内进行计算。

Q 检验法是先将结果按从小到大的顺序排列，设 x_1 为可疑值，则计算统计量 $Q=\dfrac{x_2-x_1}{x_n-x_1}$，设 x_n 为可疑值，则 $Q=\dfrac{x_n-x_{n-1}}{x_n-x_1}$，然后将 Q 与标准 $Q_{表}$ 比较，若 $Q<Q_{\alpha,n}$，应保留；反之应舍去。通过检验，若发现某值可疑，并确定该舍去。在其被舍去后，剩余值里有可能又出现可疑值，此时需进一步进行检验，但此时 $\overline{X}$、S 和 d 都变了。

（六）误差的传递

对于系统误差的传递，若分析结果是通过加减得出，如 $R=mA+nB-C$，则分析结果和绝对误差是各测量值的绝对误差的代数和，即 $E_R=mE_A+nE_B-E_C$ 若分析结果是通过乘除法求得，如 $R=m(AB/C)$，则分析结果相对偏差是各测量步骤相对偏差的代数和，即 $E_R/R=E_A/A+E_B/B-E_C/C$

随即误差的传递方式为：若分析结果是通过加减得出，如 $R=mA+nB-C$，则分析结果的标准偏差的平方是各测量步骤标准偏差的平方和，即 $S_R^2=m^2{S_A}^2+n^2{S_B}^2+1^2{S_C}^2$，若分析结果是通过乘除法求得，如 $R=m(AB/C)$，则结果的相对标准偏差的平方是各测量值的相对标准偏差的平方和，即 ${S_R}^2/R^2={S_A}^2/A^2+{S_B}^2/B^2+{S_C}^2/C^2$。

（七）回归分析法

1. 线性回归方程

设测量值 y_i 与 x_i 有这样的对应关系

$$y_i=a+bx_i+d_i$$

d_i 为偏差，那么根据一组测量值，通过最小二乘法可得出两者间的相关方程 $y=a+bx$，其中

$$a=\frac{\sum_{i=1}^{n}y_i-b\sum_{i=1}^{n}x_i}{n}=\overline{y}-b\overline{x}$$

$$b=\frac{\sum_{i=1}^{n}(x_i-\overline{x})(y_i-\overline{y})}{\sum_{i=1}^{n}(x_i-x)^2}=\frac{\sum_{i=1}^{n}(x_iy_i-n\overline{x}\overline{y})}{\sum_{i=1}^{n}({x_i}^2-n\overline{x}^2)}$$

$\overline{x}$、$\overline{y}$ 均为平均值，a、b 分别为截距和斜率，因此由一组数据即可得到回归方程，由回归方程可以求出未知样的浓度或其他参数。

2. 相关系数 r

用于衡量数据线性关系的好坏，其计算方法如下

$$r = b\sqrt{\frac{\sum(x_i - \bar{x})^2}{\sum(y_i - \bar{y})^2}} = \frac{\sum(x_i - \bar{x})(y_i - \bar{y})}{\sqrt{\sum(x_i - \bar{x})^2\sum(y_i - \bar{y})^2}}$$

$r \leqslant 1$，r 越接近 1，则线性越好，若 $r_{计算} > r_{表}$，则符合要求。

（八）提高分析结果准确度的方法

根据实际情况和要求选择合适的分析方法，操作准确、细致，避免因分析方案不合理带来的误差，减少测量误差。采用适当增加平行测定次数，做对照实验、空白实验，校准仪器等方法消除系统误差。

三、要点及疑难点解析

1. 有效数字的计算

对于有效数字的混合运算，应先分别把加减法和乘除法计算式计算结果的有效位数确定下来，然后进一步计算和确定计算结果的有效位数。

2. 误差和偏差

误差是衡量准确度的，偏差反映精密度的好坏，它们一起可用于评价测定结果和测定方法的优劣。至于平均值的偏差等的计算，它是根据统计学原理由单次测量结果(一组数据)来估算的，并非通过多组单次测量的平均值计算。测定结果常以平均值报出，因此它能更好地反映实际情况。

3. 测定结果的分布规律

测定结果的分布规律与随机误差的分布规律相同，只是在分布图上的坐标不同而已。一个是以 σ 为坐标，另一个是以 x 为坐标。测定值的区间概率等于其所包括的面积，在计算时应明确所指的区间。对于平均值的置信区间，它与估计测定值的区间相似，尽管它们在概念上有所不同。

4. 结果的检验

若将 t 检验法用于两组结果的检验时，先应对它们进行 F 检验，看它们的精密度是否有差别，只有在无显著差别的情况下才能进行 t 检验。因为 t 检验法的计算式是在假定两组结果的可靠性(即精密度相同)相同的情况下导出的。若检出两组结果或者测定结果与标准值有显著差别，表明两方法有质的区别或测定方法存在系统误差。

四、例 题

例 2-1 根据有效数字计算规则计算，$Y = 12.007 + (31.75 + 4.84 - 18.592) \times 0.7285/21.3$。

思路 上式包括两项，先应确定第二项计算结果的有效数字位数并计算，在此基础上再确定最后结果的有效数字位数，然后计算结果并根据应保留的位数进行修约。

解 $Y = 12.007 + 18.00 \times 0.7285/21.3 = 12.007 + 0.616 = 12.623$

例 2-2 对某试样中的 Cu 含量进行了四次平行测定，结果为 20.03%、20.05%、20.02%、20.01%。计算其平均偏差、标准偏差及平均值的标准偏差。

思路 要计算平均偏差和标准偏差，先要算出平均值，再根据单个值与平均值的差来计算。

解 平均值为

$$\overline{X} = (20.03\% + 20.05\% + 20.02\% + 20.01\%)/4 = 20.03\%$$

平均偏差为

$$\overline{d} = (|d_1| + |d_2| + |d_3| + |d_4|)/4 = 0.13\%$$

标准偏差为

$$s = (\sum d_i^2/3)^{1/2} = 0.17\%$$

平均值的标准偏差为

$$s_{\overline{X}} = s/\sqrt{n} = 0.17\%/2 = 0.085\%$$

例 2-3 求测量值落在区间 $\mu - 2\sigma \sim \mu + 0.6\sigma$ 内的概率。

思路 给出了区间，求该区间包括的面积。由于所给的区间不对称，因此应分别将它们的面积(概率)计算出来，再相加。

解 已知 $x_1 = \mu - 2\sigma$，$x_2 = \mu + 0.6\sigma$，则 $u_1 = (x_1 - \mu)/\sigma = 2$，$u_2 = (x - \mu)/\sigma = 0.6$

$$|u| = \frac{|x - \mu|}{\sigma} = \frac{|\mu \pm 0.6\sigma - \mu|}{\sigma} = 0.6$$

查表得 u 为 2 和 0.6 时的概率分别为 0.477 和 0.2258，所以 $p = 0.477 + 0.2258 \approx 70.016\%$

例 2-4 对某含铁试样进行了多次分析(130 次)，已知分析结果符合正态分布，$N(55.20, 0.20^2)$，求分析结果大于 55.6% 的最大可能出现的次数。

思路 一定区间内出现的次数与相应的区间概率有关，因此，应计算区间概率，而求概率需要知道 u 值，所以先要根据题中给出的数据计算 u 值。

解 由 $N(55.20, 0.20^2)$知，$\mu=55.20$，$\sigma=0.20$，$x=55.60\%$，则

$$u=\frac{|x-\mu|}{\sigma}=\frac{55.60-55.20}{0.20}=2.0$$

查表得 $P=0.4773$，因此，测量值大于 55.60%的概率为 $0.5-0.4473=0.0227$，出现的次数为 $0.0227\times130\approx3$ 次。

例 2-5 用重量法测定 $CuSO_4.5H_2O$ 中结晶水的质量分数时，称取试样 0.2500g，加热除去水分后再称量。已知天平的称量误差为 ±0.1mg，通过计算说明分析结果应为几位有效数字。

思路 欲知道结果为几位有效数字，应将其计算式列出，再根据有效数字的运算规则和计算式中各项的有效数字位数确定结果的位数。

解 质量分数 $w=m_{H_2O}/m_s=m_{H_2O}/0.2500$，$m_{H_2O}$为两次称量的差，此处未告知，可根据理论值估计，即

$$m_{H_2O}=m_s-m_{CuSO_4}=5M_{H_2O}\times m_s/M_{CuSO_4.5H_2O}$$
$$=5\times18.00\times0.2500/249.68=0.090\ 115(\mathrm{g})$$

天平只能称准至 0.1mg，因此，称量差减所得 H_2O 的质量将为 0.0901g 左右，有效数字为 3 位。这样，质量分数 w 的有效数字为 3 位。

例 2-6 为提高光度法测定微量 Pd 的灵敏度，改用一种新的显色剂，设同一溶液用原显色剂测定 4 次，吸光度为 0.112、0.128、0.120、0.119，用新显色剂测定 3 次，吸光度为 0.170、0.180、0.220。试判断新显色剂测定 Pd 的灵敏度是否有明显提高？

思路 此为两种方法的检验，应采用 t 检验法，若检出有显著性差异，表明新方法比旧方法有明显改进，反之则无。用 t 法检验前，先应用 F 检验法检查其精密度是否有差异。

解 用 F 检验新旧方法的精密度有无显著性差异。

原方法

$$\bar{X}_1=0.120 \qquad S_1=6.6\times10^{-3}$$

新方法

$$\bar{X}_2=0.190 \qquad S_2=2.6\times10^{-2}$$

$$F=S_2^2/S_1^2=(2.6\times10^{-2})^2/(6.6\times10^{-3})^2\approx15.5$$

而 $F_{3,2}\approx19.2$，即 $F<F_{表}$，无显著性差异。

再用 t 检验法进行检验

$$S=\frac{\sqrt{\sum(x_{1i}-\bar{x}_1)^2+\sum(x_{2i}-\bar{x}_2)^2}}{n_1+n_2-2}\approx\sqrt{3.1\times10^{-4}}\approx1.76\times10^{-2}$$

$$t=\frac{\bar{x}_1-\bar{x}_2}{S}\sqrt{\frac{n_1n_2}{n_1+n_2}}=\frac{|0.120-0.190|}{1.76\times10^{-2}}\sqrt{\frac{3\times4}{3+4}}\approx5.21$$

置信度为 95%，总自由度为 7 − 2 = 5 时，$t_{0.05,5} = 2.57$，即 $t > t_{表}$。故在置信度为 95%时，新方法灵敏度有明显提高。

例 2-7　为提高光度法测定微量 Pd 的灵敏度，改用一种新的显色剂，设同一溶液用原显色剂测定 4 次，吸光度为 0.112、0.128、0.120、0.119，用新显色剂测定 3 次，吸光度为 0.170、0.180、0.220。试判断新显色剂测定 Pd 的灵敏度是否有明显提高。

思路　要看是否有明显提高，需要对两组结果进行 t 检验，看它们是否有显著差异，若存在显著差别，表明有明显提高，反之则无。

解　先用 F 检验法检验新旧方法的精密度有无显著性差异。

原方法

$$\bar{x}_1 = 0.120 \qquad S_1 = 6.6\times10^{-3}$$

新方法

$$\bar{x}_2 = 0.190 \qquad S_2 = 2.6\times10^{-2}$$

$$F = S_2^2/S_1^2 = (2.6\times10^{-2})^2/(6.6\times10^{-3})^2 \approx 15.5$$

而 $F_{3,2} \approx 19.2$，即 $F < F_{表}$，无显著性差异。

再用 t 检验法进行检验

$$S = \sqrt{\frac{\sum(x_{1i} - \bar{x}_1)^2 + \sum(x_{2i} - \bar{x}_2)^2}{n_1 + n_2 - 2}} \approx \sqrt{3.1\times10^{-4}} \approx 1.76\times10^{-2}$$

$$t = \frac{\bar{x}_1 - \bar{x}_2}{S}\sqrt{\frac{n_1 n_2}{n_1 + n_2}} = \frac{|0.120 - 0.190|}{1.76\times10^{-2}}\sqrt{\frac{3\times4}{3+4}} \approx 5.21$$

例 2-8　用 $Na_2C_2O_4$ 标定 Ce^{4+} 时，一种方法是通过加热，另一种方法是通过加 Mn^{2+} 作催化剂来加速反应，今用这两种方法标定 Ce^{4+}，所得结果如下：

方法 1　0.098 91　0.098 96　0.099 01　0.098 96

方法 2　0.099 11　0.098 96　0.098 86　0.099 06　0.099 01

问两种方法有无显著性差异？（设置信度为 90%）

思路　先对两种方法的精密度进行检验，然后检验两组结果，即两种方法有无显著性差异。

解　$\bar{x}_1 = 0.09896$，$S_1 = 4.1\times10^{-6}$，$f_1 = 4 - 1 = 3$；$\bar{x}_2 = 0.099\,00$，$S_2 = 9.6\times10^{-6}$，$f_2 = 5 - 1 = 4$，故

$$F = S_2^2/S_1^2 = (9.6\times10^{-6})^2/(4.1\times10^{-6})^2 \approx 5.00$$

而 $F_{4,3} \approx 9.12$，即 $F < F_{表}$，所以，两种方法的精密度无显著性差异。

又

$$S = \sqrt{\frac{\sum(x_{1i} - \bar{x}_1)^2 + \sum(x_{2i} - \bar{x}_2)^2}{n_1 + n_2 - 2}} \approx 7.8\times10^{-5}$$

$$t=\frac{\bar{x}_1-\bar{x}_2}{S}\sqrt{\frac{n_1n_2}{n_1+n_2}}\approx 0.76$$

而 $t_{0.10,7}=1.9$，$t<t_{表}$，因此两种方法无显著性差异。

例 2-9　已知天平称量误差为 $S_1=0.1\text{mg}$，滴定管读数误差为 $S_2=0.02\text{mL}$。某基准物质的摩尔质量为 $105.00\text{g}\cdot\text{mol}^{-1}$。称取该基准物质 0.5000g，用于标定某溶液，设滴定至终点时用去该溶液 32.52mL，求所得溶液浓度的标准偏差。

思路　读数误差为随机误差，可根据随机误差的传递规律来估算所以得结果的误差大小。

解　结果的计算式为：$c_x=m/(M_r\times V)\times 10^{-3}=0.5000/(105.00\times 32.52)\times 10^{-3}\approx 0.1464\text{mol}\cdot\text{L}^{-1}$。

由于标定误差属随机误差，故

$$(S_c/c)^2=(S_m/m)^2+(S_V/V)^2$$

$$S_c^2=\sqrt{c_x{}^2(S_m^2/m^2+S_V^2/V^2)}$$

而 $m=m_2-m_1$（读两次），所以 $S_m^2=S_1^2+S_2^2=0.01+0.01=0.02$。$V=V_2-V_1$（读两次），$S_V^2=0.02^2+0.02^2=0.0008$。

将有关数据代入得

$$S_c=1.34\times 10^{-4}$$

例 2-10　已知 $\bar{X}=27.1$，$\sigma=0.2$，计算置信度为 95% 时 μ 的范围。

思路　欲求 μ 的范围，应知道平均值和 u 值，u 值可根据置信度查表得知。

解　置信度为 95% 时，对应的单边面积为 $0.95/2=0.475$，查表得，$u=2$。所以 μ 的范围为：$\mu=\bar{X}\pm u\sigma=27.1\pm 0.4$，即 $26.7\leqslant\mu\leqslant 27.5$。

例 2-11　已知测定 Co 的标准偏差为 $\sigma=0.12\%$，测得 Co 的质量分数为 12.55%。若该结果分别为平行测定 1 次、4 次和 9 次得到的，计算置信度为 95% 时平均值的置信区间。计算结果说明什么问题？（已知置信度为 95% 时，$u=1.96$）

思路　根据测定结果的平均值来估算总体平均值的置信范围，其范围大小与测定次数有关。

解　总体平均值的置信区间为

$$\mu=\bar{x}\pm u\sigma_{\bar{X}}=\bar{x}\pm\frac{u\sigma}{\sqrt{n}}$$

当 $n=1$ 时

$$\mu=\bar{x}\pm\frac{u\sigma}{\sqrt{n}}=12.55\pm\frac{1.96\times 0.12}{\sqrt{1}}=12.55\pm 0.24$$

当 $n=4$ 时

$$\mu = \bar{x} \pm \frac{u\sigma}{\sqrt{n}} = 12.55 \pm \frac{1.96 \times 0.12}{\sqrt{4}} = 12.55 \pm 0.12$$

当 $n = 9$ 时

$$\mu = \bar{x} \pm \frac{u\sigma}{\sqrt{n}} = 12.55 \pm \frac{1.96 \times 0.12}{\sqrt{9}} = 12.55 \pm 0.08$$

可见,在相同置信度下,平行测定次数增加,置信范围变小,即平均值越接近总体平均值。

例 2-12　测定试样的含磷量得如下结果:9.25,9.28,9.30,9.21。用 $4\bar{d}$ 法判断,再测定一次时,所得结果不应被舍去的范围为多大?

思路　根据 $4\bar{d}$ 法的取舍原则,凡是测定结果在 $\bar{x} \pm 4\bar{d}$ 范围内均应保留,因此不被舍去的值应在此范围内。

解　设再测一次的结果为 x

$$\bar{x} = \frac{\sum x_i}{n} = (9.21 + 9.25 + 9.28 + 9.30)/4 = 9.26$$

$$\bar{d} = \frac{\sum |d_i|}{n} = (0.05 + 0.01 + 002 + 004)/4 = 0.03$$

$$x = \bar{x} \pm 4\bar{d} = 9.26 \pm 0.12$$

故再测定一次所得结果不应被舍去的范围为 9.14～9.38。

五、自　测　题

(一) 填空题

1. 用重量法测定 SiO_2 时,硅酸沉淀不完全,引起________误差。

2. 测定某试样中的铁含量,所得分析结果的精密度很好,可准确度不高,其原因可能是________。

3. 用于标定 HCl 的基准物质吸湿,则所得结果会________。

4. 滴定时,指示剂颜色变化判断不准,引起________误差。

5. 欲减少随机误差,可________。

6. 正态分布曲线$(21.32, 0.021^2)$表明其总体平均值为________,标准偏差为________。

7. 欲对测定结果的平均值与标准值进行比较,看两者间有无显著性差异,应采用________检验法。

8. 常用于检验和消除系统误差的方法有____________________。

9. 系统误差具有________、________等特性。

10. 某次测量结果平均值的置信区间为 $\bar{X} \pm t_{0.05,8}s/\sqrt{n} = 21.40 \pm 0.31$,它表

示置信度为________，测量次数为________。

11. 正态分布曲线反映________误差的分布规律，曲线形状越尖表明标准偏差越________。

12. 根据有效数字计算规则计算：$31.643+37.42\times0.3314\div21.4-0.46=$ ________。

13. pH=4.23为________位有效数字，$10^{-6.67}$为________位有效数字。

14. 单次测量结果的偏差应________于平均值的偏差，由统计学方法可得知前者是后者的________倍。

15. 若将12.436、0.045 451、2.965修约为三位有效数字，则它们分别为________。

16. 置信区间越大，则置信度越________。

17. F检验法用于检验________，t检验法用于检验________。

18. Q检验法用于检验________________。

19. 偏差可衡量________的好坏，准确度则用________来衡量。

20. 线性关系越好，则相关系数越________。

(二) 计算题

1. 某氮肥试样，经5次平行测定，测得其含氮量的平均值为24.30%，单次测量值的标准偏差为 $s=0.12\%$，求置信度为95%时，总体平均值的置信区间。

2. 已知移液管取液的标准偏差为0.02mL，滴定管读数的标准偏差为0.01mL，今移取25.00mLHCl溶液于锥形瓶中，用HCl标准溶液滴定至终点，耗去 $0.1000\text{mol}\cdot\text{L}^{-1}$ NaOH 30.00mL，计算标得的HCl浓度的标准偏差。

3. 对某试样中镍的含量进行了100次分析，已知分析结果符合正态分布 $N(16.72, 0.20^2)$(其中的%被省去)。试问：(1)其中分析结果小于16.32%的次数最可能是多少次？(2)测量值出现在多大区间的概率为99.7%？(已知 $u=\pm1, \pm2, \pm3$ 时的概率分别为68.3%，95.5%，99.7%)

4. 求样本(测量值)落在区间 $\mu-0.6\sigma\sim\mu+0.6\sigma$ 内的概率。

5. 用光度法测定某试样中铁的含量时，得到下述数据：

Fe的含量 $x/(\mu\text{g}\cdot\text{mL}^{-1})$	0.20	0.40	0.60	0.80	1.00	未知试样
吸光度 A	0.076	0.126	0.175	0.230	0.282	0.205

根据这些数据列出线性回归方程，求出相关系数，计算试样中Fe的含量。

6. 已知某土壤参考试样中有机污染物质量分数的标准值为 94.6×10^{-6}，若你的测定结果为 98.6×10^{-6}、98.4×10^{-6}、97.2×10^{-6}、94.6×10^{-6}、96.2×10^{-6}，那么在置信度为95%时，你的测定结果是否与标准值之间存在显著差异？如果再

多测一次的结果为 94.5×10^{-6},这对你的结论将有什么影响?

7. 试将数据 3.123 56(±0.16789%)写成数字(±偏差)和数字(±相对偏差)的形式。

8. 采用 Na_2CO_3 标定 HCl 浓度,若滴定(0.9674±0.0009)g Na_2CO_3 需要(27.35±0.04)mL HCl,计算 HCl 的浓度和偏差。[已知 $M_{Na_2CO_3}$ 为(105.988±0.001)g·mol^{-1}]

9. 要想在置信度为95%时,总体平均值的置信区间不大于±2s,则平行测定次数应不少于多少?

10. 对水样的硬度进行 6 次平行测定,结果为:125mg·L^{-1}、135mg·L^{-1}、120mg·L^{-1}、145mg·L^{-1}、110mg·L^{-1}、130mg·L^{-1},若要求的范围为 90～115 mg·L^{-1},问这些结果的平均值落在此范围内的概率为多少?

11. 根据有效数字计算规则和误差传递规律,计算下式结果和标准偏差。(数据后面的括号内为标准偏差)

$$\frac{[14.3(\pm0.2)-11.6(\pm0.2)]\times0.050(\pm0.001)}{[820(\pm10)+1030(\pm5)]\times42.3(\pm0.4)}$$

第三章　酸碱滴定法

一、复习要求

(1) 了解平衡常数的表示方法、对数图解法的绘制方法及酸碱的强弱与溶剂的关系。

(2) 熟悉酸碱反应、不同酸碱的滴定曲线、指示剂的指示原理、终点误差及常见的几种应用酸碱滴定法的体系。

(3) 常握酸碱组分的分布规律、质子条件式的写法、酸碱溶液 pH 的计算方法、缓冲溶液的配制及化学计量点 pH 的计算。

二、内容提要

(一) 溶液中的酸碱反应与平衡

1. 离子的活度和活度系数

离子的活度是指其在化学反应中表现出来的有效浓度。如果以 c_i 表示离子 i 的平衡浓度，a_i 表示活度，则它们之间的关系为

$$a_i = \gamma_i c_i$$

式中：γ_i 为离子 i 的活度系数。当溶液极稀时（理想溶液），$\gamma_i = 1$，$a_i = c_i$；当溶液较稀时（$<0.1 \text{mol} \cdot \text{L}^{-1}$），离子的活度系数 γ_i 可采用德拜-休克尔（Debye-Hückel）公式来计算，即

$$-\lg\gamma_i = 0.512 Z_i^2 \left(\frac{\sqrt{I}}{1 + B\mathring{a}\sqrt{I}} \right)$$

式中：Z_i 为 i 离子的电荷；B 为常数，25℃时为 0.003 28；$\mathring{a}$ 为离子体积参数，约等于水化离子的有效半径，以 pm(10^{-12}m)计；I 为溶液的离子强度。当溶液离子强度较小时，活度系数可按德拜-休克尔极限公式计算，即

$$-\lg\gamma_i = 0.512 Z_i^2 \sqrt{I}$$

至于浓溶液，溶液中的作用较复杂，它不像稀溶液那样可当作单一溶剂溶液处理，因此其活度系数尚较难计算。

离子强度与溶液中各种离子的浓度及所带电荷有关，其计算式为

$$I = \frac{1}{2}\sum_i c_i Z_i^2$$

中性分子的活度系数随溶液中离子强度的变化也有所改变,但很小,所以可认为它们的活度系数等于1。固态和纯液体物质的活度通常视为1。

2. 溶液中的酸碱反应

根据布朗斯台德的质子酸碱理论,凡能给出质子的物质是酸,能接受质子的物质是碱。酸碱反应则为它们相互间的质子授受过程。由此可见,酸碱反应包括下述几种类型:

(1) 溶剂分子之间的质子转移反应,如 $H_2O + H_2O \xlongequal{} H_3O^+ + OH^-$ 常简写为 $H_2O \xlongequal{} H^+ + OH^-$;

(2) 酸碱的离解反应,如 $HCl + H_2O \xlongequal{} Cl^- + H_3O^+$ 常简写为 $HCl \xlongequal{} Cl^- + H^+$;

(3) 酸碱中和反应,反应后它们变成比原来弱的酸和碱,溶液则趋于中性,如 $H^+ + OH^- \xlongequal{} H_2O$, $NH_3 + HAc \xlongequal{} NH_4^+ + Ac^-$;

(4) 水解反应,如 $Cr^{3+} + 2H_2O \xlongequal{} Cr(OH)_2^+ + 2H^+$。

反应后酸给出质子,变成它的共轭碱,碱得到质子变成相应的共轭酸,它们分别组成共轭酸碱对。水溶液中,共轭酸碱对的离解常数的积等于 K_w,即 $K_aK_b = K_w$。可见,由碱的离解常数可计算出其共轭酸的离解常数,反之亦然。

3. 酸碱平衡常数及其表示方法

设溶液中有下列酸碱反应

$$HA + B \xlongequal{} A^- + HB^+$$

当反应物与生成物均以活度表示时,其平衡常数为

$$K^0 = \frac{a_{A} \cdot a_{HB^+}}{a_B a_{HA}}$$

K^0 称为活度常数,又叫热力学常数,它与温度有关。若各组分都用平衡浓度表示,则

$$K = \frac{[HB^+][A^-]}{[B][HA]}$$

此时的平衡常数 K 称为浓度常数,它不仅与温度有关,还与溶液的离子强度有关。若 HB^+ 用活度表示,其他组分用浓度表示,则上述反应的平衡常数表达式为

$$K_{mix} = \frac{a_{HB^+}[A^-]}{[B][HA]}$$

K_{mix}称为混合常数。显然,K_{mix}也与温度和离子强度有关。在实际工作中,由于 H^+ 和 OH^- 的活度很容易用 pH 计测得,因此它们常用活度表示,其他有关组分则

多用浓度表示。

在酸碱平衡的处理中,因溶液浓度一般较小,可忽略离子强度的影响,因此可不考虑各常数之间的区别。但若需要进行较精确的计算,则应采用活度常数。

4. 溶液中的其他相关平衡

1) 物料平衡

物料平衡是指在一个化学平衡体系中,某一给定物质的总浓度(即分析浓度)与各有关型体平衡浓度之和相等。其数学表达式称作物料平衡方程,用 MBE 表示。

2) 电荷平衡

电荷平衡是指同一溶液中阳离子所带正电荷的量(mol)等于阴离子所带负电荷的量(mol)。根据这一平衡,考虑各离子所带的电荷和浓度列出的表达式则叫电荷平衡方程,用 CBE 表示。

3) 质子平衡

质子平衡是指溶液中得质子物质(即碱)得到质子的量(mol)与失质子物质(即酸)失去质子的量(mol)相同。根据质子得失数和相关组分的浓度列出的表达式称为质子平衡方程或质子条件。写质子条件式时,先应选择一些酸碱组分作为参考水准,然后根据得失质子量相等的原则,列出质子条件式。

(二) 酸碱组分的分布分数 δ

1. 一元弱酸溶液

分布分数 δ 是指平衡体系中有关型体的平衡浓度在给定物质的总浓度中所占的比例。一元弱酸仅以两种型体存在,因此其分布较简单。如 HA,它的两种型体的分布分数分别为

$$\delta_{HA}=\frac{[HA]}{c}=\frac{[HA]}{[HA]+[A^-]}=\frac{[H^+]}{K_a+[H^+]}$$

$$\delta_{A}=\frac{[A^-]}{c}=\frac{[A^-]}{[HA]+[A^-]}=\frac{K_a}{K_a+[H^+]}$$

若以 δ_{HA} 和 δ_{A^-} 对 pH 作图,可得两曲线,它们相交于 $pH=pK_a$ 处。当 $pH<pK_a$,主要存在形式是 HA;$pH>pK_a$,主要存在形式是 A^-。所以根据 pK_a 值,可以估计两种存在形式在不同 pH 时的分布情况。

2. 多元酸溶液

多元酸溶液中酸碱组分较多,其分布要复杂一些。如二元酸 H_2A,它在溶液

中以 H_2A、HA^- 和 A^{2-} 三种形式存在。它们的分布分数分别为

$$\delta_0=\frac{[H_2A]}{c}=\frac{[H_2A]}{[H_2A]+[HA^-]+[A^{2-}]}=\frac{[H^+]^2}{[H^+]^2+K_{a_1}[H^+]+K_{a_1}K_{a_2}}$$

$$\delta_1=\frac{K_{a_1}[H^+]}{[H^+]^2+K_{a_1}[H^+]+K_{a_1}K_{a_2}}$$

$$\delta_2=\frac{K_{a_1}K_{a_2}}{[H^+]^2+K_{a_1}[H^+]+K_{a_1}K_{a_2}}$$

若以 δ 对 pH 作图,可知,当溶液 $pH<pK_{a_1}$ 时,溶液中以 H_2A 为主,当 $pK_{a_1}<pH<pK_{a_2}$ 时,HA^- 为主,当 $pH>pK_{a_2}$ 时,溶液中以 A^{2-} 为主。

其他多元酸的分布分数可照此类推。至于碱的分布分数,也可按类似方法处理。若将其当作酸的组分来对待,它的最高级共轭酸可视作其原始酸的存在形式。在计算时要注意是用碱的离解常数还是用相应共轭酸的离解常数。

(三) 酸碱溶液中 H^+ 浓度的计算

H^+ 浓度也称作溶液的酸度,常用 pH 表示,显然,它与酸的浓度不同。酸的浓度又叫酸的分析浓度,它是指单位体积溶液中某种酸的物质的量(mol),包括未离解的和已离解的酸的浓度。同样,碱的浓度和碱度在概念上也是有区别的。计算 H^+ 浓度时,先应列出相应的质子方程式,再根据溶液的酸碱性判断其中哪些明显为次要组分,并将其忽略掉,然后根据离解平衡常数表达式,找出质子条件式中的有关酸碱组分的平衡浓度与 H^+ 和大量存在的原始酸碱组分浓度的关系,并将其代入质子方程式。整理后,再在此基础上进行简化处理和计算。

对于一元弱酸,若其离解常数为 K_a,浓度为 $c(mol\cdot L^{-1})$,则其 H^+ 浓度的精确计算式为

$$[H^+]^3+K_a[H^+]^2-(K_ac+K_w)[H^+]-K_aK_w=0$$

当 $K_ac\geqslant 10K_w$ 时,可忽略 K_w,上式可简化为

$$[H^+]^2+K_a[H^+]-K_ac=0$$

若 $K_ac\geqslant 10K_w$,且 $c/K_a\geqslant 100$,则得计算$[H^+]$浓度的最简式

$$[H^+]=\sqrt{K_ac}$$

若是多元酸溶液,由于它发生逐级离解,因此情况要复杂一些,但仍可按照一元酸的方法处理。多数情况下,多元酸的各级离解的差别比较大,因此可将其当作一元酸来处理。若它们的 K_{a_1} 和 K_{a_2} 之间的差别不是很大,浓度也较小,则需采用近似式或精确式计算。由于数学处理比较麻烦,此时,一般可采用迭代法求解。

对于弱酸混合溶液，如一元弱酸 HA 和 HB 的混合溶液，其 H^+ 浓度可采用下式计算

$$[H^+]=\sqrt{K_{HA}[HA]+K_{HB}[HB]}$$

若两者的浓度都比较大，则可简化为

$$[H^+]=\sqrt{K_{HA}c_{HA}+K_{HB}c_{HB}}$$

对于弱酸(HA)弱碱(B)混合溶液，通常采用的近似计算式为

$$[H^+]=\sqrt{\frac{c_{HA}}{c_B}\times K_{a,HA}\times K_{a,HB}}$$

对于两性物质溶液，如多元酸的酸式盐和氨基酸等，其 H^+ 深度的近似计算式为

$$[H^+]=\sqrt{\frac{K_{a_1}K_{a_2}c}{K_{a_1}+c}}$$

最简式为

$$[H^+]=\sqrt{K_{a_1}K_{a_2}}$$

这些近似计算式或最简式一般适于浓度不是很小、水的解离可以忽略的情况。若不能确定应该采用哪种计算式进行计算，则可先按近似式或最简式计算，然后再检查一下，看忽略 K_w 和用 c 代替平衡浓度是否合适。若不合适，则应采用更准确的计算式，或用替代法进行计算。如果将上述计算式中的 H^+ 换成 OH^-、K_a 换成 K_b，则均适于碱溶液中 OH^- 浓度的计算。对于其他组成的酸碱溶液的处理，可依此类推。

(四) 对数图解法

1. 浓度对数图的绘制方法

一般说来，浓度对数图的绘制步骤如下：先确定体系点 S 的坐标(pK_a, $\lg c$)。再通过体系点，绘制斜率为 0、−1 和 +1 的三条直线。如果计算中不涉及体系点附近时的情况，则绘制出这几条直线就够了，有时甚至只需绘制其中一条与计算有关的直线就可以了。然后根据需要在体系点 S 附近，通过体系点下 0.3 对数单位那一点(O)和对应水平线(或直线)pH 坐标为 pK_a-1 和 pK_a+1 上的两点画曲线。

2. 对数图解法的应用

应用对数图解法时，先应根据质子条件中有关组分绘制浓度对数图，溶液中存在的其他酸碱组分的浓度对数曲线不必都绘出来。然后根据需要从图上寻找符合质子条件式的解或对应某一 pH 的浓度等。对数图解法可用于组分浓度、终点误

差等的计算。

(五) 酸碱缓冲溶液

1. 缓冲溶液 pH 的计算

假设缓冲溶液由弱酸 HB 及其共轭碱 B^- 组成，它们的浓度分别为 c_{HB}(mol·L^{-1})和 c_{B^-}(mol·L^{-1})，则该缓冲溶液的 H^+ 浓度为

$$[H^+]=K_a\frac{[HB]}{[B^-]}=K_a\frac{c_{HB}-[H^+]+[OH^-]}{c_{B^-}+[H^+]-[OH^-]}$$

这是计算弱酸及其共轭碱组成的缓冲溶液中 H^+ 浓度的精确式。当 c_{HB}和 c_{B^-}均较大时，$[OH^-]$和$[H^+]$可忽略，故

$$[H^+]=K_a\frac{c_{HB}}{c_{B^-}}$$

即

$$pH=pK_a+\lg\frac{c_{B^-}}{c_{HB}}$$

这是计算缓冲溶液 H^+ 浓度(或 pH)的最简式。作为一般控制酸度用的缓冲溶液，因缓冲剂本身的浓度较大，对计算结果也不要求十分准确，所以通常可以采用该式进行计算。对于标准缓冲溶液，计算其 pH 时，应考虑离子强度的影响，以保证其结果足够准确。

2. 缓冲容量

缓冲溶液的缓冲能力是有一定限度的，如果加入的酸(或碱)的量太多，或稀释的倍数太大，缓冲溶液的 pH 将不再保持基本不变。缓冲溶液的缓冲能力大小常用缓冲容量来衡量，以 β 表示，它与缓冲溶液的浓度和 pH 有关

$$\beta=\frac{db}{dpH}=-\frac{da}{dpH}=2.30[H^+]+2.30[OH^-]+2.30\frac{cK_a[H^+]}{([H^+]+K_a)^2}$$

当$[H^+]$和$[OH^-]$较小时，均可忽略，得到近似式

$$\beta=2.30\frac{cK_a[H^+]}{([H^+]+K_a)^2}=2.30\delta_0\delta_1 c$$

对于由弱酸及其共轭碱组成的缓冲溶液，当$[H^+]=K_a$时，其缓冲容量有极大值，$\beta_{max}=0.575c$，pH 为 $pK_a\pm1$ 称为缓冲溶液的有效缓冲范围。配制缓冲溶液时，所选缓冲剂的 pK_a 应尽量与所需 pH 接近，浓度也应比较大，以保证所得溶液有足够的缓冲能力。通常缓冲组分的浓度在 0.01～1mol·L^{-1}之间。

(六) 酸碱指示剂

酸碱指示剂一般是弱的有机酸或有机碱，它的酸式和共轭碱式具有明显不同的颜色。当溶液的 pH 改变时，指示剂由酸式变为碱式或由碱式转化为酸式，颜色发生相应变化。若以 HIn 表示呈酸式色的指示剂形式，以 In^- 表示指示剂的碱式，它们在溶液中的平衡关系为

$$HIn \rightleftharpoons H^+ + In$$

$$K_a = \frac{[H^+][In]}{[HIn]}$$

即

$$\frac{[In^-]}{[HIn]} = \frac{[K_a]}{[H^+]}$$

由此可知，比值$[In^-]/[HIn]$是$[H^+]$的函数。一般说来，如果 $pH \leqslant pK_a - 1$，看到的应是 In^- 的颜色；$pH \geqslant pK_a + 1$，看到的是 HIn 的颜色。因此，当溶液的 pH 由 $pK_a - 1$ 变化到 $pK_a + 1$，指示剂由酸式色变为碱式色，反之亦然。所以，称 $pH = pK_a \pm 1$ 为指示剂的变色范围。当$[In^-]/[HIn] = 1$，即 $pH = pK_a$ 时，称为指示剂的理论变色点，在计算中常将其视作滴定终点。滴定时，指示剂的用量应视情况而定，对于双色指示剂，其变色点仅与$[In^-]/[HIn]$有关，与指示剂用量无关。因此，指示剂用量多一点或少一点都可以。对于单色指示剂，指示剂用量的多少对它的变色点有一定影响，因此用量应保持一致。

为便于观察滴定终点、减少滴定误差，滴定中还常采用混合指示剂。由两种(或多种)指示剂组成的混合指示剂，其变色范围将变小，颜色的变化则与它们的比例有关。由指示剂与染料组成的混合指示剂，尽管从理论上讲其变色范围没有什么变化，但由于颜色的互补作用，终点的颜色变化较灵敏，因而可减少判断终点的误差。

(七) 酸碱滴定法的基本原理

1. 滴定曲线

溶液的 pH 随滴定的进行而变化，在化学计量点附近，pH 变化较快，通常称之为滴定突跃。对应滴定分数 $a = 1.00 \pm 0.001$(即滴定至 99.9% 和 100.1%)的 pH 范围一般称为突跃范围，突跃范围随酸碱的浓度和离解常数增大而增大。凡在突跃范围内变色的指示剂均可用于指示终点，此时终点误差将小于 0.1%。当滴定剂与被滴定剂的量相同时，即为化学计量点。化学计量点所对应的 pH 也可作为选择指示剂和计算误差的依据。其计算方法与弱酸、弱碱及酸式盐相同。

当酸碱太弱时，其滴定曲线上无明显的滴定突跃。此时，无法再借助指示剂指示滴定终点来进行准确滴定。即使能找到变色点与计量点完全一致的指示剂，一般来说，要使滴定终点误差小于0.2%，突跃范围应大于0.6pH，即要求 $cK_a \geqslant 10^{-8}$。

用强碱滴定多元酸(H_nA)时，第一化学计量点附近的pH突跃大小与 K_{a_1}/K_{a_2} 有关，其他化学计量点附近的突跃也是这样，与相邻两级离解常数的比值有关。如果 K_{a_1}/K_{a_2} 太小，则 H_nA 尚未被中和完时，$H_{n-1}A^-$ 就开始参加反应。要想滴定 H_nA 时 $H_{n-1}A^-$ 不影响，则 K_{a_1}/K_{a_2} 必须大于 10^5，此时，滴定终点误差将小于0.5%。通常，对于多元酸的滴定，首先要根据 $cK_{a_1} \geqslant 10^{-8}$ 与否，判断能否对第一级解离的 H^+ 进行准确滴定，然后再看相邻两级离解常数的比值是否大于 10^5，以此判断第二级解离的 H^+ 是否对滴定第一级解离的 H^+ 产生干扰。

混合酸滴定的情况和多元酸相似，如用强碱滴定弱酸HA(解离常数 K_a，浓度 c_1)和HB(解离常数 K_a'，浓度 c_2)的混合溶液。若 $c_1K_a/c_2K_a' > 10^5$，滴定弱酸HA时有明显的突跃，HB不干扰，否则两者同时被滴定。酸滴定碱的情况与碱滴定酸相似，只是pH是从大变小，滴定曲线因此反向变化。

2. 终点误差

利用指示剂来确定滴定终点，若滴定终点与化学计量点不一致，就会产生误差，这种误差称为终点误差。终点误差一般以百分数表示，其计算式为

$$E_t = \frac{n_T - n_X}{n_X} = \frac{cV_T - cV_X}{cV_X} = = \frac{(c_T^{ep} - c_X^{ep})}{c_X^{ep}} \quad (\text{T 表示滴定剂，X 表示被滴物})$$

若为强碱滴定强酸，根据物料平衡和质子条件式，上式可表示为

$$E_t = \frac{c_T^{ep} - c_X^{ep}}{c_X^{ep}} = \frac{([OH^-] - [H^+])_{ep}}{c_X^{ep}}$$

若终点与化学计量点的pH的差为ΔpH，则

$$E_t = \frac{\sqrt{K_w}(10^{\Delta pH} - 10^{-\Delta pH})}{c_X^{ep}} \times 100\%$$

若为滴定弱酸HA，则

$$E_t = \frac{cV - c_0V_0}{c_0V_0} \times 100\% = \frac{c_T^{ep} - c_X^{ep}}{c_X^{ep}} \times 100\% = \frac{[OH^-]_{ep} - [HA]_{ep}}{c_X^{ep}} \times 100\%$$

$$E_t = \frac{\sqrt{\frac{K_w}{K_a}c}\,(10^{\Delta pH} - 10^{-\Delta pH})}{c_{HA}^{ep}} \times 100\% = \frac{10^{\Delta pH} - 10^{-\Delta pH}}{\sqrt{\frac{K_a}{K_w}c_{HA}^{ep}}} \times 100\%$$

滴定二元酸至第一终点时的终点误差为

$$E_t = \frac{10^{\Delta pH} - 10^{-\Delta pH}}{\sqrt{K_{a_1}/K_{a_2}}} \times 100\%$$

若为滴定 HA 和 HB 的混合酸，设 $K_{HA} > K_{HB}$，则滴定至第一终点时的误差为

$$E_t = \frac{10^{\Delta pH} - 10^{-\Delta pH}}{\sqrt{\frac{K_{HA}c_{HA}}{K_{HB}c_{HB}}}} \times 100\%$$

对于酸滴定碱的终点误差，其计算式与碱滴定酸的相同，但符号相反。

(八) 非水溶液中的酸碱滴定

1. 非水滴定中的溶剂

根据非水溶剂性质的差别，可定性的将它们分为两大类，即两性溶剂和非释质子性溶剂。其中两性溶剂因给出和接受质子能力的不同，又可分为中性、酸性和碱性三类。中性溶剂的酸碱性与水相近，即它们给出和接受质子的能力相当，属于这类溶剂的主要是醇类。酸性溶剂给出质子的能力比水强，接受质子的能力比水弱，它们的水溶液显酸性。碱性溶剂给出质子的能力较弱，它们的水溶液显碱性，如乙二胺、丁胺、乙醇胺等。

非释质子性溶剂没有给出质子的能力，溶剂分子之间没有质子自递反应。但是，这类溶剂可能具有接受质子的能力，因而溶液中可能有溶剂化质子的形成，但没有溶剂阴离子的形成。根据非释质子性溶剂接受质子能力的不同，可进一步将它们分为极性亲质子溶剂，如亲质子的二甲基甲酰胺、二甲亚砜；极性疏质子溶剂，如丙酮、乙腈；惰性溶剂苯，如四氯化碳、三氯甲烷等。在惰性溶剂中，质子转移反应直接发生在被滴物与滴定剂之间。

2. 溶剂对溶质酸碱性的影响

根据酸碱质子理论，一种物质在某种溶剂中所表现出来的酸(或碱)性的强弱，与其离解常数有关，而其离解是通过接受或给予溶剂质子得以实现的，因此，溶剂的酸碱性对溶质酸碱性强弱有影响。酸在碱性较强的溶剂中的离解常数增大，反之亦然。碱在酸性强的溶剂中，其强度增大，在酸性弱的溶剂中，强度变小。因此，滴定弱碱时，应选择碱性弱的溶剂，滴定弱酸时，则选择酸性弱的溶剂。

3. 溶剂的拉平效应与区分效应

溶剂将各种不同强度的酸(或碱)拉平到溶剂化质子(或去质子溶剂)水平的效应称为拉平效应。具有拉平效应的溶剂称为拉平性溶剂，如水是 $HClO_4$、H_2SO_4、

HCl 和 HNO_3 的拉平性溶剂。很明显，通过溶剂的拉平效应，任何一种比质子化溶剂离子的酸性更强的酸，都被拉平到质子化溶剂离子水平。也就是说，质子化溶剂离子是水溶液中能够存在的最强的酸的形式。同样，去质子溶剂离子是最强的碱的存在形式。溶剂将不同强度的酸(或碱)区别开来的效应称为分辨效应。具有分辨效应的溶剂称为分辨性溶剂，如冰醋酸是 $HClO_4$、H_2SO_4、HCl 和 HNO_3 的分辨性溶剂。溶剂的拉平效应和分辨效应与溶质和溶剂的相对酸碱强度有关。

4. 非水滴定条件的选择

在非水滴定中，首先应选择具有合适酸碱性的溶剂，因为它直接影响滴定反应的完全程度。选择溶剂时还应考虑它能否溶解试样和滴定反应的产物，当用一种溶剂不能溶解时，可采用混合溶剂。其次还应考虑它的的纯度和物理性能，如黏度、挥发性等。滴定剂一般采用溶于冰醋酸的高氯酸或醇钠、醇钾和季铵碱。滴定终点的检测方法主要有电位法和指示剂法，通常使用的指示剂为结晶紫和甲基紫等。

三、要点及疑难点解析

1. 酸碱在溶液中的离解

酸碱的离解实际上是与作为酸(或碱)的溶剂分子发生酸碱反应，而通常将其中起碱作用的水忽略了，简写成酸本身的离解，如 $HCl \equiv H^+ + Cl^-$。碱的离解也是碱与水作用的结果，即释放出 OH^-，而并不像 NaOH 等那样好像可以直接释放出 OH^- 来。写出正确的离解平衡式，对列离解平衡常数表达式和计算共轭酸(或碱)的离解平衡常数有帮助。水溶液中共轭酸碱对的离解反应的和为水的离解反应。

2. 质子条件式

写质子条件式时，对于有不同存在形态的同一物质，其参考水准应当相同，如共轭体系 HAc-Ac^-，只能选其一(HAc 或 Ac^-)作为参考，另一组分可看作是由 Ac^-(或 HAc)与强酸(或强碱 NaOH)反应而来，因此同时还应选择强酸(或碱)作为参考。选定参考水准后，应将所有组分均列出来，不应遗漏，不必考虑在此条件下溶液中是否存在某些组分，如 Na_3PO_4 溶液的质子条件式中就有[H_3PO_4]。但在处理具体的平衡体系时，可根据情况忽略质子条件式中的某些组分，以便简化计算。

3. 溶液中 H^+ 浓度计算

H^+ 浓度计算是酸碱平衡和滴定的最基本内容，通常可采用最简式进行计算，也可从质子条件式出发，结合离解平衡和实际情况等进行简化处理后计算。少数情况下，H^+ 浓度计算比较复杂，此时可采用替代法（也叫逼近法）计算。缓冲溶液 pH 的计算一般也用最简式，注意它的计算式与计算一般酸碱溶液 H^+ 浓度的最简式不同。若拿不准该采用什么近似计算式计算时，可先选择某一方法计算，然后对计算结果进行检验，看所用近似方法是否合理。

4. 滴定的突跃范围

突跃范围一般是指当滴定到 99.9% 和 100.1% 时所对应的 pH 范围，因此凡是滴定终点在此范围内，则终点误差就小于 0.1%。若突跃范围太小（$\Delta pH < 0.6$），即使指示剂的变色点与滴定的计量点相同，但凭人的眼睛判断仍然不能保证滴定终点在突跃范围内。因此，突跃范围不能太小，即酸碱的离解常数和浓度不能太低。

5. 酸碱强弱与溶剂的关系

酸碱的离解随溶剂变化而变化，是由于溶剂的酸碱性变化所致，而非溶质本身的强弱发生了变化。溶剂的酸性越强，溶质酸在其中的离解常数越小，溶质碱在其中的离解常数越大，反之亦然。溶剂的区分效应和拉平效应也是源于溶剂和溶质酸碱性的相对强弱差别，当差别都大到一定程度时，溶剂起拉平作用，反之起区分作用。

6. 酸碱滴定法的应用

酸碱滴定法可用于多种类型物质含量的测定，在许多情况下为间接法或反滴定法测定。因此其中可能会涉及一系列化学转化反应，在转化过程中它们的计量关系也会不断变化，要正确计算，就需要了解相关反应和计量关系。

四、例　　题

例 3-1　已知 H_3PO_4 的 pK_{a_1}、pK_{a_2}、pK_{a_3} 分别为 2.12、7.1、12.36，计算 $H_2PO_4^-$ 的 pK_b。

思路　根据酸的离解常数来计算共轭碱的离解常数，关键是找出相应的共轭酸。判断的方法是两者只差一个质子，或两者的离解平衡相加即为溶剂的离解。

解　与 $H_2PO_4^-$ 相对应的共轭酸应是 H_3PO_4，因此 $K_{a_1} \times K_b = K_w$，$pK_b = 14.0 - pK_{a_1} = 14.02 - 2.12 = 11.88$。

例 3-2　写出下列溶液的质子条件式：Na_2HPO_4、$(NH_4)_2HPO_4$、$c_1 mol \cdot L^{-1}$

NaAc-$c_2$mol·L^{-1}HAc、$c$mol·L^{-1}HCl + NH_4Ac。

思路　确定哪些酸碱组分为参考水准、得失质子后的产物是什么。注意 H_2O 也是酸碱组分，不应将其忽略掉。

解　对于 Na_2HPO_4 水溶液，其中的原始酸碱组分为 H_2O 和 HPO_4^{2-}，以它们为参考水准，则得质子产物有 $H_2PO_4^-$、H_3PO_4、H^+，失质子产物为 PO_4^{3-}、OH^-，根据得失质子量相等的原则，其 PBE 为

$$[H^+]+[H_2PO_4^-]+2[H_3PO_4]=[OH^-]+[PO_4^{3-}]$$

$(NH_4)_2HPO_4$ 溶液的参考水平可选择 NH_4^+、HPO_4^- 和 H_2O。

同样可得其 PBE

$$[H_2PO_4^-]+2[H_3PO_4]+[H^+]=[OH^-]+[PO_4^{3-}]+[NH_3]$$

对于共轭酸碱对 c_1 NaAc-c_2 HAc，可选 HAc、NaOH 和 H_2O 或者 NaAc、HA 与 H_2O 为其参考水平，这样一来，它的 PBE 为

$$c_1+[H^+]=[Ac^-]+[OH^-]$$

或

$$[H^+]+[HAc]=[OH^-]+c_2$$

cHCl + NH_4Ac 溶液可选 HCl、NH_4^+、Ac^- 为参考水平，因此其 PBE 为

$$[H^+]+[HAc]=[OH^-]+[NH_3]+[Cl^-]$$

例 3-3　计算 pH4.00 和 8.00 时 HAc 和 Ac^- 的分布分数。已知 $pK_a=4.74$，$K_a=1.8\times10^{-5}$。

思路　为简单计算分布分数，可直接代入计算式中进行计算。

解　pH4.00 时

$$\delta_{HAc}=\frac{[H^+]}{K_a+[H^+]}=\frac{10^{-4}}{1.8\times10^{-5}+1.0\times10^{-4}}=\frac{1}{1.2}$$

$$\delta_{Ac^-}=\frac{K_a}{K_a+[H^+]}=\frac{1.8\times10^{-5}}{1.8\times10^{-5}+1\times10^{-4}}=1-\delta_{HAc}=0.15$$

pH8.00 时

$$\delta_{HAc}=\frac{[H^+]}{K_a+[H^+]}=\frac{1\times10^{-8}}{1.8\times10^{-5}+1.0\times10^{-8}}=5.6\times10^{-4}$$

$$\delta_{Ac^-}=\frac{K_a}{K_a+[H^+]}=1-\delta_{HAc}=1.0$$

例 3-4　计算某一含 0.10mol·L^{-1}NH_3 和 0.100mol·L^{-1}乙醇胺($K_b=3.2\times10^{-5}$)溶液的 pH。

思路　为混合碱溶液 pH 的计算，由于两者浓度均较大，离解常数也相近，因此可采用近似式计算。

解

$$[OH^-]=\sqrt{K_b^{NH_3}c_{NH_3}+K_b^{B}c_B}=\sqrt{1.8\times10^{-5}\times0.10+3.2\times10^{-5}\times0.10}$$

$$=2.2\times10^{-3}(mol\cdot L^{-1})$$

$$pH=pK_w-p[OH^-]=14.0+\lg(2.2\times10^{-3})=11.4$$

$$[NH_3]=\frac{2.2\times10^{-3}}{2.2\times10^{-3}+1.8\times10^{-5}}\times0.10=0.099(mol\cdot L^{-1})$$

$$[B]=\frac{2.2\times10^{-3}}{2.2\times10^{-3}+1.8\times10^{-5}}\times0.10=0.099(mol\cdot L^{-1})$$

二者与 0.10 相差<1%，故上述近似合理。

例 3-5 以 $0.1000mol\cdot L^{-1}$ NaOH 溶液滴定某 $0.1000mol\cdot L^{-1}$ 的二元酸 H_2A 溶液。当滴定至 pH1.92 时，$[H_2A]=[HA^-]$；当滴定至 pH6.22 时，$[HA^-]=[A^{2-}]$。计算滴定至第一和第二化学计量点时溶液的 pH。

思路 要计算计量点的 pH，需知道浓度和相应的离解常数。本题可先根据离解常数表达式计算出第一和第二级离解常数。

解 根据离解平衡可知，当$[H_2A]=[HA^-]$时，$pH=pK_{a_1}$，故 $K_{a_1}=10^{-1.92}$；当$[HA^-]=[A^{2-}]$时，$pH=pK_{a_2}$，故 $K_{a_2}=10^{-6.22}$。

第一计量点时，为 NaHA 溶液，由于 $cK_{a_2}>10K_w$，但 c 与 K_{a_1} 比较接近，不能忽略，故

$$[H^+]=\sqrt{K_{a_1}\cdot K_{a_2}\cdot c/(K_{a_1}+c)}$$

$$=\sqrt{10^{-1.92}\times10^{-6.22}\times5.0\times10^{-2}/(10^{-1.92}+5.0\times10^{-2})}$$

$$=7.6\times10^{-5}(mol\cdot L^{-1})$$

$$pH=4.12$$

滴定至第二计量点时，为 Na_2A 溶液，因两级离解常数相关差较大，浓度也较大，可先采用最简式计算，故

$$[OH^-]=\sqrt{K_{b_1}\cdot c}=\sqrt{K_wc/K_{a_2}}=\sqrt{10^{-14}\times0.0333/10^{-6.22}}$$

$$=2.4\times10^{-5}(mol\cdot L^{-1})$$

$$pH=9.37$$

例 3-6 计算 $0.0500mol\cdot L^{-1}$ HAc 与 $0.0500mol\cdot L^{-1}$ NH_3 及 $0.100mol\cdot L^{-1}$ NH_3 的混合溶液的 pH。(已知 $K_a^{HAc}=1.8\times10^{-5}$，$K_b^{NH_3}=1.8\times10^{-5}$)

思路 为酸碱混合溶液，并且两者可发生反应，因此可根据产物组成来进行

计算。

解　对于 0.0500mol·L^{-1} HAc + 0.0500mol·L^{-1} NH_3 溶液，反应后变为 NH_4Ac，且浓度较大，故可采用计算两性物质（弱酸弱碱盐）溶液 H^+ 浓度的最简式计算

$$[H^+]=\sqrt{K_a^{HAc}\frac{K_w}{K_b^{NH_3}}}=\sqrt{1.8\times10^{-5}\times\frac{1\times10^{-14}}{1.8\times10^{-5}}}=1\times10^{-7}(\text{mol}\cdot\text{L}^{-1})$$

$$\text{pH}=7.00$$

$$[HAc]=\frac{1.0\times10^{-7}\times0.0500}{1.0\times10^{-7}+1.8\times10^{-5}}=2.7\times10^{-4}(\text{mol}\cdot\text{L}^{-1})$$

$$[NH_3]=2.7\times10^{-4}\text{mol}\cdot\text{L}^{-1}$$

对于 0.0500mol·L^{-1}HAc + 0.100mol·L^{-1}NH_3 溶液，反应后变为缓冲溶液，可按缓冲溶液计算，故

$$[H^+]=K_a'\frac{c_1}{c_2-c_1}=5\times10^{-10}\times\frac{0.050}{0.10-0.050}=5\times10^{-10}(\text{mol}\cdot\text{L}^{-1})$$

例 3-7　计算含 0.10mol·L^{-1}H_3BO_3 和 0.10 吡啶 NaAc 的混合溶液的 pH。

思路　为极弱酸和弱碱混合溶液，但浓度比较大，可采用最简式计算。

解

$$[H^+]=\sqrt{\frac{c_1}{c_2}K_aK_a'}=\sqrt{\frac{0.10}{0.10}\times5.8\times10^{-10}\times1.8\times10^{-5}}=1\times10^{-7}(\text{mol}\cdot\text{L}^{-1})$$

$$[H_3BO_3]=\frac{1\times10^{-7}}{1\times10^{-7}+5.8\times10^{-10}}\times0.01=0.10(\text{mol}\cdot\text{L}^{-1})$$

$$[Ac^-]=\frac{1.8\times10^{-5}}{1\times10^{-7}+1.8\times10^{-5}}\times0.100\approx0.099(\text{mol}\cdot\text{L}^{-1})$$

c_1、c_2 与[H_3BO_3]、[Ac]的偏差小于 5%，上述计算正确。

例 3-8　计算含 0.10mol·L^{-1}HCl 和 0.20mol·L^{-1}吡啶的缓冲溶液的 pH。（已知吡啶的 $pK_b=8.77$）

思路　一般可按缓冲溶液 pH 的最简式计算，计算完后，有时可检验一下，看采用近似计算式是否合适。

解　$c_{PDH}=0.10\text{mol}\cdot\text{L}^{-1}$　　$c_{PD}=0.20-0.10=0.10(\text{mol}\cdot\text{L}^{-1})$

$$\text{pH}=pK_a'+\lg\frac{c_{A^-}}{c_{HA}}=pK_a'+\lg\frac{c_{PD}}{c_{PDCl}}=pK_w-pK_b+\lg\frac{0.10}{0.10}=5.23$$

$$c_{PDH}=0.10\gg[OH^-]-[H^+]$$

$$c_{PD}=0.10\gg[H^+]-[OH^-]$$

上述近似合理。

例 3-9　已知三氯乙酸（HA）的 $pK_a=0.64$，称取试样 16.43g，溶解后，向其中

加入 2.0g NaOH,用水稀至 1000mL。求该溶液 pH,若想配制 pH0.64 的缓冲溶液,尚需要加入多少强酸,其缓冲容量为多大?(已知 $M_{三氯乙酸}$为 163.4g·mol^{-1})

思路 此为有关缓冲溶液 pH 的计算。由于溶液的 pH 比较小,H^+ 浓较大,因此,在进行计算时不能忽略$[H^+]$。

解 $c_{NaOH}=0.050mol\cdot L^{-1}$,$c_{HA}=16.34/163.4=0.10mol\cdot L^{-1}$,溶液的 pH 为

$$pH = pK_a + \lg(c_{HA}+[H^+])/(c_{A^-}-[H^+])$$
$$=0.64+\lg(0.050+[H^+])/(0.050-[H^+])$$
$$pH=1.44$$

若要配制 pH 为 0.64 的缓冲溶液,需加 n mol 酸,则

$$0.64=0.64+\lg(0.050\times 1000+10^{-0.64}-n)/(0.050\times 1000-10^{-0.64}+n)$$

解得
$$n=0.23mol$$

该溶液的缓冲容量为

$$\beta=2.3[H^+]+2.3\frac{c_{HA}K_a[H^+]}{([H^+]+K_a)^2}$$
$$=2.3\times 10^{-0.64}+2.3\frac{(0.10)\times 10^{-0.64}\times 10^{-0.64}}{(10^{-0.64}+10^{-0.64})^2}\approx 0.52$$

例 3-10 计算 50mL0.1mol·L^{-1}HAc-0.2mol·L^{-1}NaAc 缓冲溶液的 β。当向其中加入 0.05mol·L^{-1}1.0mol·L^{-1}HCl 后,溶液的 pH 为多大。($K_a=1.8\times 10^{-5}$)

思路 可直接根据共轭酸碱对组成的缓冲溶液的缓冲容量计算式计算 β,然后再由相关 pH 计算式得出加酸后的 pH。

解 $[H^+]=K_a\frac{[HAc]}{[Ac^-]}=1.8\times 10^{-5}\times\frac{0.1}{0.2}=9\times 10^{-6}(mol\cdot L^{-1})$

$$pH=5.04$$

$$\beta=2.3\frac{c_{HAc}K_a[H^+]}{([H^+]+K_a)^2}=2.3\frac{(0.1+0.2\times 1.8\times 10^{-5}\times 9\times 10^{-6})}{(9\times 10^{-6}+1.8\times 10^{-5})^2}\approx 0.15$$

加 0.05mL 1mol·L^{-1}HCl 后

$$\Delta a=\frac{0.05\times 1.0}{50.05}=0.001(mol\cdot L^{-1})$$

$$pH=pK_a+\lg\frac{[Ac^-]}{[HAc]}=4.74+\lg\frac{0.2-0.001}{0.1+0.001}\approx 5.03$$

$$\Delta pH\approx 0.01$$

例 3-11 用酸碱滴定法测定某磷肥中的 P_2O_5 含量。称取磷肥样品 0.3412g,经适当处理后,将其中的磷都转化为$(NH_4)_2HPO_4\cdot 12Mo_4O_3\cdot H_2O$ 沉淀,过滤洗涤后,向其中加入 35mL 0.1005mol·L^{-1}的 NaOH 溶液将其溶解,然后用 0.1025 mol·L^{-1}HNO_3溶液滴定至酚酞变色,耗去 10.40mL。计算 P_2O_5 的含量。

思路　此题主要要弄清一系列反应过程中的计量关系，以便列出 P_2O_5 含量的计算式。

解　由题意可知，转换过程为：$P \rightarrow (NH_4)_2HPO_4 \cdot 12Mo_4O_3 \cdot H_2O\downarrow \rightarrow$ 用 NaOH 溶解$(c_1V_1) \rightarrow$ 用 HNO_3 标液返滴定（酚酞）(c_2V_2)。有关反应为

$$PO_4^{3-} + 12MoO_4^{2-} + 2NH_4^+ + 25H^+ = (NH_4)_2H[PMo_{12}O_{40}] \cdot H_2O\downarrow + 11H_2O$$

$$(NH_4)_2H[PMo_{12}O_{40}] \cdot H_2O + 27OH^- = PO_4^{3-} + 12MoO_4^{2-} + 2NH_3 + 16H_2O$$

返滴定时

$$OH^- + H^+ \longrightarrow H_2O$$

$$PO_4^{3-} + H^+ \longrightarrow HPO_4^{2-}$$

$$2NH_3 + 2H^+ \longrightarrow 2NH_4^+$$

因此，计量关系为：$(NH_4)_2HPO_4 \cdot 12Mo_4O_3 \cdot H_2O \sim 1P \sim (27-3)NaOH \sim (27-3)HNO_3$。故

$$w_{P_2O_5} = \frac{\frac{1}{48}(c_1V_1 - c_2V_2) \times M \times 10^{-3}}{m_s} \times 100\% = 21.56\%$$

例 3-12　称取尿素试样 0.3000g，采用克氏定氮法测定试样中含氮量。将蒸馏出来的氨收集于饱和硼酸溶液中，加入溴甲酚绿和甲基红混合指示剂，以 $0.2000mol \cdot L^{-1}$ HCl 溶液滴定至近无色透明为终点，消耗 37.50mL，计算试样中尿素的质量分数。

思路　克氏定氮法中，若用硼酸溶液吸收 NH_3，则最后为直接滴定 NH_3。

解　克氏定氮法中 1mol 尿素$[CO(NH_2)_2]$可转化为 2mol NH_3，其吸收反应为

$$NH_3 + H_3BO_3 = NH_4^+ + H_2BO_3^-$$

滴定反应为

$$H^+ + H_2BO_3^- = H_3BO_3$$

故

$$w_{尿素} = \frac{(1/2) \times 0.2000 \times 37.50 \times 10^{-3} \times 60.05}{0.300} \times 100\% = 75.06\%$$

例 3-13　称取 0.2500g 食品试样，采用克氏定氮法测定食品中蛋白质的含量。试样经处理后以 $0.1000mol \cdot L^{-1}$ HCl 溶液滴定至终点，消耗 21.20mL，计算食品中蛋白质的含量。（已知蛋白质中将氮的质量换算为蛋白质的换算因数为 6.250）

思路　实际为克氏定氮法测定氮含量，然后根据氮含量来计算蛋白质的含量。

解　$$w_{蛋白质} = \frac{cV_{HCl} \times M_N \times 6.250}{m_s} \times 100\%$$

$$= \frac{0.1000 \times 21.20 \times 10^{-3} \times 14.04 \times 6.250}{0.2500} \times 100\% = 74.25\%$$

例 3-14　取某甲醛溶液 10.00mL 于锥瓶中，向其中加入过量的盐酸羟胺，让它们充分反应，然后以溴酚蓝为指示剂，用 0.1100mol·L^{-1}NaOH 溶液滴定反应产生的游离酸，耗去 28.45mL。计算甲醛溶液的浓度。

思路　甲醛与盐酸羟胺反应产生 HCl，用碱滴定 HCl 时，若以溴酚蓝为指示剂，过量的盐酸羟胺不干扰。

解　有关反应为

$$HCHO + NH_2OH \cdot HCl =\!=\!= HCHNOH + H_2O + HCl$$

故

$$c = cV_{NaOH}/V_s = 0.1100 \times 28.45/10.00 = 0.3129(mol \cdot L^{-1})$$

例 3-15　量取稀释后的食醋溶液 25.00mL 于锥瓶中，用 0.1000mol·L^{-1} NaOH 滴定至终点，耗去 23.50mL，若终点的 pH 为 8.1，计算滴定终点误差。

思路　要计算终点误差，则应知道被滴物的量或浓度，以及计量点和终点的 pH 或它们的差。

解　先计算乙酸的浓度

$$c = cV_{NaOH}/V_s = 0.1000 \times 23.50/25.00 = 0.094\ 00(mol \cdot L^{-1})$$

计量点时的 H^+ 浓度或 pH

$$c^{sp} \approx c^{ep} = cV_{NaOH}/(V_s + V_{NaOH})$$

$$= 0.1000 \times 23.50/(25.00 + 23.50) = 0.048\ 45(mol \cdot L^{-1})$$

$$[OH^-] = (K_b c)^{1/2} = (10^{-14}/1.8 \times 10^{-5} \times 0.048\ 45)^{1/2} = 1.071 \times 10^{-4}(mol \cdot L^{-1})$$

$$pH = 10.0$$

故 $\Delta pH = 8.1 - 10.0 = -1.9$

$$E_t = \frac{10^{\Delta pH} - 10^{-\Delta pH}}{\sqrt{\frac{K_a}{K_w} c_{HA}^{sp}}} \times 100\% = -0.91\%$$

例 3-16　在 pH9.5 的 NH_3-NH_4Cl 缓冲溶液中，用 0.020 00mol·L^{-1}的EDTA溶液滴定 25.00mL 相同浓度的 Zn^{2+} 溶液，若终点时的总体积为 60.00mL，欲使滴定至终点时，溶液的 pH 变化不超过 0.3pH 单位，缓冲溶液的总浓度应为多大?

思路　用 EDTA 滴定时，会产生 H^+，因此，溶液 pH 会发生变化，变化大小与缓冲溶液浓度有关。计算时可根据产生 H^+ 的量和要求酸碱浓度的比列方程。

解　滴定时产生的 H^+ 浓度为

$$[H^+] = 0.020\ 00 \times 25.00 \times 2/60.00 = 0.016\ 67(mol \cdot L^{-1})$$

设缓冲溶液的总浓度应为 x，则

$$x = [NH_3] + [NH_4^+]$$

滴定开始时

$$pH = pK_a + \lg([NH_3]/[NH_4^+]) = 9.26 + \lg([NH_3]/[NH_4^+]) = 9.5$$

滴定至终点时

$$pH = 9.26 + \lg[([NH_3] - 0.016\,67)/([NH_4^+] + 0.016\,67)] = 9.2$$

解此方程得

$$x = 0.087 mol \cdot L^{-1}$$

例 3-17　用 $0.100\,00 mol \cdot L^{-1}$ HCl 溶液滴定同浓度的 NH_3 溶液，若滴定终点的 pH 为 4.0，则滴定终点误差为多少？

思路　计算滴定至终点时多加或者少加的 HCl 量，然后求终点误差，也可先求出计量点时的 pH，再根据林邦误差计算式计算。

解　滴定至计量点时的 pH

$$[H^+] = (K_a c)^{1/2} = (1 \times 10^{-14} \times 0.050\,00/1.8 \times 10^{-5})^{1/2} = 5.3 \times 10^{-6} (mol \cdot L^{-1})$$

故

$$pH = 5.28$$

设滴定至 pH4.0 时，过量的 HCl 浓度为 a $mol \cdot L^{-1}$，此时的溶液相当于 a $mol \cdot L^{-1}$ HCl 与 $0.050\,00 mol \cdot L^{-1}$ NH_4Cl 的混合溶液，其质子条件式为

$$a = [H^+] - [OH^-] - [NH_3] \approx [H^+] - [NH_3]$$

所以

$$\begin{aligned} a &= 1 \times 10^{-4} - 0.0500 \times K_a/(1 \times 10^{-4} + K_a) \\ &= 1 \times 10^{-4} - 2.8 \times 10^{-7} \approx 1 \times 10^{-4} (mol \cdot L^{-1}) \end{aligned}$$

故终点误差为

$$E_t = a/c^{ep} = (1 \times 10^{-4}/0.050\,00) \times 100\% = 0.2\%$$

例 3-18　取 25.00mL $0.1000 mol \cdot L^{-1}$ 苯甲酸的乙醇溶液，用同浓度的乙醇钠溶液滴定。计算滴定至 50% 时溶液的 $p[C_2H_5OH_2^+]$。（已知苯甲酸在乙醇中的 $pK_a = 10.0$，乙醇的 $pK_w = 19.1$）

思路　非水滴定与水溶液中的滴定相似，滴定至 50% 时，为缓冲溶液，可根据缓冲溶液的 pH 计算式计算 $p[C_2H_5OH_2^+]$。

解　滴定至 50% 时

$$[HB] = [B]$$

$$p[C_2H_5OH_2^+] = pK_a + \lg([B]/[HB]) = 10.0 + 0 = 10.0$$

例 3-19　向 100mL $0.20 mol \cdot L^{-1}$ 乙酸溶液中加入 0.40g NaOH，待反应完全后，溶液的 pH 将升高多少？此溶液的缓冲容量为多大？（已知乙酸的 $K_a = 1.8 \times 10^{-5}$，$M_{NaOH} = 40.0 g \cdot mol^{-1}$）

思路　加入碱后，溶液为缓冲体系，可根据缓冲溶液的有关计算式计算。要求 pH 升高多少，还需计算未加碱时溶液的 pH。

解 (1) $0.20mol \cdot L^{-1}$乙酸溶液的 pH。

由题设条件可知，$cK_a > 10K_w$，$c/K_a > 100$，因此

$$[H^+] = (cK_a)^{1/2} = (0.20 \times 1.8 \times 10^{-5})^{1/2} = 1.9 \times 10^{-3}(mol \cdot L^{-1})$$

$$pH = 2.72$$

(2) 加入 0.30g NaOH 后，溶液的 pH

$$[HAc] = 0.20 - 0.40/(40.0 \times 0.1) = 0.10(mol \cdot L^{-1})$$

$$[NaAc] = [NaOH] = 0.40/(40.0 \times 0.1) = 0.10(mol \cdot L^{-1})$$

$$pH = pK_a + lg[Ac-]/[HAc] = 4.74 + 0 = 4.74$$

故 pH 升高 4.74 − 2.72 = 2.02 个单位。

(3) 缓冲容量

$$\beta = 2.30\delta_0\delta_1 c = 2.30 \times 0.50 \times 0.50 \times 0.20 = 0.12$$

例 3-20 称取某二元酸(H_2A)试样 1.250g，加水溶解后，用 $0.1000mol \cdot L^{-1}$ NaOH 溶液滴定，滴定至 A^{2-} 时，用去 45.60mL，当滴入 20.00mL NaOH 时，溶液的 pH 为 4.5。计算二元酸的摩尔质量及其 K_{a_1}。

思路 根据等物质的量反应的原则，可列出求其摩尔质量的计算式；当加入部分 NaOH 时，溶液为缓冲体系，可依照缓冲溶液 pH 的计算式计算离解常数。

解 (1) 设其摩尔质量为 M。由题意可知

$$2 \times 1.250/M = 0.1000 \times 45.60/1000$$

故

$$M = 137.1(g \cdot mol^{-1})$$

(2) $n_{H_2A} = 0.1000 \times 45.60/2 = 2.28(mmol)$，滴入 20.00mL NaOH 后，生成的 HA^-的量为

$$0.1000 \times 15.00 = 1.50(mmol)$$

故

$$pH = pK_{a_1} + lg(n_{HA^-}/n_{H_2A}) = pK_{a_1} + lg[1.50/(2.28 - 1.50)] = 4.5$$

$$pK_{a_1} = 4.21$$

$$K_{a_1} = 6.0 \times 10^{-5}$$

例 3-21 求 $0.050mol \cdot L^{-1}$ $(CH_3)_3N$ 溶液中 $(CH_3)_3NH^+$ 的溶度。[已知 $(CH_3)_3N$ 的 $K_b = 6.3 \times 10^{-5}$]

思路 先需计算出溶液的 pH，再根据其分布分数式求浓度，或者根据质子条件式直接计算其浓度。

解 $cK_b > 10K_w$，$c/K_b > 100$，故

$$[OH^-] = (cK_b)^{1/2} = (0.050 \times 6.3 \times 10^{-5})^{1/2} = 1.77 \times 10^{-3}(mol \cdot L^{-1})$$

由质子条件式可知

$$[(CH_3)_3NH^+]=[OH^-]-[H^+]\approx[OH^-]=1.77\times10^{-3}(mol\cdot L^{-1})$$

五、自　测　题

(一) 填空题

1. 同一溶液中，HSO_4^- 的活度系数比 SO_4^{2-} 的________。

2. 对于稀 HCl 溶液，考虑离子强度影响时算得的 pH 比不考虑时算得的 pH 要________。

3. $0.10mol\cdot L^{-1}$HCl 水溶液的质子条件式为________________。

4. $0.10mol\cdot L^{-1}$NaOH 水溶液的质子平衡式为________________。

5. $0.10mol\cdot L^{-1}$ NH_3 + $0.10mol\cdot L^{-1}$ NH_4Cl 溶液的质子平衡式是________________。

6. $0.10mol\cdot L^{-1}$ HCl + $0.20mol\cdot L^{-1}$ NH_2RCOOH 溶液的质子条件式是________________。

7. NH_3 水溶液中，$[NH_4^+]$的分布分数随溶液 pH 增大而变________。

8. HCO_3^- 是________的共轭碱。

9. H_2CO_3 的 pK_{a_1} 和 pK_{a_2} 分别为 6.37 和 10.25，则 HCO_3^- 的 pK_b 为________。

10. NH_3 在冰醋酸中的离解常数较在水中的________。

11. $H_2BO_3^-$ 的离解平衡式为________________。

12. 已知 H_3BO_3 的 $K_{a_1}=6\times10^{-10}$，则 $0.10mol\cdot L^{-1}NaH_2BO_3$ 溶液的 pH 为________。

13. 某酸碱指示剂的变色范围为 pH7.2～9.2，此指示剂的 $pK_b=$________。

14. 常用________基准物质标定 NaOH 的浓度。

15. 溶液中 $HC_2O_4^-$ 的分布分数与________有关。

16. H_3PO_4 的 $pK_{a_1}\sim pK_{a_3}$ 依次为 2.12、7.21、12.32，则 HPO_4^{2-} 的 $pK_b=$________。

17. 根据酸碱质子理论，NH_2CH_2COOH 的共轭酸是________。

18. 已知 NH_3 水的浓度为 $c_{NH_3}=0.001mol\cdot L^{-1}$，$NH_3$ 的 $pK_b=4.74$，则在浓度对数图中该 NH_3 水溶液的理论体系点 S 的坐标为(____，____)；$[NH_3]$和$[NH_4^+]$两线交点 O 的坐标为(____，____)。

19. a $mol\cdot L^{-1}$ NaCl 溶液的质子平衡方程式为________。

20. a $mol\cdot L^{-1}$NaAc-$b$$mol\cdot L^{-1}$HAc 缓冲溶液的质子平衡方程式为________。

21. 标定 HCl 溶液常用的基准物质有________、________。

22. a mol·L^{-1}NH_3NO_3 溶液的质子平衡方程式为______________。

23. 柠檬酸(H_3Cit)的 pK_{a_1} ~ pK_{a_3} 依次为 3.13、4.76、6.40，则 Cit^{3-} 的 pK_b = ________。

24. 已知 $ClCH_2COOH$ 的浓度为 0.001mol·L^{-1}，它的 pK_a = 3.74，则在浓度对数图中该 $ClCH_2COOH$ 水溶液的理论体系点 S 的坐标为(____，____)。

25. NH_4HCO_3 溶液的质子平衡方程式为______________。

26. 在冰醋酸(HAc)中，最强的酸的存在形式是________，NH_3 在水中的离解常数比在冰醋酸中的________。

27. 某酸碱指示剂的变色范围为 6.8~8.8，其 pK_a = ________。

28. [H^+]为 $1.0\times10^{-5.8}$mol·L^{-1}溶液的 pH 为________。

29. 等体积的 pH5.0 和 pH9.0 的溶液混合后，溶液的 pH 变为________。

30. 已知 $BaCO_3$ 的 $K_{sp} = 8\times10^{-9}$，则其饱和水溶液的 pH 为________。

31. 某弱酸指示剂的离解常数为 4×10^{-5}，此指示剂的变色范围为________。

32. pH4.74 的溶液中，[H^+] = ________。

33. 等体积的 pH1.0 和 pH2.0 的溶液混合后，溶液的 pH 变为________。

34. 弱碱 NaF 的离解平衡常数表达式为 K_b = ________。

35. 0.045mol·L^{-1}苯甲酸溶液的 pH 为 2.78，它的 pK_a = ________。

36. 混合指示剂主要有______________优点。

(二) 计算题

1. 用 0.10mol·L^{-1}HCl 溶液滴定同浓度的 NH_3 溶液，若滴定终点的 pH 为 7.0，此时溶液中未被中和的 NH_3 的比例为多大？(已知 NH_3 的 $K_b = 1.8\times10^{-5}$)

2. 称取乙酰水杨酸($CH_3CO_2C_6H_4CO_2H$)试样 0.1250g，向其中加入 25.00mL 0.1000mol·L^{-1} NaOH 后，加热让其充分反应，冷却后以酚酞为指示剂，用 0.1000mol·L^{-1}HCl 滴定，耗去 12.50mL，求试样中乙酰水杨酸的质量分数。

3. 移取丙酮溶液 25.00mL 于锥瓶中，加 50mLNa_2SO_3 溶液，充分反应后，用 0.1000mol·L^{-1}HCl 滴定，以百里酚酚为指示剂，滴定至终点，耗去 HCl 15.00mL。计算丙酮溶液的浓度。

4. 向 30mL 0.10mol·L^{-1}的弱酸 HA 溶液中加入 10mL 0.050mol·L^{-1}NaOH 溶液，测得溶液的 pH 为 4.0，计算该弱酸的离解常数 K_a。

5. 计算 5.0×10^{-7}mol·L^{-1}HCl 溶液的 pH。

6. 向 25.0mL 0.0200mol·L^{-1}邻氨基苯酚溶液中滴加 10.9mL 0.0150mol·L^{-1}$HClO_4$ 溶液，计算此时溶液的 pH。(已知邻氨基苯酚的 pK_1 = 4.78)

7. 若用 0.1000mol·L^{-1} HCl 溶液滴定 25.00mL 同浓度的赖氨酸钠($H_2NCH_2CO_2Na$)溶液，滴定至第二计量点时，溶液的 pH 为多大？(已知赖氨酸的 $pK_1=2.35$)

8. 在 25℃用 pH 计测得 0.1000mol·L^{-1}HCl 溶液的 pH 为 1.09，计算溶液中 H^+ 的活度系数。

9. 计算 0.10mol·L^{-1}丙二酸溶液的 pH 及溶液中丙二酸的平衡浓度。(已知丙二酸的 $K_{a_1}=1.4\times10^{-3}$，$K_{a_2}=2.0\times10^{-6}$)

10. 以 0.020mol·L^{-1}EDTA 溶液滴定相同浓度的 Bi^{3+} 和 Zn^{2+} 的混合溶液，滴定开始时溶液的 pH 为 1.0，滴定完 Bi^{3+} 后，将溶液 pH 调至 5.5 继续滴定 Zn^{2+}，试问应加入六次甲基四胺至多大浓度才可达到所需 pH？待滴定完 Zn^{2+} 后，溶液的 pH 变为多大？(已知六次甲基四胺的 $pK_b=8.85$，摩尔质量为 140.0g·mol^{-1})

11. 用 0.10mol·L^{-1}NaOH 溶液滴定相同浓度的 HCOOH 溶液，计量点的 pH 为多少？若以酚酞为指示剂，则滴定至终点时溶液中 $HCOO^-$ 的分布分数是多大？(已知 HCOOH 的 $K_a=1.8\times10^{-4}$，酚酞的 $pK_a=8.9$)

12. 欲测定某试样中的氮含量，称取试样 0.2250g，经一系列处理后将其中的氮转化为氨，加 NaOH 后加热，使 NH_3 逸出，并用 40.00mL 0.1000mol·L^{-1}HCl 溶液吸收，然后用 0.1000mol·L^{-1} NaOH 溶液滴定多余的盐酸，消耗 NaOH 23.50mL。(1)计算试样中氮的质量分数；(2)计算滴定至计量点时，溶液的 pH。(已知 $M_N=14.00$g·mol^{-1}，NH_3 的 $K_b=1.8\times10^{-5}$)

13. 某混合溶液的 pH 为 9.00，其中含有草酸、乙酸、氨和吡啶等，试问溶液中有多大比例的氨未被中和。(已知氨的 $pK_b=4.74$)

14. 欲测定某有机物中硫的含量，称取该试样 0.2700g，将其置氧气中燃烧，使其中的硫转化为 SO_2，SO_2 以 H_2O_2 吸收。用 NaOH 滴定吸收液，耗去 0.1000mol·L^{-1}NaOH 溶液 25.00mL，计算试样中硫的质量分数。(已知 S 的摩尔质量为 32.06g·mol^{-1})

15. 称取 KCl 和 NaCl 的混合物 0.1800g，溶液后，将溶液倒入强酸型离子交换树脂柱中，流出液用 NaOH 溶液滴定，用去 0.1200mol·L^{-1} NaOH 溶液 23.00mL，计算其中 KCl 的质量分数。(已知 KCl、NaCl 的摩尔质量分别为 74.55 g·mol^{-1}、58.44g·mol^{-1})

16. 某溶液由 10.0mL 0.100mol·L^{-1}可卡基酸[$(CH_3)_2AsOOH$]和 10.0mL 0.0800mol·L^{-1}NaOH 组成，向该溶液中加入 1.00mL 1.20×10^{-6}mol·L^{-1}吗啡，计算质子化吗啡的分布分数。(已知可卡基酸的 $K_a=6.4\times10^{-7}$，吗啡的 $K_b=1.6\times10^{-6}$)

第四章 络合滴定法

一、复习要求

(1) 了解分析化学中常用的络合物。
(2) 熟悉络合平衡中各级络合物的分布及其平衡浓度的有关计算。
(3) 熟练掌握用副反应系数及条件稳定常数等概念处理络合平衡的方法。
(4) 熟练掌握络合滴定法的基本原理及实际分析应用。

二、内容提要

(1) EDTA 及其螯合物简介。
(2) 络合物在溶液中的离解平衡及各级络合物的分布。
(3) 副反应系数及条件稳定常数。
(4) 络合滴定法的基本原理。
(5) 络合滴定分析中的条件控制与实际应用。

三、要点与疑难点解析

(一) 络合物在溶液中的离解平衡

1. 络合物的形成与离解反应

络合滴定法是以络合反应为基础的滴定分析方法。络合反应在分析化学中的应用十分广泛,许多显色剂、萃取剂、沉淀剂、掩蔽剂等都是络合剂。因此,络合反应的有关理论和应用是分析化学的重要内容之一。

络合物的形成和离解反应是溶液中的一种化学平衡。以 M 代表金属离子,L 代表络合剂,对于络合比为 1∶1 的络合物,用 ML 表示;络合比为 1∶n 的络合物,用 ML_n 表示。常见金属离子与 EDTA 所形成的络合物绝大多数为 1∶1 络合物。

对于络合比为 1∶n 的络合物 ML_n,由于其形成和离解都是逐级进行的,所以有逐级稳定常数 K_i、逐级离解常数 $K_{不稳i}$ 和累积稳定常数 β_i 之分,三种常数之间的关系为

$$\beta_1 = K_1 = 1/K_{不稳n}$$

$$\beta_2 = K_1 \cdot K_2 = 1/(K_{不稳n} \cdot K_{不稳n-1})$$

$$\cdots$$

$$\beta_n = K_1 \cdot K_2 \cdots K_n = 1/(K_{不稳n} \cdot K_{不稳n-1} \cdots K_{不稳1})$$

有些络合剂如 EDTA 能与 H^+ 结合，在处理络合平衡时，常采用 H_6Y 的各级形成常数（又称逐级质子化常数）和累积质子化常数 β_n^H。

2. 溶液中各级络合物的分布

在处理酸碱平衡时，要考虑酸度对酸碱的各种存在形式的分布的影响，而在络合平衡中，则需考虑配位体浓度对络合物的各级存在形式的分布的影响。

设溶液中金属离子 M 的总浓度为 c_M，配位体 L 的总浓度为 c_L，根据物料平衡

$$c_M = [M] + [ML] + [ML_2] + \cdots + [ML_n]$$
$$= [M](1 + \beta_1[L] + \beta_2[L]^2 + \cdots + \beta_n[L]^n)$$

按分布分数的定义，可得到各级络合物的分布分数

$$\delta_M = \frac{[M]}{c_M} = \frac{1}{1 + \beta_1[L] + \beta_2[L]^2 + \cdots + \beta_n[L]^n}$$

$$\delta_{ML} = \frac{[ML]}{c_M} = \frac{\beta_1[L]}{1 + \beta_1[L] + \beta_2[L]^2 + \cdots + \beta_n[L]^n}$$

$$\cdots$$

$$\delta_{ML_n} = \frac{[ML_n]}{c_M} = \frac{\beta_n[L]^n}{1 + \beta_1[L] + \beta_2[L]^2 + \cdots + \beta_n[L]^n}$$

由此可见，分布分数 δ 仅是[L]的函数，由 δ 及 c_M 可求得各级络合物的平衡浓度。

3. 平均配位数

在络合平衡中，有时需要计算金属离子 M 与一定浓度络合剂进行络合反应时的平均配位数 $\overline{n}$

$$\overline{n} = \frac{c_L - [L]}{c_M} = \frac{\sum_{i=1}^{n} i\beta_i[L]^i}{1 + \sum_{i=1}^{n} \beta_i[L]^i}$$
$$= \delta_{ML} + 2\delta_{ML_2} + \cdots + n\delta_{ML_n}$$

（二）副反应系数和条件稳定常数

1. 副反应系数

在 EDTA 络合滴定中，被测金属离子 M 与 EDTA 络合，生成络合物 MY，称为

主反应;反应物 M 和 Y 及反应产物 MY 都可能与溶液中 OH^-、其他络合剂 L、H^+ 或其他金属离子 N 等发生副反应,使络合物 MY 的稳定性受到影响(图 4-1)。

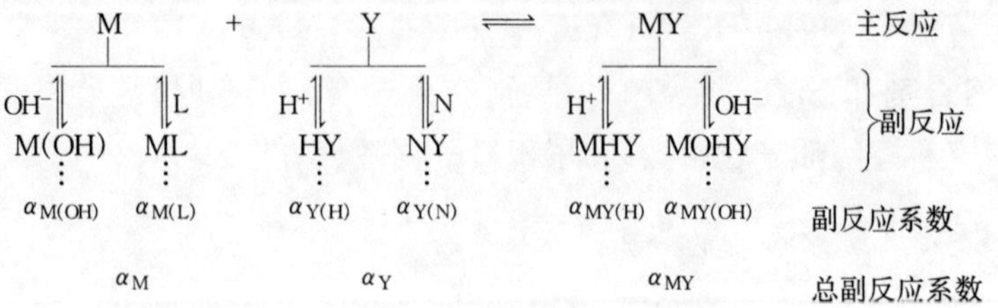

图 4-1　EDTA 络合滴定的影响因素

M 和 Y 的各种副反应不利于主反应的进行,而 MY 的副反应则有利于主反应的进行。这些副反应对主反应的影响程度,可由其副反应系数的大小进行判断。

1) 金属离子 M 的副反应系数 α_M

M 和 Y 的络合反应是主反应,如溶液中存在另外的络合剂 L 和 A 等,它们也能与 M 形成逐级络合物,将使主反应受到影响,其副反应系数 α_M 为

$$\alpha_M = \frac{[M']}{[M]} = ([M] + [ML] + \cdots + [ML_n] + [MA] + [MA_2] + \cdots + [MA_n])/[M]$$

式中:[M′]表示没有参加主反应的金属离子各种存在形式的总浓度;[M]表示游离金属离子的平衡浓度。α_M 越大,表示副反应越严重。根据络合平衡关系和物料平衡,很容易得到 α_M 的进一步表达式

$$\alpha_M = \alpha_{M(L)} + \alpha_{M(A)} - 1$$

$$\alpha_{M(L)} = 1 + \beta_1[L] + \beta_2[L]^2 + \cdots + \beta_n[L]^n$$

$\alpha_{M(A)}$ 也有极为类似的表达式

$$\alpha_{M(A)} = 1 + \beta_1'[A] + \beta_2'[A]^2 + \cdots + \beta_n'[A]^n$$

2) 络合剂(如 EDTA)的副反应系数

EDTA 的副反应系数由溶液中的 H^+ 或(和)其他金属离子 N 的存在所引起,使 EDTA 参加主反应的能力降低。EDTA 的副反应系数可表示为

$$\alpha_Y = \frac{[Y']}{[Y]}$$

式中:[Y′]为未与 M 络合的 EDTA 各种存在形式的总浓度;[Y]为溶液中游离 EDTA 的平衡浓度。

α_Y 的定量数学表达式与 α_M 的极为相似

$$\alpha_Y = \alpha_{Y(H)} + \alpha_{Y(N)} - 1$$

其中

$$\alpha_{Y(H)} = 1 + \beta_1^H[H^+] + \beta_2^H[H^+]^2 + \cdots + \beta_n^H[H^+]^n$$

$$\alpha_{Y(N)} = 1 + K_{NY}[N]$$

在实际工作中，当 $\alpha_{Y(H)} \gg \alpha_{Y(N)}$时，酸效应是主要的；若 $\alpha_{Y(N)} \gg \alpha_{Y(H)}$时，共存离子的副反应是主要的。

3) 络合物 MY 的副反应系数 α_{MY}

在较高酸度下，MY 可能形成酸式络合物 MHY，其副反应系数以 $\alpha_{MY(H)}$表示

$$\alpha_{MY(H)} = 1 + K_{MHY}^{H}[H^+]$$

若以 K_{MOHY}^{OH}表示在碱度较高时碱式络合物的形成常数，同理可得其副反应系数

$$\alpha_{MY(OH)} = 1 + K_{MOHY}^{OH}[OH^-]$$

尽管络合物 MY 的副反应对主反应有利，但由于 MY 的酸式、碱式络合物一般不太稳定，$\alpha_{MY(H)}$或 $\alpha_{MY(OH)}$一般都较小，故在通常情况下，可以忽略。

2. 条件稳定常数

在溶液中，金属离子 M 与络合剂 EDTA 反应生成络合物 MY。如果没有副反应发生，当达到平衡时，稳定常数 K_{MY}是衡量此络合反应进行程度的主要标志。如果有副反应发生，将受到 M、Y 及 MY 的副反应的影响。设未参加主反应的 M 的总浓度为[M′]，Y 的总浓度为[Y′]，生成的 MY、MHY 和 MOHY 的总浓度为[MY′]，当达到平衡时，可以得到以[M′]、[Y′]及[MY′]表示的络合物的实际稳定常数——条件稳定常数 K'_{MY}

$$K'_{MY} = \frac{[MY']}{[M'][Y']}$$

从上面副反应系数的讨论中可知

$$[M'] = \alpha_M[M]$$
$$[Y'] = \alpha_Y[Y]$$
$$[MY'] = \alpha_{MY}[MY]$$

由此可以得到条件稳定常数与浓度稳定常数 K_{MY}的关系式

$$K'_{MY} = \frac{\alpha_{MY}[MY]}{\alpha_M[M]\cdot\alpha_Y[Y]} = K_{MY}\cdot\frac{\alpha_{MY}}{\alpha_M\cdot\alpha_Y}$$

取对数，得到

$$\lg K'_{MY} = \lg K_{MY} - \lg\alpha_M - \lg\alpha_Y + \lg\alpha_{MY}$$

K'_{MY} 表示在有副反应的情况下，络合反应进行的程度。在一定条件下，α_M、α_Y 及 α_{MY}是定值，故此时 K'_{MY} 为常数。K'_{MY} 有时称为表观稳定常数。α_M、α_Y 和 α_{MY} 并非都要保留，尤其是 α_{MY}常可忽略。总的原则是从实际出发，合理选择。例如，溶液中无共存离子效应，酸度又高于金属离子的水解酸度，且不存在其他引起金属

离子的副反应的络合剂,则此时只有 EDTA 的酸效应,上式可进一步简化为

$$\lg K'_{MY} = \lg K_{MY} - \lg\alpha_{Y(H)}$$

由此可见,引用副反应系数来处理复杂的平衡体系具有很大的优越性。在络合滴定中不仅将酸度和其他络合剂的影响当作副反应来处理,碱式、酸式和混合络合物以及不同络合比的络合物也都当作副反应来处理,这样可以很方便地得到条件稳定常数。这种处理方法具有普遍意义:沉淀反应中引用条件溶度积;萃取中使用条件萃取常数;氧化还原反应中使用条件电位或克式量电位等;包括络合反应中使用的掩蔽和金属离子缓冲体系,实际上也是副反应系数和条件稳定常数的应用。

(三) 络合滴定法的基本原理

1. pM'_{sp}的计算

在分析化学中,条件稳定常数的概念和有关计算十分重要。例如,以 EDTA 滴定金属离子 M,若 $c_Y = c_M$,络合物足够稳定(一般要求 $\lg K'_{MY} \geqslant 8$),则化学计量点时,$[MY]_{sp} \approx c_M^{sp} = c_M/2$。如 M 和 Y 都发生副反应,化学计量点时,$[M']_{sp} = [Y']_{sp}$,由

$$K'_{MY} = \frac{[MY]_{sp}}{[M']_{sp}[Y']_{sp}}$$

得

$$[M']_{sp} = \sqrt{\frac{c_M^{sp}}{K'_{MY}}}$$

或

$$pM'_{sp} = \frac{1}{2}(pc_M^{sp} + \lg K'_{MY})$$

这是计算化学计量点时$[M']_{sp}$或 pM'_{sp}的重要公式。得到 pM'_{sp}后,便可以判断络合滴定的准确度和选择合适的金属指示剂。此外,c_M^{sp} 和 K'_{MY} 是决定络合滴定突跃范围大小的重要因素。

2. 络合滴定的终点误差及 pM'_{sp}的计算

根据络合平衡的原理,很容易推导出络合滴定终点误差的计算公式(又称 Ringbom 误差公式)

$$TE = \frac{10^{\Delta pM'} - 10^{-\Delta pM'}}{\sqrt{c_M^{sp} K'_{MY}}} \times 100\%$$

式中:$\Delta pM'$为滴定终点与化学计量点时 pM'值之差,即

$$\Delta pM' = pM'_{ep} - pM'_{sp}$$

通常,在终点与化学计量点很接近时,$\alpha_{M_{ep}} \approx \alpha_{M_{sp}}$,此时 $\Delta pM' \approx \Delta pM$。又当采用金属指示剂(In)指示络合滴定终点,指示剂与金属离子 M 形成络合物 MIn,存在如下的络合平衡关系

$$K_{MIn} = \frac{[MIn]}{[M][In]}$$

式中:K_{MIn}为 MIn 络合物的浓度常数。若考虑 M 的副反应和 In 的酸效应,则 MIn 络合物的条件稳定常数为

$$K'_{MIn} = \frac{[MIn]}{[M'][In']} = \frac{K_{MIn}}{\alpha_M \cdot \alpha_{In(H)}}$$

或

$$pM' + \lg\frac{[MIn]}{[In']} = \lg K_{MIn} - \lg\alpha_M - \lg\alpha_{In(H)}$$

当[MIn]=[In′]时,即为指示剂的颜色转变点,通常为滴定终点,即

$$\lg K'_{MIn} = pM'_{ep} = \lg K_{MIn} - \lg\alpha_M - \lg\alpha_{In(H)}$$

由 Ringbom 终点误差公式,很容易得到准确滴定的判别式。设

$$f = |10^{\Delta pM'} - 10^{-\Delta pM'}|$$

则

$$TE = \frac{f}{\sqrt{c_M^{sp} K'_{MY}}} \times 100\%$$

对上式取对数,整理得

$$\lg c_M^{sp} K'_{MY} = 2pT + 2\lg f$$

当要求终点误差小于或等于 T 时,则

$$\lg c_M^{sp} K'_{MY} \geqslant 2pT + 2\lg f$$

3. 准确进行络合滴定的判据

在络合滴定中,一般以金属指示剂来指示终点的到达。由于人眼判断颜色的局限性,仍有一定的 $\Delta pM'$单位不确定性。若 $\Delta pM' = \pm 0.2$pM 单位,则

$$\lg c_M^{sp} K'_{MY} \geqslant 2pT$$

当 $T \leqslant 0.1\%$ 时,$\lg c_M^{sp} K'_{MY} \geqslant 6$; $T \leqslant 0.3\%$ 时,$\lg c_M^{sp} K'_{MY} \geqslant 5$; $T \leqslant 0.5\%$ 时,$\lg c_M^{sp} K'_{MY} \geqslant 4.6$; $T \leqslant 1\%$时,$\lg c_M^{sp} K'_{MY} \geqslant 4$。

通常,当 $\Delta pM' = \pm 0.2$, $T \leqslant 0.1\%$时,$\lg c_M^{sp} K'_{MY} \geqslant 6$,以此作为能否进行准确滴定的界限。

4. 络合滴定中酸度的控制

在络合滴定过程中，酸度的控制是十分重要的。酸度对 M、N、Y、MY 及 In(指示剂)都可能产生影响。例如，随着络合物的生成，不断产生 H^+

$$M + H_2Y \longrightarrow MY + 2H^+$$

溶液酸度增大的结果，不仅降低了络合物的条件稳定常数，使滴定突跃减小，而且可能破坏了指示剂变色的最适宜酸度范围，导致产生很大的误差。因此，在络合滴定中，通常需要加入缓冲溶液来控制溶液的酸度。缓冲溶液的选择不仅要考虑缓冲的 pH 范围，还要考虑缓冲容量及有关缓冲体系可能引起的副反应。例如，在 pH 5～6 时滴定 Pb^{2+}，最好选用六次甲基四胺而不用乙酸缓冲体系。有时还需加入辅助络合剂如酒石酸、柠檬酸等，也会影响络合物的条件稳定常数，故应控制其用量。

由 Ringbom 误差公式可知，当 c_M^{sp}、$\Delta pM'$和 TE 一定时，K'_{MY} 就必须大于某一数值，否则就会超过规定的允许误差。当 $\Delta pM = \pm 0.2$、$TE = \pm 0.1\%$ 时，$\lg cK' = 6$。若 $c = 1.0 \times 10^{-2} mol \cdot L^{-1}$，则 $K'_{MY} = 10^8$。若 M 没有副反应，K'_{MY} 取决于 $\alpha_{Y(H)}$，即仅受酸度的控制，由此求得在一定条件下滴定的最高酸度

$$\lg\alpha_{Y(H)} = \lg K_{MY} - 8$$

由酸效应曲线图可查得滴定各种离子的最低 pH(即最高酸度)，但必须注意应用此图需满足的条件：$\Delta pM = \pm 0.2$，$c_M^{sp} = 1.0 \times 10^{-2} mol \cdot L^{-1}$，$TE \leqslant 0.1\%$ 以及金属离子没有发生副反应。

酸度过低，M 会发生水解，形成 $M(OH)_n$ 沉淀，且一旦沉淀析出，转化为 MY 的速度就较慢，影响滴定结果的准确度。因此，络合滴定还有“最低酸度”的问题。在没有辅助络合剂存在时，最低酸度由金属氢氧化物沉淀的溶度积求得。

在络合滴定的最高酸度和最低酸度之间的酸度范围，即为络合滴定的“适宜酸度”范围。但终点误差不仅取决于 K'_{MY}，还与 ΔpM 大小有关，酸度会影响指示剂变色点(pM_t 值)，从而影响 ΔpM 值。

由

$$pM'_{sp} = \frac{1}{2}(\lg K'_{MY} + pc_M^{sp})$$

$$pM'_{ep} = \lg K'_{MIn} = pM_t$$

两关系式斜率不相等，必然相交于一点，即 $pM'_{sp} = pM'_{ep}$ 时的酸度(pH)为有关体系络合滴定的最佳酸度。因此，应尽量选择在最佳酸度下进行络合滴定。

以上是滴定单一金属离子时有关情况的讨论。实际上经常遇到的是溶液中有多种金属离子共存，而 EDTA 能与很多金属离子生成稳定的络合物。如何提高络合滴定的选择性？可否准确地分别滴定？选择滴定中的酸度如何控制？

设溶液中含有 M、N 两种金属离子，并且 $K_{MY}>K_{NY}$，在化学计量点的分析浓度分别为 c_M^{sp} 和 c_N^{sp}，且考虑到混合离子中选择滴定的允许误差较大，设 $\Delta pM'=0.2$，$TE=0.3\%$，根据准确滴定判别式

$$\lg c_M^{sp}K'_{MY}\geqslant 5$$

则 M 能被准确滴定而 N 不干扰。由于

$$\begin{aligned}\lg c_M^{sp}K'_{MY} &= \lg K_{MgY}c_M^{sp}-\lg\alpha_M-\lg\alpha_Y\\ &= \lg K_{MgY}c_M^{sp}-\lg\alpha_M-\lg[\alpha_{Y(H)}+\alpha_{Y(N)}]\end{aligned}$$

若不考虑 α_M，且 $\alpha_{Y(H)}\ll\alpha_{Y(N)}$，则

$$\alpha_Y\approx\alpha_{Y(N)}\approx K_{NY}c_N^{sp}$$

故

$$\lg c_M^{sp}K'_{MY}=\lg c_M^{sp}K_{MY}-\lg c_N^{sp}K_{NY}\geqslant 5$$

或

$$\Delta\lg cK\geqslant 5$$

这就是络合滴定的分别滴定判别式。它表示滴定体系满足此条件时，只要有合适的指示 M 离子终点的方法，则在 M 离子的适宜酸度范围内，都可以准确滴定 M 而 N 离子不干扰。终点误差 $TE\leqslant 0.3\%$（$\Delta pM=\pm 0.2$），也可采用更广泛的分别滴定的判别式

$$\Delta\lg cK>2pT+2\lg f$$

应用络合滴定的分别滴定判别式时，还必须选择好合适的 pH，使 pM_{ep}与 pM_{sp} 尽量接近，这样可以减少滴定误差。

5. 提高络合滴定选择性的途径

当 $\Delta\lg cK<5$ 时，就不能直接利用酸效应来消除干扰。此时可利用掩蔽剂来提高络合滴定的选择性。常用的掩蔽方法有络合掩蔽法、沉淀掩蔽法和氧化还原掩蔽法等，其中以络合掩蔽法应用最广泛。

络合掩蔽法是在 M、N 混合体系中，加入络合掩蔽剂 L 后，使 N 与 L 形成稳定的络合物，降低溶液中 N 的游离浓度。此时

$$\alpha_{Y(N)}=1+K_{NY}[N]=1+K_{NY}\cdot\frac{c_N^{sp}}{\alpha_{N(L)}}$$

即 $K_{NY}c_N^{sp}$ 值降低了 $\alpha_{N(L)}$倍，使 $\Delta\lg cK>5$，达到选择性滴定 M 的目的。

沉淀掩蔽法是在溶液中加入一种沉淀剂，使其中的干扰离子浓度降低，在不分离沉淀的情况下直接进行滴定。

当某种价态的共存离子对滴定有干扰时，利用氧化还原反应改变干扰离子的价态，从而改变相关络合物的条件稳定常数以消除干扰的方法，称为氧化还原掩

蔽法。

络合滴定可以采用直接法、返滴法、置换法和间接法等多种方式进行。改变滴定方式或选用适当的其他滴定剂,在一些情况下还能提高滴定的选择性。要掌握络合滴定分析的方法、应用及结果的计算。

四、例　　题

例 4-1　已知 Zn^{2+}-NH_3 络合物的 $\lg\beta_1 \sim \lg\beta_4$ 分别为 2.37、4.81、7.31 和 9.46。计算$[NH_3]=0.10mol \cdot L^{-1}$的含锌离子的溶液中各级锌氨络合物的分布分数。

解　各级锌氨络合物的分布分数仅是氨平衡浓度的函数

$$1+\sum\beta_i[NH_3]^i=1+\beta_1[NH_3]+\beta_2[NH_3]^2+\beta_3[NH_3]^3+\beta_4[NH_3]^4$$
$$=1+10^{1.37}+10^{2.81}+10^{4.31}+10^{5.46}$$

所以

$$\delta_0=\delta_{Zn^{2+}}=\frac{1}{10^{5.49}}=10^{-5.49}=0.0003\%$$

$$\delta_1=\delta_{Zn(NH_3)^{2+}}=\frac{10^{1.37}}{10^{5.49}}=0.008\%$$

$$\delta_2=\delta_{Zn(NH_3)_2^{2+}}=\frac{10^{2.81}}{10^{5.49}}=0.21\%$$

$$\delta_3=\delta_{Zn(NH_3)_3^{2+}}=\frac{10^{4.31}}{10^{5.49}}=6.6\%$$

$$\delta_4=\delta_{Zn(NH_3)_4^{2+}}=\frac{10^{5.46}}{10^{5.49}}=93.3\%$$

例 4-2　在 $1.0\times10^{-2}mol \cdot L^{-1}$铜氨溶液中,已知游离氨的浓度为 $1.0\times10^{-3} mol \cdot L^{-1}$。计算 Cu^{2+}、$Cu(NH_3)_3^{2+}$ 的平衡浓度。(已知 Cu-NH_3 络合物的 $\lg\beta_1 \sim \lg\beta_4$ 分别为 4.31、7.98、11.02 和 13.32)

解　$1+\sum\beta_i[L]^i=1+\beta_1[NH_3]+\beta_2[NH_3]^2+\beta_3[NH_3]^3+\beta_4[NH_3]^4$

$$=10^{2.39}$$

$$\delta_{Cu^{2+}}=\frac{1}{10^{2.39}}=4.1\times10^{-3}$$

$$[Cu^{2+}]=\delta_{Cu^{2+}} \cdot c_{Cu^{2+}}=4.1\times10^{-3}\times1.0\times10^{-2}=4.1\times10^{-5}(mol \cdot L^{-1})$$

$$\delta_{Cu(NH_3)_3^{2+}}=\frac{\beta_3[NH_3]^3}{10^{2.39}}=\frac{10^{2.02}}{10^{2.39}}=0.43$$

$$[Cu(NH_3)_3^{2+}]=\delta_{Cu(NH_3)_3^{2+}} \cdot c_{Cu^{2+}}=4.3\times10^{-3}(mol \cdot L^{-1})$$

例 4-3　使 100mL $0.01mol \cdot L^{-1} Zn^{2+}$ 的浓度降低至 $1.0\times10^{-9}mol \cdot L^{-1}$,需向

溶液中加入多少克 KCN 固体？（已知 Zn^{2+}-CN^- 络合物的 $\beta_4 = 10^{16.7}$，$M_{KCN} = 65.12g \cdot mol^{-1}$）

解　加入的 KCN 是过量的，仅部分与 Zn^{2+} 络合。可通过分布分数求出平衡时游离的 $[CN^-]$ 的浓度，加上络合 Zn^{2+} 所消耗的

$$[Zn^{2+}] = c_{Zn^{2+}} \cdot \delta_0$$

$$10^{-9} = 0.01 \times \frac{1}{1 + \beta_4[CN^-]^4}$$

解得

$$[CN^-] = 3.8 \times 10^{-3} mol \cdot L^{-1}$$

$$\delta_4 = \frac{\beta_4[CN^-]^4}{1 + \beta_4[CN^-]^4} \approx 1$$

上述计算表明 Zn^{2+} 几乎全部以 $Zn(CN)_4^{2-}$ 的形式存在，其消耗的 CN^- 的浓度为 $0.01 \times 4(mol \cdot L^{-1})$，所以

$$c_{CN^-} = 0.01 \times 4 + 3.8 \times 10^{-3} = 0.044(mol \cdot L^{-1})$$

$$m_{KCN} = c \cdot V \cdot M = 0.044 \times 0.100 \times 65.12 = 0.29(g)$$

例 4-4　在金属离子 M 和配位体 L 的液中，已知游离 L 的浓度为 $1.0 \times 10^{-1} mol \cdot L^{-1}$ 和 $1 mol \cdot L^{-1}$，计算其相应的单均配位数 $\bar{n}$。（已知 M 与 L 形成 ML、ML_2 和 ML_3 三种形式的络合物，其 $\beta_1 = 10^6$、$\beta_2 = 10^9$、$\beta_3 = 10^9$）

解　根据公式 $\bar{n} = \dfrac{\sum i\beta_i[L]^i}{1 + \sum \beta_i[L]^i}$

当 $[L] = 10^{-1} mol \cdot L^{-1}$ 时

$$\bar{n} = \frac{1 + 10^6 \times 10^{-1} + 2 \times 10^9 \times 10^{-2} + 3 \times 10^9 \times 10^{-3}}{1 + 10^6 \times 10^{-1} + 10^9 \times 10^{-2} + 10^9 \times 10^{-3}} = 2.08 \approx 2$$

当 $[L] = 1 mol \cdot L^{-1}$ 时

$$\bar{n} = \frac{1 + 10^6 \times 1 + 2 \times 10^9 \times 1 + 3 \times 10^9 \times 1}{1 + 10^6 \times 1 + 10^9 \times 1 + 10^9 \times 1} = 2.5$$

可见这时主要生成 ML_2 和 ML_3 两种络合物。

例 4-5　需配制 pCa 为 6.0 的钙离子缓冲溶液，以 EDTA 为络合剂，为使缓冲容量最大，应如何配制？pH 应控制多大合适？

解　金属离子缓冲溶液是由金属络合物（如 MY）和过量的络合剂（如 Y）所组成，具有控制金属离子浓度的作用

$$M + Y \xlongequal{} MY$$

$$pM = \lg K_{MY} + \lg \frac{[Y]}{[MY]}$$

在含有大量的络合物 MY 和大量的络合剂 Y 的溶液中，加入适量的金属离子 M 或其他络合剂 L，可维持 pM 值基本不变。显然，当络合物与过量络合剂的浓度相等时，缓冲能力最大。当络合剂 Y 发生酸效应时，则

$$pM = \lg K'_{MY} - \lg \alpha_{Y(H)} + \lg \frac{[Y']}{[MY]}$$

因此，选用不同的金属离子和络合剂，控制合适的 pH 和[Y′]/[MY]值，可获得不同 pM 值的金属离子缓冲溶液。

$\lg K_{CaY} = 10.7$，为使本体系的缓冲容量最大，应控制[CaY]=[Y′]，即 $c_Y = 2c_{Ca}$，故

$$pCa = \lg K'_{CaY} = \lg K_{CaY} - \lg \alpha_{Y(H)}$$

$$\lg \alpha_{Y(H)} = \lg K_{CaY} - pCa = 10.7 - 6.0 = 4.7$$

查 $\lg \alpha_{Y(H)}$-pH 酸效应曲线，得 pH=6.0。即按照 EDTA 与 Ca^{2+} 的物质的量之比为 2∶1 并调节溶液的 pH 至 6.0，得符合题意的配位缓冲溶液。

例 4-6 在 $0.10 mol \cdot L^{-1}$ AlF_6^{3-} 溶液中，$[F^-] = 1.0 \times 10^{-2} mol \cdot L^{-1}$，求溶液中游离 Al^{3+} 的浓度，并判断溶液中络合物的主要存在形式。

解 这可以看作络合剂 F^- 能与金属离子 Al^{3+} 形成络合物，所引起的副反应系数称为络合效应系数，以 $\alpha_{Al(F)}$ 表示

$$\begin{aligned}\alpha_{Al(F)} &= 1 + \beta_1[F^-] + \beta_2[F^-]^2 + \beta_3[F^-]^3 + \beta_4[F^-]^4 + \beta_5[F^-]^5 + \beta_6[F^-]^6 \\ &= 1 + 1.4\times10^6\times0.010 + 1.4\times10^{11}\times(0.010)^2 + 1.0 \\ &\quad \times10^{15}\times(0.010)^3 + 5.6\times10^{17}\times(0.010)^4 + 2.3\times10^{19} \\ &\quad \times(0.010)^5 + 6.9\times10^{19}\times(0.010)^6 \\ &= 1 + 1.4\times10^4 + 1.4\times10^7 + 1.0\times10^9 + 5.6\times10^9 + 2.3\times10^9 + 6.9\times10^7 \\ &= 8.91\times10^9\end{aligned}$$

$$[Al^{3+}] = \frac{c_{Al}}{\alpha_{Al(F)}} = \frac{0.10}{8.9\times10^9} = 1.1\times10^{-11}(mol \cdot L^{-1})$$

比较 $\alpha_{Al(F)}$ 计算式中右边各项的数值，可知络合物的主要存在形式是 AlF_4^-、AlF_5^{2-} 及 AlF_3。另外，从溶液中游离的 Al^{3+} 浓度的计算值可知，$[Al^{3+}]$的浓度极低，F^- 作为对 Al^{3+} 的掩蔽，效果很好，但这必然影响 Al^{3+} 与 EDTA 的主反应。

例 4-7 在 $0.010 mol \cdot L^{-1}$ 锌氨溶液中，若游离氨的浓度为 $0.10 mol \cdot L^{-1}$ (pH10)时，计算锌离子的总副反应系数[已知 pH10 时 $\alpha_{Zn(OH)} = 10^{2.4}$]。若 pH12.0，$\alpha_{Zn}$ 应为多大?

解 若溶液中有两种或两种以上络合剂同时对金属离子 M 产生副反应，则其

影响可用 M 的总副反应系数 α_M 表示

$$\alpha_M = \alpha_{ML_1} + \alpha_{ML_2} + \cdots + \alpha_{ML_n} - (n-1)$$
$$\approx \alpha_{ML_1} + \alpha_{ML_2} + \cdots + \alpha_{ML_n}$$

通常,在有多种络合剂共存的情况下,只有一种或少数几种络合剂的副反应是主要的(L 可能是滴定所需的缓冲剂或为防止金属离子水解所加的辅助络合剂,也可能是为消除干扰而加入的掩蔽剂),由此决定总副反应系数。此时其他络合剂的副反应系数可以略去。

在水溶液中,当溶液的酸度较低时,金属离子常因水解而形成各种氢氧基(羟基)或多核氢氧基络合物,引起氢氧基络合效应(水解效应)。

pH10 时

$$\begin{aligned}\alpha_{Zn(NH_3)} &= 1 + \beta_1[NH_3] + \beta_2[NH_3]^2 + \beta_3[NH_3]^3 + \beta_4[NH_3]^4\\ &= 1 + 10^{2.37} \times 0.10 + 10^{4.81} \times (0.10)^2 + 10^{7.31} \times (0.10)^3\\ &\quad + 10^{9.46} \times (0.10)^4\\ &= 10^{5.49}\end{aligned}$$

$$\alpha_{Zn} = \alpha_{Zn(NH_3)} + \alpha_{Zn(OH)} - 1 = 10^{5.49}$$

计算说明,在 pH=10 及相关条件下,$\alpha_{Zn(OH)}$ 可忽略。

pH12.0 时

$$[OH^-] = 1.0 \times 10^{-2} mol \cdot L^{-1}$$

$$\begin{aligned}\alpha_{Zn(OH)} &= 1 + \beta_1[OH^-] + \beta_2[OH^-]^2 + \beta_3[OH^-]^3 + \beta_4[OH^-]^4\\ &= 1 + 10^{4.4} \times 10^{-2} + 10^{10.1} \times (10^{-2})^2 + 10^{14.2} \times (10^{-2})^3\\ &\quad + 10^{15.5} \times (10^{-2})^4\\ &= 10^{8.28}\end{aligned}$$

$$\alpha_{Zn(NH_3)} = 10^{5.49}$$

故

$$\begin{aligned}\alpha_{Zn} &= \alpha_{Zn(NH_3)} + \alpha_{Zn(OH)} - 1\\ &= 10^{5.49} + 10^{8.28} - 1 = 10^{8.28}\end{aligned}$$

由此可见,$\alpha_{Zn(NH_3)}$ 可忽略不计。

例 4-8　用 0.02mol·L^{-1}EDTA 溶液滴定 25mL 0.02mol·L^{-1}Pb^{2+} 溶液,若 Pb^{2+} 溶液的 pH 为 5.0。如何控制溶液的 pH 使整个滴定过程 ΔpH<0.2?

解　EDTA(H_2Y^{2-})滴定 Pb^{2+} 的反应如下

$$Pb^{2+} + H_2Y^{2-} = PbY^{2-} + 2H^+$$

即在 Pb^{2+} 与 EDTA 的络合反应中,将产生 2 倍量的 H^+,为 0.04mol·L^{-1}。溶液酸度升高会降低 K'_{MY} 值,影响滴定反应的完全程度,同时也会减小 K'_{MIn} 值,降低指示剂的灵敏度。因此在络合滴定中常加入缓冲溶液以控制溶液的酸度。缓冲溶液

的选择首先需考虑其所能缓冲的 pH 范围，还要考虑其是否会引起金属离子的副反应而影响反应的完全度。例如，在本题中控制 pH 为 5.0 时用 EDTA 滴定 Pb^{2+}，不宜采用 HAc-NaAc 缓冲溶液，因为 Pb^{2+} 会与 Ac^- 络合而降低 K'_{PbY}。此外，所选择的缓冲溶液还应有足够的缓冲容量以控制溶液的 pH 基本不变。

根据缓冲容量的定义 $\beta=-\dfrac{d\alpha}{dpH}$，有

$$\beta=-\frac{d\alpha}{dpH}=\frac{0.04}{0.2}=0.2(mol\cdot L^{-1})$$

又

$$\beta=2.3c\ \frac{K_a[H^+]}{(K_a+[H^+])^2}$$

将$[H^+]=10^{-5.0}mol\cdot L^{-1}$及 $K_a=10^{-5.3}$代入上式，解得

$$c_{(CH_2)_6N_4}=0.39mol\cdot L^{-1}$$

故

$$m_{(CH_2)_6N_4}=0.39\times0.025\times140=1.4(g)$$

$$n_{HNO_3}=0.39\times\frac{[H^+]}{[H^+]+K_a}\times0.025=6.5(mmol)$$

即在 25mL Pb^{2+} 溶液中加入 1.4g 六次甲基四胺及 6.5mmol HNO_3。

例 4-9 在 pH 为 5.0 时用 $2\times10^{-4}mol\cdot L^{-1}$EDTA 滴定同浓度的 Pb^{2+}，以二甲酚橙(XO)为指示剂。(1)以 HAc-NaAc 缓冲溶液控制酸度，$[HAc]=0.2mol\cdot L^{-1}$，$[Ac^-]=0.4mol\cdot L^{-1}$；(2)以六次甲基四胺缓冲溶液控制酸度。已知乙酸铅络合物的 $\beta_1=10^{1.9}$，$\beta_2=10^{3.3}$；$(CH_2)_6N_4$ 基本不与 Pb^{2+} 络合。计算(1)、(2)的终点误差。

解 这里采用定量计算对本例做补充解释。

(1)pH 为 5.0 时，$pPb_t=7.0$。终点时

$$[Ac^-]=\frac{0.4}{2}=10^{-0.7}(mol\cdot L^{-1})$$

得

$$\begin{aligned}\alpha_{Pb(Ac)}&=1+\beta_1[Ac^-]+\beta_2[Ac^-]^2\\&=1+10^{-0.7+1.9}+10^{-1.4+3.3}=10^{2.0}\end{aligned}$$

$$pPb'_t=7.0-2.0=5.0$$

$$\begin{aligned}\lg K'_{PbY}&=\lg K_{PbY}-\lg\alpha_{Pb(Ac)}-\lg\alpha_{Y(H)}\\&=18.0-2.0-6.6=9.4\end{aligned}$$

$$\begin{aligned}pPb_{sp}&=\frac{1}{2}(\lg K'_{PbY}+pc_{Pb}^{sp})\\&=\frac{1}{2}(9.4+4)=6.7\end{aligned}$$

$$\Delta pM=pPb_{ep}-pPb_{sp}=5.0-6.7=-1.7$$

$$\lg cK'=9.4-4=5.4$$

$$TE=\frac{10^{\Delta pM}-10^{-\Delta pM}}{\sqrt{cK'}}\times 100\%\approx -10\%$$

可见由于 Ac^- 对 Pb^{2+} 的副反应，造成了滴定 Pb^{2+} 的很大的终点误差。

(2)在 $(CH_2)_6N_4$ 溶液中，Pb^{2+} 无副反应

$$pPb_{ep}=\lg K_{Pb\text{-}XO}=pPb_t=7.0$$

$$\lg K'_{PbY}=\lg K_{PbY}-\lg\alpha_{Y(H)}$$
$$=18.0-6.6=11.4$$

$$pPb_{sp}=\frac{1}{2}(\lg K'_{PbY}+pc^{sp}_{Pb})$$
$$=\frac{1}{2}(11.4+4)=7.7$$

$$\Delta pM=7.0-7.7=-0.7$$

代入 TE 计算公式计算

$$TE=-0.1\%。$$

因此在滴定较稀的 Pb^{2+} 溶液时，应当选用六次甲基四胺缓冲溶液。

例 4-10　同时含有 Fe^{3+} 和 Al^{3+} 的溶液，可以控制 pH 为 2，以 EDTA 标准溶液选择性地滴定 Fe^{3+}；随后调节 pH 为 5 并加入一定量过量的 EDTA，形成 Al^{3+}-EDTA络合物。过量的 EDTA 采用 Fe^{3+} 标准溶液返滴定，从而间接测定 Al^{3+}。

(1)证明在 pH2 时可形成 Fe^{3+}-EDTA 络合物而不会形成 Al^{3+}-EDTA 络合物；

(2)移取 50.00mL 含有 Fe^{3+}、Al^{3+} 的试液于 250mL 锥形瓶中，以缓冲溶液控制 pH 为 2，加入少量水杨酸指示剂，形成可溶性的红色 Fe^{3+}-水杨酸络合物，以 0.050 02mol·L^{-1} EDTA 滴定 Fe^{3+}，消耗 24.82mL(终点时 Fe^{3+}-水杨酸络合物的红色恰消失)；调节溶液 pH 至 5，加入 50.00mL 0.050 02mol·L^{-1} EDTA 标准溶液，在 Al^{3+} 皆形成 Al^{3+}-EDTA 络合物后，过量的 EDTA 以 0.041 09mol·L^{-1} Fe^{3+} 标准溶液返滴定，消耗 17.84 mL(终点时再次出现 Fe^{3+}-水杨酸的红色)。计算试液中 Fe^{3+} 和 Al^{3+} 的浓度。

解　(1)根据 Fe^{3+}-EDTA 和 Al^{3+}-EDTA 络合物的稳定常数以及 pH 为 2 时，EDTA 的酸效应系数 $\alpha_{Y(H)}$，可以很方便地求得 $K'_{FeY}=4.8\times10^{11}$ 而 $K'_{AlY}=740$，两者的表现稳定常数相差极大，表明了可形成 Fe^{3+}-EDTA 络合物而极易符合 $cK'_{FeY}\geqslant10^6$，从而进行 Fe^{3+} 的测定。

(2)pH 为 2 时的滴定

$$c_{Fe^{3+}}\cdot V_{Fe^{3+}}=c_{EDTA}\cdot V_{EDTA}$$

$$c_{Fe^{3+}}\times0.050\,00=0.050\,02\times0.024\,82$$

$$c_{Fe^{3+}}=0.024\,83(mol\cdot L^{-1})$$

对于第二步返滴定，加入的一定量过量的 EDTA 的总量应等于 Al^{3+} 的量与返滴定消耗 Fe^{3+} 的量的总和

$$n_{Al^{3+}} + n_{Fe^{3+}} = n_{EDTA}$$

$$0.041\,09 \times 0.017\,84 + c_{Al^{3+}} \times 0.050\,00 = 0.050\,02 \times 0.050\,00$$

$$c_{Al^{3+}} = 0.035\,36(\mathrm{mol \cdot L^{-1}})$$

例 4-11 可以下法测定土壤中 SO_4^{2-} 含量：称取 50.0g 风干土样，用水浸取，过滤，滤液移入 250mL 容量瓶中，定容。用移液管移取 25.00mL 浸取液，加入 1∶4 盐酸 8 滴，加热至沸，用吸量管缓慢地加入过量钡镁混合液（浓度各为 $0.0200\mathrm{mol \cdot L^{-1}}$）$V_1$mL。继续微沸 5min，冷却后，加入氨缓冲溶液（pH10）2mL，以 EBT 为指示剂，用 $0.0200\mathrm{mol \cdot L^{-1}}$ EDTA 标准溶液滴定至溶液由红色变蓝色即为终点，消耗 V_2mL。另取 25.00mL 蒸馏水，加入 1∶4 盐酸 8 滴，加热至沸，用吸量管缓慢地加入钡镁混合液 V_1mL，同前述步骤处理，滴定消耗EDTA V_3mL，另取 25.00mL 浸出液，加入 1∶4 盐酸 8 滴，加热至沸，冷却后，加入氨缓冲溶液（pH10）2mL，同前述步骤处理滴定消耗 EDTA V_4mL。计算每 100.0g 干土试样中 SO_4^{2-} 的克数。

解 100.0g 干土试样中 SO_4^{2-} 的质量为 x

$$x = [(V_3 + V_4 - V_2) \times 10^{-3} \times 0.0200 \times (\frac{250}{25.00}) \times 96.0/50.0] \times 100.0$$

$$= (V_3 + V_4 - V_2) \times 3.84 \times 10^{-2}(\mathrm{g})$$

例 4-12 分析铜锌镁的合金，称取 0.5000g 试样，处理成溶液后定容至 100mL。移取 25.00mL，调 pH 至 6，以 PAN 为指示剂，用 $0.050\,00\mathrm{mol \cdot L^{-1}}$EDTA 溶液滴定 Cu^{2+} 和 Zn^{2+}，用去了 37.30mL。另取一份 25.00mL 试样溶液，用 KCN 以掩蔽 Cu^{2+} 和 Zn^{2+}，用同浓度的 EDTA 溶液滴定 Mg^{2+}，用去 4.10mL。然后再加甲醛以解蔽 Zn^{2+}，用同浓度的 EDTA 溶液滴定，用去 13.40mL。计算试样中铜、锌、镁的质量分数。

解 依题意，可分别计算如下

$$w_{Mg} = \frac{0.050\,00 \times 4.10 \times 24.31}{0.5000 \times \frac{1}{4} \times 1000} \times 100\% = 3.90\%$$

$$w_{Zn} = \frac{0.050\,00 \times 13.40 \times 65.38}{0.5000 \times \frac{1}{4} \times 1000} \times 100\% = 35.04\%$$

$$w_{Cu} = \frac{0.050\,00 \times (37.30 - 13.40) \times 63.55}{0.5000 \times \frac{1}{4} \times 1000} \times 100\% = 60.75\%$$

例 4-13 用 0.020mol·L^{-1}EDTA 滴定同浓度的 Zn^{2+} 溶液，求 $\Delta pM = 0.2$，$TE = \pm 0.3\%$，滴定 Zn^{2+} 的适宜酸度范围。

解 $\Delta pM = 0.2$，$TE = \pm 0.3\%$，代入 TE 计算公式，得

$$\lg(K'_{ZnY} \cdot c_{Zn}^{sp}) \geqslant 5$$

已知 $c_{Zn}^{sp} = \dfrac{0.020}{2} = 0.010(\text{mol}\cdot\text{L}^{-1})$，故

$$\lg K'_{ZnY} = 7$$

$$\lg\alpha_{Y(H)} = \lg K_{ZnY} - \lg K'_{ZnY} = 16.5 - 7 = 9.5$$

查 EDTA 的酸效应曲线，得 pH≈3.5（最高酸度）。已知 $K_{sp,Zn(OH)_2} = 10^{-16.92}$

$$[OH^-] = \sqrt{\frac{K_{sp}}{c_{Zn}}} = \sqrt{\frac{10^{-16.92}}{0.020}} = 10^{-7.61}(\text{mol}\cdot\text{L}^{-1})$$

$$pH = 14 - 7.61 \approx 6.4（水解酸度）$$

故滴定 Zn^{2+} 的适宜酸度范围为 pH 3.5～6.4。络合滴定的适宜酸度范围仅是能准确滴定而又不产生沉淀的酸度范围。超过上限，误差增大；超过下限，产生沉淀，不利于滴定，但并不包括能准确滴定的最低酸度。在本例中用 EDTA 滴定 Zn^{2+} 的适宜酸度范围为 pH 3.5～6.4。但 OH^- 对 Zn^{2+} 的络合效应即使在 pH10 时仍然不大[$\lg\alpha_{Zn(OH)} = 2.4$]，若加入 NH_3 等合适的辅助络合剂即可抑制 Zn^{2+} 的水解，保证在 pH10 时仍有足够大的 $\lg K'_{ZnY}$ 值而可以准确滴定 Zn^{2+}。当然，辅助络合剂的引入，会引起 K'_{MY} 有不同程度的下降，要注意条件的控制，不可使 K'_{MY} 下降太多而不能准确滴定。

例 4-14 pH5.0 时，含 Cu^{2+} 0.020mol·L^{-1}的溶液以等浓度的 EDTA 滴定，欲使终点误差不超过 0.1%，试计算证明 PAN 指示剂是可行的。[已知 $\lg K_{CuY} = 18.8$，pH5.0 时 $\lg\alpha_{Y(H)} = 6.6$，$\lg K'_{Cu\text{-}PAN} = 8.8$]

解

$$\lg K'_{CuY} = \lg K_{CuY} - \lg\alpha_{Y(H)} = 18.8 - 6.6 = 12.2$$

$$pCu_{sp} = \frac{1}{2}(\lg K'_{CuY} + pCu_{sp}) = \frac{1}{2}(12.2 + 2.0) = 7.1$$

$$pCu_{ep} = \lg K'_{Cu\text{-}PAN} = 8.8$$

$$\Delta pCu = 8.8 - 7.1 = 1.7$$

$$TE = \frac{10^{1.7} - 10^{-1.7}}{\sqrt{10^{-2.0} \times 10^{-12.2}}} \times 100\% = 0.04\% < 0.1\%$$

可见此时采用 PAN 指示剂是可行的。

PAN 与 Cu^{2+} 的显色反应灵敏度很高，但很多其他金属离子如 Zn^{2+}、Co^{2+}、Ni^{2+}、Pb^{2+}、Ca^{2+} 等与 PAN 的显色反应较慢或灵敏度较低，而以 Cu-PAN 作为间接金属指示剂，则可测定多种金属离子，且可在很宽的 pH 范围（pH 1.9～12.2）内使用，在同一溶液中连续指示终点

$$\underset{(\text{紫红})}{\text{Cu-PAN}} + \text{Y} \!=\!=\!= \text{CuY} + \underset{(\text{黄})}{\text{PAN}}$$

Cu-PAN 指示剂是 CuY 和 PAN 的混合液。溶液由紫红色变为黄色指示终点到达，而滴定前加入的 CuY 与最后生成的 CuY 是相等的，所以加入的 CuY 并不影响测定结果。

例 4-15 欲以 $0.020\text{mol}\cdot\text{L}^{-1}$EDTA 滴定同浓度的 Pb^{2+} 和 Ca^{2+} 混合溶液中的 Pb^{2+}。(1)能否在 Ca^{2+} 存在下分步滴定 Pb^{2+}？(2)若可能，求滴定 Pb^{2+} 的 pH 范围及化学计量点时的 pPb_{sp}；(3)求以二甲酚橙为指示剂的最佳 pH。若在此 pH 滴定，因确定终点有 ±0.2 单位的出入，所产生的终点误差是多少？

解 (1)Pb^{2+} 和 Ca^{2+} 两者浓度相同，根据 $\Delta \lg K = \lg K_{PbY} - \lg K_{CaY} = 18.0 - 10.7 = 7.3$，有可能在 Ca^{2+} 存在下分步滴定 Pb^{2+}。

(2)可能滴定 Pb^{2+} 的 pH 低限或最高酸度

$$\alpha_{Y(H)} = \alpha_{Y(Ca)} \approx K_{CaY}[Ca^{2+}] = 10^{10.7} \times 10^{-2} = 10^{8.7}$$

查 $\lg\alpha_{Y(H)}$-pH 曲线，由 $\lg\alpha_{Y(H)} = 8.7$ 得相应的 pH 为 4.0，此即在本体系中滴定 Pb^{2+} 的 pH 低限。

pH 高限或最低酸度：由 $Pb(OH)_2$ 的 K_{sp} 和$[Pb^{2+}]$关系式求得

$$[OH^-] = \sqrt{\frac{K_{sp}}{[Pb^{2+}]}} = \sqrt{\frac{10^{-15.7}}{2 \times 10^{-2}}} = 10^{-7.0}(\text{mol}\cdot\text{L}^{-1})$$

$$\text{pH} = 7.0$$

所以在本体系条件下滴定 Pb^{2+} 的 pH 范围是 4.0～7.0。在此酸度范围内，$\lg K'_{PbY}$ 和 pPb_{sp} 为定值

$$\lg K'_{PbY} = \lg K_{PbY} - \lg\alpha_{Y(Ca)} = 18.0 - 8.7 = 9.3$$

$$pPb_{sp} = \frac{1}{2}(\lg K'_{PbY} + pc_{sp}) = \frac{1}{2}(9.3 + 2.0) = 5.7$$

(3)以二甲酚橙为指示剂的最佳 pH 时应为终点与化学计量点相等处，即 $pPb_{ep} = pPb_{sp}$。由 XO 的 pPb_t-pH 曲线可得：当 $pPb_t = 5.7$ 时 pH 为 4.3。

在 pH 为 4.3 时滴定，由于 $\lg K'_{PbY} = 9.3$，$\Delta pM = \pm 0.2$，由 TE 公式求得

$$TE = \frac{10^{0.2} - 10^{-0.2}}{\sqrt{10^{-2.0} \times 10^{9.3}}} \times 100\%$$

$$= 0.02\%(\text{或} -0.02\%)$$

例 4-16 pH5.50 时用 $2.0 \times 10^{-3}\text{mol}\cdot\text{L}^{-1}$EDTA 滴定同浓度的 La^{3+} 溶液。在下述两种情况下，能否准确滴定 La^{3+}？(1)溶液中含有 $2.0 \times 10^{-5}\text{mol}\cdot\text{L}^{-1}$ Mg^{2+}；(2)溶液中含有 $5.0 \times 10^{-2}\text{mol}\cdot\text{L}^{-1}Mg^{2+}$。[已知 $\lg K_{LaY} = 15.50$，$\lg K_{MgY} = 8.7$，pH5.50 时 $\lg\alpha_{Y(H)} = 5.51$]

解 (1)当 $c_{Mg} = 2.0 \times 10^{-5}\text{mol}\cdot\text{L}^{-1}$时，由于溶液中 Mg^{2+} 并无其他化学反应，

因此在化学计量点附近

$$\alpha_{Y(Mg)}=1+K_{MgY}[Mg^{2+}]_{sp}=1+10^{8.7}\times1.0\times10^{-5}=10^{3.7}$$

而 pH5.50 时 $\alpha_{Y(H)}=10^{5.51}$,可见此时以酸效应为主,与 La^{3+} 单独存在时情况相同

$$\lg K'_{LaY}=\lg K_{LaY}-\lg\alpha_{Y(H)}=15.50-5.51=9.99$$

$$\lg cK'_{LaY}=\lg[(1.0\times10^{-3})\times10^{9.99}]=6.99>6$$

所以可以准确滴定 La^{3+}。

(2)当 $c_{Mg}=5.0\times10^{-2}mol\cdot L^{-1}$时

$$\alpha_{Y(Mg)}=1+K_{MgY}[Mg^{2+}]_{sp}$$
$$=1+10^{8.7}\times2.5\times10^{-2}=10^{7.1}$$

这时酸效应可以忽略

$$\begin{aligned}\Delta\lg cK&=\lg c_{La}K_{LaY}-\lg c_{Mg}K_{MgY}\\&=\lg(2.0\times10^{-3}\times10^{15.50})-\lg(5.0\times10^{-2}\times10^{8.7})\\&=5.4<6\end{aligned}$$

所以不能准确滴定 La^{3+},即当 $\Delta pM=\pm0.2$ 时,滴定的终点误差将大于 0.1%。

例 4-17　丙烯腈是合成纤维的重要原料之一。称取 0.2010g 部分聚合的丙烯腈样品,溶解在浓度为 $0.05mol\cdot L^{-1}$的 $BF_3O(C_2H_5)_2$ 的甲醇溶液中,此甲醇溶液中已溶解有 0.1540g 纯的无水乙酸汞(Ⅱ)。样品中未聚合的单体丙烯腈与 $Hg(CH_3COO)_2$作用如下

$$H_2C{=}CHCN+Hg(CH_3COO)_2+CH_3OH=\!=\!=\begin{matrix}H_2C\text{—}CHCN\\ |\qquad\quad |\\ H_3CO\quad Hg(CH_3COO)\end{matrix}+CH_3COOH$$

待反应完毕,加入 10mL NH_3-NH_4Cl 缓冲溶液、5mL $0.10mol\cdot L^{-1}$的 Zn(Ⅱ)-EDTA 溶液、20mL 水和数滴 EBT 指示剂。未反应的 Hg(Ⅱ)与 Zn(Ⅱ)-EDTA 作用所释放出来的 Zn^{2+},用 0.050 10$mol\cdot L^{-1}$EDTA 溶液滴定,到达终点时用去 2.52mL。求样品中未聚合的丙烯腈单体的质量分数。

解　由于 $\lg K_{HgY}=21.8$,$\lg K_{ZnY}=16.5$,所以未与丙烯腈作用的过量 Hg^{2+} 能定量置换出 Zn-EDTA 络合物中的 Zn^{2+},而所置换出来的 Zn^{2+} 在 pH≈10 的缓冲溶液中与滴定剂 EDTA 定量作用。所以未反应即过量的 Hg^{2+} 的物质的量与 Zn-EDTA 所释放出的 Zn^{2+} 的物质的量相等,也等于滴定 Zn^{2+} 所消耗的 EDTA 的物质的量

$$n=\frac{0.050\,10\times2.52}{1000}(mol)$$

加到样品中去的 Hg^{2+} 的物质的量等于丙烯腈与之作用的 Hg^{2+} 的物质的量和滴定 Zn^{2+} 所消耗的 EDTA 的物质的量之差。所以

$$n_{H_2C=CHCN}=\frac{0.1540}{318.7}-\frac{0.050\,10\times2.52}{1000}$$

式中:318.7 为无水乙酸汞的摩尔质量。

因此,样品中丙烯腈单体的质量分数按下式计算(53.06 为丙烯腈单体的摩尔质量)

$$w_{H_2C=CHCN}=\frac{n_{H_2C=CHCN}\times 53.06}{0.2010}\times 100\%$$

$$=9.42\%$$

本题中 V_{ZnY}5mL、$c_{ZnY}=0.10\text{mol}\cdot L^{-1}$的数据在计算中并不需要,因为 Hg^{2+} 的物质的量相当于 Zn-EDTA 中释放出的 Zn^{2+} 的量,且在用 EDTA 溶液滴定后仍然生成 Zn-EDTA。

例 4-18 称取苯巴比妥钠($C_{12}H_{11}N_2O_3Na$, $M=254.2\text{g}\cdot\text{mol}^{-1}$)试样 0.2014g,于稀碱溶液中加热(60℃),使之溶解,冷却,以乙酸酸化后转移于 250mL 容量瓶中,加入 25.00mL 0.030 00mol·L^{-1} $Hg(ClO_4)_2$ 标准溶液,稀至刻度,放置待下述反应完毕

$$Hg^{2+}+2C_{12}H_{11}N_2O_3^- \longrightarrow Hg(C_{12}H_{11}N_2O_3)_2\downarrow$$

干过滤弃去沉淀,滤液用干烧杯承接。移取 25.00mL 滤液,加入 10mL 0.01 mol·L^{-1}MgY溶液,释放出的 Mg^{2+} 在 pH10 时以 EBT 为指示剂,用 0.010 00 mol·L^{-1}EDTA滴定至终点,消耗 3.60mL。计算试样中苯巴比妥钠的质量分数。

解 由于 2mol 苯巴比妥钠与 1mol Hg^{2+} 生成 1mol $Hg(C_{12}H_{11}N_2O_3)_2$ 沉淀,可置换出 1mol Mg^{2+} 与 1mol EDTA 反应,所以

$$w_{\text{苯巴比妥钠}}=\frac{2[(c\cdot V)_{Hg^{2+}}-\frac{250}{25}(c\cdot V)_{EDTA}]\times 254.2}{m_s\times 1000}\times 100\%$$

$$=\frac{2(0.030\,00\times 25.00-\frac{250}{25}\times 0.010\,00\times 3.60)\times 254.2}{0.2014\times 10}\%$$

$$=98.40\%$$

例 4-19 称取含 Bi、Pb、Cd 的合金试样 2.420g,用 HNO_3 溶解并定容至 250mL。移取 50.00mL 试液于 250mL 锥形瓶中,调节 pH 至 1,以二甲酚橙为指示剂,用 0.024 79mol·L^{-1}EDTA 滴定,消耗 25.67mL;然后用六次甲基四胺缓冲溶液将 pH 调至 5,再以上述 EDTA 滴定,消耗 EDTA 24.76mL;加入邻二氮菲,置换出 EDTA 络合物中的 Cd^{2+},用 0.021 74mol·L^{-1} $Pb(NO_3)_2$ 标准溶液滴定游离 EDTA,消耗 6.76mL。计算此合金试样中 Bi、Pb、Cd 的质量分数。

解 在 pH1 时滴定的是 Bi^{3+}

$$w_{Bi}=\frac{(c\cdot V)_{EDTA}\times M_{Bi}}{m_s\times \frac{1}{5}\times 1000}\times 100\%$$

$$= \frac{0.02479 \times 25.67 \times 208.98}{2.420 \times \frac{1}{5} \times 1000} \times 100\%$$

$$= 27.48\%$$

在 pH5 时滴定的是 Pb^{2+} 和 Cd^{2+} 的总量，用 $Pb(NO_3)_2$ 标液滴定的是与 Cd^{2+} 络合的 EDTA，因此

$$w_{Cd} = \frac{(c \cdot V)_{Pb(NO_3)_2} \times M_{Cd}}{m_s \times \frac{1}{5} \times 1000} \times 100\%$$

$$= \frac{0.02174 \times 6.76 \times 112.42}{2.420 \times \frac{1}{5} \times 1000} \times 100\%$$

$$= 3.41\%$$

$$w_{Pb} = \frac{[(c \cdot V)_{EDTA} - (c \cdot V)_{Pb(NO_3)_2}] \times M_{Pb}}{m_s \times \frac{1}{5} \times 1000} \times 100\%$$

$$= \frac{[(0.02479 \times 24.76) - (0.02174 \times 6.76)] \times 207.2}{2.420 \times \frac{1}{5} \times 1000} \times 100\%$$

$$= 19.99\%$$

例 4-20　测定铅锡合金中 Pb、Sn 含量时，称取试样 0.2000g，用盐酸溶解后，准确加入 50.00mL 0.030 00mol·L^{-1}EDTA，50mL 水，加热煮沸 2min，冷后，用六次甲基四胺调节溶液 pH 至 5.5，使铅锡定量络合。用二甲酚橙作指示剂，用 0.030 00mol·L^{-1}$Pb(Ac)_2$ 标准溶液回滴 EDTA，用去 3.00mL。然后加入足量 NH_4F，加热至 40℃左右，再用上述 Pb^{2+} 标准溶液滴定，用去 35.00mL。计算试样中 Pb 和 Sn 的质量分数。

解　NH_4F 置换出来的 EDTA 是与 Sn 络合的部分

$$w_{Sn} = \frac{(c \cdot V)_{Pb^{2+}} \times M_{Sn}}{m_s \times 1000}$$

$$= \frac{0.03000 \times 35.00 \times 118.69}{0.2000 \times 1000} \times 100\%$$

$$= 62.31\%$$

Pb^{2+} 消耗的 EDTA 的物质的量 n mmol 为

$$n = 0.03000 \times 50.00 - 0.03000 \times 3.00 - 0.03000 \times 35.00 = 0.3600(\text{mmol})$$

$$w_{Pb} = \frac{n \times M_{Pb}}{m_s \times 1000} \times 100\%$$

$$= \frac{0.3600 \times 207.2}{0.2000 \times 1000} \times 100\%$$

$$= 37.30\%$$

例 4-21 Parda 及其同事近期报道了一个间接测定自然界中(如海水、工业废水)硫酸盐的新方法。该法是基于:使 SO_4^{2-} 生成 $PbSO_4$ 沉淀;将 $PbSO_4$ 沉淀溶解在含有过量 EDTA(Y)的氨性溶液中,生成 PbY^{2-} 络合物;用 Mg^{2+} 标准溶液滴定多余的 EDTA。利用下面一些已知数据:

$$PbSO_4(s) \rightleftharpoons Pb^{2+} + SO_4^{2-} \qquad K_{sp} = 1.6\times10^{-8}$$

$$Mg^{2+} + Y^{4-} \rightleftharpoons MgY^{2-} \qquad K_{稳} = 4.9\times10^{8}$$

$$Pb^{2+} + Y^{4-} \rightleftharpoons PbY^{2-} \qquad K_{稳} = 1.1\times10^{18}$$

$$Zn^{2+} + Y^{4-} \rightleftharpoons ZnY^{2-} \qquad K_{稳} = 3.2\times10^{16}$$

通过计算回答下列问题:(1)沉淀可以溶于含有 Y^{4-} 的溶液;(2)Sporek 也采用了用 Zn^{2+} 作滴定剂的类似方法,却发现结果的准确度很低。一种解释是 Zn^{2+} 可能与 PbY^{2-} 络合形成 ZnY^{2-},用前面的平衡常数说明用 Zn^{2+} 作滴定剂存在这个问题,而用 Mg^{2+} 作滴定剂却不存在这个问题的原因。Pb^{2+} 被 Zn^{2+} 置换导致实验的结果偏高还是偏低?(3) 在一次分析中,25.00mL 的工业废水样品通过上述过程共消耗 50.00mL 0.050 00mol·L^{-1}的 EDTA。滴定多余的 EDTA 需要 12.24mL 0.1000mol·L^{-1}的 Mg^{2+}。试计算废水样品中 SO_4^{2-} 的摩尔浓度。

解 (1) 由

$$PbSO_4(s) \rightleftharpoons Pb^{2+}(aq) + SO_4^{2-}(aq)$$

$$Pb^{2+} + Y^{4-} \rightleftharpoons PbY^{2-}$$

有

$$PbSO_4(s) + Y^{4-} \rightleftharpoons PbY^{2-} + SO_4{}^{2-}$$

反应的平衡常数

$$K = K_{sp}\cdot K_{PbY} = (1.6\times10^{-8})(1.1\times10^{18}) = 1.8\times10^{10}$$

所以 $PbSO_4$ 沉淀可以溶解于含有过量 Y^{4-} 的溶液。

(2)

$$PbY^{2-} \rightleftharpoons Pb^{2+} + Y^{4-}$$

$$Zn^{2+} + Y^{4-} \rightleftharpoons ZnY^{2-}$$

$$K = (1.1\times10^{18})^{-1}\cdot(3.2\times10^{16}) = 0.29$$

这表明 Zn^{2+} 可能与 PbY^{2-} 部分络合形成 ZnY^{2-},而以 Mg^{2+} 返滴定多余的 EDTA时则不会发生(其 K 值极小)。Pb^{2+} 被 Zn^{2+} 置换将导致实验的结果偏低。

(3)

$$(c\cdot V)_{EDTA} = (c\cdot V)_{SO_4{}^{2-}} + (c\cdot V)_{Mg^{2+}}$$

所以

$$(c\times25.00)_{SO_4{}^{2-}} = (0.050\ 00\times50.00)_{EDTA} - (0.1000\times12.24)_{Mg^{2+}}$$

$$c_{SO_4{}^{2-}} = 0.051\ 04(mol\cdot L^{-1})$$

五、自　测　题

1. 若配制 EDTA 溶液的水中含有 Cu^{2+}、Mg^{2+}，此 EDTA 用二甲酚橙指示剂，在 pH5～6 时用 Zn^{2+} 标定。若用此 EDTA 标准溶液测定 Ca^{2+}、Mg^{2+}，所得结果________实际值。

2. 给出用掩蔽剂提高络合滴定选择性的一个实例。

3. 写出络合滴定中返滴定时所需的三个外部条件。

4. 概括使络合物稳定性降低的相关因素。

5. 拟定 Bi^{3+}、Al^{3+}、Pb^{2+} 混合液中三组分的测定的分析方案，包括滴定剂、酸度、指示剂及所需其他试剂，并给出滴定方式。

6. 欲配制 pH 为 5.0、pCa = 3.8 的溶液，所需 EDTA 与 Ca^{2+} 物质的量之比(即 $n_{EDTA}:n_{Ca^{2+}}$)为多少？

7. 计算$[Cl^-]=10^{-4.20}mol\cdot L^{-1}$时，汞(Ⅱ)氯络离子的平均配位数 $\bar{n}$ 值。[已知汞(Ⅱ)氯络离子的 $\lg\beta_1\sim\lg\beta_4$ 分别为 6.74、13.22、14.07、15.07]

8. 称取含硫的试样 0.3000g，将试样处理成溶液后，加入 20.00mL 0.050 00$mol\cdot L^{-1}$ $BaCl_2$溶液，加热产生 $BaSO_4$ 沉淀，再以 0.025 00 $mol\cdot L^{-1}$ EDTA 标准溶液滴定剩余的 Ba^{2+}，用去 24.86mL。求试样中硫的质量分数。

9. 含铅、锌、铜、锡的合金试样 0.3284g 溶于硝酸，极为不溶的 $SnO_2\cdot 2H_2O$ 被过滤除去，而滤液和洗涤液收集于 500.0mL 容量瓶中，定容。移取 10.00mL 上述试液，控制适当酸度，以 0.002 500 $mol\cdot L^{-1}$ EDTA 溶液滴定 Pb^{2+}、Zn^{2+} 和 Cu^{2+}，需 37.56mL；25.00mL 上述试液中的 Cu^{2+} 以硫脲掩蔽，滴定 Pb^{2+} 和 Zn^{2+} 需上述 EDTA 溶液 27.67mL；100.00mL 上述试液中的 Cu^{2+} 和 Zn^{2+} 以 CN^- 掩蔽，需 10.80mL EDTA 溶液滴定 Pb^{2+}。测定并计算上述合金试样中各组分的质量分数。

10. 用 0.020$mol\cdot L^{-1}$EDTA 滴定同浓度的 Zn^{2+} 溶液，求 $\Delta pM=0.2$，$TE=\pm0.3\%$，滴定 Zn^{2+}的适宜酸度范围。[已知 $\lg K_{ZnY}=16.5$，$K_{sp,Zn(CH)_2}=10^{-16.92}$]

11. 在 pH10.00 的氨性溶液中，以铬黑 T(EBT)为指示剂，用 0.020$mol\cdot L^{-1}$ EDTA 滴定 0.020$mol\cdot L^{-1}$ Ca^{2+} 溶液，计算终点误差。若滴定的是同浓度的 Mg^{2+}，终点误差是多少？

12. 以 0.020$mol\cdot L^{-1}$EDTA 滴定同浓度的 Zn^{2+}，可采用下述两种方法：一是在 pH10.0 的氨性缓冲溶液中(其中游离氨的浓度为 0.20$mol\cdot L^{-1}$)，以 EBT 为指示剂；二是在 pH5.5 的六次甲基四胺缓冲溶液中，以二甲酚橙为指示剂。试通过计算终点误差进行比较和证明两种方法的可行性。

13. pH5.0 时，含 Cu^{2+} 0.020$mol\cdot L^{-1}$的溶液以相同浓度的 EDTA 滴定，欲使

终点误差不超过0.1%，试计算证明 PAN 指示剂是可行的。[已知 $\lg K_{CuY}=18.8$，pH5.0 时 $\lg\alpha_{Y(H)}=6.6$，$\lg K'_{Cu\text{-}PAN}=8.8$]

14. 在 pH5.0 和 5.5 的六次甲基四胺介质中，以 XO 为指示剂，分别以 $0.020mol\cdot L^{-1}$EDTA 滴定 $0.020mol\cdot L^{-1}Zn^{2+}$ 和 $0.10mol\cdot L^{-1}Ca^{2+}$ 混合溶液中的 Zn^{2+}，计算这两种酸度下的终点误差，并分析引起终点误差增大的原因。[已知 $\lg K_{ZnY}=16.5$，$\lg K_{CaY}=10.7$。pH5.0 时，$\lg\alpha_{Y(H)}=6.45$，$pZn_{ep\ XO}=4.8$；pH5.5 时，$\lg\alpha_{Y(H)}=5.5$，$pZn_{ep,XO}=5.7$。已知 XO 与 Ca^{2+} 不显色]

15. 实验表明在 pH9.6 的氨性缓冲溶液中，以铬黑 T(EBT)为指示剂，以 $0.020mol\cdot L^{-1}$EDTA 滴定同浓度的 Mg^{2+} 时，准确度很高。试通过计算证明在上述条件下滴定 Mg^{2+} 的最佳 pH 为 9.6。[已知 $\lg K_{MgY}=8.7$，pH9.6 时 $\lg\alpha_{Y(H)}=0.75$。$\lg K_{Mg\text{-}EBT}=7.0$，EBT 的 $pK_{a_1}=6.3$，$pK_{a_2}=11.6$]

16. pH10 的 NH_3-NH_4Cl 缓冲溶液中，游离 NH_3 的浓度为 $0.10mol\cdot L^{-1}$，若同时含有浓度皆为 $0.010mol\cdot L^{-1}$ 的 Ag^+ 和 Zn^{2+}，以同浓度的 EDTA 滴定 Zn^{2+}、Ag^+ 有无干扰？[已知 $\lg K_{ZnY}=16.50$，$\lg K_{AgY}=7.32$，pH10 时的 $\lg\alpha_{Y(H)}=0.45$]

17. 丙烯腈是合成纤维的重要原料之一。称取 0.2010g 部分聚合的丙烯腈样品，溶解在浓度为 $0.05mol\cdot L^{-1}$ 的 $BF_3O(C_2H_5)_2$ 的甲醇溶液中，此甲醇溶液中已溶解有 0.1540g 纯的无水乙酸汞(Ⅱ)。样品中未聚合的单体丙烯腈与 $Hg(CH_3COO)_2$ 作用如下

$$H_2C{=}CHCN + Hg(CH_3COO)_2 + CH_3OH \longrightarrow \begin{array}{c} H_2C{-}CHCN \\ |\quad\quad | \\ H_3CO\quad Hg(CH_3COO) \end{array} + CH_3COOH$$

待反应完毕，加入 10mL NH_3-NH_4Cl 缓冲溶液，5mL $c_{ZnY}=0.10mol\cdot L^{-1}$ 的 Zn(Ⅱ)-EDTA 溶液，20mL 水和数滴 EBT 指示剂。未反应的 Hg(Ⅱ)与 Zn(Ⅱ)-EDTA 作用所释放出来的 Zn^{2+}，用 $0.050\ 10mol\cdot L^{-1}$EDTA 溶液滴定，到达终点时用去 2.52mL。求样品中未聚合的丙烯腈单体的质量分数。

18. 测定铅锡合金中 Pb、Sn 含量时，称取试样 0.2000g，用盐酸溶解后，准确加入 50.00mL $0.030\ 00mol\cdot L^{-1}$EDTA，50mL 水，加热煮沸 2min，冷后，用六次甲基四胺调节溶液 pH 至 5.5，使铅锡定量络合。用二甲酚橙作指示剂，用 $0.030\ 00mol\cdot L^{-1}Pb(Ac)_2$ 标准溶液回滴 EDTA，用去 3.00mL。然后加入足量 NH_4F，加热至 40℃ 左右，再用上述 Pb^{2+} 标准溶液滴定，用去 35.00mL。计算试样中 Pb 和 Sn 的质量分数。

19. 称取苯巴比妥钠($C_{12}H_{11}N_2O_3Na$，$M=254.2g\cdot mol^{-1}$)试样 0.2014g，于稀碱溶液中加热(60℃)，使之溶解，冷却，以乙酸酸化后转移于 250mL 容量瓶中，加入 25.00mL $0.030\ 00mol\cdot L^{-1}Hg(ClO_4)_2$ 标准溶液，稀至刻度，放置待下述反应完毕

$$Hg^{2+} + 2C_{12}H_{11}N_2O_3^- \longrightarrow Hg(C_{12}H_{11}N_2O_3)_2 \downarrow$$

干过滤弃去沉淀，滤液用干烧杯承接。移取 25.00mL 滤液，加入 10mL 0.01 $mol \cdot L^{-1}$MgY溶液，释放出的 Mg^{2+} 在 pH10 时以 EBT 为指示剂，用 0.010 00 $mol \cdot L^{-1}$EDTA滴定至终点，消耗 3.60mL。计算试样中苯巴比妥钠的质量分数。

20. 称取含 Bi、Pb、Cd 的合金试样 2.420g，用 HNO_3 溶解并定容至 250mL。移取 50.00mL 试液于 250mL 锥形瓶中，调节 pH 至 1，以二甲酚橙为指示剂，用 0.024 79$mol \cdot L^{-1}$EDTA 滴定，消耗 25.67mL；然后用六次甲基四胺缓冲溶液将 pH 调至 5，再以上述 EDTA 滴定，消耗 EDTA 24.76mL；加入邻二氮菲，置换出 EDTA 络合物中的 Cd^{2+}，用 0.021 74$mol \cdot L^{-1}$$Pb(NO_3)_2$ 标准溶液滴定游离 EDTA，消耗 6.76mL。计算此合金试样中 Bi、Pb、Cd 的质量分数。

21. 已知 CaY^{2-} 的 $K_{稳} = 10^{10.69} = 4.9 \times 10^{10}$，计算在 pH 分别为 10.00 和 6.00 时在 0.10$mol \cdot L^{-1}$$CaY^{2-}$溶液中游离 Ca^{2+} 的浓度。

22. 50.0mL 的溶液中含有 0.450g$MgSO_4$（相对分子质量为 120.37）的 0.500L 溶液和 EDTA 反应，需要 37.6mL EDTA 来滴定。1.00mL 这种 EDTA 溶液可以和多少毫克 $CaCO_3$（相对分子质量 100.09）反应？

23. 1.000mL 含 Co^{2+} 和 Ni^{2+} 的未知的溶液样品和 25.00mL 0.038 72$mol \cdot L^{-1}$的 EDTA 反应。在 pH 为 5 时用 0.021 27$mol \cdot L^{-1}$的 Zn^{2+} 标准溶液来返滴定，用二甲酚橙作指示剂，到终点时，用去 23.54mL。另取一份 2.000mL 的未知样品溶液，经过金属离子交换柱，交换 Co^{2+} 比 Ni^{2+} 慢得多。得到的 Ni^{2+} 用 25.00mL 0.038 72$mol \cdot L^{-1}$的 EDTA 处理后，返滴定需要 0.021 27$mol \cdot L^{-1}$的 Zn^{2+} 标准溶液 25.64mL。Co^{2+} 后被交换出来，同样用 25.00mL 0.038 72$mol \cdot L^{-1}$的 EDTA 处理后，用 0.021 27$mol \cdot L^{-1}$的 Zn^{2+} 标准溶液返滴定。问需要多少毫升的 Zn^{2+} 标准溶液。

24. 一份 50.0mL 的含 Ni^{2+} 和 Zn^{2+} 的溶液和 25.0mL 0.0452$mol \cdot L^{-1}$的 EDTA反应，金属离子完全反应。过量的未反应的 EDTA 需要 12.4mL 0.0123 $mol \cdot L^{-1}$的 Mg^{2+} 来完全反应。过量的二巯基丙醇试剂加到溶液中，释放出和 Zn^{2+} 络合的 EDTA。又需要 29.2mL 同浓度的 Mg^{2+} 来和 EDTA 反应。计算原始溶液中的 Ni^{2+} 和 Zn^{2+} 的物质的量浓度。

25. 用 EDTA 间接滴定法测定金属硫化物的含量。在一份 25.00mL $Cu(ClO_4)_2$浓度为 0.043 32$mol \cdot L^{-1}$的溶液中，加入 15mL 1$mol \cdot L^{-1}$的乙酸缓冲溶液（pH4.5）。将混合溶液加到 25.00mL 的已被激活的未知的硫化合物溶液中。CuS 沉淀过滤后用热水洗涤。将氨水溶液加到滤液（今有过量的 Cu^{2+}）中，直到出现 $Cu(NH_3)_4^{2+}$ 的蓝色。用 0.039 27$mol \cdot L^{-1}$的 EDTA 滴定，达到紫脲酸铵的终点，需要 12.11mL。计算未知硫化物中 S^{2-} 的物质的量浓度。

26. 用EDTA间接滴定铯。铯离子不能和EDTA形成稳定的络合物,可以加入过量且定量的$NaBiI_4$加在含有过量NaI的冰醋酸中。固体$Cs_3Bi_2I_9$形成沉淀,过滤,弃去。过量的BiI_4^-黄色溶液用EDTA滴定,直到到达终点,黄色消失(反应过程中加入硫代硫酸钠,防止I^-被空气中的O_2氧化为水和I_2)。沉淀只会选择Cs^+,因而金属离子Li^+、Na^+、K^+和少量的Rb^+不会对实验有干扰,但Tl^+会对实验有影响。假如25.00mL含Cs^+的溶液,用25.00mL $NaBiI_4$浓度为0.086 40 $mol·L^{-1}$的溶液处理,过量未反应的BiI_4^-需要14.24mL 0.0437$mol·L^{-1}$的EDTA完全反应。求出未知的Cs^+浓度。

27. 不溶于水也不溶于酸的含硫化合物可以用Br_2氧化为SO_4^{2-},然后用离子交换柱用H^+取代金属离子,用定量且过量的$BaCl_2$沉淀硫酸根,生成$BaSO_4$沉淀。用EDTA滴定测出过量的Ba^{2+}(为了使指示剂指示终点明显,加入少量的,量已知的Zn^{2+}。EDTA滴定同时和Ba^{2+}与Zn^{2+}反应)。知道了过量的Ba^{2+}的量,可以算出在原始样品中硫的含量。试分析闪锌矿(ZnS,相对分子质量为97.46)5.89mg固体悬浮在含1.5mmol Br_2的水溶液和四氯化碳中。在20℃时反应1h,50℃时反应2h,固体被分解。未反应的Br_2和溶剂加热挥发。残余物溶解在3mL水中,通过金属离子交换柱用H^+取代出Zn^{2+}。然后,加入5.000mL $BaCl_2$浓度为0.014 63$mol·L^{-1}$的溶液,沉淀所有的硫酸盐生成$BaSO_4$沉淀。再加入1.000mL $ZnCl_2$浓度为0.010 00$mol·L^{-1}$的溶液,3mL氨性缓冲溶液调节pH为10之后,以铬黑T为指示剂,滴定过量的Ba^{2+}与Zn^{2+}到终点需要0.009 63$mol·L^{-1}$的EDTA 2.39mL。计算闪锌矿中硫的质量理论值应该为多少?

28. 若将薄膜从一个蛋壳移开之后,蛋壳是干燥的,称得其质量为5.613g。将其置于一个250mL烧杯中,加入25mL 6$mol·L^{-1}$盐酸溶解蛋壳试样。过滤后,将滤液稀释到一个250mL容量瓶中。移取10.00mL试液于125mL锥形瓶中,加入缓冲溶液调节pH至10。用0.049 88$mol·L^{-1}$EDTA滴定,到达终点时需要44.11mL。计算在蛋壳中以$CaCO_3$表示的质量分数。

29. 设溶液的pH为10,游离氨浓度为0.2$mol·L^{-1}$时,以0.02$mol·L^{-1}$ EDTA滴定同浓度的Cu^{2+},计算化学计量点时的pCu′。若被滴定的是同浓度的Mg^{2+},化学计量点时的pMg′又为多少? 若溶液中同时有Cu^{2+}和Mg^{2+}存在,情况又如何?

30. 用EDTA配位滴定法可测定与Cu^{2+}和Zn^{2+}共存的Al^{3+}的含量,以PAN为指示剂,测定的相对误差在±0.1%以内。测定过程可表述如下:

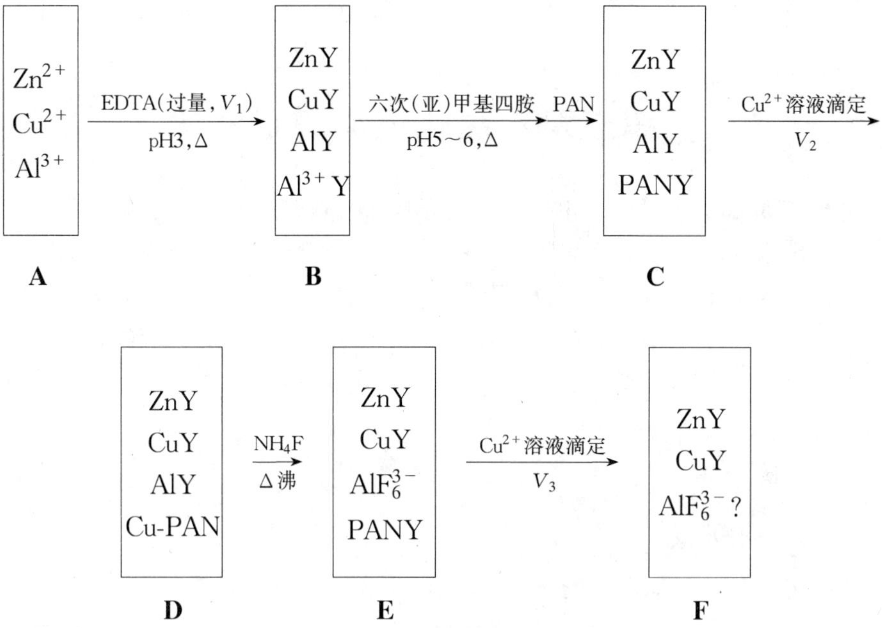

配合物稳定常数的对数值 $\lg K_{稳}$ 的数据：

CuY　18.8　　ZnY　16.5　　AlY　16.1　　AlF_6^{3-}　19.7

Cu-PAN　16

(1)写出从 **D** 框状态到 **E** 框状态的反应式并配平。(2)**F** 框状态内还应存在何种物质？(3)是否需确知所用 EDTA 溶液的准确浓度？V_1 是否需要准确读取并记录？简述原因。(4)若从 **C** 框状态到 **D** 框状态时 Cu^{2+} 溶液滴过量了，问：①对最终的测定结果将引入正误差还是负误差？还是无影响？②如你认为有影响，在实验方面应如何处理？(5)设试液取量 V_0 和 V_1、V_2、V_3 均以 mL 为单位，M_{Al}为 Al 的摩尔质量($g \cdot mol^{-1}$)，c_{EDTA}、c_{Cu}分别为 EDTA 和 Cu^{2+} 溶液的浓度($mol \cdot L^{-1}$)，列出试液中 Al 含量($g \cdot L^{-1}$)的计算式。

第五章　氧化还原滴定法

氧化还原滴定法是以氧化还原反应为基础的滴定分析法，它使用多种氧化(还原)滴定剂，据此分为多种滴定法。因此，氧化还原滴定法应用非常广泛，能测定多种无机物和有机物。氧化还原反应机理比较复杂，反应速率一般较慢；有时由于副反应的发生，反应无确定的计量关系。因此，在氧化还原滴定分析中必须严格控制好反应条件，使其符合滴定分析的基本要求。复习本章应注意以下几个方面。

一、复习要求

(1) 了解氧化还原滴定的终点误差。

(2) 熟悉氧化还原反应的速率，氧化还原滴定前的预处理。

(3) 掌握氧化还原平衡、氧化还原滴定法原理、氧化还原滴定结果的计算、氧化还原滴定法的应用。

二、内容提要

(一) 氧化还原平衡

(1) 可逆电对与不可逆电对，对称电对与不对称电对。

(2) 能斯特公式，条件电位。

(3) 氧化还原平衡常数和氧化还原反应进行的程度。

(二) 氧化还原反应的速率

(1) 影响氧化还原反应速率的因素。

(2) 催化反应，自动催化反应，诱导反应。

(三) 氧化还原滴定法原理

(1) 滴定曲线的绘制(化学计量点及滴定突跃电位的计算)。

(2) 影响滴定突跃的因素。

(3) 氧化还原滴定法中的指示剂(自身指示剂，显色指示剂和氧化还原指示剂)。

（四）氧化还原滴定法中的预处理

（1）预处理的重要性。

（2）常用的预处理氧化剂和还原剂。

（五）氧化还原滴定结果的计算

（略）

（六）氧化还原滴定法的应用

（1）高锰酸钾法。

（2）重铬酸钾法。

（3）碘量法。

（4）其他的氧化还原滴定法(硫酸铈法、溴酸钾法、亚硝酸钠-亚砷酸钠法)。

三、要点及疑难点解析

（一）氧化还原平衡

1．条件电位

根据电对电极电位(简称电位)的大小不仅可以确定氧化剂和还原剂的相对强弱,而且可以判断氧化还原反应进行的方向。电对的电位越高,其氧化态的氧化能力越强;电对的电位越低,其还原态的还原能力越强。因此电位高的电对中的氧化态可以与电位低的电对中的还原态发生氧化还原反应。

氧化还原电对有可逆与不可逆之分。可逆电对在氧化还原反应的任一瞬间,能迅速地建立起氧化还原平衡,其实际电位遵循能斯特公式。不可逆电对的实际电位则偏离能斯特公式,但电位的计算结果对实际仍有一定的指导意义。

对于可逆的均相氧化还原电对的电位可用能斯特公式求得,如 Ox-Red 电对

$$\mathrm{Ox} + n\mathrm{e} = \mathrm{Red}$$

$$E = E^{\ominus} + \frac{0.059}{n}\lg\frac{a_{\mathrm{Ox}}}{a_{\mathrm{Red}}} \tag{5-1}$$

式中:a_{Ox}和 a_{Red}分别为氧化态和还原态的活度;n 为电对反应中的电子转移数;$E^{\ominus}$为电对的标准电位。$E^{\ominus}$是指组成电对的物质处于标准状态时电对的电位,它仅随温度而变化。可溶盐的标准状态是指氧化态或还原态的活度为 $1\mathrm{mol \cdot L^{-1}}$;对气体而言,是指气体的分压为 101.325kPa;金属与难溶盐则是指纯固体,其活度为 1。若氧化还原电对中有 H^+ 及其他物质参加或生成,其活度也应表示在能斯特公

式中,而金属、固体和溶剂的活度取为1。

在实际工作中,通常只知道氧化态和还原态的浓度,而溶液中的离子强度往往比较大;此外,更严重的是氧化态、还原态在溶液中常发生副反应,如酸度的影响、沉淀和络合物的形成,致使其存在形式也随之改变,从而引起电位的改变,使计算结果与实际电位相差较大。当用分析浓度代替活度进行计算时,必须对上述各种因素进行校正,引入相应的活度系数 γ_{Ox}、γ_{Red}和相应的副反应系数 α_{Ox}、α_{Red}。此时

$$a_{Ox}=\gamma_{Ox}[Ox] \qquad \alpha_{Ox}=\frac{c_{Ox}}{[Ox]}$$

$$a_{Red}=\gamma_{Red}[Red] \qquad \alpha_{Red}=\frac{c_{Red}}{[Red]}$$

式中:c_{Ox}和 c_{Red}分别为氧化态和还原态的分析浓度,[Ox]和[Red]分别为氧化态和还原态的平衡浓度。将以上关系代入式(5-1),整理得到

$$E=E^{\ominus}+\frac{0.059}{n}\lg\frac{\gamma_{Ox}\alpha_{Red}}{\gamma_{Red}\alpha_{Ox}}+\frac{0.059}{n}\lg\frac{c_{Ox}}{c_{Red}} \tag{5-2}$$

当 $c_{Ox}=c_{Red}=1\text{mol}\cdot\text{L}^{-1}$或 $c_{Ox}/c_{Red}=1$ 时,得到

$$E=E^{\ominus}+\frac{0.059}{n}\lg\frac{\gamma_{Ox}\alpha_{Red}}{\gamma_{Red}\alpha_{Ox}}=E^{\ominus'} \tag{5-3}$$

$E^{\ominus'}$称为条件电位,它是在特定的条件下,氧化态和还原态的分析浓度均为 $1\text{mol}\cdot\text{L}^{-1}$,或它们的比值为1时,校正了离子强度及副反应的影响后的实际电位,在条件一定时为常数。条件电位由实验测得,它与标准电位的关系和条件稳定常数与稳定常数的关系相似。用 $E^{\ominus'}$来处理问题既简便又符合实际情况。

引入了条件电位后,能斯特公式表示成

$$E=E^{\ominus'}+\frac{0.059}{n}\lg\frac{c_{Ox}}{c_{Red}} \tag{5-4}$$

对于有 H^+ 及 OH^- 参加的氧化还原电对,因酸度的影响已包括在 $E^{\ominus'}$中,因此用能斯特公式计算电对的电位时,H^+ 及 OH^- 便不出现在公式中。

由于各种副反应对条件电位的影响远较离子强度的影响大,而且离子强度的影响又难以校正,一般均忽略离子强度的影响,即令 γ_{Ox}和 γ_{Red}为1。因此当讨论各种副反应对条件电位的影响时,用式(5-5)做近似计算

$$E=E^{\ominus}+\frac{0.059}{n}\lg\frac{[Ox]}{[Red]} \tag{5-5}$$

当 $c_{Ox}=c_{Red}=1\text{mol}\cdot\text{L}^{-1}$,校正氧化态和还原态的总副反应系数后,此时电对的电位 E 即为条件电位,即 $E=E^{\ominus'}$。或先计算出氧化态或还原态的总反应系数后,直接代入式(5-6)即得到电对的条件电位 $E^{\ominus'}$

$$E^{\ominus'} = E^{\ominus} + \frac{0.059}{n}\lg\frac{\alpha_{Red}}{\alpha_{Ox}} \tag{5-6}$$

在处理氧化还原平衡时，还应注意氧化还原电对有对称与不对称的区别。在对称的电对中，氧化态和还原态的系数相同，如 Fe^{3+}/Fe^{2+}、MnO_4^-/Mn^{2+} 等电对。在不对称电对中，氧化态和还原态的系数不同，如 I_2/I^-、$S_4O_6^{2-}/S_2O_3^{2-}$ 等电对。当涉及不对称电对参加的氧化还原反应的有关计算时，情况要复杂些，计算时应加注意。

2. 氧化还原反应进行的程度

氧化还原平衡常数是衡量氧化还原反应进行程度的标尺，可由有关电对的标准电位或条件电位求得，对于反应

$$a\text{Ox}_1 + b\text{Red}_2 \rightleftharpoons a\text{Red}_1 + b\text{Ox}_2$$

有关的电对反应为

$$\text{Ox}_1 + n_1\text{e} \rightleftharpoons \text{Red}_1 \qquad E = E_1^{\ominus'} + \frac{0.059}{n_1}\lg\frac{c_{\text{Ox}_1}}{c_{\text{Red}_1}}$$

$$\text{Ox}_2 + n_2\text{e} \rightleftharpoons \text{Red}_2 \qquad E = E_2^{\ominus'} + \frac{0.059}{n_2}\lg\frac{c_{\text{Ox}_2}}{c_{\text{Red}_2}}$$

设 n 为两电对电子转移数 n_1、n_2 的最小公倍数，得到

$$n_1 = \frac{n}{a} \qquad n_2 = \frac{n}{b}$$

当反应达到平衡时，$E_1 = E_2$，则

$$E_1^{\ominus'} + \frac{0.059}{n_1}\lg\frac{c_{\text{Ox}_1}}{c_{\text{Red}_1}} = E_2^{\ominus'} + \frac{0.059}{n_2}\lg\frac{c_{\text{Ox}_2}}{c_{\text{Red}_2}}$$

等式两边同乘以 n，整理得到

$$\lg K' = \lg\frac{c_{\text{Red}_1}^a c_{\text{Ox}_2}^b}{c_{\text{Ox}_1}^a c_{\text{Red}_2}^b} = \frac{n(E_1^{\ominus'} - E_2^{\ominus'})}{0.059} \tag{5-7}$$

由式(5-7)可以看出，条件常数 K' 与两电对的条件电位的差值及有关反应中的电子转移数 n 有关。对于某一氧化还原反应，n 为定值。两电对的条件电位差值越大，其反应的平衡常数 K' 越大，反应进行得越完全。

若以标准电位表示，即得到反应的平衡常数 K；此时以相应的平衡浓度代替式中的分析浓度，即

$$\lg K = \lg\frac{[\text{Red}_1]^a[\text{Ox}_2]^b}{[\text{Ox}_1]^a[\text{Red}_2]^b} = \frac{n(E_1^{\ominus} - E_2^{\ominus})}{0.059} \tag{5-8}$$

式(5－7)或式(5－8)对于对称电对或不对称电对参加的氧化还原反应均适用。

对于滴定反应来讲,要求反应的完全程度在99.9%以上,由式(5－7)可得到均由对称电对参加的氧化还原反应定量进行反应的条件,到达化学计量点时,有

$$\frac{c_{Red_1}}{c_{Ox_1}} \geqslant \frac{99.9}{0.1} \approx 10^3 \qquad \frac{c_{Ox_2}}{c_{Red_2}} \geqslant \frac{99.9}{0.1} \approx 10^3$$

则

$$\lg K' = \frac{n(E_1^{\ominus'} - E_2^{\ominus'})}{0.059} \geqslant \lg(10^3)^{a+b} = 3(a+b) \qquad (5-9)$$

当 $n_1 = n_2 = 1, n = 1, a = b = 1$

$$\lg K' \geqslant 6 \qquad E_1^{\ominus'} - E_2^{\ominus'} \geqslant 0.35\text{V}$$

当 $n_1 = n_2 = 2, n = 2, a = b = 1$

$$\lg K' \geqslant 6 \qquad E_1^{\ominus'} - E_2^{\ominus'} \geqslant 0.18\text{V}$$

当 $n_1 = 1, n_2 = 2, n = 2, a = 2, b = 1$

$$\lg K' \geqslant 9 \qquad E_1^{\ominus'} - E_2^{\ominus'} \geqslant 0.27\text{V}$$

上述结果表明,对于全由对称电对参加的氧化还原反应,对于不同类型的电子转移数的氧化还原反应,其定量完成的条件也不同。一般认为 $\Delta E^{\ominus'} > 0.4\text{V}$,氧化还原反应即可定量完成。

(二) 氧化还原反应的速率

氧化还原反应是电子的转移,反应机理比较复杂,反应速率一般较慢。这些问题属于动力学范畴,又比较复杂,不少问题至今仍未完全弄清,往往需要通过实践去解决。有的氧化还原反应,K'值很大,反应很完全,但反应速率太小,不能用于滴定分析。因此,通常采用提高反应物的浓度、升高反应温度、添加适当的催化剂以加快氧化还原反应的速率,使其符合滴定分析的要求。

(三) 氧化还原滴定法原理

1. 滴定曲线

在氧化还原滴定中,随着滴定剂的加入,物质的氧化态和还原态的浓度逐渐改变,有关电对的电位随之不断地变化,在化学计量点附近,体系的电位发生突跃。这种电位改变的情况可以用滴定曲线表示。滴定曲线通常是用实验方法测得,也可以根据能斯特公式进行计算。只有两电对均是可逆的,计算的曲线与实验检测相符合。而计量点电位 E_{sp} 及滴定的电位突跃范围($E_{-0.1\%}$, $E_{+0.1\%}$),是选择指示剂及定性判断终点误差的依据。

若用氧化剂 Ox_1 来滴定还原剂 Red_2 时，有关电对反应和滴定反应为

$$Ox_1 + n_1e \rightleftharpoons Red_1$$

$$Ox_2 + n_2e \rightleftharpoons Red_2$$

$$n_2Ox_1 + n_1Red_2 \rightleftharpoons n_2Red_1 + n_1Ox_2$$

令滴定分数 $\Phi = \dfrac{n_1(c \cdot V)_{Ox1}}{n_2(c \cdot V)_{Red2}}$，滴定开始后，在滴定过程中的任一点，达到平衡时，两电对的电位相等，在滴定的不同阶段可选用方便计算的电对代入能斯特公式计算体系的电位。

在化学计量点之前，体系的电位按被滴定物质 Ox_2/Red_2 电对计算

$$E = E_2^{\ominus'} + \frac{0.059}{n_2}\lg\frac{\Phi}{1-\Phi} \tag{5-10}$$

在化学计量点之后，体系的电位则按滴定剂 Ox_1/Red_1 电对计算

$$E = E_1^{\ominus'} + \frac{0.059}{n_1}\lg\frac{\Phi-1}{1} \tag{5-11}$$

当达到化学计量点时，体系中存在下述关系

$$n_2c_{Red_2} = n_1c_{Ox_1} \qquad n_2c_{Ox_2} = n_1c_{Red_1}$$

$$E_{sp} = \frac{n_1E_1^{\ominus'} + n_2E_2^{\ominus'}}{n_1 + n_2} \tag{5-12}$$

滴定的电位突跃范围为

$$E_{-0.1\%} = E_2^{\ominus'} + \frac{3\times0.059}{n_2}$$

$$E_{+0.1\%} = E_1^{\ominus} - \frac{3\times0.059}{n_1}$$

仅当两电对的电子转移数相等即 $n_1 = n_2$ 时，E_{sp}才位于滴定的电位突跃中心；若 $n_1 \neq n_2$，则 E_{sp}偏向于电子转移数较多的电对一方。

由滴定曲线的计算可以看出，影响氧化还原滴定的电位突跃范围的主要因素是两电对的条件电位。因此在工作中借助于改变反应条件，如改变介质、酸度、加入沉淀剂或络合剂、改变电对的条件电位等，以改变电位突跃的位置，并扩大两电对条件电位的差值，增大滴定的突跃范围，改变化学计量点 E_{sp}的大小，使其更接近所选用的氧化还原指示剂的变色点电位，从而提高测定的准确度。

若有不对称电对参加的氧化还原反应，如

$$n_2Ox_1 + n_1Red_2 \rightleftharpoons n_2bRed_1 + n_1Ox_2$$

则

$$E_{sp}=\frac{n_1E_1^{\ominus'}+n_2E_2^{\ominus'}}{n_1+n_2}+\frac{0.059}{n_1+n_2}\lg\frac{1}{bc_{Red_1}^{b-1}} \tag{5-13}$$

2. 氧化还原滴定中的指示剂

在氧化还原滴定法中，常用的指示剂有三类。

第一类是自身指示剂，如 $KMnO_4$ 标准溶液呈紫红色，而其还原产物 Mn^{2+} 几乎无色。当用它滴定无色或浅色还原性物质时，一般不另加指示剂。待滴至化学计量点稍后，溶液呈粉红色，即为滴定终点。

第二类是显色指示剂，例如，可溶性淀粉与碘溶液生成深蓝色化合物，当 I_2 被还原成 I^- 时，蓝色消失。在碘量法中可用淀粉溶液作指示剂，借蓝色的产生或消失来指示终点。

第三类是氧化还原指示剂，这类指示剂本身具有氧化还原性，其氧化态和还原态具有不同的颜色。在滴定中，体系的电位发生变化使得指示剂因氧化或还原而发生颜色变化从而指示终点。指示剂变色的电位范围为

$$E_{In}^{\ominus'}\pm\frac{0.059}{n}(V)$$

当体系的电位等于指示剂的条件电位 $E_{In}^{\ominus'}$ 时，指示剂呈中间色，即指示剂的变色点。选择指示剂时，应使指示剂的条件电位 $E_{In}^{\ominus'}$ 在滴定的电位突跃范围内，并尽量与化学计量点电位一致。

3. 终点误差

许多氧化还原滴定反应进行得很完全，滴定的电位突跃较大，又有不少灵敏的指示剂，因此终点误差一般较小。

设滴定反应为氧化剂 O_T 滴定还原剂 R_X，即

$$aO_T+bR_X = aR_T+bO_X$$

有关的电对反应如下

$$O_T+n_Te = R_T$$

$$O_X+n_X = R_X$$

设两电对电子转移数 n_T, n_X 的最小公倍数为 n，得到

$$an_T=bn_X=n$$

按终点误差定义

$$E_t=\frac{b[O_T]_{ep}-a[O_X]_{ep}}{ac_{R_X}^{sp}} \tag{5-14}$$

(四) 氧化还原滴定前的预处理

在氧化还原反应滴定时，通常将待测组分预先处理成一定的价态，使之与滴定剂能迅速定量完全地反应，这一步骤称为氧化还原滴定前的预处理。在氧化还原滴定中，滴定剂多为氧化剂，故对待测组分做预还原处理的居多。所选用的预氧化剂或预还原剂应符合下述要求：反应迅速、定量、完全；选择性高；过量的预处理试剂易于除去。常用的预氧化剂有$(NH_4)_2S_2O_8$、$KMnO_4$、H_2O_2、$HClO_4$ 和 IO_3。常用的预还原剂有 $SnCl_2$、$TiCl_3$、金属还原剂（铝、锌、铁）和 SO_2。

(五) 氧化还原滴定结果的计算

1. 化学计量系数比法

由于氧化还原反应较为复杂，有时被测组分或滴定剂在有关反应中存在不同的价态；有时同一物质随着反应条件的变化，其产物也不相同；有时测定某一物质或采用直接滴定，或采用间接滴定，或采用返滴定，或采用置换滴定，或联合采用几种滴定方式。在氧化还原滴定结果的计算中关键是正确确定被测物与滴定剂间的化学计量关系。因此，须把有关的滴定反应以及中间步骤的反应搞清楚。例如，待测组分 X 经过一系列反应后得到阐物 Z，然后用滴定剂来滴定，由各步反应的计量关系可得出

$$aX \sim bY \sim \cdots \sim cZ \sim dT$$

故

$$a\text{mol X} \sim d\text{mol T}$$

$$n_X = \frac{a}{d} n_T$$

试样中 X 的含量可用下式计算

$$w_X = \frac{\frac{a}{d}(c \cdot V)_T \times 10^{-3} \times M_X}{m_s} \times 100\% \tag{5-15}$$

例如，测定 KIO_3 可用两种方法。一种方法是将 KIO_3 与过量的 KI 反应，析出的 I_2 用 $Na_2S_2O_3$ 标准溶液滴定。测定过程涉及的反应为

$$IO_3^- + 5I^- + 6H^+ = 3I_2 + 3H_2O$$

$$I_2 + 2S_2O_3^{2-} = 2I^- + S_4O_6^{2-}$$

待测组分与滴定剂间的化学计量关系为

$$1\text{mol } IO_3^- \sim 6\text{mol } S_2O_3^{2-}$$

则

$$n_{KIO_3}=\frac{1}{6}(c\cdot V)_{Na_2S_2O_3}\times 10^{-3}(mol)$$

另一种方法是将 KIO_3 与一定过量的 KI 反应，煮沸以挥发析出的 I_2。再加入过量的 KIO_3 使之与剩余的 KI 反应，析出的 I_2 用 $Na_2S_2O_3$ 标准溶液滴定。此法涉及的反应与上法相同，不过它采用了返滴定方式。被测组分 KIO_3 与一定过量的 KI 的化学计量关系为 1mol KIO_3～5mol KI，而过量的 KI 与返滴定用的滴定剂 $Na_2S_2O_3$ 的化学计量关系为 5mol KI～6mol $Na_2S_2O_3$。与 KIO_3 作用的 KI 的物质的量应为加入的 KI 的总物质的量减去与 $Na_2S_2O_3$ 作用的 KI 的物质的量。则

$$n_{KIO_3}=\frac{1}{5}\left[(c\cdot V)_{KI}-\frac{5}{6}(c\cdot V)_{Na_2S_2O_3}\right]\times 10^{-3}(mol)$$

2. 电子得失相等法

采用返滴定方式测定某些有机物的含量，若按上述方法确定有关物质间的化学计量关系，有时很繁，此时可根据氧化还原反应中得失电子相等的原则来确定有关物质间的计量关系，方法简便快捷。

以甘油的测定为例，将其加入到一定过量的碱性 $KMnO_4$ 溶液中，待反应完成后，将溶液酸化，MnO_4^{2-} 歧化为 MnO_4^- 和 MnO_2，加入过量的 $FeSO_4$ 标准溶液将所有高价锰还原为 Mn^{2+}。最后再以 $KMnO_4$ 标准溶液滴定剩余的 $FeSO_4$。两次所用 $KMnO_4$ 溶液的浓度相同，体积分别为 V_1 和 V_2。由加入 $KMnO_4$ 的总量和 $FeSO_4$的量，可计算甘油的质量分数。该测定过程涉及的反应如下

$$\underset{\displaystyle OH}{CH_2}-\underset{\displaystyle OH}{CH}-\underset{\displaystyle OH}{CH_2}+14MnO_4^-+20OH^-=\!=\!=3CO_3^{2-}+14MnO_4^{2-}+14H_2O$$

$$3MnO_4^{2-}+4H^+=\!=\!=2MnO_4^-+MnO_2+2H_2O$$
$$MnO_4^-+5Fe^{2+}+8H^+=\!=\!=Mn^{2+}+5Fe^{3+}+4H_2O$$
$$MnO_2+2Fe^{2+}+4H^+=\!=\!=Mn^{2+}+2Fe^{3+}+2H_2O$$

该测定过程中氧化剂为 $KMnO_4$，还原剂为 $FeSO_4$ 和待测组分甘油。尽管 $KMnO_4$ 经多步还原，但最终被还原为 Mn^{2+}，1mol $KMnO_4$ 得到 5mol 电子。甘油中的 C 的氧化数由 $-\frac{2}{3}$ 升为 4，1mol 甘油失去 14mol 电子，而 1mol $FeSO_4$ 失去 1mol 电子，Fe 的氧化数由 2 升为 3，根据氧化还原反应中得失电子相等的原则得到

$$5n_{KMnO_4}=14n_{甘油}+n_{FeSO_4}$$

$$w_{甘油}=\frac{[5c(V_1+V_2)_{KMnO_4}-(cV)_{FeSO_4}]\times 10^{-3}\times M_{甘油}}{14m_s}\times 100\%$$

(六) 氧化还原滴定法的应用

氧化还原滴定法使用多种氧化(还原)滴定剂,各种滴定剂的氧化还原能力各不相同。因此,可以根据待测物质的性质来选择合适滴定剂。还原剂易被空气氧化,能用作滴定剂的不多,常用的仅有 $Na_2S_2O_3$ 和 F_eSO_4 等。用氧化剂作氧化还原滴定剂的则很多,应用十分广泛,常用的有 $KMnO_4$、$K_2Cr_2O_7$、I_2、$KBrO_3$、$Ce(SO_4)_2$ 等。一般根据滴定剂的名称来命名其滴定方法。复习时结合实验掌握常用氧化还原滴定法的特点、标准溶液的配制和标定、应用示例的测定原理、反应条件、简要步骤以及测定结果的计算。能根据测定对象来设计实验方案(包括:方法原理,简要步骤或流程图,指出滴定剂、指示剂、主要反应条件及计算式)。

1. 高锰酸钾法

$KMnO_4$ 氧化能力强,应用广泛,主要在强酸性溶液中使用。MnO_4^- 呈紫红色,滴定无色或浅色溶液时无需另加指示剂;但其溶液不太稳定;滴定时选择性较差。但只要标准溶液配制、保存得当,滴定时严格控制条件,这些缺点大多可以克服。

$KMnO_4$ 试剂中含有少量 MnO_2 和其他杂质。配制标准溶液应煮沸、静置、待还原性物质氧化完全后,过滤,储存于棕色瓶中,暗处放置。标定时,最常用的基准物质是 $Na_2C_2O_4$,标定反应是自动催化反应。标定条件:$0.5 \sim 1 mol \cdot L^{-1}$ H_2SO_4;70~85℃,滴定速度控制为慢—快—慢。粉红色半分钟不褪为终点。

许多还原性物质,如 Fe^{2+}、As(Ⅲ)、Sb(Ⅲ)、H_2O_2、$C_2O_4^{2-}$、NO_2^- 等可用 $KMnO_4$ 标准溶液直接滴定。MnO_4^- 与 $C_2O_4^{2-}$ 的反应是高锰酸钾法中重要反应。除用于标定 $KMnO_4$ 外,借此反应可用间接滴定法测定非氧还原性物质(如 Ca^{2+}、Th^{4+}、稀土等);还可通过此反应用返滴定法测定氧化性物质(如 MnO_2、PbO_2 等)和地表水、生活用水中的化学需氧量(COD)。

在强碱性溶液中,$KMnO_4$ 氧化有机物的速率快于强酸性溶液,利用此反应,用返滴定法可测定有机物(如甘油、甲酸、甲醇、甲醛、苯酚、葡萄糖等)。

从平衡考虑,MnO_4^- 与 Mn^{2+} 在溶液中不能共存,但在酸性溶液中二者反应速率较慢,当用 $KMnO_4$ 作滴定剂时,终点前 MnO_4^- 浓度极低,因此滴定得以定量进行。反之,如果以还原剂(如 Fe^{2+})滴定 MnO_4^-,一旦开始,剩余的 MnO_4^- 与产物 Mn^{2+} 均是大量的,它们会产生 MnO_2,而 MnO_2 沉淀与还原剂反应慢,且终点不易观察,因此不能用还原剂滴定 MnO_4^-。

2. 重铬酸钾法

$K_2Cr_2O_7$ 容易提纯,直接称量配制标准溶液,且非常稳定,其氧化能力弱于

$KMnO_4$,选择性较高。在酸性溶液中,$Cr_2O_7^{2-}$ 还原为 Cr^{3+},滴定时需加入氧化还原型指示剂确定终点,常用的是二苯胺磺酸钠。

重铬酸钾法主要用于测定 Fe^{2+},是铁矿中全铁测定的标准方法。用氯化亚锡预还原,分有汞法和无汞法。滴定时加 H_3PO_4,二苯胺磺酸钠作指示剂。

$Cr_2O_7^{2-}$ 与 Fe^{2+} 的反应可逆性好,速率快,无副反应发生,可用来间接测定氧化剂(NO_3^-、ClO_3^- 等)、还原剂(Ti^{3+}、Cr^{3+})、非氧化还原性物质(Pb^{2+}、Ba^{2+})和工业废水中的化学需氧量(COD_{Cr})。

3. 碘量法

碘量法是利用 I_2 的氧化性和 I^- 的还原性来进行滴定的方法。它有两种滴定方式。用 I_2 标准溶液直接滴定还原性物质,称为直接碘量法,用 I^- 与待测的氧化性物质反应,定量地析出 I_2,然后用 $Na_2S_2O_3$ 标准溶液滴定 I_2,称为间接碘量法。碘量法不仅在酸性中,而且可中性或弱碱性介质中滴定;副反应少,选择性较好;采用淀粉作指示剂,灵敏度高;测定对象广泛,其中以间接碘量法应用最广。

I_2 易挥发,难溶于水,先将其溶于 KI 的浓溶液中,再用水稀释,储存于棕色瓶中,暗处放置,用基准物质 As_2O_3 标定,反应在 $NaHCO_3$ 介质中进行。

$Na_2S_2O_3$ 固体易风化,含有少量杂质,其溶液易被 CO_2、O_2、微生物分解。因此,用新煮沸并冷却的蒸馏水配制标准溶液,加入少量 Na_2CO_3,储于棕色瓶中,放置一段时间后,再行标定。定时酸度控制 $0.4mol \cdot L^{-1}$,用一定量基准 $K_2Cr_2O_7$ 与过量 KI 反应,暗处放置 5min 后,加水稀释,用 $Na_2S_2O_3$ 滴定析出的 I_2,近终点时加入淀粉。

碘量法误差的主要来源是 I_2 的挥发和 I^- 的氧化。加入过量 KI,室温下反应,反应后立即滴定,勿剧烈摇动可防止 I_2 的挥发。滴定时避光,控制酸度,事先除去催化空气氧化 I^- 的 Cu^{2+}、NO_2 等杂质可防止 I^- 的氧化。

直接碘量法用于钢中 S 的测定;间接碘量法用于铜合金中铜、漂白粉中效氯和某些有机物(如葡萄糖、甲醛)等的测定;卡尔费休法利用 I_2 氧化 SO_2 时,需要定量的 H_2O,可用来测定有机物和机物中的 H_2O。

4. 其他氧化还原滴定法

$KBrO_3$ 是一种强氧化剂,容易提纯,可直接称量配制标准溶液(其中加入过量 KBr),在酸性溶液中 KBrO-KBr 标准溶液析出 Br_2。溴酸钾法主要用于测定有机物,但反应速率较慢,必须加入过量的溴酸钾标准溶液,待反应完成后,过量的 Br_2 用间接碘量法测定。应用示例为苯酚含量的测定。

$Ce(SO_4)_2$ 是一种强氧化剂,氧化能力与 $KMnO_4$ 相近。$Ce(SO_4)_2$ 容易提纯,

可直接称量配制标准溶液，且副反应少。由于 Ce^{4+} 易水解，硫酸铈法须在较高酸度下使用，一般用邻二氮菲-亚铁为指示剂。但铈盐价贵，实际应用不多。

亚砷酸钠-亚硝酸钠法可应用于钢中锰的测定。计算时须用已知含锰量的标准试样来确定 $NaASO_3^-$-$NaNO_2$ 混合溶液对锰的滴定度。

四、例　　题

例 5-1　下列氧化还原滴定曲线中，计量点前后对称且滴定突跃大小与反应物浓度无关的是

A. $KMnO_4$ 滴定 Fe^{2+}　　B. $Ce(SO_4)_2$ 滴定 Fe^{2+}

C. $K_2Cr_2O_7$ 滴定 Fe^{2+}　　D. $Na_2S_2O_3$ 滴定 I_2

解　选择 B 项。全由对称电对参加的氧化还原反应，其滴定突跃大小与反应物浓度无关；其中只有两电对的电子转移数相等时，滴定曲线才在计量点前后对称。C、D 选项有不对称电对参加，A、B 选项虽全由对称电对参加，但 A 选项两电对电子转移数不等，而 B 选项两电对电子转移数均为 1。故选 B 项。

例 5-2　用基准物质 $Na_2C_2O_4$ 标定 $KMnO_4$ 时，其滴定速度应控制为

A. 始终缓慢　　B. 慢—快—慢

C. 始终较快　　D. 慢—快—快

解　选择 B 项。该标定反应为一自动催化反应，产物 Mn^{2+} 能催化反应，但开始滴定时浓度很低，反应一段时间后浓度增大，反应速率加快；经过一最高点后，随着反应物浓度减小，反应速率逐渐降低。滴定分析操作临近终点时是要求逐滴（或半滴）加入滴定剂，并边滴定边摇动，防止滴定过量，该标定反应要求加热 70～85℃，滴定终了温度不得低于 60℃，为使滴定速度与反应速率同步，滴定结束时温度不低于 60℃，又符合滴定分析要求，因此选 B 项。

例 5-3　用氧化还原滴定法测定 $BaCl_2$ 纯度时，先将 Ba^{2+} 沉淀为 $Ba(IO_3)_2$。过滤洗涤后，溶解于酸，加入过量 KI，然后用 $Na_2S_2O_3$ 标准溶液滴定，则 $BaCl_2$ 与 $Na_2S_2O_3$ 物质的量之比为

A. 1∶2　　B. 1∶3　　C. 1∶6　　D. 1∶12

解　选 D 项。由测定涉及的反应可知一系列物质的化学计量关系如下

$$Ba^{2+} \sim Ba(IO_3)_2 \sim 2IO_3^- \sim 6I_2 \sim 12Na_2S_2O_3$$

因此，选 D 项。

例 5-4　间接碘量法所使用的滴定剂 $Na_2S_2O_3$ 标准溶液，在保存过程中吸收 CO_2 而发生下述反应

$$S_2O_3^{2-} + H_2CO_3 = HSO_3^- + HCO_3^- + S\downarrow$$

若因此 $Na_2S_2O_3$ 溶液滴定 I_2,将使 I_2 的浓度____(偏高或偏低或无影响)。为防止上述分解反应发生,可加入少量____。

解 偏低,Na_2CO_3。$Na_2S_2O_3$ 溶液在保存过程中吸收 $3CO_2$,发生分解生成 HSO_3^-,HSO_3^- 与 I_2 发生下述反应

$$HSO_3^- + I_2 + H_2O = SO_4^{2-} + 2I^- + 3H^+$$

而 $Na_2S_2O_3$ 与 I_2 的反应为

$$I_2 + 2S_2O_3^{2-} = 2I^- + S_4O_6^{2-}$$

由上述反应可知,$Na_2S_2O_3$ 分解前后与 I_2 反应的化学计量比分别为 2∶1 和 1∶1。因此,$Na_2S_2O_3$ 吸收 CO_2 发生分解后,滴定 I_2 时,消耗的体积要减小。而 $c_{I_2} = (cV)_{Na_2S_2O_3}/2V_{I_2}$所以使测得 I_2 的浓度偏低。加入少量 Na_2CO_3 使溶液呈弱碱性,可防止上述分解反应的发生。

例 5-5 $K_2Cr_2O_7$ 法测定铁,以二苯胺磺酸钠为指示剂,加入 H_3PO_4 的作用是____________。

解 降低 Fe^{3+}/Fe^{2+} 电对的电位,增大滴定突跃范围,使指示剂变色点的电位落在滴定的电位突跃范围内;生成无色的 $Fe(HPO_4)_2^-$,消除 Fe^{3+} 的黄色,有利于观察终点的颜色。

例 5-6 一个高灵敏测定 Bi^{3+} 的方法是基于下述一系列反应

$$Bi^{3+} + Cr(SCN)_6^{3-} = Bi[Cr(SCN)_6]\downarrow \quad (1)$$

$$2Bi[Cr(SCN)_6] + HCO_3^- + 2H_2O = (BiO)_2CO_3\downarrow + 2Cr(SCN)_6^{3-} + 5H^+ \quad (2)$$

滤去$(BiO)_2CO_3$ 后,在滤液中加入 I_2

$$Cr(SCN)_6^{3-} + 24I_2 + 24H_2O = 6SO_4^{2-} + 6ICN + 42I^- + 48H^+ + Cr^{3+} \quad (3)$$

将溶液酸化至 pH 为 2.5

$$ICN + I^- + H^+ = I_2 + HCN \quad (4)$$

用氯仿萃取 I_2 后,在水相中加入过量 Br_2

$$3Br_2 + I^- + 3H_2O = IO_3^- + 6H^+ + 6Br^- \quad (5a)$$

$$Br_2 + HCN = BrCN + H^+ + Br^- \quad (5b)$$

加甲酸破坏多余的 Br_2

$$Br_2 + HCOOH = 2Br^- + CO_2 + 2H^+ \quad (6)$$

加过量的 I^- 与 IO_3^- 和 BrCN 作用,析出 I_2

$$IO_3^- + 5I^- + 6H^+ = 3I_2 + 3H_2O \quad (7a)$$

$$BrCN + 2I^- + H^+ = I_2 + HCN + Br^- \quad (7b)$$

最后析出的 I_2 用 $Na_2S_2O_3$ 滴定

$$I_2 + 2S_2O_3^{2-} = 2I^- + S_4O_6^{2-} \quad (8)$$

则 Bi^{3+} 与 $Na_2S_2O_3$ 的物质的量之比为____。

解　228。此题较例 5-3 要复杂些，经一系列反应后，有两种产物，它们经过各自反应均生成 I_2，最后都与滴定剂 $Na_2S_2O_3$ 反应。因此需要加和起来，即

$$Bi^{3+} \sim Cr(SCN)_6^{3-} \sim 6SCN^- \sim 24I_2 \sim \begin{cases} 6ICN \\ 42I^- \end{cases} \sim \begin{cases} 6HCN \sim 6BrCN \sim 6I_2 \sim 12Na_2S_2O_3 \\ 36I^- \sim 36IO_3^- \sim 108I_2 \sim 216Na_2S_2O_3 \end{cases}$$
$$\sim 228Na_2S_2O_3$$

例 5-7　简述碘量法测铜的原理，加入过量 KI 的作用。为什么临近终点还需加 KSCN？并比较测定胆矾和铜精矿中铜的异同，试说明其原因？

解　碘量法测铜是基于弱酸性介质中，Cu^{2+} 与过量 KI 作用，定量地析出 I_2，用 $Na_2S_2O_3$ 标准溶液滴定，反应为

$$2Cu^{2+} + 4I^- \xlongequal{} 2CuI\downarrow + I_2 \tag{1}$$

$$I_2 + 2S_2O_3^{2-} \xlongequal{} 2I^- + S_4O_6^{2-} \tag{2}$$

在反应(1)中，加入过量 KI，使反应迅速完全，起着还原剂、沉淀剂和络合剂的作用。

在反应(2)中，由于 CuI 沉淀表面会吸附一些 I_2，使得测定结果偏低。为此，在接近终点时，加入 KSCN，使 CuI 转化为溶解度更小的 CuSCN

$$CuI + SCN^- \xlongequal{} CuSCN + I^-$$

CuSCN 吸附 I_2 的倾向较小，可提高测定结果的准确度。但 KSCN 不能早加，因为它会还原 I_2，使结果偏低。

胆矾为 $CuSO_4\cdot 5H_2O$，纯度高，组成简单，溶于水。铜精矿系粗铜矿的浮选产物，组成复杂，会有铁、砷等干扰元素，不仅不溶于水，也难溶于单一的盐酸。用碘量法测定两者的铜含量时，测定原理、试样处理成试液后滴定时的操作基本相同(滴定剂、指示剂，为防止 Cu^{2+} 的水解 pH 控制均需小于 4)，但试样前处理不同，测定铜精矿时，需用 HNO_3 溶样，但 HNO_3 及氮的氧化物干扰以后的测定，需加入 H_2SO_4 冒烟除去。为消除 Fe^{3+}、As(Ⅴ)的干扰，需将酸度控制在 pH3～4，加入 F^-，此时加入 NH_4HF_2 能达到上述目的。它既提供络合剂 F^- 络合 Fe^{3+}；又构成 NH_4F-HF 缓冲溶液(pH3～4)。此时 $E_{As(V)/As(III)}$ 及 $E_{Fe^{3+}/Fe^{2+}}$ 均小于 E_{I_2/I^-}，As(Ⅴ)及 Fe^{3+} 不再氧化 I^-，从而消除它们对铜测定的干扰。pH<4，Cu^{2+} 不发生水解，这就保证了 Cu^{2+} 与 I^- 反应的定量进行。测定胆矾中铜时，只需在 pH<4 的弱的性介质中进行即可，对酸度的上限勿需严格要求。

例 5-8　重铬酸钾法测定铁时，为何要趁热滴加 $SnCl_2$，而且不能过量太多？而加 $HgCl_2$ 时须待溶液冷至室温时一次加入？

解　$SnCl_2$ 还原 Fe^{3+} 时速率较慢，因此，趁热滴加以加速还原反应的速率且可防止过量太多，若 $SnCl_2$ 过量太多，会发生下述反应

$$HgCl_2 + SnCl_2 = SnCl_4 + Hg\downarrow$$

此时黑或灰色的细粉状汞会与滴定剂 $K_2Cr_2O_7$ 作用，导致实验失败。

而加 $HgCl_2$ 以除去多余的 $SnCl_2$ 应待溶液冷却后加入，否则 Hg^{2+} 会氧化 Fe^{2+} 使测定结果偏低，而且 $HgCl_2$ 应一次加入，否则会造成 Sn^{2+} 局部过浓（特别是 $SnCl_2$ 用量过多时），致使 $HgCl_2$ 被还原为 Hg，而 Hg 会与滴定剂作用，使实验失败。

例 5-9 试拟定用基准物质 As_2O_3 标定 I_2 溶液的分析方案（反应原理、简要步骤、反应条件及计算公式）。

解 As_2O_3 难溶于水易溶于碱溶液生成亚砷酸盐。酸化溶液至中性，加入 $NaHCO_3$ 控制溶液 pH8～9，用 I_2 快速定量地氧化 $HAsO_2$

$$As_2O_3 + 2OH^- = 2AsO_2^- + H_2O$$

$$HAsO_2 + I_2 + 2H_2O = HAsO_4^{2-} + 4H^+ + 2I^-$$

准确称取基准物质 $As_2O_3$0.10～0.12g 置于 250mL 锥形瓶中，加入 10mL $1mol \cdot L^{-1}$NaOH 使 As_2O_3 溶解后，加 1 滴酚酞指示剂，用 $1mol \cdot L^{-1}$HCl 小心中和溶液至微酸性，然后加入 50mL 2% $NaHCO_3$ 溶液和 2mL 0.5% 淀粉指示剂，再用 I_2 标准溶液滴定至溶液恰呈蓝色为终点，记下 V_{I_2} 平行测定三份

$$c_{I_2} = \frac{2m_{As_2O_3} \times 10^3}{M_{As_2O_3} \times V_{I_2}}$$

例 5-10 试设计测定含 Cr^{3+}、Fe^{3+} 混合试液中各组分含量的分析方案。请用简单流程图表示分析过程。并指出滴定剂、指示剂、主要反应条件及计算式。

解 (1) Cr 的测定

$$\begin{matrix} Cr^{3+} \\ Fe^{3+} \end{matrix} \xrightarrow[\triangle, Ag^+]{H_2SO_4\text{介质}\ (NH_4)_2S_2O_8} \begin{matrix} Cr_2O_7^{2-} \\ Fe^{3+} \end{matrix} \xrightarrow[\text{邻二氮菲-亚铁}]{Fe^{2+}\text{标准溶液}}$$

砖红色为终点。

$$\rho_{Cr}(g \cdot L^{-1}) = \frac{\frac{1}{3}(cV)_{Fe}M_{Cr}}{V_{试液}}$$

(2) Fe 的测定

$$\begin{matrix} Fe^{3+} \\ Cr^{3+} \end{matrix} \xrightarrow[Na_2WO_4,\text{滴加} TiCl_3\text{呈蓝色}]{\text{趁热滴加} SnCl_2\text{溶液呈浅黄色}} \begin{matrix} Fe^{2+} \\ Cr^{3+} \end{matrix} \xrightarrow[\text{蓝色消失}]{\text{滴加} K_2Cr_2O_7} \begin{matrix} Fe^{2+} \\ Cr^{3+} \end{matrix} \xrightarrow[\text{二苯胺磺酸钠}]{H_2SO_4\text{-}H_3PO_4, K_2Cr_2O_7\text{标准溶液}}$$

紫红色为终点。

$$\rho_{Fe}(g \cdot L^{-1}) = \frac{6(cV)_{K_2Cr_2O_7}M_{Fe}}{V_{试液}}$$

例 5-11 计算 KI 浓度为 $1mol\cdot L^{-1}$时,Cu^{2+}/Cu^{+}电对的条件电位(忽略离子强度的影响),并说明何以能发生下述反应:$2Cu^{2+}+5I^{-}=2CuI\downarrow+I_3^{-}$。

解 此题是讨论沉淀副反应对条件电位的影响,并根据条件电位来判断氧化还原反应的方向。已知 $E^{\ominus}_{Cu^{2+}/Cu^{+}}=0.16V$, $E^{\ominus}_{I_3^{-}/I^{-}}=0.545V$, $K_{sp,CuI}=1.1\times10^{-12}$。下面用两种方法来计算 $E^{\ominus'}_{Cu^{2+}/Cu^{+}}$。

解法 1 因忽略离子强度的影响,由式(5-5)

$$E=E^{\ominus}_{Cu^{2+}/Cu^{+}}+0.059\lg\frac{[Cu^{2+}]}{[Cu^{+}]}$$

$$=E^{\ominus}_{Cu^{2+}/Cu^{+}}+0.059\lg\frac{[Cu^{2+}]}{K_{sp}/[I^{-}]}$$

$$=E^{\ominus}_{Cu^{2+}/Cu^{+}}+0.059\lg\frac{[I^{-}]}{K_{sp}}+0.059\lg[Cu^{2+}]$$

此时 Cu^{2+}未发生副反应,则$[Cu^{2+}]=c_{Cu^{2+}}$,当$[Cu^{2+}]=[I^{-}]=1mol\cdot L^{-1}$时

$$E^{\ominus'}=E$$

$$E^{\ominus'}_{Cu^{2+}/Cu^{+}}=E^{\ominus}_{Cu^{2+}/Cu^{+}}+0.059\lg\frac{[I^{-}]}{K_{sp}}$$

$$=0.16+0.059\lg\frac{1}{1.1\times10^{-12}}$$

$$=0.87(V)$$

解法 2 因忽略离子强度的影响,当 $c_{Cu^{2+}}=c_{Cu^{+}}=1mol\cdot L^{-1}$,按式(5-6)

$$E^{\ominus'}_{Cu^{2+}/Cu^{+}}=E^{\ominus}_{Cu^{2+}/Cu^{+}}+0.059\lg\frac{\alpha_{Cu^{+}}}{\alpha_{Cu^{2+}}}$$

Cu^{2+}未发生副反应 $\alpha_{Cu^{2+}}=1$,Cu^{+}发生了沉淀反应。

$$\alpha_{Cu^{+}}=\frac{c_{Cu^{+}}}{[Cu^{+}]}=\frac{1}{K_{sp}/[I^{-}]}=\frac{[I^{-}]}{K_{sp}}$$

$$E^{\ominus'}_{Cu^{2+}/Cu^{+}}=E^{\ominus}_{Cu^{2+}/Cu^{+}}+0.059\lg\frac{[I^{-}]}{K_{sp}}$$

$$=0.16+0.059\lg\frac{1}{1.1\times10^{-12}}$$

$$=0.87(V)$$

由于 Cu^{+}与 I^{-}生成 $CuI\downarrow$ 极大地降低了 Cu^{+} 的浓度,当还原态的浓度降低时,电对的电位升高,即 Cu^{2+}/Cu^{+}电对的条件电位大于其标准电位,Cu^{2+}的氧化性增强,而 I_3^{-} 和 I^{-}均未发生副反应,I_3^{-}/I^{-}电对的电位当$[I^{-}]=1mol\cdot L^{-1}$时就等于其标准电位。此时 $E^{\ominus'}_{Cu^{2+}/Cu^{+}}>E^{\ominus}_{I_3^{-}/I^{-}}$,因此题设的反应能顺利发生。该反应是

碘量法测铜的依据。

例 5-12 计算在邻二氮菲存在下，溶液含 H_2SO_4 浓度为 $1mol \cdot L^{-1}$ 时 Fe^{3+}/Fe^{2+} 电对的条件电位(忽略离子强度的影响)。已知在 $1mol \cdot L^{-1} H_2SO_4$ 中，亚铁络合物 FeR_3^{2+} 与高铁络合物 FeR_3^{3+} 的总稳定常数之比 $K_{Ⅱ}/K_{Ⅲ} = 2.8 \times 10^6$，$E^{\ominus}_{Fe^{3+}/Fe^{2+}} = 0.77V$。

解 Fe^{3+}/Fe^{2+} 电对中的氧化态与还原态均发生了络合副反应。知道了两者的络合副反应系数的比值，代入式(5-6)即可计算出 $E^{\ominus'}_{Fe^{3+}/Fe^{2+}}$。

因为亚铁和高铁与邻二氮菲形成的络合物的第三级累积稳定常数要比各自的第二级、第一级累积稳定常数大得多，故可忽略它们的 1:1 和 1:2 的络合物，它们的第三级累积稳定常数分别为 β_3 和 β'_3，即它们的总稳定常数 $K_{Ⅱ}$ 和 $K_{Ⅲ}$。

设游离邻二氮菲的浓度为[R]，$\alpha_{Fe^{2+}}$ 和 $\alpha_{Fe^{3+}}$ 分别为

$$\alpha_{Fe^{2+}} = 1 + \beta_1[R] + \beta_2[R]^2 + \beta_3[R]^3 \approx \beta_3[R]^3 = K_{Ⅱ}[R]^3$$

$$\alpha_{Fe^{3+}} = 1 + \beta'_1[R] + \beta'_2[R]^2 + \beta'_3[R]^3 \approx \beta'_3[R]^3 = K_{Ⅲ}[R]^3$$

当 $c_{Fe^{3+}} = c_{Fe^{2+}} = 1mol \cdot L^{-1}$ 时，由式(5-6)得到

$$\begin{aligned} E^{\ominus'}_{Fe^{3+}/Fe^{2+}} &= E^{\ominus}_{Fe^{3+}/Fe^{2+}} + 0.059\lg\frac{\alpha_{Fe^{2+}}}{\alpha_{Fe^{3+}}} \\ &= 0.77 + 0.059\lg(2.8 \times 10^6) \\ &= 1.15(V) \end{aligned}$$

例 5-13 计算 pH3.0 含有未络合 EDTA 浓度为 $0.10\ mol \cdot L^{-1}$ 时，Fe^{3+}/Fe^{2+} 电对的条件电位(忽略离子强度的影响)。[已知 pH3.0 时，$\lg\alpha_{Y(H)} = 10.60$，$E^{\ominus}_{Fe^{3+}/Fe^{2+}} = 0.77V$]

解 此题是讨论当络合剂发生了酸效应的情况下，络合副反应对条件电位的影响。知道了指定酸度下的未络合的 EDTA 的浓度，校正酸效应，即可求出游离 EDTA 的浓度。此时 EDTA 对 Fe^{3+} 和 Fe^{2+} 的络合副反应系数容易得到。查表得 $\lg K_{FeY^-} = 25.1$，$\lg K_{FeY^{2-}} = 14.32$

$$\begin{aligned} \alpha_{Fe^{2+}} &= 1 + K_{FeY^{2-}} \cdot [Y] = 1 + K_{FeY^{2-}}\frac{[Y']}{\alpha_{Y(H)}} \\ &= 1 + 10^{14.32} \times \frac{10^{-1.00}}{10^{10.60}} = 10^{2.72} \end{aligned}$$

同理

$$\begin{aligned} \alpha_{Fe^{3+}} &= 1 + K_{FeY^-} \cdot [Y] = 1 + 10^{25.1} \cdot \frac{10^{-1.00}}{10^{10.60}} \\ &= 10^{13.50} \end{aligned}$$

当 $c_{Fe^{3+}} = c_{Fe^{2+}} = 1mol \cdot L^{-1}$时

$$E^{\ominus'}_{Fe^{3+}/Fe^{2+}} = E^{\ominus}_{Fe^{3+}/Fe^{2+}} + 0.059\lg\frac{10^{2.72}}{10^{13.50}}$$
$$= 0.77 + 0.059(-10.78)$$
$$= 0.134(V)$$

例 5-14 $KMnO_4$ 在酸性溶液中有下列还原反应

$$MnO_4^- + 8H^+ + 5e \longrightarrow Mn^{2+} + 4H_2O \qquad E^{\ominus}_{MnO_4^-/Mn^{2+}} = 1.51V$$

试求其电位与 pH 的关系，并计算 pH2.0 和 pH5.0 时的条件电位。忽略离子强度的影响。

解 H^+参加 MnO_4^-/Mn^{2+}电对反应，用 $E^{\ominus}$代入能斯特公式计算时，应包括 $[H^+]$项，因此酸度的变化对电对的电位影响很大，当 $c_{MnO_4^-} = c_{Mn^{2+}} = 1mol \cdot L^{-1}$，即$[MnO_4^-]/[Mn^{2+}] = 1$ 时，电对的电位即为条件电位 $E^{\ominus'}$

$$E_{MnO_4^-/Mn^{2+}} = E^{\ominus}_{MnO_4^-/Mn^{2+}} + \frac{0.059}{5}\lg\frac{[MnO_4^-][H^+]^8}{[Mn^{2+}]}$$
$$= E^{\ominus}_{MnO_4^-/Mn^{2+}} + \frac{0.059}{5}\lg[H^+]^8 + \frac{0.059}{5}\lg\frac{[MnO_4^-]}{[Mn^{2+}]}$$
$$= 1.51 - 0.094pH + \frac{0.059}{5}\lg\frac{[MnO_4^-]}{[Mn^{2+}]}$$

当$[MnO_4^-]/[Mn^{2+}] = 1$ 时，且忽略离子强度的影响，其条件电位为

$$E^{\ominus'}_{MnO_4^-/Mn^{2+}} = 1.51 - 0.094pH$$

pH2.0 时

$$E^{\ominus}_{MnO_4^-/Mn^{2+}} = 1.51 - 0.094 \times 2.0 = 1.32(V)$$

pH5.0 时

$$E^{\ominus}_{MnO_4^-/Mn^{2+}} = 1.51 - 0.094 \times 5.0 = 1.04(V)$$

例 5-15 根据 $E^{\ominus}_{Hg_2^{2+}/Hg}$和 Hg_2Cl_2 的 K_{sp}，计算 $E^{\ominus}_{Hg_2Cl_2/Hg}$。如果溶液中 Cl^- 浓度为 $0.010mol \cdot L^{-1}$，Hg_2Cl_2/Hg 电对的电位为多少？

解 本题涉及的有关电对反应及它们的相互关系如下

$$Hg_2^{2+} + 2e \longrightarrow 2Hg \qquad E^{\ominus}_{Hg_2^{2+}/Hg} = 0.793V$$
$$Hg_2Cl_2 + 2e \longrightarrow 2Hg + 2Cl^- \qquad E^{\ominus}_{Hg_2Cl_2/Hg} = ?$$
$$Hg_2^{2+} + 2Cl^- \longrightarrow Hg_2Cl_2\downarrow \qquad K_{sp} = 1.3 \times 10^{-18}$$

由 Hg_2Cl_2 的 K_{sp}及 Cl^- 的浓度根据沉淀平衡即可算出 Hg_2^{2+} 的浓度，将它和 $E^{\ominus}_{Hg_2^{2+}/Hg}$代入能斯特公式。当 Cl^- 的浓度为 $1mol \cdot L^{-1}$时，计算得到 Hg_2^{2+}/Hg 电对

的电位即 Hg_2Cl_2/Hg 电对的标准电位。由 $E^{\ominus}_{Hg_2Cl_2/Hg}$ 及 $[Cl^-]=0.010mol\cdot L^{-1}$ 即可算出此条件下 Hg_2Cl_2/Hg 电对的电位。

当 $[Cl^-]=1.0\ mol\cdot L^{-1}$ 时

$$[Hg_2^{2+}]=\frac{K_{sp}}{[Cl^-]^2}=\frac{1.3\times10^{-18}}{1^2}=1.3\times10^{-18}(mol\cdot L^{-1})$$

$$E^{\ominus}_{Hg_2Cl_2/Hg}=E^{\ominus}_{Hg_2^{2+}/Hg}+\frac{0.059}{2}\lg[Hg_2^{2+}]$$

$$=0.793+\frac{0.059}{2}\lg1.3\times10^{-18}=0.265(V)$$

当 $[Cl^-]=0.010mol\cdot L^{-1}$ 时，则

$$E=E^{\ominus}_{Hg_2Cl_2/Hg}-\frac{0.059}{2}\lg[Cl^-]^2$$

$$=0.265-\frac{0.059}{2}\lg 0.010^2=0.385(V)$$

例 5-16　计算 pH10.0 时，在总浓度为 $0.020mol\cdot L^{-1}$ NH_3-NH_4Cl 缓冲溶液中，Zn^{2+}/Zn 电对的条件电位（忽略离子强度的影响）。当 $c_{Zn^{2+}}=2.0\times10^{-4}mol\cdot L^{-1}$ 时，其电对的电位是多少？（已知 $E^{\ominus}_{Zn^{2+}/Zn}=0.763V$；锌氨络离子的 $\lg\beta_1\sim\lg\beta_4$ 分别为 2.37、4.81、7.31、9.46；$K_{b,NH_3}=1.8\times10^{-5}$）

解　Zn^{2+}/Zn 电对中 Zn 为固体，Zn^{2+} 与 NH_3 发生了络合副反应，由 $c_{H_3^+}$、$c_{NH_4^+}$、K_{b,NH_3} 及溶液的 pH 即可算出 $[NH_3]$，继而可知道 $\alpha_{Zn^{2+}}$，从而可算出 $E^{\ominus'}_{Zn^{2+}/Zn}$

$$[NH_3]=0.020\times\frac{1.0\times10^{-4}}{1.0\times10^{-4}+1.8\times10^{-5}}$$

$$=0.017=10^{-1.77}(mol\cdot L^{-1})$$

$$\alpha_{Zn(NH_3)}=1+10^{2.37}\cdot10^{-1.77}+10^{4.81}\cdot10^{-1.77\times2}+10^{7.31}\cdot10^{-1.77\times3}+10^{9.46}\cdot10^{-1.77\times4}$$

$$=1+10^{0.60}+10^{1.27}+10^{2.00}+10^{2.38}=10^{2.53}$$

$$E^{\ominus'}_{Zn^{2+}/Zn}=E^{\ominus}_{Zn^{2+}/Zn}+\frac{0.059}{2}\lg\frac{1}{\alpha_{Zn(NH_3)}}$$

$$=-0.763+\frac{0.059}{2}\lg 10^{-2.53}$$

$$=-0.838(V)$$

当 $c_{Zn^{2+}}=2.0\times10^{-4}mol\cdot L^{-1}$

$$E_1=E^{\ominus}_{Zn^{2+}/Zn}+\frac{0.059}{2}\lg 2.0\times10^{-4}=-0.838-0.109=-0.947(V)$$

例 5-17　通过计算说明 pH8.0 时，I_2 滴定 AsO_3^{3-} 生成 AsO_4^{3-}，而酸度为

1mol·L^{-1}时，I^- 却被 AsO_4^{3-} 氧化成 I_2。[已知 $E^{\ominus}_{As(V)/As(III)} = 0.559V$，$E^{\ominus}_{I_3^-/I^-} = 0.545V$。$H_3AsO_4$ 的 pK_{a_1} 至 pK_{a_3} 分别为 2.20、7.00 和 11.50；$HAsO_2$ 的 pK_a 为 9.22]

解 滴定反应为

$$H_3AsO_3 + I_2 + H_2O \xlongequal{\quad} H_3AsO_4 + 2I^- + 2H^+$$

有关的电对反应为

$$H_3AsO_4 + 2H^+ + 2e \xlongequal{\quad} HAsO_2 + 2H_2O \qquad E^{\ominus}_{As(V)/As(III)} = 0.559V$$

$$I_3^- + 2e \xlongequal{\quad} 3I^- \qquad E^{\ominus}_{I_3^-/I^-} = 0.545V$$

若仅从两电对的标准电对比较，该反应只能自右向左进行，但该氧化还原仅有 H^+ 参加，而酸度对两电对的影响不同。对于 As(V)/As(III)电对，由于 H^+ 参加反应，故酸度对电对的条件电位影响大，而对于 I_3^-/I^- 电对，当 pH<8，其电位不受酸度的影响。通过计算不同酸度下 As(V)/As(III)电对的条件电位 $E^{\ominus'}_{As(V)/As(III)}$ 与 $E^{\ominus}_{I_3^-/I^-}$，进行比较便可判断不同酸度下滴定反应的方向。

As(V)/As(III)电对的条件电位计算如下(忽略离子强度的影响)

$$E = E^{\ominus}_{As(V)/As(III)} + \frac{0.059}{2}\lg\frac{[H_3AsO_4][H^+]^2}{[HAsO_2]}$$

而

$$[H_3AsO_4] = \delta_{H_3AsO_4} \cdot c_{H_3AsO_4}$$
$$[HAsO_2] = \delta_{HAsO_2} \cdot c_{HAsO_2}$$

代入上式，得

$$E = E^{\ominus}_{As(V)/As(III)} + 0.059\ \lg[H^+] + \frac{0.059}{2}\lg\frac{\delta_{H_3AsO_4}}{\delta_{HAsO_2}} + \frac{0.059}{2}\lg\frac{c_{H_3AsO_4}}{c_{HAsO_2}}$$

当 $c_{H_3AsO_3} = c_{HAsO_2} = 1mol \cdot L^{-1}$时

$$E^{\ominus'}_{As(V)/As(III)} = E$$

$$\delta_{H_3AsO_4} = \frac{[H^+]^3}{[H^+]^3 + K_a[H^+]^2 + K_{a_1}K_{a_2}[H^+] + K_{a_1}K_{a_2}K_{a_3}}$$

$$\delta_{HAsO_2} = \frac{[H^+]}{[H^+] + K_a}$$

当 pH8.0 时，将有关数据代入上面两式，分别得到

$$\delta_{H_3AsO_4} = 10^{-6.84} \qquad \delta_{HAsO_2} = 1.0$$

则

$$E^{\ominus'}_{As(V)/As(III)}=0.559+0.059\lg 10^{-8.00}+\frac{0.059}{2}\lg 10^{-6.84}=-0.115(V)$$

而 $E^{\ominus}_{I_3^-/I^-}=0.545V$。此时 $E^{\ominus'}_{As(V)/As(III)}<E^{\ominus}_{I_3^-/I^-}$。因此当 pH8.0 时，$I_2$ 滴定 AsO_3^{3-} 生成 AsO_4^{3-}。

当 $[H^+]=1mol\cdot L^{-1}$ 时，$\delta_{H_3AsO_4}\approx 1$，$\delta_{HAsO_2}\approx 1$，则 $E^{\ominus'}_{As(V)/As(III)}=E^{\ominus}_{As(V)/As(III)}=0.559V$。此时 $E^{\ominus'}_{As(V)/As(III)}>E^{\ominus}_{I_3^-/I^-}$，因此滴定反应自右向左进行，$AsO_4{}^{3-}$氧化 I^-。

例 5-18 计算 pH3.0，KF 浓度为 $0.10mol\cdot L^{-1}$时，Fe^{3+}/Fe^{2+} 电对的条件电位。这时 Fe^{3+} 是否干扰碘量法测定 Cu^{2+}？若 pH1.0 时又将如何？已知 $E^{\ominus}_{Fe^{3+}/Fe^{2+}}=0.771V$，$E^{\ominus}_{I_3^-/I^-}=0.545V$，$K_{a,HF}=7.4\times 10^{-4}$，$FeF_3$ 的 $\lg\beta_1\sim\lg\beta_3$ 为 5.2、9.2、11.9，而 Fe^{2+} 基本不与 F^- 络合。

解 若比较两电对标准电位，Fe^{3+} 会氧化 I^-，干扰碘量法测铜。但在 KF 存在时，F^- 与 Fe^{3+} 络合而基本不与 Fe^{2+} 络合，故 $E^{\ominus'}_{Fe^{3+}/Fe^{2+}}<E^{\ominus}_{Fe^{3+}/Fe^{2+}}$。$E^{\ominus'}_{Fe^{3+}/Fe^{2+}}$ 随 $\alpha_{Fe^{3+}(F^-)}$增大而减小，而 $\alpha_{Fe^{3+}(F^-)}$随$[F^-]$增大而增大。HF 为弱酸，$[F^-]$随酸度增大而减小。计算出指定酸度下的$[F^-]$就会得到 $E^{\ominus'}_{Fe^{3+}/Fe^{2+}}$，再与 $E^{\ominus}_{I_3^-/I^-}$ 比较，就能判断 Fe^{3+}是否氧化 I^- 干扰碘量法测铜。

(1) pH3.0 时

$$[F^-]=\delta_{F^-}\cdot c_{KF}=\frac{K_{a,HF}\cdot c_{KF}}{K_{a,HF}+[H^+]}$$

$$=\frac{10^{-3.13}\cdot 10^{-1.0}}{10^{-3.13}+10^{-3.0}}=10^{-1.37}(mol\cdot L^{-1})$$

$$\alpha_{Fe^{3+}(F^-)}=1+\beta_1[F^-]+\beta_2[F^-]^2+\beta_3[F^-]^3$$

$$=1+10^{5.2-1.37}+10^{9.2-1.37\times 2}+10^{11.9-1.37\times 3}$$

$$=10^{7.81}$$

$$\alpha_{Fe^{2+}(F^-)}=1$$

$$E^{\ominus'}_{Fe^{3+}/Fe^{2+}}=E^{\ominus}_{Fe^{3+}/Fe^{2+}}+0.059\lg\frac{1}{\alpha_{Fe^{3+}(F^-)}}$$

$$=0.771+0.059\lg\frac{1}{10^{7.81}}=0.310(V)$$

此时 $E^{\ominus}_{Fe^{3+}/Fe^{2+}}<E^{\ominus}_{I_3^-/I^-}$，因此 pH3.0 时，$Fe^{3+}$不能氧化 F^-，不会干扰碘量法测铜。

(2) pH1.0 时，同理可计算

$$[F^-]=\frac{10^{-3.13}\cdot 10^{-1.0}}{10^{-3.13}+10^{-1.0}}=10^{-3.13}(mol\cdot L^{-1})$$

此时

$$\alpha_{Fe^{3+}(F^-)}=1+10^{5.2-3.13}+10^{9.2-3.13\times 2}+10^{11.9-3.13\times 3}$$
$$=10^{3.12}$$

则

$$E^{\ominus'}_{Fe^{3+}/Fe^{2+}}=0.771+0.059\lg\frac{1}{10^{3.12}}=0.587(V)$$

此时,$E^{\ominus'}_{Fe^{3+}/Fe^{2+}}>E^{\ominus}_{I_3^-/I^-}$,因此当 pH1.0 时,$Fe^{3+}$会氧化 I^-,从而干扰碘量法测铜。

例 5-19 为测定 Cu^{2+}和 As(Ⅲ)的含量,先在近中性溶液中用焦磷酸钠掩蔽 Cu^{2+},以碘标准溶液滴定 As(Ⅲ),然后将溶液酸化,以解蔽 Cu^{2+},加入 KI,用 $Na_2S_2O_3$ 标准溶液滴定析出的 I_2,以测定 Cu^{2+}。计算说明:(1) 若 pH8.0,未与 Cu^{2+}络合的焦磷酸钠浓度[A′]为 0.20 $mol\cdot L^{-1}$,$[I^-]=0.10mol\cdot L^{-1}$,$Cu^{2+}$不干扰 As(Ⅲ)测定;(2) 提高酸度至 pH4.0,若$[I^-]=0.20mol\cdot L^{-1}$,可定量测定 Cu^{2+},而 As(Ⅴ)不干扰。[以淀粉为指示剂,蓝色出现或消失时,$[I_3^-]=1.0\times 10^{-5}mol\cdot L^{-1}$。已知焦磷酸铜络合物 CuA_2 的 $\lg\beta_1$、$\lg\beta_2$ 分别是 6.7、9.0;焦磷酸($H_4P_2O_7$)的 $pK_{a_1}\sim pK_{a_4}$ 分别是 1.52、2.36、6.60、9.25;$E^{\ominus}_{Cu^{2+}/Cu^+}=0.16V$,$E^{\ominus}_{I_3^-/I^-}=0.545V$;$pK_{sp,CuI}=11.96$]

解 Cu^{2+}与焦磷酸根(A)生成络合物 CuA_2;Cu^+与 I^-生成 CuI 沉淀。由 c_A 及 H_4A 的 K_a及 CuA_2 的 $\lg\beta$ 可计算出 $\alpha_{Cu^{2+}(A)}$,由 $pK_{sp,CuI}$及$[I^-]$可算出 α_{Cu^+},于是可计算出 $E^{\ominus'}_{Cu^{2+}/Cu^+}$。例 5-7 已得到 pH8.0 时 $E^{\ominus'}_{As(V)/As(III)}$。根据使用指示剂淀粉变色时的$[I_3^-]$、$[I^-]$,可算出 pH8.0 时滴至终点时的电位 E_{ep}。达到平衡时,由三个电对计算的 E 应当相等。由 $E^{\ominus'}_{Cu^{2+}/Cu^+}$及 $E^{\ominus'}_{As(V)/As(III)}$可得到终点时的 $c_{Cu^{2+}}$及 $c_{As(V)}/c_{As(III)}$。若 Cu^{2+}较大,$c_{As(V)}/c_{As(III)}>10^3$,即可判断 pH8.0 时,As(Ⅲ)定量测定,而 Cu^{2+}不干扰。计算出 pH4.0 时的 $\alpha_{Cu^{2+}(A)}$,即可判断溶液酸化后此时 Cu^{2+}是否被解蔽。按照 pH8.0 时的处理方法,同样也计算出 pH4.0 时的 $E^{\ominus'}_{Cu^{2+}/Cu^+}$及 $E^{\ominus}_{As(V)/As(III)}$、$E_{ep}$,进而算出终点时的 Cu^{2+}及 $c_{As(V)}/c_{As(III)}$,据此即可判断(2)的结论。

(1) pH 8.0 时,焦磷酸根的分布系数为

$$\delta_A=\frac{K_{a_1}K_{a_2}K_{a_3}K_{a_4}}{[H^+]^4+K_{a_1}[H^+]^3+K_{a_1}K_{a_2}[H^+]^2+K_{a_1}K_{a_2}K_{a_3}[H^+]+K_{a_1}K_{a_2}K_{a_3}K_{a_4}}$$
$$=10^{-(1.52+2.36+6.60+9.25)}\Big/\Big[10^{-8.0\times 4}+10^{-(1.52+8.0\times 3)}+10^{-(1.52+2.36+8.0\times 2)}$$

$$+10^{-(1.52+2.36+6.60+8.0)}+10^{-(1.52+2.36+6.60+9.25)}\Big]=10^{-1.30}$$

焦磷酸根的平衡浓度为

$$[\mathrm{A}]=\delta_{\mathrm{A}}c_{\mathrm{A}}=10^{-1.30}\cdot 10^{-0.70}=10^{-2.00}(\mathrm{mol\cdot L^{-1}})$$

因此

$$\begin{aligned}\alpha_{\mathrm{Cu^{2+}(A)}}&=1+\beta_1[\mathrm{A}]^2+\beta_2[\mathrm{A}]^2\\&=1+10^{6.7-2.00}+10^{9.0-2.00\times 2}\\&=10^{5.18}\end{aligned}$$

$$\alpha_{\mathrm{Cu^+}}=\frac{1}{K_{\mathrm{sp}}/[\mathrm{I^-}]}=\frac{[\mathrm{I^-}]}{K_{\mathrm{sp}}}=\frac{10^{-1.0}}{10^{-11.96}}=10^{10.96}$$

故

$$\begin{aligned}E^{\ominus\prime}_{\mathrm{Cu^{2+}/Cu^+}}&=E^{\ominus}_{\mathrm{Cu^{2+}/Cu^+}}+0.059\ \lg\frac{\alpha_{\mathrm{Cu^+}}}{\alpha_{\mathrm{Cu^{2+}}}}\\&=0.16+0.059\ \lg\frac{10^{10.96}}{10^{5.18}}\\&=0.50(\mathrm{V})\end{aligned}$$

由例 5-7 得到 pH8.0 时，$E^{\ominus\prime}_{\mathrm{As(V)/As(III)}}=-0.115\mathrm{V}$。此时

$$E^{\ominus}_{\mathrm{I_3^-/I^-}}(0.545\mathrm{V})>E^{\ominus\prime}_{\mathrm{Cu^{2+}/Cu^+}}>E^{\ominus}_{\mathrm{As(V)/As(III)}}$$

因此可定性判断 I_3^- 可滴定 As(Ⅲ)，而 Cu^{2+}不干扰。

使用指示剂淀粉，终点呈蓝色时，$[\mathrm{I_3^-}]=1.0\times10^{-5}\ \mathrm{mol\cdot L^{-1}}$，$[\mathrm{I^-}]=0.10\mathrm{mol\cdot L^{-1}}$，此时体系的电位为

$$\begin{aligned}E_{\mathrm{ep}}&=E^{\ominus}_{\mathrm{I_3^-/I^-}}+\frac{0.059}{2}\lg\frac{[\mathrm{I_3^-}]}{[\mathrm{I^-}]^3}\\&=0.545+\frac{0.059}{2}\lg\frac{1.0\times10^{-5}}{(0.10)^3}\\&=0.486(\mathrm{V})\end{aligned}$$

终点达到平衡时

$$E_{\mathrm{Cu^{2+}/Cu^+}}=E_{\mathrm{ep}}=0.486\mathrm{V}$$

$$\begin{aligned}E_{\mathrm{Cu^{2+}/Cu^+}}&=E^{\ominus\prime}_{\mathrm{Cu^{2+}/Cu^+}}+0.059\ \lg c_{\mathrm{Cu^{2+}}}\\&=0.50+0.059\ \lg c_{\mathrm{Cu^{2+}}}\end{aligned}$$

故

$$\lg c_{\mathrm{Cu^{2+}}}=\frac{0.486-0.50}{0.059}=-0.237$$

即

$$c_{Cu^{2+}} = 0.58 \text{mol} \cdot L^{-1}$$

而

$$E_{As(V)/As(III)} = E^{\ominus'}_{As(V)/As(III)} + \frac{0.059}{2} \lg \frac{c_{As(V)}}{c_{As(III)}}$$

$$= -0.115 + \frac{0.059}{2} \lg \frac{c_{As(V)}}{c_{As(III)}} = 0.486(V)$$

因此

$$\lg \frac{c_{As(V)}}{c_{As(III)}} = \frac{2(0.486 + 0.115)}{0.059} = 20.37$$

由此可见，Cu^{2+}未氧化 I^-，而 As(Ⅲ)几乎全部被 I_3^- 氧化为 As(Ⅴ)，即 Cu^{2+}不干扰 As(Ⅲ)的定量测定。

(2) pH4.0 时，按(1)中计算方法可得此时焦磷酸根的 $\delta_A = 10^{-7.86}$，则

$$[A] = \delta_A c_A = 10^{-7.86} \times 10^{-0.70} = 10^{-8.56} (\text{mol} \cdot L^{-1})$$

$$\alpha_{Cu^{2+}(A)} = 1 + 10^{6.7-8.56} + 10^{9.0-8.56\times 2} \approx 1.0$$

即 Cu^{2+}完全解蔽。此时

$$E^{\ominus'}_{Cu^{2+}/Cu^+} = 0.16 + 0.059 \lg \frac{10^{-0.70}}{10^{-11.96}} \approx 0.824(V)$$

由例 5-7 中，H_3AsO_4 的 $pK_{a_1} \sim pK_{a_3}$分别为 2.20、7.00、11.50；$HAsO_2$ 的 pK_a 为 9.22，得当 pH4.0 时，$\delta_{H_3AsO_4} = 10^{-1.80}$，$\delta_{HAsO_2} = 1.0$。此时

$$E^{\ominus'}_{As(V)/As(III)} = 0.559 + 0.059 \lg 10^{-4.0} + \frac{0.059}{2} \lg 10^{-1.80} = 0.27(V)$$

由此可知，$E^{\ominus'}_{Cu^{2+}/Cu^+} > E^{\ominus}_{I_3^-/I^-} > E^{\ominus'}_{As(V)/As(III)}$。As(Ⅴ)不干扰 Cu^{2+}的测定。

终点时

$$[I_3^-] = 1.0 \times 10^{-5} \text{mol} \cdot L^{-1}$$

$$[I^-] = 0.20 \text{mol} \cdot L^{-1}$$

则

$$E_{ep} = E_{I_3^-/I^-} = 0.545 + \frac{0.059}{2} \lg \frac{10^{-5.0}}{10^{-0.70\times 3}} = 0.459(V)$$

此时

$$E_{Cu^{2+}/Cu^+} = 0.824 + 0.059 \lg c_{Cu^{2+}} = E_{ep} = 0.459(V)$$

因此

$$\lg c_{Cu^{2+}} = \frac{0.459 - 0.824}{0.059} = -6.19$$

Cu^{2+}的浓度很小，说明 Cu^{2+}已定量测定。

同理

$$E_{As(V)/As(III)} = 0.27 + \frac{0.059}{2}\lg\frac{c_{As(V)}}{c_{As(III)}} = 0.459(V)$$

因此

$$\lg\frac{c_{As(V)}}{c_{As(III)}} = \frac{2(0.459 - 0.27)}{0.059} = 6.41$$

以上计算结果表明,当 pH4.0 时,As(Ⅴ)不干扰 Cu^{2+} 的定量测定。

例 5-20 分别计算 $0.0200mol \cdot L^{-1} K_2Cr_2O_7$ 和 $0.0200mol \cdot L^{-1} KMnO_4$ 在 $1mol \cdot L^{-1} HClO_4$ 溶液中用固体亚铁盐还原至一半时的电位。(已知 $E^{\ominus\prime}_{Cr_2O_7^{2-}/Cr^{3+}} = 1.02V$,$E^{\ominus\prime}_{MnO_4^-/Mn^{2+}} = 1.45V$)

解 $K_2Cr_2O_7$ 溶液还原至一半时

$$c_{Cr_2O_7^{2-}} = 0.0100mol \cdot L^{-1}$$

$$c_{Cr^{3+}} = 2(0.0200 - 0.0100) = 0.0200(mol \cdot L^{-1})$$

$$E_{Cr_2O_7^{2-}/Cr^{3+}} = E^{\ominus\prime}_{Cr_2O_7^{2-}/Cr^{3+}} + \frac{0.059}{6}\lg\frac{c_{Cr_2O_7^{2-}}}{c^2_{Cr^{3+}}}$$

$$= 1.02 + \frac{0.059}{6}\lg\frac{0.0100}{(0.0200)^2}$$

$$= 1.034(V)$$

$KMnO_4$ 溶液还原至一半时

$$c_{MnO_4^-} = 0.0100mol \cdot L^{-1}$$

$$c_{Mn^{2+}} = 0.0100mol \cdot L^{-1}$$

$$E_{MnO_4^-/Mn^{2+}} = E^{\ominus\prime}_{MnO_4^-/Mn^{2+}} + \frac{0.059}{5}\lg\frac{c_{MnO_4^-}}{c_{Mn^{2+}}}$$

$$= 1.45 + \frac{0.059}{5}\lg\frac{0.0100}{0.0100}$$

$$= 1.45(V)$$

上述计算结果表明,对于对称电对而言,其还原一半时,电对的电位等于电对的条件电位,而对于不对称电对而言,还原至一半时电对的电位与电对的条件电位近似相等。

例 5-21 对于下述氧化还原反应

$$BrO_3^- + 5Br^- + 6H^+ \longrightarrow 3Br_2 + 3H_2O$$

(1) 求此反应的平衡常数;(2) 计算当溶液 pH7.0,$[BrO_3^-] = 0.10mol \cdot L^{-1}$,$[Br^-] = 0.70mol \cdot L^{-1}$时,游离溴的浓度。

解 (1) 此氧化还原反应涉及的有关电对反应为

$$BrO_3^- + 6H^+ + 5e = \frac{1}{2}Br_2 + 3H_2O \qquad E^{\ominus}_{BrO_3^-/Br_2} = 1.52V$$

$$\frac{1}{2}Br_2 + e = Br^- \qquad E^{\ominus}_{Br_2/Br^-} = 1.09V$$

两电对电子转移数的最小公倍数为5,因此该氧化还原反应的平衡常数为

$$\lg K = \frac{5(1.52 - 1.09)}{0.059} = 36.44 \qquad K = 2.8 \times 10^{36}$$

(2) 由 $K = \dfrac{[Br_2]^3}{[BrO_3^-][Br^-]^5[H^+]}$得到

$$[Br_2] = \sqrt[3]{2.8 \times 10^{36} \times 0.10 \times (0.70)^5 \times (1.0 \times 10^{-7})^6}$$
$$= 3.6 \times 10^{-3}(mol \cdot L^{-1})$$

例 5-22 计算在 $1mol \cdot L^{-1} H_2SO_4$ 中用 $KMnO_4$ 滴定 Fe^{2+} 的条件平衡常数为多少?达到化学计量点时 $c_{Fe^{3+}}/c_{Fe^{2+}}$ 为多少?

解 (1) 滴定反应为

$$MnO_4^- + 5Fe^{2+} + 8H^+ = Mn^{2+} + 5Fe^{3+} + 4H_2O$$

有关的电对反应为

$$MnO_4^- + 8H^+ + 5e = Mn^{2+} + 4H_2O \qquad E^{\ominus'}_{MnO_4^-/Mn^{2+}} = 1.45V$$

$$Fe^{3+} + e = Fe^{2+} \qquad E^{\ominus'}_{Fe^{3+}/Fe^{2+}} = 0.68V$$

两电对电子转移数的最小公倍数 $n = 5$

$$\lg K' = \frac{5 \times (1.45 - 0.68)}{0.059} = 65.25$$

(2) 根据滴定反应的化学计量关系可得到达到化学计量点时,反应物及产物浓度间的关系,再结合 K'便可计算出 $c_{Fe^{3+}}/c_{Fe^{2+}}$。

达到化学计量点时,有下述关系

$$c_{Fe^{2+}} = 5c_{MnO_4^-} \qquad c_{Fe^{3+}} = 5c_{Mn^{2+}}$$

则

$$\frac{c_{Fe^{3+}}}{c_{Fe^{2+}}} = \frac{c_{Mn^{2+}}}{c_{MnO_4^-}}$$

$$K' = \frac{c_{Mn^{2+}} c^5_{Fe^{3+}}}{c_{MnO_4^-} c^5_{Fe^{2+}}} = \frac{c^6_{Mn^{2+}}}{c^6_{MnO_4^-}} = \frac{c^6_{Fe^{3+}}}{c_{Fe^{2+}}}$$

$$\frac{c_{Fe^{3+}}}{c_{Fe^{2+}}} = \sqrt[6]{K'} = \sqrt[6]{10^{65.25}} = 10^{10.88} = 7.5 \times 10^{10}$$

两者浓度比值为 7.5×10^{10},说明达到化学计量点时该反应进行得很完全,可

用于滴定分析。

例 5-23 于 $0.100mol\cdot L^{-1}Fe^{3+}$ 和 $0.250mol\cdot L^{-1}HCl$ 混合溶液中，通入 H_2S 气体使之达到平衡，求此溶液中 Fe^{3+} 的浓度。(已知 H_2S 饱和溶液的浓度为 $0.100\ mol\cdot L^{-1}$，$E^{\ominus}_{S/H_2S}=0.141V$，$E^{\ominus'}_{Fe^{3+}/Fe^{2+}}=0.71V$)

解 此题是求 Fe^{3+} 与 H_2S 在 $0.250mol\cdot L^{-1}HCl$ 介质中反应达到平衡后剩余 Fe^{3+} 的浓度。知道了反应式和有关电对的 $E^{\ominus}$ 和 $E^{\ominus'}$，可求出该反应的平衡常数 K。题中已给出$[H_2S]$，根据平衡常数可估算产物 $c_{Fe^{2+}}$，根据反应式可得到$[H^+]$，将它们代入平衡常数表达式中，$c_{Fe^{3+}}$ 即可求出。正确地写出氧化还原反应是求解此题的关键。题给出的反应条件是 $0.250mol\cdot L^{-1}HCl$ 因此无 $FeS\downarrow$ 产生。该氧化还原反应为

$$2Fe^{3+}+H_2S=2Fe^{2+}+S\downarrow+2H^+$$

有关的电对反应为

$$Fe^{3+}+e=Fe^{2+}\qquad E^{\ominus'}_{Fe^{3+}/Fe^{2+}}=0.71V$$

$$S+2H^++2e=H_2S\qquad E^{\ominus}_{S/H_2S}=0.141V$$

两电对电子转移数的最小公倍数为 2，据式(5－4)得到

$$\lg K=\frac{2(E^{\ominus'}_{Fe^{3+}/Fe^{2+}}-E^{\ominus}_{S/H_2S})}{0.059}=\frac{2\times(0.71-0.141)}{0.059}=19.29$$

故

$$K=10^{19.29}$$

反应平衡常数很大，反应进行很完全，达到平衡时

$$c_{Fe^{2+}}=0.100mol\cdot L^{-1}$$

由反应式可知，Fe^{3+} 与 H_2S 反应达到平衡后溶液中的$[H^+]$为

$$[H^+]=0.250+0.100=0.350(mol\cdot L^{-1})$$

将 $c_{Fe^{3+}}$、$[H^+]$及$[H_2S]$代入平衡常数表达式中

$$\frac{c^2_{Fe^{2+}}\cdot[H^+]^2}{c^2_{Fe^{3+}}\cdot[H_2S]}=10^{19.29}$$

$$c_{Fe^{3+}}=\sqrt{\frac{(0.100)^2\times(0.350)^2}{10^{19.29}\times0.100}}=2.51\times10^{-11}(mol\cdot L^{-1})$$

例 5-24 计算说明 Co^{2+} 的氨性溶液(含游离氨的浓度为 $1.0mol\cdot L^{-1}$)敞开在空气中，最终以什么价态及形式存在？[已知 $Co(NH_3)_6^{2+}$ $\lg\beta_1\sim\lg\beta_6$ 为 2.11、3.74、4.79、5.55、5.73、5.11；$Co(NH_3)_6^{3+}$ 的 $\lg\beta_1\sim\lg\beta_6$ 为 6.7、14.0、20.1、25.7、30.8、33.2；$E^{\ominus}_{Co^{3+}/Co^{2+}}=1.84V$；$E^{\ominus}_{O_2/H_2O}=1.229V$]

解　从题给出的不同价态钴与氨形成络合物的累积稳定常数来看，$Co(NH_3)_6^{3+}$要比$Co(NH_3)_6^{2+}$稳定得多，而从两电对标准电位来看，在水中Co^{3+}远不及Co^{2+}稳定。为此，须计算在题设的氨性溶液中两电对的条件电位。通过比较即可确定此时氧化还原反应的方向。再由$E^{\ominus'}_{Co^{3+}/Co^{2+}}$及$E^{\ominus'}_{O_2/H_2O}$可计算反应的条件平衡常数，从而得出$c_{Co^{3+}}$与$c_{Co^{2+}}$的比值，这就定量地说明了Co最终以何种价态及何种形式存在。

计算两电对的条件形成常数，忽略离子强度的影响

$$E^{\ominus'}_{Co^{3+}/Co^{2+}} = E^{\ominus}_{Co^{3+}/Co^{2+}} + 0.059\lg\frac{\alpha_{Co^{2+}(NH_3)}}{\alpha_{Co^{3+}(NH_3)}}$$

$$\begin{aligned}\alpha_{Co^{2+}(NH_3)} &= 1 + 10^{2.11}\times1.0 + 10^{3.74}\times1.0^2 + 10^{4.79}\times1.0^3\\ &\quad + 10^{5.55}\times1.0^4 + 10^{5.73}\times1.0^5 + 10^{5.11}\times1.0^6\\ &= 10^{6.03}\end{aligned}$$

$$\begin{aligned}\alpha_{Co^{3+}(NH_3)} &= 1 + 10^{6.7}\times1.0 + 10^{14.0}\times1.0^2 + 10^{20.1}\times1.0^3\\ &\quad + 10^{25.7}\times1.0^4 + 10^{30.8}\times1.0^5 + 10^{33.2}\times1.0^6\\ &= 10^{33.2}\end{aligned}$$

$$E^{\ominus'}_{Co^{3+}/Co^{2+}} = 1.84 + 0.059\lg\frac{10^{6.03}}{10^{33.2}} = 0.237(V)$$

而

$$\begin{aligned}E^{\ominus'}_{O_2/H_2O} &= E^{\ominus}_{O_2/H_2O} + \frac{0.059}{4}\lg(p_{O_2}\cdot[H^+]^4)\\ &= E^{\ominus}_{O_2/H_2O} + 0.059\lg[H^+] + \frac{0.059}{4}\lg p_{O_2}\end{aligned}$$

氧在空气中约占21%，p_{O_2}约为大气压强的0.21倍

$$E^{\ominus'}_{O_2/H_2O} = E^{\ominus}_{O_2/H_2O} + 0.059\lg[H^+] - 0.010$$

当$[NH_3] = 1.0mol\cdot L^{-1}$时

$$[OH^-] = \sqrt{1.0\times10^{-4.74}} = 10^{-2.37}(mol\cdot L^{-1})$$
$$[H^+] = 10^{-11.63}mol\cdot L^{-1}$$

则

$$E^{\ominus'}_{O_2/H_2O} = 1.229 + 0.059\lg 10^{-11.63} - 0.010 = 0.533(V)$$

$$E^{\ominus'}_{O_2/H_2O} > E^{\ominus}_{Co^{3+}/Co^{2+}}$$

因此Co^{2+}在氨性溶液中被空气中的氧所氧化，主要以$Co(NH_3)_6^{3+}$形式存在。其氧化还原反应为

$$O_2 + 4Co(NH_3)_6^{2+} + 4H^+ \longrightarrow 4Co(NH_3)_6^{3+} + 2H_2O$$

两电对电子转移数的最小公倍数 $n = 4$

$$\lg K' = \frac{4(0.533 - 0.23)}{0.059} = 20.54$$

$$K' = \frac{(c_{Co^{3+}})^4}{(c_{Co^{2+}})^4}$$

$$\frac{c_{Co^{3+}}}{c_{Co^{2+}}} = \sqrt[4]{10^{20.54}} = 10^{5.14}$$

由此可见,钴主要以三价状态的 $Co(NH_3)_6^{3+}$ 形式存在。

例 5-25 计算在 $1mol·L^{-1}$HCl 溶液中,用 Fe^{3+} 滴定 Sn^{2+} 时,化学计量点的电位,并计算滴至 99.9%和 100.1%时的电位。说明为什么化学计量点前后,同样变化 0.1%时,电位的变化不相同。若用电位滴定判断终点,与计算所得化学计量点电位一致吗?(已知 $E^{\ominus'}_{Fe^{3+}/Fe^{2+}} = 0.68V$,$E^{\ominus'}_{Sn^{4+}/Sn^{2+}} = 0.14V$)

解 有关的电对的半反应为

$$Fe^{3+} + e \longrightarrow Fe^{2+} \qquad E^{\ominus}_{Fe^{3+}/Fe^{2+}} = 0.68V$$

$$Sn^{4+} + 2e \longrightarrow Sn^{2+} \qquad E^{\ominus}_{Sn^{4+}/Sn^{2+}} = 0.14V$$

达到化学计量点时,根据式(5-12),得到

$$E_{sp} = \frac{n_1E_1^{\ominus'} + n_2E_2^{\ominus'}}{n_1 + n_2} = \frac{0.68 + 0.14 \times 2}{1 + 2} = 0.32(V)$$

滴至 99.9%时,按被滴物 Sn^{4+}/Sn^{2+} 电对计算电位,据式(5-10),得到

$$E = E^{\ominus}_{Sn^{4+}/Sn^{2+}} \frac{0.059}{2} \lg \frac{\Phi}{1 - \Phi}$$

$$= 0.14 + \frac{0.059}{2} \lg \frac{0.999}{0.001} = 0.23(V)$$

滴至 100.1%时,按滴定剂 Fe^{3+}/Fe^{2+} 电对计算电位,据式(5-11),得到

$$E = E^{\ominus'}_{Fe^{3+}/Fe^{2+}} + 0.059\lg \frac{\Phi - 1}{1}$$

$$= 0.68 + 0.059\lg \frac{0.001}{1} = 0.50(V)$$

计量点前 0.1%

$$\Delta E = 0.32 - 0.23 = 0.09(V)$$

计量点后 0.1%

$$\Delta E = 0.50 - 0.32 = 0.18(V)$$

由以上计算表明,计量点后 0.1%的电位改变量为计量点前 0.1%的 2 倍。这是因为计量点前体系的电位是 Sn^{4+}/Sn^{2+} 电对计算,其电对的电子转移数 $n = 2$,

计量点后体系的电位按Fe^{3+}/Fe^{2+}电对计算，其电对的电子转移数 $n=1$。两电对电子转移数不等，故计量点前后同样变化 0.1% 时，电位的变化不同，计量点电位偏向于电子转移数多的 Sn^{4+}/Sn^{2+} 电对一方。

电位法测得滴定曲线后，通常以滴定曲线中滴定突跃的中点作为滴定终点。这与化学计量点不一定吻合，只有当两电对的电子转移数相等时，电位滴定终点才与化学计量点一致。本题中两电对电子转移不等，因此化学计量点与电位滴定终点不一致。

例 5-26　计算在 $1mol \cdot L^{-1}HCl$ 溶液中，下述反应条件的平衡常数

$$2Fe^{3+}+3I^- = 2Fe^{2+}+I_3^-$$

当 $20mL\ 0.10mol \cdot L^{-1}Fe^{3+}$ 与 $20mL\ 0.30mol \cdot L^{-1}I^-$ 混合后，溶液中残留的 Fe^{3+} 的质量分数？如何才能做到定量地测定 Fe^{3+}？（已知 $E^{\ominus'}_{Fe^{3+}/Fe^{2+}}=0.68V, E^{\ominus'}_{I_3^-/I^-}=0.545V$）

解　(1) 有关的电对反应为

$$Fe^{3+}+e = Fe^{2+}$$

$$I_3^-+2e = 3I^-$$

两电对电子转移数的最小公倍数为 2。据式(5－7)反应的条件常数

$$\lg K'=\frac{2(0.68-0.545)}{0.059}=4.58 \qquad K'=3.8\times 10^4$$

(2) 达到平衡时，两电对的电位相等，因 I^- 过量，用 I_3^-/I^- 电对容易计算出体系的电位，进而可算出残留 Fe^{3+} 的质量分数。

因 I^- 过量，设平衡时 Fe^{3+} 基本上被还原为 Fe^{2+}

$$c_{Fe^{2+}}=\frac{1}{2}\times 0.10=0.050(mol \cdot L^{-1})$$

$$c_{I_3^-}=\frac{1}{2}c_{Fe^{2+}}=\frac{1}{2}\times 0.050=0.025(mol \cdot L^{-1})$$

剩余的 $c_{I^-}=\frac{1}{2}\times 0.30-\frac{3}{2}\times 0.050=0.075(mol \cdot L^{-1})$，平衡时体系的电位为

$$E_{I_3^-/I^-}=E^{\ominus'}_{I^-{}_3/I^-}+\frac{0.059}{2}\lg\frac{c_{I_3^-}}{(c_{I^-})^3}$$

$$=0.545+\frac{0.059}{2}\lg\frac{0.025}{(0.075)^3}=0.597(V)$$

则

$$E_{Fe^{3+}/Fe^{2+}}=E^{\ominus'}_{Fe^{3+}/Fe^{2+}}+0.059\lg\frac{c_{Fe^{3+}}}{c_{Fe^{2+}}}=0.597(V)$$

因此

$$\lg\frac{c_{Fe^{3+}}}{c_{Fe^{2+}}}=\frac{(0.597-0.68)}{0.059}=-1.41$$

$$\frac{c_{Fe^{3+}}}{c_{Fe^{2+}}}=0.039$$

残留 Fe^{3+} 的质量分数

$$w_{Fe^{3+}}=\frac{c_{Fe^{3+}}}{c_{Fe^{2+}}+c_{Fe^{3+}}}\times100\%=\frac{0.039}{1+0.039}\times100\%=3.8\%$$

计算结果表明,此反应不大完全,为了定量测定 Fe^{3+},必须增大 I^- 的浓度,进一步降低 $E_{I_3^-/I^-}$ 值。

例 5-27 以 $K_2Cr_2O_7$ 溶液滴定 Fe^{2+} 的反应为

$$Cr_2O_7^{2-}+6Fe^{2+}+14H^+ = 2Cr^{3+}+6Fe^{3+}+7H_2O$$

试计算:(1) 反应的平衡常数;(2) 若计量点时$[Fe^{3+}]=0.050mol\cdot L^{-1}$,为使反应定量进行,所需的最低$[H^+]$为多少?(已知 $E^{\ominus}_{Cr_2O_7^{2-}/Cr^{3+}}=1.33V$, $E^{\ominus}_{Fe^{3+}/Fe^{2+}}=0.771V$)

解 (1) 由两电对的电子转移数及标准电位可计算出 K。由达到化学计量点时,反应物和产物间的平衡关系(已知产物$[Fe^{3+}]$),根据定量反应的要求,将有关组分的浓度代入 K 的表达式中,即可求出所需$[H^+]$的最小值。

有关电对反应为

$$Cr_2O_7^{2-}+14H^++6e = 2Cr^{3+}+7H_2O \qquad E^{\ominus}=1.33V$$

$$Fe^{3+}+e = Fe^{2+} \qquad E^{\ominus}=0.771V$$

反应中两电对电子转移数的最小公倍数 $n=6$,则该反应的平衡常数为

$$\lg K=\frac{6(1.33-0.771)}{0.059}=56.85$$

(2) 达到化学计量点时,体系中有如下平衡关系

$$[Cr_2O_7^{2-}]=[Fe^{2+}]/6 \qquad [Cr^{3+}]=[Fe^{3+}]/3$$

已知计量点时$[Fe^{3+}]=0.050mol\cdot L^{-1}$,如果反应定量进行,则$[Fe^{2+}]\leqslant 10^{-3}[Fe^{3+}]$,即$[Fe^{2+}]\leqslant 5.0\times10^{-5}mol\cdot L^{-1}$。

由

$$K=\frac{[Cr^{3+}]^2[Fe^{3+}]^6}{[Cr_2O_7^{2-}][Fe^{2+}]^6[H^+]^{14}}$$

则

$$[H^+]=\sqrt[14]{\frac{[Cr^{3+}]^2[Fe^{3+}]^6}{[Cr_2O_7^{2-}][Fe^{2+}]^6K}}$$

$$=\sqrt[14]{\frac{\left(\frac{1}{3}\right)^2[Fe^{3+}]^2[Fe^{3+}]^6}{\frac{1}{6}\times 10^{-3}[Fe^{3+}]\cdot(10^{-3})^6[Fe^{3+}]^6\times 10^{56.85}}}$$

将$[Fe^{3+}]=0.050mol\cdot L^{-1}$代入上式得$[H^+]=2.2\times 10^{-3}mol\cdot L^{-1}$。

例 5-28　试证明有不对称电对和 H^+ 参加的氧化还原反应，如

$$n_2O_1+n_1R_2+xH^+ = n_2bR_1+n_1O_2+yH_2O$$

其化学计量点时的电位为

$$E_{sp}=\frac{n_1E_1^\ominus+n_2E_2^\ominus}{n_1+n_2}+\frac{0.059}{n_1+n_2}\lg\frac{1}{ba_{R_1}^{b-1}}+\frac{0.059}{n_1+n_2}\lg a^x{}_{H^+}$$

证明　有关的电对反应为

$$O_1+xH^++n_1e = bR_1$$

$$O_2+n_2e = R_2$$

则

$$E_1=E_1^\ominus+\frac{0.059}{n_1}\lg\frac{a_{O_1}a_{H^+}^x}{a_{R_1}^b} \tag{1}$$

$$E_2=E_2^\ominus+\frac{0.059}{n_2}\lg\frac{a_{O_2}}{a_{R_2}} \tag{2}$$

反应达到化学计量点时，$E_1=E_2=E_{sp}$，将式(1)乘以 n_1，式(2)乘以 n_2，并且相加，得到

$$(n_1+n_2)E_{sp}=n_1E_1^\ominus+n_2E_2^\ominus+0.059\lg\frac{a_{O_1}a_{O_2}a_{H^+}^x}{a_{R_1}^ba_{R_2}} \tag{3}$$

在化学计量点时，有下述平衡关系

$$n_1a_{O_1}=n_2a_{R_2}$$

$$n_2ba_{O_2}=n_1a_{R_1}$$

则

$$\frac{a_{O_1}a_{O_2}}{a_{R_1}^ba_{R_2}}=\frac{1}{ba_R^{b-1}} \tag{4}$$

将式(4)代入式(3)并加以整理，得到

$$E_{sp}=\frac{n_1E_1^\ominus+n_2E_2^\ominus}{n_1+n_2}+\frac{0.059}{n_1+n_2}\lg\frac{1}{ba_{R_1}^{b-1}}+\frac{0.059}{n_1+n_2}\lg a_{H^+}^x \tag{5}$$

例 5-29　以 $0.1000mol\cdot L^{-1}$ $Na_2S_2O_3$ 标准溶液滴定 20.00mL 0.050 00mol·

$L^{-1}I_2$ 溶液(含 KI $1mol\cdot L^{-1}$)。计算滴定百分数至 50、100 及 200 时体系电位各为多少?(已知 $E^{\ominus}_{I_3^-/I^-}=0.0545V$,$E^{\ominus}_{S_4O_6^{2-}/S_2O_3^{2-}}=0.080V$)

解　按计算氧化还原滴定曲线的一般方法,滴定至 50%时,按被滴物 I_3^-/I^- 电对计算体系的电位;滴定至 200%时,则按滴定剂 $S_4O_6^{2-}/S_2O_3^{2-}$ 电对计算体系的电位;到达计量点时要联合两个电对来进行计算。由于滴定剂和被滴物均属于不对称电对,计算电位时,情况要复杂些。不过仍根据滴定至任一点,反应达到平衡时,两电对电位相等的原则以及反应物和产物的平衡关系,代入能斯特公式进行计算。根据式(5-13)可知在化学计量点电位计算时,要知道产物 I^- 及 $S_4O_6^{2-}$ 的浓度,那就要设法消去反应物 I_3^- 及 $S_2O_3^{2-}$ 的浓度项。

该滴定反应为

$$2S_2O_3^{2-}+I_3^- \longrightarrow 3I^-+S_4O_6^{2-}$$

(1) 滴定至 50%时,体系的电位按被滴物电对计算

$$E=E^{\ominus}_{I_3^-/I^-}+\frac{0.059}{2}\lg\frac{[I_3^-]}{[I^-]^3}$$

此时

$$[I_3^-]=\frac{0.050\,00\times(20.00-10.00)}{20.00+10.00}=\frac{1}{60}\ (mol\cdot L^{-1})$$

而 I^- 的浓度应包含两个部分:一是 I_2 的还原产物;二是被滴物 I_2 中所含的 KI。因此 I^- 的浓度为

$$[I^-]=\frac{3\times0.050\,00\times10.00+(1-0.0500)\times20.00}{20.00+10.00}=\frac{41}{60}(mol\cdot L^{-1})$$

则

$$E=0.545+\frac{0.059}{2}\lg\frac{1/60}{(41/60)^2}=0.502(V)$$

(2) 滴定至 100%时(即化学计量点),体系的电位计算如下

$$E_{sp}=E_{I_3^-/I^-}=E_{S_4O_6^{2-}/S_2O_3^{2-}}$$

而

$$E_{I_3^-/I^-}=E^{\ominus}_{I_3^-/I^-}\frac{0.059}{2}\lg\frac{[I_3^-]}{[I^-]^3}\tag{1}$$

$$E_{S_4O_6^{2-}/S_2O_3^{2-}}=E^{\ominus}_{S_4O_6^{2-}/S_2O_3^{2+}}+\frac{0.059}{2}\lg\frac{[S_4O_6^{2-}]}{[S_2O_3^{2-}]^2}\tag{2}$$

达到计量点时,产物$[I^-]$、$[S_4O_6^{2-}]$易计算,而反应物浓度很低且不易计算,为将其消去,根据两电对电子转移数均为 2,在式(1)中$[I_3^-]$为一次项,在式(2)中

$[S_2O_3^{2-}]^2$ 为二次项，故将式(1)×2+式(2)得到

$$3E_{sp}=2E^{\ominus}_{I_3^-/I^-}+E^{\ominus}_{S_4O_6^{2-}/S_2O_3^{2-}}+\frac{0.059}{2}\lg\frac{[I_3^-]^2[S_4O_6^{2-}]}{[I^-]^6[S_2O_3^{2-}]^2} \quad (3)$$

在化学计量点时

$$[S_4O_6^{2-}]=\frac{\frac{1}{2}\times 0.1000\times 20.00}{20.00+20.00}=0.025(\text{mol}\cdot\text{L}^{-1})$$

$$[I^-]=\frac{(0.050\,00\times 2+1)\times 20.00}{20.00+20.00}=0.55(\text{mol}\cdot\text{L}^{-1})$$

而

$$[S_2O_3^{2-}]=2[I_3^-]$$

将其代入式(3)得到

$$3E_{sp}=2E^{\ominus}_{I_3^-/I^-}+E^{\ominus}_{S_4O_6^{2-}/S_2O_3^{2-}}+\frac{0.059}{2}\lg\frac{[S_4O_6^{2-}]}{4[I^-]^6} \quad (4)$$

将两电对的标准电位及有关浓度代入式(4)，得到

$$E_{sp}=\frac{2\times 0.545+0.080}{3}+\frac{0.059}{6}\lg\frac{0.025}{4(0.55)^6}=0.384(\text{V})$$

(3) 滴至200%时，体系的电位按滴定剂电对计算

$$E=E^{\ominus}_{S_4O_6^{2-}/S_2O_3^{2-}}+\frac{0.059}{2}\lg\frac{[S_4O_6^{2-}]}{[S_2O_3^{2-}]^2}$$

此时

$$[S_2O_3^{2-}]=\frac{0.1000\times 20.00}{20.00+40.00}=\frac{1}{30}(\text{mol}\cdot\text{L}^{-1})$$

$$[S_4O_6^{2-}]=\frac{\frac{1}{2}\times 0.1000\times 20.00}{20.00+40.00}=\frac{1}{60}(\text{mol}\cdot\text{L}^{-1})$$

则

$$E=0.080+\frac{0.059}{2}\lg\frac{1/60}{(1/30)^2}=0.115(\text{V})$$

例 5-30 在 $1.0\text{mol}\cdot\text{L}^{-1}H_2SO_4$ 介质中，以 $0.10\text{mol}\cdot\text{L}^{-1}Ce^4$ 溶液滴定 $0.10\text{mol}\cdot\text{L}^{-1}Fe^{2+}$，若选用二苯胺磺酸钠作指示剂，计算终点误差。(已知 $E^{\ominus'}_{Ce^{4+}/Ce^{3+}}=1.44\text{V}$，$E^{\ominus'}_{Fe^{3+}/Fe^{2+}}=0.68\text{V}$，$E^{\ominus'}_{In}=0.84\text{V}$)

解 根据误差定义，计算出终点时反应物 Ce^{4+} 及 Fe^{2+} 的浓度，代入式(5-14)即可。

滴定反应为

$$Ce^{4+} + Fe^{2+} \xlongequal{} Ce^{3+} + Fe^{3+}$$

两电对电子转移数均为 1,由皆为对称电对参加的氧化还原反应。

由指示剂的 $E_{In}^{\ominus'} = E_{ep}$,而终点时两电对的电位相等均等于 E_{ep},由滴定反应的计量关系易求得产物 Ce^{3+} 及 Fe^{2+} 的浓度,将它们以及两电对的 $E^{\ominus'}$ 代入能斯特公式即可求得终点时反应物 Ce^{4+} 及 Fe^{2+} 的浓度,而被滴物 Fe^{2+} 的浓度为原始浓度的一半。将它们代入式(5-14),即可求出 E_t。

滴定终点时

$$E_{ep} = E_{In}^{\ominus'} = 0.84V$$

$$c_{Ce^{3+}} = c_{Fe^{3+}} = 0.050 mol \cdot L^{-1}$$

$$E_{Ce^{4+}/Ce^{3+}} = E_{ep} = E_{Ce^{4+}/Ce^{3+}}^{\ominus'} + 0.059 \lg \frac{c_{Fe^{4+}}}{c_{Ce^{3+}}}$$

$$\lg \frac{c_{Ce^{4+}}}{c_{Ce^{3+}}} = \frac{E_{ep} - E_{Ce^{4+}/Ce^{3+}}^{\ominus}}{0.059} = \frac{0.84 - 1.44}{0.059} = -10.16$$

$$c_{Ce^{4+}} = 0.050 \times 10^{-10.16} = 10^{-11.46} (mol \cdot L^{-1})$$

同理

$$\lg \frac{c_{Fe^{3+}}}{c_{Fe^{2+}}} = \frac{E_{ep} - E_{Fe^{3+}/Fe^{2+}}^{\ominus'}}{0.059} = \frac{0.84 - 0.68}{0.059} = 2.71$$

$$c_{Fe^{2+}} = 0.050/10^{2.71} = 10^{-4.01} (mol \cdot L^{-1})$$

$$TE = \frac{10^{-11.46} - 10^{-4.01}}{10^{-1.30}} \times 100\% = -0.2\%$$

例 5-31　在 $1mol \cdot L^{-1} HCl$ 和 $1mol \cdot L^{-1} HCl$-$0.5mol \cdot L^{-1} H_3PO_4$ 溶液中,均选用二苯胺磺酸钠作指示剂。用 $0.016\,67mol \cdot L^{-1} K_2Cr_2O_7$ 标准溶液滴定 20.00mL $0.1000mol \cdot L^{-1} Fe^{2+}$ 时:(1) 定性判断哪种情况下引起的误差较小? (2) 定量计算误差较小情况时的 TE? [已知 $E_{In}^{\ominus'} = 0.84V$, $E_{Cr_2O_7^{2-}/Cr^{3+}}^{\ominus'} = 1.00V$, $E_{Fe^{3+}/Fe^{2+}}^{\ominus'} = 0.68V (1mol \cdot L^{-1} HCl)$, $E_{Fe^{3+}/Fe^{2+}}^{\ominus'} = 0.51V (1mol \cdot L^{-1} HCl$-$0.5mol \cdot L^{-1} H_3PO_4)$]

解　(1) 计算出两种情况下滴定反应达到化学计量点时的电位 E_{sp},将它们分别与滴定终点时的电位 E_{ep}(即指示剂的条件电位 $E_{In}^{\ominus'}$)进行比较。哪种情况下 E_{sp} 与 E_{ep} 接近,其误差就较小。

该滴定反应为

$$Cr_2O_7^{2-} + 6Fe^{2+} + 14H^+ \xlongequal{} 2Cr^{3+} + 6Fe^{3+} + 7H_2O$$

有关的电对的半反应为

$$Cr_2O_7^{2-} + 14H^+ + 6e \xlongequal{} 2Cr^{3+} + 7H_2O$$

$$Fe^{3+} + e = Fe^{2+}$$

按式(5-13),化学计量点的电位为

$$E_{sp} = \frac{6E^{\ominus'}_{Cr_2O_7^{2-}/Cr^{3+}} + E^{\ominus'}_{Fe^{3+}/Fe^{2+}}}{6+1} + \frac{0.059}{6+1}\lg\frac{1}{2c_{Cr^{3+}}} \qquad (1)$$

$K_2Cr_2O_7$ 与 Fe^{2+} 原始浓度之比为 0.016 67/0.1000,即 1/6,符合滴定反应的化学计量比,故达到计量点时用去的 $V_{K_2Cr_2O_7} = V_{Fe^{2+}} = 20.00mL$,因此计量点时

$$c_{Cr^{3+}} = \frac{1}{3} \times \frac{0.1000 \times 20.00}{20.00 + 20.00} = \frac{0.10}{6}(mol \cdot L^{-1}) \qquad (2)$$

在 $1mol \cdot L^{-1}$HCl 中,化学计量点的电位为

$$E_{sp} = \frac{6 \times 1.00 + 0.68}{6+1} + \frac{0.059}{6+1}\lg\frac{1}{2 \times \frac{0.10}{6}} = 0.97(V)$$

在 $1mol \cdot L^{-1}HCl\text{-}0.5mol \cdot L^{-1}H_3PO_4$ 中,化学计量点的电位为

$$E_{sp} = \frac{6 \times 1.00 + 0.51}{6+1} + \frac{0.059}{6+1}\lg\frac{1}{2 \times \frac{0.10}{6}} = 0.94(V)$$

(2) 指示剂二苯胺磺酸钠 $E^{\ominus'}_{In} = 0.84V$,即滴定终点时的电位为 0.84V,它与在 $1mol \cdot L^{-1}HCl\text{-}0.5mol \cdot L^{-1}H_3PO_4$ 中的化学计量点电位 0.94V 较接近。因此引起的误差较小。

例 5-32　将一纯铜片置于 $0.10mol \cdot L^{1-}$ $AgNO_3$ 溶液中,计算当置换反应

$$2Ag^+ + Cu = 2Ag + Cu^{2+}$$

达到平衡时溶液的组成?(已知 $E^{\ominus}_{Ag^+/Ag} = 0.800V$,$E^{\ominus}_{Cu^{2+}/Cu} = 0.337V$)

解　先算出置换反应的平衡常数,再由反应的计量关系便可算出平衡时溶液的组成。反应的平衡常数为

$$\lg K = \lg\frac{[Cu^{2+}]}{[Ag^+]} = \frac{n(E^{\ominus}_{Ag^+/Ag} - E^{\ominus}_{Cu^{2+}/Cu})}{0.059}$$

两电对电子转移数的量小公倍数 $n = 2$,故

$$\lg K = \frac{2 \times (0.800 - 0.337)}{0.059} = 15.69 > 9$$

反应非常完全,Ag^+ 几乎全部生成 Ag。此时

$$[Cu^{2+}] = \frac{0.10}{2} = 0.050(mol \cdot L^{-1})$$

$$[Ag^+] = \sqrt{\frac{0.050}{10^{15.69}}} = 3.2 \times 10^{-9}(mol \cdot L^{-1})$$

例 5-33 称取某铵盐试锌 1.200g,将铵盐在催化剂存在下氧化为 NO,NO 再氧化为 NO_2,NO_2 溶于水生成 HNO_3,用 0.1010mol·L^{-1}NaOH 滴定至终点,消耗了 21.86mL。试计算试样中 NH_3 的质量分数。(已知 $M_{NH_3}=17.03$)

解 本题涉及的反应为

$$3NO_2+H_2O \xlongequal{} 2HNO_3+NO\uparrow$$

$$HNO_3+NaOH \xlongequal{} NaNO_3+H_2O$$

由上述反应可知

$$3mol\ NH_3 \sim 2mol\ HNO_3 \sim 2mol\ NaOH$$

$$w_{NH_3}=\frac{\frac{3}{2}(c\cdot V)_{NaOH}\cdot 10^{-3}\times M_{NH_3}}{m_s}\times 100\%$$

$$=\frac{\frac{3}{2}\times 0.1010\times 21.86\times 10^{-3}\times 17.03}{1.200}\times 100\%$$

$$=4.70\%$$

例 5-34 准确称取铁矿样品 0.2000g,用 HCl 分解后,加预处理剂 $SnCl_2$ 等将 Fe^{3+} 还原为 Fe^{2+},需 22.50mL $KMnO_4$ 与之反应。1mL $KMnO_4$ ~ 0.006 700g $Na_2C_2O_4$。(1)求铁矿中 Fe 和 Fe_2O_3 的质量分数各为多少?(2)取市售 H_2O_2 1.50mL,稀释定容至 250mL,从中取出 20.00mL 试液,需用上述 $KMnO_4$ 标准溶液 21.25mL 滴至终点。计算每 100mL 市售 H_2O_2 中所含 H_2O_2 的质量(g)。($M_{Na_2C_2O_4}=134.00$,$A_{Fe}=55.85$,$M_{Fe_2O_3}=159.69$,$M_{H_2O_2}=34.015$)

解 首先根据 $KMnO_4$ 与 $Na_2C_2O_4$ 反应的计量关系由 $KMnO_4$ 标准溶液的滴定度换算成物质的量浓度。然后由 $KMnO_4$ 滴定 Fe^{2+} 以及 H_2O_2 的反应,根据题给数据可计算出 w_{Fe}、$w_{Fe_2O_3}$及 $w_{H_2O_2}$。

有关的滴定反应为

$$5C_2O_4^{2-}+2MnO_4^-+16H^+ \xlongequal{} 2Mn^{2+}+10CO_2\uparrow+8H_2O \quad (1)$$

$$MnO_4^-+5Fe^{2+}+8H^+ \xlongequal{} Mn^{2+}+5Fe^{3+}+4H_2O \quad (2)$$

$$2MnO_4^-+5H_2O_2+6H^+ \xlongequal{} 5O_2\uparrow+2Mn^{2+}+8H_2O \quad (3)$$

由反应(1)

$$5mol\ Na_2C_2O_4 \sim 2mol\ KMnO_4$$

$$n_{KMnO_4}=\frac{2}{5}n_{Na_2C_2O_4}$$

因此

$$c_{KMnO_4}=\frac{\frac{2}{5}T_{KMnO_4/Na_2C_2O_4}\cdot 10^3}{M_{Na_2C_2O_4}}=\frac{\frac{2}{5}\times 0.006\ 700\times 10^3}{134.00}=0.020\ 00(mol\cdot L^{-1})$$

(1) 由反应(2)可知 1mol MnO_4^- ～5 mol Fe^{2+}，即

$$n_{Fe^{2+}}=5n_{MnO_4^-}$$

而

$$n_{Fe_2O_3}=\frac{1}{2}n_{Fe}$$

故

$$w_{Fe}=\frac{5(c\cdot V)_{KMnO_4}\times 10^{-3}\times M_{Fe}}{m_s}\times 100\%$$

$$=\frac{5\times 0.020\ 00\times 22.50\times 10^{-3}\times 55.85}{0.2000}\times 100\%$$

$$=62.83\%$$

$$w_{Fe_2O_3}=\frac{\frac{1}{2}\times 5(c\cdot V)_{KMnO_4}\times 10^{-3}\times M_{Fe_2O_3}}{m_s}\times 100\%$$

$$=\frac{\frac{1}{2}\times 5\times 0.020\ 00\times 22.50\times 10^{-3}\times 159.7}{0.2000}\times 100\%$$

$$=89.83\%$$

(2) 由反应(3)可知

$$1mol\ KMnO_4\sim\frac{5}{2}mol\ H_2O_2$$

$$n_{H_2O_2}=\frac{5}{2}n_{KMnO_4}$$

每100mL市售 H_2O_2 中含 H_2O_2 的质量为

$$\frac{\frac{5}{2}(c\cdot V)_{KMnO_4}\times 10^{-3}\times M_{H_2O_2}}{1.50\times\frac{20.00}{250.0}}\times 100$$

$$=\frac{\frac{5}{2}\times 0.020\ 00\times 21.25\times 10^{-3}\times 34.02}{1.50\times\frac{20.00}{250.0}}\times 100=30.12(g)$$

例 5-35　称取软锰矿 0.2500g，加入 0.4350g $Na_2C_2O_4$ 及稀 H_2SO_4，加热至反应完全，过量的 $Na_2C_2O_4$ 用 15.60mL 0.020 00mol·L^{-1} $KMnO_4$ 溶液滴定。求软锰

矿的氧化能力(以 MnO_2%表示)。(已知 $M_{MnO_2}=86.94$)

解 在稀 H_2SO_4 介质中,软锰矿中的 MnO_2 被过量的 $Na_2C_2O_4$ 还原,其反应式为

$$MnO_2 + C_2O_4^{2-} + 4H^+ \longrightarrow Mn^{2+} + 2CO_2\uparrow + 2H_2O \quad (1)$$

过量的 $Na_2C_2O_4$,用 $KMnO_4$ 返滴定,其反应如下

$$5C_2O_4^{2-} + 2MnO_4^- + 16H^+ \longrightarrow 2Mn + 10CO_2\uparrow + 8H_2O \quad (2)$$

与 MnO_2 作用的 $Na_2C_2O_4$ 的物质的量应为加入的 $Na_2C_2O_4$ 总的物质的量减去与 $KMnO_4$ 作用的物质的量。

由反应(1)可知

$$1mol\ MnO_2 \sim 1mol\ Na_2C_2O_4$$

由反应(2)可知

$$1mol\ KMnO_4 \sim \frac{2}{5}mol\ Na_2C_2O_4$$

因此

$$w_{MnO_2} = \frac{\left[\dfrac{m_{Na_2C_2O_4}}{M_{Na_2C_2O_4}} - \dfrac{5}{2}(c\cdot V)_{KMnO_4}\times 10^{-3}\right]\times M_{MnO_2}}{m_s}\times 100\%$$

$$= \frac{\left(\dfrac{0.4350}{134.00} - \dfrac{5}{2}\times 0.020\,00\times 15.60\times 10^{-3}\right)\times 86.94}{0.2500}\times 100\%$$

$$= 85.76\%$$

例 5-36 一定质量的 $KHC_2O_4\cdot H_2C_2O_4\cdot 2H_2O$ 既能被 30.00mL 0.1000mol·L^{-1} 的 NaOH 中和,又恰好被 40.00mL 的 $KMnO_4$ 溶液所氧化。计算 $KMnO_4$ 溶液的浓度。

解 $KHC_2O_4\cdot H_2C_2O_4\cdot 2H_2O$ 可离解出 3 个 H^+,所以与 NaOH 的中和反应为

$$HC_2O_4^-\cdot H_2C_2O_4 + 3OH^- \longrightarrow 2C_2O_4^{2-} + 3H_2O \quad (1)$$

$KHC_2O_4\cdot H_2C_2O_4\cdot 2H_2O$ 与 MnO_4^- 作用是其中的 $C_2O_4^{2-}$ 被氧化,所以其反应为

$$5HC_2O_4^-\cdot H_2C_2O_4 + 4MnO_4^- + 17H^+ \longrightarrow 4Mn^{2+} + 20CO_2\uparrow + 16H_2O \quad (2)$$

由反应(1)可知

$$1mol\ KHC_2O_4\cdot H_2C_2O_4\cdot 2H_2O \sim 3mol\ NaOH \quad (3)$$

由反应(2)可知

$$1mol\ KHC_2O_4\cdot H_2C_2O_4\cdot 2H_2O \sim \frac{4}{5}mol\cdot KMnO_4 \quad (4)$$

按题,设反应(1)与反应(2)中的 $KHC_2O_4\cdot H_2C_2O_4\cdot 2H_2O$ 的物质的量相同,综合考

虑式(3),式(4),得到

$$1\text{mol KMnO}_4 \sim \frac{15}{4}\text{mol NaOH}$$

故

$$c_{\text{KMnO}_4} = \frac{\frac{4}{15}(c \cdot V)_{\text{NaOH}}}{V_{\text{KMnO}_4}} = \frac{\frac{4}{15} \times 0.1000 \times 30.00}{40.00} = 0.020\ 00(\text{mol}\cdot\text{L}^{-1})$$

由以上解法可以看出,若某物质既和 A 反应也和 B 反应,综合考虑两个反应中的有关物质的化学计量关系,可直接得到 A 物质和 B 物质的化学计量关系,从而可简捷地解答此类问题。

例 5-37　燃烧不纯的 Sb_2S_3 试样 0.2000g,将所得的 SO_2 通入 $FeCl_3$ 溶液中,使 Fe^{3+} 还原为 Fe^{2+}。然后在稀酸存在下用 23.50mL 0.020 00mol·L^{-1}$KMnO_4$ 滴定 Fe^{2+}。计算 Sb_2S_3 试样中 Sb 的含量 w_{Sb}。($A_{Sb}=121.8$)

解　由有关反应求出 Sb 与滴定剂 $KMnO_4$ 的计量关系,即可解答此题。

此题中有关的反应为

$$Sb_2S_3 + 3O_2 \xlongequal{\text{燃烧}} 2Sb + 3SO_2 \uparrow$$

$$SO_2 + H_2O \xlongequal{} H_2SO_3$$

$$2Fe^{3+} + H_2SO_3 + H_2O \xlongequal{} 2Fe^{2+} + SO_4^{2-} + 4H^+$$

$$MnO_4^- + 5Fe^{2+} + 8H^+ \xlongequal{} Mn^{2+} + 5Fe^{3+} + 4H_2O$$

由上述有关反应可知

$$1\text{mol } Sb_2S_3 \sim 3\text{mol } SO_2 \sim 3\text{mol } H_2SO_3 \sim 6Fe^{2+}$$

$$1\text{mol Sb} \sim \frac{1}{2}Sb_2S_3$$

$$1\text{mol KMnO}_4 \sim 5\text{mol } Fe^{2+}$$

因此

$$1\text{mol Sb} \sim \frac{3}{5}\text{mol KMnO}_4$$

故得

$$w_{Sb} = \frac{\frac{5}{3}(c \cdot V)_{\text{KMnO}_4} \times 10^{-3} \times M_{Sb}}{m_s} \times 100\%$$

$$= \frac{\frac{5}{3} \times 0.020\ 00 \times 23.50 \times 10^{-3} \times 121.8}{0.2000} \times 100\% = 47.71\%$$

称取软锰矿 0.1000g,用 Na_2O_2 熔融后,得到 MnO_4^{2-},煮沸除去过氧化物。酸

化溶液，此时 MnO_4^{2-} 歧化为 MnO_4^- 和 MnO_2。然后滤去 MnO_2，滤液用 21.50 mL 0.1200mol·L^{-1}Fe^{2+}标准溶液滴定。计算试样中 MnO_2 的含量。($M_{MnO_2}=86.94$)

解 有关反应为

$$MnO_2 + Na_2O_2 \xlongequal{} Na_2MnO_4$$

$$3MnO_4^{2-} + 4H^+ \xlongequal{} 2MnO_4^- + MnO_2 + 2H_2O$$

$$MnO_4^- + 5Fe^{2+} + 8H^+ \xlongequal{} Mn^{2+} + 5Fe^{3+} + 4H_2O$$

由上述反应可知

$$1\text{mol } MnO_2 \sim 1\text{mol } MnO_4^{2-} \sim \frac{2}{3}\text{mol } MnO_4^- \sim \frac{10}{3}\text{mol } Fe^{2+}$$

故

$$w_{MnO_2} = \frac{\frac{3}{10}(c\cdot V)_{Fe^{2+}}\times 10^{-3}\times M_{MnO_2}}{m_s}\times 100\%$$

$$= \frac{\frac{3}{10}\times 0.1200\times 21.50\times 10^{-3}\times 86.94}{0.1000}\times 100\%$$

$$= 67.29\%$$

例 5-38 称取含 MnO，Cr_2O_3 的矿样 1.000g，用 Na_2O_2 熔融后用水浸取，得到 Na_2MnO_4 和 Na_2CrO_4 溶液。煮沸溶液以除去过氧化物。酸化溶液，此时 MnO_4^{2-} 歧化为 MnO_4^- 和 MnO_2。滤去 MnO_2，滤液中加入 25.00mL 0.1000mol·L^{-1}Fe^{2+}溶液，过量的 Fe^{2+} 用 10.00mL 0.010 00mol·L^{-1}$KMnO_4$ 溶液返滴定。沉淀用 10.00mL 0.1000mol·L^{-1}Fe^{2+}溶液处理，过量的 Fe^{2+} 用 14.20mL 0.010 00 mol·L^{-1}$KMnO_4$ 溶液返滴定。求矿样中 MnO 和 Cr_2O_3 的含量。($M_{MnO}=70.94$，$M_{Cr_2O_3}=152.0$)

解 本题较为复杂。但只要知道试样中 MnO 与经处理后得到的沉淀 MnO_2 的化学计量关系，再根据返滴定 MnO_2 时，MnO_2 与 Fe^{2+} 及 Fe^{2+} 与 MnO_4 之间的计量关系以及题设条件即可求出 w_{MnO}。计算 $w_{Cr_2O_3}$ 要稍复杂些。滤液中除由 Cr_2O_3 经氧化，酸化后得到的 $Cr_2O_7^{2-}$ 外，还有由 MnO 经同样处理而得到的 MnO_4^-，在用返滴定方式处理 $Cr_2O_7^{2-}$ 时还要扣除这部分 MnO_4^-。

本题涉及的有关反应为

$$MnO + 2Na_2O_2 + H_2O \xlongequal{} MnO_4^{2-} + 2OH^- + 4Na^+ \tag{1}$$

$$3MnO_4^{2-} + 4H^+ \xlongequal{} 2MnO_4^- + MnO_2\downarrow + 2H_2O \tag{2}$$

$$Cr_2O_3 + 3Na_2O_2 + H_2O \xlongequal{} 2CrO_4^{2-} + 2OH^- + 6Na^+ \tag{3}$$

$$2CrO_4^{2-} + 2H^+ \xlongequal{} Cr_2O_7^{2-} + H_2O \tag{4}$$

$$MnO_2 + 2Fe^{2+} + 4H^+ \xlongequal{} Mn^{2+} + 2Fe^{3+} + 2H_2O \tag{5}$$

$$Cr_2O_7^{2-} + 6Fe^{2+} + 14H^+ \xlongequal{} 2Cr^{3+} + 6Fe^{3+} + 7H_2O \tag{6}$$

$$MnO_4^- + 5Fe^{2+} + 8H^+ \xlongequal{} Mn^{2+} + 5Fe^{3+} + 4H_2O \tag{7}$$

(1) 计算 MnO 的含量

由反应(1)、反应(2)、反应(5)、反应(7)可知

$$3\text{mol MnO} \sim 3\text{mol } MnO_4^{2-} \sim MnO_2$$

又

$$1\text{mol } MnO_2 \sim 2\text{mol } Fe^{2+}$$

$$5\text{mol } Fe^{2+} \sim 1\text{mol } MnO_4^-$$

因此

$$1\text{mol MnO} \sim \frac{2}{3}\text{mol } Fe^{2+}$$

与 MnO_2 作用的 Fe^{2+} 应从加入的总的 Fe^{2+} 的物质的量中减去与 MnO_4^- 反应的那部分 Fe^{2+}，故

$$\begin{aligned} n_{MnO} &= \frac{3}{2}(n_{Fe^{2+}} - 5n_{MnO_4^-}) \\ &= \frac{3}{2}[(c \cdot V)_{Fe^{2+}} - 5(c \cdot V)_{MnO_4^-}] \times 10^{-3} \\ &= \frac{3}{2}(0.1000 \times 10.00 - 5 \times 0.010\ 00 \times 14.20) \times 10^{-3} \\ &= 4.350 \times 10^{-4}(\text{mol}) \end{aligned}$$

$$\begin{aligned} w_{MnO} &= \frac{n_{MnO} \cdot M_{MnO}}{m_s} \times 100\% \\ &= \frac{4.350 \times 10^{-4} \times 70.94}{1.000} \times 100\% \\ &= 3.09\% \end{aligned}$$

(2) 计算 Cr_2O_3 的含量

由反应(3)、反应(4)、反应(6)、反应(7)可知

$$1\text{mol } Cr_2O_3 \sim 2\text{mol } CrO_4^{2-} \sim 1\text{mol } Cr_2O_7^{2-} \sim 6\text{mol } Fe^{2+}$$

$$1\text{mol } MnO_4^- \sim 5\text{mol } Fe^{2+}$$

由反应(1)、反应(2)、反应(7)可知

$$3\text{mol MnO} \sim 3\text{mol } MnO_4^{2-} \sim 2\text{mol } MnO_4^- \sim 10\text{mol } Fe^{2+}$$

与 $Cr_2O_7^{2-}$ 反应的 Fe^{2+} 的物质的量，应从加入总的 Fe^{2+} 的物质的量中减去与 MnO_4^- 作用的 Fe^{2+} 的物质的量，而 MnO_4^- 由两个部分组成：一部分是由 MnO 经氧化、酸化而得来的；另一部分则是由返滴定时所用的滴定剂 $KMnO_4$。

因此 Cr_2O_3 的物质的量为

$$n_{Cr_2O_3}=\frac{1}{6}\left(n_{Fe^{2+}}-\frac{10}{3}n_{MnO}-5n_{MnO_4^-}\right)$$
$$=\frac{1}{6}[(c\cdot V)_{Fe^{2+}}\times10^{-3}-\frac{10}{3}n_{MnO}-5(c\cdot V)_{MnO_4^-}\times10^{-3}]$$
$$=\frac{1}{6}(0.1000\times25.00\times10^{-3}-\frac{10}{3}\times4.350\times10^{-4}-5\times0.010\,00\times10.00\times10^{-3})$$
$$=9.17\times10^{-5}(\text{mol})$$
$$w_{Cr_2O_3}=\frac{9.17\times10^{-5}\times152.0}{1.000}\times100\%=1.39\%$$

例 5-39　有一浓度为 0.017 26mol·L^{-1} $K_2Cr_2O_7$ 标准溶液,求其 $T_{Cr_2O_7/Fe}$、$T_{Cr_2O_7/Fe_2O_3}$。称取某铁矿试样 0.2150g,用 HCl 溶解后,加入 $SnCl_2$ 将溶液中的 Fe^{3+} 还原为 Fe^{2+},然后用上述 $K_2Cr_2O_7$ 标准溶液滴定,用去 22.32mL。求试样中的铁含量,分别以 Fe 和 Fe_2O_3 的质量分数表示。($A_{Fe}=55.85,M_{Fe_2O_3}=159.7$)

解　滴定反应为

$$Cr_2O_7^{2-}+6Fe^{2+}+14H^+=\!=\!=2Cr^{3+}+6Fe^{3+}+7H_2O$$

由反应可知

$$1\text{mol Fe}\sim\frac{1}{6}\text{mol } Cr_2O_7^{2-}$$

而

$$1\text{mol Fe}\sim\frac{1}{2}\text{mol } Fe_2O_3$$

故

$$1\text{mol } Fe_2O_3\sim\frac{1}{3}\text{mol } Cr_2O_7^{2-}$$

当用 $K_2Cr_2O_7$ 溶液滴定 Fe^{2+},达到化学计量点时,$n_{Fe}=6n_{Cr_2O_7^{2-}}$,$n_{Fe_2O_3}=3n_{Cr_2O_7^{2-}}$。根据滴定度与浓度间的换算关系,可得到此时 $K_2Cr_2O_7$ 对 Fe 及 Fe_2O_3 的滴定度 T

$$T_{K_2Cr_2O_7/Fe}=6C_{K_2Cr_2O_7}\times10^{-3}\times M_{Fe}$$
$$=6\times0.017\,26\times10^{-3}\times55.85$$
$$=0.005\,784(\text{g}\cdot\text{mL}^{-1})$$
$$T_{K_2Cr_2O_7/Fe_2O_3}=3C_{K_2Cr_2O_7}\times10^{-3}\times M_{Fe_2O_3}$$
$$=3\times0.017\,26\times10^{-3}\times159.7$$
$$=0.008\,269(\text{g}\cdot\text{mL}^{-1})$$

因此,铁矿样品中 Fe 及 Fe_2O_3 的质量分数分别为

$$w_{Fe}=\frac{T_{K_2Cr_2O_7/Fe}\times V_{K_2Cr_2O_7}}{m_s}\times100\%$$

$$=\frac{0.005\ 784\times 22.32}{0.2150}\times 100\%$$

$$=60.05\%$$

$$w_{Fe_2O_3}=\frac{T_{K_2Cr_2O_7/Fe_2O_3}\times V_{K_2Cr_2O_7}}{m_s}\times 100\%$$

$$=\frac{0.008\ 269\times 22.32}{0.2150}\times 100\%$$

$$=85.84\%$$

例 5-40　化学耗氧量(COD)是指每升水中的还原性物质(有机物与无机物),在一定条件下被强氧化剂氧化时所消耗的氧的质量(mg)。今取废水样 100.0mL,用 H_2SO_4 酸化后,加入 25.00mL 0.016 67mol·L^{-1}$K_2Cr_2O_7$ 溶液,以 Ag_2SO_4 为催化剂煮沸一定时间,待水样中还原性物质较完全地氧化后,以邻二氮菲-亚铁为指示剂,用 0.1000mol·L^{-1}$FeSO_4$ 滴定剩余的 $Cr_2O_7^{2-}$,用去了 15.00mL。计算废水样中化学耗氧量。($M_{O_2}=32.00$)

解　有关电对反应为

$$Cr_2O_7^{2-}+14H^++6e=\!=\!=2Cr^{3+}+7H_2O$$

$$O_2+4H^++4e=\!=\!=2H_2O$$

由以上电对反应可知在氧化同一还原性物质时,3mol O_2 相当于 2mol $K_2Cr_2O_7$,即

$$1\text{mol } O_2\sim\frac{2}{3}\text{mol } Cr_2O_7^{2-}\sim 4\text{mol e}$$

用 $FeSO_4$ 滴定剩余的 $Cr_2O_7^{2-}$ 时,其滴定反应为

$$6Fe^{2+}+Cr_2O_7^{2-}+14H^+=\!=\!=6Fe^{3+}+3Cr^{3+}+7H_2O$$

$$1\text{mol Fe}\sim\frac{1}{6}\text{mol } Cr_2O_7^{2-}$$

因此与废水样品中还原性物质作用的 $K_2Cr_2O_7$ 物质的量应为加入的总的 $K_2Cr_2O_7$ 的物质的量减去与 $FeSO_4$ 作用的物质的量。故

$$\text{COD}=\frac{\frac{3}{2}[(c\cdot V)_{K_2Cr_2O_7}-\frac{1}{6}(c\cdot V)_{Fe^{2+}}]\times 32.00\times 10^3}{V_{水样}}$$

$$=\frac{\frac{3}{2}\times(0.016\ 67\times 25.00-\frac{1}{6}\times 0.1000\times 15.00)\times 32.00\times 10^3}{100.0}$$

$$=80.02(\text{mg}\cdot\text{L}^{-1})$$

例 5-41　称取铬铁矿($FeO\text{-}Cr_2O_3$)样品 0.2500g,用 Na_2O_2 熔融后,加水浸取并加 H_2SO_4 酸化。煮沸以除去过氧化物,此时溶液中铬以 $Cr_2O_7^{2-}$ 形式存在。然后在此溶液中加入 50.00mL 0.1220mol $FeSO_4$ 溶液处理,过量的 Fe^{2+} 用 $K_2Cr_2O_7$

标准溶液($T_{K_2Cr_2O_7/Fe}=0.005\,864g\cdot mL^{-1}$)返滴定,用去了 13.55mL。计算铬铁矿中铬的含量,分别以 Cr 和 Cr_2O_3 的质量分数表示。(已知 $M_{Cr_2O_3}=152.0$,$A_{Cr}=52.00$,$A_{Fe}=55.85$)

解　本题是以返滴定方式测定铬的含量。回滴用的 $K_2Cr_2O_7$ 溶液给出的是滴定度 T,须先将其换算成物质的量浓度。然后根据分解反应及滴定反应,找出被测组分 Cr(Cr_2O_3)与过量的 Fe^{2+} 以及 Fe^{2+} 与回滴用的 $Cr_2O_7^{2-}$ 间的化学计量关系,即可计算出 w_{Cr} 及 $w_{Cr_2O_3}$。

本题涉及测定铬的一系列反应为

$$Cr_2O_3+3Na_2O_2 \xlongequal{\triangle} 2Na_2CrO_4+Na_2O$$

$$2CrO_4{}^{2-}+2H^+ \xlongequal{} Cr_2O_7^{2-}+H_2O$$

$$Cr_2O_7^{2-}+6Fe^{2+}+14H^+ \xlongequal{} 2Cr^{3+}+6Fe^{3+}+7H_2O$$

由上述反应可知

$$1mol\ Cr^{3+}\sim\frac{1}{2}mol\ Cr_2O_7^{2-}\sim 3mol\ Fe^{2+}$$

$$1mol\ Cr_2O_3\sim 1mol\ Cr_2O_7^{2-}\sim 6mol\ Fe^{2+}$$

根据题意及物质的量浓度与滴定度的换算关系,得到

$$c_{K_2Cr_2O_7}=\frac{\frac{1}{6}T_{K_2Cr_2O_7/Fe}\times 10^3}{M_{Fe}}=\frac{\frac{1}{6}\times 0.005\,864\times 10^3}{55.85}$$

$$=0.017\,50(mol\cdot L^{-1})$$

(1) 计算铬铁矿样中的 w_{Cr}

真正与试样中铬反应的 Fe^{2+} 的物质的量应为加入 Fe^{2+} 的总的物质的量中减去与滴定剂 $K_2Cr_2O_7$ 反应的 Fe^{2+} 的物质的量,由上面求出的它们间的化学计量关系,可得到

$$n_{Cr}=\frac{1}{3}(n_{Fe}-6n_{Cr_2O_7^{2-}})$$

因此

$$w_{Cr}=\frac{\frac{1}{3}[(c\cdot V)_{FeSO_4}-6(c\cdot V)_{K_2Cr_2O_7}]\times 10^{-3}\times M_{Cr}}{m_s}\times 100\%$$

$$=\frac{\frac{1}{3}(0.1220\times 50.00-6\times 0.017\,50\times 13.55)\times 10^{-3}\times 52.00}{0.2500}\times 100\%$$

$$=32.43\%$$

(2) 计算铬铁矿样品中 $w_{Cr_2O_3}$

$$w_{Cr_2O_3}=\frac{\frac{1}{6}\times(0.1220\times50.00-6\times0.017\,50\times13.55)\times10^{-3}\times152.0}{0.2500}\times100\%$$

$$=47.39\%$$

例 5-42　为分析硅酸岩中铁、铝、钛含量，称取试样 0.6250g。除去 SiO_2 后，用氨水沉淀铁、铝、钛为氢氧化物沉淀。沉淀灼烧为氧化物后重 0.4165g。再将沉淀用 $K_2S_2O_7$ 熔融，浸取液定容于 100mL 容量瓶中。移取 25.00mL 试液通过锌汞还原器，此时 $Fe^{3+}\rightarrow Fe^{2+}$、$Ti^{4+}\rightarrow Ti^{3+}$，还原液流入 Fe^{3+} 溶液中，Fe^{3+} 被 Ti^{3+} 还原为 Fe^{2+}，滴定时用去了 9.94mL 0.013 90mol·L^{-1} $K_2Cr_2O_7$ 标准溶液；另取等量试液，用 $SnCl_2$ 将 Fe^{3+} 还原为 Fe^{2+} 后，再用上述 $K_2Cr_2O_7$ 标准溶液滴定，用去了 8.82mL。计算试样中 Fe_2O_3、Al_2O_3 和 TiO_2 的含量。($M_{Fe_2O_3}=159.7$，$M_{TiO_2}=79.84$，$M_{Al_2O_3}=102.0$)

解　本题已知一定量的试样经处理后，生成的三种氧化物的总质量及氧化物用酸溶解后，取两份等量的试液进行两种测定的过程。在第一种测定过程中先将 Ti^{4+} 和 Fe^{3+} 还原成 Ti^{3+} 和 Fe^{2+}，然后将它们通入 Fe^{3+} 溶液。此时 Fe^{3+} 被 Ti^{3+} 还原成 Fe^{2+}，连同一起通入的 Fe^{2+} 共同被 $K_2Cr_2O_7$ 滴定，据此可求得 TiO_2 与 Fe_2O_3 的含量。在第二种测定过程中，Fe^{3+} 被还原成 Fe^{2+} 后被 $K_2Cr_2O_7$ 滴定，由此可算出 Fe_2O_3 的量。在两种测定过程中 Al^{3+} 均不发生化学变化。由差减法即可计算出 TiO_2、Fe_2O_3 和 Al_2O_3 的质量分数。

(1) 计算试样中 Fe_2O_3 的含量

第二种测定过程中的反应为

$$2Fe^{3+}+Sn^{2+}=\!=\!=2Fe^{2+}+Sn^{4+}$$

$$6Fe^{2+}+Cr_2O_7^{2-}+14H^{+}=\!=\!=6Fe^{3+}+2Cr^{3+}+7H_2O$$

由以上反应可知

$$1\text{mol } Fe^{3+}\sim1\text{mol } Fe^{2+}\sim\frac{1}{6}\text{mol } Cr_2O_7^{2-}$$

而

$$1\text{mol } Fe_2O_3\sim2\text{mol } Fe$$

因此

$$1\text{mol } Fe_2O_3\sim\frac{1}{3}\text{mol}Cr_2O_7^{2-}$$

则 25.00mL 试液中所含 Fe_2O_3 的物质的量为

$$n_{Fe_2O_3}=3n_{K_2Cr_2O_7}$$

$$=3\times(c\cdot V)_{K_2Cr_2O_7}\times10^{-3}$$
$$=3\times0.013\,90\times8.82\times10^{-3}$$
$$=3.678\times10^{-4}(\text{mol})$$

由于该测定是从 100.0mL 试液中分取 25.00mL 进行的,因此试样中 Fe_2O_3 的质量为

$$m_{Fe_2O_3}=3.678\times10^{-4}\times\frac{100.0}{25.00}\times159.7=0.2350(\text{g})$$

而试样的质量为 0.6250g,因此试样中 Fe_2O_3 的含量为

$$w_{Fe_2O_3}=\frac{0.2350}{0.6250}\times100\%=37.59\%$$

(2) 求试样中 TiO_2 的含量

在第一种测定过程中有关的反应为

$$Ti^{4+}\xrightarrow{\text{汞齐}}Fi^{3+}$$

$$Fe^{3+}\xrightarrow{\text{汞齐}}Fe^{2+}$$

$$Ti^{3+}+Fe^{3+}=\!=\!=Ti^{4+}+Fe^{2+}$$

$$6Fe^{2+}+Cr_2O_7^{2-}+14H^+=\!=\!=6Fe^{3+}+2Cr^{3+}+7H_2O$$

由以上反应可知

$$1\text{mol }TiO_2\sim1\text{mol }Ti^{4+}\sim1\text{mol }Ti^{3+}\sim1\text{mol }Fe^{2+}$$

而

$$1\text{mol }Fe^{2+}\sim\frac{1}{6}\text{mol }Cr_2O_7^{2-}$$

$$1\text{mol }Fe_2O_3\sim2\text{mol }Fe$$

因此

$$1\text{mol }TiO_2\sim\frac{1}{6}\text{mol }Cr_2O_7^{2-}$$

$$1\text{mol }Fe_2O_3\sim\frac{1}{3}\text{mol }Cr_2O_7^{2-}$$

在第一种测定过程中与 $Cr_2O_7^{2-}$ 反应的 Fe^{2+} 包括两个部分:一是 Fe_2O_3 中,Fe^{3+} 被汞齐还原后的 Fe^{2+},$n_{Fe^{2+}}=2n_{Fe_2O_3}$;二是 TiO_2 中,Ti^{4+} 被汞齐还原后的 Ti^{3+} 将 Fe^{3+} 还原成的 Fe^{2+},$n_{Fe^{2+}}=n_{TiO_2}$。$n_{Fe^{2+}}=6n_{Cr_2O_7^{2-}}$,在此 25.00mL 试液中 TiO_2 的物质的量为

$$n_{TiO_2}=6n_{Cr_2O_7^{2-}}-2n_{Fe_2O_3}$$
$$=6\times0.013\,90\times9.94\times10^{-3}-2\times3.678\times10^{-4}$$
$$=9.34\times10^{-5}(\text{mol})$$

该测定是从 100.0mL 试液中分取 25.00mL 进行的，因此试样中 TiO_2 的质量为

$$m_{TiO_2}=9.34\times10^{-5}\times\frac{100.0}{25.00}\times79.84=0.0298(g)$$

而试样质量为 0.6250g，因此试样中 TiO_2 的含量为

$$w_{TiO_2}=\frac{0.0298}{0.6250}\times100\%=4.77\%$$

(3) 计算试样中 Al_2O_3 的含量

从三种氧化物的总质量中减去 Fe_2O_3 和 TiO_2 的质量，即得到 $m_{Al_2O_3}$，从而可得到

$$w_{Al_2O_3}=\frac{0.4165-0.2350-0.0298}{0.6250}\times100\%$$
$$=24.27\%$$

例 5-43　称取制造油漆的填料红丹(Pb_3O_4)0.1000g，用 HCl 溶解，调节溶液至弱酸性，加入 K_2CrO_4，使 Pb^{2+} 沉淀为 $PbCrO_4$，将沉淀过滤、洗涤，然后将其溶于 HCl，加入过量 KI，析出的 I_2 以淀粉作指示剂，用 $0.1000mol\cdot L^{-1}$ $Na_2S_2O_3$ 标准溶液滴定，用去了 12.85mL，计算试样中 Pb_3O_4 的含量。($M_{Pb_3O_4}=685.6$)

解　本题涉及的有关反应为

$$Pb_3O_4+8H^+ = 3Pb^{2+}+4H_2O$$
$$Pb^{2+}+CrO_4^{2-} = PbCrO_4\downarrow$$
$$2PbCrO_4+2H^+ = 2Pb^{2+}+Cr_2O_7^{2-}+H_2O$$
$$Cr_2O_7^{2-}+6I^-+14H^+ = 2Cr^{3+}+3I_2+7H_2O$$
$$I_2+2S_2O_3^{2-} = 2I^-+S_4O_6^{2-}$$

由以上反应可知

$$1mol\ Pb^{2+}\sim1mol\ CrO_4^{2-}\sim\frac{1}{2}mol\ Cr_2O_7^{2-}\sim\frac{3}{2}mol\ I_2\sim3mol\ S_2O_3^{2-}$$

而

$$1mol\ Pb_3O_4\sim3mol\ Pb^{2+}\sim9mol\ S_2O_3^{2-}$$

即

$$n_{Pb_3O_4}=\frac{1}{9}n_{Na_2S_2O_3}$$

因此试样中 Pb_3O_4 的含量为

$$w_{Pb_3O_4}=\frac{\frac{1}{9}(c\cdot V)_{Na_2SO_4}\times10^{-3}\times M_{Pb_3O_4}}{m_s}\times100\%$$

$$=\frac{\frac{1}{9}\times 0.1000\times 12.85\times 10^{-3}\times 685.6}{0.1000}\times 100\%$$

$$=97.89\%$$

例 5-44　25.00mL KI 溶液用稀 HCl 及 10.00mL 0.050 00mol·L^{-1}KIO_3 溶液处理，煮沸以挥发释放出的 I_2。冷却后，加入过量 KI 使之与剩余的 KIO_3 作用，然后将溶液调至弱酸性。析出的 I_2 用 0.1010mol·L^{-1}$Na_2S_2O_3$ 标准溶液滴定，用去了 21.27mL。计算 KI 溶液的浓度。

解　本题是采用返滴定方式进行测定，要求算出 KI 溶液的浓度。与 KI 反应的一定过量的 KIO_3 溶液的浓度和体积题已给出，故 KIO_3 总的物质的量为已知。而返滴定用的滴定剂 $Na_2S_2O_3$ 的浓度和体积也已知道。因此只要知道 KIO_3 与 KI 以及与 $Na_2S_2O_3$ 反应的化学计量关系，通过差减法，可求出真正与 KI 反应的 KIO_3 的物质的量。KI 的体积已知，因此 KI 的浓度即可求出。

本题涉及的反应为

$$IO_3^- + 5I^- + 6H^+ = 3I_2 + 3H_2O \tag{1}$$

$$I_2 + S_2O_3^{2-} = 2I^- + S_4O_6^{2-} \tag{2}$$

由反应(1)可知

$$1\text{mol KI} \sim \frac{1}{5}\text{mol } KIO_3$$

即

$$n_{KI} = 5n_{KIO_3} \tag{3}$$

由反应(1)与反应(2)可知，在返滴定时

$$1\text{mol } S_2O_3^{2-} \sim \frac{1}{2}\text{mol } I_2 \sim \frac{1}{6}\text{mol } KIO_3$$

即

$$n_{KIO_3} = 6n_{Na_2S_2O_3} \tag{4}$$

由式(3)与式(4)可得到 25.00mL KI 溶液的物质的量为

$$n_{KI} = 5\left(n_{KIO_3} - \frac{1}{6}n_{Na_2S_2O_3}\right)$$

因此

$$(c\cdot V)_{KI} = 5\left[(c\cdot V)_{KIO_3} - \frac{1}{6}(c\cdot V)_{Na_2S_2O_3}\right]$$

$$c_{KI} = \frac{5\left(0.050\,00\times 10.00 - \frac{1}{6}\times 0.1010\times 21.27\right)}{25.00} = 0.028\,39(\text{mol}\cdot\text{L}^{-1})$$

例 5-45　今有 $Na_2S_2O_3$ 标准溶液（$T_{Na_2S_2O_3/K_2Cr_2O_7}=0.005\ 040g\cdot mL^{-1}$），问：(1) 此种溶液的浓度为多少？（$M_{K_2Cr_2O_7}=294.18$）(2) 用上述 $Na_2S_2O_3$ 标准溶液测定铜矿石中的铜。欲使滴定管上读到的体积(mL)恰好等于矿样中铜的质量分数，问应称取多少克铜矿样品？（$A_{Cu}=63.55$）(3) 将 1.050g 软锰矿试样溶于浓 HCl 中，产生的 Cl_2 通入浓 KI 溶液后，将其稀释至 250.0mL。从中移取试液 20.00mL，用上述 $Na_2S_2O_3$ 标准溶液滴定，需要 16.02mL。计算软锰矿中 MnO_2 的含量。（已知 $M_{MnO_2}=86.94$）

解　(1) 计算 $Na_2S_2O_3$ 标准溶液的浓度

$Na_2S_2O_3$ 不能直接与 $K_2Cr_2O_7$ 作用，而是先让 $K_2Cr_2O_7$ 与过量 KI 反应，析出的 I_2 再与 $Na_2S_2O_3$ 反应

$$Cr_2O_7^{2-}+6I^-+14H^+ = 2Cr^{3+}+3I_2+7H_2O$$

$$2S_2O_3^{2-}+3I_2 = S_4O_6^{2-}+2I^-$$

由上述反应可知

$$1mol\ Na_2S_2O_3 \sim \frac{1}{6}mol\ K_2Cr_2O_7$$

故 $Na_2S_2O_3$ 标准溶液的浓度为

$$c_{Na_2S_2O_3}=\frac{6T_{Na_2S_2O_3/K_2Cr_2O_7}\times 10^3}{M_{K_2Cr_2O_7}}=\frac{6\times 0.005\ 040\times 10^3}{294.18}=0.1028(mol\cdot L^{-1})$$

(2) $Na_2S_2O_3$ 溶液测定 Cu^{2-}

$Na_2S_2O_3$ 测定 Cu 的有关反应为

$$2Cu^{2+}+2I^- = 2CuI\downarrow+I_2^-$$

$$2S_2O_3^{2-}+I_2 = S_4O_6^{2-}+2I^-$$

由上述反应可知

$$1mol\ Cu^{2+}\sim\frac{1}{2}mol\ I_2\sim 1mol\ Na_2S_2O_3$$

用 $Na_2S_2O_3$ 测定铜时，设称样为 m_s(g)，滴定时用去的 $Na_2S_2O_3$ 标准溶液为 V(mL)，据题意 Cu 的质量分数为 V，则

$$w_{Cu}=\frac{(c\cdot V)_{Na_2S_2O_3}\times 10^{-3}\times M_{Cu}}{m_s}\times 100=V$$

整理后，得到

$$m_s=\frac{c_{Na_2S_2O_3}M_{Cu}}{10.00}=\frac{0.1028\times 63.55}{10.00}=0.6533(g)$$

(3) $Na_2S_2O_3$ 测定软锰矿中 MnO_2

测定过程中的有关反应为

$$MnO_2 + 4HCl \xlongequal{} MnCl_2 + Cl_2\uparrow + 2H_2O$$
$$Cl_2 + 2I^- \xlongequal{} I_2 + 2Cl^-$$
$$2S_2O_3^{2-} + I_2 \xlongequal{} S_4O_6^{2-} + 2I^-$$

由以上反应可知

$$1mol\ MnO_2 \sim 1mol\ Cl_2 \sim 1mol\ I_2 \sim 2mol\ Na_2S_2O_3$$

即 $n_{MnO_2} = \frac{1}{2} n_{Na_2S_2O_3}$，而测定过程中，是从 250.0mL 试液移取 20.00mL 与 $Na_2S_2O_3$ 反应，因此软锰矿中 MnO_2 的含量为

$$w_{MnO_2} = \frac{\frac{1}{2}(c \cdot V)_{Na_2S_2O_3} \times 10^{-3} \times \frac{250.0}{20.00} \times 86.94}{m_s} \times 100\%$$
$$= \frac{\frac{1}{2} \times 0.1028 \times 16.02 \times 10^{-3} \times \frac{250.0}{20.00} \times 86.94}{1.050} \times 100\%$$
$$= 85.22\%$$

例 5-46 称取含有 Na_2HAsO_3、As_2O_5 及惰性物质的试样 0.2000g，溶解后在 $NaHCO_3$ 存在下，用 13.55mL I_2 标准溶液（$T_{I_2/As_2O_3} = 0.004\ 950 g \cdot mL^{-1}$）滴定。酸化后加入过量 KI，析出的 I_2，用 19.50mL 0.1040mol·L^{-1}的 $Na_2S_2O_3$ 标准溶液滴定。计算试样中 Na_2HAsO_3 和 As_2O_5 的质量分数。（已知 $M_{As_2O_3} = 197.84$，$M_{Na_2HAsO_3} = 169.91$，$M_{As_2O_5} = 229.84$）

解 由 As_2O_3 标定 I_2 的反应及 T_{I_2/As_2O_3} 可计算 I_2 标准溶液的浓度。由 I_2 滴定 As(Ⅲ)的反应中 I_2 与 AsO_3^{2-} 的计量关系及用去 I_2 的量，即可算出 $w_{Na_2HAsO_3}$。计算 $w_{As_2O_5}$ 稍复杂些，因与过量 KI 反应析出 I_2 的 As(Ⅴ)包括两个部分：一是 As_2O_5 中的 As(Ⅴ)；二是 $HAsO_3^{2-}$ 被 I_2 氧化的产物 $As_3O_4^{3-}$。通过 As(Ⅴ)与 I_2 及 I_2 与 $S_2O_3^{2-}$ 的化学计量关系，可知 As(Ⅴ)的总的物质的量，从中减去 $HAsO_3^{2-}$ 被 I_2 氧化的产物 AsO_4^{3-} 的物质的量，即可知道试样中 As_2O_5 的物质的量，从而可计算 $w_{As_2O_5}$。

(1) 计算 I_2 标准溶液的浓度

用 As_2O_3 标定 I_2 的反应

$$As_2O_3 + 6OH^- \xlongequal{} 2AsO_3^{3-} + 3H_2O$$
$$AsO_3^{3-} + I_2 + H_2O \rightleftharpoons AsO_4^{3-} + 2I^- + 2H^+$$

由上述反应可知

$$1mol\ As_2O_3 \sim 2mol\ AsO_3^{3-} \sim 2mol\ I_2$$

因此

$$c_{I_2}=\frac{2\times T_{I_2/As_2O_3}\times10^3}{M_{As_2O_3}}$$
$$=\frac{2\times0.004\,950\times10^3}{197.84}=0.050\,04(mol\cdot L^{-1})$$

(2) 计算 Na_2HAsO_3 的含量

滴定反应为

$$HAsO_3^{2-}+I_2+H_2O=\!=\!=H_3AsO_4+2I^-$$

由滴定反应可知

$$1mol\ Na_2HAsO_3\sim1mol\ H_3AsO_4\sim1mol\ I_2$$

即

$$n_{Na_2HAsO_3}=n_{H_3AsO_4}=n_{I_2}$$

因此

$$w_{Na_2HAsO_3}=\frac{(c\cdot V)_{I_2}\times10^{-3}\times M_{Na_2HAsO_3}}{m_s}\times100\%$$
$$=\frac{0.050\,04\times13.55\times10^{-3}\times169.91}{0.2000}\times100\%$$
$$=57.60\%$$

(3) 计算试样中 As_2O_5 的含量

测定过程中所涉及的反应有

$$As_2O_5+4OH^-=\!=\!=2HAsO_4^{2-}+H_2O$$
$$HAsO_4^{2-}+2H^+=\!=\!=H_3AsO_4$$
$$H_3AsO_4+2I^-+2H^+=\!=\!=H_3AsO_3+I_2+H_2O$$
$$I_2+2S_2O_3^{2-}=\!=\!=2I^-+S_4O_6^{2-}$$

由以上反应可知

$$1mol\ As_2O_5\sim2mol\ H_3AsO_4$$
$$1mol\ H_3AsO_4\sim1mol\ I_2\sim2mol\ Na_2S_2O_3$$

根据题意,溶液酸化后的As(Ⅴ)除试样中 As_2O_5 外,还包括由 I_2 滴定As(Ⅲ)产生的As(Ⅴ)。由(2)可知这部分As(Ⅴ)的物质的量等于 Na_2HAsO_3 物质的量,即等滴定剂 I_2 物质的量,而As(Ⅴ)的总物质的量为滴定剂 $Na_2S_2O_3$ 物质的量的$\frac{1}{2}$。因此 As_2O_5 中As(Ⅴ)的物质的量 $n_{As(V)}=\frac{1}{2}n_{Na_2S_2O_3}-n_{I_2}$,而 $1mol\ H_3AsO_4\sim\frac{1}{2}mol\ As_2O_5$,所以试样中 $n_{As_2O_5}=\frac{1}{2}\left(\frac{1}{2}n_{Na_2S_2O_3}-n_{I_2}\right)$,则试样中 As_2O_5 的含量为

$$w_{As_2O_5} = \frac{\left[\frac{1}{4}(c \cdot V)_{Na_2S_2O_3} - \frac{1}{2}(c \cdot V)_{I_2}\right] \times 10^{-3} \times M_{As_2O_5}}{m_s} \times 100\%$$

$$= \left(\frac{1}{4} \times 0.1040 \times 19.50 - \frac{1}{2} \times 0.05004 \times 13.55\right) \times 10^{-3}$$
$$\times 229.84/0.2000 \times 100\%$$
$$= 19.31\%$$

例 5-47 称取苯酚样品 0.4000g，用 NaOH 溶解后，转移到 250mL 容量瓶中，用水稀释至刻度，摇匀。从中移取 20.00mL 试液，加入 25.00mL 0.02580 mol·L^{-1} KBrO$_3$ 溶液（其中含有过量 KBr），然后加入 HCl 及 KI，待析出 I$_2$ 后，再用 0.1010 mol·L^{-1} Na$_2$S$_2$O$_3$ 标准溶液滴定，用去了 20.20mL。试计算试样中苯酚的含量。（$M_{C_6H_5OH} = 94.11$）

解 在苯酚试样中，加入一定量过量的 KBrO$_3$-KBr 标准溶液，酸化后 KBrO$_3$ 与 KBr 作用产生 Br$_2$，Br$_2$ 与苯酚发生取代反应

$$BrO_3^- + 5Br^- + 6H^+ \Longrightarrow 3Br_2 + 3H_2O$$

$$C_6H_5OH + 3Br_2 \Longrightarrow C_6H_2Br_3OH + 3Br^- + 3H^+$$

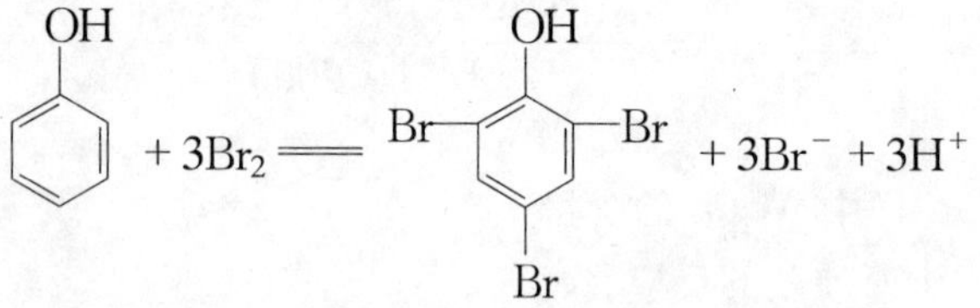

待反应完成后，加入过量的 KI 与剩余的 Br$_2$ 作用，析出的 I$_2$ 用 Na$_2$S$_2$O$_3$ 标准溶液滴定

$$Br_2(剩余) + 2I^- \Longrightarrow 2Br^- + I_2$$
$$I_2 + 2S_2O_3^{2-} \Longrightarrow 2I^- + S_4O_6^{2-}$$

由以上反应可知

1mol C$_6$H$_5$OH ～ 1mol KBrO$_3$ ～ 3mol Br$_2$ ～ 3mol I$_2$ ～ 6mol Na$_2$S$_2$O$_3$

该测定是采取返滴定方式，$n_{C_6H_5OH} = n_{KBrO_3} - \frac{1}{6} n_{Na_2S_2O_3}$。因此 C$_6H_5$OH 的含量为

$$w_{C_6H_5OH} = \frac{\left[(c \cdot V)_{KBrO_3} - \frac{1}{6}(c \cdot V)_{Na_2S_2O_3}\right] \times 10^{-3} \times M_{C_6H_5OH}}{m_s \times \frac{20.00}{250.0}} \times 100\%$$

$$= \frac{\left(0.02580 \times 25.00 - \frac{1}{6} \times 0.1010 \times 20.20\right) \times 10^{-3} \times 94.11}{0.4000 \times \frac{20.00}{250.0}} \times 100\%$$

$=89.70\%$

例 5-48 移取 20.00mL HCOOH 和 HAc 的混合溶液，用 $0.1000\text{mol}\cdot L^{-1}$ NaOH 滴定至终点，用去了 25.00mL。另取上述溶液 20.00mL，准确加入0.025 00 $\text{mol}\cdot L^{-1}KMnO_4$ 强碱性溶液 50.00mL，使 MnO_4^- 与 HCOOH 反应完全(HAc 不反应)。然后酸化溶液，滤去 MnO_2。用 $0.2000\text{mol}\cdot L^{-1}Fe^{2+}$ 溶液滴至终点，用去了 20.84mL。计算试液中 HCOOH 和 HAc 的浓度各为多少？提示：在碱性溶液中反应为

$$HCOO^- + 2MnO_4^- + 3OH^- \xlongequal{} CO_3^{2-} + 2MnO_4^{2-} + 2H_2O$$

酸化后为

$$3MnO_4^{2-} + 4H^+ \xlongequal{} 2MnO_4^- + MnO_2\downarrow + 2H_2O$$

解 第一个测定为酸碱滴定，由 NaOH 的物质的量即可知道 HCOOH 和 HAc 总的物质的量。第二个测定为氧化还原滴定，系返滴定方式，只有 HCOOH 与 MnO_4^- 作用，根据反应过程中 HCOOH 与 MnO_4^-，及 MnO_4^- 与 Fe^{2+} 的化学计量关系，可求出 HCOOH 物质的量。结合第一个测定，由差减法可得到 HAc 物质的量，混合液的体积已知，则易求算两种酸的浓度。

(1) 由酸碱滴定求两种酸总物质的量

HCOOH 与 HAc 皆为一元酸，故两种酸的物质量之和等于 NaOH 物质的量。即

$$\begin{aligned} n_{HCOOH} + n_{HAc} &= (c\cdot V)_{NaOH}\times 10^{-3} \\ &= 0.1000\times 25.00\times 10^{-3} \\ &= 2.500\times 10^{-3}(\text{mol}) \end{aligned}$$

(2) 计算混合溶液中 HCOOH 的物质的量

由提示的反应可知，在强碱性条件下，3mol HCOOH 与 6mol MnO_4^- 作用生成 6mol MnO_4^{2-}，6mol MnO_4^{2-} 酸化后歧化为 4mol MnO_4^- 和 2mol MnO_2，后又将 MnO_2 滤去，滤液为 MnO_4^-。此时与 3mol HCOOH 作用而消耗的 MnO_4^- 应为 2mol，即从第一个反应的反应物 MnO_4^- 扣除掉第二个反应的歧化产物 MnO_4^-。即

$$3\text{mol HCOOH} \sim 2\text{mol } MnO_4^-$$

$$n_{HCOOH} = \frac{3}{2} n_{MnO_4^-}$$

用 Fe^{2+} 回滴剩余 MnO_4^- 的反应为

$$5Fe^{2+} + MnO_4^- + 8H^+ \xlongequal{} 5Fe^{3+} + Mn^{2+} + 4H_2O$$

由以上反应可知

$$1\text{mol } Fe^{2+} \sim \frac{1}{5}\text{mol } MnO_4^-$$

即

$$n_{MnO_4^-} = 5n_{Fe^{2+}}$$

则真正与 HCOOH 作用的 MnO_4^- 的物质的量应为加入的 $KMnO_4$ 总的物质的量减去与 Fe^{2+} 作用的 $KMnO_4$ 物质的量，即

$$\begin{aligned} n_{HCOOH} &= \frac{3}{2}\left(n_{KMnO_4} - \frac{1}{5}n_{Fe^{2+}}\right) \\ &= \frac{3}{2} \times \left(0.025\,00 \times 50.00 - \frac{1}{5} \times 0.2000 \times 20.84\right) \times 10^{-3} \\ &= 6.246 \times 10^{-4}(\text{mol}) \end{aligned}$$

(3) 计算 20.00mL 中 HCOOH 和 HAc 的浓度。

结合(1)、(2)可得

$$n_{HAc} = 2.500 \times 10^{-3} - 6.246 \times 10^{-4} = 1.875 \times 10^{-3}(\text{mol})$$

则

$$c_{HCOOH} = \frac{6.246 \times 10^{-4}}{20.00 \times 10^{-3}} = 0.031\,23(\text{mol·L}^{-1})$$

$$c_{HAc} = \frac{1.875 \times 10^{-3}}{20.00 \times 10^{-3}} = 0.093\,75(\text{mol·L}^{-1})$$

若将此题第二个测定过程稍加变动，即 MnO_4^{2-} 的酸化产物中的 MnO_2 不被滤去，同另一歧化产物 MnO_4^- 一起都被 Fe^{2+} 还原为 Mn^{2+}。测定过程中涉及的反应为

$$HCOO^- + 2MnO_4^- + 3OH^- \!=\!=\!= CO_3^{2-} + 2MnO_4^{2-} + 2H_2O \quad (1)$$

$$3MnO_4^{2-} + 4H^+ \!=\!=\!= 2MnO_4^- + MnO_2 \downarrow + 2H_2O \quad (2)$$

$$MnO_2 + 2Fe^{2+} + 4H^+ \!=\!=\!= Mn^{2+} + 2Fe^{3+} + 2H_2O \quad (3)$$

$$MnO_4^- + 5Fe^{2+} + 8H^+ \!=\!=\!= Mn^{2+} + 5Fe^{3+} + 4H_2O \quad (4)$$

由前面对原题的分析，综合反应(1)、反应(2)可知，3mol HCOOH 与 2mol MnO_4^- 反应生成 3mol CO_3^{2-} 与 2mol MnO_2。由反应(3)知 1mol MnO_2 得到 2mol 电子被还原为 1mol Mn^{2+}，而据反应(1) 1mol HCOOH 是失去 2mol 电子氧化为 1mol CO_3^{2-}。为使问题单纯化，Fe^{2+} 还原 MnO_2 可折换成 HCOOH 还原 MnO_2，即 1mol HCOOH 将 1mol MnO_2 还原成 1mol Mn^{2+}。那么综合反应(1)～反应(3)，可认为 HCOOH 与 MnO_4^- 的化学计量关系为

$$5\text{mol HCOOH} \sim 2\text{mol } MnO_4^-$$

而由反应(4)剩余的 MnO_4^- 由 Fe^{2+} 来返滴定

$$1\text{mol } MnO_4^- \sim 5\text{mol } Fe^{2+}$$

因此改动后的题中 HCOOH 物质的量的求法为

$$n_{HCOOH}=\frac{5}{2}\left(n_{MnO_4^-}-\frac{1}{5}n_{Fe^{2+}}\right)$$

改动后的题还可这样简单地理解为：1mol HCOOH 氧化为 1mol CO_3^{2-} 失 2mol 电子，C 的氧化数由 2 升为 4，1mol MnO_4^- 最终还原为 1mol Mn^{2+}需得到 5mol 电子，Mn 的氧化数由 7 下降为 2，因此可认为 5mol HCOOH 与 2mol $KMnO_4$ 作用。

例 5-49 称取含有 PbO 和 PbO_2 的混合物样品 1.250g。在酸性溶液中加入 20.00mL 0.2500mol $H_2C_2O_4$ 溶液，使 PbO_2 还原为 Pb^{2+}，然后用氨水中和，使溶液中 Pb^{2+} 定量沉淀为 PbC_2O_4。过滤，滤液酸化后用 0.040 00mol·$L^{-1}$$KMnO_4$ 标准溶液滴定，用去 10.00mL；沉淀用酸溶解后，用上述 $KMnO_4$ 标准溶液滴定，用去 30.00mL，计算试样中 PbO 和 PbO_2 的含量。（已知 $M_{PbO}=223.2$，$M_{PbO_2}=239.2$）

解 本题涉及的化学反应

$$PbO_2+H_2C_2O_4+2H^+ \xlongequal{} Pb^{2+}+2CO_2\uparrow+2H_2O$$

$$Pb^{2+}+C_2O_4^{2-} \xlongequal{} PbC_2O_4\downarrow$$

$$PbC_2O_4\downarrow+2H^+ \xlongequal{} H_2C_2O_4+Pb^{2+}$$

$$5H_2C_2O_4+2MnO_4^-+6H^+ \xlongequal{} 2Mn^{2+}+10CO_2\uparrow+8H_2O$$

由上述反应可知

$$1\text{mol } PbO_2 \sim 1\text{mol } H_2C_2O_4$$

$$1\text{mol } Pb^{2+} \sim 1\text{mol } H_2C_2O_4$$

$$1\text{mol } PbO \sim 1\text{mol } H_2C_2O_4$$

$$1\text{mol } H_2C_2O_4 \sim \frac{2}{5}\text{mol } MnO_4^-$$

依据题意，加入一定量过量的 $H_2C_2O_4$，可分为三个部分：一是还原 PbO_2 为 Pb^{2+}；二是沉淀所有的 Pb^{2+}（PbO 中 Pb^{2+} 及 PbO_2 还原后的 Pb^{2+}）为 PbC_2O_4；三是与样品完全作用后，剩余的 $H_2C_2O_4$。通过 $KMnO_4$ 与 $H_2C_2O_4$ 的计量关系，以及加入 $H_2C_2O_4$ 的总物质的量可计算出这三个部分 $H_2C_2O_4$ 的物质的量。再通过 $H_2C_2O_4$ 与 PbO 和 PbO_2 间的化学计量关系便可计算出样品中 PbO 及 PbO_2 的物质的量，从而可求算样品中 PbO 和 PbO_2 的含量。

(1) 加入一定过量的 $H_2C_2O_4$ 总的物质的量

$$n_{H_2C_2O_4}^{总}=0.2500\times20.00\times10^{-3}=5.000\times10^{-3}(\text{mol})$$

(2) 剩余 $H_2C_2O_4$ 物质的量

由滤液酸化后用 $KMnO_4$ 溶液返滴定的物质的量得到

$$n_{H_2C_2O_4}^{剩}=\frac{5}{2}n_{KMnO_4}=\frac{5}{2}\times0.040\,00\times10.00\times10^{-3}$$

$$=1.000\times10^{-3}(\text{mol})$$

(3) 还原 PbO_2 以及沉淀所有 Pb^{2+} 共消耗的 $H_2C_2O_4$ 物质的量

$$n_{H_2C_2O_4}^{还} + n_{H_2C_2O_4}^{沉} = n_{H_2C_2O_4}^{总} - n_{H_2C_2O_4}^{剩} = (5.000 - 1.000) \times 10^{-3} = 4.000 \times 10^{-3}(\text{mol})$$

由 1mol $H_2C_2O_4$～1mol PbO_2，1mol $H_2C_2O_4$～1mol Pb^{2+} 可以得到

$$2n_{PbO_2} + n_{PbO} = 4.000 \times 10^{-3}(\text{mol}) \quad (1)$$

(4) 沉淀所有 Pb^{2+} 时消耗的 $H_2C_2O_4$ 物质的量

$$n_{H_2C_2O_4}^{沉} = \frac{5}{2} \times 0.040\,00 \times 30.00 \times 10^{-3} = 3.000 \times 10^{-3}(\text{mol})$$

由 $H_2C_2O_4$ 与 PbO_2 以及 PbO 的计量关系可知

$$n_{PbO_2} + n_{PbO} = 3.000 \times 10^{-3}\text{mol} \quad (2)$$

(5) 样品中 PbO_2 与 PbO 的含量

样品中 PbO_2 的物质的量可由式(1)减式(2)得到

$$n_{PbO_2} = 4.000 \times 10^{-3} - 3.000 \times 10^{-3} = 1.000 \times 10^{-3}(\text{mol}) \quad (3)$$

样品中 PbO 的物质的量可由式(2)减式(3)得到

$$n_{PbO} = 3.000 \times 10^{-3} - 1.000 \times 10^{-3} = 2.000 \times 10^{-3}(\text{mol})$$

$$w_{PbO_2} = \frac{n_{PbO_2} \times M_{PbO_2}}{m_s} \times 100\% = \frac{1.000 \times 10^{-3} \times 239.2}{1.250} \times 100\% = 19.14\%$$

$$w_{PbO} = \frac{n_{PbO} \times M_{PbO}}{m_s} \times 100\% = \frac{2.000 \times 10^{-3} \times 223.2}{1.250} \times 100\% = 35.71\%$$

例 5-50　称取含有 Cr、Mn 的钢样 0.8000g，经预处理后得到 Fe^{3+}、$Cr_2O_7^{2-}$、Mn^{2+}溶液。在 F^- 存在下，用 0.005 000mol·$L^{-1}$$KMnO_4$ 溶液滴定，此时 Mn(Ⅱ)变成 Mn(Ⅲ)用去了 20.00mL。所得溶液用 0.040 00mol·$L^{-1}$$FeSO_4$ 溶液滴定，用去 30.00mL。计算试样中 Cr、Mn 的含量。(已知 $A_{Cr} = 52.00$，$A_{Mn} = 54.94$)

解　有关的滴定反应为

$$MnO_4^- + 4Mn^{2+} + 8H^+ = 5Mn^{3+} + 4H_2O \quad (1)$$

$$Cr_2O_7^{2-} + 6Fe^{2+} + 14H^+ = 2Cr^{3+} + 6Fe^{3+} + 7H_2O \quad (2)$$

$$Mn^{3+} + Fe^{2+} = Mn^{2+} + Fe^{3+} \quad (3)$$

(1) 计算钢样中 Mn 的含量

由反应(1)可知

$$1\text{mol } Mn^{2+} \sim \frac{1}{4}\text{mol } MnO_4^-$$

$$1\text{mol } Mn^{3+} \sim \frac{1}{5}\text{mol } MnO_4^-$$

$$\begin{aligned} w_{Mn} &= \frac{4(c \cdot V)_{KMnO_4} \times 10^{-3} \times M_{Mn}}{m_s} \times 100\% \\ &= \frac{4 \times 0.005\,000 \times 20.00 \times 10^{-3} \times 54.94}{0.8000} \times 100\% \\ &= 2.75\% \end{aligned}$$

反应(1)中产物 Mn(Ⅲ)的物质的量为

$$\begin{aligned} n_{Mn(Ⅲ)} &= 5n_{MnO_4^-} \\ &= 5 \times 0.005\,000 \times 20.00 \times 10^{-3} \\ &= 5.0 \times 10^{-4}(\text{mol}) \end{aligned}$$

(2) 计算钢样中 Cr 的含量

依据题意,只要知道还原 $Cr_2O_7^{2-}$ 的 Fe^{2+} 的物质的量、$Cr_2O_7^{2-}$ 与 Fe^{2+} 的计量关系及 $Cr_2O_7^{2-}$ 与 Cr 的计量关系就可计算出 w_{Cr},而题设条件给出还原 $Cr_2O_7^{2-}$ 及 Mn(Ⅲ)总的 Fe^{2+} 的物质的量。前已算出 Mn(Ⅲ)的物质的量,由 Mn(Ⅲ)与 Fe^{2+} 的化学计量关系,可知还原 Mn(Ⅲ)所消耗的 Fe^{2+} 的物质的量。因此由差减法可求出 Cr 的物质的量,从而计算出 w_{Cr}。

由反应(2)、反应(3)得到

$$1\text{mol } Cr \sim \frac{1}{2}\text{mol } Cr_2O_7^{2-} \sim 3\text{mol } Fe^{2+}$$

$$1\text{mol } Mn(Ⅲ) \sim 1\text{mol } Fe^{2+}$$

因此

$$\begin{aligned} n_{Cr} &= \frac{1}{3}(n_{Fe^{2+}} - n_{Mn(Ⅲ)}) \\ &= \frac{1}{3} \times (0.040\,00 \times 30.00 \times 10^{-3} - 5.0 \times 10^{-4}) \\ &= 2.333 \times 10^{-4}(\text{mol}) \end{aligned}$$

$$\begin{aligned} w_{Cr} &= \frac{n_{Cr} \times M_{Cr}}{m_s} \times 100\% \\ &= \frac{2.333 \times 10^{-4} \times 52.00}{0.8000} \times 100\% \\ &= 1.52\% \end{aligned}$$

例 5-51 含有 V、Cr 和 Mn 的样品，经预处理为含 V(Ⅴ)、$Cr_2O_7^{2-}$ 和 MnO_4^- 的溶液，需要 40.00mL 0.1000mol·L^{-1} Fe^{2+} 与之作用。所得到的 VO^{2+} 需要 2.50mL 0.020 00mol·L^{-1}$KMnO_4$ 与之作用。加入焦磷酸盐以后，与 VO^{2+} 反应产生的 Mn^{2+} 和原先的 Mn^{2+} 被滴定成为 Mn(Ⅲ)，需要上述 $KMnO_4$ 溶液 4.00mL。计算样品中 V、Cr 以及 Mn 的质量(以 mg 表示)。(已知 $A_V=50.94$，$A_{Cr}=52.00$，$A_{Mn}=54.94$)

解 有关的滴定反应为

$$VO_2^+ + Fe^{2+} + 2H^+ \longrightarrow VO^{2+} + Fe^{3+} + H_2O \qquad (1)$$

$$Cr_2O_7 + 6Fe^{2+} + 14H^+ \longrightarrow 2Cr^{3+} + 6Fe^{3+} + 7H_2O \qquad (2)$$

$$MnO_4^- + 5Fe^{2+} + 8H^+ \longrightarrow Mn^{2+} + 5Fe^{3+} + 4H_2O \qquad (3)$$

$$MnO_4^- + 5VO^{2+} + H_2O \longrightarrow Mn^{2+} + 5VO_2^+ + 2H^+ \qquad (4)$$

$$MnO_4^- + 4Mn^{2+} + 8H^+ \longrightarrow 5Mn^{3+} + 4H_2O \qquad (5)$$

由滴定反应(1)～反应(3)可知钢样中三元素由高价态还原至低价态所需 Fe^{2+} 的总物质的量。由三个反应式还可得到 Fe^{2+} 与三个元素高价状态形式的化学计量关系，因此可得三个元素物质的量之和的关系。由反应(4)可计算出 V 的物质的量，由反应(5)可知 V 与 Cr 二元素物质的量之和。因此可分别得到样品中 V、Cr、Mn 的物质的量，从而计算它们在样品中的质量。

(1) 计算样品中 V 的质量

由反应(4)可知

$$1\text{mol } VO^{2+} \sim \frac{1}{5}\text{mol } MnO_4^-$$

$$\begin{aligned} n_V &= 5n_{MnO_4^-} \\ &= 5\times 0.020\,00\times 2.50\times 10^{-3} \\ &= 2.50\times 10^{-4}(\text{mol}) \end{aligned}$$

$$m_V = n_V\cdot M_V = 2.50\times 10^{-4}\times 50.94\times 10^3 = 12.7(\text{mg})$$

(2) 计算样品中 Mn 的质量

依题意，在反应(5)中的 Mn^{2+} 包括样品中含有的 Mn 及在反应(4)中 MnO_4^- 被 VO^{2+} 还原而成的 Mn^{2+}。

由反应(5)可知

$$1\text{mol } Mn^{2+} \sim \frac{1}{4}\text{mol } MnO_4^-$$

溶液中全部 Mn^{2+} 的物质的量为

$$\begin{aligned} n_{Mn^{2+}} &= 4n_{MnO_4^-} \\ &= 4\times 0.020\,00\times 10^{-3}\times 4.00 \end{aligned}$$

$$=3.20\times10^{-4}(\mathrm{mol})$$

由反应(4)可知

$$1\mathrm{mol}\ Mn^{2+}\sim1\mathrm{mol}\ MnO_4^-$$

MnO_4^- 被 VO^{2+} 还原生成的 Mn^{2+} 的物质的量

$$n_{Mn^{2+}}=n_{MnO_4^-}=0.020\ 00\times2.50\times10^{-3}=5.0\times10^{-5}(\mathrm{mol})$$

因此，样品中 Mn 的物质的量和质量为

$$n_{Mn}=3.20\times10^{-4}-5.0\times10^{-5}=2.70\times10^{-4}(\mathrm{mol})$$

$$m_{Mn}=n_{Mn}M_{Mn}=2.70\times10^{-4}\times54.94\times10^3=14.8(\mathrm{mg})$$

(3)计算样品中 Cr 的质量

依题意，还原 V(Ⅴ)、$Cr_2O_7^{2-}$ 及 MnO_4^- 总共所消耗 Fe^{2+} 物质的量为

$$n_{Fe^{2+}}=0.1000\times40.00\times10^{-3}=4.0\times10^{-3}(\mathrm{mol})$$

由反应(1)～反应(3)可知

$$1\mathrm{mol}\ VO_2^+\sim1\mathrm{mol}\ Fe^{2+}$$

$$1\mathrm{mol}\ Cr\sim\frac{1}{2}\mathrm{mol}\ Cr_2O_7^{2-}\sim3\mathrm{mol}\ Fe^{2+}$$

$$1\mathrm{mol}\ MnO_4^-\sim5\mathrm{mol}\ Fe^{2+}$$

因此

$$n_{Fe^{2+}}=n_{VO_2^+}+3n_{Cr}+5n_{MnO_4^-}$$

$$n_{Cr}=\frac{n_{Fe^{2+}}-n_V-5n_{MnO_4}}{3}$$

将 $n_{Fe^{2+}}$、n_V及 n_{Mn}代入上式得到

$$n_{Cr}=\frac{4.00\times10^{-3}-2.50\times10^{-4}-5\times2.70\times10^{-4}}{3}$$

$$=8.00\times10^{-4}(\mathrm{mol})$$

$$m_{Cr}=8.00\times10^{-4}\times52.00\times10^3=41.6(\mathrm{mg})$$

例 5-52　移取 20.00mL 乙二醇，加入 50.00mL 0.020 00mol·L^{-1}$KMnO_4$ 碱性溶液。反应完全后，酸化溶液加入 0.1010mol·L^{-1}$Na_2C_2O_4$ 20.00mL，还原过剩的 MnO_4^- 及 MnO_4^{2-} 的歧化产物 MnO_2 和 MnO_4^-；再以 0.020 00mol·L^{-1}$KMnO_4$ 溶液滴定过量的 $Na_2C_2O_4$，消耗了 15.20mL。计算乙二醇的浓度。

解　本题涉及的反应为

$$HO—CH_2CH_2—OH+10MnO_4^-+14OH^-=\!=\!=10MnO_4^{2-}+2CO_3^{2-}+10H_2O \quad (1)$$

$$3MnO_4^{2-}+4H^+=\!=\!=2MnO_4^-+MnO_2\downarrow+2H_2O \quad (2)$$

$$2MnO_4^-+5C_2O_4^{2-}+16H^+=\!=\!=2Mn^{2+}+10CO_2\uparrow+8H_2O \quad (3)$$

$$MnO_2 + C_2O_4^{2-} + 4H^+ \xlongequal{} Mn^{2+} + 2CO_2\uparrow + 2H_2O \qquad (4)$$

本题与例 5-38 类似，属于较复杂的返滴定问题，下面介绍两种解法。

解法 1　由反应(1)、反应(2)可知 3mol 乙二醇与 30mol $KMnO_4$ 反应生成 6mol CO_3^{2-} 和 30mol MnO_4^{2-}，而 30mol MnO_4^{2-} 又歧化为 20mol MnO_4^- 和 10mol MnO_2。综合起来相当于 3mol 乙二醇与 10mol $KMnO_4$ 反应生成 6mol CO_3^{2-} 与 10mol MnO_2。即

$$3mol\ CH_2OHCH_2OH \sim 10mol\ MnO_4^-$$

而由反应(3)、反应(4)得到

$$2mol\ MnO_4^- \sim 5mol\ C_2O_4^{2-}$$

$$1mol\ MnO_2 \sim 1mol\ C_2O_4^{2-}$$

现设真正与乙二醇反应的 $KMnO_4$ 的物质的量为 x(mmol)。依题意有

$$x = [c(V_1+V_2)]_{KMnO_4} - \frac{2}{5}[(cV)_{Na_2C_2O_3} - x]$$

$$= 0.020\,00 \times 65.20 - \frac{2}{5}(0.1010 \times 20.00 - x)$$

解得

$$x = 0.8267mmol$$

20.00mL 乙二醇的浓度为

$$c_{乙二醇} = \frac{\frac{3}{10} \times 8.267 \times 10^{-4}}{20.00 \times 10^{-3}} = 0.012\,40(mol \cdot L^{-1})$$

解法 2　在测定中，氧化剂为 $KMnO_4$，还原剂为 $Na_2C_2O_4$ 和待测组分乙二醇。$KMnO_3$ 经多步还原，最终还原产物为 Mn^{2+}，Mn 的氧化数由 7 降为 2，得到 5 个电子；乙二醇氧化为 CO_3^{2-}，C 的氧化数由 -1 升为 4，乙二醇分子中有 2 个 C 原子，故其失去 10 个电子；同理 1 个 $Na_2C_2O_4$ 分子失去 2 个电子。根据氧化还原反应电子得失等衡的原则，即

$$5n_{KMnO_4} = 10n_{乙二醇} + 2n_{Na_2C_2O_4}$$

$$n_{乙二醇} = \frac{1}{2}\left(n_{KMnO_4} - \frac{2}{5}n_{Na_2C_2O_4}\right)$$

$$c_{乙二醇} = \frac{\frac{1}{2}\left[c(V_1+V_2)_{KMnO_4} - \frac{2}{5}(cV)_{Na_2C_2O_4}\right]}{20.00}$$

$$= \frac{\frac{1}{2}\left(0.020\,00 \times 65.20 - \frac{2}{5} \times 0.1010 \times 20.00\right)}{20.00}$$

$=0.01240(mol \cdot L^{-1})$

对于本题而言,显然解法2要简捷得多。

例5-53 称取含甲酸(HCOOH)的试样0.2000g,溶解于碱性溶液后加入25.00mL 0.02000mol·L^{-1} $KMnO_4$溶液。待反应完成后,酸化,加入过量的KI还原剩余的MnO_4^-以及MnO_4^{2-}歧化生成的MnO_4^-和MnO_2,最后用0.1000mol·L^{-1} $Na_2S_2O_3$溶液滴定析出的I_2,消耗了20.86mL。计算试样中甲酸的质量分数。(已知$M_{HCOOH}=46.03$)

解 本题涉及的反应为

$$HCOOH + 2MnO_4^- + 4OH^- \xlongequal{} CO_3^{2-} + 2MnO_4^{2-} + 3H_2O \quad (1)$$

$$3MnO_4^{2-} + 4H^+ \xlongequal{} 2MnO_4^- + MnO_2\downarrow + 2H_2O \quad (2)$$

$$2MnO_4^- + 10I^- + 16H^+ \xlongequal{} 2Mn^{2+} + 5I_2 + 8H_2O \quad (3)$$

$$MnO_2 + 2I^- + 4H^+ \xlongequal{} Mn^{2+} + I_2 + 2H_2O \quad (4)$$

$$I_2 + 2S_2O_3^{2-} \xlongequal{} 2I^- + S_4O_6^{2-} \quad (5)$$

按例5-51题的解题思路,即根据氧化还原反应中得失电子相等的原则来确定测定中有关物质的化学计量关系。

该测定中氧化剂为$KMnO_4$,还原剂为NaS_2O_3和待测组分HCOOH。$KMnO_4$经多步还原,最终的还原产物为Mn^{2+},1mol $KMnO_2$得5mol电子;同理1mol HCOOH失2mol电子氧化为CO_3^{2-};1mol $S_2O_3^{2-}$失1mol电子氧化为$S_4O_6^{2-}$。根据得失电子相等的原则,即

$$5n_{KMnO_4}=2n_{HCOOH}+n_{S_2O_3^{2-}}$$

$$w_{HCOOH}=\frac{\frac{5}{2}\left[(c\cdot V)_{KMnO_4}-\frac{1}{5}(c\cdot V)_{Na_2S_2O_3}\right]\times 10^{-3}\times M_{HCOOH}}{m_s}\times 100\%$$

$$=\frac{\frac{5}{2}\left(0.02000\times 25.00-\frac{1}{5}\times 0.1000\times 20.86\right)\times 10^{-3}\times 46.03}{0.2000}\times 100\%$$

$$=4.76\%$$

例5-54 让4.79L空气样品(密度为1.32g·L^{-1}),通过一充有I_2O_5的导管,生成CO_2和I_2,将I_2用蒸馏的方法从导管中取出并收集到一个含有过量KI的锥形瓶中形成I_3^-,然后用0.00329mol·L^{-1} $Na_2S_2O_3$溶液滴定,用去了7.17mL。试计算此空气样品中CO的含量(μg·g^{-1})。

解 本题中有关反应为

$$5CO + I_2O_5 \xlongequal{} 5CO_2 + I_2$$

$$I_2 + 2S_2O_3^{2-} \xlongequal{} 2I^- + S_4O_6^{2-}$$

$$5\text{mol CO} \sim 1\text{mol } I_2 \sim 2\text{mol } Na_2S_2O_3$$

4.79L 空气样品中 CO 的质量为

$$m = \frac{5}{2}(c \cdot V)_{Na_2S_2O_3} \times 10^{-3} \times M_{CO}$$

$$= \frac{5}{2} \times 0.003\,29 \times 7.17 \times 10^{-3} \times 28.01 = 1.65 \times 10^{-3}(\text{g})$$

空气样品中 CO 的含量为

$$\frac{1.65 \times 10^{-3} \times 10^6}{1.32 \times 4.79} = 261(\mu\text{g} \cdot \text{g}^{-1})$$

五、自 测 题

(一) 选择题

1. 对于氧化还原电对,其条件电位 $E^{\ominus'} =$

A. $E^{\ominus} + \frac{0.059}{n}\lg\frac{r_{Ox}\alpha_{Ox}}{r_{Red}\alpha_{Red}}$　　B. $E^{\ominus} + \frac{0.059}{n}\lg\frac{c_{Ox}}{c_{Red}}$

C. $E^{\ominus} + \frac{0.059}{n}\lg\frac{r_{Ox}\alpha_{Red}}{r_{Red}\alpha_{Ox}}$　　D. $E^{\ominus} + \frac{0.059}{n}\lg\frac{r_{Red}\alpha_{Red}}{r_{Ox}\alpha_{Ox}}$

2. 下述说法中错误的是

A. 电对的电势越低,其还原态的还原能力越强

B. 电对的电势越高,其氧化态的氧化能力越强

C. 某电对的氧化态可氧化电势比它高的另一电对的还原态

D. 某电对的还原态可还原电势比它高的另一电对的氧化态

3. 使 Fe^{3+}/Fe^{2+} 电对电势降低的试剂是

A. 邻二氮菲　　B. EDTA　　C. $K_2Cr_2O_7$　　D. $HClO_3$

4. 已知 $E^{\ominus}_{Fe^{3+}/Fe^{2+}} = 0.77\text{V}$,加入 NaF 后,$\alpha_{Fe^{3+}(F)} = 10^{7.94}$,而 $\alpha_{Fe^{2+}(F)} = 1$,则 $E^{\ominus'}_{Fe^{3+}/Fe^{2+}} =$

A. 0.030V　　B. 0.30V　　C. 0.77V　　D. 0.79V

5. 已知 $E^{\ominus}_{Fe^{3+}/Fe^{2+}} = 0.771\text{V}$,$E^{\ominus}_{I_3^-/I^-} = 0.545\text{V}$,氧化还原反应 $2Fe^{3+} + 3I^- = 2Fe^{2+} + I_3^-$ 的平衡常数 $\lg K =$

A. $\frac{2 \times (0.771 - 0.545)}{0.059}$　　B. $\frac{3 \times (0.771 - 0.545)}{0.059}$

C. $\frac{6 \times (0.771 - 0.545)}{0.059}$　　D. $\frac{2 \times 0.771 + 3 \times 0.545}{0.059}$

6. 均由对称电对参加的氧化还原反应,若电对的电子转移数分别为 1 和 2,为

使反应完全程度不小于 99.9%，则两电对条件电位之差不得小于

A. 0.09V B. 0.18V C. 0.27V D. 0.36V

7. 对氧化还原反应速率没有影响的因素是

A. 反应时温度 B. 催化剂

C. 反应物的浓度 D. 两电对条件电位之差

8. 若在 HCl 溶液中用 $KMnO_4$ 滴定 Fe^{2+}，MnO_4^- 氧化 Fe^{2+} 的反应可以加速 MnO_4^- 与 Cl^- 的反应，则 Fe^{2+} 称为

A. 作用体 B. 催化剂 C. 受诱体 D. 诱导体

9. 氧化还原反应的平衡常数 K' 值越大，说明

A. 氧化还原反应越完全 B. 氧化还原反应速率越快

C. 氧化还原反应速率越慢 D. 氧化还原反应机理越复杂

10. 已知在 $1mol \cdot L^{-1}$ HCl 中，$E^{\ominus'}_{Fe^{3+}/Fe^{2+}} = 0.70V$，$E^{\ominus'}_{Ce^{4+}/Ce^{3+}} = 1.28V$，当用 Ce^{4+} 滴定 Fe^{2+} 至 50% 时，体系的电位是

A. 0.35V B. 0.64V C. 0.70V D. 0.99V

11. 用 $0.010mol \cdot L^{-1}$ $KMnO_4$ 溶液滴定 $0.050mol \cdot L^{-1} Fe^{2+}$ 和用 $0.0020mol \cdot L^{-1}$ $KMnO_4$ 溶液滴定 $0.010mol \cdot L^{-1} Fe^{2+}$，在这两种情况下滴定突跃的大小是

A. 浓度大的滴定突跃就大 B. 相同

C. 浓度小的滴定突跃就大 D. 无法判断

12. 影响氧化还原滴定突跃上限的是

A. 被滴物的标准电位 B. 被滴物的条件电位

C. 滴定剂的标准电位 D. 滴定剂的条件电位

13. 已知 $1mol \cdot L^{-1}$ HCl 中 $E^{\ominus'}_{Fe^{3+}/Fe^{2+}} = 0.70V$，$E^{\ominus'}_{Sn^{4+}/Sn^{2+}} = 0.14V$，用 Fe^{3+} 滴定 Sn^{2+} 至化学计量点的电位是

A. $\dfrac{0.14V \times 2 + 0.70V}{2+1}$ B. $\dfrac{0.70V \times 2 + 0.14V}{2+1}$

C. $\dfrac{2 \times (0.70V + 0.14V)}{0.059}$ D. $\dfrac{2(0.70V - 0.14V)}{0.059}$

14. 用 $K_2Cr_2O_7$ 法测定 Fe 时，加入 H_3PO_4 的作用是

A. 防止 Fe^{2+} 的水解

B. 增大 Fe^{3+}/Fe^{2+} 电对的电势

C. 降低 Fe^{3+}/Fe^{2+} 电对的电势

D. 增大指示剂变色点电位

15. 用 $Na_2C_2O_4$ 标定 $KMnO_4$ 溶液时，加热不超过 85℃，其原因是

A. 防止 $H_2C_2O_4$ 分解 B. 防止反应过快

C. 防止 MnO_4^- 分解 D. 防止 $KMnO_4$ 氧化能力降低

16. 用 $K_2Cr_2O_7$ 基准物质标定 $Na_2S_2O_3$ 溶液时，必须采用间接滴定方式标定的原因是

A. 反应速率慢　　B. 反应无确定的计量关系

C. $K_2Cr_2O_7$ 氧化能力不够强　　D. 无合适的指示剂

17. 间接碘量法测定铜时，加入过量 KI 的作用是作为

A. 还原剂、络合剂、催化剂　　B. 还原剂、沉淀剂、催化剂

C. 缓冲剂、掩蔽剂、沉淀剂　　D. 还原剂、络合剂、沉淀剂

18. 间接碘量法的基本反应为 $I_2 + 2S_2O_3^{2-} = 2I^- + S_4O_6^{2-}$，它须在弱酸性或中性溶液中进行。若酸度过高，将发生的是

A. $S_2O_3^{2-}$ 生成 SO_4^{2-}　　B. I_2 易挥发

C. 终点提前　　D. I^- 被氧化，$S_2O_3^{2-}$ 分解析出 S↓

19. 下述氧化还原反应的滴定曲线在化学计量点前后对称的是

A. $Ce^{4+} + Fe^{2+} = Ce^{3+} + Fe^{3+}$

B. $Cr_2O_7^{2-} + 6Fe^{2+} + 14H^+ = 2Cr^{3+} + 6Fe^{3+} + 7H_2O$

C. $MnO_4^- + 5Fe^{2+} + 8H^+ = Mn^{2+} + 5Fe^{3+} + 4H_2O$

D. $I_2 + 2S_2O_3^{2-} = 2I^- + S_4O_6^{2-}$

20. 溴酸钾法测定苯酚的反应如下

$$BrO_3^- + 5Br^- + 6H^+ = 3Br_2 + 3H_2O$$

$$C_6H_5OH + 3Br_2 = C_6H_2Br_3OH + 3HBr$$

$$Br_2 + 2I^- = I_2 + 2Br^-$$

$$I_2 + 2S_2O_3^{2-} = 2I^- + S_4O_6^{2-}$$

在此滴定中，苯酚与 $Na_2S_2O_3$ 的物质的量之比为

A. 1∶6　　B. 1∶4　　C. 1∶3　　D. 1∶2

（二）填空题

1. 碘量法测定铜时，Fe^{3+} 也能氧化____，干扰铜的测定。加入 NH_4HF_2 后，F^- 与____形成稳定的络合物，使 Fe^{3+}/Fe^{2+} 电对的电位____，防止了干扰反应的发生。

2. 均由对称电对参加的氧化还原反应，若电对的电子转移数均为 2，欲使此反应的完全程度不小于 99.9%，则此反应的 $\lg K'$ 应____，而两电对的条件电位之差应不小于____。

3. 升高温度能加快氧化还原反应的速率。但对于碘量法测定，加热溶液会引起 I_2 的____；加热含有 Sn^{2+}、Fe^{2+} 等物质的溶液，会促进它们的____；从而引起误差。

4. 诱导反应与催化反应的主要区别是：在催化反应中，催化剂参加反应后____；而在诱导反应中，诱导体参加反应后____。

5. 下述现象各是何种反应(填 A、B、C、D)：

(1) 碘量法测定铜时，加 NH_4HF_2 络合 Fe^{3+}，消除其干扰；____

(2) $Na_2C_2O_4$ 标定 $KMnO_4$ 时，速率由慢变快；____

(3) $AgNO_3$ 存在下，$(NH_4)_2S_2O_8$ 将 Cr^{3+} 氧化为 $Cr_2O_7^{2-}$；____

(4) MnO_4^- 与 Fe^{2+} 的反应可加速 MnO_4^- 氧化 Cl^-。____

A. 副反应　　B. 诱导反应　　C. 催化反应　　D. 自动催化反应

6. $Na_2C_2O_4$ 标定 $KMnO_4$ 溶液时，若酸度过高，会使____部分分解，使标定结果偏____。

7. 碘量法的主要误差来源是____和____。

8. 对于氧化还原反应，两电对的____越大，反应的条件平衡常数 K' 越____，反应进行得越____。

9. 绘制氧化还原滴定曲线时，计量点之前体系的电位用____电对，按能斯特公式计算，而计量点之后体系的电位则用____电对，按能斯特公式计算。

10. $KMnO_4$ 溶液滴定 Fe^{2+} 的理论计算的滴定曲线与由实验所得的滴定曲线不同，是因为____，而计量点电位不在滴定突跃中点是因为____。

11. $SnCl_2$-$TiCl_3$ 法测铁时，将试样溶解后，用 $SnCl_2$ 将大部分 Fe^{3+} 还原，以____为指示剂，再用 $TiCl_3$ 还原剩余的 Fe^{3+}，稍过量的 $TiCl_3$ 将____还原为____，溶液呈蓝色，表示 Fe^{3+} 已定量还原。

12. 氧化还原型指示剂的条件电位为 $E_{In}^{\ominus'}$，则指示剂变色的电位范围是____，而指示剂变色点电位是____。

13. 用 Fe^{3+} 标准溶液滴定 Sn^{2+} 时，使用 KSCN 作指示剂，其原因是____。

14. As_2O_3 标定 I_2 溶液时，将 As_2O_3 溶于____，再酸化溶液，然后用____调节 pH≈____。

15. $KMnO_4$ 法测定 H_2O_2 含量时，须在____介质，____(温度)下进行。为加快反应速率，可在滴定时加入____。

16. 电对 $Fe(CN)_6^{3-}/Fe(CN)_6^{4-}$ 的条件电位随着介质的离子强度增大而____，其氧化能力也随之____。

17. 用基准物质 $K_2Cr_2O_7$ 标定 $Na_2S_2O_3$ 溶液时加入过量 KI 的作用是________。

18. 碘量法测定 KBr 纯度时，先将 Br^- 氧化为 BrO_3^-，除去过量氧化剂后，再加过量 KI，用 $Na_2S_2O_3$ 标准溶液滴定析出的 I_2，则 KBr 与 $Na_2S_2O_3$ 的物质的量之比为____。

19. 用碘量法测定 Na_2S 时，为防止 S^{2-} 在酸性溶液中生成 H_2S 而损失，是将 Na_2S 试液加到一定过量的酸性____溶液中，再用____标准溶液滴定剩余的____。

20. 溴酸钾法与碘量法配合使用时，是以 $KBrO_3$(其中含有 KBr)标准溶液。在酸性条件下析出____，与被测物质作用，再加入过量的____与剩余的____作用，析出的____用____标准溶液滴定。

(三) 计算题

1. 忽略离子强度的影响，计算 pH10.0，总浓度为 $0.20mol\cdot L^{-1}$ 的 NH_3-NH_4Cl 缓冲溶液中，Ag^+/Ag 电对的条件电位。[已知 $E^{\ominus}Ag^+/Ag = 0.80V$，$Ag(NH_3)_2^+$ 的 $\lg\beta_1 = 3.24$，$\lg\beta_2 = 7.05$，$pK_{b,NH_3} = 4.74$]

2. 已知 $E^{\ominus}Ag^+/Ag = 0.80V$，$pK_{sp,AgCl} = 9.75$。计算：(1) $E^{\ominus}_{AgCl/Ag}$ 值？(2) 银电极在 $0.020mol\cdot L^{-1}$ NaCl 溶液中的电位？(忽略离子强度的影响)

3. 已知 $E^{\ominus}_{Fe(CN)_6^{3-}/Fe(CN)_6^{4-}} = 0.36V$；$H_3Fe(CN)_6$ 为强酸，$H_4Fe(CN)_6$ 的 $pK_{a_3} = 4.2$。忽略离子强度的影响，计算 $1mol\cdot L^{-1}$ HCl 中，$Fe(CN)_6^{3-}/Fe(CN)_6^{4-}$ 电对的条件电位。

4. 忽略离子强度的影响，计算在 $2.0mol\cdot L^{-1}$ 和 $0.010mol\cdot L^{-1}$ H_2SO_4 溶液中 VO_3^-/VO^{2+} 电对的条件电位各为多少？(已知 $E^{\ominus}_{VO_3^-/VO^{2+}} = 1.00V$；$VO_3^- + 4H^+ + e \rightleftharpoons VO^{2+} + 2H_2O$)

5. 试以计算说明，用碘量法测定铜精矿的铜含量时，将试样处理成试液除去 HNO_3 及氮的氧化物，中和掉过量 H_2SO_4 后，加入 $0.010mol\cdot L^{-1}$ NH_4HF_2，即能消除 Fe^{3+}、AsO_4^{3-} 的干扰并能防止 Cu^{2+} 的水解。[已知 $E^{\ominus}_{As(V)/As(III)} = 0.559V$；$E^{\ominus}_{Fe^{3+}/Fe^{2+}} = 0.771V$；$E^{\ominus}_{I_2/I^-} = 0.545V$；$K_{a,HF} = 7.4\times10^{-4}$；$FeF_6^{3-}$ 的 $\lg\beta_1 \sim \lg\beta_3$ 分别为 5.2、9.2、11.9；H_3AsO_4 的 $pK_{a_1} \sim pK_{a_3}$ 分别为 2.20、7.00 和 11.50；$HAsO_2$ 的 pK_a 为 9.22]

6. 计算 Hg^{2+}/Hg_2^{2+} 电对在 $[CN^-] = 0.010mol\cdot L^{-1}$ 溶液中的条件电位。[忽略离子强度的影响。已知：$E^{\ominus}_{Hg^{2+}/Hg_2^{2+}} = 0.907V$；$K_{sp,Hg_2(CN)_2} = 5.0\times10^{-40}$，$HgCN_4^{2-}$ 的 $\lg\beta_4 = 41.4$]

7. 计算在 1mol HCL 中，下述反应：$Fe^{3+} + Ti^{3+} \xlongequal{} Fe^{2+} + Ti^{4+}$ 的平衡常数。若用 $0.010\,00mol\cdot L^{-1}$ TiCl 滴定 $0.010mol\cdot L^{-1}$ Fe^{3+}，直至 KSCN 与 Fe^{3+} 络合物的红色消失，此时 $c_{Fe^{3+}} = 1.0\times10^{-5}mol\cdot L^{-1}$，计算溶液中 $c_{Ti^{4+}}/c_{Ti^{3+}}$ 值？[已知 $1mol\cdot L^{-1}$ HCl 中 $E^{\ominus}_{Fe(III)/Fe(II)} = 0.68V$，$E^{\ominus}_{Ti(VI)/Ti(III)} = -0.04V$]

8. 在 $1mol\cdot L^{-1}$ $HClO_4$ 中，用 $0.020\,00mol\cdot L^{-1}$ $KMnO_4$ 标准溶液滴定 20.00mL $0.1000mol\cdot L^{-1}$ Fe^{2+}，当 $KMnO_4$ 标准溶液加入量分别为 10.00mL、

19.98mL、20.00mL、20.02mL 和 40.00mL 时，溶液的电位各是多少？（已知在 1mol·L^{-1} $HClO_4$ 中 $E^{\ominus}_{MnO_4^-/Mn^{2+}}=1.45V$，$E^{\ominus}_{Fe^{3+}/Fe^{2+}}=0.7V$）

9. 测定血液中的 Ca^{2+} 时，常将它沉淀为 CaC_2O_4，然后将沉淀溶解在 H_2SO_4 中，并用 $KMnO_4$ 标准溶液滴定。设将 5.00mL 血样稀释至 50.00mL，移取此试液 10.00mL，需要用 1.15mL 0.000 200 0mol·L^{-1} $KMnO_4$ 标准溶液滴定，计算 100mL 血液中含 Ca^{2+} 多少毫克？

10. 称取 2.1183g $KHC_2O_4 \cdot H_2C_2O_4 \cdot 2H_2O$(A)溶解后，定容至 250mL。移取 20.00mL，用 NaOH 标准溶液滴定，耗去 19.67mL；移取同量试液，用 $KMnO_4$ 标准溶液滴定，用去了 24.65mL。计算 NaOH 和 $KMnO_4$ 标准溶液的浓度各是多少？称取 0.2000g 铁矿石样品，经处理成试液后，用此 $KMnO_4$ 标准溶液滴定，消耗了 18.56mL，计算此铁矿石样品中铁的质量分数。（$M_A=254.19$，$A_{Fe}=55.85$）

11. 称取软锰矿 0.1000g，用 Na_2O_2 熔融后，得到 MnO_4^{2-}，煮沸除去过氧化物，酸化溶液，此时 MnO_4^{2-} 歧化为 MnO_4^- 和 MnO_2。然后滤去 MnO_2，滤液中加入 35.00mL 0.1200mol·L^{-1} Fe^{2+} 溶液，再用 0.024 00mol·L^{-1} $KMnO_4$ 标准溶液滴定剩余的 Fe^{2+}，耗去了 14.50mL。计算试样中 MnO_2 的质量分数（$M_{MnO_2}=86.94$）。

12. 用 $K_2Cr_2O_7$ 标准溶液测定 0.5000g 样品中的铁，问 1L $K_2Cr_2O_7$ 溶液中含多少克 $K_2Cr_2O_7$ 时，才能使滴定管上读到的体积(mL)恰好等于试样中的质量分数(%)？

13. 某硅酸盐试样 1.000g，用重量法测得 Fe_2O_3 与 Al_2O_3 的合量为 0.5000g。将沉淀溶于酸，并将 Fe^{3+} 还原为 Fe^{2+} 后，用 0.033 33mol·L^{-1} $K_2Cr_2O_7$ 溶液滴定，用去 22.56mL。计算试样中 FeO 和 Al_2O_3 的质量分数。（$M_{FeO}=71.85$，$M_{Fe_2O_3}=159.69$，$M_{Al_2O_3}=101.96$）

14. 0.1000g 甲醇试样，在 H_2SO_4 溶液中与 25.00mL 0.016 67mol·L^{-1} $K_2Cr_2O_7$ 溶液作用，反应完成后，以邻二氮菲-亚铁作指示剂，用 0.1000mol·L^{-1} $FeSO_4$ 标准溶液滴定剩余的 $K_2Cr_2O_7$，用去了 10.26mL，计算试样中甲醇的含量。（$M_{CH_3OH}=32.04$）

15. 用碘量法测定钢中硫时，使硫燃烧转变成 SO_2 后，被含有淀粉的水溶液吸收，再用 I_2 标准溶液滴定。若称含硫 0.058% 标准钢样和待测钢样各 0.500g，进行测定，滴定时用去的 I_2 标准溶液分别为 12.60mL 和 7.78mL。试计算 I_2 标准溶液的滴定度和待测钢样中硫的质量分数。

16. 今有不纯的 KI 试样 0.3600g，在 H_2SO_4 溶液中加入纯 K_2CrO_4 0.2136g 处理，煮沸赶去生成的 I_2 然后加入过量的 KI，使与剩余的 K_2CrO_4 作用，析出的 I_2 用 0.1000mol·L^{-1} 的 $Na_2S_2O_3$ 标准溶液滴定，用去了 12.93mL，计算 KI 试样中 KI 的质量分数。（$M_{KI}=166.00$，$M_{K_2CrO_4}=194.19$）

17. 将2.000g含$NaNO_2$和$NaNO_3$的样品溶解后，定容至250mL。从其中移取20.00mL试液与40.00mL 0.1200Ce^{4+}的强酸性溶液相混合，待反应完成后，过量的Ce^{4+}用0.050 00mol·L^{-1} $FeSO_4$标准溶液滴定，用去了22.60mL。计算样品中$NaNO_2$的质量分数。($M_{NaNO_2}=69.995$)

18. 称取含有KBr和KI的试样2.000g，溶解后定容至500mL，从中移取50.00mL。在近中性条件下以溴水处理，此时I^-氧化为IO_3^-，煮沸以除去过量的Br_2，加入过量KI并将溶液酸化，析出的I_2以0.1000mol·L^{-1} $Na_2S_2O_3$溶液滴定，用去了17.20mL。另取同量试液，用H_2SO_4酸化，加入足量的$K_2Cr_2O_7$溶液处理，将释放出的I_2和Br_2蒸馏并收集于含有KI的弱酸性溶液中，以0.1000mol·L^{-1} $Na_2S_2O_3$溶液滴定I_2，用去了12.10mL，计算试样中KBr和KI的质量分数。($M_{KBr}=119.0, M_{KI}=166.0$)

19. 称取含有As_2O_3和As_2O_5的试样1.000g处理成含AsO_3^{3-}和AsO_4^{3-}的试液。将试液调节为弱碱性，用0.050 00mol·L^{-1} I_2标准溶液滴定，用去了20.00mL。使此溶液酸化后加入过量KI，析出的I_2再以0.3000mol·L^{-1} $Na_2S_2O_3$标准溶液滴定，用去了20.50mL。计算试样中As_2O_3和As_2O_5的质量分数。($M_{As_2O_3}=197.8, M_{As_2O_5}=229.84$)

20. 称取含有$NaIO_4$和$NaIO_3$的试样2.500g，溶解后定容至250mL，从中移取试液20.00mL；用硼砂调节至弱碱性，加入过量KI，此时IO_4^-被还原为IO_3^-(IO_3^-不氧化I^-)，析出的I_2用0.050 00mol·L^{-1} $Na_2S_2O_3$溶液滴定，用去了16.00mL。另取10.00mL试液，用HCl调节至酸性，加入过量KI，析出的I_2用0.050 00mol·L^{-1} $Na_2S_2O_3$溶液40.00mL。试计算试样中$NaIO_4$和$NaIO_3$的质量分数。($M_{NaIO_4}=214.0, M_{NaIO_3}=198.0$)

21. 称取含锰、钒的钢样1.000g，溶解后，还原为Mn^{2+}和VO^{2+}。用0.005 000mol·L^{-1} $KMnO_4$标准溶液滴定，用去了12.40mL。加入焦磷酸，继续用上述$KMnO_4$标准溶液滴定，使Mn(Ⅱ)(包括生成的Mn^{2+}和原有的Mn^{2+})氧化为Mn(Ⅲ)，用去了15.60mL。计算试样中锰和钒的质量分数。($A_{Mn}=54.94, A_V=50.94$)

22. 在仅含有Al^{3+}的水溶液中，加NH_3-NH_4Cl调节溶液pH至9.0，然后加入稍过量的8-羟基喹啉，使Al^{3+}定量地生成喹啉铝沉淀

$$Al^{3+} + 3HOC_9H_6N = Al(OC_9H_6N)_3\downarrow + 3H^+$$

过滤并洗净沉淀，然后将其溶于2mol·L^{-1} HCl溶液中，加入15.00mL 0.1238 mol·L^{-1} $KBrO_3$(含KBr)溶液处理，生成的Br_2与8-羟基喹啉发生取代反应

$$BrO_3 + 5Br^- + 6H^+ = 3Br_2 + 3H_2O$$

$$HOC_9H_6N + 2Br_2 = HOC_9H_4Br_2N + 2HBr$$

取代反应完成后，加入过量的 KI，使其与剩余的 Br_2 反应

$$Br_2 + 2I^- = I_2 + 2Br^-$$

再用 $0.1028mol \cdot L^{-1} Na_2S_2O_3$ 标准溶液滴定生成的 I_2，用去了 5.48mL，计算原水溶液中含 Al 多少毫克。($A_{Al} = 26.98$)

23. 称取苯酚试样 0.5000g，用 NaOH 溶解后，移入 250mL 容量瓶中，加水稀释至刻度，摇匀。从中移取 20.00mL，加入溴酸钾($KBrO_3$ + KBr)标准溶液 20.00mL，然后加入 HCl 及 KI。析出 I_2 后，再用 $0.1008mol \cdot L^{-1}$ $Na_2S_2O_3$ 标准溶液滴定，用去了 15.15mL。另取 20.00mL 溴酸钾标准溶液做空白试验，消耗同浓度的 $Na_2S_2O_3$ 标准溶液 35.71mL，试计算试样中苯酚的质量分数。($M_{C_6H_5OH} = 94.11$)

24. 移取一定量甘油试液，加入 $0.040\ 00mol \cdot L^{-1}$ 碱性 $KMnO_4$ 溶液 50.00mL，反应完全后，酸性溶液，加入 $0.2000mol \cdot L^{-1}$ $H_2C_2O_4$ 溶液 15.00mL。此时，所有高价锰还原为 Mn^{2+}，最后以 $0.020\ 00mol \cdot L^{-1}$ $KMnO_4$ 溶液回滴剩余的 $H_2C_2O_4$，用去了 20.00mL，试液中甘油含量为多少毫克？($M_{甘油} = 92.06$)

(四) 问答题

1. 用 $Na_2C_2O_4$ 标定 $KMnO_4$ 溶液时，为什么选用 H_SO_4 介质，开始酸度控制在 $0.5 \sim 1mol \cdot L^{-1}$；温度控制在 75～85℃ 滴定结束不得低于 60℃，而滴定速度为慢—快—慢？

2. 碘量法的主要误差来源有哪些？采用什么措施可以防止？为什么碘量法不适宜在强酸性和强碱性介质中使用？

3. 配制 $KMnO_4$ 标准溶液和 $Na_2S_2O_3$ 标准溶液时，都需将水煮沸，试比较二者在操作上的不同，并解释其原因。

4. 用 $Na_2C_2O_4$ 标定 $KMnO_4$ 时，尽管酸度合适，但当滴定速度过快时，溶液中有浑浊出现，浑浊是什么造成的？

5. 用 $KMnO_4$ 法测定有机物时，通常是将样品加入到强碱性高锰酸钾溶液中，待反应完全后，酸化溶液，加入过量还原剂将所有高价锰还原为 Mn^{2+}，再用 $KMnO_4$ 标准溶液回滴剩余的还原剂，此处为什么不直接用还原剂滴定 MnO_4^- 和 MnO_2？

6. 用 $K_2Cr_2O_7$ 标定 $Na_2S_2O_3$ 溶液时，为何不直接用 $K_2Cr_2O_7$ 滴定 $Na_2S_2O_3$ 而采用间接法？在 $K_2Cr_2O_7$ 标准溶液中加入 KI 时，为什么要加酸并加盖在暗处放置 5min？而用 $Na_2S_2O_3$ 溶液滴定前却要用水稀释？若滴至终点后溶液迅速变蓝，是何原因？如何处理？

7. 在氧化还原滴定前，为什么经常要进行预氧化或预还原的处理？预处理时对所用的预氧化剂或预还原剂有哪些要求？举一实例说明。

8. 用 $KMnO_4$ 滴定 Fe^{2+} 时，理论计算的滴定曲线与实验滴定曲线是否一致？为什么？化学计量点是否在滴定突跃的中点？

9. 用 As_2O_3 作基准物质标定 I_2 溶液时，为什么要加酸至微酸性后，再加入 $NaHCO_3$ 溶液？I_2 与 $HAsO_2$ 的滴定反应为什么不能在强碱性溶液中进行？

10. 为什么用 I_2 溶液滴定 $HAsO_2$ 时，可在滴定前加入淀粉指示剂？而用 $Na_2S_2O_3$ 溶液滴定 I_2 溶液时必须在临近终点之前才加入淀粉指示剂？

11. 碘量法中使用的 KI 溶液须使用前配制，若放置过程中溶液显黄色，可否直接使用？若不能，可否在做适当处理后应用？

12. 试设计用碘量法测定试液中 Ba^{2+} 的浓度的方案。请用流程图表示分析过程，并指出主要反应条件、滴定剂、指示剂及计算式。

13. 用 $KMnO_4$ 为预氧化剂，Fe^{2+} 为滴定剂，试简述测定 Cr^{3+}、VO^{2+} 混合液中 Cr^{3+}、VO^{2+} 的方法原理。

第六章　重量分析法和沉淀滴定法

一、复 习 要 求

(1) 了解沉淀的形成过程、不同沉淀的特点、沉淀条件对所得沉淀性质和纯度的影响。

(2) 熟悉沉淀溶解平衡、共沉淀与后沉淀的原理、沉淀滴定法及指示剂的指示原理。

(3) 掌握相关因素对沉淀溶解平衡的影响规律、沉淀溶解度的计算方法及常见的几种银量法。

二、内 容 提 要

(一) 沉淀的溶解度及影响因素

设沉淀为 MA,其在水溶液中的溶解平衡为

$$MA_s \xrightleftharpoons{s^0} MA_{aq} \xrightleftharpoons{K} M^{n+} + A^{n-}$$

根据 AM_s 与 MA_{aq}之间的平衡可知

$$\frac{a_{MA_{aq}}}{a_{MA_s}} = s^0(\text{平衡常数})$$

纯固体的活度等于 1,因此

$$a_{MA_{水}} = s^0$$

式中:s^0 称为物质的分子溶解度或固有溶解度,它与沉淀本身的性质有关。除少数沉淀外,大多数沉淀的固有溶解度较小,在计算溶解度时可以忽略不计。

根据 $MA_{水}$在水溶液中的离解平衡可得

$$K = \frac{a_{M^{n+}}a_{A^{n-}}}{a_{MA_{水}}} = \frac{a_{M^{n+}}a_{A^{n-}}}{s^0}$$

即

$$K_{sp}^0 = K_s^0 = a_{M^{n+}}a_{A^{n-}}$$

式中:$K_{sp}{}^0$ 称为沉淀 MA 的活度积常数,简称活度积。若以浓度代替活度,则有

$$K_{sp} = [A^{n-}][M^{n+}]$$

式中:K_{sp}称为沉淀 MA 的溶度积。

由于沉淀的溶解度一般较小,溶液中的离子强度不大,因此通常可不考虑离子强度的影响,即可不考虑 K_{sp}^0与 K_{sp}的差别。

对于沉淀 MA,其溶解度 s 为

$$s = s^0 + [M^{n+}] = s^0 + [A^{n-}] = s^0 + \frac{K_{sp}}{[A^{n-}]}$$

若忽略 s^0,则

$$s = \sqrt{K_{sp}}$$

对于 M_mA_n 型沉淀,沉淀平衡为

$$M_mA_n \rightleftharpoons mM^{n+} + nA^{m-}$$

因此

$$K_{sp} = [A^{m-}]^n[M^{n+}]^m$$

忽略固有溶解度,则溶解度为

$$s = \frac{1}{m}[M^{n+}] = \frac{1}{n}[A^{m-}] = \left(\frac{K_{sp}}{m^m n^n}\right)^{\frac{1}{m+n}}$$

这是在没有影响沉淀溶解平衡的其他副反应和过剩的某种构晶离子存在时,M_mA_n 型沉淀的溶解度计算式。

当溶液的离子强度较大时,这时就不宜用离子的浓度代替活度来进行计算,而应考虑离子强度的影响。由于离子的活度系数在一般情况下都小于 1,且随溶液中离子强度增大而减小。因此,对于同一体系,在考虑离子强度影响时,算得的溶解度比不考虑离子强度影响时的溶解度大。离子强度对沉淀溶解度的这种影响称为盐效应。

当向 M_mA_n 沉淀饱和溶液中加入某一构晶离子(A 或 M)时,沉淀平衡将向产生沉淀的方向移动,沉淀的溶解度因而减小,这种现象称做同离子效应。若加入的构晶离子是 A,且其浓度 c_A 大大超过沉淀溶解产生的 A 的浓度,则沉淀的溶解度为

$$s = \frac{1}{m} = \frac{1}{m}\left(\frac{K_{sp}}{{c_A}^n}\right)^{\frac{1}{m}}$$

由此可知,通过向溶液中加入某种构晶离子,可使其他构晶离子沉淀更完全。

当 M_mA_n 沉淀的构晶离子 M 和 A 存在副反应(如质子化、络合、水解等)时,沉淀平衡将向离解方向移动,沉淀的溶解度增大,此为络合。若 M 和 A 的副反应系数分别为 a_M 和 a_A,则 M_mA_n 沉淀的溶解度为

$$s = \left(\frac{K_{sp}{a_M}^m{a_A}^n}{m^m n^n}\right)^{\frac{1}{m+n}}$$

若溶液中既有盐效应,又有加入的 c_A 的影响,且 M 和 A 还有副反应,那么,M_mA_n 沉淀的溶解度将由这几种影响因素共同决定。

此外,沉淀的溶解度还与温度、溶剂、沉淀析出形态、颗粒大小等有关。一般来说,沉淀的溶解度随温度升高而增大;无机物沉淀在水中的溶解度较在有机溶剂中大,有机物沉淀在水中的溶解度较在有机溶剂中小;同一沉淀物,颗粒小的溶解度比大颗粒沉淀的溶解度大;同一沉淀物处稳态时的溶解度较在亚稳态时小。沉淀的溶解度反映沉淀反应的完全程度。溶解度小,表明沉淀完全;溶解度大,表明沉淀反应不完全。利用沉淀反应的重量分析法要求被测组分尽可能沉淀完全,以获得较准确的分析结果。

(二) 沉淀的形成过程

沉淀的形成过程可简单地表示成图 6-1。

构晶离子 $\xrightarrow{\text{成核作用}}$ 晶核 $\xrightarrow{\text{长大过程}}$ 沉淀微粒 $\begin{cases} \xrightarrow{\text{聚集}} \text{无定形沉淀} \\ \xrightarrow{\text{成长、定向排列}} \text{晶形沉淀} \end{cases}$

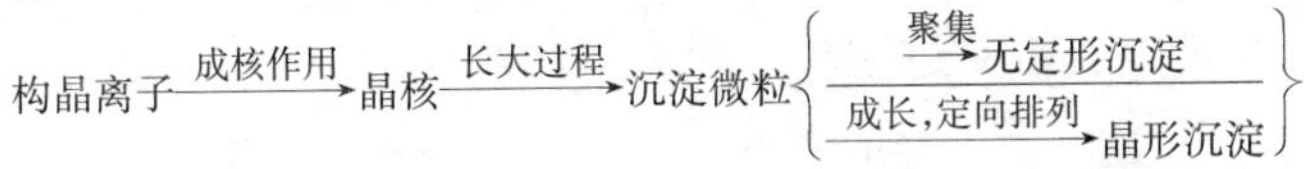

图 6-1 沉淀形成过程

当溶液呈过饱和状态时,构晶离子由于静电作用可自发缔合成包含一定数目构晶离子的晶核,即均相成核。晶核的数目与反应物的性质和浓度有关,反应物浓度越大,则开始瞬间溶液的相对过饱和度越大,形成的晶核数目越多。除了均相成核产生的晶核外,溶液中混有的固体微粒和容器壁上的微小毛刺也可起晶核的作用,这种晶核的数目取决于溶液中混有的固体微粒等的数目。

溶液中的构晶离子向晶核表面扩散,并沉积在晶核上,使晶核逐渐长大,到一定程度时,成为沉淀微粒。这种沉淀微粒相互聚集在一起便形成无定形沉淀;若构晶离子按一定规则进一步在沉淀微粒表面沉积或晶核按一定规则排列使沉淀微粒长大成大晶粒,这样便形成晶形沉淀。在不同的沉淀条件下,同种物质可以形成无定形沉淀,也可以形成晶形沉淀。

(三) 影响沉淀纯度的因素

当一种沉淀从溶液中析出时,溶液中的某些其他组分可通过表面吸附、与沉淀物质生成混晶、被沉淀物质包夹和后沉淀等方式混入沉淀中,影响沉淀的纯度,从而影响沉淀重量法分析结果的准确性。

要提高沉淀的纯度,则应根据沉淀的性质和杂质混入的规律采取适当的措施,以减少杂质的引入。较常用的措施有改善沉淀条件、改变杂质的存在形式、选择较合适的沉淀剂、选择合适的分析步骤和再沉淀等。

（四）沉淀条件的选择

在重量分析中，为了获得准确的分析结果，要求被测组分沉淀完全，所得沉淀纯净，且易于过滤洗涤。为此，应选择在合适的条件下进行沉淀。由于不同形态的沉淀性质不一样，因此，它们的沉淀条件有别。对晶形沉淀来说，应当在适当稀的热溶液中进行沉淀，沉淀剂的加入速度要慢，同时要充分搅拌溶液，以减小相对过饱和度，从而减小成核数量，以便得到易于过滤的、纯净的、颗粒较大的晶形沉淀。沉淀完后，让沉淀陈化一段时间，可使沉淀颗粒变大，沉淀变得更纯净。

对无定形沉淀来说，则应选择在较浓的热溶液中沉淀，沉淀剂的加入速度可稍快，加入的同时应不断搅拌，并应先在溶液中加入大量电解质，沉淀完后不要陈化。这样有利于得到结构紧密、含水和杂质量少的、易于过滤洗涤的沉淀。

为了得到颗粒大、结构紧密、纯净的沉淀，也可采用均匀沉淀法沉淀。均匀沉淀法中，沉淀剂是通过化学反应均匀、缓慢地产生的，这样避免了直接加入沉淀剂时所出现的局部过浓和相对过饱和度过大的情况。

（五）重量分析结果的计算

沉淀经烘干或灼烧后便得到沉淀的称量形式，若称量形式与被测组分的形式相同，则可根据下式计算含量

$$w = \frac{m}{m_s} \times 100\%$$

式中：w 为被测组分的质量分数；m 为称量形式时的质量；m_s 为试样的质量。

若被测组分的表示形式与沉淀的称量形式不相一致，则应将以称量形式存在时的质量换算成以被测组分形式存在时的质量，再进行计算。计算式为

$$w = \frac{Fm}{m_s} \times 100\%$$

（六）沉淀滴定法

基于沉淀反应的滴定法，称为沉淀滴定法。尽管沉淀反应很多，但符合滴定分析要求的却较少。在实际中用得较多的有银量法等。银量法又因指示剂和滴定方式等的区别而分成数种。用铬酸钾作指示剂的银量法称为“莫尔法”。莫尔法可用于测定溶液中的 Cl^-、Br^- 和 Ag^+。用铁铵矾作指示剂的银量法则称为“福尔哈德法”。福尔哈德法里的滴定剂是 KSCN，这有别于莫尔法里的 $AgNO_3$。福尔哈德法可用于直接测定 Ag^+，也可通过返滴定法测定卤素离子。“法扬司法”是以吸附指示剂来指示滴定终点的银量法。该方法的滴定剂可以是 $AgNO_3$，也可以是卤素盐和硫氰化物溶液。法扬司法可用于测定 Ag^+、SCN^- 和卤离子。

三、要点及疑难点解析

1. 沉淀的溶解与形成

沉淀溶解的过程常用下式表示

$$MA(s) \xrightleftharpoons{s^0} MA(aq) \xrightleftharpoons{K} M^{n+} + A^{n-}$$

溶解平衡式则一般写成

$$MA \longequal M^{n+} + A^{n-}$$

不必注明 MA 是固态还是溶解状态,因为在进行计算时只需考虑离解部分的溶度积,与分子态无关。

沉淀反应式一般写成

$$M + A \longequal MA\downarrow$$

则 M 和 A 结合形成沉淀分子。分子是很小的,单个的分子一般不会沉淀下来,沉淀分子要变成看得见的沉淀粒子,需要经历一系列的过程。因此这种反应式在某种意义上说是反映一种变化趋势,并非指产生单个分子沉淀。

2. 无定形沉淀与晶形沉淀

与晶形沉淀相比,无定形沉淀的颗粒一般比较小,溶解度较小,而且无定形沉淀的颗粒很难通过控制沉淀条件使其变得较大,因此进行沉淀时,不必费力去考虑改变它的大小。

3. 吸附共沉淀

沉淀表面吸附杂质构成吸附层,抗衡离子构成扩散层,两者共同组成双电层。双电层仍然很薄,可紧附在沉淀表面。与构晶离子结合越强的离子越容易成为抗衡离子被共沉淀下来,这包括可与构晶离子结合成难离解、难溶解物质的离子。因此,吸附共沉淀具有一定选择性。一般可通过改变沉淀条件来改变共沉淀物的种类,以提高沉淀(或者称量形式)的纯度。

4. 沉淀滴定

沉淀滴定中的指示剂用量一般比较多,尽管通过计算可知,它引起的终点误差仍然在允许的范围内,但考虑到沉淀的多少对颜色等的影响,一般要通过做空白实验来校正。沉淀滴定中因采用的方式、方法不同,误差不一样,应根据结果的计算式确定可能产生的是正误差还是负误差等。

四、例　题

例 6-1　求 $TiO(OH)_2$ 沉淀在水中的溶解度。[已知 $TiO(OH)_2$ 的 $K_{sp}=1\times10^{-29}$]

思路　先列出溶解平衡式，找到溶解度与相关组分平衡浓度的关系，再根据溶度积的表达式，列出计算溶解度的方程式，然后求解。

解　设 $TiO(OH)_2$ 的溶解度为 s。沉淀的溶解平衡为

$$TiO(OH)_2 \rightleftharpoons TiO^{2+} + 2OH^-$$

因此，$[TiO^{2+}]=s$，$[OH^-]=2s+1\times10^{-7}\approx10^{-7}$，而 $K_{sp}=[TiO^{2+}]\cdot[OH^-]^2=1\times10^{-29}$，故

$$s=K_{sp}/[OH^-]^2=1\times10^{-29}/1\times10^{-14}=1\times10^{-15}(mol\cdot L^{-1})$$

例 6-2　向含 $0.010mol\cdot L^{-1}Ca^{2+}$ 与 $0.010mol\cdot L^{-1}Ce^{3+}$ 的溶液中加草酸盐，可否将它们 99% 分离开？[已知 CaC_2O_4 和 $Ce_2(C_2O_4)_3$ 沉淀的 K_{sp} 分别为 1.3×10^{-8} 和 3×10^{-29}]

思路　所谓 99% 分离，即当 99% 的 Ce^{3+} 生成沉淀时，Ca^{2+} 还未沉淀，因此，应根据各自生成沉淀的条件，看是否有合适的沉淀剂浓度范围同时能满足这两个要求。

解　要想 $0.010mol\cdot L^{-1}Ca^{2+}$ 不沉淀，则

$$0.010\times[C_2O_4{}^{2-}]<1.3\times10^{-8}$$

即

$$[C_2O_4{}^{2-}]<1.3\times10^{-6}mol\cdot L^{-1}$$

要想 99% 的 Ce^{3+} 生成沉淀，则

$$[C_2O_4{}^{2-}]^3\times[(1-99\%)\times0.010]^2>3\times10^{-29}$$

即

$$[C_2O_4{}^{2-}]>1.4\times10^{-7}mol\cdot L^{-1}$$

因此，从理论上讲只要控制 $1.4\times10^{-7}mol\cdot L^{-1}<[C_2O_4{}^{2-}]<1.3\times10^{-6}mol\cdot L^{-1}$，即可实现两者的分离，但实际操作起来比较困难。

例 6-3　已知 $CaSO_4$ 的离解常数为 5.0×10^{-3}，活度积常数为 9.1×10^{-6}。忽略离子强度的影响，计算 $CaSO_4$ 的固有溶解度、在纯水中的溶解度以及饱和 $CaSO_4$ 溶液中以非离解形式存在的 Ca^{2+} 所占的比例。

思路　固有溶解度即为分子溶解度，离解平衡中涉及它；溶度积则与游离态的构晶离子的平衡浓度相关。因此根据这两个关系式可求出固有溶解度和溶解度等。

解　设 $CaSO_4$ 的固有溶解度为 s^0，在纯水中的溶解度为 s，非离解形式 Ca^{2+} 所占的比例为 x。根据 $CaSO_4$ 的溶解平衡

$$CaSO_4(s) \rightleftharpoons CaSO_4(aq) \rightleftharpoons Ca^{2+} + SO_4^{2-}$$

可知

$$[CaSO_4(aq)] = s^0$$

$$K_{sp}^0 = a_{Ca^{2+}} a_{SO_4^{2-}} \approx [Ca^{2+}][SO_4^{2-}]$$

$$K_d = \frac{[Ca^{2+}][SO_4^{2-}]}{[CaSO_4(aq)]}$$

所以

$$s^0 = [CaSO_4(aq)] = \frac{K_{sp}^0}{K_d} = \frac{9.1\times10^{-6}}{5.0\times10^{-3}} = 1.8\times10^{-3}(mol\cdot L^{-1})$$

在纯水中，$CaSO_4$ 的溶解度为

$$s = [CaSO_4(aq)] + [Ca^{2+}](或[SO_4^{2-}]) = s^0 + \sqrt{K_{sp}^0}$$

$$= 1.8\times10^{-3} + \sqrt{9.1\times10^{-6}} = 4.8\times10^{-3}(mol\cdot L^{-1})$$

$$x = \frac{[CaSO_4(aq)]}{[CaSO_4(aq)] + [Ca^{2+}]}\times100\% = \frac{s^0}{s}\times100\% = \frac{1.8\times10^{-3}}{4.8\times10^{-3}}\times100\% = 63\%$$

例 6-4　称取合金试样 0.6113g，溶解后，加入 8-羟基奎宁将其中的 Al 和 Mg 转化为相应的沉淀 $Al(C_9H_6NO)_3$ 和 $Mg(C_9H_6NO)_2$，烘干后称得沉淀质量为 7.8154g。沉淀再经高温处理后，转化为 Al_2O_3 和 MgO，它们的质量为 1.0022g。求试样中 Al 和 Mg 的质量分数。[已知 $Al(C_9H_6NO)_3$ 和 $Mg(C_9H_6NO)_2$ 的摩尔质量分别为 $459.45g\cdot mol^{-1}$ 和 $312.61g\cdot mol^{-1}$]

思路　根据两种称量形式的质量，可列出两个方程，据此可求得两者的质量和试样中的质量分数。

解　设试样中 Al 和 Mg 的质量分数分别为 x 和 y。根据题意可知

$$\frac{0.6113xM_1}{M_{Al}} + \frac{0.6113yM_2}{M_{Mg}} = 7.8154$$

$$\frac{0.6113xM_{Al_2O_3}}{M_{Al}} + \frac{0.6113yM_{MgO}}{M_{Mg}} = 1.0022$$

将数据代入得

$$x = 0.0291$$

$$y = 0.9555$$

例 6-5　已知 $HgCl_2$ 的溶度积常数 K_{sp} 为 2.0×10^{-14}，Hg^{2+} 与 Cl^- 的逐级络合常数为 $\lg K_1 = 6.74$，$\lg K_2 = 6.48$，$\lg K_3 = 0.85$，$\lg K_4 = 1.0$。忽略离子强度的影

响，计算 $HgCl_2$ 的固有溶解度 s^0。

思路　根据逐级络合平衡，计算分子状态络合物 $HgCl_2$ 的平衡浓度。

解　Hg^{2+} 与 Cl^- 的逐级络合平衡为

$$Hg^{2+} + Cl^- \rightleftharpoons HgCl^+$$
$$HgCl^+ + Cl^- \rightleftharpoons HgCl_2(aq)$$
$$HgCl_2(aq) + Cl^- \rightleftharpoons HgCl_3^-$$
$$HgCl_3^- + Cl^- \rightleftharpoons HgCl_4^{2-}$$

故

$$K_1 = \frac{[HgCl^+]}{[Hg^{2+}][Cl^-]}$$
$$K_2 = \frac{[HgCl_2]}{[HgCl^+][Cl^-]}$$
$$K_1K_2 = \frac{[HgCl_2]}{[Hg^{2+}][Cl^-]^2}$$

而

$$K_{sp} = [Hg^{2+}][Cl^-]^2$$
$$s^0 = [HgCl_2(aq)]$$

所以

$$s^0 = K_1 \times K_2 \times K_{sp} = 10^{6.74} \times 10^{6.48} \times 2.2 \times 10^{-14} \approx 0.33(mol \cdot L^{-1})$$

例 6-6　计算 CaC_2O_4 沉淀在 pH3.0，$c_{C_2O_4^{2-}} = 0.010 mol \cdot L^{-1}$的溶液中的溶解度。[已知 $K_{sp,CaC_2O_4} = 2.0 \times 10^{-9}$；$H_2C_2O_4$ 的离解常数为：$K_{a_1} = 5.9 \times 10^{-2}$，$K_{a_2} = 6.4 \times 10^{-5}$]

思路　$H_2C_2O_4$ 为弱酸，而溶液的酸度又较大，因此应考虑酸效应影响；溶液中存在有 $C_2O_4^{2-}$，因此同时要考虑同离子效应。

解　设 CaC_2O_4 的溶解度为 s，根据溶解平衡可知

$$[Ca^{2+}] = s$$
$$[C_2O_4^{2-}] = \delta_2 \times (c_{C_2O_4^{2-}} + s) = \delta_2 \times (0.010 + s)$$
$$K_{sp,CaC_2O_4} = [Ca^{2+}][C_2O_4^{2-}] = s \times \delta_2 \times (0.010 + s) \approx 0.010 \times \delta_2 \times s$$

s 相对 0.010 来说很小，即

$$s = 2.0 \times 10^{-9}/(0.010 \times \delta_2)$$

而

$$\delta_2 = K_{a_1}K_{a_2}/([H^+]^2 + K_{a_1}[H^+] + K_{a_1}K_{a_2})$$
$$= 5.9 \times 10^{-2} \times 6.4 \times 10^{-5}/[(1.0 \times 10^{-3})^2 + 1.0 \times 10^{-3} \times$$

$$5.9\times10^{-2}+5.9\times10^{-2}\times6.4\times10^{-5}]=5.9\times10^{-2}$$

故

$$s=2.0\times10^{-9}/(0.010\times5.9\times10^{-2})=3.4\times10^{-6}(\text{mol}\cdot\text{L}^{-1})$$

例 6-7　计算 CaF_2 在下列溶液中的溶解度。(1) $0.010\text{mol}\cdot\text{L}^{-1}\ NH_4HF_2$；(2) pH4.0，$c_{EDTA}=0.010\text{mol}\cdot\text{L}^{-1}$。[已知 $K_{sp,CaF_2}=2.7\times10^{-11}$；HF 的 $K_a=6.6\times10^{-4}$；H_2SO_4 的 $K_{a_2}=1\times10^{-2}$，$K_{sp,CaSO_4}=9.1\times10^{-6}$；CaY 的形成常数 $K=10^{10.69}$，pH4.0 时，$\lg\alpha_{Y(H)}=8.44$]

思路　CaF_2 为弱酸盐沉淀，因此需考虑酸度的影响，在两种情况下分别还有同离子和络合效应。

解　(1) 先根据 NH_4HF_2 的离解平衡求溶液中的$[H^+]$。NH_4HF_2 溶液中的有关离解平衡为

$$NH_4HF_2 = NH_4F + HF$$
$$NH_4F = NH_4^+ + F^-$$
$$HF = H^+ + F^-$$

故

$$[F^-]=0.010+[H^+]$$
$$[HF]=0.010-[H^+]$$
$$K_a=[H^+][F^-]/[HF]=[H^+](0.010+[H^+])/(0.010-[H^+])$$
$$=6.6\times10^{-4}\quad[H^+]=5.7\times10^{-4}(\text{mol}\cdot\text{L}^{-1})$$

设 CaF_2 的溶解度为 s，则

$$[Ca^{2+}]=s$$
$$c_{F^-}=0.010\times2+s\times2\approx0.020(\text{mol}\cdot\text{L}^{-1})$$
$$K_{sp,CaF_2}=[Ca^{2+}][F^-]^2=s\times(c_F-\delta_{F^-})^2$$

即

$$2.7\times10^{-11}=s\times[0.020\times6.6\times10^{-4}/(5.7\times10^{-4}+6.6\times10^{-4})]^2$$
$$s=2.3\times10^{-7}\text{mol}\cdot\text{L}^{-1}$$

(2) 当 pH4.0 时，CaY(Y 表示 EDTA)的条件形成常数为

$$\lg K'_{CaY}=\lg K_{CaY}-\lg\alpha_{Y(H)}=\lg10^{10.69}-8.44=2.25$$

故

$$\alpha_{Ca(Y)}=c_{Ca^{2+}}/[Ca^{2+}]=1+K'_{CaY}\cdot cY=1+10^{2.25}c_Y$$

忽略因络合消耗的 Y，则 $c_Y=0.010\text{mol}\cdot\text{L}^{-1}$

$$\alpha_{Ca(Y)}=1+10^{2.25}\times0.010=2.78$$

又

$$[F^-] = c_{F^-}\delta_{F^-} = 2s\delta_{F^-} = 2sK_a/([H^+] + K_a)$$
$$= 2s \times 6.6 \times 10^{-4}/(1 \times 10^{-4} + 6.6 \times 10^{-4}) = 1.74s$$
$$[Ca^{2+}] = c_{Ca^{2+}}/\alpha_{Ca(Y)} = s/2.78$$
$$K_{sp,CaF_2} = [Ca^{2+}][F^-]^2 = (s/2.78) \times (1.74s)^2 = 2.7 \times 10^{-11}$$
$$s = \sqrt[3]{2.48 \times 10^{-11}} = 2.9 \times 10^{-4}(mol \cdot L^{-1})$$

例 6-8 计算 CdS 在 $c_{NH_3} = 0.10 mol \cdot L^{-1}$的溶液中的溶解度。[已知 $K_{sp,CdS} = 8\times10^{-27} mol \cdot L^{-1}$；$NH_3$ 的 $K_b = 1.8\times10^{-5}$；H_2S 的离解常数为 $K_{a_1} = 1.3\times10^{-7}$，$K_{a_2} = 7.1\times10^{-15}$；$Cd(NH_3)_n{}^{2+}$ 的形成常数 $\lg\beta_1 = 2.65$，$\lg\beta_2 = 4.75$，$\lg\beta_3 = 6.19$，$\lg\beta_4 = 7.12$，$\lg\beta_5 = 6.80$，$\lg\beta_6 = 5.14$]

思路 溶液中同时存在酸效应和络合效应的影响，因此先要计算出$[H^+]$浓度和相关副反应系数，再求溶解度。

解 设 CdS 的溶解度为 s，条件溶度积常数为 $K'_{sp,CdS}$。

$0.10 mol \cdot L^{-1} NH_3$ 溶液中$[H^+]$为

$$[H^+] = \frac{K_w}{[OH^-]} = \frac{K_w}{\sqrt{K_b c}} = \frac{1\times10^{-14}}{\sqrt{1.8\times10^{-5}\times0.10}} = 7.4\times10^{-12}(mol \cdot L^{-1})$$

故

$$\alpha_{S^{2-}} = \alpha_{S(H)} = 1 + \frac{[H^+]}{K_{a_2}} + \frac{[H^+]^2}{K_{a_1}K_{a_2}}$$
$$= 1 + \frac{7.4\times10^{-12}}{7.1\times10^{-15}} + \frac{(7.4\times10^{-12})^2}{1.3\times10^{-7}\times7.1\times10^{15}} = 1.05\times10^3$$

又

$$\alpha_{Cd^{2+}} = \alpha_{Cd(NH_3)} = 1 + \beta_1[NH_3] + \beta_2[NH_3]^2 + \cdots + \beta_6[NH_3]^6$$
$$= 1 + 10^{2.65}\times0.10 + 10^{4.75}\times(0.10)^2 + \cdots + 10^{5.14}\times(0.10)^6 \approx 10^{3.55}$$

所以

$$K_{sp(CdS)} \cdot \alpha_{Cd} \cdot \alpha_S = 8\times10^{-27}\times1.05\times10^3\times10^{3.55} = 3\times10^{-20}$$

而

$$c_{S^{2-}} \times c_{Cd^{2+}} = s^2 = K_{sp}\alpha_{Cd}\alpha_S$$

故

$$s = \sqrt{3\times10^{-20}} = 1.7\times10^{-10} \approx 2\times10^{-10}(mol \cdot L^{-1})$$

例 6-9 在 pH4.2 的 HAc-NaAc 缓冲溶液中，$BaCrO_4$ 的溶解度为多少？($K_{sp,BaCrO_4} = 1.2\times10^{-10}$；$H_2CrO_4$ 的离解常数 $K_{a_1} = 1.8\times10^{-1}$，$K_{a_2} = 3.2\times10^{-7}$，$HCrO_4{}^-$转化为 $Cr_2O_7{}^{2-}$ 的平衡常数为 430)

思路　涉及酸效应和化学反应影响，计算时宜将有关化学平衡式列出，再根据平衡关系写出计算式并解。

解　设 $BaCrO_4$ 的溶解度为 s，根据溶液中的平衡

$$BaCrO_4 \rightleftharpoons Ba^{2+} + CrO_4{}^{2-}$$

$$CrO_4{}^{2-} + H^+ \rightleftharpoons HCrO_4{}^-$$

$$HCrO_4{}^- + H^+ \rightleftharpoons H_2CrO_4$$

$$2HCrO_4{}^- \rightleftharpoons Cr_2O_7{}^{2-} + H_2O$$

可知

$$[Ba^{2+}] = s$$

$$\begin{aligned} s &= [CrO_4{}^{2-}] + [HCrO_4{}^-] + [H_2CrO_4] + 2[Cr_2O_7{}^{2-}] \\ &= \frac{K_{sp,BaCrO_4}}{[Ba^{2+}]}\left(1 + \frac{[H^+]}{K_{a_2}} + \frac{[H^+]^2}{K_{a_1}K_{a_2}} + 2K\frac{[H^+]^2[Cr_2O_4{}^{2-}]}{K_{a_2}{}^2}\right) \\ &= \frac{1.2\times10^{-10}}{s}\left[1 + \frac{10^{-4.2}}{3.2\times10^{-7}} + \frac{(10^{-4.2})^2}{1.8\times10^{-1}\times3.2\times10^{-7}} + 2\times\frac{430\times(10^{-4.2})^2\times1.2\times10^{-10}}{(3.2\times10^{-7})^2 s}\right] \end{aligned}$$

即

$$s^2 = 1.2\times10^{-10}(1 + 1.97\times10^2 + 6.9\times10^{-2} + 4.0\times10^4\times1/s)$$

此为一高次方程，不便直接求解，可先忽略后面一项，做近似处理，这样可得 $s = 1.54\times10^{-4}\text{mol}\cdot\text{L}^{-1}$。$s$ 不太小，因此进行这种近似处理是合理的。

例 6-10　计算 $BaSO_4$ 在 pH10.0，$c_{EDTA} = 0.010\text{mol}\cdot\text{L}^{-1}$ 的溶液中的溶解度。[已知 $K_{sp,BaSO_4} = 1.1\times10^{-10}$，$\lg\alpha_{Y(H)} = 0.45$，$\lg K_{BaY} = 7.86$]

思路　存在络合效应，并且络合剂的浓度比较小，因此计算时需考虑其浓度的变化。

解　设 $BaSO_4$ 的溶解度为 s，则

$$[SO_4{}^{2-}] = s$$

$$[Ba^{2+}] + [BaY] = c_{Ba^{2+}} = s$$

$$[Ba^{2+}] = \frac{s}{\alpha_{Ba(Y)}}$$

在 pH10.0 时，BaY 的条件形成常数为

$$\lg K'_{BaY} = \lg K_{BaY} - \lg\alpha_{Y(H)} = 7.86 - 0.45 = 7.41$$

可见 BaY 的条件稳定常数较大，因此溶液中的 Ba^{2+} 将基本上以 BaY 形式存在。溶液中的[Y]为

$$[Y] = c_Y - [BaY] = 0.010 - [BaY] = 0.010 - s$$

故

$$\alpha_{Ba(Y)} = 1 + K'_{KaY}[Y'] = 1 + 10^{7.41}\times(0.010 - s) = 10^{5.41} - 10^{7.41}s$$

又

$$[Ba^{2+}][SO_4^{2-}]=\frac{s}{\alpha_{Ba(Y)}}\times s=\frac{s^2}{10^{5.41}-10^{7.41}s}=K_{sp,BaSO_4}=1.1\times10^{-10}$$

所以

$$s^2+1.1\times10^{-2.59}\times s-1.1\times10^{-4.59}=0$$

$$s=4.1\times10^{-3}mol\cdot L^{-1}$$

例 6-11 计算 $SrCO_3$ 在纯水中的溶解度。(已知 H_2CO_3 的离解常数 $K_{a_1}=4.2\times10^{-7}$, $K_{a_2}=5.6\times10^{-11}$; $K_{sp,SrCO_3}=1.1\times10^{-10}$)

思路 $SrCO_3$ 的溶度积常数较大,因此,其溶解度比较大,而 CO_3^{2-} 的碱性又相当强,所以溶液的 pH 会增大较多。在计算时应将 pH 的变化考虑进去。

解 设 $SrCO_3$ 的溶解度为 s,根据 $SrCO_3$ 水溶液中存在的平衡

$$SrCO_3 \rightleftharpoons Sr^{2+}+CO_3^{2-}$$

$$CO_3^{2-}+H_2O \rightleftharpoons HCO_3^-+OH^-$$

$$HCO_3^-+H_2O \rightleftharpoons H_2CO_3+OH^-$$

可知

$$s=[Sr^{2+}]=[CO_3^{2-}]+[HCO_3^-]+[H_2CO_3]$$

$$K_{sp,SrCO_3}=[Sr^{2+}][CO_3^{2-}]=s\times s\times\delta_2=s^2\times\frac{K_{a_1}K_{a_2}}{[H^+]^2+K_{a_1}[H^+]+K_{a_1}K_{a_2}} \tag{1}$$

$$\frac{[HCO_3^-][OH^-]}{[CO_3^{2-}]}=\frac{K_w}{K_{a_2}}$$

而溶液的质子条件式为

$$[OH^-]=[H^+]+[HCO_3^-]+[H_2CO_3]\approx[HCO_3^-]$$

溶液呈碱性,可忽略$[H^+]$和$[H_2CO_3]$,故

$$[OH^-]^2=\frac{K_w}{K_{a_2}}\times[CO_3^{2-}]=\frac{K_w}{K_{a_2}}\times\frac{K_{sp,SrCO_3}}{s}$$

$$=\frac{1\times10^{-14}}{5.6\times10^{-11}}\times\frac{1.1\times10^{-10}}{s}=\frac{1.96\times10^{-14}}{s}$$

$$[H^+]=(5.5\times10^{-15}s)^{1/2} \tag{2}$$

两式合并可得溶解度的计算式,其数学处理比较麻烦,不便直接求解,可采用逼近法进行计算。先不考虑 CO_3^{2-} 的水解,求溶解度的初始值 s_0

$$s_0=\sqrt{K_{sp,SrCO_3}}=\sqrt{1.1\times10^{-10}}=1.0\times10^{-5}(mol\cdot L^{-1})$$

将此值代入式(2),得

$$[H^+]'=2.25\times10^{-10}mol\cdot L^{-1}$$

将$[H^+]'$代入式(1)，得第一次逼近值

$$s_1 = 2.35\times10^{-5}\text{mol}\cdot\text{L}^{-1}$$

同理可求得

$$s_2 = 2.81\times10^{-5}\text{mol}\cdot\text{L}^{-1}$$
$$s_3 = 2.92\times10^{-5}\text{mol}\cdot\text{L}^{-1}$$
$$s_4 = 2.95\times10^{-5}\text{mol}\cdot\text{L}^{-1}$$
$$s_5 = 2.95\times10^{-5}\text{mol}\cdot\text{L}^{-1}$$

由此可见，在约4次逼近后其值几乎不再变化，此值即为$SrCO_3$在纯水中的溶解度。

实际上，像$SrCO_3$这种溶解度较大、酸根的质子化作用又较强的沉淀，在计算其在纯水中的溶解度时，也可把它的溶解平衡看作是水解反应来进行近似计算，即

$$SrCO_3 + H_2O \xrightleftharpoons{K} Sr^{2+} + HCO_3^- + OH^-$$

这样一来，其溶解度可视作等于OH^-浓度和HCO_3^-的浓度，即

$s = [Sr^{2+}] = [CO_3^{2-}] + [HCO_3^-] + [H_2CO_3] \approx [HCO_3^-] \approx [OH^-]$，故

$$K = [Sr^{2+}][HCO_3^-][OH^-] = [Sr^{2+}][HCO_3^-][OH^-]\times\frac{[H^+][CO_3^{2-}]}{[H^+][CO_3^{2-}]}$$

$$= [Sr^{2+}][CO_3^{2-}]\times\frac{[HCO_3^-]}{[H^+][CO_3^{2-}]}\times[OH^-][H^+]$$

$$= \frac{K_{sp,SrCO_3}\cdot K_w}{K_{a_2}} = \frac{1.1\times10^{-10}\times1\times10^{-14}}{5.6\times10^{-11}} = 1.96\times10^{-14}$$

又

$$K = [Sr^{2+}][HCO_3][OH^-] = s^3$$

故

$$s = \sqrt[3]{1.96\times10^{-14}} = 2.7\times10^{-5}(\text{mol}\cdot\text{L}^{-1})$$

计算完后，可检查一下看在此条件下，溶液中CO_3^{2-}是否基本上以HCO_3^-的形式存在，若是这样，则表明这样处理是合理的。

例 6-12　考虑离子强度的影响，计算$BaSO_4$在含$0.010\text{mol}\cdot\text{L}^{-1}$ $BaCl_2$和$0.070\text{mol}\cdot\text{L}^{-1}$ HCl的溶液中的溶解度。(已知H_2SO_4的离解常数$K_{a_2} = 1.0\times10^{-2}$，$K_{sp,BaSO_4} = 1.1\times10^{-10}$)

思路　需同时考虑盐效应、同离子效应的酸效应。可从溶度积表达式出发，将各因素的影响列出来，以得出溶解度的计算式。

解　设$BaSO_4$的溶解度为s，根据溶解平衡和题意可知

$$[Ba^{2+}] = s + 0.010 \approx 0.010(\text{mol}\cdot\text{L}^{-1})$$

$$[SO_4^{2-}] = \delta_2 \times s = s \times \frac{K_{a_2}}{[H^+] + K_{a_2}}$$

$$[Cl^-] = 0.010 \times 2 + 0.070 = 0.090(mol\cdot L^{-1})$$

$$[H^+] = 0.070(mol\cdot L^{-1})$$

故

$$I = \frac{1}{2}\sum c_i Z_i^2 = \frac{1}{2}([Ba^{2+}] \times 2^2 + [H^+] \times 1^2 + [Cl^-] \times 1^2)$$

$$= \frac{1}{2}[(s + 0.010) \times 4 + 0.070 \times 1 + 0.090 \times 1] = 0.10$$

查表得 $\dot{a}_{Ba^{2+}} = 500, \dot{a}_{SO_4^{2-}} = 400, \gamma_{SO_4^{2-}} \approx 0.38, \gamma_{SO_4^{2-}} = 0.36$，有

$$K^0_{sp, BaSO_4} = a_{Ba^{2+}} \cdot a_{SO_4^{2-}} = [Ba^{2+}]\gamma_{Ba^{2+}} \cdot [SO_4^{2-}]\gamma_{SO_4^{2-}}$$

$$= 0.010 \times 0.38 \times s \times \frac{1.0 \times 10^{-2}}{0.070 + 1.0 \times 10^{-2}} \times 0.36$$

$$= 1.7 \times 10^{-4} s$$

所以

$$s = \frac{1.1 \times 10^{-10}}{1.7 \times 10^{-4}} = 6.5 \times 10^{-7}(mol\cdot L^{-1})$$

例 6-13 某溶液中含有 0.050 $mol\cdot L^{-1} CrO_4^{2-}$ 和 0.010$mol\cdot L^{-1} Cl^-$，pH 为 9.0，当向其中滴加 $AgNO_3$ 溶液时，哪一种沉淀先析出？当第二种离子开始生成沉淀时，第一种离子的浓度还有多大？（已知 $K_{sp, AgCl} = 1.8 \times 10^{-10}$，$K_{sp, Ag_2CrO_4} = 2.0 \times 10^{-12}$；$H_2CrO_4$ 的离解常数 $K_{a_1} = 1.8 \times 10^{-1}$，$K_{a_2} = 3.2 \times 10^{-7}$。忽略 $HCrO_4^-$ 转化为 $Cr_2O_7^{2-}$ 的量）

思路 要判断哪种沉淀先析出，也就是要看哪些离子的浓度积最先达到或超过相应沉淀的溶度积常数。

解 溶液若要析出 AgCl 沉淀，则

$$[Ag^+][Cl^-] \geqslant K_{sp, AgCl}$$

即

$$0.010 \times [Ag^+] \geqslant 1.8 \times 10^{-10}$$

$$[Ag^+] \geqslant 1.8 \times 10^{-8} mol\cdot L^{-1}$$

若要析出 Ag_2CrO_4，则

$$[Ag^+]^2[CrO_4^{2-}] \geqslant K_{sp, Ag_2CrO_4}$$

即

$$[Ag^+] \times 0.050 \times \delta_2 \geqslant 2 \times 10^{-12}$$

$$[Ag^+] \geqslant 6.3 \times 10^{-6} \text{mol} \cdot L^{-1}$$

由此可知,产生 AgCl 沉淀所需的[Ag^+]小于生成 Ag_2CrO_4 沉淀所要求的[Ag^+],因此先有 AgCl 析出。当开始析出 Ag_2CrO_4 时,溶液中的[Ag^+]为 6.3×10^{-6},此时溶液中的[Cl^-]为

$$[Cl^-] = \frac{K_{sp,AgCl}}{[Ag^+]} = \frac{1.8 \times 10^{-10}}{6.3 \times 10^{-6}} = 2.9 \times 10^{-5} (\text{mol} \cdot L^{-1})$$

例 6-14 计算 $Cd(OH)_2$ 在 $0.20 \text{ mol} \cdot L^{-1} NH_3 \cdot H_2O$ 溶液中的溶解度。(已知 $K_{sp,Cd(OH)_2} = 2.5 \times 10^{-14}$;$NH_3 \cdot H_2O$ 的 $K_b = 1.8 \times 10^{-5}$;Cd^{2+}-OH^- 络合物的 $\lg\beta_1 = 4.3, \lg\beta_2 = 7.7, \lg\beta_3 = 10.3, \lg\beta_4 = 12.0$;$Cd^{2+}$-$NH_3$ 络合物的 $\lg\beta_1 = 2.65, \lg\beta_2 = 4.75, \lg\beta_3 = 6.19, \lg\beta_4 = 7.12, \lg\beta_5 = 6.80, \lg\beta_6 = 5.14$)

思路 需同时考虑两种配体引起的络合效应及同离子效应,即 OH^- 既有同离子效应,也产生络合效应,NH_3 可产生络合效应。

解 设 $Cd(OH)_2$ 的溶解度为 s,因 $Cd(OH)_2$ 的溶解度不太大,可先尝试忽略 Cd^{2+} 对配体浓度的影响。

$0.20 \text{ mol} \cdot L^{-1} NH_3 \cdot H_2O$ 中

$$[OH^-] = \sqrt{K_b c} = \sqrt{1.8 \times 10^{-5} \times 0.20} = 1.9 \times 10^{-3} (\text{mol} \cdot L^{-1})$$

$$a_{Cd(OH)^+} = 1 + \beta_1[OH^-] + \beta_2[OH^-]^2 + \beta_3[OH^-]^3 + \beta_4[OH^-]^4$$
$$= 1 + 10^{4.3} \times 1.9 \times 10^{-3} + 10^{7.7} \times (1.9 \times 10^{-3})^2 + 10^{10.3}$$
$$\times (1.9 \times 10^{-3})^3 + 10^{12.0} \times (1.9 \times 10^{-3})^4 = 3.5 \times 10^2$$

同理得

$$a_{Cd(NH_3)} = 3.5 \times 10^4$$

故

$$a_{Cd^{2+}} = a_{Cd(NH_3)} + a_{Cd(OH)^+} - 1 = 3.5 \times 10^4 + 3.5 \times 10^2 - 1 = 3.5 \times 10^4$$

又

$$[Cd^{2+}][OH^-]^2 = \frac{s}{a_{Cd^{2+}}} \times [OH^-]^2 = K_{sp,Cd(OH)_2}$$

所以

$$s = \frac{K_{sp,Cd(OH)_2} \times a_{Cd^{2+}}}{[OH^-]^2} = \frac{2.5 \times 10^{-14} \times 3.5 \times 10^4}{(1.9 \times 10^{-3})^2} = 2.4 \times 10^{-4} (\text{mol} \cdot L^{-1})$$

s 相对 NH_3 的浓度来说很小,因此,上述处理是合理的。由于溶液中 NH_3 的副反应比 OH^- 的副反应强,所以 Cd^{2+} 基本上以氨络合物的形式存在,基本上不影响[OH^-]。

例 6-15 计算 MnS 在纯水中的溶解度。(已知 $K_{sp,MnS} = 2.0 \times 10^{-10}$;$H_2S$ 的

离解常数 $K_{a_1}=1.3\times10^{-7}$, $K_{a_2}=7.1\times10^{-15}$)

思路 由MnS的 K_{sp} 可知,MnS的溶解度较大,而 S^{2-} 的水解作用又很强,所以溶液呈碱性,溶解产生的 S^{2-} 将主要以 HS^- 形式存在,溶解度可先视作等于 $[HS^-]$。

解 设MnS在纯水中的溶解度为 s_1,MnS溶解时的总反应可表示为

$$MnS+H_2O\overset{K}{\rightleftharpoons}Mn^{2+}+OH^-+HS^-$$

由此可知,$[Mn^{2+}]=s_1$, $[OH^-]=s_1$, $[HS^-]=s_1$,故

$$K=[Mn^{2+}][OH^-][HS^-]=s_1^3$$

又

$$K=[Mn^{2+}][OH^-][HS^-]=[Mn^{2+}][OH^-][HS^-]\frac{[H^+][S^{2-}]}{[H^+][S^{2-}]}$$

$$=[Mn^{2+}][S^{2-}][OH^-][H^+]\frac{[HS^-]}{[H^+][S^{2-}]}=K_{sp,MnS}\times K_w\times\frac{1}{K_{a_2}}$$

$$=\frac{2\times10^{-10}\times1\times10^{-14}}{7.1\times10^{-15}}=2.8\times10^{-10}$$

故

$$s=\sqrt[3]{2.8\times10^{-10}}=6.5\times10^{-4}(mol\cdot L^{-1})$$

此时溶液中的 $[OH^-]=6.5\times10^{-4}\ mol\cdot L^{-1}$,即 $[H^+]=1.5\times10^{-11}\ mol\cdot L^{-1}$,溶液中各种型体S的分配系数分别为

$$\delta_0=\frac{[H^+]^2}{[H^+]^2+[H^+]K_{a_1}+K_{a_1}K_{a_2}}$$

$$=\frac{(1.5\times10^{-11})^2}{(1.5\times10^{-11})^2+1.3\times10^{-7}\times1.5\times10^{-11}+1.3\times10^{-7}\times7.1\times10^{-15}}$$

$$=1.2\times10^{-4}$$

同理得

$$\delta_1=1$$

$$\delta_2=4.7\times10^{-4}$$

因此,溶液中的S实际上均以 HS^- 形式存在,这表明上述近似处理是对的。

例6-16 已知 $MgNH_4PO_4$ 在pH8.0、$c_{NH_3}=0.20mol\cdot L^{-1}$ 的溶液中的溶解度为 $1.7\times10^{-4}mol\cdot L^{-1}$,计算 $MgNHPO_4$ 的溶度积常数。(已知 NH_3 的 $K_b=1.8\times10^{-5}$; H_3PO_4 的离解常数 $K_{a_1}=7.6\times10^{-3}$, $K_{a_2}=6.3\times10^{-8}$, $K_{a_3}=4.4\times10^{-13}$)

思路 先将溶度积的表达式列出来,再计算饱和溶液中构成 $MgNH_4PO_4$ 的各种型体的平衡浓度,然后求 $MgNH_4PO_4$ 的溶度积。

解 设 $MgNH_4PO_4$ 的溶度积为 K_{sp}，根据其溶解平衡可知

$$K_{sp}=[Mg^{2+}][NH_4^+][PO_4^{3-}]$$

$$s=[Mg^{2+}]=[H_3PO_4]+[H_2PO_4^-]+[HPO_4^{2-}]+[PO_4^{3-}]=1.7\times10^{-4}(mol\cdot L^{-1})$$

$$[NH_4^+]=\delta_{NH_4^+}\times(0.20+1.7\times10^{-4})=\frac{[H^+]}{[H^+]+K_a}\times0.20$$

$$=\frac{1\times10^{-8}}{1\times10^{-8}+\dfrac{1\times10^{-14}}{1.8\times10^{-5}}}\times0.20=0.189\ (mol\cdot L^{-1})$$

$$[PO_4^{3-}]=c_{PO_4^{3-}}\cdot\delta_3=1.7\times10^{-4}$$

$$\times\frac{K_{a_1}K_{a_2}K_{a_3}}{[H^+]^3+[H^+]^2K_{a_1}+[H^+]K_{a_1}K_{a_2}K_{a_1}K_{a_2}K_{a_3}}$$

$$=6.46\times10^{-9}(mol\cdot L^{-1})$$

故

$$K_{sp}=1.7\times10^{-4}\times0.189\times6.46\times10^{-9}=2.1\times10^{-13}$$

例 6-17 当 NaCl 浓度为多大时，AgCl 在其中的溶解度最小？（已知 Ag-Cl 络合物的稳定常数为 $\lg\beta_1=3.0$，$\lg\beta_2=5.0$，$\lg\beta_3=5.0$，$\lg\beta_4=5.3$）

思路 Cl^- 可与 Ag^+ 络合，因此，Cl^- 既可产生同离子效应，也有络合效应，而这两种作用分别使沉淀的溶解度降低和增大。当其浓度合适时，沉淀有最小溶解度。

解 Cl^- 与 Ag^+ 的络合反应为

$$Cl^-+Ag^+ \rightleftharpoons AgCl$$

$$AgCl+Cl^- \rightleftharpoons AgCl_2^-$$

$$AgCl_2^-+Cl^- \rightleftharpoons AgCl_3^{2-}$$

$$\cdots$$

因为当络合效应较强时，沉淀的溶解度肯定会比较大。当溶解度最小时，络合效应应当很弱。因此，计算时可忽略 $AgCl_3^{2-}$ 和 $AgCl_4^{3-}$ 等组分，即只考虑同离子效应与络合效应的临界点时的情况。设 AgCl 的溶解度为 s，则

$$s=[Ag^+]+[AgCl]+[AgCl_2^-]=K_{sp}/[Cl^-]+s^0+\beta_2[Ag^+][Cl^-]^2$$

$$=K_{sp}/[Cl^-]+\beta_1K_{sp}+\beta_2(K_{sp}/[Cl^-])[Cl^-]^2$$

$$=K_{sp}(1/[Cl^-]+\beta_1+\beta_2[Cl^-])$$

求导数

$$ds/d[Cl^-]=K_{sp}(-1/[Cl^-]^2+0+\beta_2)=0$$

$$\beta_2=1/[Cl^-]^2$$

$$[Cl^-]=\frac{1}{\sqrt{\beta_2}}$$

代入上式得

$$s_{min}=K_{sp}(\sqrt{\beta_2}+\beta_1+\sqrt{\beta_2})\approx 8\times 10^{-7}(mol\cdot L^{-1})$$

例 6-18 已知 $E^{\ominus}_{Ag^+/Ag}=0.799V$，$E^{\ominus}_{AgCl/Ag}=0.22V$，计算 AgCl 的溶度积常数。

思路 根据电极反应和能斯特公式列出两电对的电级电势表达式，然后将相关浓度用溶度积表示式代入，再把标准电极电势的条件代入即可。

解 有关反应为

$$Ag^+ + e = Ag$$

$$AgCl = Ag^+ + Cl^-$$

根据能斯特公式，得

$$E_{AgCl/Ag}=E^{\ominus}_{Ag^+/Ag}+0.059\lg[Ag^+]$$

$$=0.799+0.059\lg K_{sp,AgCl}/[Cl^-]$$

当$[Cl^-]=1.0mol\cdot L^{-1}$时，$E_{AgCl/Ag}$即为电对 AgCl/Ag 的标准电极电势，因此

$$E^{\ominus}_{AgCl/Ag}=0.799+0.059\lg K_{sp,AgCl}/[Cl^-]=0.799+0.059\lg K_{sp,AgCl}=0.22$$

$$\lg K_{sp,AgCl}=-9.814 \qquad K_{sp,AgCl}=1.5\times 10^{-10}$$

五、自 测 题

(一) 填空题

1. 根据 $MgNH_4PO_4$ 测 P_2O_5，则其换算因素 F 的表达式为__________。
2. 根据 Fe_2O_3 测 FeO，其换算因素 F 的表达式为__________。
3. Hg_2Cl_2 的 K_{sp}表达式为__________。
4. $Cu_3[Fe(CN)_6]_2$ 的 K_{sp}表达式为__________。
5. $MgNH_4PO_4$ 的 K_{sp}表达式为__________。
6. $Co[Hg(SCN)_4]$沉淀的溶度积 K_{sp}的表达式为 $K_{sp}=$__________。
7. $KB(C_6H_5)_4$ 沉淀的溶度积 K_{sp}的表达式为 $K_{sp}=$__________。
8. $0.10mol\cdot L^{-1}$ NH_4HF_2 溶液中，沉淀 CaF_2 的 K_{sp}的表达式为__________。
9. 洗涤 $BaSO_4$ 沉淀时可用__________，洗涤 AgCl 沉淀时需用__________溶液。
10. AgCl、Ag_2CrO_4、CaF_2 的溶度积常数分别为 1.8×10^{-10}、1.1×10^{-12}、2.7×10^{-11}，不考虑酸效应，它们在纯水中的溶解度大小顺序为__________。
11. 某沉淀 $M(OH)_3$ 在纯水中的溶解度为 1×10^{-9} $mol\cdot L^{-1}$，则其 $K_{sp}=$__________。

12. 用重量法测定某试样中 As_2O_3 的含量时，先通过一系列处理将 As_2O_3 定量转化为 Ag_3AsO_4 沉淀，再在硝酸介质中将其转化为 AgCl 沉淀，并以 AgCl 形式称量，因此其换算因数 F 的表达式为_________。

13. 曙红的 $pK_a \approx 2$，以它为吸附指示剂用银量法测 Br^- 时，溶液的 pH 应控制在_________范围内。

14. 用福尔哈德法测定 Cl^- 的含量时，若忘了加硝基苯等，则所得结果比实际值_________。

15. 沉淀重量法中，引起沉淀不纯的主要原因是_________、_________。

16. 莫尔法中使用的滴定剂为_________，指示剂为_________。

17. 将 $0.20mol \cdot L^{-1}$ SO_4^{2-} 和 $0.10mol \cdot L^{-1}$ Ba^{2+} 等体积混合时，加动物胶($pK_{a_1}=2.0$，$pK_{a_2}=8.5$)促其凝聚，这时沉淀溶液的 pH 应_________。

18. 若 $KB(C_6H_5)_4$ 沉淀的溶度积 $K_{sp}=5\times10^{-21}$，则其在 $0.10mol \cdot L^{-1}$KCl 溶液中的溶解度为_________。

19. 晶形沉淀的沉淀条件一般可简要的概括为：_________，_________，_________，_________，_________。

20. 过饱和度越大，则均相成核数目_________，异相成核数目_________。

(二) 计算题

1. 已知 $Ca(OH)_2$ 的 $K_{sp}=5.5\times10^{-6}$，计算其饱和水溶液的 pH。

2. 将 100mL $0.20mol \cdot L^{-1}$ NH_3 溶液倒入 100mL $0.040mol \cdot L^{-1}$ $MgCl_2$ 溶液中，要想不生成 $Mg(OH)_2$ 沉淀，应向其中加入多少克 NH_4Cl 固体？[已知 $Mg(OH)_2$ 的 $K_{sp}=5.0\times10^{-12}$]

3. 根据得到的 Fe_2O_3 质量来测定试样中 Fe 的含量，算得结果为 10.11%，若所得的 Fe_2O_3 称量形式中含有 3.00% 的 Fe_3O_4，则试样中 Fe 的质量分数实际应为多少？

4. 称取某含氯试样 0.2500g，溶解后，向其中加入 30.00mL $0.1000mol \cdot L^{-1}$ $AgNO_3$ 溶液，然后用 $0.1200mol \cdot L^{-1}$ NH_4SCN 溶液滴定多余的 $AgNO_3$，滴定至终点时用去 2.00mL。计算试样中氯的质量分数。

5. 取 NaCl 溶液 25.00mL，加入 30.00mL $0.1000mol \cdot L^{-1}$ $AgNO_3$ 后，用 $0.1000mol \cdot L^{-1}$KSCN 滴定过量的 $AgNO_3$，耗去 5.00mL，计算 NaCl 的浓度。若在滴定过程中未采取措施防止沉淀的转化，滴定至终点时溶液中 SCN^- 的浓度为 5.0×10^{-5}，溶液的总体积为 60.00mL，则 NaCl 的准确浓度为多大？(已知 AgCl 和 AgSCN 的 K_{sp} 分别为 1.8×10^{-10} 和 1.0×10^{-12})

6. 称取含硫试样 1.5000g，经适当处理后将其中的硫定量转化成 $BaSO_4$，称得其质量为 1.7500g。计算：试样中硫的质量分数；若在 $BaSO_4$ 沉淀过滤时用 50.0mL 0.20mol·L^{-1} HCl 洗涤沉淀（设洗涤时达到了溶解平衡），则因洗涤而损失的 $BaSO_4$ 为多少毫克？（已知 $K_{sp,BaSO_4}=1.1\times10^{-10}$，$K_{a_2,H_2SO_4}=1.0\times10^{-2}$，$M_{BaSO_4}=233.4g\cdot mol^{-1}$，$M_S=32.10g\cdot mol^{-1}$）

7. 计算 $BaSO_4$ 在 0.01mol·L^{-1} H_2SO_4 中的溶解度。

8. 某有机物的摩尔质量为 417g·mol^{-1}，欲通过下述反应测定其中的乙氧基

$$ROCH_2CH_3+HI=\!=\!=ROH+CH_3CH_2I$$

$$CH_3CH_2I+Ag^++OH^-=\!=\!=AgI+CH_3CH_2OH$$

已知 25.42mg 试样经此处理后，得到 29.03mg AgI，试问每分子中含有几个乙氧基？

9. 有含铈试样 4.370g，溶解后，向溶液中加入过量碘酸盐将其中的 Ce^{4+} 沉淀为 $Ce(IO_3)_4$。沉淀经洗涤、干燥、就烧后，得 CeO_2 0.1040g。求试样中 Ce 的质量分数。

10. 称取 Fe_2O_3 和 Al_2O_3 的混合物 2.0192g，经在氢气氛中加热处理后，其中的 Fe_2O_3 化成 Fe，Al_2O_3 保持不变，此时称得剩余物的质量为 1.771g。计算混合物中 Fe_2O_3 的质量分数。（已知 Al_2O_3 和 Fe_2O_3 的摩尔质量分别为 101.96g·mol^{-1}和 159.69g·mol^{-1}）

11. 已知试样的质量为 1.4752g，其中含有 K_2CO_3、NH_4Cl 和其他不干扰成分。将试样溶解后配制成 100.00mL 溶液，取此溶液 25.00mL，酸化后，加过量四苯硼钠溶液得沉淀 0.6170g。另取溶液 50.00mL，经碱化和加热处理后，再酸化和加四苯硼钠溶液，得沉淀 0.5540g。计算试样中 K_2CO_3 和 NH_4Cl 的质量分数。

12. 计算在 pH8.0 的 $Cu_4(OH)_6SO_4$ 饱和溶液中 Cu^{2+} 的浓度。[已知 $Cu_4(OH)_6SO_4$的 $K_{sp}=2.3\times10^{-69}$]

13. 欲测定空气中 SO_2 的含量，将 18.35L 空气通入 H_2O_2 溶液中，其中的 SO_2 转化为 SO_4^{2-}，然后用 $Ba(ClO_4)_2$ 滴定产生的 SO_4^{2-}，滴定至终点时用去0.01 100 mol·L^{-1} $Ba(ClO_4)_2$ 溶液 9.25mL。计算空气试样中 SO_2 的含量。

14. 考虑盐效应，计算 $BaSO_4$ 在 0.10mol·L^{-1} $CuCl_2$ 中的溶解度。（已知 $K^0_{sp,BaSO_4}=1.1\times10^{-10}$；$\dot{a}_{Ba^{2+}}=500$，$\dot{a}_{SO_4^{2-}}=400$）

15. 称取某含 C、H、Cl 等的有机化合物 0.1013g，经通氧燃烧后，所产生的气体用吸收管吸收，发现 CO_2 吸收管的质量增加 0.1676g，吸收 H_2O 的吸收管的质量增加 0.0137g。另外称取 0.1218g 试样，经浓硝酸处理后，再加 $AgNO_3$ 溶液，使其中的 Cl 转化为 AgCl 沉淀，称得沉淀质量为 0.2627g。试确定它们在分子中的组成比。

16. 将 0.1392g 不纯 Na_3PO_3 试样溶于 25mL 水中，然后将此溶液滴加到 $HgCl_2$ 溶液中，待反应完全后，对所产生的沉淀进行适当处理，得 0.4320g $HgCl_2$，计算试样中 Na_3PO_3 的质量分数。

17. 欲测定 $C_6H_6Cl_6$ 与 $C_{14}H_9Cl_5$ 的混合物中两者的含量，称取此混合物 0.2795g，置于石英管中，通氧燃烧，产物用 $NaHCO_3$ 溶液吸收。吸收液酸化后，加 $AgNO_3$ 溶液，将其中的 Cl^- 沉淀为 AgCl，得 0.7161gAgCl。计算它们的质量分数。(已知 $C_6H_6Cl_6$ 与 $C_{14}H_9Cl_5$ 的摩尔质量分别为 290.83g·mol^{-1}和 354.49g·mol^{-1})

第七章　吸光光度法

吸光光度法是基于物质对光的选择性吸收而建立起来的分析方法。该方法灵敏度高,测定下限达 $10^{-7} \sim 10^{-5}$,主要用于测定微量及痕量组分。方法准确度较高,测定的相对误差为 2%～5%。仪器设备比较简单。操作简便、快速。应用广泛,可以直接或间接测定几乎所有的无机离子和许多有机化合物。它还可以用来测定络合物的组成、有机酸(碱)及络合物的平衡常数。既能用于测定试样中的单一组分,又能进行试样中多组分的同时测定。本章主要讨论可见光区的吸光光度法。复习本章要注意以下几个方面。

一、复习要求

(1) 了解目视比色法的原理和特点、简易型光度计的光学系统、显色反应中的多元络合物、双波长吸光光度法的原理及应用。

(2) 熟悉光的基本性质和光吸收曲线、吸光光度法的原理及特点、分光光度计的基本部件、引起偏离朗伯-比尔定律的因素、显色反应及显色剂。

(3) 掌握光吸收的基本定律——朗伯-比尔定律及有关计算、吸光度的测量和标准曲线的绘制、影响显色反应的因素、光度测量误差及有关计算、光度测量条件的选择、吸光光度法的应用及有关计算。

二、内容提要

(一) 吸收光谱

(1) 光的基本性质。

(2) 物质对光的选择性吸收,包括单色光、复合光、白光、可见光、互补色光、光吸收曲线、最大吸收波长。

(二) 光吸收的基本定律

(1) 朗伯-比尔定律,包括推导前提、数学表达式及物理意义、吸光系数 a、摩尔吸光系数 ε 和桑德尔灵敏度 S 的含义及有关计算、吸光度 A 和透光率 T(透射比,透光度)的含义及有关计算、吸光度的测量、标准曲线的绘制和待测组分含量的测定。

(2) 偏离朗伯-比尔定律的因素，包括非单色光的影响、介质不均匀的影响、化学反应的影响。

(三) 吸光光度分析的方法和仪器

(1) 目视比色法原理及特点。

(2) 吸光光度法原理及特点。

(3) 分光光度计及基本部件，包括光源、单色器、比色皿、检测器和显示装置。

(四) 显色反应及其影响因素

(1) 显色反应及其类型。

(2) 吸光光度法对显色反应的要求选择性好、有色化合物组成恒定并且性质恒定、对比度大。

(3) 有机显色剂中的生色团和助色团。

(4) 几种常见的显色剂。

(5) 多元络合物。

(6) 显色条件的选择，包括显色剂用量、显色酸度、显色温度、显色时间、溶剂、干扰及消除办法。

(五) 光度测量误差和测量条件的选择

(1) 光度测量误差公式

$$E_{\mathrm{r}} = \frac{\Delta c}{c} = \frac{\Delta T}{T \ln T}$$

(2) 测量条件的选择，包括入射光波长、吸光度范围、参比溶液。

(六) 吸光光度法的应用

(1) 示差分光光度法的原理和误差。

(2) 多组分的测量原理。

(3) 弱酸(碱)离解常数的测定。

(4) 络合物组成的测定，包括饱和法、连续变化法。

(5) 双波长分光光度法的原理及应用。

三、要点及疑难点解析

(一) 吸光光度法的基本原理

1. 物质对光的选择性吸收

光是一种电磁波,不同波长的光具有不同的能量。

理论上将具有同一波长的光称为单色光,由不同波长组成的光称为复合光。白光是可见光,它的波长范围为400～750nm,它是由红、橙、黄、绿、青、蓝、紫各种色光按一定比例混合而成。其中各种色光的波长范围不同(称为波段)。实际上只要将两种颜色适当的色光按一定的强度比例混合,就可形成白光,这两种色光就称为互补色光。

物质粒子(原子、离子、分子)具有不连续的量子化能级,仅当照射光的光子能量($h\nu$)与被照射物质微粒的基态与激发态能量之差相当时才能发生吸收。不同的物质微粒由于结构不同而具有不同的量子化能级,其能量差也不相同。因此,物质对光的吸收具有选择性。

当一束白光通过某溶液时,如果该溶液对可见光区各波段的光都不吸收,即入射光全部透过,则溶液透明无色。如果溶液吸收了可见光区域中某波段的光,而透过其余波段的光,溶液便呈现被吸收的波段光的互补色光的颜色。例如,硫酸铜溶液吸收了白光中黄色光而呈现蓝色,因为黄色和蓝色是互补色。因此,物质的颜色是由于物质对不同波长的光具有选择性作用的结果。

如果测量某物质的溶液对不同波长单色光的吸收程度,以波长为横坐标,吸光度为纵坐标,可得到一条曲线,称为光吸收曲线或吸收光谱。吸光程度最大处对应的波长就称为最大吸收波长,用λ_{max}表示。吸收光谱的形状与物质分子的结构有关,由于物质内部结构不同,不同物质吸收光谱的形状和最大吸收波长也不相同,这是定性鉴定各种物质的依据。不同浓度的同一物质,其最大吸收波长不变,但其相应的吸光度随浓度的增大而增大。在光度分析时,通常选择最大吸收波长作为测量波长。

2. 光吸收的基本定律——朗伯-比尔定律

一束平行的单色光垂直照射于某一均匀非散射的吸收介质(例如有色溶液)时,溶液的吸光度与溶液的浓度和液层厚度的乘积成正比,这就是吸光光度法定量测定的理论基础——朗伯-比尔定律。其数学表达式为

$$A = \lg \frac{I_0}{I} = kbc \tag{7-1}$$

式中:A 为吸光度;I_0 为入射光的强度;I 为透过光的强度;b 为吸收池厚度;c 为

溶液浓度；k 为比例系数，它与吸光物质的性质、入射光的波长及温度等因素有关。

由于 $k=A/bc$，故 k 值随 b、c 所取单位不同而不同，通常 b 以 cm 为单位。当 c 以 $g \cdot L^{-1}$表示时，k 以 a 表示，称为吸光系数，单位为$L \cdot g^{-1} \cdot cm^{-1}$。式(7－1)变为

$$A=abc \tag{7-2}$$

当 c 以 $mol \cdot L^{-1}$表示时，k 以符号 ε 表示，称为摩尔吸光系数，单位为 $L \cdot mol^{-1} \cdot cm^{-1}$。式(7－1)变为

$$A=\varepsilon bc \tag{7-3}$$

ε 的物理意义表示物质的浓度为 $1mol \cdot L^{-1}$，液层厚度为 1cm 时溶液的吸光度。ε 在取适宜低的浓度显色，经测量吸光度 A 后计算而得。由于吸光质点的平衡浓度不易得知，而在实际工作中所选用的显色反应比较完全，计算 ε 时，以待测物质的分析浓度代替。

a 和 ε 反映吸光质点对光的吸收能力，也是衡量光度分析方法和显色反应灵敏度的重要指标。a 和 ε 越大，测定方法的灵敏度越高。通常 $\varepsilon>10^4$ 是灵敏的分析方法，而 $\varepsilon \geqslant 10^5$ 则是超高灵敏度的分析方法。目前 ε 达 $2\times10^5 \sim 5\times10^5$ 的显色反应已较为普遍，极少数显色反应 ε 已达到 10^6 数量级。

光度分析的灵敏度还常用桑德尔灵敏度 S 来表示，它是仪器的检测限 $A=0.001$ 时，在单位截面积液柱内能检测出的物质的最低含量，单位为 $\mu g \cdot cm^{-1}$。桑德尔灵敏度 S 与摩尔吸光系数 ε 的关系如式(7－4)表示

$$S=\frac{M}{\varepsilon} \tag{7-4}$$

式中：M 为吸光物质的摩尔质量。

在光度分析的测量中，也常用到透光率 T 或百分透光率 $T\%$ 来表示有色溶液对光的吸收程度和进行有关计算。透光率(透射比)是指透过光强度 I 与入射光强度 I_0 之比，即

$$T=\frac{I}{I_0}$$

$$T\%=T\times100$$

因此吸光度与透光率、百分透光率间的关系如式(7－5)表示

$$A=-\lg T=2-\lg T\% \tag{7-5}$$

3. 吸光度的加和性和吸光度的测量

在含有多组分的光度分析中，通常各组分都会对同一波长的光有吸收作用，若各组分的吸光质点彼此不发生作用，当某一波长的单色光通过此溶液时，溶液的总吸光度应等于各组分吸光度之和，即

$$A=A_1+A_2+\cdots+A_n \tag{7-6}$$

在光度分析中,为了消除吸收池和溶剂对入射光的吸收和反射以及有色溶液中非待测组分的干扰,采用两个光学性能及厚度相同的吸收池。一个盛参比溶液,一个盛显色试液,以参比溶液调节仪器的工作零点即 $A=0$(或 $T\%=100$),测量显色试液的吸光度为

$$A=\lg\frac{I_0}{I}=\lg\frac{I_{参比}}{I_{试液}}=kbc$$

在此种情况下,实际上是将通过参比溶液吸收池的光强度作为入射光强度。这样测得的吸光度便比较真实地反映了待测物质对光的吸收,因此也就比较真实地反映了待测物质的浓度。

4. 标准曲线的绘制及其应用

在吸光光度分析中,通常固定吸收池的厚度不变,测量一系列标准溶液的吸光度。根据朗伯-比尔定律,可知吸光度 A 与吸光物质的浓度 c 成正比,因此以 c 为横坐标,A 为纵坐标作图,应得到一条通过原点的直线,称为标准曲线或工作曲线。在同样条件下测得未知试液的吸光度值,从工作曲线上可查出未知溶液的浓度。

5. 引起偏离朗伯-比尔定律的因素

在实际工作中,经常发现 A-c 工作曲线不成直线,即对朗伯-比尔定律的偏离。由仪器单色光不纯仅引起工作曲线向浓度轴方向弯曲,即发生负偏离。由溶液本身的物理和化学因素引起的偏离,不仅有负偏离,还有正偏离,即工作曲线向吸光度轴弯曲。

(二) 光度分析的方法和仪器

1. 光度分析的方法

光度分析的方法有目视比色法和吸光光度法,两者的测量原理不完全一致。前者是比较透过光的强度,在白光下进行测定不使用仪器,凭眼睛辨识有色溶液的深浅,以确定待测组分含量的方法。后者是比较有色溶液对单色光的吸收情况,借助分光光度计测量有色溶液的吸光度,采用标准曲线法(工作曲线法)来确定被测组分的含量,大大地提高了测定的灵敏度和准确度。目前应用最广的是吸光光度法。

2. 分光光度计的基本部件

分光光度计的种类和型号众多,但其基本部件都由光源、单色器、吸收池、检测器和显示装置五大部分组成。

1）光源

在可见光区，常用6～12V的钨灯作光源，发射360～2500nm范围的光，附有稳压器，能提供稳定的、具有足够强度的连续光谱。在近紫外区采用氢灯或氘灯作光源，发射180～375nm的连续光谱。

2）单色器

单色器由狭缝、透镜和色散元件组成。色散元件是单色器的核心部分，最常用的色散元件是棱镜和光栅。玻璃棱镜吸收紫外光用于可见光区、石英棱镜用于紫外-可见光区。其作用是从光源发出的连续光谱中分出所需的单色光。

3）吸收池（比色皿）

比色皿是由无色透明的光学玻璃或石英制成，用作盛参比溶液和待测溶液的容器。玻璃比色皿用于可见光区。

4）检测器

检测器接受从比色皿发出的透射光并其转换成电信号进行测量，分为光电管和光电倍增管。

5）显示装置

显示装置把放大的信号以吸光度 A 或透光率 T 的方式显示或记录下来。常用的显示装置有检流计、微安表、数字显示记录仪。

（三）吸光光度法分析条件的选择

在吸光光度分析中，为使测定结果准确可靠，必须做好两个方面工作：一是显色反应完全，待测组分定量转化为可测量的有色化合物，且条件易于控制、重现性好；二是用分光光度计进行测量时，其浓度测定的相对误差要小。这两者缺一不可，相得益彰。

1．吸光光度法对显色反应的要求

光度分析对显色主反应的要求，首先应当是灵敏度高、选择性好，其次显色化合物组成要恒定、化学性质要稳定、显色反应的对比度要大、显色条件易于控制。这样才能保证下一步光度测量有良好的重现性，且准确度高。

2．显色反应条件的选择

实际上能够满足上述要求的显色反应是不多的。因此在初步选定显色剂后，应对影响显色反应的因素认真进行研究。从研究化学平衡入手，以提高反应的完全程度，优化反应条件，从而找出显色反应的最优条件以满足上述要求。

影响显色反应的主要因素有显色剂的用量、溶液的酸度、显色温度、显色时间、干扰物质的消除以及溶剂效应等。为此必须认真细致地进行显色反应条件试验，

使在选定的条件下,溶液的吸光度达到最大且稳定。吸光度-条件试验曲线的平坦部分以宽些为好,这样显色条件就容易控制,光度测量的重现性就好。

光度分析中,常用的显色剂是有机试剂,它们的分子中含有生色团(含有不饱和键的基因)和助色团(含有孤对电子的基团)。它们与金属离子形成稳定的、具有特征吸收的有色络合物,选择性和灵敏度都较高。

多元络合物显色体系在不同程度上提高了显色反应的灵敏度、选择性、稳定性。我国的分析工作者在这方面做了大量的工作。研究新的显色反应和多元络合物显色体系是吸光光度法的一个发展方向。

3. 光度测量误差公式

光度测量误差是由光源不稳定、读数不准确等因素引起的。在光度计中,透光率的标尺刻度是均匀的,因此光度计的透光率读数误差 ΔT 基本上为一定值。但吸光度与透光率为负对数关系,故它的标尺刻度是不均匀的。因此吸光度的读数误差 ΔA 也是不均匀的,据朗伯-比尔定律可知

$$\frac{\Delta c}{c}=\frac{\Delta A}{A}\neq\frac{\Delta T}{T}$$

经推导可得光度测量的相对误差,公式为

$$\frac{\Delta c}{c}=\frac{0.434\Delta T}{T\lg T} \tag{7-7}$$

式中:$\frac{\Delta c}{c}$为浓度测量的相对误差,它不仅与光度计的透光率的读数误差 ΔT 有关,而且还与溶液的透光率 T 有关。由式(7-7)可知,当 $T\% = 36.8$ 或 $A = 0.434$ 时,$\frac{\Delta c}{c}$为最小。一般来讲,当百分透光率 $T\%$ 为 15~65,即吸光度为 0.8~0.2 时,浓度测量的相对误差较小。

4. 光度测量条件的选择

为使光度分析的测定结果有较高的灵敏度和准确度,必须注意选择适宜的测量条件:选择合适波长的入射光、控制适当的吸光度范围和选择适当的参比溶液等。

当无干扰组分存在时,应根据吸光物质的光吸收曲线,选择最大吸收波长作为入射光波长。此时不仅灵敏度高,而且 A_{max} 处吸收曲线较平坦,测定时偏离朗伯-比尔定律的程度减小,其重现性、准确度较好。当有干扰物质存在时,应根据"吸收最大、干扰最小"的原则来选择入射光波长。

通过控制溶液浓度和选择合适厚度的吸收池,使溶液的吸光度读数控制在 0.2~0.8 之间,以使浓度测量的相对误差较小。

根据试液的组成、显色剂及试剂的实际情况选择合适的参比溶液，以消除显色剂和试液中共存组分的干扰。

(四) 吸光光度法的应用

1. 多组分的同时测定

根据吸光度具有加和性，可以不经分离，同时测定试液中两种以上的组分。如图 7-1 所示，M、N 组分的吸收光谱彼此只有部分重叠，但各自最大吸收波长 λ_1、λ_2 仍有一定距离。可在 λ_1、λ_2 处测定混合物的吸光度 A_1、A_2，再用各组分的标准溶液在 λ_1、λ_2 测定各自的摩尔吸光系数 ε_M^1、ε_N^1、ε_M^2、ε_N^2，解下述联立方程

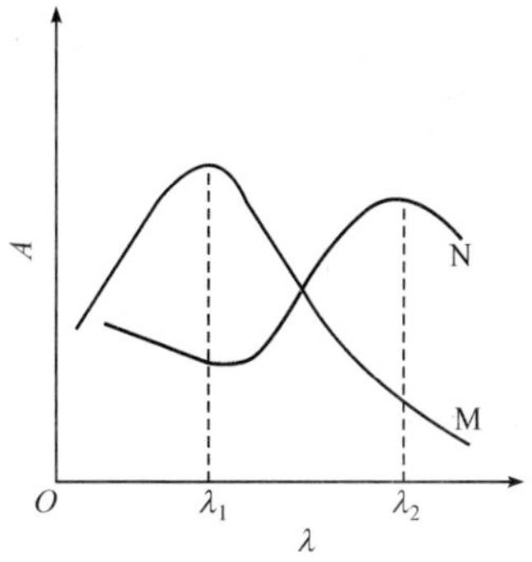

图 7-1　两种组分的吸收光谱

$$\begin{aligned} A_1 &= \varepsilon_M^1 b c_M + \varepsilon_N^1 b c_N \\ A_2 &= \varepsilon_M^2 b c_M + \varepsilon_N^2 b c_N \end{aligned} \qquad (7-8)$$

即可求得 c_M 及 c_N。

2. 示差吸光光度法

示差法中以高浓度示差法应用最多。它以比待测溶液浓度稍低的标准溶液作参比溶液，测量待测试液的吸光度，从而求得试液的浓度。

设用作参比的标准溶液浓度为 c_s，待测试液浓度为 c_x，且 $c_x > c_s$，由朗伯-比尔定律可得

$$A_x = \varepsilon b c_x \qquad A_s = \varepsilon b c_s$$

两式相减

$$\Delta A = A_x - A_s = \varepsilon b (c_x - c_s) = \varepsilon b \Delta c \qquad (7-9)$$

由式(7-9)可知两溶液吸光度之差与其浓度之差成正比，这就是示差法的工作原理。以稀的标准溶液作参比，绘制 ΔA-Δc 工作曲线，由 ΔA 查出对应的 Δc 值，而 $c_x = c_s + \Delta c$，从而求出待测试液的浓度。

示差法测定高含量组分其误差可逼近滴定分析法。简单的解释是将检流计上标尺加以扩展，提高了测量吸光度的准确性。

3. 络合物组成的测定

分光光度法是研究络合平衡的有效方法，设有络合反应 $M + nR \rightleftharpoons MR_n$，下面简单介绍饱和法和连续变化法测定络合物的络合比和稳定常数。

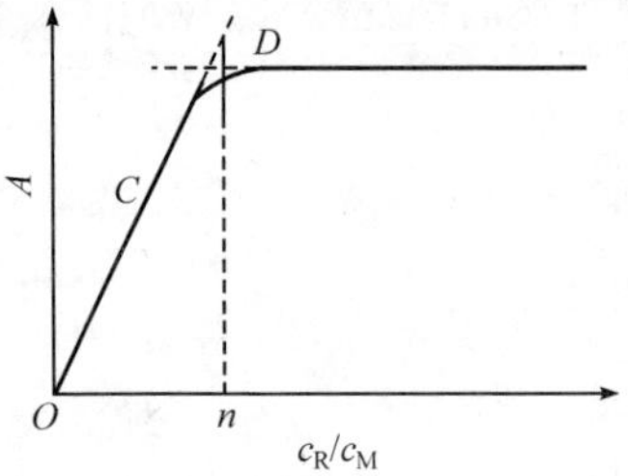

图 7－2　饱和法

1) 饱和法

固定金属离子 M 的浓度，改变络合剂 R 的浓度，制备一系列 c_R/c_M 值不同的溶液，以各自的试剂空白作参比，测定各溶液的吸光度，将吸光度对 c_R/c_M 作图(图 7－2)，曲线的转折点所对应的横坐标数值就是络合物的络合比。若络合物不够稳定，曲线的转折点不够敏锐，用外推法求得交点，交点的横坐标 c_R/c_M 值若为 n，则络合物的络合比为1∶n。

该法简便，适合离解度小的络合物，尤其适用于络合比高的络合物组成的测定。

2) 连续变化法

在保持溶液中 $c_M + c_R = c$(定值)的前提下，改变 c_M 与 c_R 的相对比例，制备一系列溶液，以各自的空白溶液作参比，在络合物的最大吸收波长下，测量它们的吸光度，以吸光度为纵坐标，以 $c_M/c = f$ 为横坐标，由作图法求得络合比。

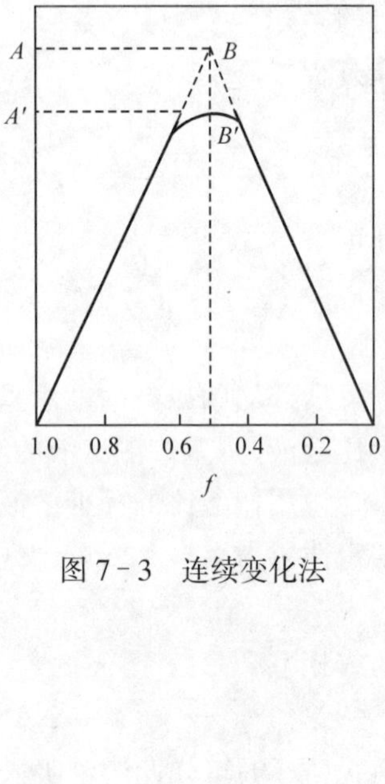

图 7－3　连续变化法

图 7－3 中的曲线，是由一组实验数据绘成的。将曲线两边的直线部分延长，相交于 B 点，B 点处的 f 值恰为 0.5。表示 M 与 R 的络合比为 1∶1。

从图 7－3 可以看出，形成 1∶1 络合物时，若它全部以 MR 形式存在，则应该具有 B 点处的吸光度 A。实际上它们仅具有 B'处的吸光度A'。其原因是络合物有部分离解。根据 A'与A 的差别可求得络合物的离解度 α 为

$$\alpha = \frac{A - A'}{A}$$

络合物的稳定常数则为

$$K'_{稳} = \frac{[MR]}{[M'][R']} = \frac{1-\alpha}{c\alpha^2} \tag{7-10}$$

4. 弱酸(碱)离解常数的测定

分光光度法可用于酸(碱)离解常数的测定，它是研究分析化学中广泛应用的指示剂、显色剂及有机试剂的重要方法之一。

设有一元弱酸 HL,据其在溶液中的离解平衡可知

$$pK_a = pH + \lg \frac{[HL]}{[L^-]}$$

由上式可知,在一确定的 pH 溶液中,只要知道[HL]与[L^-]的比值,便可计算 pK_a。因此,配制一系列浓度相等而 pH 不同的 HA 溶液,在 λ_{max}^{HL}或 $\lambda_{max}^{L^-}$处测量它们的吸光度 A。HL 在高酸度下全部以 HL 型体存在,其吸光度为 A_{HL},而在强碱性条件下,全部以 L^- 型体存在,其吸光度为 A_{L^-}。根据吸光度的加和性,分布系数和物料平衡可得到$[HL]/[L^-]=(A-A_{L^-})/(A_{HL}-A)$,此时可得到式(7-11)

$$pK_a = pH + \lg \frac{A - A_{L^-}}{A_{HL} - A} \tag{7-11}$$

式(7-11)便是运用分光光度法测定一元弱酸离解常数的基本公式。利用实验数据,可由此公式计算 pK_a。此外,还可根据光度测量数据,由图解法确定 pK_a。

5. 双波长吸光光度法

利用两束强度相等、波长不同的单色光以一定的时间间隔交替照射盛有试液的同一吸收池,测量并记录试液对两波长光的吸光度的差值 ΔA,得到

$$\Delta A = (\varepsilon_{\lambda_1} - \varepsilon_{\lambda_2})bc \tag{7-12}$$

即吸光度之差与被测物质的浓度成正比,而与干扰组分无关。

该方法用于吸收曲线重叠的单组分或多组分试样、混浊试样以及背景吸收较大的试样,大大地提高了分析方法的选择性和测量的准确度,主要方法有等吸收波长法和系数倍率法。

四、例　　题

例 7-1　下列说法中错误的是

A. 摩尔吸光系数 ε 随波长而改变

B. 透光率 T 与浓度成负指数关系

C. 有色溶液的最大吸收波长及相应的吸光度均随溶液浓度的增大而增大

D. 玻璃棱镜适用于可见光范围

解　选 C 项。根据光吸收曲线的性质,有色溶液浓度改变时,吸收曲线的最大吸收波长不变只是相应的吸光度随之改变。C 项是错误,其余各项皆正确。

例 7-2　以下说法中正确的是

A. 透光率 T 与浓度成正比

B. 溶液的透光率越大,说明它对光的吸收越强

C. 摩尔吸光系数随波长与浓度而改变

D. 摩尔吸光系数随波长而改变，而与浓度无关

解 选D项。透光率与浓度成负指数关系，而不是成直线关系，根据透光率定义，透光率越大，溶液对光吸收越小，故A、B两项均错。摩尔吸光系数是衡量吸光物质对某一特定波长光吸收能力的变量，它只与波长有关与浓度无关，C项错，D项正确，故选D项。

例7-3 某有色溶液，当用1cm吸收池时，其透光率为 T，若改用2cm吸收池，则透光率应为

A. $2T$　　B. $2\lg T$　　C. $\sqrt{T}$　　D. T^2

解 这四个选择项各不相同，因此只有一个是对的。可用两种思路解答此题。其一是逐个排除错的，剩下就是对的。其二先算出正确答案，看它与哪个相符合，哪项就是应当选择的。有时将两种思路综合起来。

解法1 由式(7-11)和式(7-5)可知透光率 T 不与液层厚度成正比，因此不能选A项。B项 $2\lg T$ 其值为 $-2A$，T 与 A 是成负对数关系，而不是成正比关系，因此不能选B项。剩下C、D两项中有一个是对的。它们都是 T 的指数形式，由吸光度 A 与透光率 T 成负对数关系。当吸收池由1cm变为2cm时，A 应增大，而 T 应当减小。有色溶液其透光率应在 $0\sim1$ 之间，即 $0<T<1$。$\sqrt{T}>T$，C项肯定是错的，剩下只有选D项。再则从 $\sqrt{T}$ 与 T^2 相比较来看，因为 $T<1$，故 $T^2<T<\sqrt{T}$。只有D项是对的，故此题正确的选择项是D项。

解法2 由 $A=Kbc$ 及 $A=-\lg T$ 可得到

$$T=10^{-A}=10^{-Kbc}$$

$b_1=1\text{cm}$ 时

$$T_1=10^{-Kc}=T$$

$b_2=2\text{cm}$ 时

$$T_2=10^{-2Kc}=T^2$$

而D项恰为 T^2，故本题选择D项。

例7-4 弱酸指示剂 $HA \rightleftharpoons H^+ + A^-$，HA与 A^- 两型体均有色，HA的最大吸收波长为580nm，A^- 的最大吸收波长为420nm，若在波长为580nm处绘制标准曲线，则标准曲线将向____轴弯曲，即产生对朗伯-比尔定律的____偏离。

解 吸光度，正。HA为一元弱酸，其离解度 $\alpha\approx\sqrt{\frac{ka}{c}}$，而 $\alpha=\delta_{A^-}$。$\delta_{HA}=1-\delta_{A^-}$，即型体HA的分布分数随着 c_{HA} 的增大而增大，而在波长为580nm即HA的最大吸收波长处绘制标准曲线时，$A=\varepsilon_{580}b[HA]=\varepsilon_{580}b\,\delta_{HA}c_{HA}$ ε_{580} 和 b 为常数，合并为 K，即 $A=K\delta_{HA}c_{HA}$，而 δ_{HA} 随 c_{HA} 增大而增大，因此 A-c 曲线，即标准曲线向吸光度 A 轴弯曲，产生对朗伯-比尔定律的正偏离。

例 7-5　光度测量误差公式为 $E_r = \frac{\Delta c}{c} = \frac{\Delta T}{T\ln T}$，当 $T =$ ____时，E_r 最小。

解　36.8%。由光度测量误差公式可知，欲使 E_r 最小，需 $T\ln T$ 为最大。因此，当 $T\ln T$ 对 T 进行微分时，其值应为零，即

$$\frac{\mathrm{d}}{\mathrm{d}T}(T\ln T) = 0$$

$$\ln T + 1 = 0$$

解得

$$T = 36.8\%$$

例 7-6　严格地讲，朗伯-比尔定律只适用于单色光，实际上用各种方法得到的入射光都是具有某一波段的复合光即非单色光，它们会引起对朗伯-比尔定律的____偏离标准曲线向____轴弯曲。

解　负，浓度（c）轴。思路如下：若 $\frac{\mathrm{d}A}{\mathrm{d}c}$ 不是常数，就导致 A-c 曲线弯曲，偏离朗伯-比尔定律。至于向哪个轴弯曲，即是发生正偏离或负偏离，只需再对 c 进行微分，看 $\frac{\mathrm{d}^2A}{\mathrm{d}c^2}$ 是为正，还是为负，即可简单证明如下：

假定在总强度为 I_0 的入射光中包含有 λ_1 和 λ_2 两种波长的光。它们在 I_0 中所占比例分别为 f_1 和 f_2，即

$$I_{01} = f_1 I_0 \qquad I_{02} = f_2 I_0 \tag{1}$$

而透过光的总强度

$$I = I_1 + I_2 \tag{2}$$

设检测器对两种波长的光的灵敏度相同，根据朗伯-比尔定律，得到

$$\begin{aligned} I &= I_{01}10^{-\varepsilon_1 bc} + I_{02}10^{-\varepsilon_2 bc} \\ &= I_0(f_1 10^{-\varepsilon_1 bc} + f_2 10^{-\varepsilon_2 bc}) \end{aligned} \tag{3}$$

$$A = -\lg\frac{I}{I_0} = -\lg(f_1 10^{-\varepsilon_1 bc} + f_2 10^{-\varepsilon_2 bc}) \tag{4}$$

$$\frac{\mathrm{d}A}{\mathrm{d}c} = \frac{(f_1\varepsilon_1 b 10^{-\varepsilon_1 bc} + f_2\varepsilon_2 b 10^{-\varepsilon_2 bc})}{(f_1 10^{-\varepsilon_1 bc} + f_2 10^{-\varepsilon_2 bc})} \tag{5}$$

入射光为非单色光，$\varepsilon_1 \neq \varepsilon_2$。对式(5)再对 c 进行微分，得到

$$\frac{\mathrm{d}^2A}{\mathrm{d}c^2} = -\frac{2.30 f_1 f_2 b^2(\varepsilon_1 - \varepsilon_2)^2 10 - (\varepsilon_1 + \varepsilon_2)bc}{(f_1 10^{-\varepsilon_1 bc} + f_2 10^{-\varepsilon_2 bc})^2} \tag{6}$$

式(6)中，f_1、f_2、ε_1、ε_2 b 和 c 皆为正值，二阶导数 $\frac{\mathrm{d}^2A}{\mathrm{d}c^2}$ 为负值，这表明非单色光作入射光时，标准曲线将向浓度（c）轴弯曲，对朗伯-比尔定律产生负偏离。ε_1 与 ε_2

相差愈大,吸收池愈厚(b 愈大),偏离朗伯-比尔定律愈严重。

例 7-7 在吸光光度法中如何选择入射光波长。

解 在光度法测定中,如无干扰组分,绘制光吸收曲线 A-λ。找出最大吸收波长 λ_{max},以此作为入射光波长。当有干扰组分存在时,应选择吸收最大、干扰最小的波长作为入射光波长。

例 7-8 试述吸光光度法中参比溶液的作用及其选择。

解 在吸光度的测量中,利用参比溶液来调节仪器的工作零点即 $A=0$(或 $T=100\%$),可以消除吸收池壁及溶剂对入射光的吸收、反射以及扣除共存物质的干扰。在实际工作中,应根据具体情况合理地选择参比溶液。

当试液及显色剂均无色时,可用蒸馏水作参比溶液,当显色剂无色,而试液中存在有色的共存离子,可用不加显色剂的被测试液作参比溶液;当显色剂有色时,可选择不加试样溶液的试剂空白作参比溶液;当显色剂和试液均有色时,可将一份试液中加入适当的掩蔽剂,将被测组分掩蔽起来,使之不再与显色剂作用,然后按相同的方法加入显色剂和其他试剂,以此作为参比溶液,这种参比溶液被称作褪色空白;改变试剂的加入顺序,使被测组分不发生显色反应,可以此溶液作为参比溶液消除干扰。

例 7-9 试说明吸光光度法中标准曲线不通过原点的原因。

解 在实际工作中有时标准曲线不通过原点。其原因比较复杂。可能是吸收池透光面不洁净,吸收池位置放置不当,吸收池厚度不一致;参比溶液选择不当,未能消除掉共存组分的颜色干扰;如果待测的有色络合物离解度较大,特别是当溶液中还有其他络合剂存在时,常使被测组分在低浓度时显色不完全,导致标准曲线不通过原点。

例 7-10 示差吸光光度法的定量测定的工作原理是什么?为什么它能提高测定的准确度?

解 示差光度法是采用浓度比待测试液 c_x 稍低的标准溶液 c_s 为参比溶液(调节 $T=100\%$),测量试液的吸光度。根据朗伯-比尔定律,在普通光度法中

$$A_s=-\lg T_s=\varepsilon bc_s \qquad A_x=-\lg T_x=\varepsilon bc_x$$

在示差法中,以 c_s 作参比测得的吸光度 A_r 为

$$A_r=\Delta A=A_x-A_s=\varepsilon b(c_x-c_s)=\varepsilon b\Delta c$$

由上式可知,被测试液与参比溶液的吸光度差值与两溶液浓度之差成正比。绘制 A_r 对 Δc 的标准曲线,根据测得的 A_r 可查得 Δc,即可求出待测试液的浓度 $c_x=c_s+\Delta c$。

相对于普通光度法,示差法提高了测量准确度,原因主要是扩展了读数标尺。例如,在普通光度法中,以试剂空白为参比,测得 c_s 和 c_x 的透光率分别为 $T_s=10\%$ 和 $T_s=6\%$;在示差法中,以 c_s 为参比调节透光率 $T=100\%$,这相当于将仪

器的读数标尺扩展了 10 倍,此时,测得 c_x 的透光率 $T_r = T_x/T_s = 6\%/10\% = 60\%$。于是便落在了光度测量误差较小的区域,从而提高了 Δc 的测量准确度。最后算出的 c_x 值当然就很准确了。另外,在示差法中即使 Δc 很小,如果测量误差为 dc,此时$\frac{dc}{\Delta c}$较大,但最后测定结果的相对误差是 $dc/c_x = dc/(c_s + \Delta c)$,$c_s$ 远大于 Δc。所以 dc/c_x 仍较小,测定结果的准确度仍较高。只要选择合适的参比溶液,其浓度 c_s 越接近待测试液的浓度 c_x,测量的相对误差越小,准确度越高,可以接近滴定分析法。

例 7-11 推导示差光度法光度测量误差公式。

解 设待测溶液浓度为 c_x,参比溶液浓度为 c_s。$c_x > c_s$。

在普通光度法中以试剂空白为参比测得参比溶液 c_s 的透光度为 T_s,待测溶液的透光度为 T_x。在示差法中,以 c_s 为参比调节 $T = 100\%$,测得待测溶液的透光度为 T_r,吸光度为 A_v

$$T_r = \frac{T_x}{T_s} \tag{1}$$

由朗伯-比尔定律,可得到

$$-\lg T_x = \varepsilon b c_x \tag{2}$$

$$-\lg T_r = \varepsilon b (c_x - c_s) \tag{3}$$

对式(3)微分得到

$$\frac{-0.434 dT_r}{T_r} = \varepsilon b dc_x \tag{4}$$

式(4)除以式(2)得到

$$\frac{dc_x}{c_x} = \frac{0.434 dT_r}{T_r \lg T_x} \tag{5}$$

将式(1)代入式(5),整理得到

$$\frac{\Delta c}{c} = \frac{0.434 \Delta T_r}{T_r \lg T_r T_s} \tag{6}$$

例 7-12 称取 0.3511g $FeSO_4 \cdot (NH_4)_2SO_4 \cdot 6H_2O$ 溶于水,加入 1∶4 的 H_2SO_4 20mL,定容至 500mL。取 VmL 铁标准溶液置于 50mL 容量瓶中,用邻二氮菲显色后加水稀释至刻度,分别测得吸光度列于下表,用表中数据绘制工作曲线。

铁标准溶液 V/mL	0.0	0.20	0.40	0.60	0.80	1.0
吸光度 A	0	0.085	0.165	0.248	0.318	0.398

吸 取5.00mL试液,稀释至250mL,再吸取此稀释液2.00mL置于50mL容量

瓶中,与绘制工作曲线相同条件下显色后,测得吸光度 $A=0.281$。求试液中铁含量($mg\cdot mL^{-1}$)。(已知 $M_{r,FeSO_4\cdot(NH_4)_2SO_4\cdot 6H_2O}=392.17$,$A_{r,Fe}=55.85$)

解 先计算铁标准溶液的浓度

$$c_{Fe}=\frac{0.3511\times 55.85\times 10^3}{500\times 392.17}=0.1000(mg\cdot mL^{-1})$$

工作曲线中各标准溶液中铁的浓度为:

铁标准溶液 V/mL	0.20	0.40	0.60	0.80	1.0
$c_{Fe}/(10^{-3}mg\cdot mL^{-1})$	0.40	0.80	1.20	1.60	2.0
A	0.085	0.165	0.248	0.318	0.398

由上表数据绘制工作曲线,如图 7-4 所示。

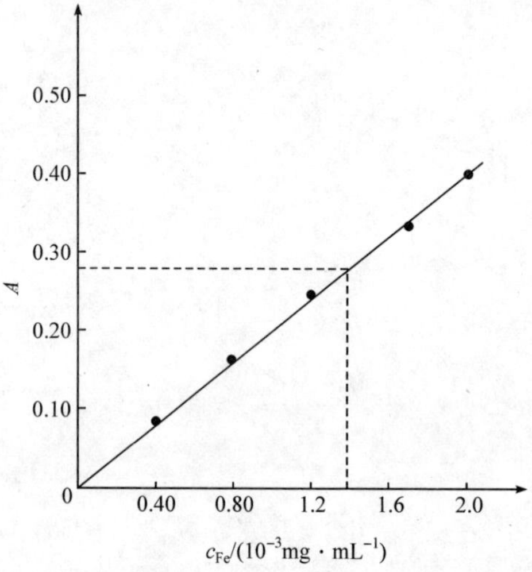

图 7-4 工作曲线

从工作曲线上查出当 $A=0.281$ 时,对应的 Fe 的浓度为 $1.4\times10^{-3}mg\cdot mL^{-1}$。这是 50mL 显色液中 Fe 的浓度,它是由原试液取 5.00mL 稀至 250mL,从其中取 2.00mL 显色(体积为 50mL)。因此原试液的浓度为

$$c_{Fe}=\frac{1.4\times10^{-3}\times 50\times 250}{2.00\times 5.00}=1.75(mg\cdot mL^{-1})$$

例 7-13 某有色溶液在 2.00cm 吸收池中,测得百分透光率 $T\%=50$,若改用 1cm、3cm 厚的吸收池时,其 $T\%$ 和 A 各为多少?

解 先求有色溶液在 2cm 吸收池中的吸光度 A,由式(7-5)可得

$$A=2-\lg T\%=2-\lg 50=0.30$$

由吸光度与液层厚度成正比，可求得厚度为 1cm 和 3cm 时有色溶液的吸光度，又据式(7－5)可求各自的 $T\%$

(1) $b=1\text{cm}$

$$A=\frac{0.30}{2.00}\times 1.00=0.15$$

$$\lg T\%=2-A=2-0.15=1.85$$

$$T\%=71$$

(2) $b=3\text{cm}$

$$A=\frac{0.30}{2.00}\times 3.00=0.45$$

$$\lg T\%=2-0.45=1.55$$

$$T\%=35$$

例 7-14　某显色溶液以试剂空白作参比溶液调节工作零点，测量其吸光度。当调节 $T\%=100$ 时，测得 $A=0.301$，若 $T\%$ 调节为 98 时，A 的读数为多少？

解　两次测量吸光度时，条件相同，因此溶液对光的吸收程度也相同。第一次测量时，$T\%$ 调节为 100% 即 $A_{01}=0$；而第二次测量时，$T\%$ 调节为 98%，即 $A_{02}=-\lg 0.98=0.009$。由此可得到下式

$$A_1-A_{01}=A_2-A_{02}$$

$$0.301-0=A_2-0.009$$

$$A_2=0.301+0.009=0.310$$

例 7-15　有一溶液，每毫升含铁 0.056mg，吸取此试液 2.0mL 于 50mL 容量瓶中显色，用 1cm 吸收池于 508nm 处测得吸光度 $A=0.400$，计算吸光系数 a，摩尔吸光系数 ε 和桑德尔灵敏度 S。(已知 $A_{r,\text{Fe}}=55.85$)

解　(1) 计算吸光系数 a

显色液内 Fe 的浓度为

$$c=\frac{0.056\times 10^{-3}\times 2\times 10^{3}}{50}=2.2\times 10^{-3}(\text{g}\cdot\text{L}^{-1})$$

由式(7－2)得

$$a=\frac{A}{bc}=\frac{0.400}{1\times 2.2\times 10^{-3}}=1.8\times 10^{2}(\text{L}\cdot\text{g}^{-1}\cdot\text{cm}^{-1})$$

(2) 计算摩尔吸光系数 ε

显色液内 Fe 的浓度为

$$c=\frac{0.056\times 10^{-3}\times 2\times 10^{3}}{50\times 55.85}=4.0\times 10^{-5}(\text{mol}\cdot\text{L}^{-1})$$

$$\varepsilon=\frac{A}{bc}=\frac{0.40}{4.0\times 10^{-5}}=1.0\times 10^{4}(\text{L}\cdot\text{mol}^{-1}\cdot\text{cm}^{-1})$$

(3) 计算桑德尔灵敏度 S

$$S=\frac{M_{Fe}}{\varepsilon}=\frac{55.85}{1.0\times10^4}=5.6\times10^{-3}(\mu g\cdot cm^{-2})$$

例 7-16 某有色溶液置于 1cm 吸收池中,测得吸光度为 0.30,则入射光强度减弱了多少?若置于 3cm 吸收池中,入射光强度又减弱了多少?

解 求入射光强度减弱了多少,即求光通过溶液后,吸收光强度与入射光强度的比值。已知当 $b=1$cm 时,$A=0.30$,由入射光强度 I_0、透过光强度 I 及吸收光强度 I_a 三者间的关系,以及吸光度与透光率的关系,即可求出 I_a 与 I_0 的比值。

已知 $I_0=I+I_a$,而$\frac{I}{I_0}=T$,所以$\frac{I_a}{I_0}=1-T$。

又据公式 $A=-\lg T$,得 $T=10^{-A}$。

因此

$$\frac{I_a}{I_0}=1-T=1-10^{-A}$$

(1) 当 $b=1$cm 时,$A=0.30$,则此时入射光强度减弱的程度为

$$\frac{I_a}{I_0}=1-10^{-A}=1-10^{-0.30}=1-0.50=0.50=50\%$$

(2) 由公式 $A=Kbc$,当 $b=3$cm 时,其吸光度为 1cm 时的 3 倍,即

$$A=3\times0.30=0.90$$

此时入射光强度减弱的程度为

$$\frac{I_a}{I}=1-10^{-A}=1-10^{-0.90}=1-0.126=0.874=87.4\%$$

例 7-17 用氯磺酚分光光度法测定铌,50mL 溶液中含铌50.0μg,用 2.00cm 吸收池测得透光率为 19.9%。计算吸光系数 a、摩尔吸光系数 ε、桑德尔灵敏度 S。(已知 $A_{r,Nb}=92.91$)

解 先计算该溶液的吸光度

$$A=2-\lg T\%=2-\lg19.9=2-1.299=0.701$$

(1) 计算吸光系数 a

溶液中 Nb 的浓度为

$$c=\frac{50.0\times10^{-6}\times10^3}{50.0}=1.00\times10^{-3}(g\cdot L^{-1})$$

由 $A=abc$,已知 $b=2.00$cm,已求得 $A=0.701$,可得

$$a=\frac{0.701}{2\times1.00\times10^{-3}}=351(L\cdot g^{-1}\cdot cm^{-1})$$

(2) 计算摩尔吸光系数 ε

溶液中 Nb 的浓度为

$$c=\frac{50.0\times10^{-6}\times10^{3}}{50.0\times92.91}=1.08\times10^{-5}(\mathrm{mol\cdot L^{-1}})$$

由 $A=\varepsilon bc$，$b=2.00\mathrm{cm}$，$A=0.701$，可得

$$\varepsilon=\frac{0.701}{2.00\times1.08\times10^{-5}}=3.25\times10^{4}(\mathrm{L\cdot mol^{-1}\cdot cm^{-1}})$$

(3) 计算桑德尔灵敏度 S

$$S=\frac{M}{\varepsilon}=\frac{92.91}{3.25\times10^{4}}=2.86\times10^{-3}(\mu\mathrm{g\cdot cm^{-2}})$$

例 7-18　现取某含铁试液2.00mL定容至100mL，从中吸取2.00mL显色定容至50mL，用1cm吸收池测得透光率为39.8%。已知显色络合物的摩尔吸光系数为 $1.1\times10^{4}\mathrm{L\cdot mol^{-1}\cdot cm^{-1}}$。求某含铁试液中铁的含量(以 $\mathrm{g\cdot L^{-1}}$ 计)。(已知 $A_{r,Fe}=55.85$)

解　由吸光度与百分透光率的关系可从 $T\%$ 求出吸光度 A，继而由朗伯-比尔定律可求出显色液内 Fe 的浓度。再由题设的稀释关系，即可求出试液中 Fe 的含量。

先计算显色溶液的吸光度

$$A=2-\lg T\%=2-\lg39.8=0.400$$

由式(7-3)可计算显色液内 Fe 的浓度为

$$c=\frac{A}{\varepsilon b}=\frac{0.400}{1\times1.1\times10^{4}}=3.64\times10^{-5}(\mathrm{mol\cdot L^{-1}})$$

由题意，取2.00mL试液定容至100mL，从中移取2.00mL显色定容至50mL，因此试液中铁的含量为

$$c_{\mathrm{Fe}}=\frac{3.64\times10^{-5}\times55.85\times50\times100}{2.00\times2.00}=2.54(\mathrm{g\cdot L^{-1}})$$

例 7-19　浓度为 $0.5\mu\mathrm{g\cdot mL^{-1}}$ 的 Cu^{2+} 浓液，用双环已酮草酰二腙分光光度法测定。于波长600nm处，用2cm吸收池进行测量，测得 $T\%=50.1$。求吸光系数 a、摩尔吸光系数 ε、桑德尔灵敏度 S。(已知 $A_{r,Cu}=63.55$)

解　由百分透光率计算溶液的吸光度为

$$A=2-\lg T\%=2-\lg50.1=0.300$$

(1) 计算吸光系数 a

显色溶液内 Cu^{2+} 的浓度($\mathrm{g\cdot L^{-1}}$)为

$$c=\frac{25.0\times10^{-6}\times10^{3}}{50}=5.00\times10^{-4}(\mathrm{g\cdot L^{-1}})$$

由公式 $A=abc$ 得

$$a=\frac{0.300}{2\times5.00\times10^{-4}}=3.00\times10^{2}(\mathrm{L\cdot g^{-1}\cdot cm^{-1}})$$

(2) 计算摩尔吸光系数

由公式 $A=\varepsilon bc$，得

$$\varepsilon=\frac{A}{bc}=\frac{0.300}{2\times5.00\times10^{-4}/55.85}$$
$$=1.68\times10^{4}(\mathrm{L\cdot mol^{-1}\cdot cm^{-1}})$$

(3) 计算桑德尔灵敏度 S

$$S=\frac{M}{\varepsilon}=\frac{63.55}{1.68\times10^{4}}=3.78\times10^{-3}(\mu\mathrm{g\cdot cm^{-2}})$$

例 7-20 为测定电镀废水中的 Cr(Ⅵ)，取 1L 废水样品，经浓缩及预处理后转入 100mL 容量瓶中定容。从中移取 20mL 试液，置于 50mL 容量瓶中。调整酸度，加入二苯氨基脲显色后，稀释至刻度，摇匀。以 3cm 吸收池于 540nm 处测得吸光度为 0.300。已知 $\varepsilon_{540}=4.00\times10^{4}$，求废水中 Cr(Ⅵ)的含量(以 $\mathrm{mg\cdot L^{-1}}$ 计)。(已知 $A_{r,Cr}=52.00$)

解 先计算显色液内 Cr 的浓度

$$c=\frac{A}{b\varepsilon}=\frac{0.300}{3\times4.0\times10^{4}}=2.50\times10^{-6}(\mathrm{mol\cdot L^{-1}})$$

依题意，取 1L 废水处理定容至 100mL，从中移取 20mL 显色定容至 50mL，故原废水中 Cr 的含量($\mathrm{mg\cdot L^{-1}}$)为

$$c=\frac{2.50\times10^{-6}\times52.00\times10^{3}\times50\times100}{20\times10^{3}}$$
$$=3.25\times10^{-2}(\mathrm{mg\cdot L^{-1}})$$

例 7-21 50mL 含 Cd^{2+} 5.0μg 的溶液，用 10.0mL 二苯硫腙氯仿溶液萃取，萃取率≈100%，于波长 518nm 处用 1cm 吸收池进行测量，测得 $T\%=44.5$。求摩尔吸光系数。(已知 $A_{r,Cd}=112.4$)

解 先计算显色溶液的吸光度

$$A=2-\lg T\%=2-\lg44.5=0.352$$

本题是用萃取光度法进行测定，显色溶液的体积按有机相二苯硫腙氯仿溶液的体积计。已知萃取率为 100%，即 5μg Cd^{2+} 进入 10mL 有机相中。因此显色溶液的浓度为

$$c_{Cd^{2+}}=\frac{5.0\times10^{-6}\times10^{3}}{112.4\times10}=4.4\times10^{-6}(\mathrm{mol\cdot L^{-1}})$$

则该萃取光度法的摩尔吸光系数为

$$\varepsilon=\frac{A}{bc}=\frac{0.352}{1\times4.4\times10^{-6}}$$
$$=8.0\times10^{4}(\mathrm{L\cdot mol^{-1}\cdot cm^{-1}})$$

例 7-22 用邻二氮菲分光光度法测定 Fe^{2+}，称取样品 0.500g，经处理成试液

后，转入 50mL 容量瓶中，加入显色剂，调节溶液酸度，用水稀释至刻度，摇匀。用 2cm 吸收池于 508nm 处测得 $A=0.330$。已知 $\varepsilon_{508}=1.1\times10^4$，计算样品中铁的质量分数。若此显色液稀释一倍，用 3cm 吸收池在同样波长下测量，其透光率为多少？（已知 $A_{r,Fe}=55.85$）

解　(1) 溶液中 Fe 的浓度为

$$c=\frac{A}{b\varepsilon}=\frac{0.330}{2\times1.1\times10^4}=1.5\times10^{-5}(\text{mol}\cdot\text{L}^{-1})$$

50mL 溶液中 Fe 的质量为

$$\begin{aligned} m &= 1.5\times10^{-5}\times55.85\times50\times10^{-3} \\ &= 4.2\times10^{-5}(\text{g}) \end{aligned}$$

样品中 Fe 的质量分数为

$$w_{\text{Fe}}=\frac{4.2\times10^{-5}}{0.500}\times100\%=0.0084\%$$

(2) 先计算溶液浓度稀释 1 倍、吸收池为 3cm 时溶液的吸光度。由公式 $A=\varepsilon bc$，知 A 与 b 及 c 成正比。则浓度稀至 1 倍，$b=3$cm 时，其 A 为

$$A=\frac{0.330\times\frac{3}{2}}{2}=0.248$$

根据 $A=-\lg T$，则此时溶液的透光率为

$$T=10^{-A}=10^{-0.248}=0.566$$

例 7-23　用磺基水杨酸分光光度法测铁，称取 0.5000g 铁铵矾[$NH_4Fe(SO_4)_2\cdot12H_2O$]溶于 250mL 水中制成铁标准溶液。吸取5.00mL铁标准溶液显色定容至 50mL，测量吸光度为 0.380。另吸取5.00mL试样溶液稀释至 250mL，从中吸取 2.00mL 按标准溶液显色条件显色定容至 50mL，测得 $A=0.400$。求试样溶液中铁的含量(以 $\text{g}\cdot\text{L}^{-1}$计)。[已知 $A_{r,Fe}=55.85$，$M_{r,NH_4Fe(SO_4)_2\cdot12H_2O}=482.18$]

解　先计算铁标准溶液的浓度

$$c_{\text{Fe}}=\frac{0.5000\times1000}{250}\times\frac{55.85}{482.18}=0.2317(\text{g}\cdot\text{L}^{-1})$$

由铁标准溶液显色后，显色溶液中的铁浓度为

$$0.2317\times\frac{5.00}{50}=0.023\,17(\text{g}\cdot\text{L}^{-1})$$

计算试样溶液显色后显色溶液中铁的浓度。由公式 $A=\varepsilon bc$，ε、b 固定，A 与 c 成正比，可得到

$$\frac{A_{标}}{A_{试}}=\frac{c_{标}}{c_{试}}$$

即

$$\frac{0.380}{0.400}=\frac{0.023\ 17}{c_{试}}$$

$$c_{试}=0.024\ 39(g\cdot L^{-1})$$

则试样溶液中铁的浓度为

$$c'_{试}=\frac{0.024\ 39\times 50\times 250}{2.00\times 5.00}=30.5(g\cdot L^{-1})$$

例 7-24 摩尔质量为 $150g\cdot mol^{-1}$的某吸光物质的摩尔吸光系数 $\varepsilon=2.0\times 10^4$,当溶液稀释 40 倍后,在 2cm 吸收池中测量的吸光度 $A=0.60$。计算在稀释前原溶液 1L 中含有这种吸光物质多少毫克。

解 设稀释后溶液浓度为 c',原溶液浓度为 c。

已知 $b=2cm$,$\varepsilon=2.0\times 10^4$,$A=0.60$。据公式 $A=\varepsilon bc$,则稀释后溶液的浓度为

$$c'=\frac{0.60}{2\times 2.0\times 10^4}=1.5\times 10^{-5}(mol\cdot L^{-1})$$

已知吸光物质的摩尔质量 $M=150$,则 1L 原溶液中含有吸光物质的质量为

$$m=cVM=40\times 1.5\times 10^{-5}\times 150\times 10^3=90(mg)$$

例 7-25 某含铜试样用双硫腙萃取光度法测定铜,称取试样0.200g,溶解后定容至 100mL,从中移取 10mL 显色并定容至 25mL,用等体积的氯仿萃取一次。若萃取率为 90%,有机相在最大吸收波长处用 1cm 吸收池测得吸光度为 0.40,已知在该波长下,$\varepsilon=4.0\times 10^4$,试计算试样中铜的质量分数。(已知 $A_{r,Cu}=63.55$)

解 由有机相光度测定的数据可计算出在氯仿溶液中铜的浓度,由萃取率可求得原水相中铜的浓度,再由测定溶液体积的稀释倍数可求得试样中铜的质量,从而求出 w_{Cu}。

设氯仿溶液中铜的浓度为

$$c'=\frac{A}{b\varepsilon}=\frac{0.40}{1\times 4.0\times 10^4}=1.0\times 10^{-5}(mol\cdot L^{-1})$$

由题设是等体积萃取且萃取率为 90%,则定容为 25mL 体积内水相中铜的浓度 c''为

$$c''=\frac{c'}{0.90}=\frac{1.0\times 10^{-5}}{0.90}=1.1\times 10^{-5}(mol\cdot L^{-1})$$

显色时是将试样处理成 100mL 试液,从中移取 10mL 显色定容至 25mL,因此原试液中铜的浓度为

$$c=\frac{1.1\times 10^{-5}\times 25}{10}=2.75\times 10^{-5}(mol\cdot L^{-1})$$

0.0200g 样品中铜的质量分数为

$$w_{Cu}=\frac{m}{m_s}\times 100\%=\frac{cVM}{m_s}\times 100\%$$

$$=\frac{2.75\times10^{-5}\times100\times10^{-3}\times63.55}{0.200}\times100\%$$

$$=0.087\%$$

例 7-26　为测定有机胺的摩尔质量,通常将其转变成 1∶1 的苦味酸胺的加成化合物。今称取某苦味酸胺样品 0.0300g,溶于 95%乙醇中制成 1L 溶液,以 1cm 吸收池,在最大吸收波长测得 $A=0.600$,计算有机胺的摩尔质量。(已知 $M_{r,苦味酸}=229$。苦味酸胺的摩尔吸光系数 $\varepsilon=1.2\times10^4\text{L}\cdot\text{mol}^{-1}\cdot\text{cm}^{-1}$)

解　依题设苦味酸与有机胺生成 1∶1 的加成化合物,先根据苦味酸胺溶液的浓度计算苦味酸胺的摩尔质量,再计算有机胺的摩尔质量。

已知 $b=1\text{cm}$,$\varepsilon=1.2\times10^4$,由公式 $A=\varepsilon bc$,可得到

$$c=\frac{A}{\varepsilon b}=\frac{0.600}{1.2\times10^4\times1}=5.00\times10^{-5}(\text{mol}\cdot\text{L}^{-1})$$

计算苦味酸胺的摩尔质量:已知苦味酸胺样品质量为 0.0300g,最后处理成 1L 溶液

$$M=\frac{0.0300}{5.00\times10^{-5}}=600(\text{g}\cdot\text{mol}^{-1})$$

有机胺的摩尔质量为

$$M=600-229=371(\text{g}\cdot\text{mol}^{-1})$$

例 7-27　称取纯度为 95.5%的某吸光物质 0.0500g 溶解后定容至 500mL,从中吸取 2.00mL 显色后定容至 50mL,于最大吸收波长处用 2cm 吸收池测得透光率为 0.355。已知吸光物质的 $\varepsilon=1.50\times10^4$,试计算该吸光物质的摩尔质量。

解　由显色溶液的透光率 T,可算出其吸光度 A,由 b 及 ε 可算出显色溶液内吸光物质的浓度,由显色操作可算出吸光物质在 500mL 溶液内的浓度。由样品的纯度及样品的质量就可算出该吸光物质的摩尔质量。

由公式 $A=-\lg T$,可知显色溶液的吸光度为

$$A=-\lg0.355=0.450$$

已知 $b=2\text{cm}$,$\varepsilon=1.50\times10^4$,由公式 $A=\varepsilon bc$ 可知显色溶液内吸光物质的浓度为

$$c=\frac{0.450}{2\times1.5\times10^4}=1.50\times10^{-5}(\text{mol}\cdot\text{L}^{-1})$$

吸光物质溶解定容至 500mL,从中吸取 2.00mL 显色。显色溶液体积为 50mL,因此 500mL 吸光物质溶液的浓度为

$$c=1.50\times10^{-5}\times\frac{50.0}{2.00}=3.75\times10^{-4}(\text{mol}\cdot\text{L}^{-1})$$

吸光物质质量为 0.0500g,纯度 95.5%,体积为 500mL,则其摩尔质量为

$$M=\frac{0.0500\times0.955}{3.75\times10^{-4}\times500\times10^{-3}}=255(\text{g}\cdot\text{mol}^{-1})$$

例 7-28　分光光度法测定试样中的铁含量，将试样溶解完全后，定容至100mL，从中移取5.00mL至25mL容量瓶中显色并稀释至刻度，摇匀。以1cm比色皿，于510nm处测量吸光度。已知 $\varepsilon=1.1\times10^4\text{L}\cdot\text{mol}^{-1}\cdot\text{cm}^{-1}$，为使吸光度读数与试样中铁的质量分数恰好相等，问应称取试样多少克？（已知 $A_{\text{r,Fe}}=55.85$）

解　由朗伯-比尔定律和溶液的稀释关系可列出100mL试液中铁的浓度表达式，再根据试样中铁的质量分数与吸光度相等的关系即可计算出试样的质量。设100mL试样中铁的浓度为 c

$$c=\frac{25}{5.0}\times\frac{A}{1.1\times10^4\times1}$$

由 $w_{\text{Fe}}=A$，可得到下式

$$\frac{cVM}{m_{\text{s}}}\times100=A$$

即

$$\frac{\dfrac{25}{5.0}\times\dfrac{A}{1.1\times10^4\times1}\times100\times10^{-3}\times55.85}{m_{\text{s}}}\times100=A$$

整理得到

$$m_{\text{s}}=\frac{2.5\times10^2\times55.85}{5.0\times1.1\times10^4}=0.25(\text{g})$$

例 7-29　称取钢样0.500g，溶解后定量转入100mL容量瓶中，用水稀释至刻度。从中移取10.0mL试液置于50mL容量瓶中，将其中的 Mn^{2+} 氧化为 MnO_4^-，用水稀释至刻度，摇匀，于520nm处用2cm吸收池测量吸光度 A 为0.50。已知 $\varepsilon_{520}=2.3\times10^3\text{L}\cdot\text{mol}^{-1}\cdot\text{cm}^{-1}$，计算钢样中Mn的质量分数。（已知 $A_{\text{r,Mn}}=54.94$）

解　已知 $b=2\text{cm}$，$A=0.500$，$\varepsilon=2.3\times10^3$，由公式 $A=\varepsilon bc$ 可得到50mL显色液中 MnO_4^- 的浓度

$$c'=\frac{A}{b\varepsilon}=\frac{0.500}{2\times2.3\times10^3}=1.1\times10^{-4}(\text{mol}\cdot\text{L}^{-1})$$

100mL试液中 Mn^{2+} 的浓度为

$$c=c'\times\frac{50}{10.0}=1.1\times10^{-4}\times\frac{50}{10.0}=5.5\times10^{-4}(\text{mol}\cdot\text{L}^{-1})$$

100mL试液中Mn的质量

$$\begin{aligned}m&=cVM=5.5\times10^{-4}\times100\times10^{-3}\times54.94\\&=3.0\times10^{-3}(\text{g})\end{aligned}$$

钢样中锰的含量

$$w_{\text{Mn}}=\frac{m}{m_{\text{s}}}\times100\%=\frac{3.0\times10^{-3}}{0.500}\times100\%=0.60\%$$

例 7-30　用铬天青 S 法测定铝，今有铝标准溶液含量为 $15\mu g \cdot mL^{-1}$。取 5.0mL 置于 50mL 容量瓶中，显色后用水稀释至刻度，用 1cm 吸收池测得 $A = 0.500$。称取含铝样品 0.500g，将其处理成溶液，准确配成 100mL 试液，取 2.00mL 试液与铝标准溶液同样条件下显色和测量吸光度，测得 A 为 0.300。求样品中铝的含量。

解　Al 标准溶液制备的显色液内 Al 的质量为

$$15 \times 5.0 = 75(\mu g)$$

设由样品溶液制备的显色液内 Al 的质量为 m'。现样品显色和测量条件与标准相同，即 ε、b 及显色液体积均相同，由公式 $A = \varepsilon bc$ 可知显色液的吸光度只与显色液内 Al 的质量成正比，由此得到

$$m' = \frac{0.300}{0.500} \times 75 = 45(\mu g)$$

100mL 样品溶液中 Al 的质量为

$$m = \frac{45}{2.00} \times 100 = 2250(\mu g) = 2.25 \times 10^{-3}(g)$$

样品中 Al 的含量为

$$w_{Al} = \frac{2.25 \times 10^{-3}}{0.500} \times 100\% = 0.45\%$$

例 7-31　某分光光度计透光率的读数误差 $\Delta T = 0.005$。现测量不同浓度的某溶液吸光度值分别为 1.00、0.434、0.100，试计算测定的浓度相对误差各为多少？

解　先计算不同浓度的透光率。由公式 $A = -\lg T$，得 $T = 10^{-A}$。

$A = 1.00$ 时

$$T = 10^{-1.00} = 0.100$$

$A = 0.434$ 时

$$T = 10^{-0.434} = 0.368$$

$A = 0.100$ 时

$$T = 10^{-0.100} = 0.794$$

已知 $\Delta T = 0.005$，由公式 $\Delta c / c = \frac{0.434\Delta T}{T\lg T}$ 计算上述不同透光率的溶液其浓度测量的相对误差如下：

$T = 0.100$ 时

$$\frac{\Delta c}{c} = \frac{0.434 \times 0.005}{0.100 \times \lg 0.100} = 0.0217 = 2.17\%$$

$T = 0.368$ 时

$$\frac{\Delta c}{c} = \frac{0.434 \times 0.005}{0.368 \times \lg 0.368} = 0.0136 = 1.36\%$$

$T=0.794$ 时

$$\frac{\Delta c}{c}=\frac{0.434\times0.005}{0.794\times\lg0.794}=0.0273=2.73\%$$

例 7-32　某钢样含镍约 0.12%，用丁二酮肟光度法（$\varepsilon=1.3\times10^4\text{L}\cdot\text{mol}^{-1}\cdot\text{cm}^{-1}$）进行测定。试样溶解后转入 100mL 容量瓶中，显色，再加水稀释至刻度。在 $\lambda=470\text{nm}$ 处用 1cm 吸收池测量，希望测量误差最小，应该称取试样多少克？（已知 $A_{\text{r,Ni}}=58.69$）

解　已知 $b=1\text{cm}$，$\varepsilon=1.3\times10^4$，由光度测量误差公式可知，当吸光度 $A=0.434$ 时，测量误差最小。根据公式 $A=\varepsilon bc$，此时显色液的浓度应为

$$c=\frac{A}{\varepsilon b}=\frac{0.434}{1.3\times10^4\times1}=3.34\times10^{-5}(\text{mol}\cdot\text{L}^{-1})$$

100mL 显色液内镍的质量为

$$\begin{aligned}m&=cVM=3.34\times10^{-5}\times100\times10^{-3}\times58.69\\&=1.96\times10^{-4}(\text{g})\end{aligned}$$

已知钢样中含 Ni 0.12%，则应称取试样质量为 $m_{\text{s}}(\text{g})$

$$\frac{1.96\times10^{-4}}{m_{\text{s}}}\times100=0.12$$

$$m_{\text{s}}=0.16(\text{g})$$

例 7-33　用分光光度法测定铁，有下述两种方法。A 法：$a=1.97\times10^2\text{L}\cdot\text{g}^{-1}\cdot\text{cm}^{-1}$。B 法：$\varepsilon=4.10\times10^3\text{L}\cdot\text{mol}^{-1}\cdot\text{cm}^{-1}$。问：(1)何种方法灵敏度高？(2)若选用其中灵敏度高的方法，欲使测量误差最小，显色液中铁的浓度为多少？此时$\dfrac{\Delta c}{c}$为多少？（已知分光光度计的 $\Delta T=0.003$，$b=1\text{cm}$，$A_{\text{r,Fe}}=55.85$）

解　(1) 比较测定同一物质不同的光度方法的灵敏度，就应当用衡量灵敏度高低的同一指标进行比较，要么用 a，要么用 ε。现将 A 法的吸光系数 a 换算成摩尔吸光系数 ε

$$\begin{aligned}\varepsilon&=aM=1.97\times10^2\times55.85\\&=1.10\times10^4(\text{L}\cdot\text{mol}^{-1}\cdot\text{cm}^{-1})\end{aligned}$$

因此 A 法的灵敏度高。

(2) 已知 $b=1\text{cm}$，$\Delta T=0.003$，$\varepsilon=1.10\times10^4$，而光度测量误差最小时 $A=0.434$ 或 $T=0.368$，由公式 $A=\varepsilon bc$，可得到此时显色液内浓度为

$$c=\frac{A}{\varepsilon b}=\frac{0.434}{1.10\times10^4\times1}=3.95\times10^{-5}(\text{mol}\cdot\text{L}^{-1})$$

已知 $\Delta T=0.003$，$T=0.368$，由光度测量误差公式，可得到

$$\frac{\Delta c}{c}=\frac{0.434\times0.003}{0.368\times\lg0.368}=0.0082=0.82\%$$

例 7-34　用摩尔吸光系数为 2.00×10^5L·mol·cm^{-1}的铜的有色络合物光度法测定铜。试液中 Cu^{2+} 的浓度在 $5.0\times10^{-7}\sim5.0\times10^{-6}$mol·$L^{-1}$范围内，使用 1cm 吸收池进行测量，吸光度和透光率的范围如何？若光度计的透光率读数误差 ΔT 为 0.005，可能引起的浓度测量相对误差为多少？

解　已知 $b=1$cm，$\varepsilon=2.00\times10^5$，由公式 $A=\varepsilon bc$ 可计算 $c_{Cu^{2+}}$ 由 $5.0\times10^{-7}\sim5.0\times10^{-6}$mol·$L^{-1}$，吸光度 A 的范围为

$$A_1=2.00\times10^5\times15.00\times10^{-7}=0.100$$

$$A_2=2.00\times10^5\times1\times5.00\times10^{-6}=1.00$$

由公式 $A=-\lg T$，可计算透光率 T 的范围

$$T_1=10^{-0.100}=0.794$$

$$T_2=10^{-1.00}=0.100$$

上述计算表明 A 的范围为 0.100～1.00，相应 T 的范围为 0.794～0.100。$\Delta T=0.005$，由光度测量误差公式可得

$$\frac{\Delta c}{c}=\frac{0.434\times0.005}{0.794\times\lg0.794}=0.0273=2.73\%$$

$$\frac{\Delta c}{c}=\frac{0.434\times0.005}{0.100\times\lg0.100}=0.0217=2.17\%$$

例 7-35　钴和镍的络合物有如下数据：

λ/nm	510	656
ε_{Co}	3.64×10^4	1.24×10^3
ε_{Ni}	5.52×10^3	1.75×10^4

将 0.376g 土壤样品溶解后定容至 50mL。取 25mL 试液进行处理，以除去干扰元素，显色后定容至 50mL，用 1cm 吸收池在 510nm 处和 656nm 处分别测得吸光度为 0.467 和 0.374。计算土壤样品中钴和镍的质量分数。(已知 $A_{r,Co}=58.93$，$A_{r,Ni}=58.69$)

解　先计算显色液内钴和镍的浓度。

已知 $b=1$cm，由公式 $A=\varepsilon bc$ 和吸光度的加和性，可得到下述二元联立方程组

$$A_{510}=\varepsilon_{Co}^{510}c_{Co}+\varepsilon_{Ni}^{510}c_{Ni}$$

$$A_{656}=\varepsilon_{Co}^{656}c_{Co}+\varepsilon_{Ni}^{656}c_{Ni}$$

即

$$0.467=3.64\times10^4\times c_{Co}+5.52\times10^3\times c_{Ni}$$

$$0.374=1.24\times10^3\times c_{Co}+1.75\times10^4\times c_{Ni}$$

解联立方程组得到

$$c_{Co}=9.70\times10^{-6}\text{mol}\cdot\text{L}^{-1} \qquad c_{Ni}=2.06\times10^{-5}\text{mol}\cdot\text{L}^{-1}$$

土壤样品中 Co 和 Ni 的含量计算如下

$$\begin{aligned} w_{Co}&=\frac{m}{m_s}\times100\% \\ &=\frac{9.70\times10^{-6}\times50\times10^{-3}\times58.93}{0.376\times\frac{25.00}{50.00}}\times100\% \\ &=0.015\% \end{aligned}$$

$$\begin{aligned} w_{Ni}&=\frac{m}{m_s}\times100\% \\ &=\frac{2.06\times10^{-5}\times50\times10^{-3}\times58.69}{0.376\times\frac{25.00}{50.00}}\times100\% \\ &=0.032\% \end{aligned}$$

例 7-36 用 8-羟基喹林-氯仿萃取光度法测定 Fe^{3+} 和 Al^{3+} 时,吸收光谱有部分重叠。在相应条件下,用纯铝 1.0μg 显色后,在波长为 390nm 和 470nm 处分别测得 A 为 0.025 和 0.000;纯铁 1.0μg 经显色后,在波长 390nm 和 470nm 处测得 A 分别为 0.010 和 0.020。今称取含 Fe、Al 的试样 0.100g,溶解后定容至 100mL,吸取 1mL 试液在相应条件下显色,在波长 390nm 和 470nm 处分别测得吸光度为 0.500和 0.300。已知显色液均为 50mL,吸收池均为 1cm。求试样中 Fe、Al 的质量分数。

解 先计算 Al 和 Fe 在 λ 为 390nm 和 470nm 处的吸光系数 K。

已知 $b=1\text{cm}$,显色时体积均相同,由公式 $A=Kbc$,可得到

$$K_{Al}^{390}=\frac{0.025}{1.0}=0.025(\text{cm}^2\cdot\mu\text{g}^{-1})$$

$$K_{Al}^{470}=\frac{0}{1.0}=0(\text{cm}^2\cdot\mu\text{g}^{-1})$$

$$K_{Fe}^{390}=\frac{0.010}{1.0}=0.010(\text{cm}^2\cdot\mu\text{g}^{-1})$$

$$K_{Fe}^{470}=\frac{0.020}{1.0}=0.020(\text{cm}^2\cdot\mu\text{g}^{-1})$$

根据 $A=Kbc$ 及吸光度的加和性列出下述联立方程,并设试样制备的显色液中含有 Al 和 Fe 的质量分别为 m'_{Al}和 m'_{Fe}。

$$0.500=0.025m'_{Al}+0.010m'_{Fe}$$

$$0.300=0+0.020m'_{Fe}$$

解联立方程得

$$m'_{Fe}=15\mu\text{g} \qquad m'_{Al}=14\mu\text{g}$$

100mL 试液中 Fe、Al 的质量为

$$m_{\text{Fe}} = \frac{m'_{\text{Fe}} \times 100}{1.0} = \frac{15 \times 100}{1.0} = 1500(\mu\text{g}) = 1.5 \times 10^{-3}(\text{g})$$

$$m_{\text{Al}} = \frac{m'_{\text{Al}} \times 100}{1.0} = \frac{14 \times 100}{1.0} = 1400(\mu\text{g}) = 1.4 \times 10^{-3}(\text{g})$$

试样中 Fe、Al 的含量计算如下

$$w_{\text{Fe}} = \frac{m}{m_s} \times 100\% = \frac{1.5 \times 10^{-3}}{0.100} \times 100\% = 1.5\%$$

$$w_{\text{Al}} = \frac{1.4 \times 10^{-3}}{0.100} \times 100\% = 1.4\%$$

例 7-37　称取含铬、锰的钢样 0.500g，溶解后定容至 100mL。吸取此试液 10.0mL 置于 100mL 容量瓶中，加硫磷混酸，在沸水浴中，以 Ag^+ 作催化剂，用 $(NH_4)_2S_2O_8$ 将 Cr 和 Mn 分别定量氧化为 $Cr_2O_7^{2-}$ 和 MnO_4^-。冷却后，用水稀释至刻度，摇匀。再取 5.00mL 铬标准溶液(含 Cr 1.00mg·mL^{-1})和 1.00mL 锰标准溶液(含 Mn 1.00mg·mL^{-1})分别置于两只 100mL 容量瓶中，按上述钢样的显色方法处理。用 2cm 吸收池，在波长 440nm 和 540nm 处分别测量各显色溶液的吸光度列于下表中，计算钢样中 Cr 和 Mn 的质量分数。

溶液	c/[mg·(100mL)$^{-1}$]	A_1(440nm)	A_2(540nm)
Mn	1.00	0.032	0.780
Cr	5.00	0.380	0.011
试液		0.368	0.604

解　因显色液体积及所用吸收池厚度均相同，故公式 $A = Kbc$ 可简化为 $A = Kc$，在本题中 c 为 50mL 显色液中所含 Cr 或 Mn 的质量

$$K_{\text{Mn}}^{440} = \frac{0.032}{1.00} = 0.032 \qquad K_{\text{Mn}}^{540} = \frac{0.780}{1.00} = 0.780$$

$$K_{\text{Cr}}^{440} = \frac{0.380}{5.00} = 0.076 \qquad K_{\text{Cr}}^{540} = \frac{0.011}{5.00} = 0.0022$$

根据吸光度的加和性及 $A = Kc$ 利用上述 K 值及表中数据，可列联立方程如下

$$A_1 = 0.368 = 0.032c_{\text{Mn}} + 0.076c_{\text{Cr}}$$

$$A_2 = 0.604 = 0.780c_{\text{Mn}} + 0.0022c_{\text{Cr}}$$

解联立方程得到

$$c_{\text{Mn}} = 0.762\text{mg}\cdot(100\text{mL})^{-1} \qquad c_{\text{Cr}} = 4.52\text{mg}\cdot(100\text{mL})^{-1}$$

因此 100mL 钢样试液中 Mn 和 Cr 的质量分别为

$$m_{Mn}=0.762\times\frac{100}{10.0}=7.62(mg)=0.007\,62(g)$$

$$m_{Cr}=4.52\times\frac{100}{10.0}=45.2(mg)=0.0452(g)$$

钢样中 Cr、Mn 的质量分数分别为

$$w_{Cr}=\frac{m_{Cr}}{m_s}\times100\%=\frac{0.0452}{0.500}\times100\%=9.04\%$$

$$w_{Mn}=\frac{m_{Mn}}{m_s}\times100\%=\frac{0.007\,62}{0.500}\times100\%=1.52\%$$

该题中计算 Cr、Mn 分别在两测定波长下的 K 是为计算吸光系数，这样计算量要小些，解法也简洁些。

例 7-38 某有色络合物的 0.0010% 水溶液在 510nm 处，用 2cm 吸收池测得透光率 T 为 0.420，已知其摩尔吸光系数为 2.5×10^3 $L\cdot mol^{-1}\cdot cm^{-1}$。试求此有色络合物的摩尔质量。

解 已知 $T=0.420$，由公式 $A=-\lg T$ 可计算有色络合物水溶液的吸光度

$$A=-\lg T=-\lg 0.420=0.377$$

已知 $b=2cm$，$\varepsilon=2.5\times10^3$，$A=0.377$，由公式 $A=\varepsilon bc$ 可计算有色络合物水溶液的浓度为

$$c=\frac{A}{\varepsilon b}=\frac{0.377}{2.5\times10^3\times2}=7.54\times10^{-5}(mol\cdot L^{-1})$$

已知水溶液其浓度表示为 0.0010%，即 1L 水溶液中有色络合物质量为

$$m=1000\times0.0010\%=1.00\times10^{-2}(g)$$

因此有色络合物的摩尔质量为

$$M=\frac{m}{c}=\frac{1.00\times10^{-2}}{7.54\times10^{-5}}=132.6(g\cdot mol^{-1})$$

例 7-39 用一般分光光度法测量 0.001 00$mol\cdot L^{-1}$锌标准溶液和含锌试液，分别测得 $A=0.700$ 和 $A=1.000$，两种溶液的透光率相差多少？如果用0.001 00 $mol\cdot L^{-1}$标准溶液作参比溶液，试液的吸光度又是多少？示差分光光度法与一般分光光度法相比较，读数标尺放大了多少倍？

解 (1) 由公式 $A=-\lg T$ 可计算两种溶液的透光率

$$T=10^{-A}=10^{-0.700}=0.200=20.0\%$$

$$T=10^{-A}=10^{-1.00}=0.100=10.0\%$$

两者透光率相差为

$$20.0\%-10.0\%=10.0\%$$

(2) 由公式 $\Delta A=\varepsilon b\Delta c$，以 $A=0.700$ 作参比，则 $A=1.00$，在示差光度法中吸光度为

$$A_{相对} = \Delta A = 1.000 - 0.700 = 0.300$$

(3) 在示差光度法中 $A_{相对} = 0.300$ 的透光率为

$$T = 10^{-0.300} = 0.50 = 50\%$$

标尺放大倍数

$$50\% \div 10\% = 5$$

标准溶液在两种方法中标尺放大倍数

$$100\% \div 20\% = 5$$

即示差光度法与普通光度法相比，读数标尺扩展了 5 倍。

例 7-40　用普通光度法测得 $4.00 \times 10^{-4} mol \cdot L^{-1} KMnO_4$ 溶液的透光率为 0.132。以此标准溶液作参比溶液，测得未知浓度的 $KMnO_4$ 溶液的透光率为 0.50。计算未知溶液中 $KMnO_4$ 的浓度？（两种方法测定所用吸收池的厚度相同）

解　用普通光度法测定时，标准溶液的吸光度为

$$A_s = -\lg T = -\lg 0.132 = 0.879$$

用示差法测定时，未知溶液的吸光度

$$A_{相对} = -\lg T = -\lg 0.50 = 0.301$$

设未知 $KMnO_4$ 溶液浓度为 c_x 若用普通光度法测定时，吸光度为 A_x。标准 $KMnO_4$ 溶液浓度用 c_s 表示。

由示差法原理可得

$$A_{相对} = A_x - A_s = \varepsilon b(c_x - c_s) \tag{1}$$

由公式 $A = \varepsilon bc$ 可得

$$\frac{A_x}{A_s} = \frac{c_x}{c_s} \tag{2}$$

式(2)可变为

$$\frac{A_x - A_s}{A_s} = \frac{c_x - c_s}{c_s} \tag{3}$$

综合式(1)和式(3)可得

$$\frac{A_{相对}}{A_s} = \frac{c_x - c_s}{c_s}$$

$$c_x = \frac{A_{相对}}{A_s} \times c_s + c_s \tag{4}$$

将有关数据代入式(4)得到

$$c_x = \frac{0.301}{0.879} \times 4.00 \times 10^{-4} + 4.00 \times 10^{-4}$$

$$= 5.37 \times 10^{-4} (mol \cdot L^{-1})$$

例 7-41　某有色溶液以试剂空白作参比，用 1cm 吸收池，于最大吸收波长处，

测得 $A=1.120$,已知有色溶液的 $\varepsilon=2.5\times10^4\ \mathrm{L\cdot mol^{-1}\cdot cm^{-1}}$。若用示差法测定上述溶液时,使其测量误差最小,则参比溶液的浓度为多少?(示差法使用吸收池也为1cm厚)

解法1 已知 $b=1\mathrm{cm}$,$\varepsilon=2.5\times10^4$,由公式 $A=\varepsilon bc$,有色溶液的浓度为

$$c=\frac{A}{\varepsilon b}=\frac{1.120}{1\times2.5\times10^4}=4.48\times10^{-5}(\mathrm{mol\cdot L^{-1}})$$

用示差法测定有色溶液,欲使其测量相对误差最小,即测量的吸光度 $A=0.434$,即 $A_{相对}$为0.434。设所用的参比溶液用普通光度法测量时,其吸光度为

$$A_s=1.120-0.434=0.686$$

已知 $b=1\mathrm{cm}$,$\varepsilon=2.5\times10^4$,$A_s=0.686$,则参比溶液的浓度 c_s 为

$$c_s=\frac{A_s}{\varepsilon b}=\frac{0.686}{1\times2.5\times10^4}=2.74\times10^{-5}(\mathrm{mol\cdot L^{-1}})$$

解法2 先计算有色溶液的浓度

$$c=\frac{1.120}{1\times2.5\times10^4}=4.48\times10^{-5}(\mathrm{mol\cdot L^{-1}})$$

用示差法测量有色溶液,欲使其测量误差最小,则测量的吸光度 $A_{相对}$应为0.434。设所用参比溶液的浓度为 c_s,由示差法的工作原理可知,有色溶液与参比溶液两者浓度差为

$$\Delta c=\frac{0.434}{1\times2.5\times10^4}=1.74\times10^{-5}(\mathrm{mol\cdot L^{-1}})$$

则

$$c_s=c-\Delta c=4.48\times10^{-5}-1.74\times10^{-5}=2.74\times10^{-5}(\mathrm{mol\cdot L^{-1}})$$

例7-42 以试剂空白调节光度计透光率为100%,测得某试液的吸光度为1.301,假定光度计透光率读数误差 $\Delta T=0.003$,光度测量的相对误差为多少?若以 $T=10\%$ 的标准溶液作参比溶液,该试液的透光率为多少?此时测量的相对误差又是多少?

解 先计算某试液用普通光度法测量时的透光率

$$T=10^{-A}=10^{-1.301}=0.050=5.0\%$$

普通光度法测量时相对误差为

$$\frac{\Delta c}{c}=\frac{0.434\Delta T}{T\lg T}=\frac{0.434\times0.003}{0.05\times\lg0.05}=2\%$$

用示差法测量时,参比溶液透光率为10%,则某试液的透光率为

$$T_{相对}=\frac{5.0\%}{10\%}=50\%$$

示差法测量试液时,其相对误差为

$$\frac{\Delta c}{c}=\frac{0.434\Delta T_{相对}}{T_{相对}(\lg T_{相对}+\lg T_s)}$$

已知 $\Delta T_{相对}=0.003, T_{相对}=50\%, T_s=10\%$，则

$$\frac{\Delta c}{c}=\frac{0.434\times0.003}{0.50(\lg0.50+\lg0.10)}=0.2\%$$

此说明在题设条件下，示差法的相对误差减小为原来的1/10。

例 7-43 以PAR为显色剂光度法测定 Pb^{2+}。溶液中过量的PAR的总浓度为 $5.0\times10^{-4}mol\cdot L^{-1}$，计算在pH8.0时，能否进行光度测定？［已知 $\lg K_{PbR}=10.96$；PAR的 pK_a 分别为3.1、5.6、11.9；pH8.0时 $\lg\alpha_{Pb(OH)_2}=0.5$；Pb∶PAR=1∶1］

解 是否能光度测定，关键在于被测组分 Pb^{2+} 能否定量（即99.9%以上）转化为Pb的络合物

$$Pb+R=\!=\!=PbR \qquad (忽略电荷)$$

$$K_{PbR}=\frac{[PbR]}{[Pb][R]}=\frac{[PbR]}{\frac{[Pb']}{\alpha_{Pb}}\frac{[R']}{\alpha_R}}$$

$$\frac{[PbR]}{[Pb']}=\frac{K_{PbR}[R']}{\alpha_{Pb}\alpha_R}$$

通常认为只要 $\frac{[PbR]}{[Pb']}\geqslant10^3$，就视显色反应定量进行，可进行光度测定。由于 K_{PbR}、$[R']$、$\alpha_{Pb(OH)}$ 为已知，因此 $[RbR]/[Pb']$ 只取决于 α_R。只要计算出pH8.0时的 $\alpha_{R(H)}$，代入式中，就可判断在该酸度下，光度测定能否进行。

pH=8.0时

$$\alpha_{R(H)}=1+10^{11.9}\cdot10^{-8.0}+10^{11.9+5.6}\cdot10^{-8.0\times2}+10^{11.9+5.6+3.1}\cdot10^{-8.0\times3}$$
$$=10^{3.9}$$

故

$$\frac{[PbR]}{[Pb']}=\frac{10^{10.96}\times5.0\times10^{-4}}{10^{0.5}\times10^{3.9}}=10^{3.3}>10^3$$

以上计算说明，在pH8.0时，Pb的转化率在99.9%以上，能进行光度测定。

例 7-44 以联吡啶(biPY)光度法测定Fe(Ⅱ)，显色络合物为 $Fe(biPY)_3$。显色时在乙酸缓冲溶液中进行，$c_{HAC}+c_{AC^-}=0.10mol\cdot L^{-1}$，过量联吡啶的浓度为 $1.0\times10^{-3}mol\cdot L^{-1}$。已知 $\lg K_{biPY(H)}=4.4$，$\lg K_{FeAc}=1.4$，$\lg\beta_3=17.6$。问：当溶液pH4.0时，显色反应能否定量进行；若pH2.0，情况又将如何？

解 本题比上题稍复杂，即引起Fe(Ⅱ)发生络合效应的试剂 Ac^-，系缓冲组分，为一弱碱，在题设条件下发生酸效应。显色反应为较复杂的络合平衡体系，其平衡关系如下

$$\begin{array}{ccccc} & & Fe & + 3biPY \rightleftharpoons & Fe(biPY)_3 \\ HAc \rightleftharpoons H + Ac & \| & H & \| & \\ & & FeAc & HbiPY & \end{array}$$

显色反应的条件稳定常数 β_3'为

$$\beta_3' = \frac{[Fe(biPY)_3]}{[Fe'][biPY']^3} = \frac{\beta_3}{\alpha_{Fe(Ac)}\alpha_{biPY(H)}^3}$$

当上述显色反应能定量进行,需满足

$$\frac{[Fe(biPY)_3]}{[Fe']} = \beta_3'[biPY']^3 \geqslant 10^3$$

β_3、$[biPY']$为已知,由题设条件可计算出所求 pH 下的 β_3',代入上述关系式。本题得以解答。

pH=4.0 时

$$\alpha_{Fe(Ac)} = 1 + K_{Fe(Ac)}[Ac] = 1 + \frac{K_{Fe(Ac)}[Ac']}{\alpha_{Ac(H)}}$$

$$= 1 + \frac{10^{1.4} \times 10^{-1.0}}{1 + 10^{4.7} \times 10^{-4.0}} = 10^{0.15}$$

$$\alpha_{biPY(H)} = 1 + K_{biPY(H)}[H] = 1 + 10^{4.4} \cdot 10^{-4.0} = 10^{0.55}$$

$$\beta_3' = \frac{\beta_3}{\alpha_{Fe(Ac)}\alpha_{biPY}^3} = \frac{10^{17.6}}{10^{0.15} \times 10^{0.55 \times 3}} = 10^{15.8}$$

$$\frac{[Fe(biPY)_3]}{[Fe']} = \beta_3'[biPY']^3 = 10^{15.8} \times 10^{-3.0 \times 3} = 10^{6.8} > 10^3$$

以上计算说明 pH=4.0 时,显色反应能定量进行。

pH=2.0 时,按上述方法计算得

$$\alpha_{Fe(Ac)} = 1.0 \quad \alpha_{biPY(H)} = 10^{2.4} \quad \beta_3' = 10^{10.4}$$

则

$$\frac{[Fe(biPY)_3]}{[Fe']} = 10^{10.4} \times 10^{-3.0 \times 3} = 10^{1.4} < 10^3$$

此时显色反应不能定量进行。

例 7-45 浓度为 $2.0 \times 10^{-4} mol \cdot L^{-1}$的甲基橙溶液,在不同 pH 的缓冲溶液中,于 520nm 波长下用 1cm 吸收池测得下列数据:

pH	0.88	1.17	2.99	3.41	3.95	4.89	5.50
A	0.890	0.890	0.692	0.552	0.385	0.260	0.260

计算甲基橙的 pK_a 值。

解 甲基橙为酸碱指示剂。由以上数据可以看出，在 pH<1.17时，吸光度为一定值，说明甲基橙此时基本上以共轭酸 HIn 型体存在，即 $c_{HIn}=[HIn]$，溶液的吸光度全由 HIn 型体贡献，记作 A_{HL}。在 pH>4.89 时，吸光度也为定值，说明甲基橙在此酸度下基本上以共轭碱 In^- 型体存在，即 $c_{HIn}=[In^-]$，溶液的吸光度全由 In^- 型体贡献，记作 A_L。在 1.17<pH<4.89 的范围内，溶液中甲基橙的 HIn 和 In^- 两种型体同时存在。它们对光都有吸收，据吸光度的加和性，此时溶液的吸光度是两种型体吸光度之和。结合一元弱酸的离解平衡，可由测定数据计算出甲基橙的 pK_a。

甲基橙(HIn)在水中按下式离解

$$HIn \rightleftharpoons H^+ + In^- \qquad K_a=\frac{[H^+][In^-]}{[HIn]}$$

在 1.17<pH<4.89 时

$$\begin{aligned} A &= A_{HIn}+A_{In^-} \\ &= \frac{\varepsilon_{HIn}[H^+]c_{HIn}}{K_a+[H^+]}+\frac{\varepsilon_{In^-}K_a c_{HIn}}{K_a+[H^+]} \end{aligned} \qquad (1)$$

pH<1.17 时

$$A_{HL}=A_{HIn}=\varepsilon_{HIn}c_{HIn} \qquad (2)$$

pH>4.89 时

$$A_L=A_{In^-}=\varepsilon_{In^-}c_{HIn} \qquad (3)$$

将式(2)和式(3)代入式(1)得到

$$A=\frac{A_{HL}[H^+]+A_L K_a}{K_a+[H^+]}$$

$$A(K_a+[H^+])=A_{HL}[H^+]+A_L K_a$$

$$K_a=\frac{A_{HL}-A}{A-A_L}[H^+] \qquad (4)$$

$$pK_a=pH+\lg\frac{A-A_L}{A_{HL}-A} \qquad (5)$$

由题给数据可知 $A_{HL}=0.890$，$A_{L^-}=0.260$，将题给数据代入式(5)，得到：

pH 为 2.99 时

$$pK_a=2.99+\lg\frac{0.692-0.260}{0.890-0.692}=3.33$$

pH 为 3.41 时

$$pK_a=3.41+\lg\frac{0.552-0.260}{0.890-0.552}=3.35$$

pH 为 3.95 时

$$pK_a = 3.95 + \lg\frac{0.385 - 0.260}{0.890 - 0.385} = 3.34$$

$$pK_a = \frac{3.33 + 3.35 + 3.34}{3} = 3.34$$

例 7-46 利用二苯氨基脲分光光度法测定铬酸钡的溶解度时,加过量的 $BaCrO_4$ 与水在 30℃ 的恒温水浴中,让其充分平衡。吸取上层清液 10.0mL 于 25mL 容量瓶中,在酸性介质中以二苯氨基脲显色并用水稀释至刻度,用 1cm 吸收池于 540nm 波长下,测得吸光度为 0.200。已知 10.0mL 铬标准溶液(含 Cr 2.00 $mg\cdot mL^{-1}$)在同样条件下显色后,测得吸光度为 0.440。试计算 30℃ 时铬酸钡的溶解度及溶度积 K_{sp}。(已知 $A_{r,Cr} = 52.00$, $M_{r,BaCrO_4} = 253.32$)

解 在水溶液中铬酸钡存在如下的溶解平衡

$$BaCrO_4 \rightleftharpoons Ba^{2+} + CrO_4^{2-}$$

铬酸钡饱和溶液中 Cr 的浓度为

$$c_{Cr} = \frac{2.00 \times 0.200}{0.440} = 0.91(mg\cdot L^{-1})$$

30℃ 时 $BaCrO_4$ 的溶解度若以 100g 水中的含 $BaCrO_4$ 的质量(以 g 计)表示,则为

$$m = 0.91 \times 10^{-3} \times \frac{100}{1000} \times \frac{253.32}{52.00} = 4.43 \times 10^{-4}(g)$$

30℃ 时 $BaCrO_4$ 的溶解度以物质的量浓度表示则为

$$S = c_{CrO_4^{2-}} = \frac{m}{M} \times \frac{1000}{100}$$

$$= \frac{4.43 \times 10^{-4}}{253.32} \times \frac{1000}{100} = 1.75 \times 10^{-5}(mol\cdot L^{-1})$$

故

$$K_{sp} = [Ba^{2+}][CrO_4^{2-}] = (1.75 \times 10^{-5})^2 = 3.06 \times 10^{-10}$$

例 7-47 某酸碱指示剂系一元弱酸,其酸式型体 HIn 在 410nm 处有最大吸收,碱式型体 In^- 在 645nm 处有最大吸收,在这个两波长下,吸收互不干扰。今配有浓度相同,而 pH 分别为7.70和8.22的两份溶液在波长为 645nm 处用 1cm 吸收池分别测得吸光度为0.400和 0.500,求指示剂的理论变色点 pH。若用相同浓度的溶液在强碱性介质中,在保持测量条件不变的情况下,测得吸光度为多少?

解 指示剂的理论变色点 pH,即 $[HIn] = [In^-]$ 时的 pH,等于指示剂的 pK_a 值。根据指示剂在水中的离解平衡可知

$$pH = pK_a + \lg\frac{[In^-]}{[HIn]} = pK_a + \lg\frac{[In^-]}{c_{HIn} - [In^-]} \tag{1}$$

设相同浓度的指示剂在强碱性介质中全部以 In^- 型体存在,其吸光度为 A_L。在 pH 为 7.70 和 8.22 时其吸光度分别为 A_1 和 A_2,相应共轭碱型体浓度分别为

$[In^-]_1$ 和 $[In^-]_2$。由公式 $A=\varepsilon bc$ 可以得到

$$A_L = c_{HIn}\varepsilon b \qquad A_1 = [In^-]_1\varepsilon b \qquad A_2 = [In^-]_2\varepsilon b$$

将上述关系代入式(1),得到

$$pH_1 = pK_a + \lg \frac{A_1}{A_L - A_1} \tag{2}$$

$$pH_2 = pK_a + \lg \frac{A_2}{A_L - A_2} \tag{3}$$

依题设 $pH_1=7.70$, $pH_2=8.22$, $A_1=0.400$, $A_2=0.500$。将数据代入式(2)和式(3)得到

$$pK_a + \lg \frac{0.400}{A_L - 0.400} = 7.70$$

$$pK_a + \lg \frac{0.500}{A_L - 0.500} = 8.22$$

解上述二元联立方程组得到

$$pK_a = 7.30 \qquad A_L = 0.56$$

例 7-48 已知 ZrO^{2+} 的总浓度为 $2.0\times10^{-5}mol\cdot L^{-1}$,茜唑显色剂的总浓度为 $4.0\times10^{-5}mol\cdot L^{-1}$,连续变化法测得最大吸光度为0.420,外推法得 $A_{max}=0.520$,络合比为1:2,求 $K_稳$ 值为多少?

解 依题意,显色剂R的总浓度恰为 ZrO^{2+} 的总浓度的2倍,而络合比恰为2:1。外推法所得 A_{max} 与最大吸光度之差是由于络合物的离解造成的。设络合物ZrOR的离解度为 α,络合物的离解平衡如下

$$ZrOR_2 \rightleftharpoons ZrO + 2R$$

$$c$$

$$c(1-\alpha) \qquad c\alpha \qquad 2c\alpha$$

$$K'_稳 = \frac{[ZrOR]}{[ZrO][R]^2} = \frac{c(1-\alpha)}{c\alpha(2c\alpha)^2} = \frac{1-\alpha}{4c^2\alpha^3}$$

依题意

$$\alpha = \frac{A_{max} - A}{A_{max}} = \frac{0.520 - 0.420}{0.520} = 0.192$$

已知 $c=2.0\times10^{-5}mol\cdot L^{-1}$,将 c 与 α 数值代入,得到

$$K_稳 = \frac{1-0.192}{4\times(2.00\times10^{-5})^2\times(0.192)^3} = 7.15\times10^{10}$$

例 7-49 在 $Zn^{2+} + 2Q^{2-} \rightleftharpoons ZnQ_2^{2-}$ 显色反应中,当显色剂Q浓度超过 Zn^{2+} 浓度40倍以上时,可认为 Zn^{2+} 全部生成 ZnQ_2^{2-}。有一显色液,其中 $c_{Zn^{2+}}=1.0\times10^{-3}mol\cdot L^{-1}$, $c_{Q^{2-}}=5.00\times10^{-2}mol\cdot L^{-1}$,在 λ_{max} 波长处用1cm吸收池测得吸光

度为0.400。在同样条件下,测量 $c_{Zn^{2+}}=1.00\times10^{-3}mol\cdot L^{-1}$,$c_{Q^{2-}}=2.50\times10^{-3}mol\cdot L^{-1}$的显色液时,吸光度为0.280。求络合物 ZnQ_2^{2-} 的稳定常数为多少?

解 先判断 $A=0.400$ 的显色液,Zn^{2+}是否定量转化为 ZnQ_2^{2-}

$$\frac{c_{Q^{2-}}}{c_{Zn^{2+}}}=\frac{5.0\times10^{-2}}{1.0\times10^{-3}}=50>40$$

由此可见,溶液中 Zn^{2+}已全部生成 ZnQ_2^{2-},即 $c_{ZnQ_2^{2-}}=1.0\times10^{-3}mol\cdot L^{-1}$。已知 $b=1cm$,由公式 $A=\varepsilon bc$,可得到络合物的摩尔吸光系数

$$\varepsilon=\frac{A}{bc}=\frac{0.400}{1\times1.0\times10^{-3}}=4.00\times10^{2}$$

在 $A=0.280$ 的显色液中,$c_{Q^{2-}}/c_{Zn^{2+}}<40$,故溶液中 Zn 未全部转为 ZnQ_2^{2-}。由题设条件及计算出的 ε,可求出此溶液中$[ZnQ_2^{2-}]$、$[Zn^{2+}]$及$[Q^{2-}]$,最后可求出络合物 ZnQ_2^{2-} 的 $K_{稳}$。

$$[ZnQ_2^{2-}]=\frac{A}{\varepsilon b}=\frac{0.280}{4.00\times10^{2}\times1}=7.00\times10^{-4}(mol\cdot L^{-1})$$

$$\begin{aligned}[Zn^{2+}]&=c_{Zn^{2+}}-[ZnQ_2^{2-}]\\&=1.00\times10^{-3}-7.00\times10^{-4}\\&=3.00\times10^{-4}(mol\cdot L^{-1})\end{aligned}$$

$$\begin{aligned}[Q_2^{2-}]&=c_{Q_2^{2-}}-2[ZnQ_2^{2-}]\\&=2.50\times10^{-3}-2\times7.00\times10^{-4}\\&=1.10\times10^{-3}(mol\cdot L^{-1})\end{aligned}$$

络合物的稳定常数为

$$\begin{aligned}K_{稳}&=\frac{[ZnQ_2^{2-}]}{[Zn^{2+}][Q^{2-}]^2}=\frac{7.00\times10^{-4}}{3.00\times10^{-4}\times(1.10\times10^{-3})^2}\\&=1.93\times10^{6}\end{aligned}$$

例 7-50 连续变化法测定 Fe^{3+} 与 SCN^- 形成的络合物的组成。用 Fe^{3+} 和 SCN^-浓度均为 $2.00\times10^{-3}mol\cdot L^{-1}$的标准溶液,按下列方法配制一系列总体积为 10.00mL 的溶液,于 480nm 波长处用 1cm 吸收池测量得到下列吸光度数据:

V_{Fe}/mL	0.00	1.00	2.00	3.00	4.00	5.00	6.00	7.00	8.00	9.00	10.00
V_{SCN}/mL	10.00	9.00	8.00	7.00	6.00	5.00	4.00	3.00	2.00	1.00	0.00
A	0.000	0.178	0.358	0.463	0.527	0.552	0.519	0.458	0.354	0.178	0.002

用作图法求络合物的组成及络合物的稳定常数。

解 (1)因为 Fe^{3+} 和 SCN^- 两者标准溶液浓度相同,在配制的一系列溶液中

$$f=\frac{c_{Fe^{3+}}}{c_{Fe^{3+}}+c_{SCN^-}}=\frac{V_{Fe^{3+}}}{V_{Fe^{3+}}+V_{SCN^-}}$$

已知 $V_{总}=V_{Fe^{3+}}+V_{SCN^-}=10.00mL$,则每份溶液中 f 值分别为 0.00、0.100、0.200、0.300、0.400、0.500、0.600、0.700、0.800、0.900、1.000。以 A 为纵坐标,以 f 为横坐标作图得到图 7-5 所示的曲线。将曲线两边延长,相交于 B 点,B 点对应的横坐标 $f=0.50$,即 Fe^{3+} 与 SCN^- 1∶1 络合。

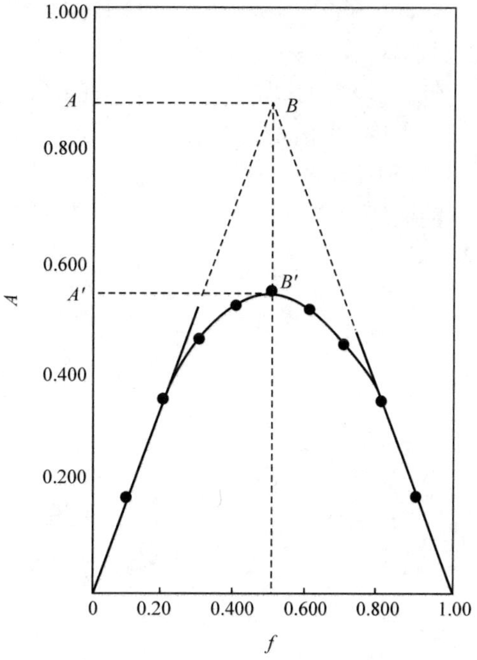

图 7-5 连续变化法

(2) 曲线中吸光度最大处为 B' 点,B' 点的吸光度 $A'=0.552$,低于 B 点处的吸光度 $A=0.886$,这是由于络合物的离解所致。设络合物 $Fe(SCN)^{2+}$ 的离解度为 α,则 α 为

$$\alpha=\frac{A-A'}{A}=\frac{0.886-0.552}{0.886}=0.377$$

络合物$[FeSCN]^{2+}$的离解平衡如下

$$[FeSCN]^{2+}\rightleftharpoons Fe^{3+}+SCN^-$$

则

$$K_{稳}=\frac{\left[[Fe(SCN)]^{2+}\right]}{[Fe^{3+}][SCN^-]}=\frac{1-\alpha}{c\alpha^2} \qquad (1)$$

吸光度 A 为 0.552 的溶液中 Fe^{3+} 的总浓度为

$$c=\frac{2.00\times10^{-3}\times5.00}{10.00}=1.00\times10^{-3}(mol\cdot L^{-1})$$

将 $\alpha=0.377$ 和 $c=1.00\times10^{-3}$代入式(1),可得到

$$K_{稳}=\frac{1-0.377}{1.00\times10^{-3}\times(0.377)^2}=4.39\times10^3$$

例 7-51 Mn^{2+} 与 Q 生成有色络合物,用饱和法测定其组成。用 Mn^{2+} 和 Q 按以下方法配制一系列溶液,固定 Mn^{2+} 的浓度为 $2.0\times10^{-4}mol\cdot L^{-1}$,而改变 Q 的浓度,于波长 525nm 处用 1cm 吸收池测得下列吸光度数据:

$c_Q/(10^{-4}mol\cdot L^{-1})$	0.500	0.750	1.00	2.00	2.50	3.00	3.50	4.00
A	0.112	0.162	0.216	0.372	0.449	0.463	0.470	0.470

求:(1)络合物的组成;(2)络合物在波长为525nm处的摩尔吸光系数;(3)络合物的稳定常数。

解 (1) 依题意,一系列溶液中 $c_{Mn^{2+}}$ 均为2.00×10^{-4}mol·L^{-1},显色剂Q的浓度不断变化,由题给数据可算出$c_Q/c_{Mn^{2+}}$值分别为0.250、0.375、0.500、1.00、1.25、1.50、2.00。以吸光度 A 为纵坐标,$c_Q/c_{Mn^{2+}}$为横坐标作图,得到图7-6所示的曲线。由外推法得一交点,其横坐标 $c_Q/c_{Mn^{2+}}$ 值为1.0,因此络合比为1:1。

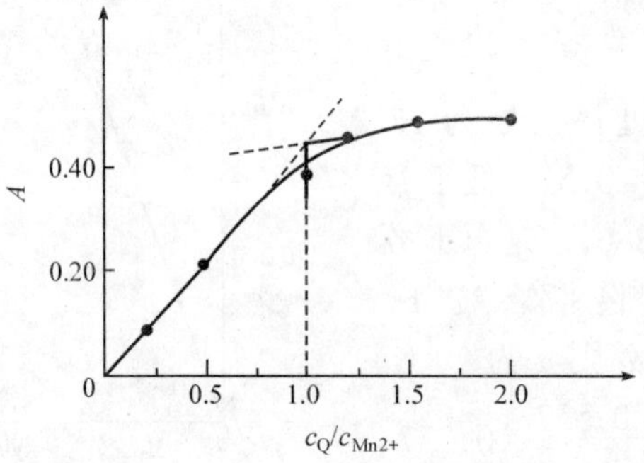

图7-6 饱和法

(2) 由题给数据可看出,当 $c_Q=3.5\times10^{-4}$ mol·L^{-1},Mn^{2+}已定量转化为MnQ。此时$[MnQ]=c_{Mn^{2+}}=2.00\times10^{-4}$mol·L^{-1},而 $b=1$cm,由公式 $A=\varepsilon bc$,可得到络合物的摩尔吸光系数为

$$\varepsilon=\frac{A}{bc}=\frac{0.470}{2.00\times10^{-4}\times1}=2.35\times10^{3}(\text{L·mol}^{-1}\text{·cm}^{-1})$$

(3) 由图7-6可看出曲线转折点不敏锐,这是由络合物离解所致。在该区域,由 $c_{Mn^{2+}}$、c_Q 及吸光度 A 可计算出某吸光度值对应的溶液中Mn^{2+}、Q及MnQ三者的平衡浓度。由作图法已知络合比为1:1,故可求出络合物的稳定常数。

$A=0.372$ 的溶液中

$$c_{Mn^{2+}}=c_Q=2.00\times10^{-4}\text{mol·L}^{-1}$$

已知 $b=1$cm,$\varepsilon=2.35\times10^{3}$,可知此溶液中

$$[MnQ]=\frac{0.372}{2.35\times10^{3}\times1}=1.58\times10^{-4}(\text{mol·L}^{-1})$$

则

$$[Mn^{2+}]=[Q]=c_M-[MnQ]$$
$$=2.00\times10^{-4}-1.58\times10^{-4}=4.20\times10^{-5}(\text{mol·L}^{-1})$$

因此络合物MnQ的稳定常数为

$$K_{稳}=\frac{[MnQ]}{[Mn^{2+}][Q]}$$
$$=\frac{1.58\times10^{-4}}{(4.20\times10^{-5})^2}=8.96\times10^4$$

例 7-52　金属离子 M 与显色剂 R 生成有色络合物 MR。当 $c_M=2.0\times10^{-6}$ mol·L^{-1},而 R 的浓度分别为 5.0×10^{-6}mol·L^{-1}和 2.0×10^{-5}mol·L^{-1}时,测得的吸光度分别为 0.45 和 0.60。试计算络合物 MR 的表观稳定常数?

解　当 c_M 固定时,随着 c_R 增大,吸光度 A 也增大,即产物 MR 的浓度随之增大,而 MR 的浓度与吸光度 A 成正比。根据络合物 MR 的稳定常数表达式可以得到

$$K_{稳}=\frac{[MR_1]}{(c_M-[MR_1])(c_{R_1}-[MR_1])}$$
$$=\frac{[MR_2]}{(c_M-[MR_2])(c_{R_2}-[MR_2])}\qquad(1)$$

设$[MR_2]=x$,依题给条件

$$[MR_1]=\frac{A_1}{A_2}[MR_2]=\frac{0.45}{0.60}x=0.75x$$

已知 $c_M=2.0\times10^{-6}$mol·L^{-1},$c_{R_1}=5.0\times10^{-6}$mol·L^{-1},$c_{R_2}=2.0\times10^{-5}$mol·L^{-1}。将它们代入式(1)整理得到

$$\frac{0.75x}{(2.0\times10^{-6}-0.75x)(5.0\times10^{-6}-0.75x)}=\frac{x}{(2.0\times10^{-6}-x)(2.0\times10^{-5}-x)}$$
$$0.25x^2-1.5\times10^{-5}x^2+2.67\times10^{-11}=0$$

解得

$$x=1.84\times10^{-6}\text{mol·L}^{-1}$$

即

$$[MR_2]=1.84\times10^{-6}\text{mol·L}^{-1}$$
$$[MR_1]=0.75\times1.84\times10^{-6}=1.38\times10^{-6}(\text{mol·L}^{-1})$$

将它们代入式(1)得到

$$K_{稳}=6.2\times10^5$$

例 7-53　光度法测定 Fe^{3+} 时,得到下列数据:

x(Fe 含量)/mg	0.20	0.40	0.60	0.80	1.0	未知
y(吸光度)	0.077	0.126	0.176	0.230	0.280	0.205

(1)列出一元线性回归方程;(2)求出未知液中 Fe 含量;(3)求相关系数。

解　(1)设 Fe 含量为 x,吸光度值为 y,一元线性回归方程为 $y=a+bx$,计算

回归系数 a、b 值($n=5$)

$$\bar{x}=0.60 \qquad \bar{y}=0.1778$$

$$\sum_{i=1}^{5} x_i^2=2.2 \qquad \sum_{i=1}^{5} y_i^2=0.184 \qquad \sum_{i=1}^{5} x_i y_i=0.6354$$

$$b=\frac{\sum(x_i-\bar{x})(y_i-\bar{y})}{\sum_{i=1}^{5}(x_i-\bar{x})^2}=\frac{\sum x_i y_i-n\bar{x}\,\bar{y}}{\sum x_i^2-n\bar{x}^2}$$

$$=\frac{0.6354-5\times 0.60\times 0.1778}{2.20-5\times 0.360}$$

$$=\frac{0.102}{0.400}=0.255$$

$$a=\bar{y}-b\bar{x}=0.1778-0.255\times 0.60=0.025$$

标准曲线的一元线性回归方程为

$$y=0.025+0.255x$$

(2)已知未知液的吸光度 $y=0.205$,则 Fe 含量为

$$x=\frac{0.205-0.025}{0.255}=0.71(\mathrm{mg})$$

(3)相关系数为

$$\gamma=\frac{\sum(x_i-\bar{x})(y_i-\bar{y})}{\sqrt{\sum(x_i-\bar{x})^2\sum(y_i-\bar{y})^2}}$$

$$=\frac{\sum x_i y_i-n\bar{x}\bar{y}}{\sqrt{\sum(x_i^2-n\bar{x}^2)(\sum y_i^2-n\bar{y}^2)}}$$

$$=\frac{0.102}{\sqrt{0.400\times 0.026\,02}}=0.9998$$

查表 $\gamma_{99\%,f}=0.917<\gamma_{计算}$,因此该标准曲线具有很好的线性关系。

五、自　测　题

(一) 选择题

1. 紫外及可见吸收光谱由
   A. 最内层原子轨道上的电子跃迁产生
   B. 原子最外层电子跃迁产生
   C. 分子电子能级跃迁产生
   D. 分子振动和转动产生
2. 在符合朗伯-比尔定律的范围内,有色物质的浓度、最大吸收波长和吸光度

三者的关系是

A. 增加、增加、增加　　B. 减小、不变、减小

C. 减小、增加、增加　　D. 减小、不变、增加

3. 以下说法中错误的是

A. 吸光度随液层厚度的减小而减小

B. 吸光度随有色溶液浓度的增大而增大

C. 吸光度随入射光波长的增大而增大

D. 吸光度随透光率的增大而减小

4. 以下说法中错误的是

A. 透光率随浓度的增大而减小

B. 吸光度与浓度成正比

C. T-c 曲线适合于作定量分析的工作曲线

D. 透光率 T 为零时，吸光度值为无限大

5. 下述说法中，不引起偏离朗伯-比尔定律的是

A. 介质的不均匀性　　B. 入射光为复合光

C. 溶液中的化学反应　　D. 入射光为单色光

6. 吸光物质的摩尔吸光系数与下面因素中有关系的是

A. 入射光波长　　B. 吸收池厚度

C. 吸光物质浓度　　D. 吸收池材料

7. 某吸光物质在 $\lambda_{max}=560$nm 处摩尔吸光系数为 5.0×10^5L·mol^{-1}·cm^{-1}。这表明

A. 该吸光物质可配制高浓度的有色溶液

B. 该吸光物质对 560nm 的光的吸收能力强，用吸光光度法测定该吸光物质时准确高度

C. 该吸光物质对 560nm 的光的吸收能力强，用吸光光度法测定该吸光物质时灵敏度很高

D. 用吸光光度法测定该吸光物质时，灵敏度高选择性好、对比度大、准确度高

8. 下述说法中错误的是

A. 通常选用最大吸收波长作测定波长

B. 摩尔吸光系数在 $10^5\sim10^6$L·mol^{-1}·cm^{-1}范围内的显色剂为超高灵敏度显色剂

C. 吸光度具有加和性

D. 在示差吸光光度法中所用的参比溶液又称空白溶液

9. 在吸光光度法中，有时出现标准曲线不过原点，下述情况中不会引起这一

现象的是

A. 吸收池位置放置不当　B. 参比溶液选择不当

C. 吸收池光学玻璃面不洁净　D. 显色反应的灵敏度较低

10. 某有色溶液,固定比色皿厚度,当浓度为 c 时透光率为 T,若浓度为 $c/2$ 时,则透光率为

A. $T/2$　B. $2T$　C. $\sqrt{T}$　D. T^2

11. 质量相同的两种离子 $A_rM_1 = 70.5$, $A_rM_2 = 140.8$,经同样显色后,前者以 2cm 比色皿,后者以 1cm 比色皿,测得的吸光度相同,则两种有色物质的摩尔吸光系数的关系为

A. 基本相同　B. 后者为前者的 4 倍

C. 前者为后者的 4 倍　D. 前者为后者的 2 倍

12. 已知 $K_2Cr_2O_7$ 在水溶液中存在下述平衡

$$Cr_2O_7^{2-} + H_2O \rightleftharpoons 2H^+ + CrO_4^{2-}$$

当固定其总浓度不变时,改变溶液酸度,各组分的相对浓度发生变化,则相应的各溶液的光吸收曲线相交于 335nm 和 445nm,称为等吸收点,此时溶液中 $Cr_2O_7^{2-}$ 和 CrO_4^{2-} 两组分的吸光度相交在 445nm 处。$Cr_2O_7^{2-}$ 的摩尔吸光系数为 ε_A,CrO_4^{2-} 的摩尔吸光系数为 ε_B。ε_A 与 ε_B 的关系为

A. $\varepsilon_A = \frac{1}{2}\varepsilon_B$　B. $\varepsilon_A = \varepsilon_B$

C. $\varepsilon_A = 2\varepsilon_B$　D. $\varepsilon_A = 4\varepsilon_B$

13. 今有一弱酸指示剂在水溶液中存在下述平衡:$HA \rightleftharpoons H^+ + A^-$。其酸型 HA 和碱型 A^- 均有色,已知 HA 的最大吸收波长为 570nm,A^- 的最大吸收波长为 430nm。若在 430nm 处绘制标准曲线,将引起标准曲线发生下述情况

A. 不弯曲　B. 向下弯曲

C. 向上弯曲　D. 有一个明显的转折点

14. 吸光光度法进行多组分的同时测定是基于

A. 各组分在同一波长下的吸光度有加和性

B. 各组分在不同波长下有吸收

C. 各组分的摩尔吸光系数基本相同

D. 各组分的浓度互成比例

15. 双波长分光光度计与单波长分光光度计的主要区别在于

A. 光源的个数　B. 使用的单色器的个数

C. 吸收池的个数　D. 检测器的个数

16. 用普通吸光光度法测得标准溶液 c_s 的透光率为 20%,试液的透光率为 12%;若以示差吸光光度法测定,以 c_s 为参比,则试液的透光率为

A. 70%　　B. 60%　　C. 50%　　D. 40%

17. 测定纯金属钴中微量锰时，在酸性溶液中，用 KIO_4 将 Mn^{2+} 氧化为 MnO_4^- 进行吸光光度法测定，此时应选择的参比溶液是

A. 蒸馏水　　B. KIO_4 溶液

C. 含有 KIO_4 的试样溶液　　D. 不含 KIO_4 的试样溶液

18. 摩尔吸光系数 ε 与桑德尔灵敏度 S 的关系是

A. $S=\frac{M}{\varepsilon}$　　B. $S=\frac{\varepsilon}{M}$

C. $S=\frac{M}{\varepsilon\times10^6}$　　D. $S=\frac{\varepsilon}{M\times10^6}$

19. 用连续变化法测定络合物的组成时，应

A. 固定金属离子的浓度，依次改变显色剂的浓度

B. 固定显色剂的浓度，依次改变金属离子的浓度

C. 固定金属离子和显色剂的总浓度不变，改变两者浓度的相对比值

D. 以$[R]/(c_R+c_M)$的值直接确定络合物的组成

20. 透光率与吸光率的关系是

A. $A=\lg\frac{1}{T}$　　B. $A=\frac{1}{T}$

C. $A=\lg T$　　D. $T=\lg\frac{1}{A}$

(二) 填空题

1. 分子吸收光谱中，由电子能级跃迁而产生的吸收光谱，位于________部分。在电子能级跃迁时，常伴随着________和________的跃迁，因此分子光谱是________光谱。

2. 理论上将具有同一波长的光称为________，将由不同波长组成的光称为________。可见光的波长大约在________范围，它是由红、橙、黄、绿、青、蓝、紫各种色光________混合而成。

3. 若把两种适当颜色的光________，也能得到白光，这两种颜色的光称为________。

4. 物质的颜色是因物质对________作用而产生的。

5. 测量物质对________的吸收程度，以________为横坐标，以________为纵坐标作图，可得到一条曲线，称为光吸收曲线或吸收光谱。

6. 不同浓度的同一物质的吸收光谱的形状相同，________不变，但吸光度随________而增大。显然在此波长处测量吸光度，其灵敏度最高。因此，________是吸光光度法中选择测量波长的依据。

7. 在吸光光度法中,当无干扰物质时,通常选择________作为测量波长,而有干扰物质存在时,应根据________的原则选择测量波长。

8. 朗伯-比尔定律对照射光和吸光物质的要求是________。

9. 朗伯-比尔定律的数字表达式为 $A=\lg\dfrac{I_0}{I}=Kbc$。式中比例常数 K 与________等因素有关,而与有色溶液的________和比色皿的________,________关系。

10. 摩尔吸光系数 ε 的单位为________,ε 反映了吸光物质对________;也反映了吸光光度法测定该吸光物质的________。

11. 桑德尔灵敏度 S 表示,仪器的检测极限 $A=0.001$ 时,单位截面积光程内所能检出来的吸光物质的最低含量,其单位为____,S 与吸光物质的摩尔吸光率数 ε 和摩尔质量 M 的关系为________。

12. 吸光光度法中用解联立方程方法测定同一试样中的多组分含量,这是基于________。

13. 在紫外可见分光度计中,在紫外光区使用的光源是________灯,色散元件棱镜及比色皿的材料是________,而在可见光区使用________灯作光源,用________材料制作棱镜和比色皿。

14. 某酸碱指示剂 HIn 在水溶液中存在下述平衡:$HIn \rightleftharpoons H^+ + In^-$。酸型 HIn 和碱型 In^- 皆有色,已知 HIn 的最大吸收波长为 610nm,In^- 的最大吸收波长为 450nm、且 In 在 610nm 下无吸收。若在 610nm 波长下绘制 HIn 的标准曲线,则标准曲线将向________轴弯曲。

15. 用铬天青 S 吸光光度法测定钢中铝时,络天青 S 及钢中共存元素钴、镍皆有色,为消除干扰,取一定量试液,加入少量________,使 Al^{3+} 与之生成________络合物而________显色,然后加入显色剂和其他试剂以此作为参比溶液,这样就可消除有色离子 Co^{2+}、Ni^{2+} 的干扰,也消除了显色剂本身颜色的影响。

16. 示差吸光光度法与普通吸光光度法的主要差别在于,示差法不是以________作为参比溶液,而是采用比待测溶液________标准溶液作参比溶液,测量待测溶液的吸光度。此时测得的吸光度实际是两种溶液________,它与两种溶液的________成________。

17. 用普通吸光光度法测得标准溶液 c_s 的透光率为 10%,待测溶液 c_x 的透光率为 7%,若以示差光度法测定,以 c_s 标准溶液作参比溶液,则待测溶液 c_x 的透光率为________,相当于将仪器标尺扩展了________倍。

18. 某人用试剂空白调节分光光度计的透光率,错误地调至 96% 而不是 100%,在此条件下测得待试液的透光率为 44.7%,则该待测试液的透光率正确应为________。

19. 由光度测量误差公式可知，当溶液的吸光度为________时，由读数误差引起的浓度相对误差最小。一般应控制被测试液吸光度在 0.2～0.8 范围内，可通过控制________或改变________来达到目的。

20. 在双波长吸光光度法中，没有________溶液，只有________，所测量的是装在________吸光池的待测试液时________波长和测量波长处吸光度的________。

（三）计算题

1. 用磺基水杨酸法测定微量铁。铁标准溶液是用 0.2160g $NH_4Fe(SO_4)_2 \cdot 12H_2O$溶于水定容至 500mL 配制而成。取体积为 V mL 铁标准溶液置于 50mL 容量瓶中，加磺基水杨酸显色后，用水稀释至刻度，摇匀。分别测得吸光度于下表：

V_{Fe}/mL	0.0	2.0	4.0	6.0	8.0	10.0
A	0.0	0.165	0.320	0.480	0.630	0.790

用表中数据绘制标准曲线。

移取试液 5.00mL，稀释至 250mL，然后移取此稀释液 2.00mL 置于 50mL 容量瓶中，与标准曲线同样条件下显色后，测得吸光度 $A=0.406$，求试液中铁的含量(以 $g \cdot L^{-1}$计)。[已知 $M_{r,NH_4Fe(SO_4)_2}=482.22$，$A_{r,Fe}=55.85$]

2. 有一含铁试液其质量浓度为 $4.68\times10^{-2}g \cdot L^{-1}$，移取此溶液 5.00mL 于 100mL 容量瓶中，用邻二氮菲显色后，稀释至刻度，摇匀，用 2cm 比色皿，于 510nm 处测得透射比 $T=11.6\%$，计算此显色反应的吸光系数 a、摩尔吸光系数 ε、桑德尔灵敏度 S。

3. 某有色溶液置于 1cm 比色皿中，入射光强度减弱了 20%，若置于 3cm 比色皿中，入射光强度又减弱了多少？

4. 用硅钼蓝法测定某试液中的硅含量时，发现分光光度计用参比溶液调节工作零点时，只能调至 $T=95\%$处，在此情况下测得试液的透射比 T 为 35.2%。若仪器正常后(T 可调至 100%)，用原参比溶液在同样条件下测得该试液的透射比 T 为多少？

5. 选矿废水中二硫代磷酯常以磷钼蓝光度法测定。取 50mL 废水，加 6.5mL H_2SO_4 和 $KMnO_4$，并以 Na_2SO_3 还原过量的 $KMnO_4$ 和生成的 MnO_2，将溶液转入 100mL 容量瓶中，加入钼酸铵及氧锑基酒石酸钾显色后并定容，用 5cm 比色皿，以试剂空白作参比，于 610nm 处测得吸光度为 0.370。用 0.050mg KH_2PO_4 的标准溶液同以上处理后，测得吸光度为 0.500，求二硫代磷酸酯的含量($mg \cdot L^{-1}$)。(已知 $A_{r,P}=30.97$，$M_{r,KH_2PO_4}=136.0$，$M_{r,\text{二硫代磷酸酯}}=321.9$)

6. 人体血液的体积可以通过注射已知数量的无害染料到静脉中,经过循环充分混合后,测得染料的浓度,再计算血料的体积。血浆的体积除以血浆在血液中所占的分数就得到血液的体积。在一次测定中,向 75kg 的人注射 1.00mL 伊凡氏蓝,10min 后抽出血液试样,先将血液离心分离,得知血浆在血液中占 53%,然后测定血浆中染料的浓度,在 1cm 比色皿中,以空白溶液作参比,测得吸光度为 0.380。

另取 1.00mL 同样的伊凡氏蓝,在 1L 容量瓶中,稀释至刻度,摇匀。从中移取 10.00mL 于 50mL 容量瓶中,稀释至刻度,摇匀。以上述相同空白溶液作参比在同样条件下测得最后稀释溶液的吸光度为 0.200,计算人体血液的体积,以升为单位。

7. 有一浓度为 $5.0\times10^{-6}mol\cdot L^{-1}$ 金属离子溶液,当用 3cm 比色皿测得吸光度 $A_1=0.240$,若将其稀释 1 倍后改用 5cm 比色皿测得吸光度 $A_2=0.480$。问此时是否符合朗伯-比尔定律?

8. 移取 5.00mL 铁贮备液($\rho=1.00mg\cdot mL^{-1}$)稀释至 100mL。从中移取 2.50mL 置于 25mL 容量瓶中,显色定容后用 1cm 比色皿测量其吸光度为 0.250。称取含铁试样 1.00g,处理成试液后定容至 100mL,从中移取 2.50mL 置于 25mL 容量瓶中,与上述铁标准溶液同样条件下显色并测量其吸光度为 0.200。试计算试样中铁的质量分数。

9. 称取含镍钢样 0.500g,处理成试液后定容至 100mL,从中移取 5.00mL 试液置于 50mL 容量瓶中,加丁二酮肟显色后,用水稀释至刻度,摇匀,用 2cm 比色皿于 470nm 处测量其吸光度为 0.260。已知 $\varepsilon_{470}=1.3\times10^4L\cdot mol^{-1}\cdot cm^{-1}$。计算试样中镍的质量分数。(已知 $A_{r,Ni}=58.69$)

10. 结晶紫萃取光度法萃取 Au,100mL 试液中含 Au 100μg,移取 20mL 试液用 5mL $CHCl_3$ 萃取,萃取率为 95%。萃取液用 1cm 比色皿于波长 600nm 处测得透射比 $T=50\%$。计算该萃取光度法的吸光系数 a、摩尔吸光系数 ε 及桑德尔灵敏度 S。(已知 $A_{r,Au}=197.0$)

11. 摩尔质量为 200 的某化合物 $\varepsilon=1.5\times10^5L\cdot mol^{-1}\cdot cm^{-1}$。今欲配制 1L 该化合物溶液,使其在稀释 100 倍后,在 2cm 比色皿中测得吸光度为 0.60。问应称取该化合物多少毫克?

12. 用磷钼蓝光度法测定钢中磷。准确称取 0.3549g Na_2HPO_4 溶解后定容至 250mL,从中移取 5.00mL 置于 100mL 容量瓶中,用水稀释至刻度。然后分别取 V mL 上述磷标准溶液置于 50mL 容量瓶中,用钼酸铵和亚硫酸钠显色后,用水稀释至刻度,摇匀。分别测得吸光度于下表:

V_p/mL	0	1.0	2.0	3.0	4.0	5.0
A	0.0	0.149	0.297	0.445	0.592	0.742

用表中数据绘制标准曲线。

称取钢样 1.000g 溶于酸后，移入 100mL 容量瓶中，用水稀释至刻度，摇匀。取此试液 2.0mL 于 50mL 容量瓶中按绘制标准曲线的条件显色并测量吸光度 $A=0.250$，计算钢样中磷的质量分数。（已知 $M_{r,Na_2HPO_4}=141.96$，$A_{r,P}=30.97$）

13. Cu^{2+} 还原为 Cu^{+} 后在 pH3～11 范围内与新亚铜灵生成 1∶2 橙黄色络合物，在 pH5～8 时可被氯仿定量萃取。用一标准含铜量为 $6.30\times10^{-5}mol\cdot L^{-1}$ Cu^{+} 显色的氯仿溶液，以 1.0cm 比色皿在 455nm 下测得吸光度为 0.500，今取 1 枚硬币，在 25mL 冷稀 HCl 中浸泡一周。在同样条件下显色萃取后，得到 20mL 氯仿显色萃取液。在同样条件下测量吸光度为 0.125。此时硬币中铜的损失量为多少毫克？（已知 $A_{r,Cu}=63.55$）

14. 称取含镍试样 0.500g 采用萃取光度法测定其镍含量。试样溶解后定容至 100mL，从中移取 10.0mL 于 25mL 容量瓶中，显色后用水稀至刻度，用等体积正丁醇萃取，假定萃取率为 96%，有机萃取液用 1cm 比色皿于 470nm 处测得吸光度为 0.288，已知 $\varepsilon_{470}=1.2\times10^{4}L\cdot mol^{-1}\cdot cm^{-1}$。计算该试样中镍的质量分数。（已知 $A_{r,Ni}=58.69$）

15. 用双环己酮草酰二腙光度法测定试样中铜含量。将试样完全溶解后定容至 50.0mL 从中移 2.50mL 至 25mL 容量瓶中显色并用水稀释至刻度，摇匀。以 1cm 比色皿于 600nm 处测量吸光度。已知 $\varepsilon_{600}=1.6\times10^{4}L\cdot mol^{-1}\cdot cm^{-1}$，为使吸光度读数与试样中铜的质量分数相等，问应称取试样多少克？（已知 $A_{r,Cu}=63.55$）

16. 某试样含铁 0.11%，用邻二氮菲光度法进行测定，已知该方法的灵敏度 $\varepsilon=1.1\times10^{4}L\cdot mol^{-1}\cdot cm^{-1}$。将试样溶解后转入 100mL 容量瓶中显色，再加水稀释至刻度。在 508nm 处，用 1cm 比色皿测量其吸光度。若希望测量误差最小，应该称取试样多少克？（已知 $A_{r,Fe}=55.85$）

17. 用普通光度法测定铜。在相同条件下测得 $1.00\times10^{-2}mol\cdot L^{-1}$ 铜标准溶液和含铜试液的吸光度分别为 0.903 和 1.000，如果采用示差法测量，以铜标准溶液为参比，调节透光率为 100%，这时含铜试液的吸光度是多少？两种测量方法中，标准溶液与试液两者透光率各相差多少？示差法使读数标尺扩展了几倍？

18. 新亚铜灵吸光光度法测定样品的铜。若以试剂空白为参比，测得透光率 T 为 2.0%，假定光度计透光率读数误差 $\Delta T=0.005$。计算测定结果的相对误差。当改用示差光度法，以 T 为 10% 的显色标准溶液为参比测得的透光率 T 又为多少？此时的相对误差为多少？方法的准确度提高了几倍？

19. 某有色溶液以试剂空白作参比，用 1cm 比色皿，于最大吸收波长处，测得透光率 $T=7.0\%$，已知有色溶液的摩尔吸光系数 $\varepsilon=1.1\times10^{4}L\cdot mol^{-1}\cdot cm^{-1}$。若用示差吸光光度法测定上述溶液时，使其测量误差最小，则参比溶液的浓度为多少?

20. 以邻二氮菲作显色剂(R)用吸光光度法测定铁,显色反应为

$$Fe^{2+} + 3R \rightleftharpoons FeR_3 \qquad \lg K_{FeR_3} = 21.3$$

若过量显色剂的总浓度$[R'] = 1.0\times10^{-4}mol\cdot L^{-1}$,当pH3.0时,$\lg\alpha_{R(H)} = 1.9$。试问在此酸度下,显色反应能否定量地进行?

21. 某催眠药物浓度为$1.0\times10^{-3}mol\cdot L^{-1}$,用1cm比色皿在270nm下测得吸光度为0.400,在345nm下测得吸光度为0.010。已证明药物在人体内的代谢产物含量为$1.0\times10^{-4}mol\cdot L^{-1}$时,在270nm处无吸收,而在345nm处的吸光度为0.460。现取尿样10mL,稀释至100mL,在同样条件下,在270nm处测得吸光度为0.360在345nm处测得吸光度为0.584。试计算100mL尿样中药物及其代谢产物的浓度各为多少?

22. Ti-H_2O_2和V-H_2O_2络合物的最大吸收波长分虽在415nm和455nm处,但两者的吸收光谱互有重叠。今以50.0mL $1.00\times10^{-3}mol\cdot L^{-1}$钛溶液显色后定容至100mL,以1cm比色皿在415nm和455nm处测得吸光度分别为0.430和0.240。25.0mL $6.25\times10^{-3}mol\cdot L^{-1}$的钒溶液显色后定容至100mL,也以1cm比色皿在415nm和455nm处测得吸光度分别为0.250和0.375。另取25.0mL钛钒未知浓度的混合液经以上相同条件下显色后,以1cm比色皿在415nm和455nm处测得吸光度分别为0.590和0.480。计算未知液中钛和钒的浓度。

23. 溴甲酚缘(HIn^-)在水溶液中存在如下平衡:$HIn^- \rightleftharpoons H^+ + In^{2-}$。已知pH≥6后,指示剂以碱型$In^{2-}$存在,在615nm下测得吸光度$A = 0.481$,在其他pH下的吸光度如下表:

pH	4.18	4.48	4.62	4.79	5.10
A	0.115	0.187	0.234	0.287	0.360

根据指示剂的离解平衡和吸光度的加和性原理,求溴甲酚缘的pK_{a_2}。

24. 甲基红的酸式和碱式的最大吸收波长分别为528nm和400nm。现配制含$1.22\times10^{-5}mol\cdot L^{-1}$的甲基红的$0.1mol\cdot L^{-1}$ HCl溶液,用1cm比色皿于400nm和528nm处测得吸光度分别为0.077和1.738。另配制含$1.09\times10^{-5}mol\cdot L^{-1}$甲基红的$0.10mol\cdot L^{-1}$ $NaHCO_3$溶液,用1cm比色皿于400和528nm处分别测得吸光度为0.753和0.000。现在第三种含有甲基红山溶液pH为4.18,用1cm比色皿于400nm和528nm处分别测得吸光度为0.166和1.401。求甲基红的酸式离解常数及第三种甲基红溶液的浓度。

25. 连续变化法测定Fe^{2+}-邻二氮菲络合物的组成。用Fe^{3+}和邻二氮菲(R)浓度均为$1.0\times10^{-3}mol\cdot L^{-1}$的标准溶液,按下列方法配制一系列总体积为

25.0mL 的显色溶液,在显色液中 $c_{Fe}+c_R$ 为定值,用1cm 比色皿于 570nm 处测得它们的吸光度于下表:

V_{Fe}/mL	1.0	2.0	3.0	4.0	5.0	6.0	7.0	8.0	9.0
V_R/mL	9.0	8.0	7.0	6.0	5.0	4.0	3.0	2.0	1.0
A	0.267	0.515	0.575	0.495	0.398	0.322	0.242	0.150	0.068

用作图法确定 Fe^{2+}-邻二氮菲络合物的组成。

26. Cu^+ 与显色剂 R 形成黄色络合物,最大吸收波长为 45nm。用饱和法测定其组成及稳定常数。为此,因 Cu^+ 的浓度为 $6.90\times10^{-5}mol\cdot L^{-1}$,而改变显色剂 R 的浓度,用1cm 比色皿于 455nm 处测量吸光度见下表:

c_R/(10^5 mol·L^{-1})	1.50	3.50	6.00	10.0	15.0	20.0	25.0	30.0	35.0	40.0	45.0
A	0.070	0.160	0.270	0.420	0.515	0.575	0.609	0.626	0.630	0.630	0.630

求:(1)络合物的组成;(2)络合物在 450nm 处的摩尔吸光系数 ε;(3)络合物的稳定常数。

(四) 问答题

1. 分子光谱是如何产生的?它与原子光谱的主要差别是什么?

2. 解释下述名词:白光、可见光、单色光、复合光、互补色光、最大吸收波长、吸光度 A、透光率 T、吸光系数 a、摩尔吸光系数 ε、桑德尔灵敏度 S、对比度 $\Delta\lambda$。

3. 溶液的颜色是因为它吸收了可见光中某特定波段的光。某溶液呈黄色,它吸收了何种颜色的光?若溶液无色透明,是否表明它不吸收任何光?

4. 什么是光吸收曲线?有何实际意义?

5. 简述推导朗伯-比尔定律的前提条件及物理意义。

6. 何谓对朗伯-比尔定律的偏离?引起偏离朗伯-比尔定律的主要因素有哪些?

7. 吸光物质的摩尔吸光系数与下列哪些因素有关:吸光物质特性、入射光波长、温度、吸光物质的浓度、比色皿厚度、络合物的稳定常数。

8. 什么是标准曲线?有何实际意义?有时标准曲线不通过原点,原因何在?

9. 在吸光光度法中对显色反应的要求是什么?影响显色反应的因素有哪些?

10. 酸度对显色反应的影响主要表现在哪些方面?

11. 分光光度计是由哪些部件组成的?各部件的作用是什么?

12. 在吸光光度法中选择入射光波长的原则是什么?

13. 测量吸光度时,参比溶液的作用是什么?如何选择参比溶液?

14. 在进行光度分析时要控制哪些分析条件以提高测定结果的准确度?

15. 示差吸光光度法的工作原理是什么？为什么它能提高测定高含量组分的准确度？

16. 简述用饱和法(摩尔比法)和连续变化法(等摩尔系列法)测定络合物组成的原理和特点。

17. 在吸光光度法中为何用 A-c 曲线而不用 T-c 曲线作标准曲线进行定量分析？

18. 简述双波长吸光光度法的工作原理以及双波长分光光度计与单波长分光光度计在输出信号上的主要区别。

第八章　分析化学中常用的分离与富集方法

化学分析和仪器分析的测定方法多种多样，但都面对一些共同的问题，如分析方法的准确度、灵敏度和选择性等。特别是当分析组成比较复杂试样中的待测组分，而用控制酸度和化学掩蔽法仍不能消除共存干扰组分的影响时，就必须将待测组分与共存干扰组分分离；有时试样中的待测组分含量很少，而测定方法的灵敏度难以达到要求时，又必须将分散于试样中的微量待测组分富集到一小体积中，可见富集也是一种分离。目前虽然有许多灵敏度高、选择性较好的仪器分析法，但在实际分析测定中，经常由于基体效应和其他各种干扰而难以得到准确度高的测定结果。因此，分析化学中的分离和富集方法(separation and enrichment method in analytical chemistry)是分析化学中极具活力的一个重要领域，是各种分析方法中必不可少的重要步骤。徐光宪院士谈到21世纪化学研究的十个特点① 中有四点与此有关，分别为：分离和分析方法的连用；合成和分离方法的连用；合成、分离和分析方法的连用；分析方法的九化，即微型化、芯片化、仿生化、在线化、实时化、智能化、信息化、高灵敏化和高选择化。由此也可见分离在分析化学中的重要性。

一、复 习 要 求

(1) 了解分析化学中常用的分离方法(沉淀分离与共沉淀分离、溶剂萃取分离、离子交换分离、液相色谱分离)的基本原理。

(2) 了解萃取条件的选择及主要的萃取体系。

(3) 了解离子交换的种类和性质以及离子交换的操作。

(4) 了解纸色谱、薄层色谱及反向分配色谱的基本原理。

二、内 容 提 要

分析化学中常用的分离方法，除仪器分离方法外，主要有沉淀分离法、萃取分离法、离子交换分离法和液相色谱分离法等。从本质上说，这些方法都有一个共同点——使待分离组分分别处于不同的两相中，然后采用物理方法进行分离。沉淀分离是使其分别处于液相和固相；液-液萃取分离是使其分别处于水相和有机相；

---

① 徐光宪.化学通讯.2000,6:1～3

离子交换分离是使其分别处于水相和树脂相;液相色谱分离则是使它们分别处于流动相和固定相。

对于常量组分的分离和痕量组分的富集,总的要求是分离、富集要完全,也即待测组分回收率要符合一定的要求。当然,也应该兼顾是否会引入新的干扰,操作是否简单、快速等。待测组分A的回收率R_A为

$$R_A = \frac{Q_A}{Q_A^\circ} \times 100\% \tag{8-1}$$

式中:Q_A°为试样中A的总量;Q_A为分离后所测得的量。R_A越大分离效果越好。R_A受待测组分的含量及选用的分离方法所制约。作为一个可靠的方法,对于含量大于1%的常量组分,回收率应接近100%;对于痕量组分,回收率可在90%~110%之间,在有的情况下,如待测组分含量太低时,回收率在80%~120%之间也符合要求。

三、要点与疑难点解析

1. 沉淀分离法

1) 常量组分的沉淀分离

沉淀分离法是依据溶度积原理,利用沉淀反应进行分离的方法。在待测试液中加入适当适量的沉淀剂,并控制反应条件,使待测组分沉淀出来,或者使干扰组分沉淀除去,从而达到分离和消除干扰的目的。沉淀分离法是定性化学分析中主要的分离和检测方法;在定量分析中,由于任何沉淀在一定条件下的溶解度总是一定的,故沉淀分离法仅适合常量组分而不适合微量组分的分离,并与沉淀重量法类似,如果沉淀分离法是将待测组分沉淀下来,则既应使其沉淀完全,又要求沉淀不被干扰组分沾污。

沉淀分离法是一种经典的分离方法,操作简单,适于大批量试样的处理。主要缺点是过滤、洗涤等操作周期长,并可能由于沉淀的溶解、共沉淀等,有时不易达到定量分离的要求。

常量组分可以采用沉淀为氢氧化物(控制pH的常用方法如NaOH法、氨水法和有机碱法),沉淀为硫化物、硫酸盐以及利用有机沉淀剂的沉淀分离。沉淀条件和常数可查阅有关的手册或附录。

采用无机沉淀剂所得到的沉淀大多数都是无定形或凝乳状沉淀,仅少数如$BaSO_4$等为颗粒较大的晶形沉淀。沉淀分离中常见的氢氧化物和硫化物沉淀的颗粒小,总表面积大,结构疏松,共沉淀严重,选择性差,分离效果不理想。有机沉淀剂突出的优点是沉淀分离中沉淀完全,选择性高,吸附无机杂质少,不会引入无机

干扰离子等。因此,在沉淀分离法中得到广泛的应用。常用的有机沉淀剂有铜铁试剂(*N*-亚硝基苯胲铵)、铜试剂(二乙基胺二硫代甲酸钠,DDTC)、8-羟基喹啉、α-安息香肟、丁二酮肟、四苯硼酸钠等。

2) 痕量组分的共沉淀分离和富集

利用共沉淀可以将痕量组分分离和富集起来。例如,生成 CuS 沉淀的同时,可使少至 0.02μg 的 Hg^{2+} 从 1L 溶液中与 CuS 一起共沉淀下来。这里 CuS 为共沉淀或称为载体,这种方法被称为共沉淀分离法。

用无机共沉淀剂进行共沉淀的示例列入表 8-1。

表 8-1　无机共沉淀剂应用示剂

共沉淀离子	载　体	主要条件	备　注
Fe^{3+},TiO^{2+}	$Al(OH)_3$	NH_3+NH_4Cl	可富集 1L 溶液中微克级的 Fe^{3+}、TiO^{2+}
Sn^{4+},Al^{3+},Bi^{3+},In^{3+}	$Fe(OH)_3$	NH_3+NH_4Cl	用于纯金属分析
Sb^{3+}	MnO_2	$(1+10)HNO_3$,$MnO_4^-+Mn^{2+}$	用于测定纯 Cu 中的 Sb
Se(Ⅳ),Te(Ⅳ)	As	(1+1)HCl,次亚磷酸钠	用于矿石及纯金属分析
Pb^{2+}	HgS	弱酸性溶液,H_2S	用于饮用水分析
稀土,Ca^{2+}	MgF_2	pH 0.5~1	
稀土	CaC_2O_4	微酸性溶液	用于矿石中微量稀土的测定

利用有机共沉淀剂进行共沉淀的应用示例列入表 8-2。

表 8-2　有机共沉淀剂应用示例

共沉淀组分	载　体	备　注
$Zn(SCN)_4^{2-}$	甲基紫	可富集 100mL 试液中 1μg 的 Zn^{2+}
$H_3P(Mo_3O_{10})_4$	α-蒽醌磺酸钠,甲基紫	可富集 $10^{-10}mol\cdot L^{-1}$的 PO_4^{3-}
H_2WO_4	丹宁,甲基紫	可富集 $5\times10^{-5}mol\cdot L^{-1}$的 Tl^{3+}
$[TlCl_4]$	甲基橙,对二甲氨基偶氮苯	可富集 $10^{-7}mol\cdot L^{-1}$的 Tl^{3+}
$[InI_4]$	甲基紫	可富集 20L 溶液中 1μg 的 In^{3+}
$NbO(SCN)_4^-$,$TaO(SCN)_4^-$	丹宁,甲基紫	

2. 溶剂萃取分离法

溶剂萃取分离法又称为液-液萃取分离法。与水不相混溶的有机溶剂同试液一起振荡,则一些组分进入有机相中,一些组分仍留在水相中,从而达到分离富集的目的。

1) 分配比 D 和分配系数 K_D

用有机溶剂从水中萃取溶质(A)时,如果溶质在两相中存在的型体相同,平衡时,在有机相中的浓度为 $[A]_o$ 与在水相中的浓度为 $[A]_w$ 之比,在一定温度下为一常数

$$\frac{[A]_o}{[A]_w}=K_D$$

K_D 称为分配系数,上式称为分配定律。

实际上,仅当低浓度(水相)时,分配定律是正确的。当溶液浓度增大时,K_D 会改变。这是因为此时各种副反应不能忽略。这种情况下,溶质在两相的浓度之比称为分配比 D,表示为

$$D=\frac{(c_A)_o}{(c_A)_w}=\frac{[A_1]_o+[A_2]_o+\cdots+[A_n]_o}{[A_1]_w+[A_2]_w+\cdots+[A_n]_w}$$

2) 萃取率 E

$$E(\%)=\frac{\text{被萃取物质在有机相中的总量}}{\text{被萃取物质的总量}}\times 100\%$$

$$=\frac{c_oV_o}{c_oV_o+c_wV_w}\times 100\%$$

E 与 D 的关系为

$$E\%=\frac{D}{D+V_w/V_o}\times 100\%$$

若 D 值较小,可采用连续几次萃取的方法提高萃取率。设经 n 次萃取后,在水相中剩余溶质 A 的质量为 m_n(g),则

$$m_n=m_0\times\left(\frac{V_w}{DV_o+V_w}\right)^n \tag{8-2}$$

$$E\%=\frac{m_0-m_n}{m_0}\times 100\%$$

3) 萃取条件的选择

对于萃取反应

$$(M^{n+})_w+n(HR)_o \rightleftharpoons (MR_n)_o+n(H^+)_w$$

平衡常数为

$$K_{ex}=\frac{[MR_n]_o\times[H^+]_w^n}{[M^{n+}]_w\times[HR]_o^n}$$

所以

$$D=\frac{[MR_n]_o}{[M^{n+}]_w}=K_{ex}\frac{[HR]_o^n}{[H^+]_w^n}$$

由上式可见,金属离子的分配比取决于 K_{ex}、螯合剂浓度及溶液的酸度。因此,在选择萃取条件时,应注意选择合适的螯合剂、溶液酸度应控制在较低的酸度下、萃取溶剂的选择及干扰离子的消除等。

4) 重要的萃取体系

根据萃取反应的类型,萃取体系可以分为螯合物萃取体系、离子缔合物萃取体系、无机共价化合物萃取体系等。

5) 液液萃取分离操作

萃取分离操作常分为萃取、分层、洗涤、反萃取等几个过程。萃取根据实际情况有单级萃取、多级萃取和连续萃取等方式。

3. 离子交换分离法

离子交换分离法是利用离子交换剂与溶液中离子发生交换反应而使带相反电荷的离子分离的方法,还可用于带相同电荷或性质相近的离子之间的分离,其分离效率高,适用于所有无机离子和许多有机离子。

1) 离子交换剂的种类

离子交换剂的种类主要分为无机离子交换剂和有机离子交换剂两大类。按性能可分为阳离子交换树脂、阴离子交换树脂、螯合树脂、大孔树脂、氧化还原树脂、萃淋树脂、纤维树脂等。

2) 离子交换树脂的性质

交联度:树脂中所含二乙烯苯的质量分数。

交换容量:每克干树脂所能交换的物质的量(mmol),一般为 $3\sim6mmol\cdot g^{-1}$。

3) 离子交换分离法的基本原理

离子交换树脂是一种高分子化合物,具有网状结构,网状结构上有可交换的活性基团,活性基团上有可交换的离子。若以 R-标号树脂相,交换过程可表示为

$$R—H + M^+ \rightleftharpoons R—M + H^+$$

$$R—OH + X^- \rightleftharpoons R—X + OH^-$$

这种交换反应是可逆的,已交换过的树脂用酸或碱处理时,树脂又恢复原状,这一过程称为洗脱过程或再生过程。

4) 离子交换树脂的亲和力

离子在离子交换树脂上的交换能力称为该树脂对该离子的亲和力,这种亲和力与水合离子的半径、电荷及离子的极化程度有关。同一离子交换树脂对不同离子的亲和力不同。由于带相同电荷离子的亲和力存在差异,因而可以进行离子交换色谱分离。

5) 离子交换分离法的应用

离子交换分离法可用于水的净化、微量组分的富集、阴阳离子的分离以及相同电荷离子的分离等。

4. 液相色谱分离法

液相色谱分离法利用各组分的物理化学性质的差异,使各组分不同程度地分配在固定相和流动相中,由于各组分受到两相的作用力不同,从而使各组分以不同的速度移动,达到分离的目的。下面介绍几种经典的液相色谱法。

1) 纸上色谱分离法

纸上色谱分离法是根据不同物质在两相间的分配比不同而进行分离的。通常用比移值(R_f)来衡量各组分的分离情况

$$R_f = \frac{a}{b}$$

式中:a 为斑点中心到原点的距离(cm);b 为溶剂前沿到原点的距离(cm)。原则上讲,只要两组分的 R_f 值有点差别,就能将它们分开。R_f 值相差越大,分离效果越好。

2) 薄层色谱分离法

薄层色谱分离法是将涂有吸附剂的薄层板作固定相,有机溶剂作流动相(展开剂),根据不同物质在两相间的分配比不同而进行分离的。与纸色谱一样,也是用比移值(R_f)来衡量各组分的分离情况。

3) 反向分配色谱分离法

反向分配色谱分离法是用有机相作固定相,水相为流动相的萃取色谱分离法。它将吸着有机萃取剂的惰性载体填充在柱子里,加入洗脱剂后,各组分在两相中的分配不同而达到分离。反向分配色谱分离法将液-液萃取的高选择性与色谱过程的高效性结合在一起,大大提高了分离效果。

5. 其他一些新的分离和富集方法简介

1) 固相微萃取分离法

固相微萃取法属于非溶剂型萃取法。其特点是集试样预处理和进样于一体,将试样纯化、富集后,可与各种分析方法相结合进行分析测定。

直接固相微萃取分离法是将涂有高分子固相液膜的石英纤维直接插入试样溶液或气样中,对待分离物质进行萃取,经过一定时间在固相涂层和水溶液两相中达到分配平衡,即可取出进行色谱分析。顶空固相微萃取分离法是将涂有高分子固相液膜的石英纤维停放在试样溶液上方进行顶空萃取。

影响固相微萃取分离法的因素有液膜厚度及其性质、搅拌效率、温度、盐的作

用、溶液酸度等。

2）超临界流体萃取分离法

超临界流体萃取分离法是利用超临界流体萃取剂在两相之间进行的一种萃取方法。超临界流体是介于气液之间的一种非气态又非液态的物态，它只能在物质的温度和压力超过临界点时才能存在。超临界流体萃取中萃取剂的选择随萃取对象的不同而改变，通常用二氧化碳作超临界流体萃取剂分离萃取低极性和非极性的化合物；用氨或氧化亚氮作超临界流体萃取剂萃取极性较大的化合物。

影响超临界流体萃取的因素有压力、温度、萃取时间及溶剂。

3）液膜萃取分离法

液膜萃取分离法是由浸透了与水互不相溶的有机溶剂的多孔聚四氟乙烯薄膜把水溶液分隔成萃取相和被萃取相，被萃取相中离子通过液膜进入萃取相中而被分离。

影响液膜萃取分离法的因素有被萃取相与萃取相的化学环境、聚四氟乙烯隔膜中有机液体极性的大小等。

4）毛细管电泳分离法

毛细管电泳分离法是在充有流动电解质的毛细管两端施加高电压，利用电位梯度及离子淌度的差别，实现流体中组分的电泳分离。

5）气浮分离法

采用某种方式，通入水中大量微小气泡，在一定条件下使表面具有活性的待分离物质吸附或黏附于上升的气泡表面而浮升到液面，从而使某组分得以分离。该法又称气泡吸附分离法。

气浮分离法主要有离子气浮分离法、沉淀气浮分离法、溶剂气浮分离法等。影响气浮分离效率的主要因素有溶液的酸度、表面活性剂浓度、离子强度、形成络合物或沉淀的物质等。

6）微波萃取分离法

微波萃取分离法是利用微波能强化溶剂萃取的效率，使固体或半固体试样中的某些有机物成分与基体有效分离的方法。

影响微波萃取分离法的因素有很多，如试样的种类、含量，溶剂，基体的水含量，微波能的强弱，照射时间的长短等。

四、例　　题

例 8-1　不用 H_2S 和其他硫化物试剂，将试液中的 Pb^{2+}、Bi^{3+}、Ba^{2+}、Co^{2+} 相分离。

解　利用上述离子硫酸盐的溶解度的差异可分为不溶组（Pb、Ba）和可溶组

(Bi、Co)。利用 Pb^{2+} 的两性或 Pb 与 Ac^- 形成络离子的特性，可将 Pb^{2+}、Ba^{2+} 分开。利用 Co^{2+} 与 NH_3 生成络离子的特性，可将 Co^{2+}、Bi^{3+} 分离。

$$
\begin{array}{c}
Pb^{2+}\quad Bi^{3+}\quad Ba^{2+}\quad Co^{2+} \\
\Big\downarrow H_2SO_4 \\
\overline{BaSO_4\downarrow\quad PbSO_4\downarrow}\qquad \overline{Bi^{3+}\quad Co^{2+}} \\
\Big\downarrow NH_4Ac \qquad\qquad\qquad \Big\downarrow NH_3 \\
BaSO_4\downarrow\quad Pb(Ac)_3^-\qquad Bi(OH)_3\downarrow\quad Co(NH_3)_6^{3+}
\end{array}
$$

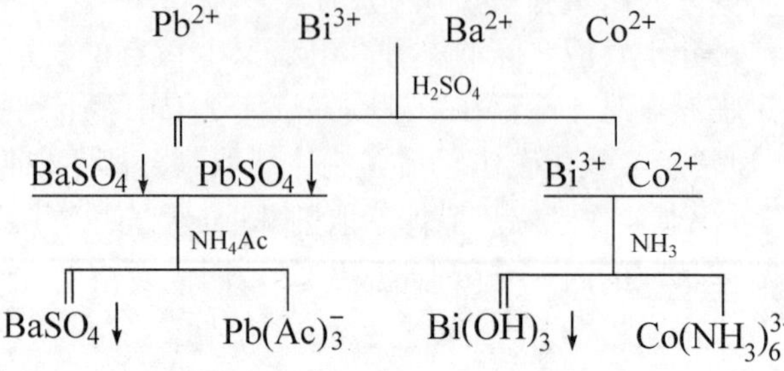

例 8-2 某试液含有 Cu^{2+}、Cd^{2+}、Ca^{2+}、Mg^{2+}、Mn^{2+}、Co^{2+}、Fe^{3+}、Al^{3+}、Cr^{3+} 等离子，加入 NH_3-NH_4Cl 缓冲溶液后，哪些离子生成沉淀？哪些离子仍留在溶液中？各以什么形式存在？分离是否完全？

解 三价离子的氢氧化物的溶解度远较二价离子小。因此 Fe^{3+}、Al^{3+}、Cr^{3+} 生成氢氧化物沉淀，以 $Fe(OH)_3$、$Al(OH)_3$、$Cr(OH)_3$ 形式存在。

二价离子在 NH_4Cl 存在下不生成沉淀留在溶液中。Cu^{2+}、Cd^{2+}、Co^{2+} 生成可溶性的氨络离子，其中 Co^{2+} 被空气中的氧氧化为 Co^{3+}，二价离子在溶液中的存在形式为 Ca^{2+}、Mg^{2+}、$Cu(NH_3)_4^{2+}$、$Cd(NH_3)_4^{2+}$、$Co(NH_3)_6^{3+}$、Mn^{2+}。但 Mn^{2+}、Co^{2+} 将部分沉淀，因为 Mn^{2+} 部分地被空气中的氧氧化，生成溶解度很小的 $MnO(OH)_2$ 沉淀，而 Co^{2+} 由于共沉淀现象，部分地以 $Co(OH)_2$ 形式共沉淀于三价离子的氧化物沉淀中。因此，Mn^{2+}、Co^{2+} 分离不完全。

例 8-3 将例 8-2 中的试液加入过量的 NaOH 和 H_2O_2 并加热，情况又将如何？

解 在过量 NaOH 存在下，H_2O_2 将 Cr^{3+} 氧化为 CrO_4^{2-} 留在溶液中，Al^{3+} 由于具有两性，以 AlO_2^- 形式留在溶液中。Mn^{2+} 和 Co^{2+} 被 H_2O_2 所氧化，分别生成 $MnO(OH)_2$ 和 $Co(OH)_3$ 而留在沉淀中。Cu^{2+}、Cd^{2+}、Mg^{2+} 和 Fe^{3+} 生成相应的氢氧化物留在沉淀中。由于试液中的 NaOH 的浓度较大，Ca^{2+} 将有部分生成 $Ca(OH)_2$ 沉淀，致使分离不完全。NaOH 若吸收了 CO_2，Ca^{2+} 将生成 $CaCO_3$ 沉淀。

例 8-4 在 $c_{NH_3} = 0.20\ mol \cdot L^{-1}$，$c_{NH_4^+} = 1.0\ mol \cdot L^{-1}$ 的氨性缓冲溶液中，若 Al^{3+} 和 Mg^{2+} 的起始浓度均为 $1.0 \times 10^{-2}\ mol \cdot L^{-1}$，问此时能否将两离子定量分离？[已知 $K_{sp,Al(OH)_3} = 1.3 \times 10^{-33}$，$K_{sp,Mg(OH)_2} = 1.8 \times 10^{-11}$，$K_{b,NH_3} = 1.8 \times 10^{-5}$]

解 要使 Al^{3+} 和 Mg^{2+} 定量分离，即其中一种离子不沉淀，另一种离子沉淀完全。从题设条件可看出 $Al(OH)_3$ 溶解度要小些，通过计算要看 Al(OH) 沉淀后残

留的 Al^{3+} 浓度是否小于起始浓度的 $\frac{1}{1000}$，而 Mg^{2+} 是否不沉淀。为此先要计算该氨性缓冲溶液的 $[OH^-]$。

由于 c_{NH_3} 及 $c_{NH_4^+}$ 都较大，可按最简式计算溶液中的 $[OH^-]$

$$[OH^-]=K_{b,NH_3}\times\frac{c_{NH_3}}{c_{NH_4^+}}=1.8\times10^{-5}\times\frac{0.20}{1.0}$$
$$=3.6\times10^{-6}(mol\cdot L^{-1})$$
$$[Mg^{2+}]\cdot[OH^-]^2=1.0\times10^{-2}\times(3.6\times10^{-6})^2$$
$$=1.3\times10^{-13}<K_{sp,Mg(OH)_2}$$
$$[Al^{3+}]\cdot[OH^-]^3=1.0\times10^{-2}\times(3.6\times10^{-6})^3$$
$$=4.7\times10^{-19}>K_{sp,Al(OH)_3}$$

通过上述计算可看出，在此缓冲溶液中 Mg^{2+} 不沉淀，而 Al^{3+} 则要生成 $Al(OH)_3$ 沉淀。再计算 Al^{3+} 沉淀完毕后残留于溶液中的浓度，看是否小于起始浓度的 $\frac{1}{1000}$，即 $1.0\times10^{-5}mol\cdot L^{-1}$。

$$[Al^{3+}]=\frac{K_{sp,Al(OH)_3}}{[OH^-]^3}=-\frac{1.3\times10^{-33}}{(3.6\times10^{-6})^3}=2.8\times10^{-17}(mol\cdot L^{-1})$$

由上面计算可知，$Al(OH)_3$ 沉淀完毕后，残留于溶液中的 $[Al^{3+}]=2.8\times10^{-17}mol\cdot L^{-1}$，该值远小于 $1.0\times10^{-5}mol\cdot L^{-1}$。因此，在题设条件上，$Al^{3+}$ 沉淀完全，而 Mg^{2+} 不沉淀，两离子得以定量分离。

例 8-5　在 H_2S 系统分析中，第二组阳离子硫化物的溶解度远远小于第三组硫化物的溶解度。第二组硫化物中溶解度最大的为硫化镉，第三组硫化物中溶解度最小的为硫化锌。室温下饱和 H_2S 水溶液中，$[H_2S]=0.10mol\cdot L^{-1}$，问如何控制酸度使第二组阳离子与第三组阳离子定量分离？（已知 H_2S 的 $K_{a_1}=1.3\times10^{-7}$，$K_{a_2}=7.1\times10^{-15}$，$K_{sp,CdS}=8\times10^{-27}$，$K_{sp,ZnS}=2\times10^{-22}$）

解　欲使第二组阳离子与第三组阳离子定量分离，即第二组阳离子中硫化物溶解度最大的 CdS 沉淀完全，而第三组阳离子中硫化物溶解度最小的 ZnS 不沉淀。H_2S 为二元弱酸 $[S^{2-}]$ 浓度受酸度制约，因此可以通过控制溶液中的 $[H^+]$ 来改变溶液中 $[S^{2-}]$，使 CdS 完全沉淀，即残留在溶液中的 $[Cd^{2+}]<10^{-5}mol\cdot L^{-1}$，而 ZnS 不沉淀，即 Zn^{2+} 的浓度在 $0.10mol\cdot L^{-1}$ 以上。

饱和 H_2S 水溶液中，$[H_2S]=0.10mol\cdot L^{-1}$，溶液中 $[S^{2-}]$ 与 $[H^+]$ 的关系为

$$\frac{[H^+]^2[S^{2-}]}{[H_2S]}=K_{a_1}\cdot K_{a_2}=1.3\times10^{-7}\times7.1\times10^{-15}$$
$$=9.2\times10^{-22}$$

$$[S^{2-}]=9.2\times10^{-22}\times\frac{0.10}{[H^+]^2}=\frac{9.2\times10^{-23}}{[H^+]^2}$$

CdS沉淀完全时，$[Cd^{2+}]\leqslant1.0\times10^{-5}mol\cdot L^{-1}$。此时溶液中$[S^{2-}]$应为

$$[S^{2-}]=\frac{K_{sp,CdS}}{[Cd^{2+}]}=\frac{8\times10^{-27}}{1.0\times10^{-5}}=8\times10^{-22}(mol\cdot L^{-1})$$

为使溶液中$[S^{2-}]$为上述数值，则溶液中$[H^+]$为

$$[H^+]=\sqrt{\frac{9.2\times10^{-23}}{8\times10^{-22}}}=0.34(mol\cdot L^{-1})$$

计算表明，溶液的酸度不大于$0.34mol\cdot L^{-1}$时，CdS可完全沉淀。

为使Zn^{2+}不沉淀，溶液中$[S^{2-}]$应小于

$$[S^{2-}]=\frac{K_{sp,ZnS}}{[Zn^{2+}]}=\frac{2\times10^{-22}}{0.10}=2\times10^{-21}(mol\cdot L^{-1})$$

此时溶液中$[H^+]$为

$$[H^+]=\sqrt{\frac{9.2\times10^{-23}}{2\times10^{-21}}}=0.21(mol\cdot L^{-1})$$

计算表明，溶液中的$[H^+]$不小于$0.21mol\cdot L^{-1}$时，Zn不会生成ZnS沉淀。由此可见，只要将溶液中酸度控制在$0.21\sim0.34\ mol\cdot L^{-1}$之间，就能将阳离子第二组与阳离子第三组定量分离。

例8-6 在$1.0\times10^{-3}mol\cdot L^{-1}$镍溶液中加入丁二酮肟沉淀镍。溶液中含有$1.0mol\cdot L^{-1}$酒石酸，过量丁二酮肟浓度$[L']=1.0\times10^{-2}mol\cdot L^{-1}$。计算pH 7.0时，镍的沉淀百分数。已知：丁二酮肟镍的$pK_{sp}=23.66$；丁二酮肟镍逐级累积稳定常数$\lg\beta_1$和$\lg\beta_2$分别为11.76和17.98；酒石酸镍络合物稳定常数$\lg\beta_T=3.0$；丁二酮肟的质子化常数$\lg\beta_1^H=10.6$；酒石酸的质子化常数$\lg\beta_1^H=4.1$，$\lg\beta_2^H=7.0$。

解 欲求沉淀的百分数，即$\frac{c_{Ni^{2+}}-[Ni^{2+}]}{c_{Ni^{2+}}}\times100\%$。式中$c_{Ni}$为溶液中$Ni^{2+}$的起始浓度，$[Ni^{2+}]$为$Ni^{2+}$沉淀完毕后，残留于溶液中$Ni^{2+}$的平衡浓度。$Ni^{2+}$与丁二酮肟(L)发生沉淀反应时，$Ni^{2+}$与丁二酮肟均有副反应。$Ni^{2+}$的副反应有两个：一是$Ni^{2+}$与沉淀剂丁二酮肟发生络合效应，如同用$Cl^-$沉淀$Ag^+$时，$Cl^-$还与$Ag^+$发生络合效应一样；二是$Ni^{2+}$与酒石酸发生了络合效应。作为络合剂的丁二酮肟及酒石酸又发生了酸效应，对于沉淀剂丁二酮肟来讲，它发生了酸效应。因此须计算Ni的总的副反应系数及与二酮肟的酸效应系数，由此可计算出镍丁二酮肟的条件溶度积(K'_{sp})。依题意，沉淀镍时丁二酮肟过量，依据同离子效应，可计算出沉淀完毕后溶液中的$[Ni^{2+}]$，最后就可算出Ni^{2+}沉淀的百分数。

(1) 计算镍的总的副反应系数

pH 7.0时，配体丁二酮肟及酒石酸均发生了酸效应，此时它们的酸效应系数

分别为 $\alpha_{L(H)}$ 和 $\alpha_{T(H)}$

$$\alpha_{L(H)} = 1 + 10^{10.6} \times 10^{-7.0} = 10^{3.6}$$

$$\alpha_{T(H)} = 1 + 10^{4.1} \times 10^{-7.0} + 10^{7.0} \times 10^{-7.0\times2} = 1$$

此时配体丁二酮肟和酒石酸的平衡浓度分别为[L]和[T]

$$[L] = \frac{[L']}{\alpha_{L(H)}} = \frac{1.0\times10^{-2}}{10^{3.6}} = 10^{-5.6}(\text{mol}\cdot\text{L}^{-1})$$

$$[T] = c_T = 1.0\text{mol}\cdot\text{L}^{-1}$$

此时镍的总副反应系数 α_{Ni} 为

$$\begin{aligned}\alpha_{Ni} &= \alpha_{Ni(L)} + \alpha_{Ni(T)} - 1\\ &= 1 + \beta_1[L] + \beta_2[L]^2 + 1 + \beta_T[T] - 1\\ &= 1 + \beta_1[L] + \beta_2[L]^2 + \beta_T[T]\\ &= 1 + 10^{11.76}\times10^{-5.6} + 10^{17.98}\times10^{-5.6\times2} + 10^{3.0}\times1\\ &= 1 + 10^{6.16} + 10^{6.78} + 10^{3.0}\times1\\ &= 10^{6.88}\end{aligned}$$

(2) 计算镍丁二酮肟的条件溶度积 K'_{sp}

$$\begin{aligned}K'_{sp} &= K_{sp}\cdot\alpha_M\cdot\alpha_{L(H)}^2\\ &= 10^{-23.66}\times10^{6.88}\times10^{3.6\times2} = 10^{-9.58}\end{aligned}$$

(3) Ni^{2+} 沉淀完毕后溶液中的$[Ni^{2+}]$为

$$[Ni] = \frac{K'_{sp}}{[L']^2} = \frac{10^{-9.58}}{(1.0\times10^{-2})^2} = 10^{-5.58}(\text{mol}\cdot\text{L}^{-1})$$

(4) Ni^{2+} 沉淀的百分数为 α

$$\begin{aligned}\alpha &= \frac{c_{Ni^{2+}} - [Ni^{2+}]}{c_{Ni^{2+}}}\times100\% = \left(1 - \frac{[Ni^{2+}]}{c_{Ni^{2+}}}\right)\times100\%\\ &= \left(1 - \frac{10^{-5.58}}{1.0\times10^{-3}}\right)\times100\%\\ &= 99.74\%\end{aligned}$$

计算结果表明，在题设条件下镍的沉淀百分数为 99.74%，镍的起始浓度为 $1.0\times10^{-3}\text{mol}\cdot\text{L}^{-1}$，应当说是浓度偏低，能有这么高的沉淀百分数可认为镍的沉淀是完全的。酒石酸的存在对丁二酮肟沉淀镍的完全程度基本上没有影响，计算表明 $\alpha_{Ni}\approx\alpha_{Ni(L)}$，而它可掩蔽与 Ni^{2+} 共存的 Fe(Ⅲ)。

例 8-7　在 $0.010\text{mol}\cdot\text{L}^{-1}$ $MgSO_4$ 溶液中含有杂质 $CuSO_4$，欲使 Cu^{2+} 沉淀为 $Cu(OH)_2$，并使$[Cu^{2+}]$降到 $1.0\times10^{-5}\text{mol}\cdot\text{L}^{-1}$以下，与 Mg^{2+} 定量分离，则 pH 应控制在什么范围？[已知 $K_{sp,Mg(OH)_2} = 1.8\times10^{-11}$，$K_{sp,Cu(OH)_2} = 2.2\times10^{-20}$]

解　使 Mg^{2+} 与 Cu^{2+} 定量分离，即 Mg^{2+} 不发生沉淀而 $Cu(OH)_2$ 沉淀完全。

使 Mg^{2+} 不生成 $Mg(OH)_2$ 沉淀的 pH 为

$$[OH^-]=\sqrt{\frac{K_{sp,Mg(OH)_2}}{[Mg^{2-}]}}=\sqrt{\frac{1.8\times10^{-11}}{1.0\times10^{-2}}}$$

进一步推导可得

$$pH=pK_w-\frac{1}{2}[pK_{sp,Mg(OH)_2}-pMg]$$

$$=14.00-\frac{1}{2}(10.74+\lg0.010)$$

$$=9.63$$

计算表明,欲使 Mg^{2+} 不沉淀,溶液的 pH 应小于 9.63。

$Cu(OH)_2$ 沉淀完全,即 $[Cu^{2+}]<1.0\times10^{-5}mol\cdot L^{-1}$,则溶液 pH 为

$$pH=14.00-\frac{1}{2}[pK_{spCu(OH)_2}-pCu^{2+}]$$

$$=14.00-\frac{1}{2}(19.66+\lg1.0\times10^{-5})$$

$$=6.67$$

计算表明,欲使 $CuSO_4$ 沉淀为 $Cu(OH)_2$,且 $[Cu^{2+}]<10^{-5.0}mol\cdot L^{-1}$,溶液 pH 应不得小于 6.67。因此为实现 Cu^{2+} 与 Mg^{2+} 的分离溶液 pH 应在 6.67～9.63 之间。

例 8-8 含 I_2 的水溶液 10mL,其中含 I_2 1.00mg,用 9mL CCl_4 按下述两种方式萃取:(1) 用 9mL 萃取 1 次;(2) 每次用 3mL CCl_4,分 3 次萃取。分别求出水溶液中剩余的 I_2 的质量,并比较其萃取率。已知

$$D=\frac{c_o^{I_2}}{c_w^{I_2}}=85$$

解 (1) 9mL CCl_4 萃取 1 次

$$m_1=1.00\times\frac{10}{85\times9+10}=0.013(mg)$$

$$E\%=\frac{1.00-0.013}{1.00}\times100\%=98.7\%$$

(2) 若用 9mL 溶剂分 3 次萃取,每次用 3mL,则

$$m_3=1.00\times\left(\frac{10}{85\times3+10}\right)^3=0.000\ 06(mg)$$

$$E\%=\frac{1.00-0.000\ 06}{1.00}\times100\%=99.99\%$$

由此可见,同相同量的萃取溶剂,分几次萃取的效率比一次萃取的效率高得多。但过多的萃取次数,会增加工作量。

例 8-9　取 0.0700mol·L^{-1}的 I_2 液 25.0mL，加 $CCl_4$50.0mL，振荡使达到平衡后，静置分层，取出 CCl_4 溶液 10.0mL，用 0.0500mol·L^{-1}$Na_2S_2O_3$ 溶液滴定用去了 13.60mL，计算碘的分配比。

解　由 I_2 萃取到 CCl_4 后与 $Na_2S_2O_3$ 的反应可计算 I_2 在 CCl_4 中的浓度，根据碘的起始浓度可算出萃取后 I_2 在水相中的浓度，由此可求出分配系数。

设碘在 CCl_4 中的浓度为 c_o，萃取后在水相中的浓度为 c_w，则

$$c_o = \frac{0.0500 \times 13.60}{10.0 \times 2} = 0.0340(\text{mol} \cdot \text{L}^{-1})$$

$$c_w = \frac{0.0700 \times 25.0 - 0.0340 \times 50.0}{25.0}$$

$$= 2.00 \times 10^{-3}(\text{mol} \cdot \text{L}^{-1})$$

分配比 D 为

$$D = \frac{c_o}{c_w} = \frac{0.0340}{0.002\,00} = 17.0$$

例 8-10　某物质用 $CHCl_3$ 萃取 3 次后，有 90% 的物质由水相萃取到有机相中。若用相同体积的 $CHCl_3$ 萃取 9 次，萃取率为多少？

解　设某物质起始质量为 m_0，分配比为 D。萃取 3 次后在水相中的质量为 m_3，萃取 9 次后的质量为 m_9，每次用 $CHCl_3$ 的体积相同为 V_o，水相体积为 V_w，由式(8-2)可得到

$$m_3 = m_0\left(\frac{V_w}{DV_o + V_w}\right)^3$$

$$\frac{m_3}{m_0} = \frac{100 - 90}{100} = \frac{10}{100}$$

即

$$\left(\frac{V_w}{DV_o + V_w}\right)^3 = \frac{10}{100}$$

$$m_9 = m_0\left(\frac{V_w}{DV_o + V_w}\right)^9$$

$$\frac{m_9}{m_0} = \left(\frac{V_w}{DV_o + V_w}\right)^9 = \left[\left(\frac{V_w}{DV_o + V_w}\right)^3\right]^3$$

$$\frac{m_9}{m_0} = \left(\frac{10}{100}\right)^3 = 0.0010$$

此时的萃取百分数为

$$E = \frac{m_0 - m_9}{m_0} \times 100\% = \left(1 - \frac{m_9}{m_0}\right) \times 100\%$$

$$= (1 - 0.0010) \times 100\% = 99.9\%$$

例 8-11 吡啶是弱碱,在水中的平衡可表示为

$$Py + H_2O \rightleftharpoons HPy^+ + OH^-$$

其 $K_b = 3.16\times10^{-6}$,吡啶在水和氯仿之间的分配系数 $K_D = 2.74\times10^4$(HPy^+ 不被萃取)。求 pH 4.00 时,吡啶在水和 $CHCl_3$ 之间的分配比。

解 依题意,吡啶质子化后,即 HPy^+ 型体不被萃取。吡啶在水相中有两种型体 Py 和 HPy^+,而其中只有 Py 型体被萃取,在有机相中仅有 Py 一种型体。因此

$$c_w = [Py]_w + [HPy^+]_w$$

$$c_o = [Py]_o$$

故

$$D = \frac{c_o}{c_w} = \frac{[Py]_o}{[Py]_w + [HPy^+]_w} \tag{1}$$

由吡啶在水中的离解平衡可得到

$$K_b = \frac{[HPy^+]_w[OH^-]_w}{[Py]_w} \tag{2}$$

将式(2)代入式(1)得到

$$D = \frac{[Py]_o}{[Py]_w + \dfrac{K_b[Py]_w}{[OH^-]}} = \frac{[Py]_o/[Py]_w}{1 + \dfrac{K_b}{[OH^-]}} = \frac{K_D}{1 + \dfrac{K_b}{[OH^-]}}$$

$$= \frac{2.74\times10^4}{1 + \dfrac{3.16\times10^{-6}}{1.0\times10^{-10}}} = 0.87$$

例 8-12 现有 100.0mL 浓度为 $0.1000\text{mol}\cdot\text{L}^{-1}$ 的某一元有机弱酸,用 25.0mL 苯萃取后,取水相 25.0mL,用 $0.020\ 00\text{mol}\cdot\text{L}^{-1}$ 的 NaOH 标准溶液滴定,用去了 20.00mL,求该有机弱酸的分配系数。

解 由萃取后,取水相用 NaOH 滴定,可求得此时水相中有机弱酸的平衡浓度,再由有机弱酸的起始浓度,可求得萃取达到平衡时有机相中有机弱酸的平衡浓度,从而可计算出该有机弱酸在两相中的分配系数

$$[HA]_w = \frac{0.020\ 00\times20.00}{25.0} = 0.0160(\text{mol}\cdot\text{L}^{-1})$$

已知 $V_w = 100\text{mL}$, $V_o = 25.00\text{mL}$, $c_w = 0.1000\text{mol}\cdot\text{L}^{-1}$,则$[HA]_o$为

$$[HA]_o = \frac{(0.1000 - 0.0160)\times100.0}{25.0} = 0.336(\text{mol}\cdot\text{L}^{-1})$$

某有机弱酸在两相中的分配系数为

$$K_D = \frac{[HA]_o}{[HA]_w} = \frac{0.336}{0.0160} = 21.0$$

例 8-13　某试剂的水溶液 40.0mL，若希望将 99% 的有效成分萃取到 $CHCl_3$ 中：(1)用等体积 $CHCl_3$ 萃取一次时，分配比 D 为多大才能满足要求？(2)若用 40.0mL$CHCl_3$ 分二次萃取，每次 20.0mL，则需 D 多大才能满足要求？

解　依题意，99%有效成分萃取到 $CHCl_3$ 中，即萃取百分数为 99%，水相中剩余的量为萃取前的 1%。

(1) 萃取一次水相中剩余的有效成分的量为

$$m_1 = m_0\left(\frac{V_w}{DV_o + V_w}\right)$$

而依题意，$m_1 = 0.01m_0$，$V_w = V_o = 40.0\text{mL}$，代入上式得

$$\frac{40}{D \times 40 + 40} = 0.01$$

解得 $D = 99$。

(2) 萃取二次，每次 20mL$CHCl_3$，萃取后水相中剩余的有效成分为

$$m_2 = m_0\left(\frac{V_w}{DV_o + V_w}\right)^2$$

$m_2 = 0.01m_0$，$V_w = 40\text{mL}$，$V_o = 20\text{mL}$，代入上式得

$$\left(\frac{40}{20D + 40}\right)^2 = 0.01$$

$$\frac{40}{20D + 40} = 0.1$$

$$D = 18$$

例 8-14　某一元有机弱酸 HA 在有机相和水相中的分配系数 $K_D = 31$，HA 在水中的离解常数 $K_a = 2 \times 10^{-4}$，假设 A^- 不被萃取，如果 50mL 水相每次用 10mL 有机相连续萃取 3 次。试问在 pH 1.0 和 pH 4.0 时，HA 的萃取百分数各为多少？

解　依题意，HA 在两相间的分配比 D 为

$$D = \frac{c_o}{c_w} = \frac{[HA]_o}{[HA]_w + [A^-]_w} \tag{1}$$

而

$$K_D = \frac{[HA]_o}{[HA]_w} = 31$$

将上式代入式(1)得

$$D = \frac{31[HA]_w}{[HA]_w + [A^-]_w} \tag{2}$$

在酸碱平衡中

$$\delta_{HA}=\frac{[HA]}{[HA]+[A^-]}=\frac{[H^+]}{K_a+[H^+]} \tag{3}$$

将式(3)代入式(2)得到

$$D=\frac{31[H^+]_w}{[H^+]_w+K_a} \tag{4}$$

(1) pH 1.0 时

$$[H^+]=0.10\text{mol·L}^{-1}$$

$$D=\frac{31\times 0.1}{0.1+2\times 10^{-4}}=31$$

已知 $V_w=50\text{mL}$, $V_o=10\text{mL}$, $n=3$,可得连续萃取 3 次后水相中剩余的 HA 的质量

$$m_3=m_0\left(\frac{50}{31\times 10+50}\right)^3$$

则此时的百分萃取率为

$$E=\frac{m_0-m_3}{m_0}\times 100\%=\left(1-\frac{m_3}{m_0}\right)\times 100\%$$

$$=\left[1-\left(\frac{50}{31\times 10+50}\right)^3\right]\times 100\%=99.7\%$$

(2) pH 4.0 时

$$[H^+]=1\times 10^{-4}\text{mol·L}^{-1}$$

$$D=\frac{31\times 1\times 10^{-4}}{1\times 10^{-4}+2\times 10^{-4}}=10.3$$

已知 $V_w=50\text{mL}$, $V_o=10\text{mL}$, $n=3$,同(1)中的计算方法,此时的百分萃取数为

$$E=\left(1-\frac{m_3}{m_0}\right)\times 100\%$$

$$=\left[1-\left(\frac{50}{10.3\times 10+50}\right)^3\right]\times 100\%$$

$$=96.5\%$$

例 8-15　100mL 含钒 40.0μg 的试液用 10mL 钽试剂-$CHCl_3$ 溶液萃取,萃取率为 95%,以 1cm 吸收池于 530nm 波长处,测得吸光度 $A=0.373$,计算分配比 D 及萃取光度法的摩尔吸光系数 ε。(已知 $A_{r,V}=50.94$)

解　已知 $V_w=100\text{mL}$, $V_o=10\text{mL}$, $E=95\%$,则

$$E=\frac{D}{D+\frac{V_w}{V_o}}\times 100\%$$

$$0.95 = \frac{D}{D + \frac{100}{10}}$$

$$D = 190$$

有机相中钒络合物的浓度应为

$$c = \frac{40.0 \times 10^{-6} \times 0.95 \times 10^3}{50.94 \times 10} = 7.46 \times 10^{-5}(\mathrm{mol \cdot L^{-1}})$$

已知 $b = 1\mathrm{cm}$，由公式 $A = \varepsilon bc$，该萃取光度法的摩尔吸光系数为

$$\varepsilon = \frac{0.373}{1 \times 7.46 \times 10^{-5}} = 5.00 \times 10^3(\mathrm{L \cdot mol^{-1} \cdot cm^{-1}})$$

例 8-16　螯合剂 HL 为一元弱酸，当其与金属离子 M^{2+} 形成的螯合物可被有机溶剂萃取

$$M^{2+} + 2HL_o \rightleftharpoons ML_{2o} + 2H_w^+$$

萃取平衡常数 $K = 0.15$。若 20.0mL M^{2+} 的水溶液被 10.0mL 含有 $2.0 \times 10^{-2}\mathrm{mol \cdot L^{-1}}$ HL 的有机溶剂萃取，计算 pH 为 1.00 及 3.50 时，金属离子的萃取率。

解　萃取平衡常数为

$$K = \frac{[ML_2]_o[H^+]_w^2}{[M^{2+}]_w[HL_2]_o^2}$$

分配比

$$D = \frac{[ML_2]_o}{[M^{2+}]_w} = K\frac{[HL]_o^2}{[H^+]_w^2}$$

pH 1.00 时

$$[H^+] = 0.10\mathrm{mol \cdot L^{-1}}$$

$$D = 0.15 \times \frac{(2.0 \times 10^{-2})^2}{(0.10)^2} = 6.0 \times 10^{-3}$$

已知 $V_w = 20.0\mathrm{mL}$，$V_o = 10.0\mathrm{mL}$，可得到萃取率为

$$E = \frac{D}{D + \frac{V_w}{V_o}} \times 100\% = \frac{6.0 \times 10^{-3}}{6.0 \times 10^{-3} + \frac{20.0}{10.0}} = 0.30\%$$

pH 3.50 时

$$[H^+] = 3.2 \times 10^{-4}\mathrm{mol \cdot L^{-1}}$$

$$D = 0.15 \times \frac{(10^{-1.70})^2}{(10^{-3.50})^2} = 600$$

其萃取率为

$$E = \frac{600}{600 + \frac{20.0}{10.0}} \times 100\% = 99.7\%$$

计算结果表明,对螯合萃取体系来讲酸度的影响相当显著。

例 8-17 称取1.000g干燥的氢式阳离子树脂,置于 250mL 锥形瓶中,加入100.0mL 0.1000mol·L^{-1}NaOH 标准溶液,其中含 5%NaCl。密闭,静置过夜,取出清液 20.00mL,用0.1000mol·L^{-1}HCl 标准溶液滴至酚酞变色,用去 15.00mL。计算树脂的交换容量。

解 加入到树脂中的 NaOH 一部分被 H^+ 式树脂所交换出的 H^+ 所中和,另一部分被 HCl 标准溶液所中和,因此树脂的交换容量为

$$\text{交换容量} = \frac{0.1000\times100.0 - 0.1000\times15.00\times\dfrac{100.0}{20.00}}{1.000}$$

$$= 2.50(\text{mmol}\cdot\text{g}^{-1})$$

例 8-18 某强酸性阳离子交换树脂的交换容量为 4.70mmol·g^{-1},计算 3.50g 干树脂可吸附多少毫克 Ca^{2+}、多少毫克 Na^+?(已知 $A_{r,Ca}=40.08, A_{r,Na}=23.00$)

解 Ca^{2+}带两个正电荷,因此与阳离子树脂发生离子交换时,1mol Ca^{2+}交换下来 2mol H^+,而 Na^+带一个正电荷,因此与阳离子树脂发生的是等物质的量的交换。

吸附钙的质量

$$m_{Ca} = \frac{1}{2}\times4.70\times3.50\times40.08 = 329.7(\text{mg})$$

吸附钠的质量

$$m_{Na} = 4.70\times3.50\times23.00 = 378.4(\text{mg})$$

例 8-19 2.0g H^+ 式树脂,与 100mL 0.10mol·L^{-1} HCl 和含有 0.0010 mol·L^{-1} Ca^{2+}的溶液一起振荡,计算交换达到平衡时,钙残留于溶液中的百分数。已知交换常数 $K=3.2$。树脂上浓度用 mmol·g^{-1}表示,溶液浓度用 mmol·mL^{-1}表示,树脂交换容量为 5mmol·g^{-1}。

解 由上题可知,1mol Ca^{2+}交换 2mol H^+,假定大部分 Ca^{2+}都进入树脂,设 Ca^{2+}和 H^+在树脂和溶液中的浓度分别为$[Ca^{2+}]_r$、$[H^+]_r$、$[Ca^{2+}]$、$[H^+]$。

树脂中$[H]_r$为

$$[H^+]_r = \frac{5.0\times2.0 - 0.0010\times100\times2}{2.0} = 4.9(\text{mmol})$$

溶液中的 H^+浓度为

$$[H^+] = 0.10 + 2\times0.0010 = 0.102(\text{mmol}\cdot\text{mL}^{-1})$$

已知交换常数 $K=3.2$,即

$$K = \frac{[Ca^{2+}]_r[H^+]^2}{[Ca^{2+}][H]_r^2} = 3.2$$

Ca^{2+}在树脂相和溶液相间的分配比 D_{Ca}为

$$D_{Ca}=\frac{[Ca^{2+}]_r}{[Ca^{2+}]}=K\frac{[H]_r^2}{[H^+]^2}$$

$$=3.2\times\frac{(4.9)^2}{(0.102)^2}=7.4\times10^3$$

溶液体积为100mL,树脂质量为2.0g,因此残留于溶液中Ca的百分数为

$$\frac{溶液中钙}{树脂上钙}=\frac{1\times100}{7.4\times10^3\times2.0}=\frac{1}{148}$$

$$钙残留在溶液中百分数=\frac{1}{148+1}\times100\%=0.67\%$$

例8-20　含$CaCl_2$和HCl的水溶液,移取20.00mL,用0.1000mol·L^{-1}NaOH滴至终点,用去了15.60mL。另移取10.00mL试液稀释至50.00mL,通过强碱性阴离子交换树脂,流出液及洗涤液用0.1000mol·L^{-1}HCl滴至终点,用去了22.50mL。计算样品中HCl和$CaCl_2$的浓度。

解　(1) 样品中HCl的浓度为

$$c_{HCl}=\frac{0.1000\times15.60}{20.00}=0.07800(\text{mol·L}^{-1})$$

(2) 样品经过阴离子树脂时,$CaCl_2$及HCl中Cl^-均参与交换,因此第二次滴定的是样品中Cl^-的总量。则$CaCl_2$的浓度为

$$c_{CaCl_2}=\frac{0.1000\times22.50-0.1000\times15.60\times\frac{10.00}{20.00}}{2\times10.00}$$

$$=0.07350(\text{mol·L}^{-1})$$

例8-21　纸色谱法分离A、B两物质时,得到$R_{f,A}=0.32$,$R_{f,B}=0.70$。欲使A、B两种物质分开后,两斑点中心距离为4.0cm,那么滤纸条应截取多长?

解　设滤纸条长度为y(cm,即原点到溶剂前沿的距离)。A物质斑点中心到原点距离为x,已知$R_{f,A}=0.32$,$R_{f,B}=0.70$,依题意可列出下列方程

$$R_{f,A}=\frac{x}{y}=0.32$$

$$R_{f,B}=\frac{x+4.0}{y}=0.70$$

解得

$$y=10.5\text{cm}$$

例8-22　设一含有A、B两组分的混合溶液,已知$R_{f,A}=0.40$,$R_{f,B}=0.60$,如果色层用的滤纸条长度为20cm,则A、B组分色层分离后的斑点中心相距最大距离为多少?

解　由题意

$$R_{f,A}=0.40=\frac{A}{20}$$

故

$$A = 8\text{cm}$$

$$R_{f,B} = 0.60 = \frac{B}{20}$$

故

$$B = 12\text{cm}$$

$$B - A = 12 - 8 = 4\text{cm}$$

A、B组分色层分离后的斑点中心相距最大距离为4cm。

例 8-23　欲测定天然水中痕量的 K^+、Na^+、Ca^{2+}、Mg^{2+}、Cl^-、SO_4^{2-} 等组分，试设计一简便的对上述痕量组分的富集方法。

解　当试样中不含有大量的其他电解质时，可以采用离子交换法富集痕量组分。可取数升水样，使之流过 H^+ 型阳离子交换柱和 OH^- 型阴离子交换柱，以使各种组分分别交换于柱上。然后用适当小体积的稀盐酸洗脱阳离子，另用适当小体积的稀氨水洗脱阴离子，于流出液中可比较方便地分别测定各种组分。

五、自　测　题

1. 在氢氧化物沉淀分离中，常用的有哪些方法？

2. 某试样含 Fe、Al、Ca、Mg、Ti 元素，经碱熔融后，用水浸取，盐酸酸化，加氨水中和至出现红棕色沉淀(pH 约为 3)，再加入六亚甲基四胺加热过滤，分出沉淀和滤液。试问：为什么出现红棕色沉淀时 pH≈3？溶液和沉淀中的物质是什么？

3. 8-羟基喹啉氯仿溶液于 pH 7.0 时，从水溶液中萃取 La^{3+}，已知它在两相中分配比 $D=43$，今取 La^{3+} 水溶液($1\text{mg}\cdot\text{L}^{-1}$)30.00mL，计算用萃取液 10.0mL 一次萃取和 10.0mL 分两次萃取的萃取率。

4. 某强酸性阳离子交换树脂的交换容量为 $4.70\text{mmol}\cdot\text{g}^{-1}$。计算 3.50g 该干树脂可吸附多少毫克 Ca^{2+}、多少毫克 Na^+。

5. 现有 $0.1000\text{mol}\cdot\text{L}^{-1}$某有机一元弱酸(HA)10mL，用 25.00mL 苯萃取后，取水相 25.00mL，用 $0.020\ 00\text{mol}\cdot\text{L}^{-1}$ NaOH 溶液滴定至终点，消耗 20.00mL，计算一元弱酸在两相中的分配系数 K_D。

6. 含有纯 NaCl 的 KBr 混合物 0.2567g，溶解后使之通过 H^- 型离子交换树脂，流出液需要用 $0.1023\text{mol}\cdot\text{L}^{-1}$ NaOH 溶液滴定至终点，需用 34.56mL，问混合物中各种盐的质量分数是多少？

7. 某溶液含 Fe^{3+} 10.0mg，将它萃取入某有机溶剂中时，分配比 $D=95$，问用等体积溶剂分别萃取 1 次和 2 次，剩余 Fe^{3+} 各多少毫克？若在萃取 2 次后，分出有机层，用等体积水洗一次，会损失 Fe^{3+} 多少毫克？

8. 用双硫腙-氯仿萃取 Cd^{2+} 时，已知分配比 D 为 198。将 Cd^{2+} 处理成 50.0mL 双硫腙-氯仿萃取比色，求这时的萃取百分数。

9. 某溶液中含有两种氨基酸 A 和 B，用纸上色谱法分离时，测得它们的比移值 R_1 为 0.48 和 0.68，欲使分离后两斑点中心之间相隔 2cm，问滤纸条至少应取多长？

10. 用硅胶 G 的薄板层析法分离某混合物中的偶氮苯时，以环己烷-乙酸乙酯(9∶1)为展开剂，经 2h 展开后，测得偶氮苯斑点中心离原点的距离为 9.5cm，其溶剂前沿距离为 25.5cm。求偶氮苯在此体系中的 R_f 值。

11. 用离子交换法分离测定天然水中阳离子的总量。取 25.0mL 天然水样品，用蒸馏水稀释至 100mL，与 2.0g H^+ 型强酸性阳离子交换树脂进行静态交换，搅拌，过滤后用三份 15mL 蒸馏水洗涤，滤液及洗涤液合并后，用 0.0213mol·L^{-1} NaOH 标液滴定，以甲基橙为指示剂，终点时消耗 16.70mL，试计算 1L 天然水中阳离子的物质的量。若以 mg·L^{-1}(CaO)表示，结果怎样？

12. 简述微量 Al^{3+} 与大量 Fe^{3+} 的两种分离方法，并加以比较。

13. 称取 1.200g H^+ 型阳离子交换树脂，装入交换柱后，用 NaCl 溶液冲洗至流出液使甲基橙呈橙色为止。收集所有洗脱液，用甲基橙作指示剂，以 0.1000 mol·L^{-1} NaOH 标准溶液滴定，用去 22.10mL。计算该树脂的交换容量。

14. 50.00mL $y$mol·L^{-1} $MgCl_2$ 试液通过 H^+ 型阳离子交换树脂。交换和洗涤液以 0.0998mol·L^{-1} NaOH 标准溶液滴定，耗去 30.70mL。计算试液中 $MgCl_2$ 的浓度 y。

15. 用含螯合剂的有机溶剂萃取水相中的金属离子时，若不考虑螯合剂在有机相中的聚合作用，则有如下平衡关系

$$M_w^{n+} + n HL_o \rightleftharpoons ML_{n_o} + n H_w^+$$

萃取平衡常数 K_{ex} 为

$$K_{ex} = \frac{[ML_n]_o [H^+]_w^n}{[M^{n+}]_w [HL]_o^n}$$

上述总的萃取平衡包括以下四个平衡关系：

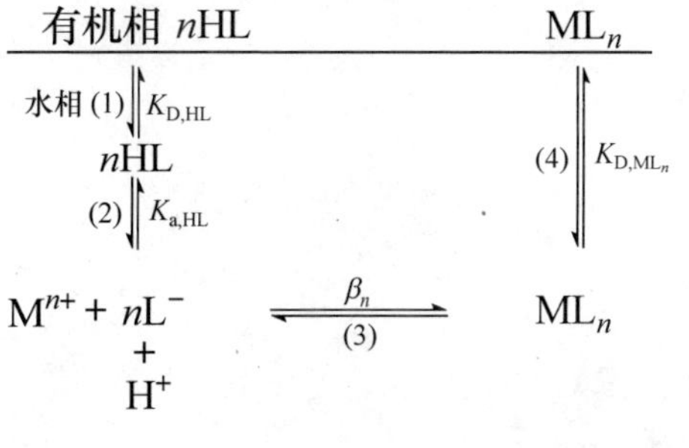
有机相 nHL
MLn
水相 (1)
KD,HL
nHL
(2)
Ka,HL
(4)
KD,MLn
Mn+ + nL−
+
H+
βn
(3)
MLn

根据平衡(1)、(2)、(3)、(4)的关系式导出以 K_{D,ML_n}，β_n，$K_{a,HL}$和 $K_{D,HL}$表示的 K_{ex}。

16. 含 $CaCl_2$ 和 HCl 的水溶液，移取 20.00mL，用 0.1000mol·L^{-1}的 NaOH 溶液滴定至终点，用去 15.60mL，另移取 10.00mL 试液稀释至 50.00mL，通过强碱性阴离子交换树脂，流出液用 0.1000mol·L^{-1}的 HCl 滴至终点，用去 22.50mL。试液中 HCl 的浓度为__________mol·L^{-1}，$CaCl_2$ 的浓度为__________mol·L^{-1}。

17. 一个分离方法的效果受两个方面的影响：一是难以保留所有的分析物；另一是难以除去所有的干扰物。以 A 表示分析物，I 表示干扰物。c_A 表示分离后剩下的分析物的浓度，$(c_A)_0$ 为分析物的初始浓度，同样，c_I 和$(c_I)_0$ 分别表示分离后剩下的干扰物和干扰物的初始浓度。(1) 写出分析物 A 和干扰物 I 的回收率 R_A 和 R_I。(2) 分离效果由分离因子 $S_{I,A}$表示，它等于因分离而造成的干扰物和分析物浓度比值的变化量。导出 $S_{I,A}$的计算式。

18. 在工业电镀槽中 Cu 的浓度的分析过程中，Zn 是作为一种干扰物存在的。当含有 128.6μg·mL^{-1}的 Cu 样品用于分离除去 Zn 时，剩余 Cu 的浓度为 127.2μg·mL^{-1}；当浓度为 134.9μg·mL^{-1}的 Zn 溶液用于分离时，剩余 Zn 的浓度为 4.3μg·mL^{-1}。计算 Cu 和 Zn 的回收率以及分离因子。

第九章　电化学分析法

一、复习要求

(1) 了解电化学分析法的特点、分类方法及进展。

(2) 熟悉电解与库仑分析法的基本原理、特点，直流极谱、线性扫描极谱及伏安分析法的基本原理、特点。

(3) 掌握参比电极的原理、结构与性质，膜电极的原理、结构，非晶体膜电极(玻璃电极)和晶体膜电极(氟电极)的膜电位的产生机理，影响膜电位大小的因素，不对称电位的产生原因，离子选择性电极的基本特性。掌握离子选择性电极的选择系数的意义、作用与计算式。能够根据选择系数计算干扰离子所引起的误差大小。

(4) 掌握溶液 pH 的测定原理、计算方法，总离子浓度调节缓冲溶液的作用，标准加入法及其计算，电位滴定终点的确定方法及其计算。

二、内容提要

(1) 电极分类，离子选择性电极的基本特性与类别。参比电极的原理、结构与性质。膜电极的原理、结构。非晶体膜电极(玻璃电极)和晶体膜电极(氟电极)的膜电位的产生机理，影响膜电位大小的因素，不对称电位的产生原因。离子选择性电极的选择系数的意义与计算式，根据选择系数计算干扰离子所引起的误差大小。

(2) 溶液 pH 和离子活度的测定原理、计算方法。总离子浓度调节缓冲溶液的作用；标准加入法及其计算；电位滴定终点的确定方法(二阶微商)及其计算。

(3) 电解与库仑分析法的基本原理、特点及应用；极谱与伏安分析法的基本原理、特点与应用。

三、要点及疑难点解析

(一) 电化学分析基础

1. 电位分析基本原理与过程

将两支电极(如饱和甘汞电极和玻璃电极)放入溶液，测量时：

(1) 两支电极间的电位差(定义为 $E_{测}$)

$$\Delta E = E_{+} - E_{-} + E_{L} = E_{测}$$

(2) 在两支电极间施加一个反向的外加电压 $E_{外}$,且 $E_{外} = E_{测}$,并使外加电压随两支电极间电位变化;

(3) $E_{外}$ 大小相等,$E_{测}$ 方向相反,则电路中 $I = 0$,即测定过程中并没有电流流过电极;

(4) 电位分析时的两支电极分别称为参比电极和指示电极;

(5) 由于参比电极保持相对恒定,测定不同溶液时,两电极间电动势变化反映指示电极电位变化,指示电极电位与试样溶液中待测组分活度有关,故由电动势的大小可以确定待测溶液的活度(常用浓度代替)大小。

2. 液体接界电位

液体接界电位(E_L):在两种不同离子的溶液或两种不同浓度的溶液接触界面上,存在着微小的电位差,称之为液体接界电位。

液体接界电位产生的原因:两种溶液中存在的各种离子具有不同的迁移速率。如果两种溶液组成相同、浓度不同,接触时,高浓度区向低浓度区扩散,由于正负离子迁移速率不同,溶液两边分别带有电荷,出现液界电位。

3. 参比电极与指示电极

参比电极:电极电位不随测定溶液和浓度变化而保持相对恒定的电极。

指示电极:电极电位随测量溶液和浓度不同而变化。

三种参比电极:标准氢电极(标准,不常用);甘汞电极;银-氯化银电极。

五种指示电极:

(1) 第一类电极——金属-金属离子电极,一个相界面;

(2) 第二类电极——金属-金属难溶盐电极,两个相界面(常用作参比电极);

(3) 第三类电极——汞电极;

(4) 惰性金属电极;

(5) 膜电极——最重要的一类电极。

4. 电极的构造与原理

1) 甘汞电极

甘汞电极是最常用的参比电极之一(表 9-1)。电极电位(25℃)为

$$E_{Hg_2Cl/Hg} = E^{\ominus}_{Hg_2^{2+}Cl/Hg} + \frac{0.059}{2}\lg\frac{a_{Hg_2Cl_2}}{a_{Hg}^2 \cdot a_{Cl^-}^2} \quad (9-1)$$

$$E_{Hg_2Cl/Hg} = E^{\ominus}_{Hg_2^{2+}Cl/Hg} + 0.059\lg a_{Cl^-}$$

表 9-1　常用的甘汞电极

项目	0.1mol·L^{-1}甘汞电极	标准甘汞电极(NCE)	饱和甘汞电极(SCE)
KCl 浓度	0.1mol·L^{-1}	1.0mol·L^{-1}	饱和溶液
电极电位/V	+0.3365	+0.2828	+0.2438

电极内溶液的 Cl^- 活度一定,甘汞电极电位固定。

温度校正:对于 SCE,t ℃时的电极电位为

$$E(t) = 0.2438 - 7.6 \times 10^{-4}(t - 25)(\mathrm{V}) \tag{9-2}$$

2) 银-氯化银电极

银丝镀上一层 AgCl 沉淀,浸在一定浓度的 KCl 溶液中即构成了银-氯化银电极(表 9-2)。电极电位(25℃)为

$$E_{\mathrm{Ag/AgCl}} = E^{\ominus}_{\mathrm{Ag/AgCl}} - 0.059\lg a(\mathrm{Cl^-}) \tag{9-3}$$

表 9-2　常用银-氯化银电极

项目	0.1mol·L^{-1} Ag-AgCl 电极	标准 Ag-AgCl 电极	饱和 Ag-AgCl 电极
KCl 浓度	0.1mol·L^{-1}	1.0mol·L^{-1}	饱和溶液
电极电位/V	+0.2880	+0.2223	+0.2000

温度校正:标准 Ag-AgCl 电极,t ℃时的电极电位为

$$E(t) = 0.2223 - 6 \times 10^{-4}(t - 25)(\mathrm{V}) \tag{9-4}$$

3) 膜电极(离子选择性电极)——最重要的一类电极

(1) 特点:仅对溶液中特定离子有选择性响应。

(2) 膜电极的关键:称为选择膜的敏感元件。

(3) 敏感元件:单晶、混晶、液膜、高分子功能膜及生物膜等。

(4) 膜内外被测离子活度不同而产生电位差。将膜电极和参比电极一起插到被测溶液中,则电池结构为:

$$\text{外参比电极} \parallel \text{被测溶液}(a_i\ \text{未}\underbrace{\text{知})\,|\,\text{内}}_{\text{敏感膜}}\text{充溶液}(a_i\ \text{一定})\,|\,\text{内参比电极}$$

(5) 当膜电极放入被测溶液中时,敏感膜位于被测溶液和内充溶液之间。内外参比电极的电位值固定,且内充溶液中离子的活度也一定,则电池电动势为

$$E_{\text{膜}} = E' \pm \frac{RT}{nF}\lg a_i \tag{9-5}$$

(6) 膜电极作为指示电极时,其电极电位包括膜电位、内参比电极电位、不对称电位、液接电位。

(二) 电位分析法

1. 离子选择性电极的种类

(1) 晶体膜电极:以晶体构成敏感膜。典型代表为氟电极。

(2) 玻璃膜电极(玻璃电极):以特制的极薄玻璃构成敏感膜。典型代表为 pH 测量用的玻璃电极。

(3) 流动载体膜电极(液膜电极):负载含有液体离子交换剂的有机溶剂(不溶于水)的微孔膜构成液膜(敏感元件),离子交换剂可以在液膜-试液两相界面间来回迁移,传递待测离子。典型代表为钙电极。

(4) 敏化电极:是指气敏电极、酶电极、细菌电极及生物电极等。这类电极的结构特点是在原电极上覆盖一层膜或物质,使得电极的选择性提高。典型代表为氨电极。

(5) 其他类型膜电极。

2. 氟电极

(1) 敏感膜(氟化镧单晶):掺有 EuF_2 的 LaF_3 单晶切片。

(2) 内参比电极:Ag-AgCl 电极(管内)。

(3) 内参比溶液:$0.1mol·L^{-1}$的 NaCl 和 $0.1mol·L^{-1}$的 NaF 混合溶液(F^- 用来控制膜内表面的电位,Cl^- 用以固定内参比电极的电位)。

(4) 原理: LaF_3 的晶格中有空穴,在晶格上的 F^- 可以移入晶格邻近的空穴而导电。对于一定的晶体膜,离子的大小、形状和电荷决定其是否能够进入晶体膜内,故膜电极一般都具有较高的离子选择性。

当氟电极插入到 F^- 溶液中时,F^- 在晶体膜表面进行交换。25℃时

$$E_{膜} = K - 0.059\lg a_{F^-} = K + 0.059\ pF \quad (9-6)$$

具有较高的选择性,需要在 pH5～7 之间使用,pH 高时,溶液中的 OH^- 与氟化镧晶体膜中的 F^- 交换,在晶体表面生成 $La(OH)_3$,同时放出 F^- 而干扰测定;pH 较低时,溶液中的 F^- 生成 HF 或 HF_2^-。

3. 玻璃膜电极

非晶体膜电极,玻璃膜的组成不同可制成对不同阳离子响应的玻璃电极。

1) 原理

玻璃膜电位的形成:膜浸泡在水中时,表面的 Na^+ 与水中的 H^+ 交换,在表面形成水合硅胶层,故玻璃电极使用前,必须在水溶液中浸泡。

玻璃膜在水溶液中浸泡后生成一个三层结构,即中间的干玻璃层和两边的水

化硅胶层。

水化硅胶层具有界面，构成单独的一相，厚度一般为 0.01～10μm。在水化层，玻璃上的 Na^+ 与 H^+ 发生离子交换而产生相界电位。

水化层表面可视作阳离子交换剂。溶液中 H^+ 经水化层扩散至干玻璃层，干玻璃层的阳离子向外扩散以补偿溶出的离子，离子的相对移动产生扩散电位。

2) 玻璃膜电位

将浸泡后的玻璃膜电极放入待测溶液，水合硅胶层表面与溶液中的 H^+ 活度不同，形成活度差，H^+ 由活度大的一方向活度小的一方迁移，平衡时

$$H^+_{溶液} \rightleftharpoons H^+_{硅胶}$$

$$E_{内} = k_1 + 0.059\lg(a_2/a_2')$$

$$E_{外} = k_2 + 0.059\lg(a_1/a_1')$$

式中：a_1、a_2 分别表示外部试液和电极内参比溶液的 H^+ 活度；a_1'、a_2' 分别表示玻璃膜外、内水合硅胶层表面的 H^+ 活度；k_1、k_2 则为由玻璃膜外、内表面性质决定的常数。

由于玻璃膜内、外表面的性质基本相同，则

$$k_1 = k_2$$

$$a_1' = a_2'$$

$$E_{膜} = E_{外} - E_{内} = 0.059\lg(a_1/a_2)$$

由于内参比溶液中的 H^+ 活度(a_2)是固定的，则

$$E_{膜} = K' + 0.059\lg a_1 = K' - 0.059\text{pH}_{试液} \quad (9-7)$$

讨论：

(1) 玻璃膜电位与试样溶液中的 pH 成线性关系。式中 K'是由玻璃膜电极本身性质决定的常数。

(2) 玻璃膜电位的产生是 H^+ 在玻璃内、外的溶液和水化层之间迁移的结果，但 H^+ 并没有穿透干玻璃层。

(3) 电极电位应是内参比电极电位和玻璃膜电位之和。

(4) 不对称电位。由式

$$E_{膜} = E_{外} - E_{内} = 0.059\lg(a_1/a_2)$$

如果 $a_1 = a_2$，则理论上 $E_{膜} = 0$，但实际上 $E_{膜} \neq 0$，此时的电位称为不对称电位。

不对称电位是由玻璃膜内、外表面含钠量、表面张力以及机械和化学损伤的细微差异所引起的。长时间浸泡后(24h)恒定(1～30mV)。

(5) 膜电位的产生不是电子的得失。其他离子不能进入晶格产生交换。当溶液中 Na^+ 浓度比 H^+ 浓度高 10^{15}倍时，两者才产生相同的电位。

(6) 测定溶液酸度太大(pH<1)时，电位值偏离线性关系，产生误差，称为

酸差。

(7) pH>12 产生误差，主要是 Na^+ 参与相界面上的交换所致，称为“碱差”或“钠差”。

(8) 改变玻璃膜的组成，可制成对其他阳离子响应的玻璃膜电极。

(9) 优点是不受溶液中氧化剂、还原剂、颜色及沉淀的影响，不易中毒。

(10) 缺点是电极内阻很高，电阻随温度变化。

4. 膜电位及其选择性

无干扰离子存在时，膜电位为

$$E_{膜} = K - \frac{RT}{nF}\ln a_{阴离子}$$

但若与干扰离子共存时，共存的其他离子对膜电位产生有贡献吗?

若测定离子为 i，电荷为 z_i，干扰离子为 j，电荷为 z_j，考虑到共存离子产生的电位，则膜电位的一般式可写成为

$$E = K \pm \frac{RT}{nF}\ln\left[a_i + K_{ij}(a_j)^{\frac{z_i}{z_j}}\right]$$

讨论：

(1) 对阳离子响应的电极，K 后取正号；对负离子响应的电极，K 后取负号。

(2) K_{ij} 称为电极的选择性系数，是指在相同的测定条件下，待测离子和干扰离子产生相同电位时待测离子的活度 a_i 与干扰离子活度 a_j 的比值，$K_{ij} = a_i / a_j$。

(3) 通常 $K_{ij} < 1$，K_{ij} 值越小，表明电极的选择性越高。例如，$K_{ij} = 0.001$ 时，意味着干扰离子 j 的活度比待测离子 i 的活度大 1000 倍时，两者产生相同的电位。

(4) 选择性系数严格来说不是一个常数，在不同离子活度条件下测定的选择性系数值各不相同。

(5) K_{ij} 仅能用来估计干扰离子存在时产生的测定误差或确定电极的适用范围。

5. 利用选择系数计算干扰离子存在时产生的测定误差

尽管离子选择性电极的选择性很高（选择系数的值很小），但干扰离子的存在也产生一定的电位。根据选择系数可以计算出一定量的干扰离子存在时，干扰离子的活度相当于多大的待测离子活度，其占待测离子活度的相对百分数即是可能产生的误差值

$$误差(\%)=\frac{K_{ij}\times a_j^{z_i/z_j}}{a_i}$$

6. 离子选择电极的测定线性范围与检测下限

1) 线性范围

图 9-1AB 段为对应的检测离子的活度(或浓度)范围。

2) 级差

图 9-1AB 段的斜率对应级差,即活度相差一数量级时,电位改变的数值,用 S 表示。理论上 $S=2.303RT/nF$, 25℃时, 一价离子 $S=0.0592V$, 二价离子 $S=0.0296V$。离子电荷数越大,级差越小,测定灵敏度也越低,故电位法多用于低价离子测定。

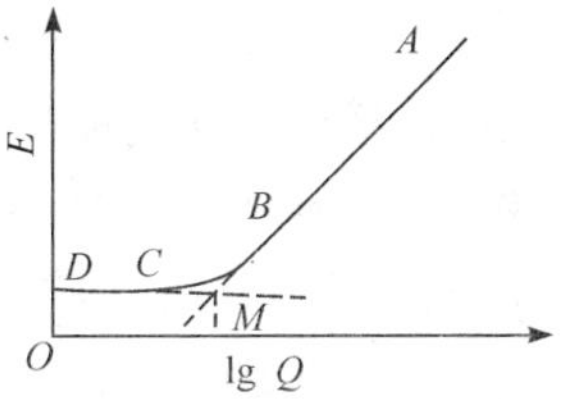

图 9-1　离子选择电极的测定线性范围与检测下限

3) 检测下限

图 9-1 中 AB 与 CD 延长线的交点 M 所对应的测定离子的活度(或浓度)。离子选择性电极一般不用于测定高浓度试液($1.0mol\cdot L^{-1}$),高浓度溶液对敏感膜腐蚀溶解严重,也不易获得稳定的液接电位。

7. 离子选择电极的响应时间、温度系数和等电位点

响应时间:参比电极与离子选择电极一起接触到试液起直到电极电位值达到稳定值的 95%所需的时间。

温度系数:能斯特方程式对温度 T 微分可得

$$\frac{dE}{dT}=\frac{dE^{\ominus}}{dT}+\frac{0.1984}{n}\lg a_i+\frac{0.1984}{n}\frac{d\lg a_i}{dT}$$

温度对电极电位的影响分为三项。第一项为标准电位温度系数,取决于电极膜的性质、测定离子特性、内参电极和内充液等因素。第二项为能斯特方程中的温度系数项。对于 $n=1$,温度每改变 1℃,校正曲线的斜率改变 0.1984。离子计中通常设有温度补偿装置,对该项进行校正。第三项为溶液的温度系数项,温度改变导致溶液中的离子活度系数和离子强度改变。

电极的等电位点:实验表明,在不同温度所得到的各校正曲线相交于一点。在该点,尽管温度改变,但电位保持相对稳定,即此点的温度系数接近零,该点称为电极的等电位点。该点对应的溶液浓度称为等电位浓度。试样浓度位于等电位浓度附近时,温度引起的测定误差较小。

8. pH 测定原理与方法

指示电极:pH 玻璃膜电极。

参比电极:饱和甘汞电极。

$$Ag,Ag\underbrace{Cl|HCl|玻璃膜|试液}_{\varphi 玻璃电极}\underbrace{溶液\|K}_{液接电位}Cl\underbrace{(饱和)|Hg_2Cl_2(固),}_{\varphi 甘汞电极}Hg$$

$$\begin{aligned} E &= E_{甘汞} - E_{玻璃} + E_{液接} \\ &= E_{Hg_2Cl_2/Hg} - (E_{AgCl/Ag} + E) + E_{液接} \\ &= E_{Hg_2Cl_2/Hg} - E_{AgCl/Ag} - K - \frac{2.303RT}{F}\lg a_{H^+} + E_L \end{aligned}$$

常数 K'包括外参比电极电位、内参比电极电位、不对称电位、液接电位。

由于 K'不确定,在实际测量时,采用比较法来确定待测溶液的 pH。

两种溶液,pH 已知的标准缓冲溶液 S 和 pH 待测的试液 x。测定各自的电动势为

$$E_S = K'_S + \frac{2.303RT}{F}pH_S$$

$$E_x = K'_x + \frac{2.303RT}{F}pH_x$$

若测定条件完全一致,则 $K'_S = K'_x$, 两式相减得

$$pH_x = pH_S + \frac{E_x - E_S}{2.303RT/F}$$

式中 pH_S 已知,实验测出 E_S 和 E_x后,即可计算出试液的 pH_x,ICPAC 推荐上式作为 pH 的实用定义。使用时,尽量使温度保持恒定并选用与待测溶液 pH 接近的标准缓冲溶液。

9. 离子活度(或浓度)的测定原理与方法

1) 离子活度(或浓度)的测定原理

将离子选择性电极(指示电极)和参比电极插入试液可以组成测定各种离子活度的电池,电池电动势为

$$E = K' \pm \frac{2.303RT}{nF}\lg a_i$$

该式是测量离子活度的通式,当离子选择性电极作正极时,对阳离子响应的电极,取正号;对阴离子响应的电极,取负号。

实际测量时,通常采用标准曲线法或标准加入法。

2) 总离子强度调节缓冲溶液

(1) 为什么要使用总离子强度调节缓冲溶液?采用标准曲线法测定待测离子时,需要用待测离子的纯物质配制一系列不同浓度的标准溶液。但浓度变化,使离子强度也发生改变,只有离子活度系数保持不变时,膜电位才与 $\lg c_i$ 呈线性关系,

为保持溶液的离子强度相对稳定,需要加入“总离子强度调节缓冲溶液(total ionic strength adjustment buffer,TISAB)”。

(2) TISAB组成及作用。TISAB作用包括三个方面:① 保持较大且相对稳定的离子强度,使活度系数恒定;② 维持溶液在适宜的pH范围内,满足离子电极的要求;③ 掩蔽干扰离子。TISAB的组成随待测离子不同而不同,但一般由强电解质、干扰离子掩蔽剂和控制溶液pH的试剂所组成。测F^-过程所使用的TISAB典型组成:$1mol\cdot L^{-1}$的NaCl,使溶液保持较大稳定的离子强度;$0.25mol\cdot L^{-1}$的HAc和$0.75mol\cdot L^{-1}$的NaAc,控制溶液pH在5左右;$0.001mol\cdot L^{-1}$的柠檬酸钠,掩蔽Fe^{3+}、Al^{3+}等干扰离子。

3) 标准加入法

设某一试液体积为V_0,其待测离子的浓度为c_x,测定的工作电池电动势为E_1

$$E_1 = K + \frac{2.303RT}{nF}\lg(x_i\gamma_i c_x)$$

往试液中准确加入一小体积V_S(大约为V_0的1/100)的用待测离子的纯物质配制的标准溶液,浓度为c_S(约为c_x的100倍)。由于$V_0 > V_S$,可认为溶液体积基本不变。浓度增量为

$$\Delta c = c_S \cdot V_S/V_0$$

再次测定工作电池的电动势为E_2

$$E_2 = K + \frac{2.303RT}{nF}\lg(x_2\gamma_2 c_x + x_2\gamma_2\Delta c)$$

可以认为$\gamma_2 \approx \gamma_1, \chi_2 \approx \chi_1$则

$$\Delta E = E_2 - E_1 = \frac{2.303RT}{nF}\lg\left(1 + \frac{\Delta c}{c_x}\right)$$

令

$$S = \frac{2.303RT}{nF}$$

$$\Delta E = S\lg\left(1 + \frac{\Delta c}{c_x}\right)$$

所以

$$c_x = \Delta c(10^{\Delta E/S} - 1)^{-1}$$

讨论:

(1) 能斯特方程中,电极电位与待测离子活度的对数呈正比,但从以上的推导过程可以看出,由于引入了χ_i(游离态待测离子占总浓度的分数)和活度系数,标

准加入法的计算式实际求到的上是待测离子的总浓度。

(2) 25℃,对于一价离子,$S=0.059$;对于一价离子,$S=0.0295$

$$E = K \pm \frac{2.303RT}{nF}\lg a$$

4) 电动势的测量偏差与浓度(活度)的相对偏差

当电位读数偏差为 1mV 时,对于一价离子,由次引起的相对偏差为 3.9%;对于二价离子,则引起的相对偏差为 7.8%,故电位分析多用于测定低价离子

$$\frac{\Delta a}{a} = 39 \times n \times \Delta E$$

10. 电位滴定分析

选择合适的电极,将电位分析装置作为滴定过程的终点的显示装置,获得滴定曲线。可通过以下三种方法确定滴定终点体积,计算待测离子浓度。

(1) $E \sim V$ 曲线法(拐点),一阶微商法(极值点),二阶微商法(等于零点)。

(2) 二阶微商与内插法确定终点体积;通过后点数据减前点数据的方法逐点计算二阶微商(终点前后)。

(3) 内插法:取二阶微商的正、负转化处的两个点的体积值 V_+、V_-

$$V_{终} = V_+ + \frac{(V_- - V_+)}{\left(\frac{\Delta E}{\Delta V}\right)_+ + \left(\frac{\Delta E}{\Delta V}\right)_-} \times \left(\frac{\Delta E}{\Delta V}\right)_+$$

计算过程见例题。

(三) 电解与库仑分析

1. 电解过程与电极反应

逐渐增加电解电压,当达到一定值后,电解池内与电源“-”极相连的阴极上开始有金属析出(发生还原反应),同时在与电源“+”极相连的阳极上有气体放出(氧化反应)。以电解硫酸铜溶液为例,电解池中发生了如下反应:

阴极反应

$$Cu^{2+} + 2e = Cu$$

阳极反应

$$2H_2O = O_2 + 4H^+ + 4e$$

电池反应

$$2Cu^{2+} + 2H_2O = 2Cu + O_2 + 4H^+$$

$$E_{Cu/Cu^{2+}} = 0.337 + \frac{0.059}{2}\lg[Cu^{2+}] = 0.307(V)$$

$$E_{O_2/H_2O}=1.229+\frac{0.059}{4}\lg\frac{[O_2][H^+]}{[H_2O]}=1.22(V)$$

电池电动势为

$$E=0.307-1.22=-0.91(V)$$

外加电压为0.91V时,阴极是否有铜析出?

2. 理论分解电压与析出电位

1) 理论分解电压

根据能斯特方程计算,使阴极上析出金属的反应进行,理论需要提供的最小外加电压(图9-2中D'点)。

2) 实际分解电压(析出电位)

实际开始发生电解反应时的电压,其值大于理论分解电压(D点)。

3) 产生差别的原因

产生差别的原因是由于超电位(η)、电解回路的电压降(iR)的存在。

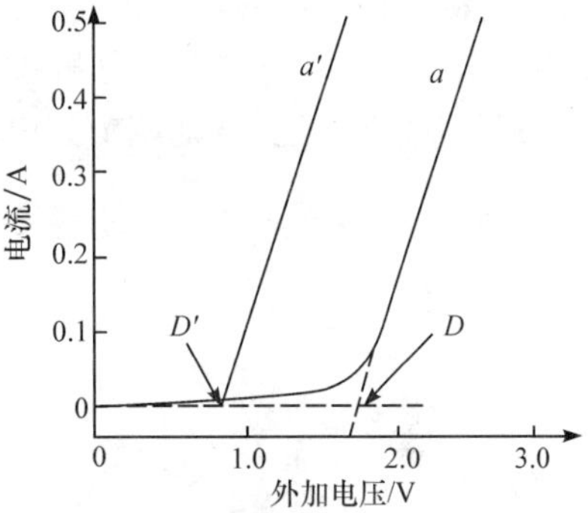

a'. 理论计算曲线;　a. 实测曲线;
D'. 理论分解电压;　D. 实际分解电压

图9-2　理论分解电压与析出电位

外加电压应为

$$E_{外}=(E_{阳}+\eta_{阳})-(E_{阴}+\eta_{阴})+iR$$

理论分解电压小于实际分解电压的原因是由于超电位的存在,但超电位是如何产生的呢?

3. 产生超电位的原因

产生超电位的原因是电极极化。

电极极化:在电解过程中,当电极上有净电流流过时,电极电位偏离其平衡电位的现象。

电极极化分为浓差极化和电化学极化。

浓差极化:电流流过电极,表面形成浓度梯度,使正极电位增大,负极电位减小。

减小浓差极化的方法:减小电流,增加电极面积,搅拌(有利于扩散)。

电化学极化:电荷迁越相界面的放电所需的超电位。

电化学极化产生的原因:电极反应速率慢,电极上聚集了一定的电荷。

4. 电重量分析法

利用电解将被测组分从一定体积溶液中完全沉积在阴极上,通过称量阴极增重的方法来确定溶液中待测离子的浓度。通过三种方式实现：

1) 恒电流电重量分析法

保持电流在 2～5A 之间恒定，电压变化，最终稳定在 H_2 的析出电位。选择性差，分析时间短，是铜合金的标准分析方法。

2) 恒外电压电重量分析法

不能精确保持阴极电位恒定，较少采用。

3) 控制阴极电位电重量分析法

采用三电极系统，自动调节外电压，使阴极电位保持恒定，选择性好。

5. A、B 两物质分离的必要条件

(1) A 物质析出完全时，阴极电位未达到 B 物质的析出电位(图 9-3)。

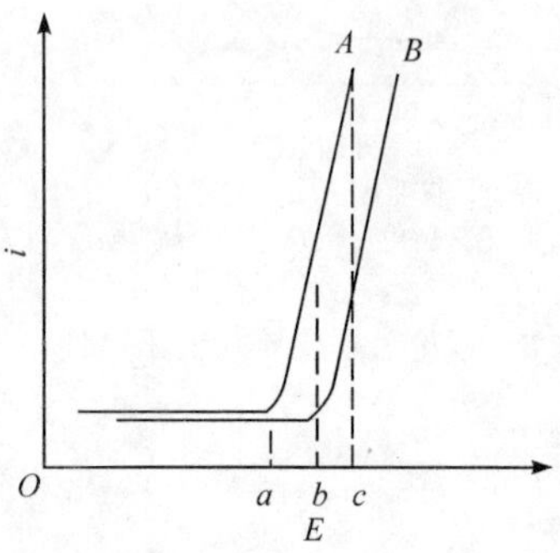

图 9-3　电重量分析法示意图

(2) 被分离两金属离子均为一价，析出电位差 >0.35V。

(3) 被分离两金属离子均为二价，析出电位差 >0.20V。

对于一价离子，浓度降低 10 倍，阴极电位降低 0.059V。

6. 电解时间的控制

控制阴极电位电重量分析过程中如何控制电解时间？电流-时间曲线如图 9-4 所示。

$$i_t = i_0 e^{-\frac{DA}{V\delta}t}$$

$$i_t = i_0 10^{-kt}$$

式中：A 为电极面积；D 为扩散系数；V 为溶液体积；δ 为扩散层厚度。

浓度与时间关系为

$$c_t = c_0 10^{-kt}$$

当 $i_t/i_0 = 0.001$ 时，认为电解完全。

电解完成 X 所需时间为

$$\frac{c_t}{c_0} = 1 - X = 10^{-0.43\frac{DA}{V\delta}t}$$

电解完成 X 所需时间为

$$t_X = -\frac{V\delta \lg 1 - X}{0.43DA}$$

电解完成 99.9% 所需的时间为

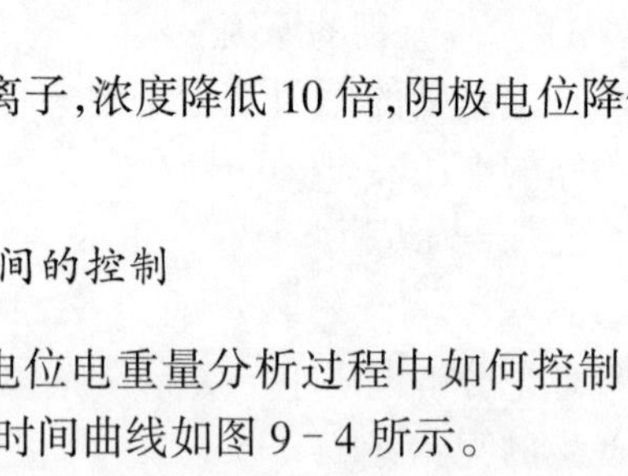

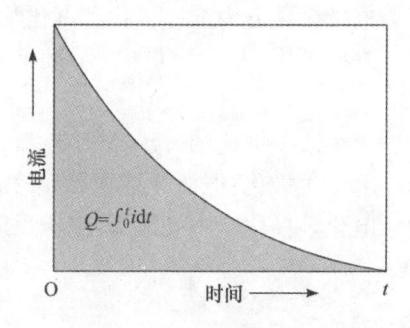

图 9-4　电流-时间曲线

$$t_{99.9\%} = 7.0\frac{V\delta}{DA}$$

电解完成的程度与起始浓度无关。与溶液体积 V 成正比,与电极面积 A 成反比。

7. 库仑分析基本原理

法拉第第一定律:物质在电极上析出产物的质量 w 与电解池的电量 Q 成正比。

法拉第第二定律

$$w = \frac{Q}{F} \times \frac{M}{n}$$

式中:M 为物质的摩尔质量($g \cdot mol^{-1}$);Q 为电量($1C = 1A \times 1s$);F 为法拉第常量($F = 96\ 485C$);n 为电极反应中转移的电子数。

将一定体积的试样溶液加入到电解池中,接通库仑计电解。当电解电流降低到背景电流时停止,由库仑计记录的电量计算待测物质的含量。

电量的确定:

(1) 恒电流过程

$$Q = i \times t$$

(2) 恒阴极电位,电流随时间变化时

$$Q = \int_0^{\infty} i\mathrm{d}t = \int_0^t i_0 10^{kt}\mathrm{d}t = \frac{i_0}{2.303k}(1 - 10^{-kt})$$

当 t 相当大时,10^{-kt}可忽略,则

$$Q = \frac{i_0}{2.303k}t$$

由

$$i_t = i_0 10^{-kt}$$

以 $\lg i_t$ 对 t 作图,求得斜率 k;截距 $\lg i_0$,代入上式可计算出电量,但要求电流效率 100%。

也可以由库仑计测量电量。

8. 电流效率

影响电流效率的因素有溶剂的电极反应、溶液中杂质的电解反应、水中溶解氧、电解产物的再反应、充电电容。

电流效率的计算公式为

$$\text{电流效率} = \frac{i_{样}}{i_{样} + i_{溶} + i_{杂}} = \frac{i_{样}}{i_{总}}$$

9．恒电流库仑分析——库仑滴定

在特定的电解液中，以电极反应的产物作为滴定剂（电生滴定剂，相当于化学滴定中的标准溶液）与待测物质定量作用，借助于电位法或指示剂来指示滴定终点。故库仑滴定并不需要化学滴定和其他仪器滴定分析中的标准溶液和体积计量。

10．库仑滴定的特点

(1) 不必配制标准溶液；

(2) 滴定剂来自于电解时的电极产物，产生后立即与溶液中待测物质反应；

(3) 库仑滴定中的电量较为容易控制和准确测量；

(4) 方法的灵敏度、准确度较高（10^{-9}～10^{-5}g·mL^{-1}）。

11．微库仑分析技术

下面以电生 Ag^+ 为例，介绍微库仑分析技术原理与分析过程。

(1) 含 Ag^+ 底液的电位为 $E_{测}$。设定偏压为 $E_{偏}$，使 $E_{测}=E_{偏}$，则 $\Delta E=0$，$I_{电解}=0$，体系处于平衡。

(2) 当含 Cl^- 的试样进入到滴定池后，与 Ag^+ 反应生成 AgCl，使 Ag^+ 浓度降低，则 $E_{测}\neq E_{偏}$，$\Delta E\neq 0$，即平衡状态被破坏，产生一个对应于 ΔE 量的电流 I 流过滴定池。

在阳极（银电极）上发生反应

$$Ag \longrightarrow Ag^+ + e$$

滴定池中继续发生次级反应

$$Ag^+ + Cl^- \longrightarrow AgCl\downarrow$$

当 Cl^- 未反应完全之前，溶液的电位将始终不等于 $E_{偏}$，电解不断进行。

(3) 当加入的 Cl^- 反应完全后，$[Ag^+]$ 低于初始值，电解电流将持续流过电解池直到溶液中 $[Ag^+]$ 达到初始值。此时，$E_{测}=E_{偏}$，$\Delta E=0$，使 $I_{电解}=0$，体系重新平衡。电解停止。随着试样的不断加入，上述过程不断重复。

（四）极谱与伏安分析

1．极谱分析过程和极谱波形成条件

极谱分析：特殊条件下进行的电解分析。

特殊性：①使用了一支极化电极和另一支去极化电极作为工作电极；②在溶液静止的情况下进行的非完全的电解过程。

极化电极与去极化电极：如果一支电极通过无限小的电流，便引起电极电位发生很大变化，这样的电极称为极化电极，如滴汞电极，反之电极电位不随电流变化的电极叫做理想的去极化电极，如甘汞电极或大面积汞层。

2. 残余电流

在极谱分析过程中，随外加电压的增加，尚未达到待测物分解电压前，电极间有微小的电流流过，这时的电流称为“残余电流”或背景电流。

3. 极限扩散电流 i_d

在极谱分析过程中，外加电压增加到一定值后，物质由溶液扩散到电极表面才能发生的电解反应。平衡时，电解电流仅受扩散运动控制，形成极限扩散电流 i_d（极谱定量分析的基础）。

4. 半波电位

图 9-5 中 A 处电流随电压变化的比值最大，此点对应的电位称为半波电位 $E_{1/2}$（极谱定性的依据）。

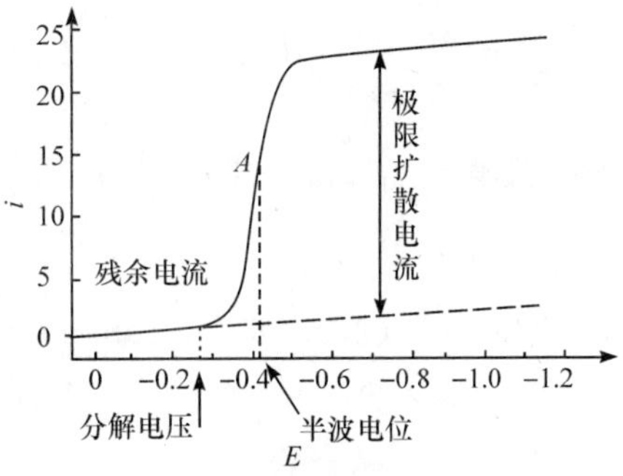

图 9-5　极谱波示意图

5. 极谱曲线形成的条件

(1) 待测物质的浓度要小，快速形成浓度梯度。

(2) 溶液保持静止，使扩散层厚度稳定，待测物质仅依靠扩散到达电极表面。

(3) 电解液中含有较大量的惰性电解质，使待测离子在电场作用力下的迁移运动降至最小。

(4) 使用两支不同性能的电极。极化电极的电位随外加电压变化而变，保证在电极表面形成浓差极化。

6. 滴汞电极的特点

(1) 易形成浓差极化；

(2) 使电极表面不断更新，重复性好；

(3) 汞滴面积的变化使电流呈快速锯齿形变化，有毒。

7. 扩散电流理论

每滴汞从开始到滴落一个周期内扩散电流的平均值$(i_d)_{平均}$与待测物质浓度(c)之间的定量关系为

$$(i_d)_{平均} = 607\ n D^{\frac{1}{2}} m^{\frac{2}{3}} \tau^{\frac{1}{6}} c = I \cdot K \cdot c$$

扩散电流常数

$$I = 607 n D^{1/2}$$

n 和 D 取决于待测物质的性质。

毛细管特性常数

$$K = m^{\frac{2}{3}} \tau^{\frac{1}{6}}$$

m 与 τ 取决于滴汞电极的毛细管特性。

8. 极谱波方程式

对于电极产物能溶于汞、且生成汞齐的简单金属离子的可逆极谱波,可以得出极谱曲线上每一点的电流与电位之间的定量关系式,即极谱波方程式

$$E = E_{1/2} - \frac{RT}{nF} \ln \frac{i}{i_d - i}$$

9. 经典直流极谱的缺点

1) 速度慢

一般的分析过程需要 5～15min。这是由于滴汞周期需要保持在 2～5s,电压扫描速度一般为 5～15min·V^{-1}。获得一条极谱曲线一般需要几十滴到 100 多滴汞。

2) 方法灵敏度较低

检测下限一般在 10^{-5}～10^{-4}mol·L^{-1}范围内,这主要是受干扰电流的影响所致。

如何对经典直流极谱法进行改进？改进的途径？

10. 经典直流极谱分析中的干扰电流

1) 残余电流

(1) 有微量杂质、溶解氧,这部分可通过试剂提纯、预电解、除氧等方法消除。

(2) 充电电流(也称电容电流),这是影响极谱分析灵敏度的主要因素。较难消除。充电电流约为 10^{-7}A 的数量级,相当于 10^{-6}～10^{-5}mol·L^{-1}的被测物质产生的扩散电流。

2) 迁移电流

迁移电流是由于带电荷的被测离子(或带极性的分子)在静电场力的作用下运动到电极表面所形成的电流。

3）极谱极大

在极谱分析过程中产生一种特殊情况，即在极谱波刚出现时，扩散电流随着滴汞电极电位的降低而迅速增大到一极大值，然后下降稳定在正常的极限扩散电流值上，这种突出的电流峰称为“极谱极大”。产生的原因：溪流运动。消除方法：加骨胶。

11. 其他现代极谱及伏安分析技术

直流示波极谱法（也称为单扫描示波极谱法）：根据经典极谱原理而建立起来的一种快速极谱分析方法。

交流极谱：基本原理是将一个交流电压叠加在直流电压上。流经电解池的电流由三个部分组成，即直流极化电压引起的电极反应产生的直流电流、叠加交流电压引起的双电层充放电产生的电容电流、电极反应产生的交流电流。如果经过电容器将其中的交流电流信号取出，得到的极谱曲线呈峰形。

方波极谱：将交流极谱中叠加在直流极化电压上的正弦波交流电压用方波电压代替，并设置特殊的时间开关，利用电容电流快速衰减的特性，在每一次加入方波电压之后等待一段时间，直到电容电流衰减至很小时，开始记录电解电流。

四、例　　题

例 9-1　某钙离子选择电极的选择系数 $K_{Ca^{2+},Na^{+}} = 0.0016$，测定溶液中 Ca^{2+} 离子的浓度，测得浓度值为 $2.8 \times 10^{-4}\ mol \cdot L^{-1}$，若溶液中存在有 $0.15 mol \cdot L^{-1}$ 的 NaCl，计算：(1) 由于 NaCl 的存在，产生的相对误差是多少？(2) 若要使相对误差减少到 2% 以下，NaCl 的浓度不能大于多少？

思路　利用电极的选择系数可以估计干扰离子产生的误差大小

$$\text{选择系数 } K_{ij} = \frac{a_i}{a_j^{z_i/z_j}}$$

$$\text{相对误差}(\%) = \frac{K_{ij} a_j^{z_i/z_j}}{a_i} \times 100\%$$

反之，由给定的相对误差大小，可确定干扰离子浓度上限。

解　(1) 相对误差的计算

$$\text{相对误差}(\%) = \frac{K_{ij} a_j^{z_i/z_j}}{a_i} \times 100\% = \frac{0.0016 \times 0.15^2}{2.8 \times 10^{-4}} = 12.8\%$$

(2) 产生 2% 相对误差时，干扰离子浓度的确定

$$K_{ij} = \frac{a_i}{a_j^{z_i/z_j}}$$

$$a_j = \sqrt{\frac{a_i \times \text{相对误差}}{K_{ij} \times 100\%}} = \sqrt{\frac{2.8 \times 10^{-4} \times 2\%}{0.0016 \times 100\%}} = 0.059(\text{mol} \cdot \text{L}^{-1})$$

当干扰离子 Na^+ 的浓度不大于 0.059mol·L^{-1}时,可保证相对误差在 2%以下。

例 9-2 由玻璃电极与饱和甘汞电极组成电池,在 25℃时测得 pH 8.0 的标准缓冲溶液的电池电动势为 0.340V,测得未知试液电动势为 0.428V。计算该试液的 pH。

思路 测定溶液 pH 采用直接电位法,利用已知 pH 的标准缓冲溶液来消除直接电位法中的不确定量。建议根据 pH 的实用定义式,将测量数据直接代入进行计算。

解

$$\text{pH}_x = \text{pH}_S + \frac{E_x - E_S}{0.059} = 8.0 + \frac{0.428 - 0.340}{0.059} = 9.0$$

例 9-3 当一个电池用 0.010mol·L^{-1}的氟化物溶液校正氟离子选择电极时,所得读数是 0.104V;用 3.2×10^{-4}mol·L^{-1}溶液校正所得读数为 0.194V。如果未知浓度的氟溶液校正所得的读数为 0.152V,计算未知溶液的氟离子浓度。(忽略离子强度的变化,氟离子选择电极作正极)

思路 电池电动势为

$$E = K' \pm \frac{2.303RT}{nF}\lg a_i$$

当离子选择性电极作正极时,对阳离子响应的电极,取正号;对阴离子响应的电极,取负号。

根据题意,不能采用标准曲线法或标准加入法。可根据上式计算。题中给出和需要计算的是浓度,故可将活度系数提出、合并到 K' 中;另外,需注意题中未指明测量时的温度。可将上式转变为

$$E = K - S\lg c_{F^-}$$

分别将两组已知浓度测定的数据代入,得到两个方程,可计算 K 和 S。

注意:

(1) 离子选择性电极作为正极,测定阴离子,故公式中取负号。

(2) 温度未指定,S 不能直接代 0.059。

解

$$0.104 = K - S\lg(0.010) = K + 2S \tag{1}$$

$$0.194 = K - S\lg(3.2 \times 10^{-4}) = K + 3.49S \tag{2}$$

式(2)-式(1)得

$$S = 0.060$$

$$K = -0.016V$$
$$0.152 = -0.016 - 0.060\lg[F^-]$$
$$\lg[F^-] = \frac{-(0.152 + 0.016)}{0.060} = -2.8$$
$$[F^-] = 1.6 \times 10^{-3}\text{mol} \cdot L^{-1}$$

例 9-4 将 Cl^- 选择性电极和饱和甘汞电极放入 0.0010mol·L^{-1}的 Cl^- 溶液中,25℃时测得电动势为 0.200V。用同样的两个电极,放入未知的 Cl^- 溶液中,测得电动势为 0.318V。计算未知液中 Cl^- 的浓度。(假定两个溶液的离子强度接近, Cl 电极作正极)

思路 可借鉴 pH 计算方法,将公式中的 pH 换成 Cl^- 浓度的负对数 pc_{Cl}

解 根据公式

$$pc_x = pc_S + \frac{(E_x - E_S)}{0.059/n}$$
$$pc_x = 3.0 + \frac{(0.318 - 0.200)}{0.059} = 5.0$$
$$c_x = 1.0 \times 10^{-5}\text{mol} \cdot L^{-1}$$

未知液中 Cl^- 的浓度为 1.0×10^{-5}mol·L^{-1}。

例 9-5 在某 25.0mL 含钙离子溶液中,浸入流动载体电极后,所得电位为 0.4965V。在加入 2.00mL 的 5.45×10^{-2} mol · L^{-1} $CaCl_2$ 后,所得电位为 0.4117V。试计算此试液钙离子浓度。

思路 标准加入法公式,注意,$n = 2$

$$c_x = \Delta c(10^{\Delta E/S} - 1)^{-1} S = \frac{2.303RT}{nF}$$
$$S = \frac{2.303RT}{nF}$$

解

$$\Delta c = \frac{V_S c_S}{V_x + V_S} = \frac{2 \times 5.45 \times 10^{-2}}{25 + 2} = 0.404 \times 10^{-2}$$
$$S = \frac{2.303RT}{nF} = \frac{0.059}{2} = 0.0295$$
$$\Delta E = 0.4965 - 0.4117 = 0.0848(\text{V})$$
$$c_x = \Delta c(10^{\Delta E/S} - 1)^{-1} = 0.404 \times 10^{-2}(10^{\frac{0.0848}{0.0295}} - 1)^{-1}$$
$$= 5.45 \times 10^{-6}(\text{mol} \cdot L^{-1})$$

钙离子浓度为 5.45×10^{-6}mol·L^{-1}。

例 9-6 称 2.00g 一元酸 HA(相对分子质量为 120)溶于 50mL 水中,用

$0.2000mol \cdot L^{-1}$NaOH溶液滴定，用标准甘汞电极（NCE）作正极，氢电极作负极，当酸中和一半时，在30℃下测得$E=0.58V$，完全中和时，$E=0.82V$，计算试样中HA的摩尔分数。（30℃时$RT/F=0.060$）

思路 要计算试样中HA的摩尔分数，需要知道滴定终点时，消耗NaOH体积$n_{NaOH} \to n_{HA} \to n_{A^-}$。

化学计量点时，生成产物为A^-，根据此时的电位值，可计算出溶液的pH，再由公式$[OH^-]=\sqrt{K_b c_{A^-}}$计算出$c_{A^-}$，即可确定滴定终点时消耗NaOH体积。

当酸中和一半时，$pH=pK_a$。

解 由题意知电池组成为

$$Pt|H_2, HA \| NCE$$

$$E=\varphi_{NCE}-\varphi_{2H^+/H_2}$$

而

$$\varphi_{2H^+/H_2}=0.060\lg[H^+]=-0.060pH$$

故

$$E-\varphi_{NCE}=0.060pH$$

即

$$pH=\frac{E-\varphi_{NCE}}{0.060}$$

当酸中和一半时

$$pH=\frac{0.58-0.28}{0.60}=5.00$$

$$pK_a=5.00$$

当酸完全中和时

$$pH_{ap}=\frac{0.82-0.28}{0.60}=9.00$$

而化学计量点时，生成产物为A^-，其$[OH^-]=\sqrt{K_b c_{A^-}}$。即

$$c_A=\frac{[OH^-]^2}{K_b}=\frac{(1.0\times10^{-5})^2}{K_w/K_a}=\frac{1.0\times10^{-10}}{1.0\times10^{-9}}=0.10(mol \cdot L^{-1})$$

根据反应

$$HA+OH^- = H_2O+A^-$$

$$n_{NaOH}=n_{HA}=n_{A^-}$$

即

$$c_{NaOH}V_{NaOH}=c_{A^-}V_{A^-}$$

即

$$0.02000\times V_{NaOH}=0.10\times(50+V_{NaOH})$$

则

$$V_{NaOH}=50mL$$

化学计量点时滴入 NaOH 50mL，故

$$c_{HA}=\frac{c_{NaOH}\cdot V_{NaOH}}{V_{HA}}=\frac{0.2000\times 50}{50}=0.20(mol\cdot L^{-1})$$

$$w_{HA}=\frac{0.20\times 50\times\frac{120}{1000}}{2.00}\times 100\%=60\%$$

例 9-7　下列电池：

标准氢电极|HCl 溶液或 NaOH 溶液‖SCE

现有 HCl 和 NaOH 两种溶液，25℃时，在 HCl 溶液中测得电池电动势为 0.276V；在 NaOH 溶液中测得电池电动势为 1.036V；将两种溶液各取一定体积混合，在 100mL HCl 和 NaOH 的混合液中，测得电池电动势为 0.354V。计算：(1)HCl和 NaOH 两种溶液的浓度；(2)100mL 混合液中，HCl 及 NaOH 溶液各有多少毫升。(不考虑活度系数)

思路

氢电极电位

$$E_{H^+/H_2}=0.059\lg[H^+]$$

饱和甘汞电极电位

$$E_{SCE}=0.242V$$

根据测得的电池电动势，可以计算出 HCl 和 NaOH 两种溶液及混合液中氢离子的浓度。在设定 100mL 混合液中，HCl 的体积为 x，即可列方程求解。

解　(1) 计算 HCl 和 NaOH 两种溶液的浓度

测定 HCl 溶液时

$$0.276=0.242-0.059\lg[H^+]$$

$$\lg[H^+]=(0.242-0.276)/0.059=-0.574$$

$$[H^+]=0.266mol\cdot L^{-1}$$

HCl 溶液的浓度为 $0.266mol\cdot L^{-1}$。

测定 NaOH 溶液时

$$\begin{aligned}1.036&=0.242-0.059\lg[H^+]\\&=0.242-(0.059\lg10^{-14}-0.059\lg[OH^-])\\&=0.242-0.829+0.059\lg[OH^-]\end{aligned}$$

$$\lg[OH^-]=(1.036-0.242-0.829)/0.059=-0.591$$

$$[OH^-]=0.256mol \cdot L^{-1}$$

NaOH 溶液浓度为 $0.256mol \cdot L^{-1}$。

(2) 100mL 混合液中,HCl 及 NaOH 体积的计算

首先计算出 100mL 混合中的$[H^+]$的浓度

$$0.954=0.242-0.059\lg[H^+]$$

$$\lg[H^+]=(0.242-0.354)/0.059=-1.898$$

$$[H^+]=0.0126mol \cdot L^{-1}$$

设混合液中加入 HCl 溶液为 x mL

$$0.266x-(100-x)0.256=0.0126\times 100$$

$$x=46.6mL$$

所以,混合液是由 46.6mL HCl 和 100－46.6＝53.4mL 的 NaOH 混合。

例 9－8　用 $0.1012mol \cdot L^{-1}$ NaOH 标准溶液滴定 25.00mL HAc 溶液。用玻璃电极作指示电极,饱和甘汞电极坐参比电极,测得的部分数据如下:

V_{NaOH}/mL	22.50	22.60	22.70	22.80	22.90	23.00	23.10
pH	3.45	3.50	3.75	7.50	10.20	10.35	10.47

计算:(1) 用二次微商法计算滴定终点体积;(2) HAc 溶液的浓度。

思路　电位滴定法,用二次微商法确定滴定终点消耗 NaOH 标准溶液的体积。列表计算滴定突跃附近的二次微商数据,找出正、负号改变对应的体积数据,再用内插法求滴定终点体积。

解　(1) 用二次微商法计算滴定终点体积

列表计算滴定突跃附近的数据:

V/mL	pH	$\Delta pH/\Delta V$	$\Delta^2 pH/\Delta V^2$
22.50	3.45		
22.60	3.50	0.5	
22.70	3.75	2.5	20
22.80	7.50	37.5	350
22.90	10.20	27.0	－105
23.00	10.35	1.50	－255

$$V_{eq}=22.80+0.1\times\frac{350}{350-(-105)}=22.88(mL)$$

(2) 计算 HAc 溶液的浓度

$$0.1012\times 22.98=c_{HCl}\times 25.00$$

$$c_{HCl}=\frac{0.1012\times 22.98}{25.00}=0.092\,94(\text{mol}\cdot\text{L}^{-1})$$

例 9-9　在 0.5mol·L^{-1} H_2SO_4 溶液中，电解 0.100mol·L^{-1} $CuSO_4$ 溶液，计算开始电解时的理论分解电压。(已知 $E^{\ominus}_{Cu^{2+}/Cu}=0.377V$，$E^{\ominus}_{O_2/H_2O}=1.23V$)

思路　由能斯特方程计算电极电位

$$E_{分解}=E_{+}-E_{-}$$

解

正极：　$Cu^{2+}+2e═Cu$

负极：　$2H_2O═O_2+4H^{+}+4e$

$$E_{+}=E^{\ominus}_{Cu^{2+}/Cu}+\frac{0.059}{2}\lg[Cu^{2+}]=0.337+\frac{0.059}{2}\lg(0.100)=0.307(V)$$

$$E_{-}=E^{\ominus}_{O_2/H_2O}+\frac{0.059}{4}\lg(p_{O_2}[H^{+}]^4)=1.23+\frac{0.059}{4}\lg(0.21\times 1^4)=1.22(V)$$

$$E_{分解}=E_{+}-E_{-}=0.307-1.22=-0.913(V)$$

例 9-10　在控制电位电解分离过程中，如果 A 物质已电解还原完成 99%，B 物质电解还原不到 1%，则可认为 A 和 B 完全分离，若 A 和 B 的初始浓度相等，两者的电子转移数均为 1，则完全分离它们的标准电极电位应该满足什么条件？

思路　A 物质电解完成 99% 和 B 物质电解完成 1% 时的电极电位相等。

解　A 物质电解完成 99% 时

$$E_A=E^{\ominus}_A+\frac{RT}{zF}\ln a(1-99\%)$$

此时 B 反应刚进行了 1%

$$E_B=E^{\ominus}_B+\frac{RT}{zF}\ln a(1-1\%)$$

由题设知这时

$$E_A\geqslant E_B$$

$$E^{\ominus}_A+\frac{RT}{zF}\ln a(1-99\%)\geqslant E^{\ominus}_B+\frac{RT}{zF}\ln a(1-1\%)$$

即

$$E^{\ominus}_A-E^{\ominus}_B\geqslant\frac{RT}{zF}\ln\frac{99\%}{1\%}=0.059\times 2.0=0.118(V)$$

例 9-11　用库仑滴定法测定水中的苯酚。取水样 50.00mL，调至微酸性，加入过量 KBr-$KBrO_3$ 溶液，发生如下反应

$$C_6H_5OH+3Br_2═C_6H_2OHBr_3\downarrow+3HBr$$

所用恒电流为 0.0257A，滴定时间为 5′28″。求水样中苯酚的含量。

思路 根据法拉第电解定律计算出反应所消耗的电量。

$$m=\frac{i\cdot t\cdot M}{n\cdot F}=\frac{0.0257\times 328\times 95.11}{6\times 96\,500}=0.001\,37(\mathrm{g})$$

解

$$w=\frac{0.001\,37\times 10^{3}}{50.00\times 10^{-3}}=27.4(\mathrm{mg\cdot L^{-1}})$$

例 9-12 取 0.1285g 仅含 $CHCl_3$ 与 CH_2Cl_2 的混合溶液，溶于甲醇，控制汞阴极的电位为 -1.80V(对 SCE)，进行电解，两者均还原为 CH_4，电极反应如下

$$2CHCl_3+6H^{+}+6e+6Hg=\!=\!=2CH_4+3Hg_2Cl_2$$

$$CH_2Cl_2+2H^{+}+2e+2Hg=\!=\!=CH_4+Hg_2Cl_2$$

电解完成后消耗的电量为 302.5C，计算 $CHCl_3$ 与 CH_2Cl_2 的质量分数。(已知 $M_{CHCl_3}=119.4$，$M_{CH_2Cl_2}=84.93$)

思路 由法拉第电解定律进行计算

$$Q=znF$$

解

$$zn=\frac{Q}{F}=\frac{302.5}{96\,487}=0.003\,135$$

$$zn_{CHCl_3}+zn_{CH_2Cl_2}=0.003\,135$$

设 $CHCl_3$ 的质量分数为 x，则 CH_2Cl_2 的质量分数为 $1-x$

$$3\times\frac{0.1285\cdot x}{119.4}+2\times\frac{0.1285\times(1-x)}{84.93}=0.003\,135$$

$CHCl_3$ 的质量分数为

$$x=53.80\%$$

CH_2Cl_2 的质量分数为

$$1-53.80\%=46.20\%$$

例 9-13 在 pH 为 5 的乙酸-乙酸盐缓冲溶液中，IO_3^- 还原为 I^- 的可逆极谱波的半波电位为 +0.785V，计算此电极反应的标准电极电位。

思路 在氧化还原反应过程中，半波电位时，反应进行了一半，即氧化态活度与还原态活度相等。

解 电极反应为

$$IO_3^- + 6H^{+}=\!=\!=I^{-}+3H_2O$$

在 25℃时，有

$$E=E^{\ominus}+\frac{0.059}{6}\lg\frac{[IO_3^-][H^+]^6}{[I^-]}$$

当 $E_d=E_{1/2}$ 时，体系中氧化态活度与还原态活度相等，$[IO_3^-]=[I^-]$，则有

$$E_{1/2}=E^{\ominus}+0.059\lg 10^{-5}$$

$$E^{\ominus}=E_{1/2}-0.059\lg 10^{-5}=0.785+0.059\times 5=1.08(\text{V})$$

例 9-14　某金属离子在滴汞电极上产生良好的极谱还原波。当汞柱高度为 64.7cm 时,测得平均极限扩散电流为 1.7μA,如果将汞柱高度升为 83.1cm,其平均极限扩散电流为多大?

思路　由极限扩散电流方程可知,i_d 与 $m^{2/3}t^{1/6}$ 成正比。汞的流速 m 与汞压强 p 成正比,而汞滴滴落时间 t 与 p 成反比。汞柱压强可用汞柱高度 h 来表示。

解

$$m = k_1 p$$

$$t = k_2 / p$$

$$m^{\frac{2}{3}} t^{\frac{1}{6}} = (k_1^{\frac{2}{3}} k_2^{\frac{1}{6}}) p^{\frac{1}{2}}$$

$$i_d \propto m^{\frac{2}{3}} t^{\frac{1}{6}} \propto p^{\frac{1}{2}} \propto h^{\frac{1}{2}}$$

汞柱高度变化时,平均极限扩散电流发生改变

$$\frac{i_d}{i_d'} = \frac{h^{\frac{1}{2}}}{h'^{\frac{1}{2}}}$$

$$i_d' = \frac{h'^{\frac{1}{2}}}{h^{\frac{1}{2}}} i_d = \left(\frac{83.1}{64.7}\right)^{\frac{1}{2}} \times 1.71 = 19.4(\mu\text{A})$$

由计算结果可见,汞柱高度的变化将造成平均极限扩散电流的较大改变,分析过程中,必须保持汞柱高度不变。

例 9-15　用溶出伏安法在悬汞电极上测定铅,控制电解负极时间在 5.0min,溶出扫描速度为 50mV·s⁻¹时,峰电流为 1μA。那么扫描速度在 25mV·s⁻¹和 100mV·s⁻¹时,求观测到的电流大小。

思路　溶出峰电流 i_p 正比于扫描速度 v 的$\frac{1}{2}$次方,$i_p \propto v^{\frac{1}{2}}$

解

$$i_p / i_{p_1} = v^{\frac{1}{2}} / v_1^{\frac{1}{2}}$$

当扫描速度为 $25\text{mV}\cdot\text{s}^{-1}$时,得到

$$i_p = \left(\frac{25}{50}\right)^{\frac{1}{2}} = 0.71(\text{mV}\cdot\text{s}^{-1})$$

当扫描速度为 $100\text{mV}\cdot\text{s}^{-1}$时,得到

$$i_{\mathrm{p}}=\left(\frac{100}{50}\right)^{\frac{1}{2}}=1.41(\mathrm{mV\cdot s^{-1}})$$

例 9-16　在 $0.1\mathrm{mol\cdot L^{-1}}$ 盐酸、$1\mathrm{mol\cdot L^{-1}}$ 氯化钾和 0.02% 明胶中，极谱测定某锌试样中铅和镉，测得两者的扩散电流常数比值 $I_{\mathrm{Pb}}/I_{\mathrm{Cd}}$ 的平均值为 1.10。若有足够的镉溶液加入电解池中，使其浓度达 $1.0\times10^{-3}\mathrm{mol\cdot L^{-1}}$，并且铅波的高度是镉波高度的 0.55 倍。试计算铅的浓度。

思路　根据扩散电流方程和两者的扩散电流常数比值进行计算。

解　由题意可知，$I_{\mathrm{Pb}}/I_{\mathrm{Cd}}$ 的平均值为 1.10，即

$$i_{\mathrm{Pb}}/c_{\mathrm{Pb}}=i_{\mathrm{Cd}}\times1.10/c_{\mathrm{Cd}}$$

求得

$$c_{\mathrm{Pb}}=\frac{1}{1.10}\times\frac{i_{\mathrm{Pb}}}{i_{\mathrm{Cd}}}\times c_{\mathrm{Cd}}=\frac{1}{1.10}\times0.55\times1.0\times10^{-3}$$
$$=5.0\times10^{-4}(\mathrm{mol\cdot L^{-1}})$$

五、自　测　题

(一) 选择题

1. 电位分析法主要用于低价离子测定的原因是
   A. 低价离子的电极易制作，高价离子的电极不易制作
   B. 高价离子的电极还未研制出来
   C. 能斯特方程对高价离子不适用
   D. 测定高价离子的灵敏度低和测量的误差大
2. Ag-AgCl 参比电极的电位随电极内 KCl 溶液浓度的增加而产生什么变化？
   A. 减小　　B. 增加
   C. 不变　　D. 两者无直接关系
3. 甘汞参比电极的电位随电极内 KCl 溶液浓度的增加而产生什么变化？
   A. 增加　　B. 减小
   C. 不变　　D. 两者无直接关系
4. 玻璃电极的玻璃膜
   A. 越厚越好　　B. 越薄越好
   C. 厚度对电极性能无影响　　D. 厚度适中
5. 玻璃电极的内参比电极是
   A. Pt 电极　　B. Ag 电极
   C. Ag-AgCl 电极　　D. 石墨电极

6. $E = K' + 0.059\text{pH}$，通常采用比较法进行 pH 测定，这是由于
   A. 规定
   B. 习惯
   C. 公式中 K' 项包含了不易测定的不对称电位和液接电位
   D. 比较法测量的准确性高
7. 液膜电极中的液膜是指
   A. 将测量溶液与电极内部溶液间通过半透膜隔开
   B. 离子交换树脂
   C. 玻璃电极表面涂布一不溶于水的液体有机化合物薄层
   D. 由多孔支持体 + 不溶于水的液体所构成
8. 等电位点是指
   A. 该点电位值不随浓度改变　　B. 该点电位值不随温度改变
   C. 该点电位值不随活度改变　　D. 该点电位值不随大气压改变
9. 使用氟离子选择电极时，测量溶液的 pH 范围应控制在
   A. pH1～3　　B. pH3～5　　C. pH5～7　　D. pH7～9
10. 使用氟离子选择电极时，如果测量溶液的 pH 比较高，则发生
   A. 溶液中的 OH^- 与氟化镧晶体膜中的 F^- 进行交换
   B. 溶液中的 OH^- 破坏氟化镧晶体结构
   C. 氟化镧晶体发生溶解
   D. 形成氧化膜
11. 如果在酸性溶液中，使用氟离子选择电极测定 F^-，则发生
   A. 氟化镧晶体发生溶解
   B. 溶液中的 H^+ 破坏氟化镧晶体结构
   C. 溶液中的 F^- 生成 HF 或 HF_2^-，产生较大误差
   D. 溶液中的 H^+ 与氟化镧晶体膜中的 F^- 产生交换
12. 氟离子选择电极内部溶液是由何种物质组成？
   A. 一定浓度的 KF 和 KCl　　B. 一定浓度的 KF
   C. 一定浓度的 KCl　　D. 一定浓度的 KF 和 HCl
13. 氟离子选择电极的内电极是
   A. Pt 电极　　B. Ag 电极
   C. Ag-AgCl 电极　　D. 石墨电极
14. 直接电位法测定溶液中离子浓度时，通常采用的定量方法是
   A. 内标法　　B. 外标法
   C. 标准加入法　　D. 比较法
15. 电位滴定法测定时，确定滴定终点体积的方法是

A. 二阶微商法　　B. 比较法

C. 外标法　　D. 内标法

16. 正确的饱和甘汞电极半电池组成为

A. $Hg|Hg_2Cl_2(1mol\cdot L^{-1})|KCl$(饱和)

B. $Hg|Hg_2Cl_2$(固)$|KCl$(饱和)

C. $Hg|Hg_2Cl_2$(固)$|HCl(1mol\cdot L^{-1})$

D. $Hg|HgCl_2$(固)$|KCl$(饱和)

17. 玻璃电极不包括下列哪一项?

A. Ag-AgCl 内参比电极　　B. 一定浓度的 HCl 溶液

C. 饱和 KCl 溶液　　D. 玻璃膜

18. 决定 Ag-AgCl 电极电位的是

A. 电极内溶液中的 Ag^+ 活度　　B. 电极内溶液中的 AgCl 活度

C. 电极内溶液中的 Cl^- 活度　　D. 电极膜

19. 玻璃电极在使用前需要在去离子水中浸泡 24h,目的是

A. 彻底清除电极表面的杂质离子

B. 形成水化层,使不对称电位稳定

C. 消除液接电位

D. 消除不对称电位

20. 电位法测定水中 F^- 含量时,加入 TISAB 溶液,其中 NaCl 的作用是

A. 控制溶液的 pH 在一定范围内　　B. 使溶液的离子强度保持一定值

C. 掩蔽 Al^{3+}、Fe^{3+} 干扰离子　　D. 加快响应时间

21. pH 玻璃电极玻璃膜属于

A. 单晶膜　　B. 多晶膜　　C. 混晶膜　　D. 非晶体膜

22. 通常组成离子选择电极的部分为

A. 内参比电极、内参比溶液、功能膜、电极管

B. 内参比电极、饱和 KCl 溶液、功能膜、电极管

C. 内参比电极、pH 缓冲溶液、功能膜、电极管

D. 电极引线、功能膜、电极管

23. 玻璃电极的内阻突然变小,其可能原因是

A. 电极接线脱落　　B. 玻璃膜有裂缝

C. 被测溶液 pH 太大　　D. 被测溶液 H^+ 浓度太高

24. 测量溶液 pH 时,通常所使用的两支电极为

A. 玻璃电极和饱和甘汞电极

B. 玻璃电极和 Ag-AgCl 电极

C. 玻璃电极和标准甘汞电极

D. 饱和甘汞电极和 Ag-AgCl 电极

25. F^-电极膜电位的产生是由于

A. 膜两边溶液中,F^-与 LaF_3 晶体进行交换的结果

B. 电子通过 LaF_3 晶体时,产生的电位差

C. LaF_3 晶体长时间浸泡后,产生了水化膜

D. 外加电压作用在晶体膜后产生的

26. 液接电位的产生是由于

A. 两种溶液接触前带有电荷

B. 两种溶液中离子扩散速度不同所产生的

C. 电极电位对溶液作用的结果

D. 溶液表面张力不同所致

27. 测定水中 F^- 含量时,加入总离子强度调节缓冲溶液,其中柠檬酸的作用是

A. 控制溶液的 pH 在一定范围内

B. 使溶液的离子强度保持一定值

C. 掩蔽 Al^{3+}、Fe^{3+} 干扰离子

D. 加快响应时间

28. 玻璃电极产生的“酸差”和“碱差”是指

A. 测 Na^+时,产生“碱差”;测 H^+时,产生“酸差”

B. 测 OH^-时,产生“碱差”;测 H^+时,产生“酸差”

C. 测定 pH 高时,产生“碱差”;测定 pH 低时,产生“酸差”

D. 测 pOH 时,产生“碱差”;测 pH 时,产生“酸差”

29. 有关离子选择性电极选择性系数的正确描述为

A. 一个精确的常数,可用于对干扰离子的校正

B. 一个精确的常数,主要用于衡量电极的选择性

C. 不是严格意义上的常数,用于估计干扰离子给测定带来的误差

D. 电极选择性系数是生产厂家衡量产品质量所给定的一个指标

30. 利用电极选择性系数估计干扰离子产生的相对误差,对于一价离子正确的计算式为

A. $K_{ij}a_j/a_i$　　B. $K_{ij}a_i/a_j$

C. K_{ij}/a_i　　D. $a_j/K_{ij}a_i$

31. 若试样溶液中,氯离子的活度是氟离子活度的 100 倍,要使测定时,氯离子产生的干扰小于 0.1%,氟离子选择性电极对 Cl^-的选择性系数应大于

A. 10^{-2}　　B. 10^{-3}　　C. 10^{-4}　　D. 10^{-5}

32. 公式 $E=K'+2.303RT/(nF\lg a)$ 是用离子选择性电极测定离子活度的

基础,其中 K 是多项常数的集合,但下列哪一项不包括在其中?

A. 不对称电位　　B. 液接电位

C. 膜电位　　D. Ag-AgCl 内参比电极电位

33. 用氟离子选择性电极测定 F^- 时,OH^- 的干扰属于

A. 直接与电极膜发生作用

B. 被测离子形成配合物

C. 与被测离子发生氧化还原反应

D. 使响应时间增加

34. 离子选择性电极多用于测定低价离子,这是由于

A. 高价离子测定带来的测定误差较大

B. 低价离子选择性电极容易制造

C. 目前不能生产高价离子选择性电极

D. 低价离子选择性电极的选择性好

35. 电位滴定中,通常采用哪种方法来确定滴定终点体积?

A. 标准曲线法　　B. 指示剂法

C. 二阶微商法　　D. 标准加入法

36. 在含有 Ag^+、$Ag(NH_3)^+$ 和 $Ag(NH_3)_2^+$ 的溶液中,采用银离子选择电极作指示电极和甘汞电极为参比电极,直接电位法进行测定时,测得的是下列哪种离子的活度?

A. Ag^+　　B. $Ag(NH_3)^+$

C. $Ag(NH_3)_2^+$　　D. 三种离子的总和

37. 测定溶液 pH 时,所用标准 pH 溶液通常是用下列哪些物质配制的?

A. 将 HCl 和 NaOH 标准溶液准确稀释配制成不同浓度

B. 由硼砂、邻苯二甲酸氢钾、饱和 $Ca(OH)_2$ 溶液等物质配制

C. 通过将 HCl 和 NaOH 溶液滴定后,确定其准确浓度获得

D. 用标准 pH 计确定的标准 pH 溶液

38. 将离子选择性电极(指示电极)和参比电极插入试液可以组成测定各种离子活度的电池,电池电动势为

$$E = K' \pm \frac{2.303RT}{nF}\lg a_i$$

下列对公式的解释正确的是

A. 离子选择性电极作正极时,对阳离子响应的电极,取正号;对阴离子响应的电极,取负号

B. 离子选择性电极作正极时,对阳离子响应的电极,取负号;对阴离子响应的电极,取正号

C. 离子选择性电极作负极时，对阳离子响应的电极，取正号；对阴离子响应的电极，取负号

D. 正负号与测量对象无关，取决于电极电位的大小

39. 当电位读数误差为 1mV 时，引起的测量相对误差

A. 对一价离子为 3.9%；对二价离子为 7.8%

B. 对一价离子为 7.8%；对二价离子为 3.9%

C. 对各种离子均为 3.9%

D. 对各种离子均为 7.8%

40. 用来比较不同电解质溶液导电能力的参数是

A. 电阻　B. 电导　C. 电导率　D. 摩尔电导

41. 溶液的电导与测量温度的关系为

A. 随温度升高而增加　B. 随温度升高而减小

C. 随温度降低而增加　D. 与温度无关

42. 对一定体积的溶液来说，下列哪个因素与电解完全的程度无关？

A. 起始浓度　B. 扩散系数

C. 电解时间　D. 温电极面积

43. 若在溶液中含有下列浓度的离子，以 Pt 为电极进行电解，首先在阴极上析出的是

A. $0.01\text{mol}\cdot\text{L}^{-1}$ Ag^{+} ($E^{\ominus}=0.799\text{V}$)

B. $2.00\text{mol}\cdot\text{L}^{-1}$ Cu^{2+} ($E^{\ominus}=0.337\text{V}$)

C. $1.00\text{mol}\cdot\text{L}^{-1}$ Pb^{+} ($E^{\ominus}=-0.128\text{V}$)

D. $0.10\text{mol}\cdot\text{L}^{-1}$ Zn^{+} ($E^{\ominus}=-0.763\text{V}$)

44. 以测量电解过程中被测物质在电极上发生电极反应所消耗的电量为基础的电化学分析法是

A. 电位分析法　B. 库仑分析法

C. 极谱分析法　D. 电解分析法

45. 库仑滴定法中，主要测量的参数是

A. 电解电流　B. 电动势

C. 电解时间　D. 指示电极电位

46. 库仑滴定不适用于

A. 常量分析　B. 微量分析

C. 痕量分析　D. 有机物分析

47. 提高库仑滴定准确度的关键因素之一是

A. 保持电压恒定　B. 保证足够的电解时间

C. 加入支持电解质　D. 保证高的电流效率

48. 由于在极谱分析研究领域做出开创性工作而获得 1958 年诺贝尔化学奖的化学家是

A. D. Nkovic　　B. J. Heyrovsky

C. J.E.B.Randles　　D. A. Sevcik

49. 极谱分析是特殊条件下进行的电解分析,其特殊性表现在

A. 使用两支性能相反的电极,保持溶液静止

B. 通过电解池的电流很小,加有大量电解质

C. 电流效率高达 100%

D. 试液浓度越小越好

50. 严重限制经典极谱分析检测下限的因素是

A. 电解电流　　B. 扩散电流

C. 极限电流　　D. 电容电流

51. 与直流极谱相比,单扫描极谱大大降低的干扰电流是

A. 电容电流　　B. 迁移电流

C. 残余电流　　D. 极谱极大

52. 下列哪些因素在扩散电流方程中没有表示出来,但实际上对扩散电流是有影响的。

A. 汞柱高度　　B. 汞流速

C. 扩散系数　　D. 电子转移数

53. 影响阳离子半波电位负移的因素有

A. 改变温度　　B. 改变酸度

C. 加入配位剂　　D. 形成汞齐

54. 下列伏安分析方法中,灵敏度最高的是

A. 经典极谱分析法　　B. 示波极谱分析法

C. 溶出伏安分析法　　D. 脉冲极谱法

55. 循环伏安法主要应用于

A. 微量无机分析　　B. 有机分析

C. 定量分析　　D. 电极过程研究

(二) 填空题

1. 电位分析中,电位保持恒定的电极称为________,常用的有________、________。

2. 如果两种溶液组成相同,浓度不同,接触时,溶液中的离子由高浓度区向低浓度区________,由于正负离子________不同,溶液两边分别带有电荷,出现液界电位。

3. 通常，将发生________反应的电极写在电池左边，电池电动势等于________。

4. 按规定，将电极电位________的电极写在电池右边，电池电动势等于________。

5. 按照 IUPAC 的规定，当一个电极与标准氢电极构成原电池时，如果这一电极的半电池反应为________反应，则此电极为________。

6. 离子选择性电极测定的是溶液中待测离子的________，而不是________。

7. 甘汞电极的内参比电极是________，在 25℃，电位随内参比溶液的浓度增加而________。当内参比溶液的浓度一定时，电极电位固定。

8. 饱和甘汞电极的电极电位随温度的增加而________。

9. 氟离子选择电极内部溶液中的________用来控制膜内表面的电位，________用以固定内参比电极的电位。

10. 氟离子选择电极测定溶液的 F^- 时，如果溶液的 pH 高，则溶液中的 OH^- 与氟化镧晶体膜中的________进行交换；如果溶液的较低，则溶液中的 F^- 生成________。

11. 在玻璃电极表面的水化层，玻璃上的 Na^+ 与溶液中的 H^+ 发生离子交换而产生________。水化层表面可视作阳离子交换剂。溶液中 H^+ 经水化层扩散至干玻璃层，干玻璃层的阳离子向外扩散以补偿溶出的离子，离子的相对移动产生________，两者之和构成膜电位。

12. 玻璃膜电位与试样溶液中的 pH 成________关系。式中 K' 是由________决定的常数。

13. 离子选择电极的选择性系数是指：在相同的测定条件下，待测离子和干扰离子产生________电位时，待测离子的活度 α_i 与干扰离子活度 α_j 的________。

14. 选择性系数 K_{ij} 严格来说不是一个常数，在不同________的条件下测定的选择性系数值各不相同。故 K_{ij} 仅能用来估计干扰离子存在时产生的________大小。

15. 电池电动势与待测离子活度的对数值呈线形关系，斜率（S）称为________，即活度相差一数量级时，电位改变值，25℃时，理论上一价离子的 $S=$________V，二价离子 $S=$________V。离子电荷数越大，级差越________，测定灵敏度也越________，故电位法多用于________离子测定。

16. 以电动势对离子浓度的对数值做不同温度下的校正曲线，所得到的校正曲线相交于一点，该点称为电极的________，对应的浓度称为________。

17. 离子选择性电极的关键部件称为________，测 pH 所使用的电极的关键部件称为________。

18. 制备离子选择性电极（膜电极）敏感元件的材料有________、________、

________、________等类型。

19. 液膜电极是将一种含有________的液体浸在多孔性支持体上构成的，典型代表如________电极。

20. K_{ij}称为电极的选择性系数，通常 K_{ij}________ 1，K_{ij}值越________，表明电极的选择性越高。

21. 电极的选择性系数 K_{ij} = ________；干扰离子产生的相对误差(%)= ________。

22. 膜电极除晶体膜和非晶体膜电极外，还有________、________电极。

23. TISAB 的作用是(1)________；(2)________；(3)________。

24. 电位分析中，公式

$$E = K' \pm \frac{2.303RT}{nF}\lg a_i$$

当离子选择性电极作________时，对阳离子响应的电极，取________；对阴离子响应的电极，取________。

25. pH 测定时，测量溶液的 pH 太高时，易产生________；测量溶液的 pH 太低时，易产生________。

26. 玻璃电极的内参比电极为________，电极管内溶液为一定浓度的和________溶液。

27. 氟电极内有一________电极，电极管内溶液为________和________。

28. 玻璃电极使用前需要________，主要目的是使________值固定。

29. 直接电位法测定离子的活度通常采用________法和________法。

30. 电位滴定中，通常采用________法来确定滴定终点体积，当计算出其零点前后的数值后，再用________法计算出滴定终点体积。

31. 标准加入法测定离子活度时，浓度增量 Δc = ________，S = ________。

32. 氟离子选择电极通常在 pH ________使用，pH ________时，晶体膜发生反应。

33. 氟离子选择电极通常在 pH ________使用，pH ________时，测定结果偏低。

34. 在不同温度下，测定物质的活度与电位的关系所得的曲线相交与一点，该点称为________点，对应的浓度称为________。

35. 电解分析中，实际分解电压要比理论分解电压________，产生差别的原因是由于有电流流过时，电极________所引起的结果，这使得阴极电位更________，阳极电位更________。

36. 一般来说，为了实现 A、B 两物质的完全分离，需要在 A 物质析出完全时，阴极电位尚未达到 B 物质的析出电位。对于一价离子，浓度降低 10 倍，阴极电位降低________V。若被分离两金属离子均为一价，完全分离时，析出电位差应大于________V；若被分离两金属离子均为二价，析出电位差应大于________V。

37．在控制阴极电位电重量分析过程中，电解完成的程度与起始浓度________，与溶液体积 V 成________，与电极面积 A 成________。

38．库仑分析法的理论依据是法拉第电解定律，它的两个基本要求是(1)________；(2)________。

39．库仑分析时，需要首先对电解液进行预电解，以消除________，并通入 N_2 除________。当预电解达到________后，将一定体积的试样溶液加入到电解池中，同时接通库仑计，开始正式的电解。当电解电流降低到________时，停止电解，由库仑计记录的电量计算待测物质的含量。

40．库仑滴定属于________库仑分析，是在特定的电解液中，以________作为滴定剂与待测物质定量作用，借助于电位法或指示剂来指示滴定终点。

41．库仑滴定应用于配位滴定时，可将________的配合物加入到电解液中，电解使________在阴极析出，给出游离的________与待测物反应。

42．要获得典型的极谱波，需要满足一定的条件：(1)待测物质的浓度________，有利于快速形成________。(2)溶液保持________，使________稳定，待测物质仅依靠________到达电极表面。(3)电解液中含有大量的________，使待测离子在电场作用力下的________运动降至最小。

43．在扩散电流方程中，除________外，其他各项均与温度有关。实验表明，在室温下，扩散电流的温度系数为 $+0.013 \cdot ℃^{-1}$，即温度每升高 1℃，扩散电流约增大________。因此在测定过程中，温度应控制在________℃范围内，使温度引起的误差小于 1%。

44．可逆极谱波是指极谱电流受________控制，当极谱电流受________控制，这类极谱波为不可逆极谱波。

45．极谱分析中的干扰电流主要包括：(1)________；(2)________；(3)________；(4)________。

46．影响经典直流极谱分析灵敏度的主要因素是________。

47．方波极谱基本消除了________，将灵敏度提高到________ $mol \cdot L^{-1}$，但灵敏度的进一步提高则受到________影响，________极谱基本上消除了这种影响，检出限可达到 $10^{-9} \sim 10^{-8} mol \cdot L^{-1}$。

48．溶出伏安分析法实质上是________法和________法的结合。溶出伏安分析包括两个过程：(1)________过程；(2)________过程。

49．循环伏安法中，若还原波与氧化波是呈对称的，则可证明此反应是________。若反应是可逆的，则循环伏安法所得的曲线，阳极峰电位与阴极峰电位之差等于________mV。

(三) 计算题

1. 由玻璃电极与饱和甘汞电极组成电池,在25℃时测得 pH 3.0 的标准缓冲溶液的电池电动势为0.202V,测得未知试液电动势为0.286V。计算该试液的pH。

2. 将 Na 玻璃电极和饱和甘汞电极放入浓度为$0.001mol\cdot L^{-1}$的钠标准溶液中,在25℃时测得电动势为0.158V,换浓度未知的试样溶液,测得未知试液的电动势为0.217V。计算该试液的 pNa 值。

3. $K_{Na^+H^+}=1\times10^2$,用该离子选择电极测定$1\times10^{-4}mol\cdot L^{-1}$的钠离子时,如果要控制相对误差小于1%,计算试液允许的 pH 为多大?

4. 利用镁离子选择性电极测量Mg^{2+}过程中,Ca^{2+}将产生干扰。海水中含有Mg^{2+}为$1150mg\cdot L^{-1}$,Ca^{2+}为$450mg\cdot L^{-1}$,若镁离子选择性电极的$K_{Mg^{2+}/Ca^{2+}}=2.4\times10^{-3}$,计算测定时将产生多大的误差?

5. 电位分析法中,电位读数误差约为1mV,由此所产生的测量误差大小与测量离子的价态有关。试计算测量一价、二价、三价离子时,分别产生多大的误差。

6. 测定某溶液中Cl^-浓度,取50.00mL溶液,用Cl^-离子选择性电极测得电位值为-104mV,加入0.500mL浓度为$0.1000mol\cdot L^{-1}$的 NaCl 溶液,再次测得电位值为-70mV,已知$S=53.00$,试计算溶液中Cl^-浓度。

7. 称取含钙试样0.0500g,溶解后配制成100mL溶液,用参比电极和钙离子选择性电极测得电池的电动势为374.0mV,加入1mL,浓度为$0.100mol\cdot L^{-1}$的钙离子标准溶液,搅拌均匀后再次测定,电动势为403.5mV。计算试样中钙的摩尔分数。

8. 将0.1675g铁配制成100mL $FeSO_4$溶液,用$0.100mol\cdot L^{-1}$ $Ce(SO_4)_2$标准溶液滴定。铂电极作指示电极,SCE电极作参比电极,当加入20.0mL $Ce(SO_4)_2$标准溶液时,电池的电动势是多少?化学计量点的电动势是多少?

$$Ce^{4+}+Fe^{2+}=\!=\!=Ce^{4+}+Fe^{3+}$$

$$E^{\ominus}_{Fe^{3+}/Fe^{2+}}=0.771V$$

$$E^{\ominus}_{Ce^{4+}/Ce^{3+}}=1.44V$$

$$E^{\ominus}_{SCE}=0.242V$$

9. 用 Pb 离子选择性电极和饱和甘汞电极进行测量,CrO_4^{2-}标准溶液滴定$1.00\times10^{-3}mol\cdot L^{-1}$ Pb^{2+}溶液,滴定前,溶液电位是+0.200V,化学计量点时的电位0.086V。计算:(1) 化学计量点时Pb^{2+}的浓度;(2) $PbCrO_4$标K_{sp}值。

10. 采用电位滴定法测定海带中的I^-含量,将10.14g干海带经化学处理后配制成200mL溶液,用银电极作指示电极,双液接饱和甘汞电极作参比电极,用

0.1053mol·L^{-1} $AgNO_3$ 标准溶液滴定，测得如下数据：

V_{AgNO_3}/mL	0.00	5.00	10.00	15.00	16.00	16.50	16.60	16.70
E/mV	-263	-244	-200	-185	-176	-170	-163	-152
V_{AgNO_3}/mL	16.80	16.90	17.00	17.10	17.20	18.00	20.00	
E/mV	-113	234	302	322	328	353	365	

计算：(1)用二阶微商法确定滴定终点体积；(2)试样中的 I 含量；(3)滴定终点时的电池电动势。

11. 称取某混合碱试样 0.1500g，配制成 100mL 溶液，电位滴定法进行测定。以玻璃电极作指示电极，饱和甘汞电极作参比电极，用 0.010 00mol·L^{-1}的 HCl 标准溶液滴定，测得的实验数据如下表所示：

V_{HCl}/mL	0.00	5.00	6.00	6.60	6.70	6.80	6.90	7.00
pH	11.25	9.78	9.40	8.97	8.87	8.74	8.85	8.17
V_{HCl}/mL	7.10	7.20	8.00	12.50	18.50	20.50	21.20	21.30
pH	8.00	7.86	7.20	6.70	6.21	5.59	5.10	4.97
V_{HCl}/mL	21.40	21.50	21.60	21.70	21.80	22.00	22.50	24.00
pH	4.79	4.56	4.12	3.73	3.50	3.21	2.93	2.25

计算：(1)用二阶微商法确定滴定终点体积；(2)确定混合碱组成并计算其各自的含量。

12. 电位分析法测定 Cl^-、I^- 混合液，取 25.00mL 试样溶液，用银电极作指示电极，双液接饱和甘汞电极作参比电极，用 0.048 18mol·L^{-1} $AgNO_3$ 标准溶液滴定，测得的实验数据如下表所示：

V_{AgNO_3}/mL	0.00	5.00	10.00	11.00	12.00	13.00	13.10	13.20
E/mV	261	249	224	215	203	178	172	168
V_{AgNO_3}/mL	13.30	13.40	13.50	13.60	13.70	13.80	13.90	14.00
E/mV	160	147	124	-47	-98	-110	-113	-114
V_{AgNO_3}/mL	16.00	22.00	24.00	26.00	26.50	26.60	26.70	26.80
E/mV	-120	-142	-157	-187	-205	-209	-216	-227
V_{AgNO_3}/mL	26.90	27.00	27.10	27.20	27.30	27.40	28.00	30.00
E/mV	-242	-276	-298	-316	-328	-337	-356	-381

计算：(1) 用二阶微商法确定滴定终点体积；(2) 确定混合液中 Cl^-、I^- 的

含量。

13. 在100mL试液中，采用控制电位电解分析。当电极面积为10cm，被测物质的扩散系数为$5\times10^{-5}cm^2\cdot s^{-1}$，扩散层厚度为$2\times{}^{-3}cm$。电解完成99.9%时，需要多长时间？

14. 用库仑滴定法测定水中钙的含量，在50.0mL氯性试液中加入过量的$HgNH_3Y^{2-}$，使其电解产生的Y^{4-}来滴定Ca^{2+}，若电流强度为0.0180A，则到达终点需3.50min，计算每毫升水中$CaCO_3$的毫克数为多少？电解产生Y^{4-}(Y为EDTA)的电极反应

$$HgNH_3Y^{2-}+NH_4^{+}+2e=\!=\!=Hg+2NH_3+HY^{3-}$$

15. 用控制电位法分离Pb^{2+}和Ni^{2+}混合溶液中的Pb^{2+}，试求：(1)若起始浓度$[Pb^{2+}]=[Ni^{2+}]=0.10mol\cdot L^{-1}$，要使$Pb^{2+}$沉积析出，阴极电位应控制在什么范围(vs.SHE)？(2)在(1)中所选定的电位上，计算残留在溶液中未被电解的Pb^{2+}的分数为多少？(3)在(1)中所选定的电位上，要使30mL混合试样中的Pb^{2+}完全沉积析出，需要通入电量为多少库仑？

16. 根据苯醌在滴汞电极上还原为对苯二酚的可逆极谱波的方程式，其电极反应如下

$$C_6H_4O_2+2H^{+}+2e=\!=\!=C_6H_6O_2$$

$$E^{\ominus}=+0.454V$$

假定苯醌及对苯二酚的扩散电流比例常数及活度系数均相等，计算pH为7.0时极谱波的半波电位。

17. 铬酸盐离子在$1mol\cdot L^{-1}$氢氧化钠介质中产生极谱波，其扩散电流常数I为$5.27\mu A\cdot L\cdot s^{\frac{1}{2}}\cdot mg^{-\frac{2}{3}}\cdot mmol^{-1}$，铬酸盐离子的扩散系数是$1.07\times10^{-5}cm^2\cdot s^{-1}$(25℃)，计算参加电极反应的电子数。(提示：扩散电流$i_d=Im^{\frac{2}{3}}t^{\frac{1}{6}}c$)

18. 某溶液含$2.5\times10^{-4}mol\cdot L^{-1}$氧，在合适的支持电解质中产生极谱波，其扩散电流5.8μA，已知滴汞电极常数为：$m=1.85mg\cdot s^{-1}$，$t=4.09s$，氧在水溶液中的扩散系数是$2.6\times10^{-5}cm^2\cdot s^{-1}$。计算并回答：(1)电极反应的电子转移数；(2)在此条件下，氧还原产物是水还是过氧化氢？

19. 1.00g含铁的试样，溶解并配制为100mL的亚铁溶液。取此溶液20.0mL极谱测定，得扩散电流42.0μA。5.00mL $1.00\times10^{-2}mol\cdot L^{-1}$硫酸亚铁铵加入到剩余的试样溶液中，取此溶液20.0mL极谱测定，得扩散电流58.5μA，计算原试样溶液中铁的浓度。

20. 碳电极溶出伏安法测定药物氯丙嗪，在$0.05mol\cdot L^{-1}$磷酸盐介质中，溶出峰电位E_p为+0.66V(vs. SCE)。50.0mL此试样溶液，产生峰电流i_p为0.37μA。当2.0mL $3.00\mu mol\cdot L^{-1}$标准氯丙嗪溶液加入到试样中，峰电流增加到

0.80μA,计算试样中氯丙嗪的浓度。

(四) 问答题

1. 膜电位是如何产生的?膜电极为什么具有较高的选择性?

2. 离子选择性电极的选择系数的主要作用是什么?

3. 氟离子选择电极测定水中微量氟时,加入 TISAB 的组成和作用是什么?

4. 理论分解电压与实际分解电压之间为什么存在差别?为什么阳极超电位使阳极电位更正,阴极超电位使阴极电位更负?

5. 影响库仑分析中电流效率的因素有哪些?如何消除这些影响?

6. 讨论其他极谱分析方法是如何针对经典直流极谱分析法中的存在问题进行改进的?

7. 库仑滴定的突出特点是什么?在哪些方面的应用突出显示了其特色?

8. 举例说明微库仑分析的动态过程。

9. 在极谱分析中,影响扩散电流的主要因素有哪些?测定过程中应如何注意这些影响因素?

10. 讨论其他极谱分析方法是如何针对经典直流极谱分析法中的存在问题进行改进的。

11. 比较化学滴定、电位滴定、电导滴定、库仑滴定、极谱滴定之间的异同。

第十章 原子光谱分析法

一、复习要求

(1) 了解光分析法的分类方法,光分析法基本特征,原子发射光谱仪器类型、特点与结构流程。

(2) 熟悉电磁辐射的基本性质、原子光谱的产生条件、棱镜和光栅的基本特性,理解电子跃迁的选择定则、光谱项的含义及其表示方法。

(3) 掌握谱线强度-浓度关系的赛伯-罗马金定量关系,原子发射光谱的基本原理、特点、定性、定量方法与应用,基态原子数与原子化温度之间的关系、定量的依据。

(4) 掌握原子吸收光谱的基本原理与特点、元素的特征谱线、描述吸收峰形状的参数、吸收峰变宽的原因、原子吸收分光光度计的主要部件及其作用、分析条件的选择依据、应用领域、定量分析方法、干扰的类型与抑制方法。

二、内容提要

1. 原子发射光谱分析

电磁辐射的基本性质,原子光谱的产生条件,光栅类型、光栅的基本特性与光栅方程。电子跃迁的选择定则,光谱项的含义及其表示方法。自吸自蚀,特征光谱与特征谱线,最后线、分析线、灵敏线及共振线。激发光源,ICP 原理与特点,基体效应与光谱缓冲剂。谱线强度-浓度关系的赛伯-罗马金定量关系,原子发射光谱的基本原理、特点、定性、定量方法与应用。基态原子数与原子化温度之间的关系,定量的依据。

2. 原子吸收光谱分析

原子吸收光谱的基本原理与特点,元素的特征谱线,描述吸收峰形状的参数,吸收峰变宽的原因,峰值吸收系数与吸收系数。定量的依据及定量分析常用方法。空心阴极灯的基本原理与特点,火焰原子化方法,石墨炉原子化法及冷原子原子化法。干扰的类型与抑制方法。分析条件的选择依据与定量分析方法。

3. 原子荧光分析

原子荧光的产生与类型,荧光猝灭与荧光量子效率,原子荧光光谱分析的原理、特点与应用。

三、要点及疑难点解析

(一) 原子发射光谱分析

1. 基本概念

自吸、自蚀:位于中心的激发态原子发出的辐射被边缘的同种基态原子吸收,导致谱线中心强度降低的现象,称为自吸。元素浓度低时,一般不出现自吸,随浓度增加,自吸严重,当达到一定值时,谱线中心完全吸收,如同出现两条线,这种现象称为自蚀。

原子光谱:原子光谱是由原子外层价电子在受到辐射后在不同能级之间的跃迁所产生的各种光谱线的集合,每条谱线代表了一种跃迁。原子的能级通常用光谱项符号来表示。外层电子在两个能级之间的跃迁应符合选择定则。原子发射光谱与原子吸收光谱均属于原子光谱。

原子发射光谱:以火焰、电弧、等离子炬等作为光源,使基态气态原子的外层电子受激跃迁至高能级,返回低能级或基态时发射出的光谱。

特征光谱与特征谱线:不同元素具有不同的特征光谱。元素由第一激发态到基态的跃迁最易发生,需要的能量最低,产生的谱线也最强,该谱线称为共振线,也称为该元素的特征谱线。

最后线、分析线、灵敏线及共振线:复杂元素的谱线可能多达数千条,只能选择其中几条特征谱线检验,称其为分析线。当试样的浓度逐渐减小时,谱线强度减小直至消失,最后消失的谱线称为最后线。每种元素都有一条或几条谱线最强的线,也即这两个能级间的跃迁最易发生,这样的谱线称为灵敏线,最后线也是最灵敏线。共振线是指由第一激发态回到基态所产生的谱线,通常也是最灵敏线、最后线。

2. 光分析法的三个基本过程与特点

光分析虽然方法较多,原理各异,但均涉及三个基本过程:①提供能量的能源及辐射控制;②能量与被测物之间的相互作用;③信号产生过程。

光分析法不涉及混合物分离,可进行选择性测量,仪器涉及大量光学元器件,具有灵敏度高、选择性好、用途广泛等特点。

3. 光谱项符号

原子的能级通常用光谱项符号 $n^{2S+1}L_J$ 来表示，其中：n 为主量子数；$(2S+1)$为谱线的多重性（也可以用符号 M）；S 为总自旋量子数；L 为总角量子数，用大写英文字母 S、P、D…表示；J 为总内量子数，J 等于 L 与 S 的矢量和，$J = L + S$。

原子光谱是原子外层电子在两个能级间跃迁的结果，所以一条谱线能用两个光谱项符号来表示。

4. 选择定则

根据量子力学原理，电子的跃迁不能在任意两个能级之间进行，只有符合"选择定则"的跃迁才能进行：

(1) 主量子数的变化 Δn 为整数，包括零。

(2) 总角量子数的变化 $\Delta L = \pm 1$。

(3) 内量子数的变化 $\Delta J = 0, \pm 1$；但是当 $J = 0$ 时，$\Delta J = 0$ 的跃迁被禁阻。

(4) 总自旋量子数的变化 $\Delta S = 0$，即不同多重性状态之间的跃迁被禁阻。

5. 激发光源

光源的作用是将试样蒸发生成基态的原子蒸气，再吸收能量跃迁至激发态。原子发射光谱分析仪器中使用的光源有：

(1) 适宜液体试样分析的光源，如早期的火焰光源和目前应用最广泛的等离子体光源。

(2) 适宜固体样品直接分析的光源，如电弧和普遍使用的电火花光源。

6. ICP 原理与特点

目前，最重要的激发光源为电感耦合高频等离子体（ICP）光源，ICP 由高频发生器和等离子体炬管组成。

高频发生器采用石英晶体作为振源，经电压和功率放大，产生具有一定频率和功率的高频信号，用来产生和维持等离子体放电。ICP 炬管为三层同心石英玻璃炬管置于高频感应线圈中，等离子体工作气体 Ar 气从管内通过，试样在雾化器中雾化后，由中心管进入火焰，外层 Ar 气从切线方向进入，保护石英管不被烧熔，中层 Ar 气用来点燃等离子体。

当高频发生器接通电源后，高频电流 I 通过感应线圈产生交变磁场。开始时，管内为 Ar 气，不导电，需要用高压电火花触发。气体电离后，在高频交流电场的作用下，带电粒子高速运动，碰撞，形成"雪崩"式放电，产生等离子体气流。在垂直于磁场方向将产生感应电流(涡电流),其电阻很小,电流很大(数百安),产生高温。又将气体加热、电离,在管口形成稳定的等离子体焰炬。

ICP 光源具有十分突出的特点:温度高,惰性气氛,原子化条件好,有利于难熔化合物的分解和元素激发,有很高的灵敏度和稳定性。ICP 光源具有“趋肤效应”,即涡电流在外表面处密度大,使表面温度高,轴心温度低,中心通道进样对等离子的稳定性影响小,可有效消除自吸现象,线性范围宽(4~5 个数量级)。ICP 中电子密度大,碱金属电离造成的影响小,Ar 气体产生的背景干扰小。不足之处是对非金属测定的灵敏度低,仪器昂贵,操作费用高。

7. 光栅类型与光栅方程

通常使用的光栅有平面反射光栅(也称闪耀光栅)、凹面反射光栅、中阶梯光栅。

平面反射光栅方程为

$$d(\sin\alpha \pm \sin\theta) = n\lambda \tag{10-1}$$

式中:α 为入射角;θ 为衍射角;n 称为光谱级次;λ 为波长;d 为光栅常数,它等于相邻两刻痕间距离。

8. 光栅特性

光栅的特性可用色散率(角色散率或线色散率)和分辨率来表征。当入射角 α 不变时,对于平面反射光栅,角色散率可对光栅公式求导得到

$$\frac{\mathrm{d}\theta}{\mathrm{d}\lambda} = \frac{n}{d \cdot \cos\theta} \tag{10-2}$$

衍射角对波长的变化率 $\mathrm{d}\theta/\mathrm{d}\lambda$,即为光栅的角色散率。当 θ 很小且变化不大时,可认为 $\cos\theta \approx 1$,因此,光栅的角色散率只取决于光栅常数 d 和光谱级次 n,为一常数,不随波长变化,这样的光谱称为“匀排光谱”,这也是光栅优于棱镜的一个方面。

在实际工作中,经常使用线色散率

$$\frac{\mathrm{d}l}{\mathrm{d}\lambda} = \frac{\mathrm{d}\theta}{\mathrm{d}\lambda} \cdot f = \frac{n \cdot f}{d \cdot \cos\theta} \tag{10-3}$$

式中:f 为会聚透镜的焦距。由于 $\cos\theta \approx 1(\theta \approx 6°)$,则

$$\frac{\mathrm{d}l}{\mathrm{d}\lambda} = \frac{n \cdot f}{d} \tag{10-4}$$

对于凹面光栅,线色散率为

$$\frac{\mathrm{d}l}{\mathrm{d}\lambda} = \frac{n \cdot R}{d} \tag{10-5}$$

式中：R 为凹面光栅曲率半径。

光栅的分辨率为

$$R = \frac{\bar{\lambda}}{\Delta\lambda} = n \cdot N \tag{10-6}$$

式中：N 为光栅的总刻线数，$N = W/d$，W 为总刻线宽度。总刻线数越多，分辨率越高。

中阶梯光栅是目前较多使用的一种光栅。一般来讲，中阶梯光栅多在 $\alpha = \theta$ 时使用，故光栅方程式变为

$$n\lambda = 2 \cdot d \cdot \sin\theta \tag{10-7}$$

$$n = \frac{2d \cdot \sin\theta}{\lambda} \tag{10-8}$$

则中阶梯光栅的分辨率为

$$R = \frac{\bar{\lambda}}{\Delta\lambda} = n \cdot N = \frac{2W}{\lambda}\sin\theta \tag{10-9}$$

对于两条等强度的相邻谱线，一条的衍射最大强度落在另一条的第一最小强度上时，$\Delta\lambda$ 即为光栅能分离的最小值。

凹面反射光栅上存在着一个直径为 R 的圆，不同波长的光都成像在圆上，即在圆上形成一个光谱带。凹面光栅既具有色散作用也起聚焦作用(凹面反射镜将色散后的光聚焦)。在圆的焦面上设置一系列出口狭缝，则可以同时获得各种波长的单色光。既可以在出口狭缝后进行扫描，也可放置多检测器实现多元素的多通道同时分析。

9. 光谱带宽

光谱带宽 S 表示在选定的狭缝宽度时，通过出射狭缝的谱线宽度

$$S = D^{-1}W \tag{10-10}$$

式中：D 为线色散率($mm \cdot nm^{-1}$)；W 为出射狭缝的宽度。

10. 基体效应与光谱缓冲剂

在原子发射光谱中，试样基体组成的改变将影响被测元素的谱线强度，这种效应称为基体效应，或称为“第三”元素的影响。

为了减小这种影响，常常在试样中加入一种物质，使试样稀释以达到电弧燃烧稳定，控制弧焰的温度，这种物质称为光谱缓冲剂。常用的光谱缓冲剂为碱金属、碱土金属盐类，如 $NaCl$、KCl、Na_2CO_3、$CaCO_3$、$AgCl$、NH_4Cl 等，及低熔点的 B_2O_3、硼砂、硼酸。对难熔物质可加入低熔点物质，使试样熔点降低；对难挥发物质，加入碱金属卤化物或 $AgCl$，生成易挥发的氯化物，增强分析元素的谱线强度或抑制基

体谱线的出现。

11. 定性定量分析

1) 定性方法

元素的发射光谱具有特征性和唯一性,这是定性的依据,但元素一般都有许多条特征谱线,分析时不必将所有谱线全部检出,只要检出该元素的两条以上的灵敏线或最后线,就可以确定该元素的存在。

2) 赛伯-罗马金公式

赛伯-罗马金公式表示谱线强度(I)与试样中待测组分的浓度(c)的关系

$$\lg I = b\lg c + \lg a \tag{10-11}$$

式中:a 与试样的蒸发、激发以及组成有关;b 与试样的含量、谱线的自吸有关,称为自吸系数。自吸常数 b 随浓度 c 增加而减小,当浓度很小,自吸消失,$b=1$。

3) 内标法定量

内标法是一种相对强度法,即在被测元素的光谱中选择一条作为分析线(强度 I),再选择内标物的一条谱线(强度 I_0),组成分析线对。则

$$\begin{aligned} I &= a \cdot c^b \\ I_0 &= a_0 \cdot c_0^{b_0} \end{aligned} \tag{10-12}$$

相对强度 R 为

$$R = \frac{I}{I_0} = \frac{a \cdot c^b}{a_0 \cdot c_0^{b_0}} = A \cdot c^b \tag{10-13}$$

$$\lg R = b\lg c + \lg A \tag{10-14}$$

式中:A 为其他三项合并后的常数项。式(10-14)即为内标法定量的基本关系式。以 $\lg R$ 对应 $\lg c$ 作图,绘制标准曲线,在相同条件下,测定试样中待测元素的 $\lg R$,在标准曲线上即可求得未知试样的 $\lg c$。

4) 内标元素与分析线对的选择

(1) 内标元素可以选择基体元素,或另外加入,含量固定。

(2) 内标元素与待测元素具有相近的蒸发特性。

(3) 分析线对应匹配,同为原子线或离子线,且激发电位相近(谱线靠近),形成"匀称线对"。

(4) 强度相差不大,无相邻谱线干扰,无自吸或自吸小。

5) 标准加入法

若试样基体组成较复杂,又没有纯净的基体空白,或测定纯物质中极微量元素时,则在一定范围内工作曲线呈线性关系的情况下,可采用标准加入法,待测元素的浓度可由计算法或作图法求得。

计算法的过程是首先测定未知试样溶液浓度为 c_x 的吸光度 A_x，再取一定量已知浓度为 c_0 的标准溶液加入上述溶液中，再测出此溶液的吸光度 A_0，则

$$A_x = kc_x \tag{10-15}$$

$$A_0 = k(c_0 + c_x) \tag{10-16}$$

由式(10－15)和式(10－16)可得

$$c_x = \frac{A_x}{A_0 - A_x}c_0 \tag{10-17}$$

更常用的方法是在若干份体积相同的试样中，分别加入不同量待测元素的标准，然后用溶剂稀释到一定体积。

设各溶液的浓度分别为 c_x、$c_x + c_0$、$c_x + 2c_0$、$c_x + 4c_0$，测得相应的吸光度为 A_x、A_1、A_2、A_4，以 A 对 c 作图，得一直线(图 10－1)。

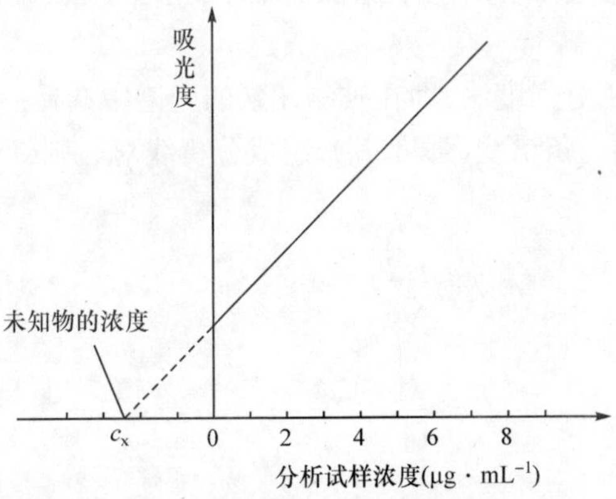

图 10－1　标准加入法图解

此直线的延长线与横坐标的交点到原点的距离即为原始溶液中待测元素的浓度。

(二) 原子吸收光谱分析

1. 吸收峰形状

原子结构较分子结构简单，理论上应产生线状光谱吸收线。实际上用特征吸收频率左右范围的辐射光照射时，获得一峰形吸收(具有一定宽度)。

由 $I_t = I_0 e^{-k_\nu b}$，透射光强度 I_t 和吸收系数及辐射频率有关。以 k_ν 与 ν 作图得图 10－2 所示的具有一定宽度的吸收峰。

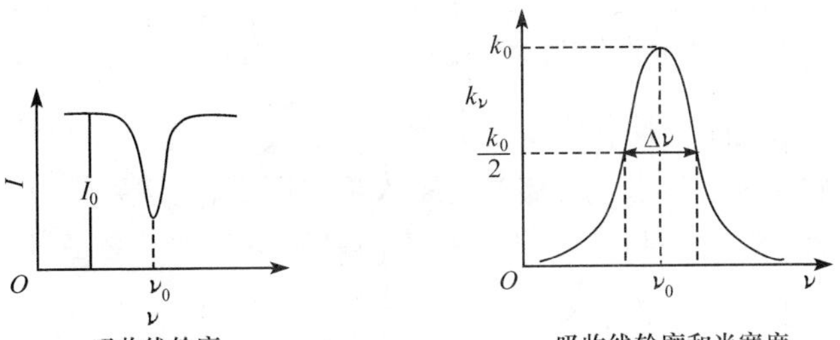

图 10－2　原子吸收光谱吸收峰示意图

2. 表征吸收线轮廓(峰)的参数

中心频率 ν_0(峰值频率):最大吸收系数对应的频率或波长。

中心波长:最大吸收系数对应的频率或波长 λ(nm)。

半宽度:$\Delta\nu_0$。

3. 吸收峰变宽原因

1) 自然宽度

在没有外界影响下,谱线仍具有一定的宽度称为自然宽度。它与激发态原子的平均寿命有关,平均寿命越长,谱线宽度越窄。不同谱线有不同的自然宽度,多数情况下约为 10^{-5}nm 数量级。

2) 多普勒变宽(温度变宽)$\Delta\nu_0$

多普勒效应:一个运动着的原子发出的光,如果运动方向离开观察者(接受器),则在观察者看来,其频率较静止原子所发的频率低,反之则高。

3) 洛伦兹变宽,赫鲁兹马克变宽(碰撞变宽)$\Delta\nu_L$

由于原子相互碰撞使能量发生稍微变化。

洛伦兹变宽:待测原子和其他原子碰撞。

赫鲁兹马克变宽:同种原子碰撞。

4) 自吸变宽

空心阴极灯光源发射的共振线被灯内同种基态原子所吸收产生自吸现象,灯电流越大,自吸现象越严重,造成谱线变宽。

5) 场致变宽

场致变宽是指外界电场、带电粒子、离子形成的电场及磁场的作用使谱线变宽的现象,但一般影响较小。

在一般分析条件下 $\Delta\nu_0$ 为主。

4．基态原子数与原子化温度

原子吸收分光光度法是利用待测元素原子蒸气中基态原子对该元素的共振线的吸收来进行测定的。在原子化器的一定火焰温度下，当达到热力学平衡时，原子蒸气中激发态原子数(N_j)与基态原子数(N_0)之比服从玻耳兹曼(Boltzmann)分布定律

$$\frac{N_j}{N_0} = \frac{g_j}{g_0} e^{-\left(\frac{E_j - E_0}{KT}\right)} \tag{10-18}$$

在一定温度下，对大多数元素来说，$\frac{N_j}{N_0}$值很小(<1%)，因此，可以认为原子蒸气中，N_0 近似地等于参与吸收的原子总数。

5．吸收系数与峰值吸收系数

吸收系数 k_λ：随吸收波长改变的常数。

峰值吸收系数 k_0：吸收峰最大处的吸收系数。表达式为

$$k_0 = \frac{2\sqrt{\pi \ln 2}}{\Delta\nu_D} \cdot \frac{e^2}{mc^2} Nf = 2\Delta\lambda_D \sqrt{\pi \ln 2} \cdot \frac{e^2}{mc^2} Nf$$

峰值吸收系数 k_0 与单位体积原子蒸气中待测元素的原子浓度成正比。

6．用峰值吸收系数 k_0 代替 k_λ 的条件

由于无法测定积分吸收，采用锐线光源后，人们考虑利用吸收峰最大处的峰值吸收进行定量分析。

用峰值吸收系数 k_0 代替 k_λ 的条件：①光源发射的中心波长与吸收线的中心波长相一致；②发射线的 $\Delta\nu_{1/2}$ 小于吸收线的 $\Delta\nu_{1/2}$。

用 k_0 代替 k_λ，可得

$$I = I_0 e^{-k_0 L}$$

即

$$A = \lg \frac{I_0}{I} = 0.434 k_0 L$$

可得

$$A = \left(0.434 \times 2\Delta\lambda_D \sqrt{\pi \ln 2} \times \frac{e^2}{mc^2} \times f\right) \cdot N \cdot L$$

在一定的实验测定条件下，$\Delta\lambda_D$ 和 f 值都是一定的，因此括号内的数是恒定的，用 k 代替，得

$$A = kNL$$

因待定试样中待测元素的浓度与其吸收辐射的原子总数成正比，故在一定浓度范围和一定吸收光程的情况下，吸光度与待测元素的浓度关系可表示为

$$A = k'c$$

式中：k'在一定实验条件下是常数，因此通过测定吸光度即可以求出待测元素的浓度。

7．原子吸收分光光度计的主要组成部分与结构流程

原子吸收分光光度计基本上由光源、原子化器、分光系统和检测系统组成。

8．锐线光源与空心阴极灯

原子吸收光谱分析法中必须使用锐线光源，即光源光源发射的中心波长与吸收线的中心波长相一致，发射线的 $\Delta\nu_{1/2}$小于吸收线的 $\Delta\nu_{1/2}$。

常用的锐线光源为空心阴极灯。空心阴极灯的阴极为一空心金属管，内壁衬或熔有待测元素的金属，阳极为钨、镍或钛等金属，灯内充有一定压力的惰性气体。当两电极间施加适当电压时，电子将从空心阴极内壁流向阳极，与充入的惰性气体碰撞而使之电离，产生正电荷，其在电场作用下，向阴极内壁猛烈轰击，使阴极表面的金属原子溅射出来，溅射出来的金属原子再与电子、惰性气体原子及离子发生撞碰而被激发，于是阴极产生的辉光中便出现了阴极物质的特征光谱。用不同待测元素作阴极材料，可获得相应元素的特征光谱。空心阴极灯的辐射强度与灯的工作电流有关，但灯电流太大时，热变宽和自蚀现象增强，反而使谱线强度减弱，对测定不利。空心阴极灯具有辐射光强度大、稳定、谱线窄、灯容易更换等优点，但每测一种元素需更换相应的灯。

9．火焰原子化器与原子化过程

火焰原子化器由两个部分组成：雾化器和燃烧器。其中雾化器的作用是使试液雾化。雾化器的性能对测定的精密度、灵敏度和化学干扰等产生显著影响。燃烧器的作用是利用火焰加热、释放的能量使试样原子化。

火焰类型以下三种：

(1) 化学计量火焰。温度高，干扰少，稳定，背景低，常用。

(2) 富燃火焰。还原性火焰，燃烧不完全，测定较易形成难熔氧化物的元素Mo、Cr 稀土等。

(3) 贫燃火焰。火焰温度低，氧化性气氛，适用于碱金属测定。

火焰原子化器的火焰温度选择：

(1) 保证待测元素充分离解为基态原子的前提下，尽量采用低温火焰；

(2) 火焰温度越高，产生的热激发态原子越多；

(3) 火焰温度取决于燃气与助燃气类型,常用空气-乙炔,最高温度 2600K 能测 35 种元素。

10. 无火焰原子化法的特点与原子化过程

无火焰原子化法主要有石墨炉电热原子化法、氢化物原子化法及冷原子原子化法。无火焰原子化法的原子化效率和灵敏度都比火焰原子化法高得多。目前使用最广泛的石墨炉原子化器包括石墨管、炉体和电源三大部分。试样在石墨管中加热,使其原子化。

石墨炉电热原子化过程分为干燥、灰化(去除基体)、原子化、净化(去除残渣)四个阶段,待测元素在高温下生成基态原子。石墨炉电热原子化过程的重复性较火焰法差。

测定 As、Sb、Bi、Sn、Ge、Se、Pb、Ti 等元素时常用氢化物原子化方法,原子化温度 700~900℃,其原理是在酸性介质中,待测化合物与强还原剂硼氢化钠反应生成气态氢化物。例如

$$AsCl_3 + 4NaBH_4 + HCl + 8H_2O = AsH_3 + 4NaCl + 4HBO_2 + 13H_2$$

将待测试样在专门的氢化物生成器中产生氢化物,送入原子化器中使之分解成基态原子。这种方法原子化温度低,灵敏度高(对砷、硒可达 10^{-9}g),基体干扰和化学干扰小。

各种试样中 Hg 元素的测量多采用冷原子化法,即在室温下将试样中的汞离子用 $SnCl_2$ 或盐酸羟胺完全还原为金属汞后,用气流将汞蒸气带入具有石英窗的气体测量管中进行吸光度测定。该方法灵敏度、准确度较高(可达 10^{-8}g 汞)。

11. 狭缝宽度与通带

单色器的分辨率和光强度取决于狭缝宽度。在原子吸收分析中,狭缝宽度由通带来表示,通带是指光线通过出射狭缝的谱带宽度。其表达式为

$$W = D \cdot S$$

式中:W 为谱带宽度;D 为倒线色散率(Å·mm^{-1});S 为狭缝宽度(mm)。

12. 原子吸收分光光度法的干扰类型

原子吸收分光光度法的干扰主要有光谱干扰、物理干扰、化学干扰和背景干扰。

光谱干扰:主要来自光谱通带由多条吸收线参与吸收或光源发射的非吸收的多重线产生干扰,以及样品池本身的分子发射或待测元素本身的发射线的影响。

物理干扰:物理干扰是由于溶质和溶剂的性质(黏度、表面张力等)发生变化引起的,物理干扰出现在试样转移、蒸发过程中,主要影响试样喷入火焰的速度、雾化

效率、雾滴大小等，使喷雾效率下降，致使出现在火焰原子化器中的原子浓度减小，导致测定误差。可通过控制试液与标准溶液的组成尽量一致的方法来消除。

化学干扰：是指在溶液或火焰气体中发生对待测元素有影响的化学反应，导致参与吸收的基态原子数减少。背景干扰是一种非原子性吸收，多指光散射、分子吸收和火焰吸收。化学干扰效应的消除方法有多种，常用的有加入缓冲剂、保护剂、稀释剂等或采用预先分离的方法。

13. 特征浓度(含量)

灵敏度是指能产生1%光吸收或0.0044吸光度所需要的被测定元素溶液的浓度(特征浓度)，表达式为

$$S = \frac{c \cdot 0.0044}{A}(\mu g \cdot mL^{-1})$$

式中：c 为待测溶液的浓度；A 为待测溶液的吸光度。

对非火焰原子吸收分光光度计，常用某元素能产生1%吸收时的质量(特征含量)，表达式为

$$S = \frac{c \cdot V \cdot 0.0044}{A}(g)$$

14. 检测限

检测限是指一个元素能被测出的最小量(浓度或含量)。用下式表示

$$D = \frac{c \times 2\sigma}{A} \quad (\mu g \cdot mL^{-1})$$

或

$$D = \frac{cV \times 2\sigma}{A} \quad (\mu g)$$

式中：D 为检测限；A 为吸光度；σ 为噪声水平；c 为待测元素的浓度；V 为待测溶液的用量。

15. 原子吸收分光光度法定量分析

原子吸收分光光度法定量分析常用的方法有标准曲线法、标准加入法及内标法(加入内标元素制作 A/A_0-c 工作曲线)。

(三) 原子荧光分析

1. 原子荧光的产生与类型

依据激发与发射过程的不同，原子荧光可分为共振荧光、非共振荧光、敏化荧

光和多光子荧光四种类型。

若高能态和低能态均属激发态，由这种过程产生的荧光称为激发态荧光。若激发过程先涉及辐射激发，随后再热激发，由这种过程产生的荧光称为热助荧光。所有类型中，共振荧光强度最大，最为有用，其次是非共振荧光。

2. 荧光猝灭与荧光量子效率

产生荧光的过程有多种类型，同时也存在着非辐射去激发的现象。当受激发原子与其他原子碰撞，能量以热或其他非荧光发射方式给出后回到基态，产生非荧光去激发过程，使荧光减弱或完全消失的现象称为荧光猝灭。

发射荧光的光量子数 F_f 与吸收的光量子数 F_a 的比值定义为荧光量子效率，通常荧光量子效率小于 1。

3. 待测原子浓度与荧光的强度

当光源强度稳定、辐射光平行、自吸可忽略时，发射荧光的强度 I_f 正比于基态原子对特定频率吸收光的吸收强度 I_a，即

$$I_f = \Phi \cdot I_a$$

在理想情况下

$$I_f = \Phi \cdot I_0 \cdot A \cdot K_0 \cdot l \cdot N = K \cdot c$$

上式即为原子荧光定量的基础。

4. 原子荧光光谱分析的特点与应用

原子荧光光谱法具有检出限低、灵敏度高、谱线简单、干扰小、线性范围宽(可达 3～5 个数量级)及选择性极佳、不需要基体分离可直接测定等特点，20 多种元素的检出限优于 AAS，特别是采用激光作为激发光源及冷原子法测定，性能更加突出，同时也易实现多元素同时测定，提高工作效率。不足之处是存在荧光猝灭效应及散射光干扰等问题。原子荧光光谱法在食品卫生、生物样品及环境监测等方面有较重要的应用。

四、例　　题

例 10-1　钠原子的价电子结构为 $(3S)^1$，第一激发态的电子结构为 $(3P)^1$，写出其光谱项符号。用光谱项符号表示钠原子的 587.0nm 和 587.6nm 的两条谱线。

思路　光谱项符号：$n^{2S+1}L_J$。钠原子的主量子数 $n=3$；L 分为用 S 和 P 表示；S 为 1/2，$J=L+S$，则 $J=1/2$ 和 $J=3/2$。

解　$(3S)^1$ 的光谱项符号为 $3^2S_{1/2}$；$(3P)^1$ 的光谱项符号为 $3^2P_{1/2}$ 和 $3^2P_{3/2}$。

587.0 nm：$3^2S_{1/2}$—$3^2P_{3/2}$。

587.6 nm：$3^2S_{1/2}$—$3^2P_{1/2}$。

例 10-2　讨论 Cu 原子的光谱项 $4^2S_{1/2}$—$4^2P_{3/2}$间能否发生跃迁。

思路　由选择定则进行判断，$n^{2S+1}L_J$。

解　Cu 原子的光谱项 $4^2S_{1/2}$—$4^2P_{3/2}$间的跃迁符合选择定则，即：(1)$\Delta n=0$；(2)$\Delta L=\pm 1$；(3) $\Delta S=0$；(4)$\Delta J=\pm 1$。能发生跃迁。

例 10-3　一平面反射光栅，当入射角为 40°，衍射角为 10°时，为了得到波长为 400nm 的一级光谱，光栅上每毫米的刻线为多少？

思路　可先由光栅公式 $d(\sin\alpha \pm \sin\theta)=n\lambda$ 进行计算刻线距 d，再求出刻线数。

解　$n=1$；$\lambda=400$nm；入射角 $\alpha=40°$；衍射角 $\theta=10°$

$$d=\frac{n\lambda}{\sin\alpha+\sin\theta}=\frac{1\times 400\times 10^{-6}}{\sin 40°+\sin 10°}$$

$$=\frac{4\times 10^{-4}}{0.643+0.174}=\frac{4\times 10^{-4}}{0.817}=4.896\times 10^{-4}(\text{mm})$$

刻线数为

$$\frac{1}{4.896\times 10^{-4}}=2043(\text{条})$$

例 10-4　若光栅的宽度为 50.0mm，每毫米刻有 650 条刻线，则该光栅的一级光谱的理论分辨率是多少？一级光谱中波长为 37.03nm 和 37.066nm 的双线能否分开？

思路　需要掌握分辨率公式

$$R=\frac{\bar{\lambda}}{\Delta\lambda}=n\cdot N$$

解　分辨率为

$$R=1\times 650\times 50=32\ 500$$

$$\Delta\lambda=\frac{\bar{\lambda}}{R}=\frac{\frac{1}{2}\times(310.030+310.066)}{32\ 500}=\frac{310.048}{32\ 500}=0.0095(\text{nm})$$

即理论分辨率为 32 500 的光栅能够分开波长差为 0.0095nm 的谱线，而 37.03nm 和 37.066nm 的双线波长差为 0.036nm，所以能够分开。

例 10-5　以 3μg·mL^{-1}的钙溶液，测得透过率为 48%，计算钙的灵敏度。

思路　将透过率换算为吸光度后代入灵敏度计算公式。

解　吸光度为

$$A=\lg\frac{1}{T}=\lg 0.48=0.3188$$

所以

$$S=\frac{c\times 0.044}{A}=\frac{3\times 0.044}{0.3188}=0.041(\mu g\cdot mL^{-1})$$

例 10-6　用原子吸收分光光度法测定某试样中 Pb^{2+} 的浓度，取 5.0mL 未知 Pb^{2+} 试液，放入 50mL 容量瓶中，稀释至刻度，测得吸光度为 0.275，另取 5.0mL 未知液和 2.00mL $50.0\times10^{-6}mol\cdot L^{-1}$ 的 Pb 标准溶液，也放入 50mL 容量瓶中稀释至刻度，测得吸光度为 0.650，未知液中 Pb^{2+} 的浓度是多少？

思路　按标准加入法进行计算，注意浓度的计算。

解

$$\boldsymbol{c}_0=\frac{2.00\times 50.0\times 10^{-6}}{50}=2.00\times 10^{-6}(mol\cdot L^{-1})$$

根据

$$c_x=\frac{A_x}{A_0-A_x}c_0$$

得

$$c_x'=\frac{0.275\times 2.00\times 10^{-6}}{(0.650-0.275)}=1.69\times 10^{-6}(mol\cdot L^{-1})$$

$$c_x=\frac{50}{5}c_x'=10\times 1.69\times 10^{-6}=16.9\times 10^{-6}(mol\cdot L^{-1})$$

例 10-7　用冷原子吸收法测定排放废水中的微量汞，分别吸取试液 7.00mL 于一组 25mL 的容量瓶中，加入不同体积的标准汞溶液（浓度为 $0.4\mu g.mL^{-1}$），稀释至刻度。测得下列吸光度：

V_{Hg}/mL	0.00	0.50	1.00	1.50	2.00	2.50
A	0.067	0.145	0.222	0.294	0.371	0.445

在相同条件下做空白实验，吸光度 A 为 0.015。计算每升水样中汞的含量（用 $\mu g\cdot L^{-1}$ 表示）。

思路　先将各吸光度值进行校正，即减去空白液的吸光度。按标准曲线法进行计算。

解　根据题意，每一个吸光度值都必须减去空白值 0.015。然后以 A 为纵坐标，加入汞标准液体积为横坐标作图，得一直线（图 10－3）。

外延此直线与横坐标相交，交点与原点间的距离为 0.40mL。所以每升废水中 Hg 的含量为

$$m=0.40\times 0.4\times\frac{1000}{10.00}=16(\mu g)$$

即废水中汞的含量为 16μg·L^{-1}。

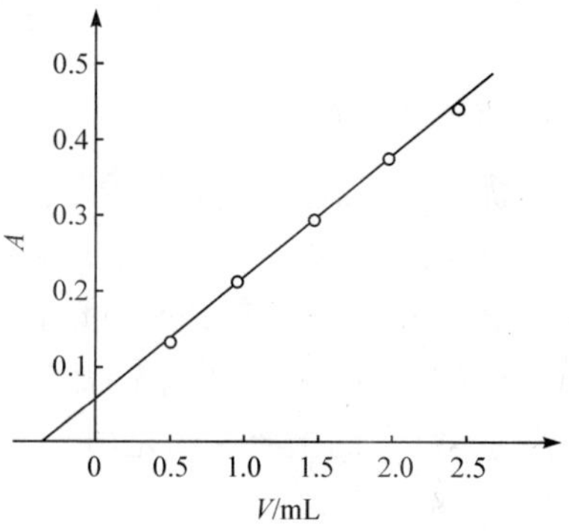

图 10-3　冷原子吸收法测汞的工作曲线

五、自　测　题

(一) 选择题

1. 原子发射光谱的产生是由于

A. 原子次外层电子在不同能级间的跃迁

B. 原子外层电子在不同能级间的跃迁

C. 原子内层电子在不同能级间的跃迁

D. 原子外层电子的振动和转动

2. 对于同一级光谱,当波长变化时,光栅的分辨率

A. 不变　　B. 变大　　C. 变小　　D. 无法确定

3. 光栅的分辨率取决于

A. 刻线宽度　　B. 总刻线数　　C. 波长　　D. 入射角

4. 多道原子发射光谱仪中,采用的光栅为

A. 平面反射光栅　　B. 平面透射光栅

C. 凹面光栅　　D. 中阶梯光栅

5. 光电直读光谱仪中,采用哪种光源时,测定试样为溶液?

A. 火花　　B. ICP　　C. 直流电弧　　D. 交流电弧

6. 在原子发射光谱的光源中,激发温度最高的光源是

A. 火花　　B. ICP　　C. 直流电弧　　D. 交流电弧

7. 采用原子发射光谱法。对矿石粉末试样进行定性分析时,一般选用哪种光源为好?

A. 交流电弧　　B. 直流电弧　　C. 高压火花　　D. 等离子体光源

8. 与光谱线强度无关的因素是

A. 跃迁能级间的能量差　　B. 高能级上的原子数

C. 跃迁概率　　D. 蒸发温度

9. ICP 光源的突出特点是

A. 检出限低,背景干扰小,灵敏度和稳定性高,线性范围宽,无自吸现象

B. 温度高,背景干扰小,灵敏度和稳定性高,线性范围宽,但自吸严重

C. 温度高,灵敏度和稳定性高,无自吸现象,线性范围宽,但背景干扰大

D. 温度高,背景干扰小,灵敏度和稳定性高,无自吸现象,但线性范围窄

10. ICP 光源中产生"趋肤效应"的主要原因是由于

A. 焰炬表面的温度低而中心高

B. 原子化过程主要在焰炬表面进行

C. 焰炬表面的温度高而中心低

D. 蒸发过程主要在焰炬表面进行

11. ICP 光源高温的产生是由于

A. 气体燃烧　　B. 气体放电　　C. 电极放电　　D. 电火花

12. 在光栅光谱中,产生光谱重叠的条件为(n 为光谱级次,d 为光栅常数)

A. $d_1\lambda_1 = d_2\lambda_2 = d_3\lambda_3\cdots$　　B. $d_1/\lambda_1 = d_2/\lambda_2 = d_3/\lambda_3\cdots$

C. $n_1/\lambda_1 = n_2/\lambda_2 = n_3/\lambda_3\cdots$　　D. $n_1\lambda_1 = n_2\lambda_2 = n_3\lambda_3\cdots$

13. 下列哪种光源不适合在定量分析中使用?

A. 高压电火花　　B. 交流电弧

C. 直流电弧　　D. ICP

14. 全谱直读等离子体光谱仪的分光系统和检测器分别采用的是

A. 凹面光栅和光电倍增管

B. 中阶梯光栅和光电倍增管

C. 凹面光栅和阵列检测器

D. 中阶梯光栅加棱镜分光系统和阵列检测器

15. 进行谱线检查时,通常采取与标准光谱比较法来确定谱线位置,通常作为标准的是

A. 铁谱　　B. 铜谱　　C. 碳谱　　D. 氢谱

16. 元素的发射光谱具有特征性和唯一性,这是定性的依据,判断元素是否存在的条件是

A. 必须将该元素的所有谱线全部检出

B. 必须检出 5 条以上该元素的谱线

C. 只要检出该元素的一条灵敏线或最后线

D. 只要检出该元素的两条以上的灵敏线或最后线

17. 选择“分析线对”是指

A. 选择待测元素两条光谱强度最大的谱线作为分析线对

B. 选择待测元素最后消失的两条谱线作为分析线对

C. 选择待测元素波长差大于 30nm 的两条灵敏线作为分析线对

D. 分别选择待测元素和内标物的一条谱线组成分析线对

18. 赛伯-罗马金公式的表达式为

A. $\lg I = b\lg c + \lg a$　　B. $\lg A = b\lg c + \lg a$

C. $\lg A = b\lg a + \lg c$　　D. $\lg I = b\lg a + \lg c$

19. 内标元素必须符合的条件之一是

A. 必须是基体元素中含量最大的

B. 必须与待测元素具有相同的激发电位

C. 必须与待测元素具有相同的电离电位

D. 与待测元素具有相近的蒸发特性

20. 不能采用原子发射光谱分析的物质是

A. 碱金属和碱土金属

B. 有机物和大部分的非金属元素

C. 稀土元素

D. 过渡金属

21. 对原子吸收分光光度分析做出重大贡献,建立了原子吸收光谱分析法的科学家是

A. W. H. Wollarten(伍朗斯顿)　　B. A. Walsh(华尔希)

C. D. G. Kirchhoff(克希荷夫)　　D. R. Bunren(本生)

22. 原子吸收分光光度分析法中,光源辐射的待测元素的特征谱线的光,通过样品蒸气时,被蒸气中待测元素的下列哪种粒子吸收?

A. 离子　　B. 激发态原子

C. 分子　　D. 基态原子

23. 原子吸收光谱中,吸收峰可以用哪些参数来表征?

A. 中心频率和谱线半宽度　　B. 峰高和半峰宽

C. 特征频率和峰值吸收系数　　D. 特征频率和谱线宽度

24. 在下列诸变宽的因素中,影响最大的是

A. 多普勒变宽　　B. 洛伦兹变宽

C. 赫鲁兹马克变宽　　D. 自然变宽

25. 在火焰原子化过程中,伴随着产生一系列的化学反应,下列哪一个反应是不可能发生的?

A. 电离　　B. 化合　　C. 还原　　D. 聚合

26. 在导出吸光度与待测元素浓度呈线形关系时，曾做过一些假设，下列错误的是

A. 吸收线的宽度主要取决于多普勒变宽

B. 基态原子数近似等于总原子数

C. 通过吸收层的辐射强度在整个吸收光程内是恒定的

D. 在任何吸光度范围内都适合

27. 关于多普勒变宽的影响因素，以下哪种说法是正确的？

A. 随温度升高而增大

B. 随温度升高而减小

C. 随发光原子的摩尔质量增大而增大

D. 随压力的增大而减小

28. 能引起吸收峰频率发生位移的是

A. 多普勒变宽　　B. 洛伦兹变宽

C. 自然变宽　　D. 温度变宽

29. 由外部电场或带电离子、离子形成的电场所产生的变宽是

A. 多普勒变宽　　B. 洛伦兹变宽

C. 斯塔克变宽　　D. 赫鲁兹马克变宽

30. 氢化物原子化法和冷原子原子化法可分别测定哪种元素？

A. 碱金属元素稀土元素　　B. 碱金属和碱土金属元素

C. Hg 和 As　　D. As 和 Hg

31. 在原子吸收光谱分析中，塞曼效应用来消除

A. 物理干扰　　B. 背景干扰　　C. 化学干扰　　D. 电离干扰

32. 用原子吸收分光光度法测定钙时，加入 EDTA 是为了消除下述哪种物质的干扰？

A. 磷酸　　B. 硫酸　　C. 镁　　D. 钾

33. 原子吸收光谱线的多普勒变宽是由下面哪种原因产生的？

A. 原子的热运动　　B. 原子与其他粒子的碰撞

C. 原子与同类原子的碰撞　　D. 外部电场对原子的影响

34. 下列几种化学计量火焰，产生温度最高的是

A. 乙炔 + 氧化亚氮　　B. 乙炔 + 氧气

C. 氢气 + 氧化亚氮　　D. 氢气 + 氧气

35. 用原子吸收分光光度法测定铷时，加入 1% 的钠离子溶液，其作用是

A. 减小背景干扰　　B. 加速铷离子的原子化

C. 消电离剂　　D. 提高火焰温度

36. 原子吸收分光光度法中的物理干扰可用下述哪种方法消除？

A. 释放剂　　B. 扣除背景
C. 标准加入法　　D. 保护剂

37. 原子吸收分光光度法中的背景干扰表现为下述哪种形式？
A. 火焰中被测元素发射的谱线　　B. 火焰中产生的分子吸收
C. 火焰中干扰元素发射的谱线　　D. 火焰产生的非共振线

38. 消除物理干扰常用的方法是
A. 配制与被测试样相似组成的标准样品
B. 化学分离
C. 使用高温火焰
D. 加入释放剂或保护剂

39. 原子吸收分光光度分析中，如果在测定波长附近有被测元素非吸收线的干扰，应采用何种方法来消除干扰？
A. 用纯度较高的单元素灯　　B. 减小狭缝
C. 用化学方法分离　　D. 另选测定波长

40. 待测元素能给出 3 倍于标准偏差读数时的浓度或量，称为
A. 灵敏度　　B. 检出限　　C. 特征浓度　　D. 特征质量

41. 空心阴极灯的构造是
A. 待测元素作阴极，铂丝作阳极，内充低压惰性气体
B. 待测元素作阴极，钨棒作阳极，内充低压惰性气体
C. 待测元素作阴极，钨棒作阳极，灯内抽真空
D. 待测元素作阳极，钨棒作阴极，内充氮气

42. 原子吸收光谱分析中的单色器
A. 位于原子化装置前，并能将待测元素的共振线与邻近谱线分开
B. 位于原子化装置后，并能将待测元素的共振线与邻近谱线分开
C. 位于原子化装置前，并能将连续光谱分成单色光
D. 位于原子化装置后，并能将连续光谱分成单色光

43. 为了提高石墨炉原子吸收光谱法的灵敏度，在测量吸收信号时，气体的流速应
A. 增大　　B. 减小　　C. 为零　　D. 不变

44. 在原子吸收光谱分析中，以下测定条件的选择正确的是
A. 在保证稳定和适宜光强下，尽量选用最低的灯电流
B. 总是选择待测元素的共振线为分析线
C. 对碱金属分析，总是选用乙炔-空气火焰
D. 由于谱线重叠的概率较小，选择使用较宽的狭缝宽度

45. 双光束原子吸收分光光度计与单光束原子吸收分光光度计相比，其突出

优点是

A. 允许采用较小的光谱通带

B. 可以采用快速响应的检测系统

C. 便于采用最大的狭缝宽度

D. 可以消除光源强度变化及检测器灵敏度变化的影响

46. 空心阴极灯中对发射线宽度影响最大的因素是

A. 阴极材料　B. 阳极材料　C. 灯电流　D. 填充气体

47. 在原子吸收光谱法中,吸光度在什么范围内测定准确度较高?

A. 0.1～1　B. 0.1～0.5　C. 0.1～0.7　D. 0.1～0.8

48. 在原子吸收光谱法中,若有干扰元素的共振线与被测元素的共振线重叠时

A. 将使测定偏高　B. 将使测定偏低

C. 产生的影响无法确定　D. 对测定结果无影响

49. 在原子吸收光谱法中,对于氧化物熔点较高的元素,可选用哪种火焰?

A. 化学计量火焰　B. 贫燃火焰

C. 电火花　D. 富燃火焰

50. 在原子吸收光谱法中,对于碱金属元素,可选用哪种火焰?

A. 化学计量火焰　B. 贫燃火焰

C. 电火花　D. 富燃火焰

51. 用原子吸收分光光度法测定铜的灵敏度为 $0.04\mu g\cdot mL^{-1}$,当某试样含量约为0.1%,配制25mL溶液应称取多少克试样?

A. 0.10　B. 0.015　C. 0.18　D. 0.020

52. 用原子吸收分光光度法测定铅时,以 $0.1\mu g\cdot mL^{-1}$铅的标准溶液测得吸光度为0.24,测定20次的标准偏差误差为0.012,其检出限为

A. $1ng\cdot mL^{-1}$　B. $5ng\cdot mL^{-1}$

C. $10ng\cdot mL^{-1}$　D. $0.5ng\cdot mL^{-1}$

53. 在原子荧光产生过程中,共振荧光

A. 产生的荧光与激发光的波长不相同

B. 产生的荧光与激发光的波长相同

C. 产生的荧光总是大于激发光的波长相同

D. 产生的荧光总是小于激发光的波长相同

54. 在原子荧光产生过程中,非共振荧光

A. 产生的荧光与激发光的波长不相同

B. 产生的荧光与激发光的波长相同

C. 产生的荧光总是大于激发光的波长相同

D. 产生的荧光总是小于激发光的波长相同

55. 所有原子荧光发射类型中,荧光强度最大的是

A. 多光子荧光　　B. 敏化荧光

C. 非共振荧光　　D. 共振荧光

(二) 填空题

1. 棱镜的分辨率随波长而变化,波长越短分辨率越大,因此所获得的是________。光栅的分辨率不随波长变化,所获得的是________。

2. 光栅方程:________。光栅的角色散率只取决于________和________,为一常数。

3. 将中阶梯光栅与________配合使用,可使 200～800nm 的光谱形成________的二维光谱,全部谱集中在 $40mm^2$ 的聚焦面上,特别适合多道检测器的同时检测。

4. 中阶梯光栅是目前较多使用的一种光栅,与普通光栅相比,其________较少,刻槽呈锯齿状,每一个阶梯状刻槽的________是其________的几倍,阶梯之间的距离是欲色散波长的 10～200 倍,闪耀角大。一般来讲, 中阶梯光栅多在入射角等于________时使用。

5. 入射光经________光栅分光后,不同波长的光都成像在直径为 R 的圆上,即在圆上形成一个光谱带。该类光栅既具有________作用也起________作用。

6. 在进行光谱定性分析时,夹缝宽度宜________,原因是________,而在定量分析时,夹缝宽度宜________,原因是________。

7. 在原子发射光谱中通常所使用的光源中,蒸发温度最高的是________;激发温度最高的是________,不发生自吸的是________。

8. 位于中心的激发态原子发出的辐射被边缘的同种基态原子吸收,导致谱线中心强度降低的现象称为________。自吸现象随浓度增加而________,当达到一定值时,谱线中心完全吸收,如同出现两条线,这种现象称为________。

9. 原子发射光谱分析只能确定试样元素的________,不能给出________。

10. 光谱定量分析的基本关系式为________;式中 a 与试样的________和激发过程有关的常数;b 为________。当 $b=0$ 时表示________,b 越大说明________。

11. 在光谱定性分析时,在标准光谱图上标有 $\mathrm{Mg}I_{2852}^{10R}$,$I$ 表示________,10 表示________,R 表示________,2852 表示________。

12. 光谱线的强度与跃迁能量________,高能级上的________和跃迁________有关。在一定分析条件和无自吸时,谱线强度正比于________,这是原子发射光谱定量的基础。

13. 交流电弧具有的特点是________能力强，电弧的________好，分析的重现性高，适用于________分析，与直流电弧相比不足的是蒸发能力稍弱，灵敏度降低。

14. 直流电弧具有的特点是________，________，适合________分析等。但弧光不稳，再现性差，易发生自吸现象，不适合定量分析。

15. 电火花具有的特点是________强，________稍低，但适于低熔点金属与合金的分析。具有良好稳定性和重现性适用于定量分析，缺点是________较差，但可做较高含量组分的分析。

16. 采用激光微探针作为发射光谱光源时，试样的蒸发和激发分别由________和________来完成。

17. 发射光谱仪中采用的检测器主要有________和________两类。

18. 1955 年，澳大利亚物理学家 A. Walsh 提出，用________吸收来代替________吸收，从而解决了测量原子吸收的困难。

19. 使电子从基态跃迁到第一激发态时所产生的吸收谱线称为________，由于各种元素的原子结构不同，激发时吸收的能量不同，因而这种吸收线是元素的________。

20. 多普勒变宽是由于原子在空间做无规则热运动所引起的，故又称为________。________变宽则是由于吸光原子与蒸气中其他粒子碰撞而产生的变宽，它随着气体压强增大而增加，故又称为________。

21. 为了实现用峰值吸收代替积分吸收，除了要求光源发射线的半宽度应________吸收线半宽度外，还必须使通过原子蒸气的发射线________恰好与吸收线的________相重合。

22. 对于火焰原子化法，在火焰中既有基态原子，也有部分________原子，但在一定温度下，两种状态原子数的________一定，可用________方程式表示 。

23. 在原子吸收分析中，实现测量峰值吸收 k_0 的条件是：(1)________；(2)________。

24. 原子化系统的作用是将试样中的待测元素由________形态转变为原子蒸气，原子化方法有________原子化法和________原子化法。

25. 富燃火焰由于燃烧不完全，形成强________气氛，其比贫燃火焰的温度________，有利于熔点较高的________的分解。

26. 空心阴极灯光源发射的共振线被灯内同种基态原子所吸收产生________现象，灯电流越大，这种现象越________，造成谱线________。

27. 在原子吸收光谱分析中，喷雾系统带来的干扰属于________干扰，可通过采用________法定量消除。为了消除基体效应的干扰，宜采用________法进行定量分析。

28. 原子吸收分析的标准加入法可以消除________效应产生的干扰，但不能消除________吸收产生的干扰。

29. 原子吸收分光光度计中单色器的作用是将待测元素的________谱线与________谱线分开。

30. 原子吸收光谱分析中，Hg 元素的测定通常采用________原子化法；测定 As、Sb、Bi、Sn、Ge、Se、Pb、Ti 等元素时常用________原子化方法，也即________原子化方法，原子化温度 700～900℃。

31. 火焰原子化器由两个部分组成：一部分是将试样溶液变成高度________状态的________；另一部分是使试样________的________。

32. 石墨炉原子化器在使用时，为了防止试样及石墨管氧化，要不断地通入________；测定时分________、________、________、________四个阶段。

33. 原子吸收分析中的干扰主要有________、________、________、________和________等。

34. 在原子吸收分析的干扰中，非选择性的干扰是________干扰，有选择性的是________干扰。

35. 背景吸收是一种________吸收，多指光散射、________吸收和火焰吸收。一般来说，背景吸收都使得吸光度________而产生________误差。

36. 待测元素与共存物质作用生成难挥发的化合物，致使参与吸收的基态原子数________，从而引起________误差。

37. 原子吸收分光光度法与分光光度法，其共同点都是利用光吸收原理进行分析的方法，但二者有本质区别，前者产生吸收的是________，后者产生吸收的是________。前者使用的光源是________光源，后者是________光源。前者的单色器在产生吸收之________，后者的单色器在产生吸收之________。

38. 在原子吸收分光光度分析中，灵敏度指当待测元素的浓度或质量改变 1 个单位时，________的变化量。通常用________或________来表征灵敏度。

39. 原子吸收光谱法测定 NaCl 溶液中的微量 K^+ 时，用纯 KCl 配制系列标准溶液，绘制标准曲线，经多次测定，结果偏高，其原因是存在________干扰，解决的方法是加入________。

40. 若高能态和低能态均属激发态，由这种过程产生的荧光称为________荧光。若激发过程先涉及辐射激发，随后再热激发，由这种过程产生的荧光称为________荧光。所有类型中，________荧光强度最大，最为有用。

41. 荧光猝灭是指受激发原子与________碰撞，能量________发射方式给出后回到基态，产生非荧光去激发过程，使荧光减弱或完全消失的现象。荧光猝灭的程度与________有关。

42. 原子荧光光谱仪器包括________、________、________、检测器及信号处理显示系统。与原子________仪器的组成基本相同，但检测器与光源一般呈

________。

(三) 计算题

1. 若光栅的宽度为 6.00mm,每毫米有刻度线 180 条。该光栅的第一级光谱的分辨率是多少? 对波数为 $1000cm^{-1}$的光,光栅能分辨的最靠近的两条谱线的波长差是多少?

2. 一平面反射光栅在入射角为 40°时,反射角为 −15°处能对 300nm 的一级光谱产生色散,计算此光栅上每毫米应有的刻线数和刻线距。

3. 光栅宽度为 50mm,每毫米光栅刻线 600 条,计算光栅一级光谱的理论分辨率,一级光谱中的 37.030nm 和 37.066nm 的双线能否分开?

4. 在火焰温度为 3000K 时, Zn 的 4^1S_0—4^1P_1 跃迁的共振线波长为 213.9nm。试计算基态和激发态原子数的比值为多少?

5. 用原子吸收分光光度计对浓度为 $3\mu g \cdot mL^{-1}$的钙标准溶液进行测定溶液,测得透过率为 48%,计算钙的灵敏度。

6. 浓度为 $0.25\mu g \cdot mL^{-1}$的镁溶液,在原子吸收分光光度计上测得吸光度为 28.2%,试计算镁元素的特征浓度。

7. 原子吸收分光光度法测定某元素的特征浓度为 $0.005\mu g \cdot mL^{-1}$吸收,为使测量误差最小,需要得到 0.434 的吸收值,求在此情况下待测溶液的浓度应为多少?

8. 原子吸收分光光度计在波长为 283.31nm,用火焰原子化器测定浓度为 $0.10\mu g \cdot mL^{-1}$的 Pb^{2+} 标准溶液,测得吸光度为 0.024。经多年使用后,该仪器的灵敏度下降为原来的 1/3,若要达到同样的吸光度值,则 Pb^{2+} 的浓度为多少?

9. 一原子吸收分光光度计的倒线色散率为 $2nm \cdot mm^{-1}$。欲将 K 404.4nm 和 K 404.7nm 两线分开,所用狭缝宽度应是多少?

10. 用 $0.02\mu g \cdot mL^{-1}$标准钠溶液与去离子水交替连续测定 12 次,测得 Na 溶液的吸光度平均值为 0.157,标准偏差 σ 为 1.17×10^{-3}。求该原子吸收分光光度计对 Na 的检出限。

11. 用原子吸收分光光度法测定矿石中的钼。称取试样 4.23g,经溶解处理后,转移入 100mL 容量瓶中。吸取两份 7.00mL 矿样试液,分别放入两个 50.00mL 容量瓶中,其中一个再加入 7.00mL($20.0\mu g \cdot mL^{-1}$)标准钼溶液,都稀释到刻度。在原子吸收分光光度计上分别测得吸光度为 0.314 和 0.586。计算矿石中钼的含量。

12. 用标准曲线法测定硅酸盐试样中 Na_2O 含量。用下列数据绘制标准曲线。

$\rho_{Na}/(\mu g\cdot mL^{-1})$	0.25	0.50	0.75	1.00	1.25	1.50
h/mm	22.9	37.4	56.2	72.0	90.1	107.4

称取0.2000g硅酸盐试样，经分解后，转移到100mL容量瓶中，稀释至刻度。然后吸取该溶液25.00mL，定容到100mL。与标准曲线相同的条件下，测得h为64.0mm。计算试样中Na_2O的含量。（已知$M_{Na_2O}=61.98g\cdot mol^{-1}$，$M_{Na}=22.98g\cdot mol^{-1}$）

13. 用火焰原子化法测定尿液中的锌的浓度。将尿液用去离子水稀释1倍，测得吸光度是0.250。然后将510mL稀释的尿液与7.00mL 4.0$\mu g\cdot mL^{-1}$的标准溶液混合，测得吸光度为0.380。计算尿液中Zn^{2+}的浓度。

14. 用原子吸收光谱法测定废液中Cd含量，从废液排放口准确量取水样100.0mL，经适当酸化处理后，准确加入10mL甲基异丁酮(MIBK)溶液萃取浓缩，待测元素在波长228.8nm下进行测定，测得吸光度值为0.182，在同样条件下，测得Cd的标准系列的吸光度值如下：

$c_{Cd}/(\mu g\cdot mL^{-1})$	0.0	0.1	0.2	0.4	0.6	0.8	1.0
A	0.000	0.052	0.104	0.208	0.312	0.416	0.520

用作图法求该厂废液中Cd的含量(以$mg\cdot L^{-1}$表示)，并判断是否超标(国家规定Cd的排放标准是0.1$mg\cdot L^{-1}$)。

15. 用标准加入法测定某试液中的Pb含量。估计某试液中的Pb约为2$\mu g\cdot mL^{-1}$。测定时去4个点，每点取试液5mL，分别加入不同体积的Pb标准溶液后，再稀释至总体积为10mL。计算各点应加入10$\mu g\cdot mL^{-1}$的Pb标准溶液多少毫升。若各点的吸光度为0.180、0.371、0.560、0.741，绘图并计算试样中Pb的浓度。

(四) 问答题

1. 甲乙两块光栅，甲的闪耀波长300nm，乙的闪耀波长500nm，当采用灵敏线测定某试样中的Cu、Al、Na、K时，分析各元素时各应选择哪块光栅为宜。

2. 写出下列哪种跃迁不能发生，为什么？

(1) $3^1S_0—3^1P_1$；(2) $3^1S_0—3^1D_2$

(3) $3^3P_0—3^3D_3$；(4) $4^3S_1—3^1P_1$

3. 说明ICP光源的基本原理、特点和应用。

4. 原子发射光谱分析中的光源有哪几种？各有什么特点？

5. 比较多通道光电直读光谱仪和全谱直读光谱仪各自的特点。

6. 采用原子发射光谱分析下列试样时，选用什么光源为宜？

(1) 矿石中组分的定性、半定量分析；

(2) 合金中的铜(质量分数：$\sim x\%$)；

(3) 钢中的锰(质量分数：$0.0x\% \sim 0.x\%$)；

(4) 污水中的Cr、Mn、Cu、Fe等(质量分数：$10^{-6} \sim 0.x\%$)。

7. 欲定量测定下述试样中的元素，应选用哪一种原子发射光谱法？

(1) 鱼肉中汞的测定($x\ \mu g \cdot mL^{-1}$)；

(2) 矿石中La、Ce、Pr和Sm的测定($0.0x\% \sim 0.x\%$)；

(3) 废水中Fe、Mn、Al、Ni、Co和Cr的测定($10^{-6} \sim 10^{-3}$)。

8. 为什么原子吸收现象很早就被发现，而原子吸收方法一直到20世纪50年代才建立起来？

9. 原子化过程是否存在热激发？对原子吸收定量分析有无影响？

10. 为什么原子吸收分析法不能像可见分光光度法一样采用连续光源？

11. 空心阴极灯发射的是单谱线还是多谱线？为什么原子吸收的分光系统在样品吸收之后？

12. 每测定一种元素需要换对应的空心阴极灯，原子吸收分析法能否实现多元素的同时测定？

13. 火焰类型对不同元素的原子化过程有什么影响？

14. 原子吸收光谱分析中存在哪些干扰类型？如何消除干扰？

15. 比较火焰法与石墨炉原子化法优缺点。

16. 比较原子吸收分析法与原子发射光谱法的异同。

17. 比较原子吸收分光光度法与可见紫外分光光度法的异同。

18. 原子荧光产生的类型有哪些？各自的特征是什么？

19. 比较原子荧光分析仪、原子发射光谱分析仪及原子吸收光谱分析仪三者之间的异同点。

第十一章　色谱分析法

一、复习要求

(1) 了解色谱发展过程,色谱法的特点、分类、作用。

(2) 熟悉气相色谱仪的基本结构流程及关键部件,掌握重要色谱检测器的结构、原理、特性,掌握色谱操作条件的选择方法、影响柱效的因素及提高柱效的途径。

(3) 掌握色谱基本理论与关系式、定性与定量方法及相关计算。

(4) 掌握高效液相色谱的基本原理、分离模式类型及适用分离对象。

(5) 了解超临界流体色谱分析法的基本原理、特点及适用范围。

(6) 了解毛细管电泳各种分离模式的原理、适用分离对象及方法的选择。

二、内容提要

(1) 色谱法的特点、分类、作用;色谱分离的一般过程;分配系数的定义,分配系数分配比及相互关系。气相色谱仪的基本组成部分、结构流程及关键部件;气相色谱固定相的组成,固定液的分类方法、极性大小;各种气相色谱检测器的结构、原理、特性。塔板理论、速率理论、分离度,柱效的评价方法,影响柱效的因素,提高柱效的途径。操作条件的选择原则,固定液选择的基本原则,操作条件对分析分离的影响。定量校正因子。

(2) 毛细管色谱结构、流程、特点,及与填充柱色谱的不同之处。

(3) 液相色谱分离的基本原理、仪器结构、流程、特点。梯度淋洗与淋洗液选择,分离类型及适用分离对象。

(4) 超临界流体色谱分析法的基本原理、特点及适用范围。毛细管电泳分离的基本原理、进样方式。影响毛细管电泳分离的因素,各种分离模式的原理、适用分离对象及选择依据。

三、要点及疑难点解析

(一) 色谱法基础

1. 色谱分离原理

试样混合物的色谱分离过程也就是试样中各组分在称之为色谱分离柱中的两相间不断进行着的分配过程，其中的一相固定不动，称为固定相；另一相是携带试样混合物流过此固定相的流体(气体或液体)，称为流动相。

当流动相中携带的混合物流经固定相时，其与固定相发生相互作用。由于混合物中各组分在性质和结构上的差异，与固定相之间产生的作用力的大小、强弱不同，随着流动相的移动，混合物在两相间经过反复多次的分配平衡，使得各组分被固定相保留的时间不同，从而按一定次序由固定相中流出。与适当的柱后检测方法结合，实现混合物中各组分的分离与检测。

两相及两相的相对运动构成了色谱法的基础。

气相色谱的两种分离机理：吸附与脱附；两相分配。

2. 分配系数

定义

$$K=\frac{\text{组分在固定相中的浓度}}{\text{组分在流动相中的浓度}}$$

讨论：

(1) K 值是与组分性质、固定相性质、流动相性质、分离温度有关的参数。

(2) 一定温度下，组分的分配系数 K 越大，出峰越慢。

(3) 提高分离温度，组分在固定相中的浓度减小，出峰时间变短。

(4) 某组分的 $K=0$ 时，即不被固定相保留，最先流出。

(5) 每个组分在不同固定相上的分配系数 K 不同，选择适宜的固定相可改善分离效果。

(6) 试样中不同组分在相同分离条件下，具有不同的 K 值，这是决定混合物是否能够分离的基础。

3. 色谱保留值

保留时间(t_R)、死时间(t_M)、调整保留时间(t'_R)之间的关系为

$$t'_R = t_R - t_M$$

保留体积(V_R)、死体积(V_M)、调整保留体积(V'_R)之间的关系为

$$V'_R = V_R - V_M$$

相对保留值

$$r_{21} = \frac{t_{R_2}}{t_{R_1}} = \frac{V_{R_2}}{V_{R_1}}$$

相对保留值只与柱温和固定相性质有关，与其他色谱操作条件无关，它表示了固定相对这两种组分的选择性。

4. 区域宽度

用来衡量色谱峰宽度有三种表示方法：

(1) 标准偏差(s)。即 0.607 倍峰高处色谱峰宽度的一半。

(2) 半峰宽($Y_{1/2}$)。色谱峰高一半处的宽度

$$Y_{1/2} = 2.354s$$

(3) 峰底宽(W_b)

$$W_b = 4s$$

5. 容量因子与分配系数

分配系数 K：组分在两相间的浓度比。

容量因子(也称分配比)k：平衡时，组分在各相中总的质量比

$$k = M_S/M_M$$

容量因子 k 与分配系数 K 的关系为

$$k = \frac{M_S}{M_M} = \frac{\frac{M_S}{V_S}V_S}{\frac{M_S}{V_M}V_M} = \frac{c_S}{c_M} \cdot \frac{V_S}{V_M} = \frac{K}{\beta}$$

若流动相(载气)在柱内的线速度为 u，即一定时间内载气在柱中流动的距离(单位：$cm \cdot min^{-1}$)。由于固定相对组分有保留作用，所以组分在柱内的线速度 u_S 将小于 u，则两速度之比称为滞留因子 R_S

$$R_S = u_S/u$$

显然 R_S 可以用质量分数 w 表示

$$R_S = w = \frac{m_S}{m_S + m_M} = \frac{1}{1 + \frac{m_S}{m_M}} = \frac{1}{1 + k}$$

组分和流动相通过长度为 L 的色谱柱所需时间分别为

$$t_R = \frac{L}{u_S}$$

$$t_M = \frac{L}{u}$$

则可以推导出

$$\frac{t_M}{t_R} = \frac{1}{1+k}$$

$$k = \frac{t_R - t_M}{t_M} = \frac{t'_R}{t_M}$$

可见,容量因子(分配比)可由实验数据测得。

6. 塔板理论

塔板数:衡量柱效的指标。

基本关系式为

$$n = L/H$$

$$n = 5.54\left(\frac{t_R}{Y_{1/2}}\right)^2 = 16\left(\frac{t_R}{W_b}\right)^2$$

$$n_{有效} = 5.54\left(\frac{t'_R}{Y_{1/2}}\right)^2 = 16\left(\frac{t'_R}{W_b}\right)^2$$

$$H_{有效} = \frac{L}{n_{有效}}$$

塔板理论的要点:

(1) 当色谱柱长度一定时,塔板数 n 越大(塔板高度 H 越小),被测组分在柱内被分配的次数越多,柱效能则越高,所得色谱峰越窄。

(2) 不同物质在同一色谱柱上的分配系数不同,用有效塔板数和有效塔板高度作为衡量柱效能的指标时,应指明测定物质。

(3) 柱效不能表示被分离组分的实际分离效果,当两组分的分配系数 K 相同时,无论该色谱柱的塔板数多大,都无法分离。

(4) 塔板理论无法解释同一色谱柱在不同的载气流速下柱效不同的实验结果,也无法指出影响柱效的因素及提高柱效的途径。

7. 速率理论

速率理论讨论了影响柱效的因素。

速率方程(也称范第姆特方程式)为

$$H = A + B/u + c \cdot u$$

1) 涡流扩散项(A)

$$A = 2\lambda d_p$$

讨论：

固定相颗粒越小，即 $d_p\downarrow$，填充得越均匀，$A\downarrow$，$H\downarrow$，柱效 $n\uparrow$。表现在涡流扩散所引起的色谱峰变宽现象减轻，色谱峰较窄。

2) 分子扩散项(B/u)

$$B = 2\nu D_g$$

讨论：

(1) 存在着浓度差，产生纵向扩散，扩散导致色谱峰变宽，$H\uparrow(n\downarrow)$，分离变差。

(2) 分子扩散项与流速有关，流速↓，滞留时间↑，扩散↑。

(3) 扩散系数 $D_g\propto(M_{载气})^{-1/2}$；$M_{载气}\uparrow$，$B\downarrow$。

3) 传质阻力项($C\cdot u$)

传质阻力包括气相传质阻力 C_g 和液相传质阻力 C_L，即

$$C = (C_g + C_L)$$

$$C_L \propto \frac{d_f^2}{D_L}$$

讨论：

(1) 降低液膜厚度可以减小传质阻力，$C\downarrow$，$H\downarrow$。

(2) 增加温度有利于质传递，减小传质阻力，$C\downarrow$，$H\downarrow$。

4) 载气流速与柱效——最佳流速

载气流速高时，传质阻力项是影响柱效的主要因素，随着流速的提高，柱效下降；载气流速低时，分子扩散项成为影响柱效的主要因素，随着流速的增加，柱效提高。

H-u 曲线上有一最低点——最佳流速与最小塔板高度。

5) 速率理论的要点

(1) 被分离组分分子在色谱柱内运行的多路径所形成的涡流扩散、浓度梯度所造成的分子扩散及传质阻力使气液两相间的分配平衡不能瞬间达到等因素是造成色谱峰扩展柱效下降的主要原因。

(2) 通过选择适当的固定相粒度、载气种类、液膜厚度及载气流速可提高柱效。

(3) 速率理论为色谱分离和操作条件的选择提供了理论指导，阐明了流速和柱温对柱效及分离的影响。

(4) 各种因素相互制约，如载气流速增大，分子扩散项的影响减小，使柱效提高，但同时传质阻力项的影响增大，又使柱效下降；柱温升高，有利于传质，但又加剧了分子扩散的影响，选择最佳条件，才能使柱效达到最高。

8. 分离度

有了柱效衡量指标,为什么还要引入分离度?分离度的作用是什么?

塔板理论和速率理论都难以描述难分离物质对的实际分离程度,即柱效为多大时,相邻两组分能够被完全分离。

难分离物质对的分离度大小受色谱过程中两种因素的综合影响:保留值之差——色谱过程的热力学因素;区域宽度——色谱过程的动力学因素。

分离度定义式为

$$R = \frac{2(t_{R_2} - t_{R_1})}{W_{b_2} + W_{b_1}} = \frac{2(t_{R_2} - t_{R_1})}{1.699(Y_{1/2_2} + Y_{1/2_1})}$$

$R=0.8$,两峰的分离程度可达89%;$R=1$,分离程度达98%;$R=1.5$,分离程度达99.7%(相邻两峰完全分离的标准)。

令 $W_{b_2}=W_{b_1}=W_b$(相邻两峰的峰底宽近似相等),并引入相对保留值和塔板数,可导出分离度、塔板数与相对保留值三者之间的数学关系式

$$R = \frac{2(t_{R_2} - t_{R_1})}{W_{b_2} + W_{b_1}} = \frac{t'_{R_2} - t'_{R_1}}{W_b} = \frac{(t'_{R_2}/t'_{R_1} - 1)\cdot t'_{R_1}}{W_b}$$

$$= \frac{(r_{21} - 1)}{t'_{R_2}/t'_{R_1}}\cdot\frac{t'_{R_2}}{W_b} = \frac{(r_{21} - 1)}{r_{21}}\sqrt{\frac{n_{有效}}{16}}$$

$$n_{有效} = 16R^2\left(\frac{r_{21}}{r_{21} - 1}\right)^2$$

$$L = 16R^2\left(\frac{r_{21}}{r_{21} - 1}\right)^2\cdot H_{有效}$$

由上式可计算难分离组分达到完全分离需要的色谱柱长,或色谱柱长一定时,可达到的最大分离度。

9. 定性方法

了解三种定性方法及特点:利用纯物质定性的方法、利用文献保留值定性、与其他分析仪器联用的定性方法(结构鉴定)。

10. 定量校正因子

为什么要引入校正因子?校正因子分为绝对校正因子与相对校正因子、质量校正因子与摩尔校正因子。定量校正因子(f_i)与检测器响应值(S_i)的关系为

$$f_i = 1/S_i$$

11. 色谱定量方法与计算

1) 归一化法

$$c_i(\%)=\frac{m_i}{m_1+m_2+\cdots+m_n}\times100\%=\frac{f_i'\cdot A_i}{\sum_{i=1}^{n}(f_i'\cdot A_i)}\times100\% \qquad (11-1)$$

特点及要求:归一化法简便、准确。进样量的准确性和操作条件的变动对测定结果影响不大,仅适用于试样中所有组分全出峰的情况。

2) 外标法

特点及要求:外标法不使用校正因子,准确性较高,操作条件变化对结果准确性影响较大。对进样量的准确性控制要求较高,适用于大批量试样的快速分析。

3) 内标法

内标法是选择一种合适的内标物后,准确称取一定量的内标物,将称取的内标物加入到准确称取的试样中,充分混合,进样分析。

$$\frac{m_i}{m_S}=\frac{f_i'A_i}{f_S'A_S}$$

$$m_i=m_S\frac{f_i'A_i}{f_S'A_S}$$

$$c_i(\%)=\frac{m_i}{W}\times100\%=\frac{m_i\dfrac{f_i'A_i}{f_S'A_S}}{W}\times100\%=\frac{m_i}{W}\cdot\frac{f_i'A_i}{f_S'A_S}\times100\%$$

特点及要求:

(1) 内标物应与被测组分性质比较接近,不与试样发生化学反应,出峰位置应位于被测组分附近且无组分峰影响,试样中应不含内标物。

(2) 内标法的准确性较高,操作条件和进样量的稍许变动对定量结果的影响不大,但每个试样的分析,都要进行两次称量,不适合大批量试样的快速分析。

(3) 若将内标法中的试样取样量和内标物加入量固定,则

$$c_i(\%)=\frac{A_i}{A_S}\times 常数\times100\%$$

可绘制标准曲线,内标标准曲线法。

(二) 气相色谱分析法

1. 气相色谱仪主要组成部分与关键部件

主要组成部分:载气系统、进样系统、色谱柱、检测系统、温度控制系统。

关键部件:色谱柱(决定组分分离优劣)、检测器(决定测定灵敏度高低)。

2. 固定相

气-固色谱固定相:吸附剂。

气-液色谱固定相:担体+固定液。

作为担体的条件:①比表面积大,孔径分布均匀;②化学惰性,表面无吸附性或吸附性很弱,与被分离组分不起反应;③具有较高的热稳定性和机械强度,不易破碎;④颗粒大小均匀、适度。

固定液:有机大分子化合物或聚合物。

对固定液要求:应对被分离试样中的各组分具有不同的溶解能力,较好的热稳定性,不与被分离组分发生不可逆的化学反应;

固定液的最高最低使用温度:高于最高使用温度易分解,温度低呈固体。使用温度下呈液态。

固定液的相对极性:规定角鲨烷(异三十烷)固定液的相对极性为零;β,β'-氧二丙腈固定液的相对极性为100,其他位于两者之间。

3. 气相色谱检测器

1) 检测器类型

热导检测器:测量的是载气中组分通过检测器时浓度的瞬间变化。检测信号值与组分的浓度成正比,属于浓度型检测器。

氢火焰检测器:测量的是载气中某组分进入检测器的速度变化,即检测信号值与单位时间内进入检测器组分的质量成正比,属于质量型检测器。

2) 检测器性能评价指标

$$E = Sm$$

$$S = A/m$$

3) 热导检测器原理及影响因素

基本原理:载气与组分的热导系数不同,通过惠斯通电桥中的测量池和参考池时,产生信号。

桥路电流 I:检测器的响应值 $S \propto I^3$。

池体温度:池体温度与钨丝温度相差越大,越有利于热传导,检测器的灵敏度也就越高,但池体温度不能低于分离柱温度,以防止试样组分在检测器中冷凝。

载气种类:载气与试样的热导系数相差越大,在检测器两臂中产生的温差和电阻差也就越大,检测灵敏度越高。载气的热导系数大,传热好,通过的桥路电流也可适当加大,则检测灵敏度进一步提高。

4) 氢火焰检测器原理及影响因素

基本原理:有机化合物在氢火焰中裂解产生正离子和电子,在电场作用下定向运动形成微电流信号。

氢火焰检测器对有机化合物具有很高的灵敏度。无机气体、水、四氯化碳等含氢少或不含氢的物质灵敏度低或不响应。比热导检测器的灵敏度高出近3个数量级。

影响氢焰检测器灵敏度的因素主要是三种气体的配比与极化电压。

5) 其他检测器

电子捕获检测器是对含有卤素、磷、硫、氧等元素的电负性化合物有很高灵敏度的选择性检测器。电子捕获检测器的特别之处在于检测器内有一筒状β射线放射源。载气在β射线作用下发生电离,所产生电子和正离子在电场作用下定向移动形成恒定的基电流。当载气携带电负性化合物组分进入检测器时,电负性化合物捕获电子,形成稳定的负离子,再与载气电离产生的正离子结合成中性化合物,使基电流减小而产生负信号(倒峰)。进入检测器的组分浓度越大,基电流越小,倒峰越大。该检测器存在着线性范围窄、受操作条件影响大、重现性差等不足。

火焰光度检测器是对硫、磷化合物具有高灵敏度的选择性检测器。硫、磷化合物在富氢火焰中被还原、激发后,辐射出特征波长的光,硫化合物的λ_{max}为394nm,磷化合物的λ_{max}为526nm。可采用光电倍增管来检测光的强度信号,信号强度与进入检测器的化合物质量成正比。

热离子检测器是对氮、磷化合物有高灵敏度的检测器。在FID检测器的喷嘴与收集极之间加一个含硅酸铷的玻璃球,含氮、磷化合物在受热分解时,受硅酸铷作用产生大量电子,信号强。

4. 气相色谱分离条件的选择

1) 固定液的选择与出峰顺序

选择的基本原则:“相似相溶”,选择与试样性质相近的固定液。

分离非极性组分时,通常选用非极性固定相。各组分按沸点顺序出峰,低沸点组分先出峰。

分离极性组分时,一般选用极性固定液。各组分按极性大小顺序流出色谱柱,极性小的先出峰。

分离非极性和极性的(或易被极化的)混合物,一般选用极性固定液。此时,非极性组分先出峰,极性的(或易被极化的)组分后出峰。

醇、胺、水等强极性和能形成氢键的化合物的分离,通常选择极性或氢键型的固定液。

组成复杂、较难分离的试样,通常使用特殊固定液,或混合固定相。

2) 固定液配比(涂渍量)的选择

配比:固定液在担体上的涂渍量,一般指的是固定液与担体的百分比,配比通常在5%～25%之间。配比越低,担体上形成的液膜越薄,传质阻力越小,柱效越高,分析速度也越快。配比较低时,固定相的负载量低,允许的进样量较小。分析工作中通常倾向于使用较低的配比。

3) 分离柱长的选择

增加柱长对提高分离度有利(分离度 R^2 正比于柱长 L),但组分的保留时间 t_R 增加,柱阻力增加,不便操作。

柱长的选用原则是在能满足分离日的的前提下,尽可能选用较短的柱,有利于缩短分析时间。

4) 柱温的确定

首先应使柱温控制在固定液的最高使用温度(超过该温度固定液易流失)和最低使用温度(低于此温度固定液以固体形式存在)范围之内。

柱温升高,分离度下降,色谱峰变窄变高。柱温增加,被测组分的挥发度增加,即被测组分在气相中的浓度增加,K 变小,t_R 缩短,低沸点组分峰易产生重叠。

柱温下降,分离度增加,分析时间延长。对于难分离物质对,降低柱温虽然可在一定程度内使分离得到改善,但是不可能使之完全分离,这是由于两组分的相对保留值增大的同时,两组分的峰宽也在增加,当后者的增加速度大于前者时,两峰的交叠更为严重。

柱温一般选择在接近或略低于组分平均沸点时的温度。对于组分复杂,沸程宽的试样,采用程序升温。在满足分离度要求下,提高温度,有利于缩短分析时间,提高分析效率。

5) 载气种类的选择

载气种类的选择应考虑三个方面:载气对柱效的影响、检测器要求及载气性质。

(1) 载气摩尔质量大,可抑制试样的纵向扩散,提高柱效。

(2) 载气流速较大时,传质阻力项起主要作用,采用较小摩尔质量的载气(如 H_2、He),可减小传质阻力,提高柱效。

(3) 热导检测器使用热导系数较大的氢气有利于提高检测灵敏度。在氢焰检测器中,氮气仍是首选目标。

(4) 在载气选择时,还应综合考虑载气的安全性、经济性及来源是否广泛等因素。

5. 毛细管色谱法

1) 毛细管色谱的特点

柱效高,分析速度快,灵敏度高,进样量小。毛细管色谱柱柱效高达每米3000～4000块理论塔板,一支长度100m的毛细管柱,总的理论塔板数可达 10^4～10^6。

2）毛细管色谱比填充柱色谱的分离效率高

（1）管径 0.2mm。气流单途径通过柱子，消除了组分在柱中的涡流扩散；

（2）不装填料，阻力小，长度可达百米；

（3）固定液直接涂在管壁上，总柱内壁面积较大，涂层很薄，则气相和液相传质阻力大大降低。

3）毛细管色谱柱类型与特点

涂壁开管柱（WCOT 柱）：将固定液直接涂敷在管内壁上。柱制作相对简单，但柱制备的重现性差、寿命短。

多孔层开管柱（PLOT 柱）：在管壁上涂敷一层多孔性吸附剂固体微粒。构成毛细管气固色谱。

载体涂渍开管柱（SCOT 柱）：将非常细的担体微粒粘接在管壁上，再涂固定液。柱效较 WCOT 柱高。

化学键合或交联柱：将固定液通过化学反应键合在管壁上或交联在一起。使柱效和柱寿命进一步提高。

4）毛细管色谱仪的结构特点

毛细管柱内径很细，允许通过的载气流量很小，因而带来以下问题：①柱容量很小，允许的进样量很小。解决方法是采用分流技术。②分流后，柱后流出的试样组分量少、流速慢。解决方法是采用灵敏度高的氢焰检测器，采用尾吹技术。

（三）高效液相色谱法

1. 高效液相色谱的特点

高压、高效、高速、高灵敏度。适用于高沸点、热不稳定及生化试样的分析。

2. 结构流程与主要部件

高效液相色谱一般可分为 5 个主要部分：梯度淋洗系统、高压输液泵、进样系统、高效分离柱、高效液相色谱检测器。流动相由高压泵来输送和控制流量。位于分离柱前的进样器为耐高压的六通阀进样器。试样在流动相的携带下进入分离柱而被分离，各组分依次流出进入检测器，检测信号输入计算机进行处理。最后流出液收集在废液瓶中。

高压输液泵：为了获得高柱效而使用粒度很小的固定相（$<10\mu m$），液体的流动相高速通过时，将产生很高的压力，因此高压、高速是高效液相色谱的特点之一。高压输液泵应具有压力平稳、脉冲小、流量稳定可调、耐腐蚀等特性。

梯度淋洗系统：可通过梯度淋洗装置控制淋洗液组成与极性，调节组分分离度与保留时间，其作用类似于气相色谱中的程序升温。

进样系统：流路中为高压力工作状态，通常使用耐高压的六通阀进样装置。

高效分离柱:直型不锈钢管,内径 1～6mm,柱长 5～40cm。发展趋势是减小填料粒度和柱径以提高柱效。

高效液相色谱检测器:最常用的是紫外光度检测器(UV),最小检测量 10^{-9} $g \cdot mL^{-1}$,对流量和温度的波动不敏感,可用于梯度洗脱。光电二极管阵列检测器可在获得色谱流出曲线的基础上,同时获得被分离组分的三维彩色图形,获取更多信息。

3. 流动相及流动相的极性

可显著改变组分分离状况的流动相的选择在液相色谱中显得特别重要。液相色谱的流动相又称为淋洗液、洗脱剂。

(1) 流动相按组成不同可分为单组分和多组分。

(2) 按极性可分为极性、弱极性、非极性。

(3) 按使用方式有固定组成淋洗和梯度淋洗。常用溶剂:己烷、四氯化碳、甲苯、乙酸乙酯、乙醇、乙腈、水。

(4) 采用二元或多元组合溶剂作为流动相可以灵活调节流动相的极性或增加选择性,以改进分离或调整出峰时间。

(5) 亲水性固定液常采用疏水性流动相,即流动相的极性小于固定相的极性,称为正相液液色谱法,极性柱也称正相柱。

(6) 若流动相的极性大于固定液的极性,则称为反相液液色谱,柱也称为反相柱。组分在两种类型分离柱上的出峰顺序相反。

4. 主要分离类型

1) 液-固吸附色谱

以硅胶、氧化铝等固体吸附剂为固定相,流动相为各种不同极性的一元或多元溶剂。适用于分离相对分子质量中等的油溶性试样。

2) 液-液分配色谱

通常采用化学键合固定相,对于亲水性固定液,采用疏水性流动相,即流动相的极性小于固定液的极性(正相),反之流动相的极性大于固定液的极性(反相)。正相与反相的出峰顺序相反。

3) 离子交换色谱

固定相采用阴离子交换树脂或阳离子交换树脂;流动相为阴离子交换树脂作固定相,采用碱性水溶液;阳离子交换树脂作固定相,采用酸性水溶液。组分在固定相上发生的反复离子交换反应而被分离。组分与离子交换剂之间亲和力的大小与离子半径、电荷、存在形式等有关。亲和力大,保留时间长。应用于离子及可离解的化合物、氨基酸、核酸等分析。

4）离子对色谱

将一种(或多种)与溶质离子电荷相反的离子(对离子或反离子)加到流动相中,使其与溶质离子结合形成疏水性离子对化合物,使其能够在两相之间进行分配。阴离子分离常采用烷基铵类,如氢氧化四丁基铵或氢氧化十六烷基三甲铵作为对离子。阳离子分离常采用烷基磺酸类,如己烷磺酸钠作为对离子。反相离子对色谱采用非极性的疏水固定相(如 C-18 柱),以含有对离子 Y^+ 的甲醇-水或乙腈-水作为流动相,试样离子 X^- 进入流动相后,生成疏水性离子对 Y^+X^- 后,在两相间分配。

5）空间排阻色谱

采用具有一定大小孔隙分布的凝胶为固定相,小分子可以扩散到凝胶空隙,由其中通过,出峰最慢;中等分子只能通过部分凝胶空隙,中速通过;大分子被排斥在外,出峰最快;溶剂分子小,故在最后出峰。可按分子大小分离。

(四) 超临界色谱与毛细管电泳分析

1. 超临界流体的基本特征

超临界流体是指在高于临界压力与临界温度时,物质的一种状态,具有气体的低黏度、液体的高密度以及介于气、液之间的较高的扩散系数等特征。

2. 与气相和液相色谱相比,超临界流体色谱的主要特点

与气相色谱相比可处理高沸点、不挥发试样,与高效液相色谱相比则流速快具有更高的柱效和分离效率。三种色谱方法在应用方面具有较好的互补性。

3. 在超临界色谱中,流体压力对分离的影响与压力效应

在超临界色谱中,通过调节流动相的压力,可改变流动相的密度,使组分在两相间的分配比例发生变化,从而可调整组分的保留值,提高分离效果,这类似于气相色谱中的程序升温和液相色谱中的梯度淋洗的作用。

在 SFC 中压力变化对容量因子产生显著影响,超流体的密度随压力增加而增加,而密度增加则溶剂效率提高,淋洗时间缩短,这种现象称为压力效应。

在超临界色谱中,分离柱的柱压降比较大(比毛细管色谱大 30 倍),对分离产生较大的影响,即在分离柱前端与柱末端,组分的分配系数相差很大,产生压力效应。超临界流体的密度受压力影响,在临界压力处最大,超过该点影响小,当超过临界压力的 20%,柱压降对分离的影响小。

4. 在超临界色谱中,对固定相的要求

在超临界色谱中,超临界流体对分离柱填料的萃取作用比较大,固定相必须具

有耐萃取特性,可以使用固体吸附剂(硅胶)作为填充柱填料,或采用液相色谱中的键合固定相。

5. 毛细管电泳的主要特点

以毛细管为分离通道、以高压电场为驱动力的液相分离分析技术,具有高效分离、快速分析、微量进样和灵敏度高的特点,特别适合离子、大分子与生物化合物的分离分析。

6. 毛细管电泳的进样方式

电迁移(电动)进样:在很短时间内,施加电压使样品通过电迁移进入毛细管。

特点:易控制进样量(控制电压和时间),存在歧视现象,即电泳淌度大的组分进样量大。

流体力学进样:进样端加压、出口端抽真空及两端形成高度差产生虹吸三种方式。

特点:进样量不受样品基质的影响,不存在歧视现象,进样重复性差。

7. 毛细管电泳分离的基本原理

在毛细管电泳分离中带电粒子的运动受到两种力的共同作用:电泳力和电渗力。

电解质的电泳迁移速率

$$\nu_e = \mu_e E = \mu_e \frac{V}{L} = \frac{Q}{6\pi R_S \eta} E = \frac{QV}{6\pi R_S \eta L}$$

式中:E 为电场强度;V 为毛细管柱两端施加的电压;R_S 为离子的有效半径;L 为毛细管柱的长度。

单位电场强度下的平均电泳速度,即电泳迁移率(电泳淌度 μ_e)

$$\mu_e = \frac{\nu_e}{E} = \frac{Q}{f} = \frac{Q}{6\pi R_S \eta}$$

式中:f 为阻力系数。

在 pH>3 的水溶液中,石英或玻璃毛细管内壁表面上的硅醇基可电离而产生 SiO^- 负离子,使毛细管内壁带上负电荷,因此溶液中的一部分正离子,依靠静电作用而吸附于毛细管内壁上,形成一个双电层,此处的电动势称为界面电动势,也称 ζ 电位。在电场的作用下,固、液两相之间发生相对运动,管中溶液整体向阴极移动,形成电渗流。

电渗流的大小与 ζ 电位成正比,电渗迁移率 μ_{eo} 为

$$\mu_{eo} = \varepsilon\zeta/(4\pi\eta)$$

式中：μ_{eo}为电渗迁移率；ε 为介质的介电常数；η 为介质的黏度。

电渗迁移率速度为电泳流的若干倍，且受 pH 等条件的影响很大，在分离过程中很容易发生变化，因而必须加以控制，使其在一定范围内保持恒定。

电渗流(即溶剂流)的迁移速度为 v_{eo}，则

$$v_{eo} = \mu_{eo}E = \varepsilon\zeta E/(4\pi\eta)$$

毛细管中粒子的移动速度(v_{I})等于其电泳迁移速度(v_{e})与电渗流速度(v_{eo})的矢量和

$$v_{I} = v_{e} + v_{eo}$$

当把样品从阳极端注入毛细管时，各种离子将按下面的速度迁移到阴极：

正离子

$$v^{+} = v_{e} + v_{eo}$$

中性离子

$$v = v_{eo}$$

负离子

$$v^{-} = v_{e} - v_{eo}$$

8. 毛细管电泳的分离模式

毛细管电泳的分离模式可分为电泳分离和色谱分离两类。

电泳分离模式主要包括毛细管区带电泳(CZE)、毛细管凝胶电泳(CGE)、毛细管等速电泳(CITP)、毛细管等电聚焦(CIEF)。

色谱分离模式主要包括胶束电动毛细管色谱(MEKC)、毛细管电色谱(CEC)。

9. 毛细管电泳的分离效率和分辨率

毛细管电泳分离柱效方程为

$$n = \frac{l^2}{\sigma^2} = \frac{l^2}{2Dt} = \frac{\mu_{app}Vl}{2DL} = \frac{(\mu + \mu_{eo})Vl}{2DL}$$

提高分离电压是增加分离效率的主要途径。扩散系数小的溶质比扩散系数大的分离效率高，这也是毛细管电泳可用来高效分离生物大分子的依据。

分辨率为

$$R = \frac{0.177(\mu_1 - \mu_2)}{[DV(\bar{\mu} + \mu_{eo})]^{0.5}}$$

提高分辨率的途径：增大分离电压和控制电渗流。

10. 毛细管电泳分离中电场强度与温度的影响

电渗流速度和电场强度成正比，当毛细管长度一定时，电渗流速度正比于工作

电压。施加的分离电压越高，分辨率越大。根据欧姆定律，电压与电流呈线性关系，在熔凝毛细管中产生的热量与电流的平方成正比，如果产生的焦耳热（毛细管溶液中有电流通过时，产生的热量）不能及时通过管壁向周围环境散去，将使毛细管内温度升高，溶液的黏度下降，电渗流增大。同时引起区带展宽，使柱效、分辨率降低。

降低温度影响的方法改善方法：①减小毛细管内径；②控制散热。

四、例　　题

例 11-1　某色谱柱的柱效率相当于 10^5 个理论塔板。当所得到的色谱峰的保留时间为 1000s 时的峰底宽度是多少？假设色谱峰呈正态分布。

思路　该题是测试对塔板理论的理解。塔板理论中给出了理论塔板 n 与保留时间或峰宽之间的关系，可直接进行计算。

解

$$n = 5.54\left(\frac{t_R}{Y_{1/2}}\right)^2 = 16\left(\frac{t_R}{W_b}\right)^2$$

$$W_b = 4\sqrt{\frac{t_R^2}{n}} = 12.6\text{s}$$

峰底宽度是 12.6s。

例 11-2　两个色谱峰的调整保留时间分别为 60s 和 90s，若所用柱的塔板高度为 1.2mm，两个峰具有相同的峰宽，完全分离需要的色谱柱为多长？

思路　该题是通过对色谱柱长的计算，达到掌握分离度、塔板理论的目的。

在分离度一节中基于两个峰具有相同的峰宽，曾导出了分离度 R、柱长 L 与两组分相对保留值 r_{21} 三者之间的数学关系式，题中未直接给出保留值 r_{21}，但由给出的两峰调整保留时间数据计算出 r_{21} 后，将相应数据代入公式即可计算出达到给定分离度下需要的色谱柱长。题中“两个峰具有相同的峰宽”是公式推导过程的前提条件。完全分离意味着给出了“$R=1.5$”。

解

$$r_{21} = \frac{t_{R_2}}{t_{R_1}} = 90/60 = 1.5$$

$$L = 16R^2\left(\frac{r_{21}}{r_{21}-1}\right)^2 H = 16\times1.5^2\times\left(\frac{1.5}{1.5-1}\right)^2\times1.2(\text{mm}) = 1080(\text{mm})$$

完全分离需要色谱柱长为 1080mm。

例 11-3　某组分在 2m 长的柱上载气通过柱的速度为 $28\text{cm}\cdot\text{min}^{-1}$，若分配比为 3.0，在理想状态，20min 后，该组分在柱中的位置？若要使组分出色谱柱，需要多长时间？

思路　本题是考察对容量因子 k(分配比)及色谱分离过程的理解程度。组分在柱中的移动速度是解题的关键,组分在柱中的移动速度小于载气在柱中的移动速度,通过质量分数将分配比与组分在柱中的移动速度关联起来使本题迎刃而解。

容量因子又称分配比,是指在一定温度、压力下,组分在两相间达到分配平衡时的两相中的质量比。

若流动相(载气)在柱内的线速度为 u,即一定时间内载气在柱中流动的距离(单位:$cm \cdot min^{-1}$)。由于固定相对组分有保留作用,所以组分在柱内的线速度 u_S 将小于 u,则两速度之比称为滞留因子 R_S

$$R_S = u_S/u$$

显然 R_S 可以用质量分数 w 表示

$$R_S = w = \frac{m_S}{m_S + m_M} = \frac{1}{1 + \frac{m_S}{m_M}} = \frac{1}{1 + k}$$

故由分配比可求出组分在柱中移动的速度。

解　组分沿柱移动的速度

$$u_S = \frac{1}{1 + k} \cdot u = \frac{1}{4} \times 28 = 7.0(cm \cdot min^{-1})$$

组分沿柱移动距离

$$7.0cm \cdot min^{-1} \times 20min = 140cm$$

流出柱所需时间

$$\frac{200cm}{7.0cm \cdot min^{-1}} = 28.6min$$

20min 后该组分在柱中 140cm 处。若要使组分出色谱柱需要 28.6min。

例 11-4　已知组分 A 和 B 的分配系数比为 0.909,若有效塔板高度为 0.88mm,两者完全分离,柱长应为多少？

思路　$K_A/K_B = 0.909$,$\alpha = K_B/K_A = 1.100$。完全分离时,分离度 $R = 1.5$。可由下式求解

$$R = \frac{\sqrt{n_{有效}}}{4} \cdot \frac{\alpha - 1}{\alpha}$$

解

$$n_{有效} = 16R\left(\frac{\alpha - 1}{\alpha}\right)^2$$

$$L = Hn$$

$$L = 16R\left(\frac{\alpha - 1}{\alpha}\right)^2 \cdot H_{有效} = 16 \times 1.5^2 \times \left(\frac{1.1}{1.1 - 1}\right)^2 \times 0.88 = 3.83(m)$$

例 11-5　某一气相色谱柱，速率方程中 A、B 和 C 的值分别是 0.08cm、0.36cm²·s⁻¹和 4.3×10^{-2}s，计算最佳线速度和最小塔板高度。

思路　该题是考察对速率方程的灵活掌握的程度，需要利用到所学到的数学知识。由速率方程可知，其一阶导数等于零时的流速为最小值。将最小流速代入速率方程即可计算出最小塔板高度。

解

$$u_{\text{opt}} = \sqrt{B/C} = (\sqrt{0.36/4.3\times10^{-2}})\text{cm}\cdot\text{s}^{-1} = 2.9\text{cm}\cdot\text{s}^{-1}$$

$$H_{\min} = A + 2\sqrt{BC} = (0.08 + 2\sqrt{0.36\times4.3\times10^{-2}})\text{cm} = 0.33\text{cm}$$

最小流速为 $2.9\text{cm}\cdot\text{s}^{-1}$；最小塔板高度为 0.33cm。

例 11-6　用内标法测定乙醛中水分的含量时，用甲醇作内标。称取 0.0213g 甲醇加到 4.586g 乙醛试样中进行色谱分析，测得水分和甲醇的峰面积分别是 150mm² 和 174mm²。已知水和甲醇的相对校正因子 0.55 和 0.58，计算乙醛中水分的含量。

思路　色谱定量分析中的三种计算方法比较简单，相对来说，同学们对于内标法不太熟悉。在此给出一计算示例。内标法的基本原理是在试样中准确加入一定量内标物，根据待测组分与内标物的质量比进行计算

$$\frac{m_i}{m_{\text{S}}} = \frac{f'_iA_i}{f'_{\text{S}}A_{\text{S}}}$$

$$m_i = m_{\text{S}}\frac{f'_iA_i}{f'_{\text{S}}A_{\text{S}}}$$

$$c_i(\%) = \frac{m_i}{W}\times100 = \frac{m_i\dfrac{f'_iA_i}{f'_{\text{S}}A_{\text{S}}}}{W}\times100 = \frac{m_i}{W}\cdot\frac{f'_iA_i}{f'_{\text{S}}A_{\text{S}}}\times100$$

解

$$c_i(\%) = \frac{m_i}{W}\times100 = \frac{m_i\dfrac{f'_iA_i}{f'_{\text{S}}A_{\text{S}}}}{W}\times100 = \frac{m_i}{W}\cdot\frac{f'_iA_i}{f'_{\text{S}}A_{\text{S}}}\times100$$

$$= \frac{150\times0.55\times0.0213}{174\times0.58\times4.586}\times100 = 0.38\%$$

乙醛中水分的含量为 0.38%。

例 11-7　毛细管电泳与液相色谱在分离方面有哪些差异？

思路　主要考虑分离机理和峰展宽。

解　(1) 流体流动形式不同：毛细管电泳中的为平流，峰展宽作用小；液相色谱中的为层流，峰展宽作用大。

(2) 毛细管电泳中组分移动是电渗流和电泳流共同作用;液相色谱中是由压力流带动。

(3) 毛细管电泳中组分分子扩散很小,不存在传质阻力;液相色谱中的涡流扩散、传质阻力与分子扩散是造成柱效低的主要原因。

(4) 毛细管电泳中组分是依据迁移速率差异,液相色谱中则是分配系数差异。

(5) 毛细管电泳适合大分子分离,液相色谱则相反。

例 11-8　提高毛细管电泳分离效率的途径。

思路　影响分离的主要因素:分离电压、电渗流和纵向分子扩散。

解　(1) 增加柱长,提高分离电压;由理论塔板数计算式 $n = (\mu + \mu_{eo})Vl/(2DL)$ 可知,提高电压、增加柱长是提高分离效率的有效方法,但提高电压的同时产生的焦耳热也较大,严重影响分离效率,所以不可能依靠无限提高分离电压来提高柱效。

(2) 增加溶液黏度,有利于降低扩散系数提高柱效。

(3) 控制电渗流。电渗流的大小和方向都对分离产生较大影响。影响电渗流的因素有毛细管材料、缓冲溶液的组成和 pH,溶液 pH 增高时,表面电离多,电荷密度增加,管壁 ζ 电势增大,电渗流增大,pH＝7,达到最大;pH＜3,完全被氢离子中和,表面电中性,电渗流为零。缓冲溶液离子强度增加,电渗流下降。加入表面活性剂,可改变电渗流的大小和方向。

例 11-9　在毛细管电泳分析中,阴离子分析与阳离子分析有什么不同?

思路　电渗流方向对两者来说是不同的。

解　在阳离子分析中,电泳流和电渗流一致,都指向阴极,可在阴极检测,分析速度较快。在阴离子分析中,阴离子向阳极移动而电渗流流向阴极,即电泳流和电渗流的方向相反。通常电渗流的速度要比电泳流的速度大数倍,故可以在阴极检测。但在缓冲溶液 pH 较低时,电渗流的流速下降,阴离子的迁移速度很慢,极长的迁移时间将导致峰变宽变矮,低组分可能检测不到。当电渗流的速度小于电泳流的速度时,很有可能出现组分检测不到的情况。

五、自　测　题

(一) 选择题

1. 色谱法的主要特点是

　A. 高灵敏、能直接定性定量、分析速度快、应用广

　B. 高效分离、定性能力强、分析速度快、应用广

　C. 高效分离、灵敏度高、分析速度快、应用广

　D. 高效分离、灵敏度高,但分析速度慢

2. 色谱法的主要不足之处是

A. 分析速度太慢　　B. 分析对象有限

C. 灵敏度较低　　D. 定性困难

3. 气相色谱的主要部件包括

A. 载气系统、分光系统、色谱柱、检测器

B. 载气系统、进样系统、色谱柱、检测器

C. 载气系统、原子化装置、色谱柱、检测器

D. 载气系统、光源、色谱柱、检测器

4. 决定色谱仪性能的核心部件是

A. 载气系统　　B. 进样系统

C. 色谱柱　　D. 温度控制系统

5. 可作为气固色谱固定相的是

A. 活性炭、活性氧化铝、硅胶

B. 分子筛、高分子多孔微球

C. 玻璃微球、高分子多孔微球、硅藻土

D. 玻璃微球、硅藻土、离子交换树脂

6. 气液色谱的固定液是

A. 具有不同极性的有机化合物　　B. 具有不同极性的无机化合物

C. 有机离子交换树脂　　D. 硅胶

7. 分离无机气体混合物常用的固定相是

A. 分子筛　　B. 活性炭

C. 硅藻土　　D. 玻璃微球

8. 对所有物质均有响应的气相色谱检测器是

A. FID 检测器　　B. 热导检测器

C. 电导检测器　　D. 紫外检测器

9. 农药中常含有 S、P 元素，气相色谱法测定蔬菜中农药残留量时，一般采用下列哪种检测器？

A. FID 检测器　　B. 热导检测器

C. 电子俘获检测器　　D. 紫外检测器

10. 有关热导检测器的描述正确的是

A. 热导检测器是典型的浓度型检测器

B. 热导检测器是典型的质量型检测器

C. 热导检测器是典型的选择性检测器

D. 热导检测器对某些气体不响应器

11. 有关热导检测器的描述正确的是

A. 桥路电流增加,电阻丝与池体间温差变大,灵敏度提高

B. 桥路电流增加,电阻丝与池体间温差变小,灵敏度降低

C. 热导检测器的灵敏度与桥路电流无关

D. 热导检测器的灵敏度取决于试样组分的相对分子质量大小

12. 固定液选择的基本原则是

A. “最大相似性” 原则　　B. “同离子效应”原则

C. “拉平效应” 原则　　D. “相似相溶”原则

13. 某试样中含有不挥发组分,不能采用下列哪种定量方法?

A. 内标标准曲线法　　B. 内标法

C. 外标法　　D. 归一化法

14. 有关色谱理论的描述正确的是

A. 塔板理论给出了衡量柱效能的指标,速率理论指明了影响柱效能的因素

B. 塔板理论指明了影响柱效能的因素,速率理论给出了衡量柱效能的指标

C. 速率理论是塔板理论的发展

D. 速率理论是在塔板理论的基础上,引入了各种校正因子

15. 速率理论方程式 $H = A + B/u + C \cdot u$ 中三项分别称为

A. 传质阻力项、分子扩散项、涡流扩散项;

B. 分子扩散项、传质阻力项、涡流扩散项;

C. 涡流扩散项、分子扩散项、传质阻力项;

D. 传质阻力项、涡流扩散项、分子扩散项

16. 速率理论方程式 $H = A + B/u + C \cdot u$,式中与组分分子在色谱柱中通过的路径有关的项是

A. 传质阻力项　　B. 分子扩散项

C. 涡流扩散项　　D. 径向扩散项

17. 正确的塔板理论公式为

A. $n = 16(t_R/W_b)^2$　　B. $n = 5.54(t_R/W_b)^2$

C. $n = 16(W_b/t_R)^2$　　D. $n = 5.54(W_b/t_R)^2$

18. 在有效塔板数计算式中采用了下列哪项进行计算?

A. 死时间　　B. 保留时间

C. 调整保留时间　　D. 相对保留值

19. 对某一组分来说,在一定的柱长下,色谱峰宽主要取决于组分在色谱柱中的

A. 保留值　　B. 分配系数

C. 运动情况　　D. 理论塔板数

20. 在其他条件不变时,色谱柱长增加,发生改变的参数为

A. 保留值　　B. 分配系数
C. 分配比　　D. 塔板高度

21. 在其他条件不变时,理论塔板数增加1倍,则两相邻峰的分离度将
A. 减少为原来的$1/\sqrt{2}$　　B. 增加1倍
C. 增加2倍　　D. 增加$\sqrt{2}$倍

22. 同时由色谱过程热力学因素和动力学因素决定的色谱参数是
A. 分配系数　　B. 分离度
C. 相对保留值　　D. 保留时间

23. 用气相色谱分析苯中微量水,适宜的固定相为
A. 氧化铝　　B. 分子筛
C. GDX　　D. 活性炭

24. 用气相色谱分析氧气和氮气,适宜的固定相为
A. 氧化铝　　B. 分子筛
C. 硅胶　　D. 活性炭

25. 一对难分析组分的色谱保留值十分接近,现为了增加分离度,最有效的措施是
A. 改变载气流速　　B. 改变载气性质
C. 改变固定相　　D. 改变分离温度

26. 有人用两台同样的色谱仪分析同一个试样,当增加第一台色谱仪的载气流速,发现柱效增加,而增加第二台色谱仪的载气流速,却发现柱效下降,其原因可能是
A. 前者的载气流速小于最佳流速;前者的载气流速大于最佳流速
B. 前者的载气流速小于最佳流速;前者的载气流速大于最佳流速
C. 有一台仪器的分离柱失效
D. 有一台仪器的检测器有问题

27. 增加气相色谱分离室的温度,可能出现下列哪种结果?
A. 保留时间缩短,色谱峰变低、变宽,峰面积保持一定
B. 保留时间缩短,色谱峰变高、变窄,峰面积保持一定
C. 保留时间缩短,色谱峰变高、变窄,峰面积变小
D. 保留时间缩短,色谱峰变高、变窄,峰面积变大

28. 增加气相色谱载气的流速,可能出现下列哪种结果?
A. 保留时间缩短,色谱峰变低、变宽,峰面积保持一定
B. 保留时间缩短,色谱峰变高、变窄,峰面积保持一定
C. 保留时间缩短,色谱峰变高、变窄,峰面积变小
D. 保留时间缩短,色谱峰变高、变窄,峰面积变大

29. 为了提高 A, B 两组分的分离度,可采用增加柱长的方法。若分离度增加一倍,柱长应为原来的

A. 2 倍　B. 4 倍　C. 6 倍　D. 8 倍

30. 某人用气相色谱测定一有机试样,该试样为纯物质,但用归一化法测定的结果却为含量 60%,其最可能的原因为

A. 计算错误　B. 试样分解为多个峰

C. 固定液流失　D. 检测器损坏

31. 某人用气相色谱测定一混合试样,但用归一化法测定的结果为含量 100%,其最可能的原因为

A. 计算错误　B. 柱效太低或柱温太高

C. 固定液流失　D. 检测器对某组分不响应

32. 色谱与质谱联用需要通过什么装置连接?

A. 连接管　B. 分子分离器

C. 组分冷凝器　D. 组分捕获器

33. 容量因子 k 与分配系数 K 的关系为

A. $k=K/\beta$　B. $k=\beta/K$

C. $k=K\cdot\beta$　D. $k=1/K$

34. 容量因子 k 与保留时间之间的关系为

A. $k=\dfrac{t_R'}{t_M}$　B. $k=\dfrac{t_M}{t_R'}$

C. $k=t_M\cdot t_R'$　D. $k=t_R'-t_M$

35. 与分离度直接相关的两个参数是

A. 色谱峰宽与保留值差　B. 保留时间与色谱峰宽

C. 相对保留值与载气流速　D. 调整保留时间与载气流速

36. 下列有关分离度的描述中,正确的是

A. 由分离度计算式来看,分离度与载气流速无关

B. 分离度取决于相对保留值,与峰宽无关

C. 色谱峰宽与保留值差决定了分离度大小

D. 高柱效一定具有高分离度

37. 载气的相对分子质量的大小与哪两项有直接影响?

A. 涡流扩散项和分子扩散项

B. 分子扩散项与热导检测器的灵敏度

C. 保留时间与分离度

D. 色谱峰宽与柱效

38. 填充柱气相色谱分析混合醇试样,选择下列哪一种固定液可能比较合适?

A. 硅胶　　B. 聚乙二醇

C. 角鲨烷　　D. 分子筛

39. 毛细管气相色谱比填充柱色谱具有较高的分离效率，从速率理论来看，这主要是由于毛细管色谱柱中

A. 不存在分子扩散　　B. 不存在涡流扩散

C. 传质阻力很小　　D. 载气通过的阻力小

40. 高压、高效、高速是现代液相色谱的特点，其高压是由于

A. 可加快流速，缩短分析时间，提高工作效率

B. 高压可使分离效率显著提高

C. 采用了细粒度固定相所致

D. 采用了填充毛细管柱

41. 液相色谱的 H-u 曲线

A. 与气相色谱的 H-u 曲线一样，存在着 H_{min}

B. H 随流动相的流速增加而逐渐增加

C. H 随流动相的流速增加而下降

D. H 受 u 影响很小

42. 与气相色谱相比，在液相色谱中的

A. 分子扩散项很小，可忽略比计，速率方程式由两项构成

B. 涡流扩散项很小，可忽略比计，速率方程式由两项构成

C. 传质阻力项很小，可忽略比计，速率方程式由两项构成

D. 速率方程式同样由三项构成，两者相同

43. 提高液相色谱分离效率的主要途径或措施是

A. 增加柱长，保持低温

B. 采用相对分子质量较大的流动相，减少分子扩散

C. 采用低流速，有利于两相间的质传递

D. 采用细粒度键合固定相

44. 在液相色谱分析中，不能用于梯度淋洗的检测器是

A. 紫外检测器　　B. 示差折光率检测器

C. 荧光检测器　　D. 电化学检测器

45. 可以作为超临界色谱流动相使用的超临界流体有

A. CO_2、O_2、N_2、C_3H_8 等　　B. CO_2、N_2O、N_2、C_3H_8 等

C. CO_2、O_2、NH_3、C_3H_8 等　　D. CO_2、N_2O、NH_3、C_3H_8 等

46. 在超临界色谱中，一般通过下列哪种操作方式来提高分离效果?

A. 程序升温　　B. 梯度洗脱

C. 程序升压　　D. 恒温恒压

47. 在超临界色谱中,压力效应是指

A. 超流体的压力增加淋洗时间缩短的现象

B. 超流体的压力减小淋洗时间缩短的现象

C. 超流体的密度随压力增加溶剂效率减小的现象

D. 淋洗时间不随超流体压力改变的现象

48. 超临界流体色谱中通常采用键合固定相,这是由于

A. 流动相流速很高　　B. 流体对柱填料的萃取作用大

C. 分离柱温度高　　D. 为了获得高柱效

49. 与液相色谱相比,超临界流体色谱的主要特点是

A. 效率低但分析速度快,应用范围宽但检测方法少

B. 效率高但分析速度慢,应用范围宽但操作麻烦

C. 分析速度快、检测方法多,但分离效率不够高

D. 分析速度快、检测方法多,可使用毛细管柱

50. 与气相色谱相比,超临界流体色谱的主要特点是

A. 应用范围宽、谱带展宽小

B. 应用范围宽、分析速度快

C. 应用范围宽、谱带展宽小、分析速度快

D. 应用范围宽、谱带展宽大、分析速度快

51. 现代高效毛细管电泳与传统电泳分离法相比具有相当高的分离效率,这是由于现代高效毛细管电泳采用了

A. 毛细管分离柱和高电压　　B. 毛细管分离柱和高压泵

C. 高压泵和高流速　　D. 空心毛细管分离柱消除了涡流扩散

52. 影响毛细管电泳分离效率的主要因素是

A. 电渗流大小　　B. 电渗流方向

C. 分离过程中产生的焦耳热　　D. 毛细管性质

53. 毛细管电泳分析中所施加的电压可高达多少伏?

A. 数十伏　　B. 数百伏

C. 数千伏　　D. 数万伏

54. 毛细管电泳是在传统电泳分析之上发展起来的,但其采用了哪两项突破性改进?

A. 细径毛细管和高电压　　B. 细径毛细管和高灵敏检测器

C. 高电压和电动进样　　D. 电动进样和快速散热装置

55. 溶液 pH 对电渗流的大小有重要影响,当缓冲溶液 pH 为多大时,电渗流为零?

A. pH＞3　　B. pH＞7　　C. pH＜3　　D. pH＜7

56. 增加分离电压是提高毛细管电泳分离效率的途径之一,但提高电压的同时产生的问题是

A. 电压不稳定　　B. 不易控制

C. 高电压危险　　D. 焦耳热

57. 在什么情况下,某离子无法从毛细管柱中流出?

A. 电泳流与电渗流的速度和方向相等

B. 电泳流速度大于电渗流速度

C. 电泳流的方向与电渗流的相反

D. 电泳流速度与电渗流速度相等,方向相反

58. 与液相色谱相比,毛细管电泳最突出的特点是

A. 操作简单,仪器便宜,应用广泛

B. 分离效率高,试样用量少,分析速度快

C. 准确度高,操作简单

D. 准确度高,分析速度快

59. 毛细管电泳中,组分能够被分离的基础是什么?

A. 分配系数的不同　　B. 迁移速率的差异

C. 分子大小的差异　　D. 电荷的差异

60. 提高毛细管电泳的分离效率的有效途径是

A. 增大分离电压和增大电渗流

B. 减小分离电压和增大电渗流

C. 减小分离电压和减小电渗流

D. 增大分离电压和减小电渗流

61. 涡流扩散、分子扩散与传质阻力是造成色谱峰展宽、柱效降低的主要因素,而在毛细管区带电泳中,造成峰展宽的主要因素是

A. 涡流扩散　　B. 电场强度

C. 传质阻力　　D. 分子扩散

62. 在哪种分离模式中,电渗流对分离不利而需要消除?

A. CZE　　B. CGE　　C. CIEF　　D. MEKC

63. 通常毛细管两端的缓冲溶液是完全一样的,但在下列哪种分离模式中却不同?

A. 胶束电动毛细管色谱　　B. 毛细管区带电泳

C. 毛细管等电聚焦　　D. 毛细管凝胶电泳

64. 不带电荷的中性化合物的分析通常采用哪种分离模式?

A. CZE　　B. CITP　　C. CIEF　　D. MEKC

65. 蛋白质、DNA 等样品的分析通常采用哪种分离模式?

A. CZE　　B. CGE　　C. CITP　　D. MEKC

(二) 填空题

1. 色谱分析法包括________、________、________、________等。

2. 最早采用色谱分离原理分离叶绿素的是俄国科学家________,因对色谱法的发展做出重要贡献而获得诺贝尔奖的科学家是________。

3. 色谱法的显著特点包括________、________、________等。

4. 气相色谱法的主要不足之处是________、________等。

5. 色谱法的核心部件是________,该部件决定了色谱________性能的高低。

6. 从安全角度考虑,选择________气作为气相色谱的载气为宜;从经济的角度考虑,选择________气作为气相色谱的载气为宜。

7. 从组分在分离柱中扩散的角度考虑,选择________气作为气相色谱的载气为宜;从热导检测器热导系数的角度考虑,选择________气作为气相色谱的载气为宜。

8. 热导检测器属于典型的________型检测器,FID 检测器属于________型检测器。

9. 在各种气相色谱检测器中,________检测器为广谱型,________检测器为选择型。

10. 气相色谱主要部件包括________、________、________、________。

11. 气液色谱固定相由________和________两个部分构成,其选择性的高低主要取决于________的性质。

12. 可以作为担体使用的物质应满足以下条件:(1)____________;(2)____________;(3)____________;(4)____________。

13. 气固色谱分离机理是基于组分在两相间的反复多次的________与________,气液色谱分离是基于组分在两相间的反复多次的________平衡。

14. 组分在固定相和流动相的浓度达到________时的比值,定义为________。

15. 常见的气固色谱固定相有________、________、________等。

16. 一定温度下,组分的分配系数 K 越________,出峰越________。

17. 试样中的各组分具有不同的 K 值是分离的基础,某组分的 $K=$________时,即不被固定相保留,最________流出色谱柱。

18. 气固色谱固定相通常由各种吸附剂制备,其中________固定相由于具有较大的极性,________能被强烈吸附而不能用这种固定相进行分析。

19. ________作为气固色谱固定相,除能分析 CO_2、N_2O、NO、NO_2 等,且能够分离臭氧。

20. 热导检测器的桥路电流 I ________,钨丝与池体之间的温差越________,

有利于热传导,检测器灵敏度越________,但稳定性下降,基线不稳。

21. 热导检测器的池体温度不能低于________的温度,以防止试样组分在检测器中________。

22. 载气与试样的热导系数相差越________,检测灵敏度越________。在常见气体中,________气的热导系数最大,传热好,作为载气使用时,具有较高的检测灵敏度。

23. 氢火焰离子化检测器是典型的________型检测器,对有机化合物具有很高的灵敏度,但对________、________、________等物质灵敏度低或不响应。

24. 组分从进样到柱后出现浓度极大值时所需的时间定义为________,其与死时间(t_M)的差定义为________。

25. 相对保留值只与________和________性质有关,与其他色谱操作条件无关,它表示了固定相对这两种组分的________性差异。

26. 分配系数 K 是组分在两相间的________比,而容量因子 k 是平衡时,组分在各相中总的________比。容量因子 k 与分配系数 K 的关系为________。

27. 色谱柱理论塔板数 n 与保留时间 t_R 半峰宽 $Y_{1/2}$ 之间的数学关系为 $n=$ ________;

28. 速率理论的三项分别称为________项、________项和________项。

29. 根据速率理论,载气流速增加,________项变大,使柱效降低,而________项变小,使柱效增加,而________项与流速无关。

30. 谱峰的保留值反映了组分在色谱柱中的________情况,它由色谱过程中的________因素控制。

31. 色谱峰的峰宽反映了组分在色谱柱中的________情况,它由色谱过程中的________因素控制。

32. 色谱定量方法有________、________、________。当组分中含有检测器不响应的组分时,不能用________定量。

33. 在液相色谱中,通常采用改变流动相的________和________的方法,即采用________淋洗的方式来提高分离度。

34. 毛细管色谱柱的负载量较小,其仪器在设计时,采用了________装置;柱后流出物的流速较慢,采用了________装置。

35. 在超临界流体色谱中,流体在进入检测器________,将超临界状态转变为________态后,即可使用________色谱的检测器,其中以________检测器应用较多。

36. 在超临界流体色谱中,气相色谱和液相色谱均不使用的重要部件是________;它的作用是保持其两端具有不同的________,使超临界流体色谱中既可以使用气相色谱检测器也可以使用液相色谱检测器。

37. 由于其中________无色、无味、无毒、易得、对各类有机物溶解性好，在紫外光区无吸收，是应用最为广泛的超临界流体流动相。缺点是________，可加入少量________等改性。

38. 在超临界流体色谱中，对于高沸点、低挥发、可燃烧的试样检测，可选择高灵敏的________检测器，在检测器的前面使用________将超流体转变为气体。

39. 由 SFC 与 HPLC 中的流速与塔板高度关系对比图分析，在线速度为 $0.6\text{cm}\cdot\text{s}^{-1}$时，在液相色谱的最小塔板高度处，SFC 对应的最佳流速要比 HPLC 大________倍；柱效比 HPLC 高________倍，SFC 的峰展宽要比 HPLC 低________倍。

40. 毛细管电泳的分离模式可分为________模式和________模式两大类。

41. 从技术上来说，毛细管电泳具有非常高的柱效是由于采用了________毛细管柱和________电压，并有效降低了分离过程中的________效应。

42. 石英毛细管与缓冲溶液间________的存在，使管中溶液表面带有电荷，在电场作用下，管中溶液整体移动，形成________，可用________表示。

43. 在毛细管电泳中，带电粒子所受的驱动力有________和________。对于阳离子，两者的方向________；对于阴离子，两者的方向________。

44. 电渗流的流动类型为________。引起谱带展宽很小。液相色谱中的溶液流动类型为________，呈________流型，引起谱带展宽较大，所以，毛细管电泳比液相色谱的柱效高。

45. 电渗流的大小与双电层 ζ 电位成________比，其速度比电泳流的速度________若干倍，且受________的影响很大，在分离过程中很容易发生变化，因而必须加以控制，使其在一定范围内保持恒定。

46. 毛细管内温度的升高，使溶液的黏度________，电渗流________，对分离________利。

47. 对于石英毛细管，溶液 pH ________时，表面电离多，电荷密度增加，管壁 ζ 电势________，电渗流________。

48. 电渗流的方向取决于毛细管内表面电荷的性质。石英毛细管内表面带________电荷，电渗流流向________极。

49. 在胶束电动毛细管色谱分离模式中，背景电解质中加入了超过________浓度的阳离子表面活性剂使之形成胶束，其迁移方向与电渗流________。样品组分背景电解质和胶束之间进行________，起着________的作用，依据其电泳淌度和分配行为的不同而进行分离。

50. 在毛细管电泳各种分离模式中，柱效最高的一种是________。由于毛细管内填充有________，样品组分在分离中不仅受电场力的作用还受到________效应的作用。

(三) 计算题

1. 某色谱峰的保留时间为 45s，峰宽为 3.5s。若柱长为 2.0m，计算理论塔板数和塔板高度。

2. 已知速率方程式中 A、B 和 C 三项的值分别为 0.15cm、$0.36cm^2 \cdot s^{-1}$ 和 $4.3\times10^{-2}s$，试计算该色谱柱的最佳线速度和最小塔板高度。

3. 某色谱柱长为 1m，测得某组分的调整保留时间 t'_R 为 1.64min，峰底宽 9.2s。计算该色谱柱的有效塔板数及有效塔板高度。

4. 某色谱柱长为 2m，在下列不同线速度时相应的理论塔板数如下：

$u/(cm\cdot s^{-1})$	4.0	6.0	8.0
n	323	308	253

计算：(1)最佳线速度；(2)色谱柱在最佳线速时的理论塔板数。

5. 气相色谱测得 A、B 两物质的相对保留值为 $r_{BA}=1.08$，$H_B=1mm$。两组分完全分离($R=1.5$)时，需要多长的色谱柱？

6. 某色谱柱的有效塔板数为 1450，组分 A、B 在该柱上的调整保留时间分别为 90s 和 105s。求其分离度。

7. 在其他色谱条件相同时，若将色谱柱长增加 3 倍，则两相邻峰的分离度将增加多少？

8. 填充柱气相色谱分析某试样，柱长为 1m 时，测得 A、B 两组分的保留时间分别为 5.80min 和 6.60min，峰底宽分别为 0.78min 和 0.82min。测得死时间为 1.10min。计算下列各项：(1)载气的平均线速度；(2)组分 B 的分配比；(3)分离度；(4)平均有效理论塔板数；(5)如果使两组分完全分离，需要多长的色谱柱。

9. 已知组分 A 和 B 在水和正己烷中的分配系数($K=c_{H_2O}/c_{C_6H_{14}}$)分别为 6.50 和 6.31，用正己烷为流动相，在一带水硅胶柱中分离。已知相比为 0.422，试计算：(1)两组分的分配比；(2)选择系数；(3)完全分离时需要的塔板数；(4)若柱长为 806cm，流动相的流速为 $7.10cm\cdot s^{-1}$，则两组分流出色谱柱需要多长时间。

10. 某五元混合物的色谱分析数据如下：

组　分	A	B	C	D	E
A/cm^2	34.5	20.6	40.2	20.2	18.3
f'_i	0.70	0.82	0.95	1.02	1.06

计算混合物中 B 和 D 组分的含量。

11. 气相色谱法分析氯代烃混合物中四氯乙烯的含量。称取试样 1.44g，加入甲苯 0.12g，分析后，在色谱图上测得四氯乙烯和甲苯的峰面积分别为 $1.08cm^2$ 和 $1.17\ cm^2$。已知四氯乙烯相对于甲苯的校正因子为 1.47。计算氯代烃混合物中四氯乙烯的质量分数。

12. 分析某有机物试样中的水含量，以甲醇为内标。称取 1.172g 试样，加入 0.114g 甲醇。混合均匀后进样分析，测得水和甲醇的峰面积分别为：$164cm^2$ 和 $189cm^2$。水和甲醇的校正因子分别为 0.78 和 0.82。计算试样中水的质量分数。

（四）问答题

1. 色谱保留时间和色谱峰宽受哪些因素控制？为使保留时间缩短和色谱峰宽变窄应采取哪些措施？

2. 气相色谱固定液选择的基本原则是什么？分析极性和非极性混合物时，选择何种类型固定液？按什么顺序出峰？

3. 用色谱理论解释对用于气相色谱的固定液的要求。

4. 分别用 SE-30（非极性）、邻苯二甲酸二壬酯（中等极性）和聚乙二醇-20M（强极性）作固定相，分离二氯甲烷（b.p. 40℃）、三氯甲烷（b.p. 62℃）和四氯化碳（b.p. 77℃），预测出峰顺序并说明原因。

5. 讨论分离温度和载气流速对色谱分离的影响。

6. 讨论载气性质对气相色谱分离和热导检测器性能的影响。

7. 塔板理论的基本假设和主要特点是什么？

8. 根据速率理论讨论提高柱效的主要途径。

9. 分离度的大小取决于哪些因素？由分离度定义式推导出分离度与柱效的关系式。

10. 色谱定性方法有哪些？色谱定量方法有哪些？各有什么特点？

11. 比较气相色谱程序升温和液相色谱的梯度淋洗的异同之处。

12. 在液相色谱分析过程中，对下列情况发生的可能结果进行判断并解释：(1)以硅胶为固定相，含有少量的极性杂质（如水）的正己烷作流动相；(2)以含有芳烃杂质的正己烷作流动相，使用紫外检测器；(3)采用梯度淋洗时，采用示差折光检测器。

13. 为什么在液相色谱中，采用反相色谱法的应用最广？

14. 在液相色谱中，离子型混合物试样可以采用哪些模式分离？其基本原理是什么？

15. 超临界色谱与气相色谱和液相色谱相比有什么优缺点？

16. 毛细管电泳为什么比传统电泳分析法具有突出的分离性能？

17. 电渗流是如何产生的？具有什么特点？

18. 从理论上说明为什么毛细管电泳特别适合生物大分子的分离分析。

第十二章　有机分子结构测定方法

一、复习要求

(1) 了解红外分光光度仪、核磁共振波谱仪及质谱仪的基本原理、结构流程与仪器类型。

(2) 掌握红外光谱产生的条件、分子中基团的基本振动形式、影响峰位变化的因素,掌握红外光谱与分子结构的关系、有机化合物不饱和度的计算、红外光谱的一般解析方法。

(3) 掌握核磁共振谱产生的条件、化学位移、屏蔽效应和屏蔽常数、自旋偶合与自旋分裂,能够根据谱图确定简单有机化合物的结构。

(4) 掌握质谱分析的基本原理、化合物裂解的一般规律、分子离子峰的特征及判定方法、质谱图的解析方法。

(5) 初步掌握谱图综合解析与有机化合物结构确定方法。

二、内容提要

1. 红外吸收光谱法

红外光谱产生的条件,分子中基团的基本振动形式,振动方程式,影响峰位及吸收峰强度变化的因素。红外光谱与分子结构的关系,红外谱图解析方法,不饱和度的计算,根据谱图确定常见有机化合物的特征基团。

2. 核磁共振波谱法

核磁共振产生的条件,化学等价,磁各向异性与磁等价,屏蔽效应和屏蔽常数,核磁共振谱图(氢谱)与化学位移,影响化学位移的因素,自旋偶合与自旋裂分,核磁共振谱图中化合物结构信息分析,质子核磁共振波谱解析的辅助方法,根据谱图确定简单有机化合物结构。

3. 质谱分析法

质谱分析基本原理,离子源与质量分析器。各类化合物裂解的一般规律,分子离子峰的特性及判断方法,质谱图的一般解析方法。

三、要点与疑难点解析

(一) 红外吸收光谱法

1. 红外光谱与红外光谱产生的条件

红外吸收光谱,简称红外光谱(IR)或分子的振动转动光谱,是由于化合物分子中的基团吸收特定波长的电磁波引起分子内部的某种振动,用仪器记录对应的吸光度或透过率的变化而得到的谱图。

红外光谱法主要研究在振动时伴随有偶极矩变化的化合物。因此,除了单原子和同核分子如 Ne、He、O_2、H_2 等之外,几乎所有的有机化合物在红外光区均有吸收。凡是结构不同的两个化合物,一定不会有相同的红外光谱。

红外吸收带的波长位置与强度反映了分子结构上的特点,可以用来确定有机化合物结构中某些化学基团的存在及通过与标准谱图对照来鉴定未知物的结构。但红外吸收光谱难以获得化合物的骨架结构信息,缺乏标准谱图时,需要与其他方法配合以确定化合物结构。

不是所有的物质都具有红外吸收,产生红外光谱需要满足的两个条件:①辐射应具有满足物质产生振动跃迁所需的能量;②辐射与物质间有相互偶合作用。

2. 红外活性与非红外活性

对称分子:没有偶极矩,辐射不能引起共振,无红外活性,如 N_2、O_2、Cl_2 等。

非对称分子:有偶极矩,红外活性。

3. 分子振动的基本类型

一般将分子的振动形式分为伸缩振动和变形振动两类。

伸缩振动有对称伸缩振动(ν_s)和反对称伸缩振动(ν_{as})两种形式。

变形振动又叫变角振动,有四种形式,其中剪式振动(δ)和平面摇摆振动(ρ)属于面内变形振动,而非平面摇摆振动(ω)和扭曲振动(τ)属于面外变形振动。由于弯曲振动的力常数比伸缩振动的小,所以同一基团的弯曲振动都在伸缩振动的低频端出现。另外,弯曲振动对环境变化较为敏感,通常由于环境结构的改变,同一振动可能在较宽的波段范围内出现。

4. 基团的特征吸收峰、振动频率及振动方程式

有机化合物中的某些基团的吸收峰总是在红外吸收光谱图中的固定范围内出现,随化合物结构不同而发生位置移动。可由这些吸收峰的形状和位置,判断化合

物中基团的存在与否及相关结构信息,称之为基团的特征吸收峰。

在通常状况下,分子大都处于基态振动。一般极性分子吸收红外辐射主要属于基态($\nu=0$)到第一激发态($\nu=1$)之间的跃迁,其能量的变化为

$$\Delta E = \frac{h}{2\pi}\sqrt{\frac{K}{\mu}}(\Delta\nu) = \frac{1}{2\pi c}\sqrt{\frac{K}{\mu}}$$

而其对应的谱带称为基本振动谱带或基频吸收带,其波数由下式计算

$$\sigma(\text{cm}^{-1}) = 1307\sqrt{\frac{k}{\mu}}$$

式中:$\mu=\dfrac{m_1 m_2}{m_1+m_2}$为折合原子质量。由上式可以计算有机化合物官能团的基频峰峰位。

5. 基频峰、泛频峰、相关峰及费米共振

基频峰:分子吸收红外辐射后,振动能级由基态($\nu=0$)跃迁到激发态($\nu=1$)所产生吸收峰。

泛频峰:倍频峰、合频峰与差频峰的总称。

倍频峰:$\nu=0 \longrightarrow \nu=2$,$\nu_L=2\nu$,2 倍频峰。$\nu=0 \longrightarrow \nu=3$,$\nu_L=3\nu$,3 倍频峰。

合频峰:$\nu_1+\nu_2$。

差频峰:$\nu_1-\nu_2$。

相关峰:由一个基团产生的一组相互依存的特征峰。

费米共振:某一共振的倍频出现在另一个振动的基频附近,使倍频峰强度增加或分裂的现象。

6. 影响基团频率的因素

由吸电子基团引起的诱导效应(-I)会使峰位向高频方向移动,即蓝移。

使电子离域的共轭效应(M)会使峰位向低频方向移动,即红移。

当分子形成分子间和分子内氢键时,通常可使伸缩振动频率向低波数方向移动。

7. 吸收峰强度

1) 与跃迁概率有关

跃迁概率越大,谱带强度越大。跃迁概率是指跃迁过程中激发态分子占分子总数的分数。

2）与偶极矩变化有关

分子在振动过程中的 $\Delta\mu$ 越大，跃迁概率越大，峰越强。

两原子电负性的差值越大，$\Delta\mu$ 越大，峰越强。

3）与分子对称性有关

不对称分子的 $\Delta\mu$ 大，峰强。

8. 化合物的不饱和度

化合物的不饱和度是初步判断化合物类别及共轭体系的重要参数。由分子的不饱和度可以推断分子结构中是否含有双键、叁键、芳环或脂环，从而验证光谱解析的合理性。

不饱和度即分子结构中距离饱和所缺一价元素的“对数”。

定义每个分子中达到饱和结构缺两个一价元素时，不饱和度为一个单位。

不饱和度的计算式为

$$\Omega = 1/2(2 + 2n_4 + n_3 - n_1)$$

式中：n_4、n_3、n_1 分别为该分子中 4 价、3 价、1 价元素原子的数目；2 价元素原子的数目不考虑。

不饱和度与结构的关系有以下规律：一个苯环的 $\Omega=4$；六元以上芳环 $\Omega\geqslant4$；一个脂环的 $\Omega=1$；一个叁键的 $\Omega=2$；一个双键的 $\Omega=1$；链状饱和化合物的 $\Omega=0$。

9. 红外光谱中的 8 个重要区段

红外光谱中的 8 个重要区段见表 12-1。

表 12-1　红外光谱中的 8 个重要区段

波数/cm^{-1}	键的振动类型
3750～3000	ν_{OH}，ν_{NH}
3300～3000	ν_{CH}，（—C≡C—H、>C=CH—、Ar—H）
3000～2700	ν_{CH}，（—CH_3、=CH_2、≡C—H、ORC—H）
2400～2100	$\nu_{C\equiv C}$，$\nu_{C\equiv N}$
1900～1650	$\nu_{C=O}$（脂肪族及芳香族）
1675～1500	$\nu_{C=N}$，$\nu_{C=C}$（酸、醛、酮、酰胺、脂、酸酐）
1475～1300	$\delta_{\equiv C-H}$
1000～650	$\delta_{C=C-H}$，δ_{Ar-H}（面外）

10. 红外光谱解析的一般步骤

按照由简单到复杂，先特征区、后指纹区，同一区内先最强峰、后次强峰，即按由简到繁、先粗后细的顺序进行:①利用已知的化合物的元素组成、熔点、晶形等初步推测其类别;②利用分子式计算出化合物的不饱和度,推测其可能含有的功能团;③从特征区的第一强峰进一步估计化合物的类别;④从主要特征峰确定出化合物的主要功能团,如 C=O、O—H、N—H、C=C、C≡C、C≡N、Ar 等;⑤从指纹区的吸收峰找到与特征区吸收峰相关峰,确定芳环上取代基的位置;⑥综合其他信息或标准谱图确定化合物的结构。

常见基团的特征频率数据见表 12-2。

表 12-2 常见官能团的特征频率数据

化合物类型	振动形式	波数范围/cm^{-1}
烷烃	C—H 伸缩振动	2975～2800
	CH_2 变形振动	～1465
	CH_2 变形振动	1385～1370
	CH_2 变形振动(4 个以上)	～720
烯烃	=CH 伸缩振动	3100～3010
	C=C 伸缩振动(孤立)	1690～1630
	C=C 伸缩振动(共轭)	1640～1610
	C—H 面内变形振动力	1430～1290
	C—H 变形振动(—CH=CH_2)	～990 和～910
	C—H 变形振动(反式)	～970
	C—H 变形振动(>C=CH_2)	～890
	C—H 变形振动(顺式)	～700
	C—H 变形振动(三取代)	～815
炔烃	≡C—H 伸缩振动	～3300
	C≡C 伸缩振动	～2150
	≡C—H 变形振动	650～600
芳烃	=C—H 伸缩振动	3020～3000
	C=C 骨架伸缩振动	～1600 和～1500
	C—H 变形振动和 δ 环(单取代)	770～730 和 715～685
	C—H 变形振动(邻位二取代)	770～735
	C—H 变形振动和 δ 环(间位二取代)	～880、～780 和～690
	C—H 变形振动(对位二取代)	850～800
醇	O—H 伸缩振动	～3650 或 3400～3300(氢键)
	C—O 伸缩振动	1260～1000

续表

化合物类型	振动形式	波数范围/cm^{-1}
醚	C—O—C 伸缩振动(脂肪)	1300～1000
	C—O—C 伸缩振动(芳香)	～1250 和～1120
醛	O═C—H 伸缩振动	～2820 和～2720
	C═O 伸缩振动	～1725
酮	C═O 伸缩振动	～1715
	C—C 伸缩振动	1300～1100
酸	O—H 伸缩振动	3400～2400
	C═O 伸缩振动	1760 或 1710(氢键)
	C—O 伸缩振动	1320～1210
	O—H 变形振动	1440～1400
	O—H 面外变形振动	950～900
酯	C═O 伸缩振动	1750～1735
	C—O—C 伸缩振动(乙酸酯)	1260～1230
	C—O—C 伸缩振动	1210～1160
酰卤	C═O 伸缩振动	1810～1775
	C—Cl 伸缩振动	730～550
酸酐	C═O 伸缩振动	1830～1800 和 1775～1740
	C—O 伸缩振动	1300～900
胺	N—H 伸缩振动	3500～3300
	N—H 变形振动	1640～1500
	C—N 伸缩振动(烷基碳)	1200～1025
	C—N 伸缩振动(芳基碳)	1360～1250
	N—H 变形振动	～800
酰胺	N—H 伸缩振动	3500～3180
	C═O 变形振动(伯酰胺)	1680～1630
	N—H 变形振动(伯酰胺)	1640～1550
	N—H 变形振动(仲酰胺)	1570～1515
	N—H 面外变形振动	～700
卤代烃	C—F 伸缩振动	1400～1000
	C—Cl 伸缩振动	785～540
	C—Br 伸缩振动	650～510
	C—I 伸缩振动	600～485

续表

化合物类型	振动形式	波数范围/cm^{-1}
腈基化合物	C≡N 伸缩振动	~2250
硝基化合物	—NO_2(脂肪族)	1600~1500 和 1390~1300
	—NO_2(芳香族)	1550~1490 和 1355~1315

11. 如何根据红外谱图信息区分醛与酮

醛和酮都有羰基的伸缩振动 $\nu_{C=O}$(1900~1650cm^{-1}),醛的 $\nu_{C=O}$(1740~1685cm^{-1})一般高于酮的(1725~1665cm^{-1}),但酮的 α-C 上有吸电子基团时将会使 $\nu_{C=O}$升高;醛有 C—H 的特征吸收带 ν_{CH}(2880~2650cm^{-1}),一般在 2820cm^{-1}和 2740~2720cm^{-1}附近出现两个相近的中强度吸收峰,后者较尖,是区分醛与酮的特征谱带。

12. 如何根据红外谱图信息区分醇与酚

醇和酚都有羟基的三个特征吸收带 ν_{OH}、δ_{OH}和 ν_{C-O}。醇和酚的羟基伸缩振动 ν_{OH}没有什么区别,都在 3670~3230cm^{-1};伯、仲醇的羟基面内变形振动 δ_{OH}在 1350~1260cm^{-1},叔醇和酚的在 1410~1310cm^{-1};碳氧键的伸缩振动 ν_{C-O}中,伯醇的在 1070~1000cm^{-1}、仲醇的在 1120~1030cm^{-1}、叔醇的在 1170~1100cm^{-1},而酚的在 1230~1140cm^{-1};另外,酚有苯环的特征吸收,即 $\nu_{=CH}$(3100~3000cm^{-1})、$\nu_{=CH}$(2000~1600cm^{-1})和 $\nu_{C=C}$(1625~1450cm^{-1}),据此可区分醇与酚。

13. 如何根据红外谱图信息区分醇与酸

醇和酸都有羟基的特征吸收带,但酸具有羰基的特征吸收 $\nu_{C=O}$(1900~1650cm^{-1}),而醇则没有。

14. 如何根据红外谱图信息区分脂肪烃、不饱和烃及芳烃

脂肪烃只有 CH_3、CH_2、CH 和碳链骨架的振动,即三种吸收带 ν_{CH}(2975~2845cm^{-1})、δ_{CH}(1460~1380cm^{-1})和 ν_{C-C}(1250~720cm^{-1});烯烃主要有两个特征吸收带,即 $\nu_{=CH}$(3100~3000cm^{-1})和 $\nu_{C=C}$(1680~1620cm^{-1});炔烃有三个特征吸收带,即 $\nu_{\equiv CH}$(3340~3260cm^{-1})、$\nu_{C\equiv C}$(2260~2120cm^{-1},但完全对称时看不到)和 δ_{CH}(700~610cm^{-1});芳烃有环的特征吸收,即 $\nu_{=CH}$(3100~3000cm^{-1})、$\nu_{=CH}$(2000~1600cm^{-1})和 $\nu_{C=C}$(1625~1450cm^{-1})。据此可互相区分它们。

(二) 核磁共振波谱法

1. 核磁共振、进动、饱和与弛豫

核磁共振:原子核在磁场中吸收一定频率的无线电波而发生自旋能级跃迁的现象。

进动:原子核在外磁场的作用下,自旋轴绕回旋轴(磁场轴)以一定夹角旋转,称为进动。

弛豫:高能态的核通过非辐射途径损失能量而恢复至基态的过程。

饱和:一般处于低能态的核总要比高能态的核多一些,在室温下大约100万个氢核中低能态的核要比高能态的核多10个左右,正因为有这样一点点过剩,若用射频去照射外磁场 B_0 中的核,低能态的核就会吸收能量由低能态向高能态跃迁,所以就能观察到电磁波的吸收(净吸收)即观察到共振吸收谱,但是随着这种能量的吸收,低能态的 ^1H 核数目在减少,而高能态的 ^1H 核数目在增加,当高能态和低能态的 ^1H 核数目相等时,就不再有净吸收,核磁共振信号消失,这种状态叫做饱和状态。

2. 核磁共振波谱法研究的对象及在化合物结构确定中的作用

自旋量子数 $I>0$ 的原子核有自旋现象和自旋角动量。当 $I=1/2$ 时,核电荷呈球形分布于核表面,它们的核磁共振现象较为简单,属于这一类的原子核有 $^1H_1$、$^{15}N_7$、$^{13}C_6$、$^{19}F_9$、$^{31}P_{15}$。其中研究最多、应用最普遍的是 ^1H 和 ^{13}C 核磁共振谱。

确定化合物中质子的种类、个数及相互关系,确定化合物的骨架结构,与红外光谱配合,可有效地确定化合物结构。

3. 原子核的自旋与核磁共振吸收

1) $I=0$ 的原子核

O(16)、C(12)、S(22)等,无自旋,没有磁矩,不产生共振吸收。

2) $I\geqslant 0$ 的原子核

$I=1$: ^2H, ^{14}N。

$I=3/2$: ^{11}B, ^{35}Cl, ^{79}Br, ^{81}Br。

$I=5/2$: ^{17}O, ^{127}I。

这类原子核的核电荷分布可看作一个椭圆体,电荷分布不均匀,共振吸收复杂,研究应用较少。

3) $I=1/2$ 的原子核

如^{1}H,^{13}C,^{19}F,^{31}P。这类原子核可看作核电荷均匀分布的球体,并像陀螺一样自旋,有磁矩产生,是核磁共振研究的主要对象,C、H 也是有机化合物的主要组成元素。

4. 核磁共振的产生条件

将具有自旋的原子核放在高磁场中,原子核能级产生裂分,当由低能级向高能级跃迁时,需要吸收能量,如用射频照射处于磁场中的自旋核,射频频率 ν 恰好满足 $h\nu=\Delta E$ 时,处于低能态的核将吸收射频能量而跃迁至高能态,产生核磁共振。

核磁共振的条件:①核有自旋(磁性核);②外磁场,能级裂分;③照射频率与外磁场的比值为 $\nu_0/H_0=\gamma/(2\pi)$。

讨论:

共振条件

$$\nu_0=\gamma H_0/(2\pi)$$

(1)对于同一种原子核,磁旋比 γ 为定值,H_0 变,射频频率 ν 变。

(2)对于不同核,磁旋比 γ 不同,产生共振的条件不同,需要的磁场强度 H_0 和射频频率 ν 不同。

(3)固定 H_0,改变 ν(扫频),不同原子核在不同频率处发生共振。也可固定 ν,改变 H_0(扫场)。扫场方式应用较多。

氢核(^{1}H):1.409T　　共振频率　60MHz

　　　　　2.305T　　共振频率　100MHz

磁场强度 H_0 的单位:1G(高斯)$=10^{-4}$T(特[斯拉])

5. 屏蔽效应和屏蔽常数

由于核外电子在外磁场作用下会产生环电流,并感应产生一个与外磁场方向相反的次级磁场,起到了屏蔽电子的作用。另外,分子中处于不同化学环境中的质子,核外电子云的分布情况也各异。因此,不同化学环境中的质子,实际上受到的磁场强度 H,可用下式表示

$$H=H_0-\sigma H_0=H_0(1-\sigma)$$

式中:σ 为屏蔽常数。电子云密度越大,屏蔽程度愈大,σ 值也大。反之则小。

从而,氢核共振应满足如下关系式

$$\nu_{共振}=\mu\beta\frac{2H}{h}=\mu\beta\frac{2H(1-\sigma)}{h}$$

由于屏蔽作用的存在,氢核产生共振需要更大的外磁场强度(相对于裸露的氢核),来抵消屏蔽的影响。因此,屏蔽常数 σ 不同的质子,其共振将分别出现在核

磁共振谱的不同频率区域或不同磁场强度区域(即化学位移不同)。由此,可获得有机化合物的结构信息。

当次级磁场的磁力线与外磁场一致,此空间的质子实际所受磁场增加,产生共振所需要的外磁场强度降低,这种作用称为去屏蔽效应或顺磁屏蔽效应。

6. 化学位移与影响化学位移的因素

在有机化合物中,各种氢核周围的电子云密度不同(处于结构中不同位置),共振频率有差异,即引起共振吸收峰的位移,这种现象称为化学位移。

化学环境不同的氢核有不同的化学位移,化学位移值 δ 可用下式表示

$$\delta = (\nu_{共振} - \nu_{TMS})/\nu_0 \times 10^6 (ppm)$$

式中:$\nu_{试样}$为样品中质子的共振频率:ν_{TMS}是标准物四甲基硅烷(TMS)的共振频率(一般 $\nu_{TMS}=0$)。某些氢核的化学位移如表 12-3 所示。

表 12-3　某些氢核的化学位移

氢核类型	化学位移(δ)/ppm	氢核类型	化学位移(δ)/ppm
环丙烷	0.2~0.9	醇 $H_3C—OH$	3.4~4
伯 RCH_3	0.9	醚 $H_3C—OR$	3.0~4
仲 R_2CH_2	1.3	酯 $RCOOCH_3$	3.7~4.1
叔 R_3CH	1.5	酯 H_3COOR	2~2.2
乙烯型 C═CH	4.6~4.9	酸 $H_3C—C═O$	2~2.6
乙炔型 C≡C	2~3	羰基化合物 $H_3C—C═O$	2~2.7
芳基型 Ar—H	6~8.5	醛基 RCHO	9~10
苄基型 $Ar—CH_2—$	2.2~3	羟 R—OH	1~5.5
烯丙基 $C═C—CH_3$	1.7	酚 Ar—OH	4~12
氨基 $R—NH_2$	1~5	烯醇 C═C—OH	15~17
酮 $—CO—CH_3$	2~2.7	羧基 R—COOH	10.5~12

凡是使核外电子云密度改变的因素,都能影响化学位移。因素有内部的,如诱导效应、共轭效应和磁的各向异性效应等,外部的如溶剂效应、氢键的形成等。一般来说,诱导效应、共轭效应以及分子形成氢键会使核的共振频率向低场移动。基团的电负性越大,向低场移动的程度越大。

掌握常见的各种类型质子的化学位移,周围化学环境使其产生移动的方向和大小。

7. 为什么用 TMS(四甲基硅烷)作为化学位移的基准

(1)四甲基硅烷中 12 个氢处于完全相同的化学环境,只产生一个尖峰。

(2)屏蔽强烈,位移最大。与有机化合物中的质子峰不重叠。

(3)化学惰性,易溶于有机溶剂,沸点低,易回收。

8. 自旋偶合和自旋分裂

每类氢核不总表现为单峰,有时分裂成多重峰(裂分)。

裂分原因:相邻两个氢核之间产生自旋偶合(自旋干扰)。

根据吸收峰被分裂的数目,可以判断相邻氢核的数目。当一个峰被分裂成多重峰时,多重峰的数目将由相邻原子中磁等价的核数 n 来确定,其计算式为 $(2n+1)$。

多重峰的峰间距(偶合常数 J):可用来衡量偶合作用的大小。

9. 磁各向异性与磁等价

磁各向异性是指质子在分子中所处的空间位置不同,屏蔽作用不同的现象。

若分子中一组相同种类的核处于相同的化学环境,其化学位移相同,它们是化学等价的。

分子中一组相同种类的核,不仅化学位移相同,而且还以相同的偶合常数与组外任一个核相偶合,即只表现一个偶合常数,这类核称为磁等价的核。

磁等价的核一定是化学等价的,但化学等价的核不一定磁等价。

10. 从质子共振谱图上,可以获得的化合物结构信息

(1) 吸收峰的组数,对一级图谱而言,说明分子中化学环境不同的质子有几组。

(2) 质子的化学位移值,说明分子中质子所处的化学环境。

(3) 峰的分裂个数及偶合常数,说明各基团间的连接关系。

(4) 阶梯式积分曲线高度,说明各基团的质子比。

11. 质子共振谱图解析的一般步骤

(1) 通过已知的分子式和其他谱图信息,计算出化合物的不饱和度,初步推测其可能的结构式;

(2) 观察可以区分的吸收峰及其化学位移,确定分子中氢原子种类数及周围的化学环境;

(3) 观察各组峰的分裂个数或通过偶合常数的比较,确认相邻碳原子上的氢原子数目;

(4) 从积分线高度计算出相应吸收峰的氢原子数目;

(5) 综合全部信息,确定化合物的结构式;

(6) 如有可能,与标准化合物的 NMR 谱图或标准物对照。

12. 质子核磁共振波谱解析的辅助方法

1) 氘交换

在推断含羟基(—OH)及氨基($—NH_2$)的化合物结构时,这些活泼氢常常容易形成氢键,致使化学位移变化范围较大,峰的形状也往往发生改变,不易确认,可在试样中加入几滴 D_2O,使样品中的—OH 或$—NH_2$ 基中的^1H 被重氢 D 交换。这时核磁谱图中相应的峰(—OH 和$—NH_2$ 质子的峰)就消失了。因而可以推知原来试样中该基团的存在。

2) 加位移试剂

很多含有过渡金属的络合物加入到试样中常常引起 NMR 谱峰的位移,称之为位移试剂。常用的是 Eu^{3+} 和 Pr^{3+} 的络合物。常用的位移试剂如 $Eu(DMP)_3$,由于位移试剂中金属离子上具有未成对电子,它能够和样品产生络合,对样品中质子发生自旋干扰,干扰强度随着质子和官能团之间距离增加而减弱,这样就会引起样品中质子化学位移的改变。

3) 双照射去偶

发生自旋偶合的两个^1H 核 H_a 和 H_b,如果用第二个射频照射 H_b 使得其频率恰好等于 ν_b,这样将使 H_b 核两种自旋磁场迅速变化(高速来回倒转)。由于 H_b 产生的两种局部磁场改变太快,因此对 H_a 核而言就反映不出两种磁场的影响,故 H_b 核对 H_a 核的偶合消失,则 H_a 峰的裂分也消失,这种方法称为双照射去偶法。双照射去偶使得谱图简化,有利于解析。

4) 采用高场强仪器

同一化合物中相互偶合的两组自旋核的化学位移差值 $\Delta\delta$ 相同,但是频率差 $\Delta\nu$ 则随着所使用仪器场强增加而增大,因而 $\Delta\nu/J$ 也增大,可以使复杂的高级谱变为一级谱。通过采用高场强仪器可以使谱图大为简化,进而使谱图容易解析。

13. ^{13}C 谱

^{13}C 谱与^1H 谱的原理基本相同,但^{13}C 谱在检测无氢基团、氰基和季碳等方面具有独特的优点。^{13}C 谱可以完整地反映出分子中各类碳核的信息,对推测分子骨架结构有重要意义,但^{13}C 谱较^1H 谱复杂。

(三) 质谱法

1. 质谱法原理、特点与作用

分子质谱法(mass spectroscopy,MS)一般采用电子来撞击气态有机分子,将分解的阳离子(分子离子和分子碎片离子)加速导入质量分析器中,然后按质荷比(m/z)的大小顺序进行收集和记录,即得到棒状质谱图。从质谱图上可以获得物质的相对分子质量。根据质谱图中各离子峰的质量及对应的结构单元,可以进行有机化合物结构鉴定。

2. 质谱仪的工作过程和分辨率

不同质荷比(m/z)的粒子,在离子分离器中运动时的圆周半径不同,从而使质量数不同的离子得到分离。其圆周运动的半径 R 可用下式表示

$$R = \frac{1}{H}\sqrt{2V\frac{m}{z}}$$

式中:H 和 V 分别为磁场强度和加速电压。

质谱仪的分辨本领,是指其分开相邻质量数离子的能力。一般的定义是:对两个相等强度的相邻峰,当两峰间的峰谷不大于其峰高的 10%时,就可以认为这两个峰已经分开,此时的分辨率 R 可用下式计算

$$R = \frac{m_1}{m_2 - m_1} = \frac{m_1}{\Delta m}$$

式中:m 为质量数,且 $m_1 < m_2$。

3. 电离源

离子源的功能是提供能量将待分析样品电离,组成由不同质荷比(m/z)离子组成的离子束。质谱仪的离子源种类很多,如电子轰击离子源、化学电离源、场解吸源、快原子轰击离子源、电喷雾电离源及基质辅助激光解吸电离源等。

电子轰击离子源又称 EI 源,主要用于挥发性样品的电离。优点是方法的重复性好,离子化效率高,检测灵敏度也高,有标准质谱图可以检索。

化学电离源(CI)工作过程中要引进一种反应气体,如甲烷、异丁烷、氨等。灯丝发出的电子首先将反应气电离,然后反应气离子与样品分子进行离子-分子反应。CI 属于一种软电离方式,化学键断裂的可能性减小,峰的数量随之减少。由于 CI 得到的质谱不是标准质谱,所以不能进行谱图库检索。

快原子轰击离子源(FAB)是另一种常用的离子源,它主要用于极性强、相对分子质量大、难挥发或热稳定性差的样品分析。

电喷雾电离源(ESI)是近年来出现的一种新的电离方式。它主要应用于液相色谱-质谱联用仪。

4. 质量分离器

质量分析器的作用是将离子源产生的离子按 m/z 顺序分离,相当于光谱仪器上的单色器。用于有机质谱仪的质量分析器有双聚焦分析器、四极杆分析器、离子阱分析器、飞行时间分析器、回旋共振分析器等。

5. 质谱图中离子峰的类型

质谱图中的离子峰有分子离子峰、同位素离子峰、碎片离子峰、重排离子峰、亚稳离子峰及基峰等。

1）分子离子峰

一般为质谱图中质荷比(m/z)最大的峰。从分子离子峰的 m/z 可得到该化合物的相对分子质量,其相对强度可以大致指示被测化合物的类型。但需要注意的是并不是所有的化合物都有分子离子峰。

2）同位素离子峰

化合物中的大多数元素是由一定自然丰度的同位素组成的,在质谱图中,含有同位素的分子离子峰称为同位素离子峰。对于分子式为 $C_wH_xN_yO_z$ 的化合物,根据各元素的同位素丰度,可采用下式近似计算同位素离子峰($M+1$, $M+2$)和分子离子峰 M 的相对强度比

$$(M+1)/M \times 100 = 1.08w + 0.37y$$

$$(M+2)/M \times 100 = (1.08w)^2/200 + 0.20z$$

反之,由同位素离子峰和分子离子峰之比可以估计分子中含有该元素的原子个数。

3）碎片离子峰

当轰击电子的能量超过分子电离所需要的能量时,电子的过剩能量可以使分子离子发生碎裂,产生碎片离子峰。分子的碎裂与分子结构有关,分析较大丰度碎片离子峰的来源和结构,可以推测化合物的结构。

4）亚稳离子峰

一些碎片离子由于内能较高、不稳定,或中途发生碰撞,在尚未进入检测器之前又发生断裂,形成新的碎片离子,即亚稳离子,其质谱峰称为亚稳离子峰。亚稳离子峰丰度低,m/z 一般为非整数,可用裂解后离子的质量 m_2 与裂解前离子的质量 m_1 表示为

$$m^* = m_{22}/m_1^2$$

通过分析亚稳离子的断裂成因,可以了解离子的母子关系,帮助推断化合物的结构。

5）基峰

在质谱图中相对强度最大的碎片离子峰为基峰。

6. 判断分子离子峰的方法

分子离子峰一般为质谱图中质荷比(m/z)最大的峰,由于分子离子峰的稳定性不同,质谱图中质荷比(m/z)最大的峰不一定就是分子离子峰。

当分子离子峰的稳定性较低时,降低轰击电压,分子离子峰出现或增强。

分子离子峰与相邻峰的质量差必须合理。

7. 裂解与裂解的一般规律

样品分子在电离源中可以生成分子离子，也可能发生化学键断裂，形成各种碎片离子，该过程称为裂解。裂解方式与化合物的结构有关。通常裂解发生在化学键容易断裂的部位。共价键有三种裂解方式：均裂、异裂和半异裂。裂解的一般规律如下：

1) 断裂一个键

(1) 在烷烃中，直键化合物分子离子峰的相对丰度，在同族化合物中最大。

(2) 侧链的环烷烃，在侧链部位先断裂，生成带正电荷的环状碎片。

(3) 在双键、芳环和芳杂环的 β-键上，易发生 β-断裂，并且它们的分子离子稳定，分子离子峰较强。

(4) 醇、醚、胺、硫醇和硫醚等含有杂质原子的化合物，易发生 β-断裂。

(5) 酯、醛、酮和羧酸等含有羟基的化合物，易发生 α-断裂。

2) 断裂两个键

在裂解过程中，烯烃和醛、酮、酸、酯、酰胺、腈等化合物，将发生 McLafferty 重排，断裂两个键，处在 Q(表示 C、O、N、S) γ-氢原子，通过六节环过渡迁移到电离的双键或杂原子(Q)上，并同时 β-键断裂，形成中性分子和一个游离正离子。

8. 有机化合物分子离子峰的稳定性顺序

芳香化合物＞共轭链烯＞烯烃＞脂环化合物＞直链烷烃＞酮＞胺＞酯＞醚＞酸＞支链烷烃＞醇。

9. N 律

(1) 由 C、H、O 组成的有机化合物，M 一定是偶数。

(2) 由 C、H、O、N 组成的有机化合物，N 奇数，M 奇数。

(3) 由 C、H、O、N 组成的有机化合物，N 偶数，M 偶数。

分子离子峰与相邻峰的质量差必须合理。

10. 质谱图解析的一般方法

(1) 由质谱图的高质量端确定分子离子峰，得出化合物的相对分子质量。

(2) 查看分子离子峰的同位素峰组，通过元素的同位素丰度比，确定化合物的组成式。

(3) 由组成式计算出化合物的不饱和度，确定化合物种类、环和不饱和键的数目，进一步推测化合物的结构。

(4) 分别研究高质量和低质量端的碎片离子峰，分析分子碎裂的可能途径、生成的特征离子，确定化合物中可能含有的取代基，推测化合物所属的类型。

(5) 研究亚稳离子峰，找出某些离子之间的相互关系，进一步提出化合物的结构。

(6) 综合以上分析研究，从推测出的几种可能的结构中，确认最符合质谱数据的结构，同时结合样品的物理化学性质、红外、核磁等信息，确定化合物的结构。

常见碎片离子见表 12-4。

表 12-4　常见碎片离子(省略电荷)

m/z	碎片离子	*m/z*	碎片离子
14	CH_2	40	$CH_2C{=}N$
15	CH_3	41	C_3H_5，$CH_2C{=}N+H$，C_2H_2NH
16	O	42	C_3H_6
17	OH	43	C_3H_7，CH_3CO，C_2H_5N
18	H_2O，NH_4	44	$CH_2\underset{\mid\atop H}{C}{=}O+H$，$CH_3CHNH_2$，$CO_2$，$NH_2CO$，$(CH_3)_2N$
19	F，H_3O	45	$\underset{\mid\atop CH_3}{CHOH}$，$CH_2CH_2OH$，$CH_2OCH_3$，$\overset{O\atop\parallel}{C}{-}OH$，$CH_3CH{-}O+H$
26	CN	46	NO_2
27	C_2H_3	47	CH_2SH，CH_3S
28	C_2H_4，CO，N_2(空气)，$CH{=}NH$	48	CH_3S+H
29	C_2H_5，CHO	49	CH_2Cl
30	CH_2NH_2，NO	51	CHF_2
31	CH_2OH，OCH_3	53	C_4H_5
32	O_2(空气)	54	CH_2CH_2CN
33	SH，CH_2F	55	C_4H_7，$CH_2{=}CHC{=}O$
34	H_2S	56	C_4H_8
35	^{35}Cl	57	C_4H_9，$C_2H_5C{=}O$
36	HCl	58	CH_3COCH_2+H，$C_2H_5CHNH_2$，$(CH_3)_2NCH_2$，$C_2H_5CH_2NH$
39	C_3H_3	59	$(CH_3)_2COH$，$CH_2OC_2H_5$，$COOCH_3$，CH_2CONH_2+H

续表

m/z	碎片离子	m/z	碎片离子
60	CH_2COOH + H, CH_2ONO	87	$COOC_3H_7$
61	$C(=O)OCH_3$ + 2H, CH_2CH_2SH, CH_2SCH_3	88	$CH_2COOC_2H_5$ + H
68	$(CH_2)_3CN$	89	$COOC_3H_7$ + 2H, C_6H_5C
69	C_6H_6, CF_3, C_3H_5CO	90	CH_3CHONO_2, C_6H_5CH
70	C_5H_{10}, C_3H_5CO + H	91	$C_6H_5CH_2$, C_6H_5CH + H, C_6H_5C + 2H
71	C_5H_{11}, C_3H_7CO	92	$C_6H_5CH_2$ + H, 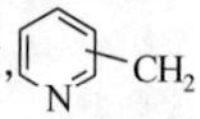
72	$C_2H_5C(=O)CH_2$ + H, $C_3H_7CHNH_2$	94	C_6H_5O + H, 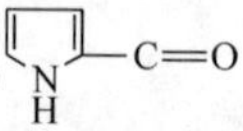
73	$C(=O)—O—C_2H_5$, $C_3H_7OCH_2$	95	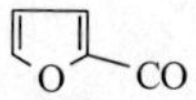
74	$CH_2C(=O)—OCH_3$ + H	96	$(CH_2)_5CN$
75	$COOC_2H_5$ + 2H, $CH_2SC_2H_5$	97	C_7H_{13}, 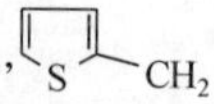
77	C_6H_5	98	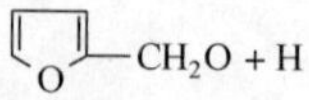
78	C_6H_5 + H	99	C_7H_{15}
79	C_6H_5 + 2H, ^{79}Br	100	$C_4H_9COCH_2$ + H, $C_5H_{11}CHNH_2$
80	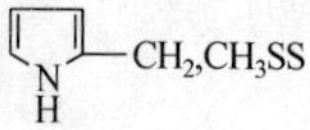, CH_3SS + H, HBr	101	$COOC_4H_9$
81	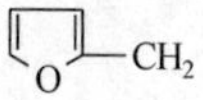	102	$CH_2COOC_3H_7$ + H
82	$(CH_2)_4CN$	103	$COOC_4H_9$ + 2H
83	C_6H_{11}	104	$C_2H_5CHONO_2$
85	C_6H_{13}, C_4H_9CO	105	C_6H_5CO, $C_6H_5CH_2CH_2$, $C_6H_5CHCH_3$
86	$C_3H_7COCH_2$ + H, $C_4H_9CHNH_2$	107	$C_6H_5CH_2O$

续表

m/z	碎片离子	m/z	碎片离子
108	$C_6H_5CH_2O+H$, 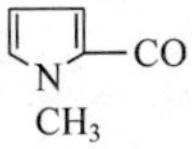	127	I
111	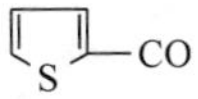	128	HI
119	CF_3CF_2, $C_6H_5C(CH_3)_2$, 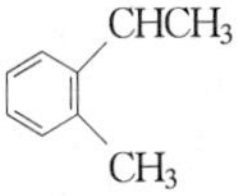, 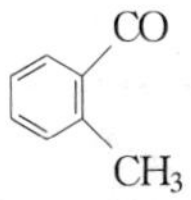	131	C_3F_5
121	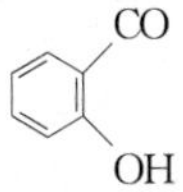	139	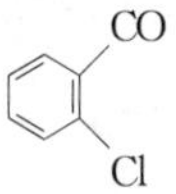
123	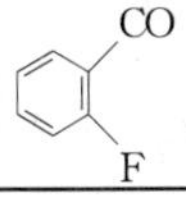	149	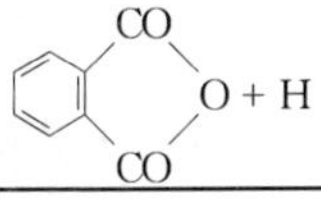

四、例　　题

例 12-1　某无色液体，其分子式为 C_8H_8O，其红外光谱如图 12－1 所示，试推断其结构。

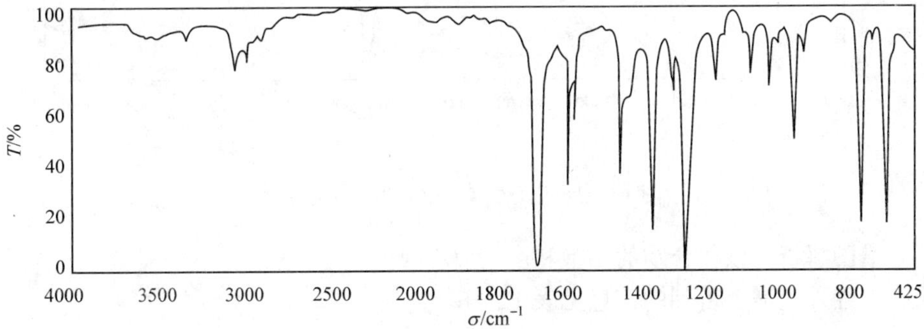

图 12－1　C_8H_8O 化合物的红外光谱图

谱图解析　该化合物的不饱和度为

$$\Omega = n_4 + 1 + (n_3 - n_1)/2 = 8 + 1 - 8/2 = 5$$

从红外光谱上得到的信息见表 12－5。

表 12-5　化合物 C_8H_8O 的红外光谱信息

σ/cm^{-1}	基团的振动类型	对应的结构单元	不饱和度
3100～3000	不饱和的 ν_{C-H}	H—C≡,H—C═	
3000～2800	饱和碳氢键上的 ν_{C-H}	$—CH_3$,$—CH_2$	
1600 1580 1450	芳香环的 $\nu_{C=C}$	Ar—R	4
760 690	单取代芳香环的 γ_{C-H}		
1695	共轭酮羰基的 $\nu_{C=O}$	R—CO—R	1
1360	$—CH_3$ 上的 δ_{C-H}		

根据上述信息,可以得知该化合物的结构为

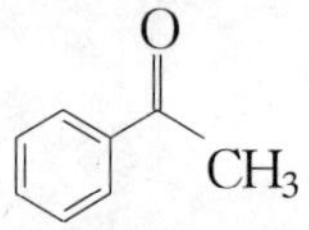

例 12-2　某化合物的分子式为 C_3H_4O,其红外吸收光谱图如图 12-2 所示。试推断其结构。

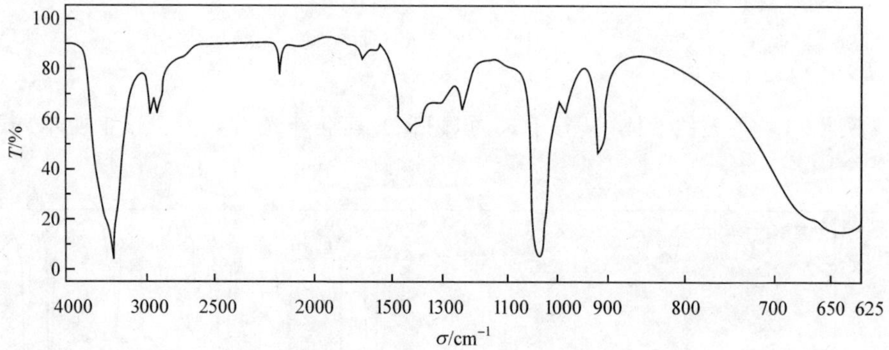

图 12-2　化合物 C_3H_4O 的红外光谱图

谱图解析　该化合物的不饱和度为:$\Omega=2$。

从红外光谱上得到的信息见表 12-6。

表 12-6　化合物 C_3H_4O 的红外光谱信息

σ/cm^{-1}	基团的振动类型	对应的结构单元	不饱和度
3300～3400	羟基上—OH 的 υ_{O-H}	—O—H	
3000～3100	不饱和的 υ_{C-H}	H—C≡	
2800～3000	饱和碳氢键上的 υ_{C-H}	$—CH_3$	

续表

σ/cm^{-1}	基团的振动类型	对应的结构单元	不饱和度
2150	参键的 $\nu_{C≡H}$	—C≡C—	2
1050	C—O 键的 $\nu_{O—H}$	C—O	

根据上述信息，可以得知该化合物的结构为

$$H—C≡C—CH_2—OH$$

例 12-3　某化合物 $C_8H_8O_2$ 的红外吸收光谱图如图 12－3 所示，试推断其结构。

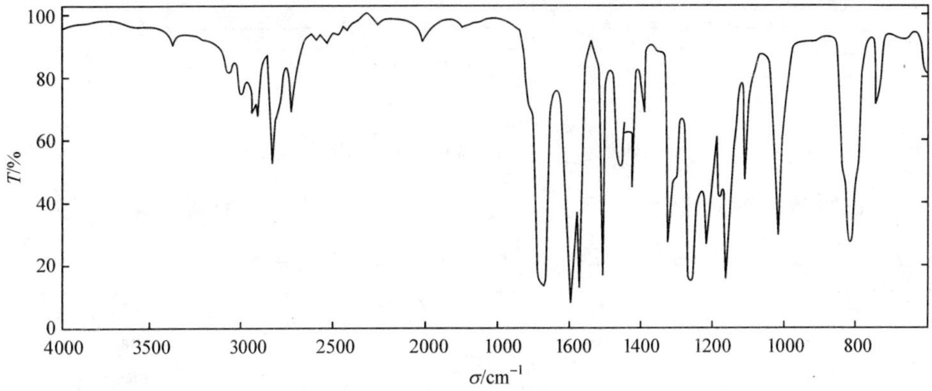

图 12－3　化合物 $C_8H_8O_2$ 的红外光谱图

谱图解析　该化合物的不饱和度为：$\Omega=5$。

从红外光谱上得到的信息见表 12－7。

表 12－7　化合物 $C_8H_8O_2$ 的红外光谱信息

σ/cm^{-1}	基团的振动类型	对应的结构单元	不饱和度
3100～3000	不饱和的 $\nu_{C—H}$	H—C≡，H—C＝	
3000～2800	饱和碳氢键上的 $\nu_{C—H}$	$—CH_3$	
2730	醛基—OC—H 上的 $\nu_{OC—H}$	—OC—H	
1700	羰基的 $\nu_{C=O}$	R—O＝C—H	1
1520	芳香环的 $\nu_{C=C}$	Ar—R	4
1430	芳香环的 $\nu_{C=C}$		
820	对取代芳香环的 $\gamma_{C—H}$		

根据上述信息，可以得知该化合物的结构为

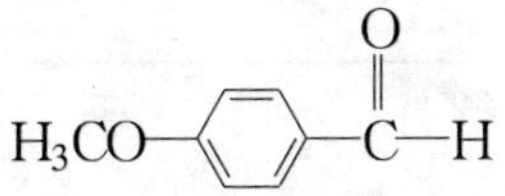

例 12-4　某化合物 C_7H_8 的 NMR 谱如图 12－4 所示。试指出该化合物的结构。

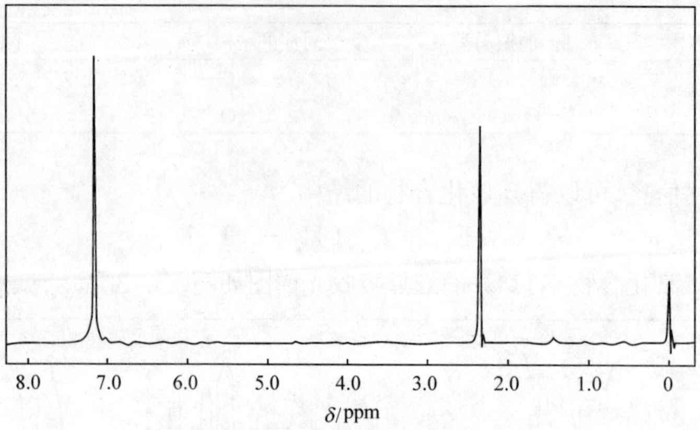

图 12 - 4　化合物 C_7H_8 的 NMR 谱

谱图解析　根据分子式,该化合物的不饱和度为 4。其谱图数据总结见表 12 - 8。

表 12 - 8　化合物 C_7H_8 的 NMR 谱数据总结

化学位移(δ)/ppm	重峰数	氢质子数	基团
2.4	单	3H	CH_3—Ph
7.2	单	5H	单取代苯

故该化合物的结构为

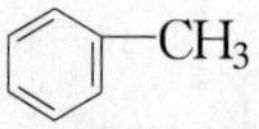

例 12-5　某化合物 C_3H_8O 的 NMR 谱如图 12 - 5 所示。试指出该化合物的结构。

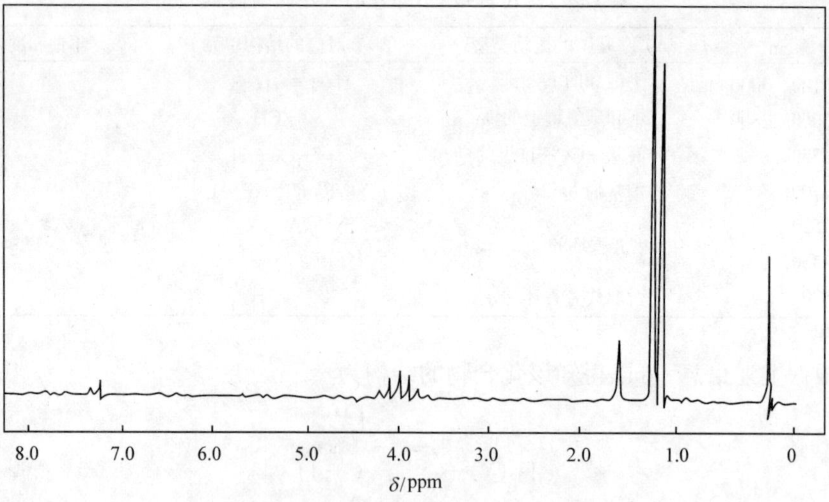

图 12 - 5　化合物 C_3H_8O 的 NMR 谱

谱图解析 根据不饱和度计算公式,可得其不饱和度为 0。
其谱图数据总结见表 12-9。

表 12-9 化合物 C$_3$H$_8$O 的 NMR 谱数据总结

化学位移(δ)/ppm	重峰数	氢质子数	基团
1.2	双峰	6H	CH$_3$—CH—CH$_3$
1.6	单峰	1H	OH
4	多重峰	1H	C—H

该化合物的结构为

$$\begin{array}{c} H_3C \\ \diagdown \\ CH-OH \\ \diagup \\ H_3C \end{array}$$

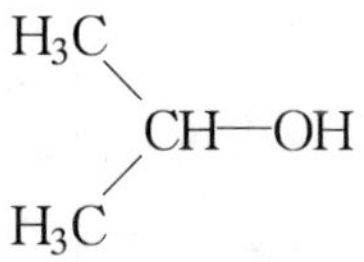

例 12-6 某化合物 C$_9$H$_{12}$ 的 NMR 谱如图 12-6 所示。试指出该化合物的结构。

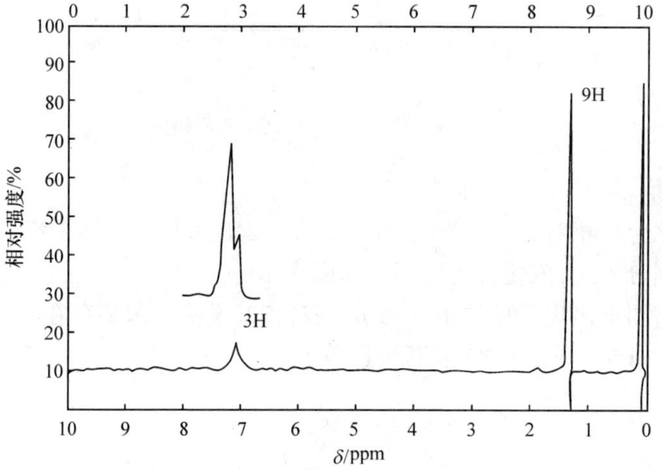

图 12-6 化合物 C$_9$H$_{12}$ 的 NMR 谱

谱图解析 根据分子式,该化合物的不饱和度为 4。
其谱图数据总结见表 12-10。

表 12-10 化合物 C$_9$H$_{12}$ 的 NMR 谱数据总结

化学位移(δ)/ppm	重峰数	氢质子数	基团
2.1	单	9H	苯基上三个—CH$_3$
6.6	单	3H	三取代的苯环

故该化合物的结构为

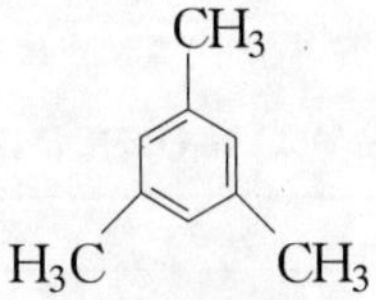

例 12-7　某化合物 $C_{14}H_{10}O_2$ 的质谱图如图 12－7 所示，红外光谱数据表明化合物中含有酮基，试确定其结构式。

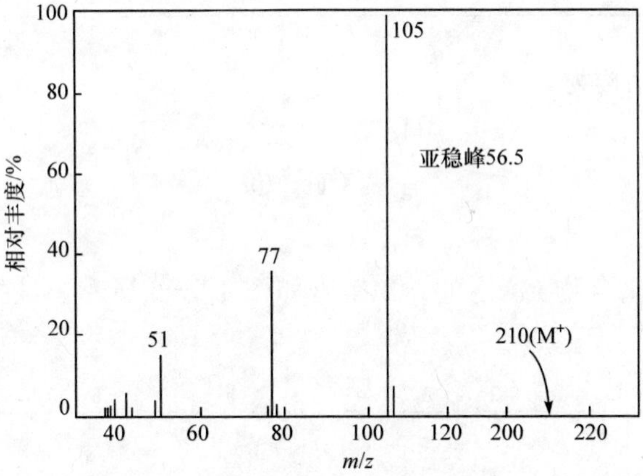

图 12－7　化合物 $C_{14}H_{10}O_2$ 的质谱图

谱图解析

(1) 该化合物相对分子质量为 210，$m/z=210$ 为其分子离子峰；

(2) 根据分子式，该化合物的不饱和度为 10；

(3) 质谱图上出现苯环的系列峰 m/z51，77，说明有苯环存在；

(4) $m/z105 \longrightarrow m/z77$ 的断裂过程为

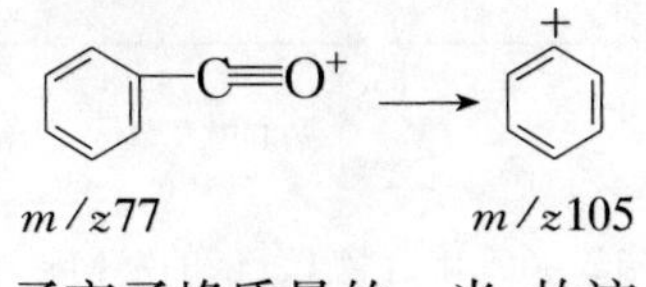

(5) m/z105 正好是分子离子峰质量的一半，故该化合物具有对称结构

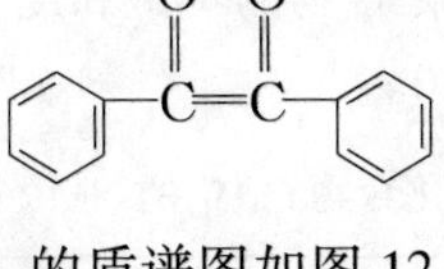

例 12-8　某化合物 $C_8H_8O_2$ 的质谱图如图 12－8 所示，红外光谱数据表明化合物中含有酮基，试确定其结构式。

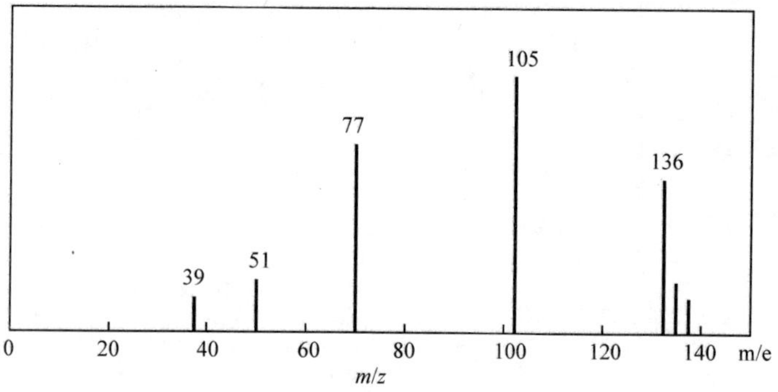

图 12-8　化合物 $C_8H_8O_2$ 质谱

谱图解析

(1) 该化合物相对分子质量为 136。

(2) 经计算该化合物的不饱和度为 5。

(3) 由不饱和度和 m/z77、m/z51 的质谱峰，可推断化合物含有苯环。

(4) 分析主要质谱峰可知，m/z77 离子是 m/z105 离子失去质量为 28 的中性碎片（或）而产生的，因为质谱图中无 m/z91 峰，所以 m/z105 峰对应的是 $[Ar—CO—]^+$ 而不是 $[Ar—CH_2CH_2—]^+$。化合物剩余部分的质量为 31，对应的的结构应为—CH_2OH 或 CH_3O—。

(5) 最后，由红外光谱数据可知，该化合物的是羟基苯乙酮，结构为 Ar—CO—CH_2OH。

例 12-9　某未知化合物 $C_9H_{10}O_2$，红外光谱、核磁共振谱和质谱谱图如图 12-9、图12-10和图 12-11 所示，试推断其结构。

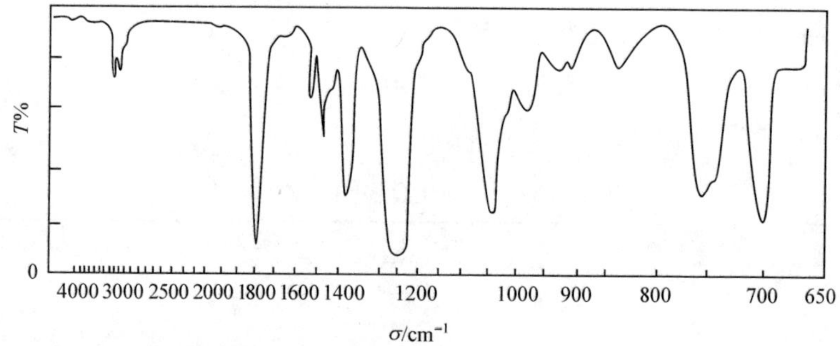

图 12-9　未知化合物的红外吸收光谱

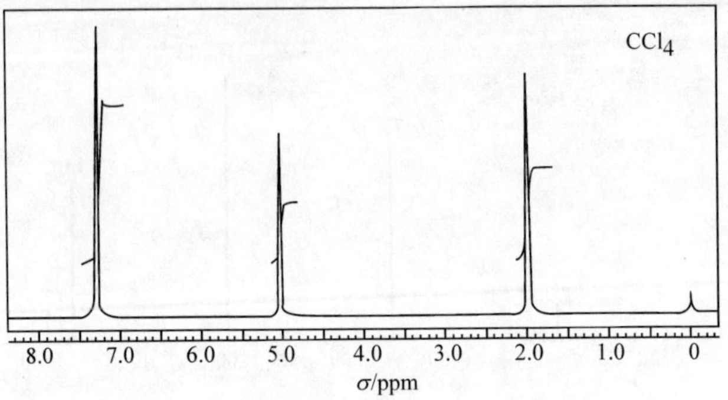

图 12－10　未知化合物的^{1}H-核磁共振谱

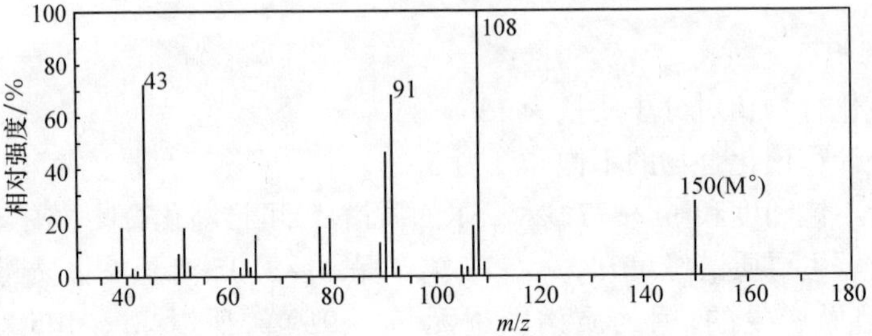

图 12－11　未知化合物的质谱图

谱图解析　不饱和度 $\Omega=5$。

(1) 由红外光谱图可得到如下信息：

3000～3100cm^{-1}(弱)$\nu_{=C-H}$

1600～1500cm^{-1}两个弱带　　　　} 说明有苯环存在，且为单取代。

749cm^{-1}(强)，697cm^{-1}(强)δ_{C-H}

1745cm^{-1}(强)$\nu_{C=O}$；表明有羰基存在。

1225cm^{-1}(强)ν_{C-O-C}；表明有醚键存在。

(2) 从^{1}H-NMR 得到的信息见表 12－11。

表 12－11　未知化合物^{1}H-NMR 信息

δ/ppm	积分高度/cm	质子数	重峰数	可能归属
1.96	18	3	1	$-CH_3$
5.00	12	2	1	$-CH_2-$
7.22	31	5	1	苯环单取代

δ1.96 的单峰表明为—CH_3，相邻碳原子上不含氢，由其化学位移值 1.96 表明其附近有电负性基团。δ5.00 的单峰表明为—CH_2—，相邻碳原子上不含氢，由其化学位移值 5.00 表明其与电负性基团相连接。δ7.22 的单峰有 5 个质子存在，

结合红外数据，表明为苯环单取代。

(3) 由质谱图可得到如下信息：

基峰 m/z108 为一重排峰，它是分子离子峰失去一个乙酰基，伴随重排一个 H 原子生成的。m/z91 峰是苯环上的断裂后，形成的䓬鎓离子产生的。

m/z43 峰是酯羰基的断裂后形成的 CH_3CO^+ 离子产生的。

根据上述分析该未知化合物的可能结构式为

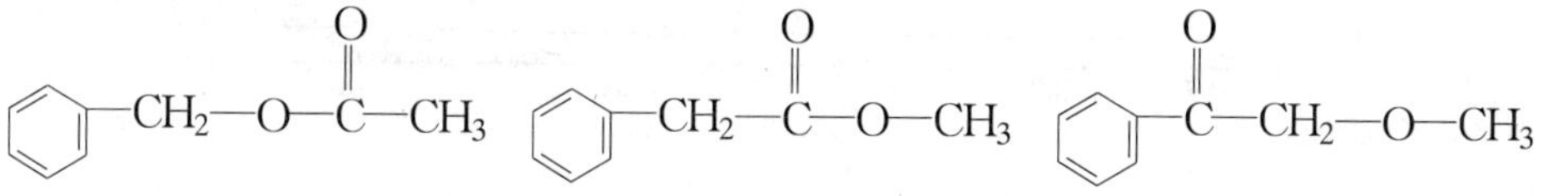

I　　　　Ⅱ　　　　Ⅲ

结构Ⅱ的化学位移值与核磁谱图不相符，结构Ⅲ中 C═O 与苯环共轭，红外吸收峰 $\nu_{C=O}$；应向低波数方向位移，同时不能生成 m/z91 峰，故结构式 I 为正确。

例 12-10　某可能含有 C、H、N 及 O 的未知化合物的质谱、红外光谱和核磁共振谱谱图如图 12－12、图 12－13 和图 12－14 所示，并从 Beynon 表查得 $M=102$ 的化合物 $M+1$ 和 $M+2$ 与分子离子峰 M 的相对强度如表 12－12 所示。

试确定该化合物的结构。

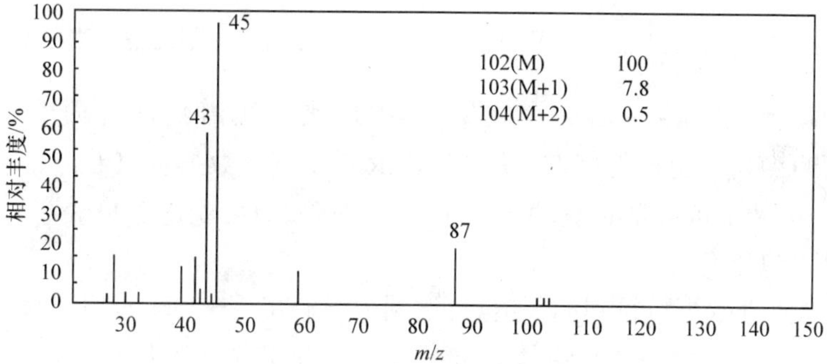

图 12－12　未知化合物的质谱图

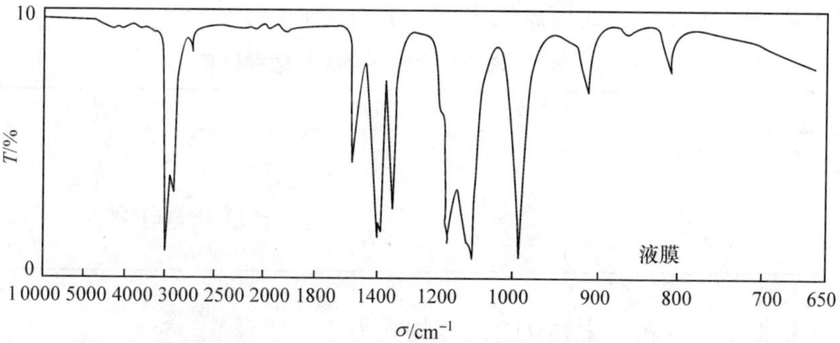

图 12－13　未知化合物的红外吸收光谱

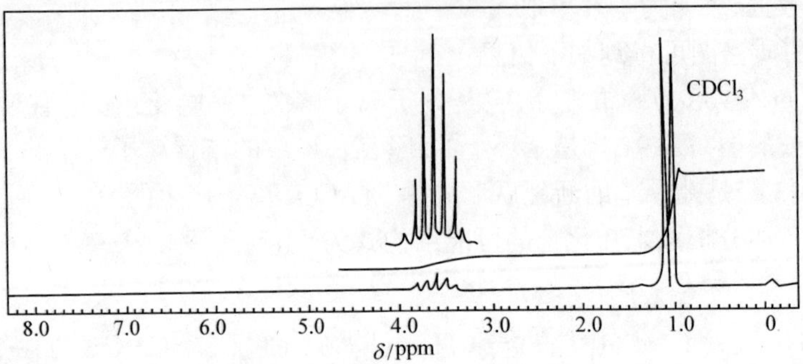

图 12－14　未知化合物的^{1}H-核磁共振谱

表 12－12　化合物的质谱峰数据

分子式	$M+1$	$M+2$
$C_5H_{14}N_2$	6.93	0.17
$C_6H_2N_2$	7.28	0.23
$C_6H_{14}O$	6.75	0.39
C_7H_2O	7.64	0.45
C_8H_6	8.74	0.34

谱图解析　根据 Beynon 表数据，其中最接近质谱数据的为 C_7H_2O，此外 $C_6H_2N_2$ 和 $C_6H_{14}O$ 也比较接近。从^{1}H-NMR 谱及紫外数据可以看出，该未知化合物不含苯环，故不可能是 C_7H_2O 和 $C_6H_2N_2$，分子式只可能是 $C_6H_{14}O$。

计算不饱和度 $\Omega=0$。

(1) 从红外数据可得到如下信息：谱图上没有出现—OH 的特征吸收，但分子中含有一个氧，故该化合物为醚的可能性较大。在 1130～1110cm^{-1}之间有一个带有裂分的吸收带，可以认为是 C—O—C 的伸缩振动吸收。

(2) 从^{1}H-NMR 得到的信息见表 12－13。

表 12－13　未知化合物^{1}H-NMR 数据信息

δ/ppm	积分高度/cm	质子数	重峰数	可能归属
1.15	1.8	6	1	—CH—CH_3 (CH 上连 CH_3)
3.75	0.3	1	7	两个对称的异丙基：—CH—CH_3 (CH 上连 CH_3)

(3) 根据上述分析该未知化合的结构式为

$$\begin{array}{c} H_3C \quad\quad CH_3 \\ HC-O-CH \\ H_3C \quad\quad CH_3 \end{array}$$

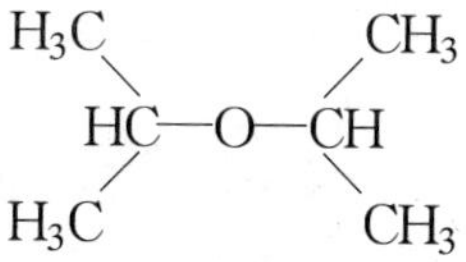

按照这个结构式,未知物的质谱中的主要碎片离子可以得到满意的解释(图 12-15)。

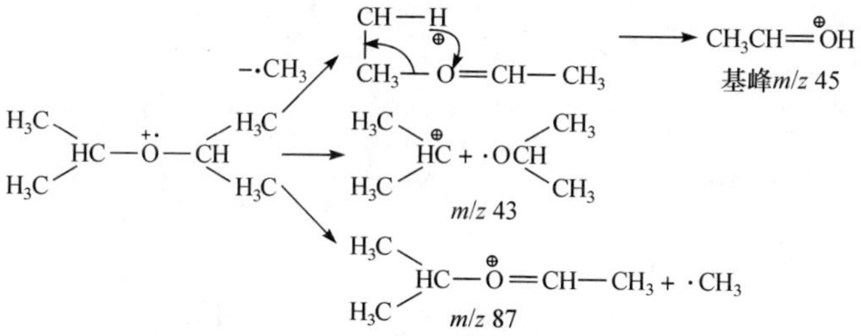

图 12-15 未知化合物质谱中主要碎片离子

例 12-11 某未知化合物的红外光谱、核磁共振谱和质谱谱图如图 12-16、图 12-17 和图 12-18 所示。试确定该化合物的结构。

图 12-16 未知化合物的红外吸光谱

图 12-17 未知化合物的 ^{1}H-核磁共振谱

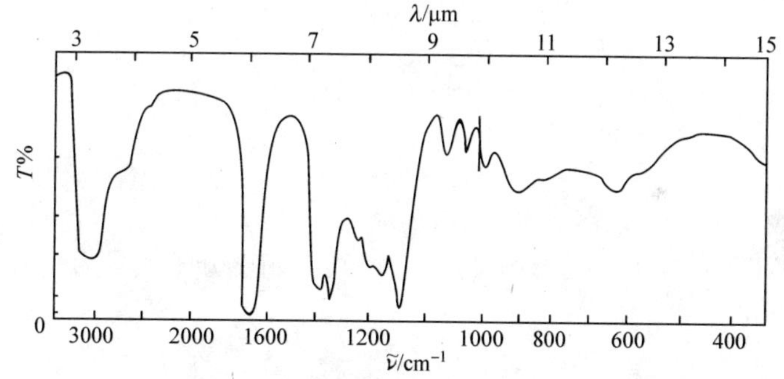

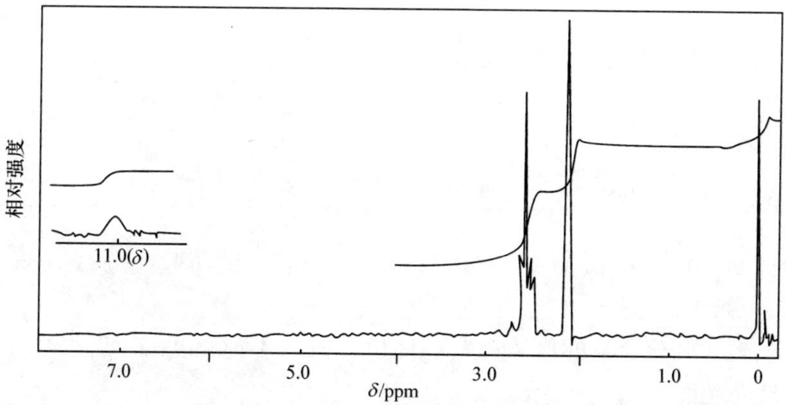

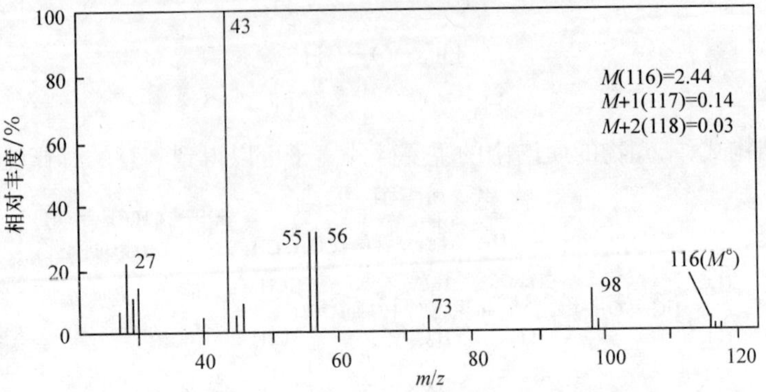

图 12-18　未知化合物的质谱图

谱图解析

1) 先由质谱图确定分子式

题中质谱提供的数据 $M=2.44$ 不是以 100%计，因此需要将相对丰度换算为以 100%计的值

$$\frac{M+1}{M}=\frac{0.14}{2.44}\times 100\% = 5.74\%$$

$$\frac{M+2}{M}=\frac{0.03}{2.44}\times 100\% = 1.23\%$$

由$(M+2)/M=1.23$知，它不含 Cl、Br 和 S。

根据"氮律"，并查 Beynon 表(表 12-14)，因相对分子质量为 116，则可排除 4 个含奇数氮的分子式。

表 12-14　Beynon 表

化合物	$M+1$	$M+2$	化合物	$M+1$	$M+2$
$C_4H_4O_4$	4.54	0.88	$C_5H_8O_3$	5.65	0.73
$C_4H_6NO_3$	4.92	0.70	$C_5H_{10}NO_2$	6.02	0.55
$C_4H_8N_2O_2$	5.29	0.52	$C_5H_{12}N_2O$	6.40	0.37
$C_4H_{10}N_3O$	5.67	0.34	$C_5H_{14}N_3$	6.77	0.20
$C_4H_{12}N_4$	6.04	0.16	C_5N_4	6.93	0.21

根据$(M+1)/M$和$(M+2)/M$值，只有 $C_5H_8O_3$ 的实验值与 Beynon 表中的值接近。

因此，该未知化合物的化学式为 $C_5H_8O_3$。计算不饱和度 $\Omega=2$。

2) 红外光谱

在 1700cm^{-1}附近有中等宽度、强的吸收带，说明存在羰基。

在 3100~3400cm^{-1} 有宽的 ν_{OH} 吸收带,在 925cm^{-1} 附近有 δ_{OH} 吸收带,说明为羧基。

在 1470cm^{-1} 有吸收带,则有 —CH$_2$— 存在。

3) 由核磁共振谱图获得信息

由核磁共振谱图获得的信息见表 12-15。

表 12-15　未知化合物核磁共振谱图数据信息

δ/ppm	积分高度/cm	质子数	重峰数	可能归属
2.1	9	3	1	—OC—CH$_3$
2.6	12	4	3	—CH$_2$CH$_2$—
11.0	3	1	1	—COOH

根据上述分析该未知化合的结构式应为

$$CH_3-\overset{O}{\underset{\|}{C}}-CH_2CH_2-\overset{O}{\underset{\|}{C}}-OH$$

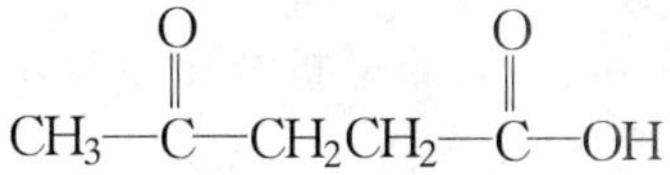

五、自　测　题

(一) 选择题

1. 红外光谱属于
   A. 分子光谱　　B. 原子光谱　　C. 吸收光谱　　D. 电子光谱
2. 用红外光激发分子使之产生振动能级跃迁时,化学键越强,则
   A. 吸收光子的能量越大　　　　B. 吸收光子的波长越长
   C. 吸收光子的频率越大　　　　D. 吸收光子的数目越多
3. 下列分子中,没有红外活性的是
   A. H$_2$O,HCl　　　　　　　　B. N$_2$,O$_2$
   C. H$_2$O,CO$_2$　　　　　　　　D. H$_2$O,N$_2$
4. 二氧化碳的基频振动形式如下

   (1) 对称伸缩　O═C═O　　　(2) 反对称伸缩　O═C═O

   (3) x,y 平面弯曲 O═C═O　　(4) x,z 平面弯曲 O═C═O

   指出哪几个振动形式是非红外活性的
   A. (1),(3)　　B. (2)　　C. (3)　　D. (1)

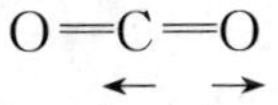

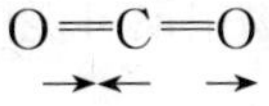

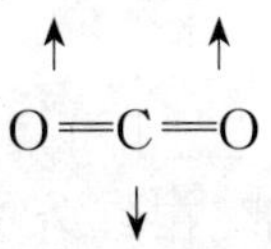

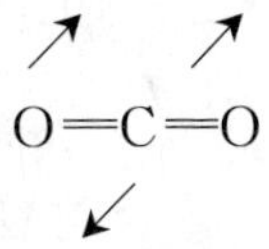

5. 不考虑费米共振等因素的影响，比较C—H、N—H、O—H、P—H等基团的伸缩振动，指出产生吸收峰最强的伸缩振动为

A. C—H　　B. N—H　　C. P—H　　D. O—H

6. 在下列羰基化合物中，C═O伸缩振动频率出现最高者为

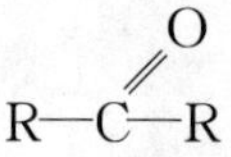
(1)

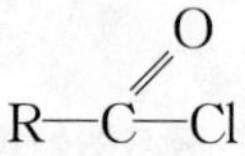
(2)

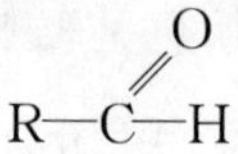
(3)

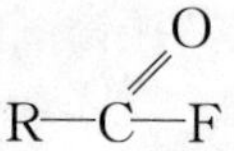
(4)

A. (1)　　B. (2)　　C. (3)　　D. (4)

7. 在醇类化合物中，伸缩振动频率随溶液浓度的增加，向低波数方向位移的原因是

A. 溶液极性变大　　B. 形成分子间氢键随之加强

C. 诱导效应随之变大　　D. 易产生振动偶合

8. 在有机化合物红外吸收光谱中

A. 化学键的力常数 κ 越大，原子折合质量越小，键的振动频率越大，吸收峰将出现在离波数区

B. 化学键的力常数 κ 越小，原子折合质量越大，键的振动频率越大，吸收峰将出现在离波数区

C. 化学键的力常数 κ 越小，原子折合质量越小，键的振动频率越大，吸收峰将出现在离波数区

D. 化学键的力常数 κ 越大，原子折合质量越大，键的振动频率越大，吸收峰将出现在离波数区

9. 下列化合物中，C═C伸缩振动吸收强度最大的化合物为

A. R′—CH═CH—R′(顺式)　　B. R—CH═CH—R′(顺式)

C. R—CH═CH—R′(反式)　　D. R—CH═CH_2

10. 某化合物的红外光谱上3000～2800cm^{-1}、1460cm^{-1}、1375cm^{-1}和720cm^{-1}等处有主要吸收带，该化合物可能是

A. 烷烃　　B. 烯烃　　C. 炔烃　　D. 芳烃

11. 在红外光谱的3040～3010cm^{-1}及1680～1620cm^{-1}区域有吸收，则下面五种化合物中最可能的是

A. 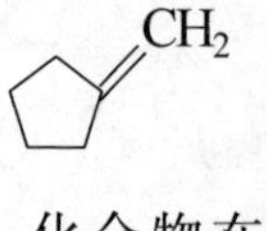　　B. 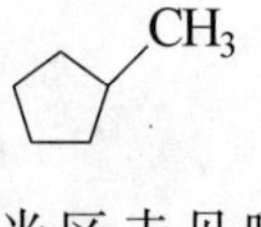　　C. 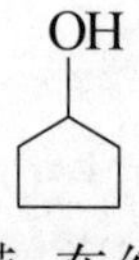　　D. 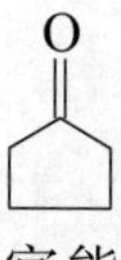

12. 一化合物在紫外光区未见吸收带，在红外光谱的官能团区3400～3200cm^{-1}有宽而强的吸收带，则该化合物最可能是

A. 醛　　B. 伯胺　　C. 醇　　D. 酮

13. 由红外光谱吸收峰判断烯烃双键是否在端处的主要依据是下列哪些位置的吸收峰?

A. $890cm^{-1}$和 $1650cm^{-1}$　　B. $990cm^{-1}$、$910cm^{-1}$和 $1645cm^{-1}$

C. $912cm^{-1}$和 $1650cm^{-1}$　　D. $830cm^{-1}$和 $1650cm^{-1}$

14. 在乙酸和乙醛的红外吸收光谱图中，$\nu_{C=O}$的大小关系是

A. 前者 = 后者　　B. 前者 > 后者

C. 前者 < 后者　　D. 无法确定

15. 自旋量子数等于零的原子核是

A. $^{19}F_9$　　B. $^{12}C_6$　　C. $^{1}H_1$　　D. $^{14}N_7$

16. 外加磁场的磁场强度 H_0 逐渐增大时，使质子从低能级 E_1 跃迁至高能级 E_2 所需的能量

A. 不发生变化　B. 逐渐变小　C. 逐渐变大　D. 不变或逐渐变小

17. 将^{1}H、^{19}F、^{13}C 和^{15}N 核放在磁场中时，若要使它们发生共振，哪一种核将需要最大的照射频率?

A. ^{1}H　　B. ^{19}F　　C. ^{13}C　　D. ^{15}N

18. 当用固定频率的电磁波照射^{1}H、^{19}F、^{13}C 和^{31}P 核时，若要使它们发生共振，所需外磁场强度(B)的大小顺序为

A. $B(H) > B(F) > B(P) > B(C)$　B. $B(F) > B(H) > B(P) > B(C)$

C. $B(C) > B(P) > B(F) > B(H)$　D. $B(P) > B(C) > B(H) > B(F)$

19. 下面五个化合物中质子的化学位移最小者是

A. CH_4　　B. CH_3F　　C. CH_3Cl　　D. CH_3Br

20. 下面五个化合物中标有横线的质子的共振磁场(B_0)最小者为

A. $RC\underline{H_2}OH$　　B. $RC\underline{H_2}CH_2OH$　C. $RC\underline{H_2}Cl$　　D. $RC\underline{H}O$

21. 化合物  在$^{1}H_1$ 核磁共振谱上信号的数目为

A. 2　　B. 3　　C. 4　　D. 5

22. 下面五个化合物中在核磁共振谱中出现单峰的是

A. CH_3CH_2Cl　　B. CH_3CH_2OH　C. CH_3CH_3　　D. $CH_3CH(CH_3)_2$

23. 化合物 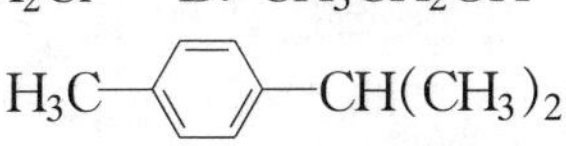 在 NMR 谱上各信号的面积比是

A. 3:4:1:3:3　　B. 3:4:1:6　　C. 9:4:1　　D. 3:4:7

24. 在 $CH_3CH_2CH_3$ 的 NMR 谱上，CH_2 的质子信号受 CH_3 质子偶合分裂成

A. 三重峰　　B. 五重峰　　C. 六重峰　　D. 七重峰

25. 下面四个结构式中，画有星号的质子哪个有最大的屏蔽常数 σ?

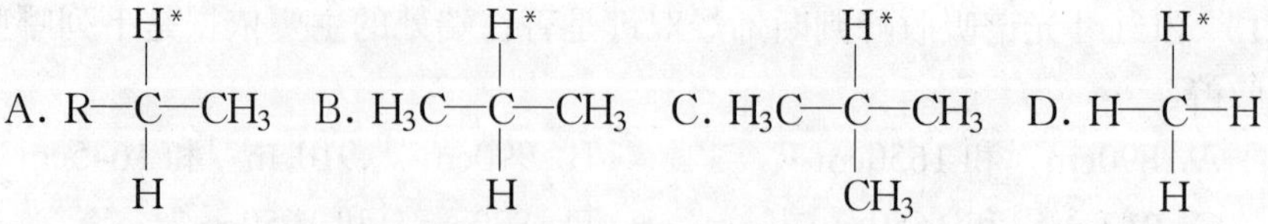

26. 下列化合物中质子化学位移最小者是

A. CH_3Br　　B. CH_4　　C. CH_3I　　D. CH_3F

27. 在下列化合物中,质子化学位移最大者是

A. CH_3Br　　B. CH_3Cl　　C. CH_3Cl_2　　D. $CHCl_3$

28. 具有 X—CH_3 结构单元的化合物中,—CH_3 中质子的化学位移 δ 值由大到小的顺序是

A. F—CH_3＞O—CH_3＞C—CH_3＞N—CH_3

B. C—CH_3＞N—CH_3＞O—CH_3＞F—CH_3

C. F—CH_3＞O—CH_3＞N—CH_3＞C—CH_3

D. O—CH_3＞N—CH_3＞C—CH_3＞F—CH_3

29. 下列化合物中质子的化学位移值大小顺序是

A. CH_3—CH_3＞CH_2═CH_2＞CH≡CH＞C_6H_6

B. C_6H_6＞CH_2═CH_2＞CH≡CH＞CH_3—CH_3

C. C_6H_6＞CH≡CH＞CH_2═CH_2＞CH_3—CH_3

D. CH_3—CH_3＞CH_2═CH_2＞CH≡CH＞C_6H_6

30. 下面有关化学位移描述正确的是

A. 屏蔽增大,共振频率移向高场,化学位移 δ 值小

B. 屏蔽增大,共振频率移向低场,化学位移 δ 值大

C. 屏蔽增大,共振频率移向低场,化学位移 δ 值小

D. 屏蔽增大,共振频率移向高场,化学位移 δ 值大

31. 下列哪种技术不能简化核磁共振谱图?

A. 加入位移试剂　　B. 增加磁场强度

C. 双照射去偶　　D. 降低磁场强度

32. 在质谱仪中,磁场强度保持恒定,加速电压逐渐增加时,试样中哪一种离子首先到达检测器?

A. 质荷比最高的正离子　　B. 质荷比最低的正离子

C. 质量最大的正离子　　D. 质量最小的正离子

33. 某化合物用一个具有固定狭缝位置和恒定加速电位 V 的质谱仪进行分析,当磁场强度 B 慢慢地增加时,则首先通过狭缝的是

A. 质荷比最高的正离子　　B. 质荷比最低的正离子

C. 质量最大的正离子　　D. 质量最小的正离子

34. 某化合物相对分子质量为 150，下面分子式中不可能的是

A. $C_9H_{12}NO$　B. $C_9H_{14}N_2$　C. $C_{10}H_2N_2$　D. $C_{10}H_{14}O$

35. 下面化合物中，分子离子峰最强的是

A. 芳烃　B. 共轭烯　C. 酯　D. 醇

36. 有机化合物的分子离子的稳定性顺序正确的是

A. 芳香化合物＞醚＞环状化合物＞烯烃＞醇

B. 芳香化合物＞环状化合物＞烯烃＞醚＞醇

C. 醇＞醚＞烯烃＞环状化合物

D. 烯烃＞醇＞环状化合物＞醚

37. 指出下面哪一种说法是正确的？

A. 质量数最大的峰为分子离子峰

B. 强度最大的峰为分子离子峰

C. 质量数第二大的峰为分子离子峰

D. 降低电离室的轰击能量，强度增加的峰为分子离子峰

38. 在溴乙烷质谱图中，观察到两个强度相等的离子峰，它们最大的可能是

A. m/z93 和 95　B. m/z29 和 95

C. m/z95 和 93　D. m/z93 和 29

39. 下列各类化合物中，分子离子峰最弱的是

A. 醇　B. 羰基化合物　C. 醚　D. 胺

40. 所获得的质谱图中出现 m/z43 和 57 基峰的化合物一定是

A. 直链烷烃　B. 双键在一端的烯烃

C. 芳烃　D. 醇类化合物

41. 3,3-二甲基乙烷在下述质量数的峰中，最强峰的质荷比为

A. 85　B. 99　C. 71　D. 29

42. 电离过程中需要引入一种工作气体的质谱电离源是

A. EI　B. CI　C. FAB　D. ESI

43. 在液相色谱-质谱联用仪器中通常采用下列哪种电离源？

A. 电子轰击电离源　B. 化学电离源

C. 快质子轰击电离源　D. 电喷雾离子源

44. 在质谱仪的各种质量分析器中，具有可控制离子停留时间的质量分析器是

A. 双聚焦质量分析器　B. 飞行时间质量分析器

C. 离子阱质量分析器　D. 四极杆质量分析器

45. 要测定^{14}N和^{15}N的天然丰度，宜采用下述哪一种仪器分析方法？

A. 原子发射光谱　B. 气相色谱

C. 质谱　　　　　　　　　　　　D. 色谱-质谱

(二) 填空题

1. 红外光谱法主要研究振动中有________变化的化合物，因此，除了________和________等外，几乎所有的化合物在红外光区均有吸收。

2. 在红外光谱图上出现________的基团，其振动过程中一定有________变化，这种振动称为________活性，相反则称为________。

3. 一般将多原子分子的振动类型分为________振动和________振动，前者又可分为________振动和________振动，后者可分为________、________、________和________振动。

4. 在红外光谱图中，________ cm^{-1}区域的峰是由基团的伸缩振动产生的，基团的特征吸收一般位于此范围，它是鉴定基团最有价值的区域，称为________区；在________ cm^{-1}区域中，当分子结构稍有不同时，该区的吸收就有细微的不同，称为________。

5. 比较C═C和C═O键的伸缩振动，谱带强度更大者是________。氢键效应使OH伸缩振动谱带向________波数方向移动。

6. 红外光谱吸收谱带的强度与振动时________变化的大小有关，其变化越大，吸收越________，而其还与分子结构的对称性有关。振动的对称性越高，谱带强度也就越________。

7. 当羰基邻位连有电负性大的原子或吸电子基因时，由于诱导效应使特征频率________。随着取代原子电负性的增大或取代数目的增加，诱导效应越________，吸收峰向________波数移动的程度越显著。

8. 共轭效应使共轭体系中键的力常数________，使其吸收频率向________波数方向移动。例如，当酮的C═O与苯环或碳-碳双键共轭时，C═O的力常数________，振动频率________。

9. 基团—OH、—NH；═CH、≡CH；—CH的伸缩振动频率分别出现在________ cm^{-1}；________ cm^{-1}；________ cm^{-1}。

10. 羰基化合物中的羰基伸缩振动 $\nu_{C=O}$强特征峰通常出现在________ cm^{-1}。通常而言，具有羰基的化合物如酰胺、酮、醛、酯、酸和酐等的特征吸收峰的大小顺序为________。一般共轭效应使 $\nu_{C=O}$向________波数位移；诱导效应使 $\nu_{C=O}$向________波数位移。

11. 基团—C≡C、—C≡N；—C═O；—C═N、—C═C—的伸缩振动频率分别出现在________ cm^{-1}；________ cm^{-1}；________ cm^{-1}。

12. 傅里叶变换红外分光光度计中的核心部件是________，它没有普通红外分光光度计中的________。与普通红外分光光度计相比，它的主要特点是

________、________、________、________。

13. 产生核磁共振需要满足一定条件:(1)________;(2)________________;(3)照射频率与外磁场的比值____________。

14. 相对于裸露的氢核来讲,化合物中的氢核受周围不断运动着的电子影响。在外磁场作用下,运动着的电子产生与外磁场方向________的感应磁场,起到________作用。由于这种作用的存在,氢核产生共振需要更________的外磁场强度(相对于裸露的氢核)。在有机化合物中,各种氢核周围的电子云密度不同(结构中不同位置)共振频率有差异,即引起共振吸收峰的________,这种现象称为________。

15. 在 NMR 谱法中,影响化学位移的因素有________、________、________、________等。

16. 四甲基硅烷(TMS)是测定核磁共振谱图理想的标准试样。它的________都是等同的,共振信号为________,与大多数有机化合物相比,它的共振峰出现在________区。此外,它的________低,易于________。

17. 核磁共振中,质子峰裂分的原因是由于存在________偶合。质子受到________作用的大小用化学位移表示。与质子相连元素的电负性越强,吸电子作用越________,屏蔽作用________,化学位移值越________。信号峰在________场出现。

18. 在核磁共振谱中,具有相同________的核有相同的________,将这种核称为化学等价。

19. 分子中一组相同种类的核,不但具有相同的________,还以相同的________与组外任一个核相偶合,这类核称为________等价。________等价的核一定的________等价的,但________等价的核不一定________等价。

20. 预测下列化合物各有几种等性质子,在 NMR 谱上有几个信号:

$(CH_3)_3$—C—O—C—$(CH_3)_3$ 有____种等性质子,____个信号;

$(CH_3)_2$—CH—O—CH—$(CH_3)_2$ 有____种等性质子,____个信号;

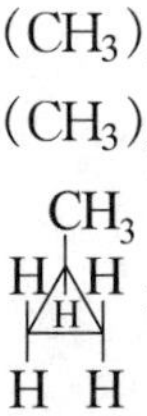

有____种等性质子,____个信号。

21. 二甲基环丙烷的 NMR 谱上,出现两个信号的结构式是________;出现三个信号的结构式是________;出现四个信号的结构式是________。

22. 两个化合物分子式都为 $C_3H_6O_3$,在 NMR 谱上都有三组峰,三组峰分别为单峰、三重峰和四重峰,峰面积比也都为 1:2:3,两者只是化学位移不同,化合物Ⅰ $\delta_{1.30}$三重峰、$\delta_{4.19}$四重峰、$\delta_{7.49}$单峰,结构式应为____________。化合物Ⅱ $\delta_{1.40}$三重峰、$\delta_{2.37}$四重峰、$\delta_{10.5}$单峰，其结构式应为__________。

23. 除同位素离子峰外，如果存在分子离子峰，则其一定是 m/z ________的峰，它是分子失去________生成的，故其 m/z 是该化合物的__________，它的________与分子的结构及________有关。

24. 质谱仪的离子源种类很多，挥发性样品主要采用________离子源。特别适合于相对分子质量大、难挥发或热稳定性差的样品的分析的是________离子源。工作过程中要引进一种反应气体获得的是准分子离子的离子源是________电离源。在液相色谱-质谱联用仪中，既作为液相色谱和质谱仪之间的接口装置，同时又是电离装置的是________电离源。

25. 质谱图上出现质量数比相对分子质量大 1 或 2 的峰，即 $M+1$ 和 $M+2$ 峰，其相对丰度与化合物中元素的天然丰度成________，这些峰是__________。预测在氯乙烷的分子离子峰附近，将出现两个强峰，其质荷比为________和________，其强度比为________。

26. 分子离子峰的强度与化合物的结构有关，芳香烃及含有共轭双键化合物的分子离子峰________，这是因为含有________体系；脂环化合物的分子离子也较稳定，是因为要断裂________才能生成碎片离子。长链脂肪醇化合物易________，不易生成分子离子峰。

27. 饱和脂肪烃化合物裂解的特点是：(1)生成一系列________质量峰，m/z，____，____，____…；(2) m/z ________和 m/z ________峰最强；(3)裂解优先发生在支链处，优先失去________。

28. 芳烃化合物的裂解特点是：(1)________峰强；(2)在一烷基苯中，基峰为 m/z ________，若 α-位碳上被取代，基峰变为 m/z ________。m/z91 峰失去一个乙炔分子而成 m/z ________；峰(3)当烷基碳原子数等于或大于________时，会发生一个氢原子的重排，生成 m/z ________峰。

29. 烯烃化合物的裂解特点是：(1)有明显的一系列__________峰；(2)基峰________是由裂解形成__________产生的。

30. 脂肪醇化合物的裂解特点是：(1)分子离子峰__________；(2)由于失去一分子________，并伴随失去一分子________，生成 $M-$ ________和 $M-$ ________峰；(3)醇往往发生________断裂，________基团优先失去，伯醇生成__________峰；仲醇生成__________峰；叔醇生成__________峰。

31. 酮类化合物的裂解特点是：(1)分子离子峰________；(2)特征是发生 McLafferty 重排和________断裂，断裂失去________的概率较大；(3)芳香酮有较强的分子离子，基峰为__________。

32. 酮类化合物的裂解特点是：(1)分子离子峰________；(2)发生________重排。在 $C_1\sim C_3$ 醛中，生成稳定的基峰________，在高碳数直链醛中会形成

________;(3)芳香醛易生成 m/z105 的________。

33. 醚类化合物的裂解特点是:(1)脂肪醚化合物分子离子峰________;(2)易发生 i 断裂,(正电荷保留在氧原子上)形成一系列 $m/z=$________________和________断裂形成一系列 $m/z=$________等碎片离子峰;(3)较长烷基链的芳醚发生断裂生成____________和____________。

34. 羧酸、酸、酰胺类化合物的裂解特点是:(1)分子离子峰较________;(2)发生________断裂,羧酸的分子离子峰断裂生成 m/z ________的____________碎片离子峰;酯的分子离子峰断裂生成________碎片离子峰;酰胺的分子离子峰断裂生成 m/z ________的________碎片离子峰;(3)有________氢存在时,发生 McLafferty 重排。

35. 一种取代苯的相对分子质量为 120,质谱图上出现 m/z120、92、91 峰,m/z120 为________峰,m/z92 为________峰,m/z91 为________峰,化合物为________。

36. 正辛醇的质谱图上出现一个 m/z 为偶数的峰 m/z84,该离子为____________,失去的是________和________。

37. 一种化合物的分子式为 C_4H_8O,写出与下面质谱峰相对应的离子和化合物的结构式。m/z72 为________,m/z44 为________,m/z29 为________,化合物为________。

38. 化合物分子式为 C_2H_5O,质谱图上出现 m/z46(61%),45(100%),31(5%)峰,其结构式为________。一种醚的相对分子质量为 102,质谱图上出现 m/z87、73、59(基峰),31 等主要离子峰,其结构式为________________。

(三) 谱图解析题

1. 一种化合物的分子式为 C_7H_6O,其红外光谱和核磁共振谱如图 12－19 所

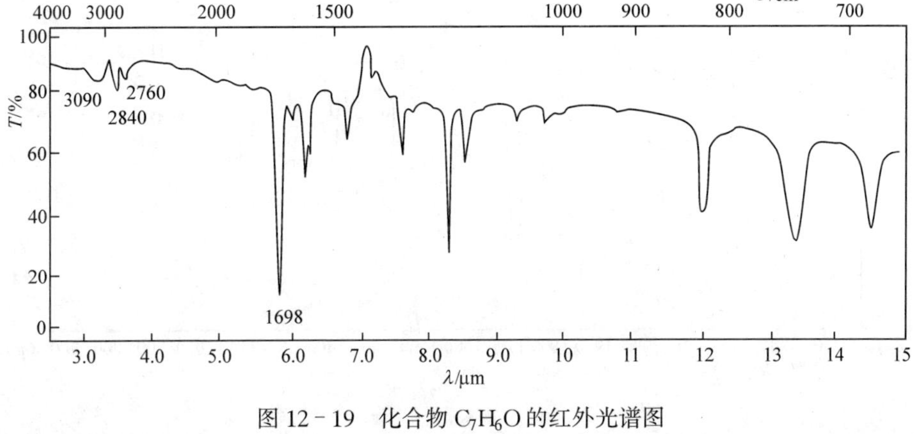

图 12－19　化合物 C_7H_6O 的红外光谱图

示，试确定此化合物的结构。

2. 某化合物的分子式为 C_9H_8O，红外光谱图如图 12－20 所示，试推测其结构。

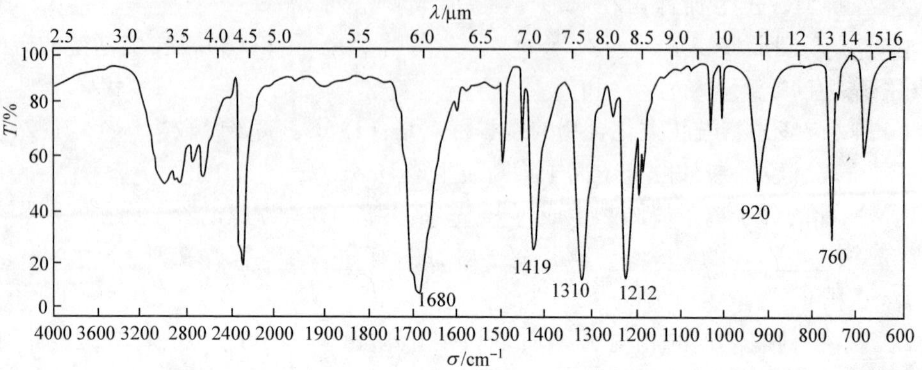

图 12－20 化合物 C_9H_8O 的红外光谱图

3. 某化合物的分子式为 C_3H_4O，红外光谱图如图 12－21 所示，试推测其结构。

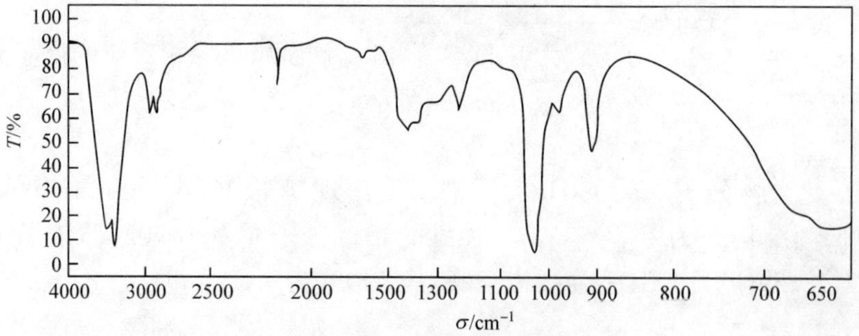

图 12－21 化合物 C_3H_4O 的红外光谱图

4. 某化合物的分子式为 $C_6H_{10}O$，红外光谱图如图 12－22 所示，试推测其结构。

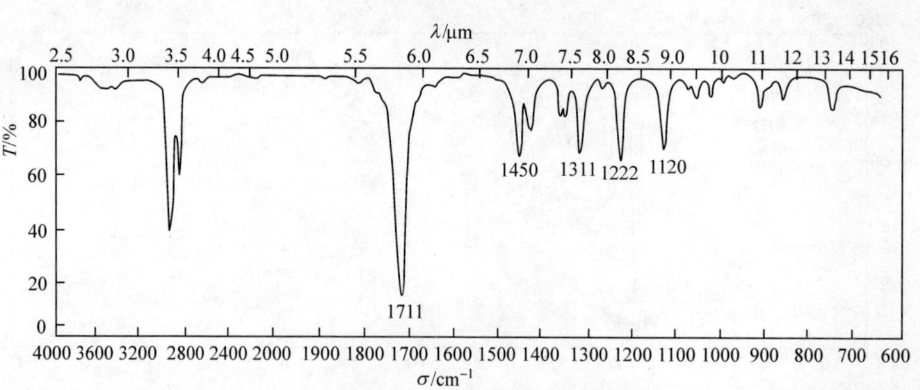

图 12－22 化合物 $C_6H_{10}O$ 的红外光谱图

5. 某化合物的分子式为 $C_9H_6O_2$，红外光谱图如图 12-23 所示，试推测其结构。

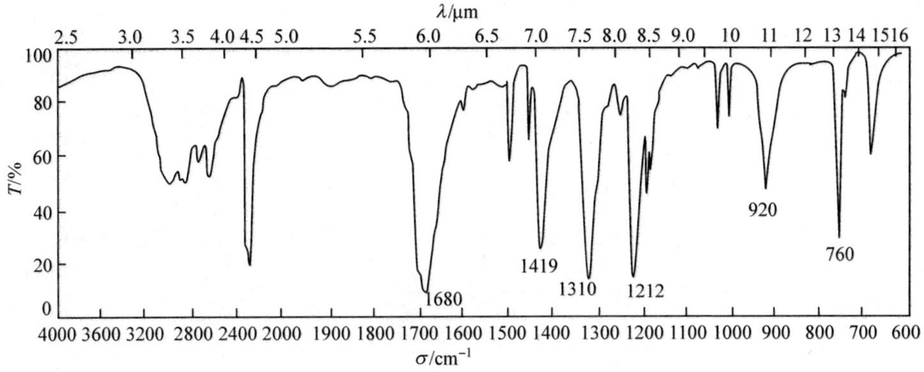

图 12-23　化合物 $C_9H_6O_2$ 的红外光谱图

6. 一无色液体，仅含碳氢两元素，核磁共振谱图如图 12-24 所示。试推测其结构并解释。

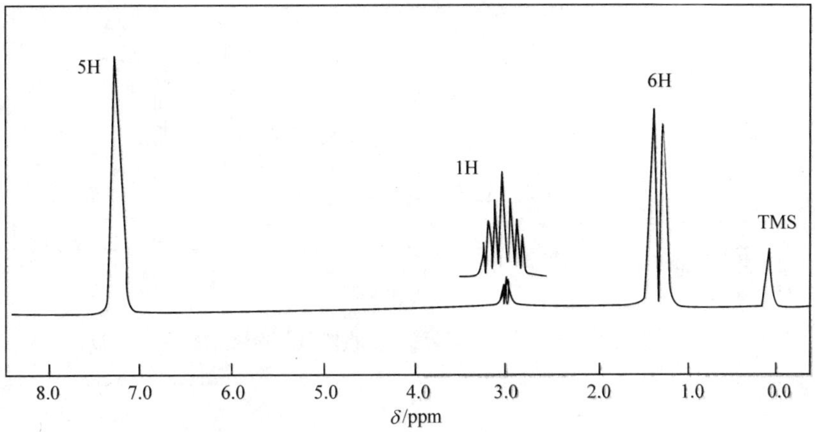

图 12-24　化合物核磁共振波谱图

7. 有一液体化合物，分子式为 $C_4H_8O_2$，红外光谱分析有 C═O 基团存在，核磁共振谱图如图 12-25 所示。试推测其结构并解释。

8. 有一液体化合物，分子式为 $C_5H_{10}O_2$，红外光谱分析有 C═O 基团存在，核磁共振谱图如图 12-26 所示。试推测其结构并解释。

9. 有一液体化合物，分子式为 $C_8H_{14}O_4$，红外光谱分析有 C═O 基团存在，核磁共振谱图如图 12-27 所示。试推测其结构并解释。

10. 某化合物 $C_7H_{16}O_3$，核磁共振谱图如图 12-28 所示。试推测其结构并解释。

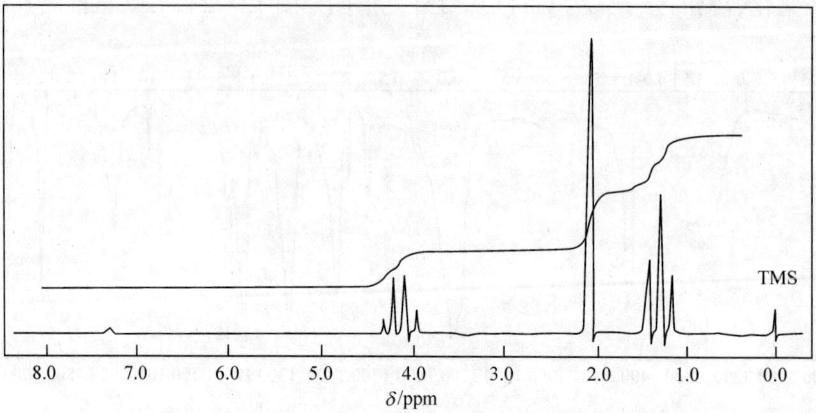

图 12-25　化合物 $C_4H_8O_2$ 的核磁共振波谱图

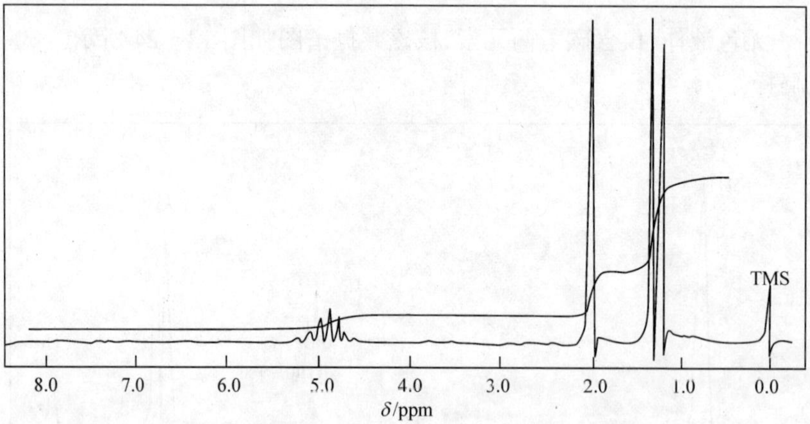

图 12-26　化合物 $C_5H_{10}O_2$ 的核磁共振波谱图

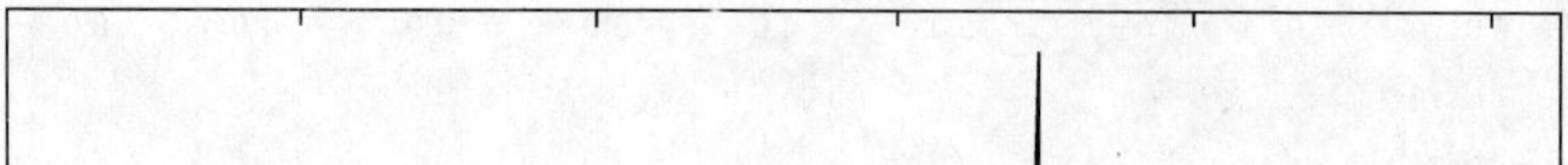

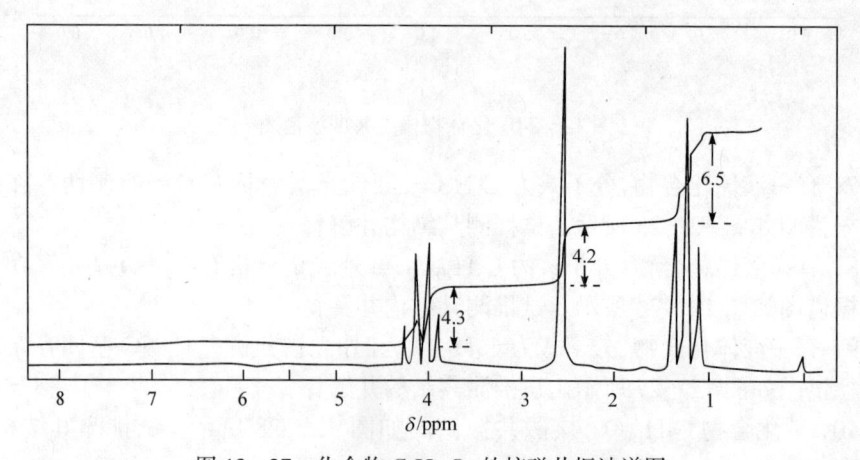

图 12-27　化合物 $C_8H_{14}O_4$ 的核磁共振波谱图

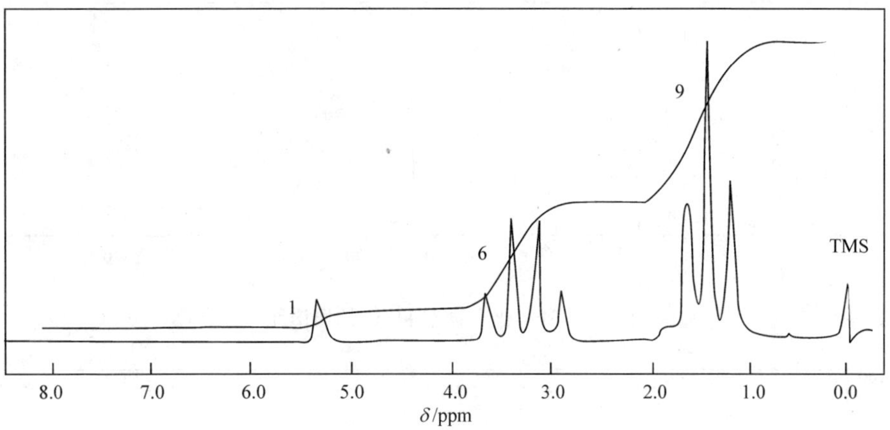

图 12-28　化合物 $C_7H_{16}O_3$ 的核磁共振波谱图

11. 某化合物分子式为 $C_6H_{12}O$，质谱图如图 12-29 所示，推断其结构。

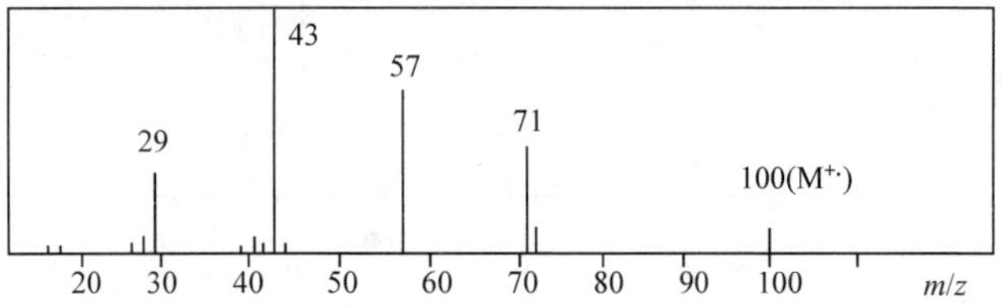

图 12-29　化合物 $C_6H_{12}O$ 的核磁共振波谱图

12. 某化合物分子式为 $C_{10}H_{14}$，质谱图如图 12-30 所示，推断其结构。

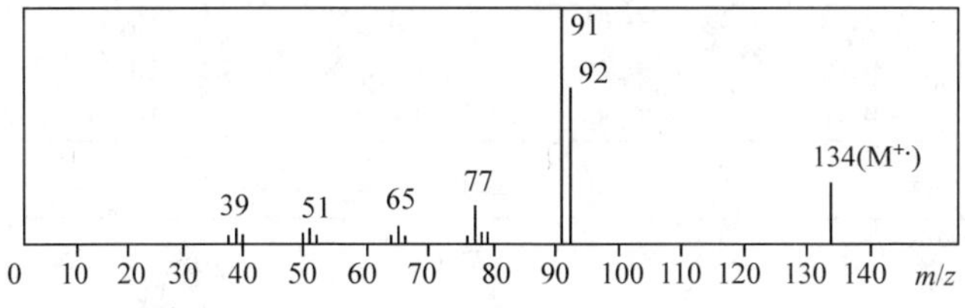

图 12-30　化合物 $C_{10}H_{14}$的质谱图

13. 某化合物分子式为 $C_6H_{13}O$，质谱图如图 12-31 所示，推断其结构。

14. 某化合物的红外、核磁、质谱谱图如图 12-32～图 12-34 及 Beynon 表所示，推断其结构并对各谱数据做合理的解释。

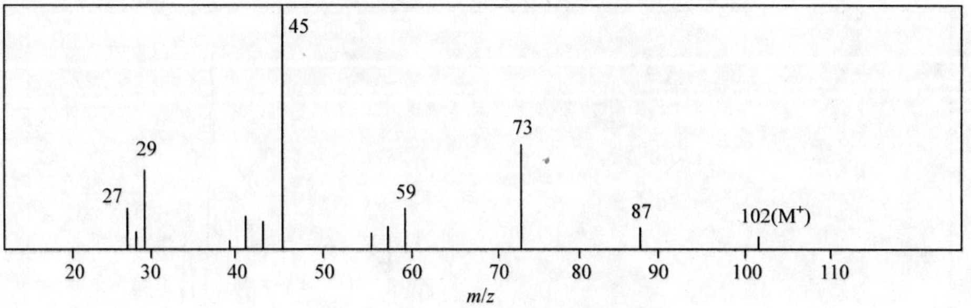

图 12-31 化合物 $C_6H_{13}O$ 的质谱图

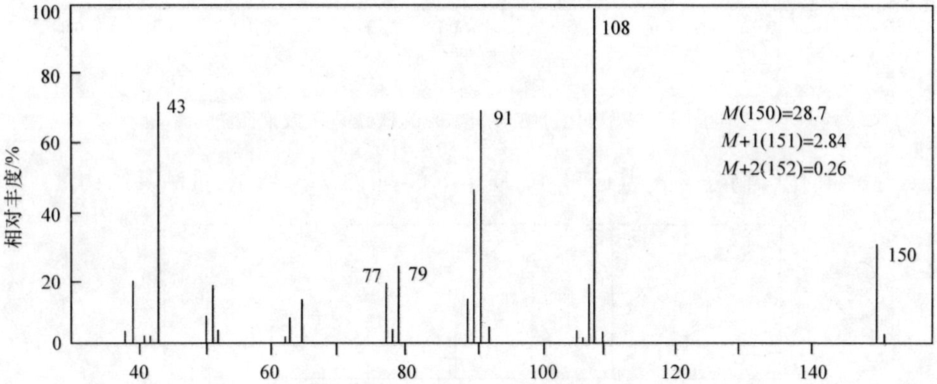

图 12-32 化合物质谱图

Beynon 表

化合物	$M+1$	$M+2$	化合物	$M+1$	$M+2$
⋮			⋮		
$C_8H_{10}N_2O$	9.61	0.61	$C_9H_{12}NO$	10.34	0.68
$C_8H_{12}N_3$	9.98	0.45	$C_9H_{14}N_2$	10.71	0.52
$C_9H_{10}O_2$	9.96	0.84	C_9N_2	10.87	0.54

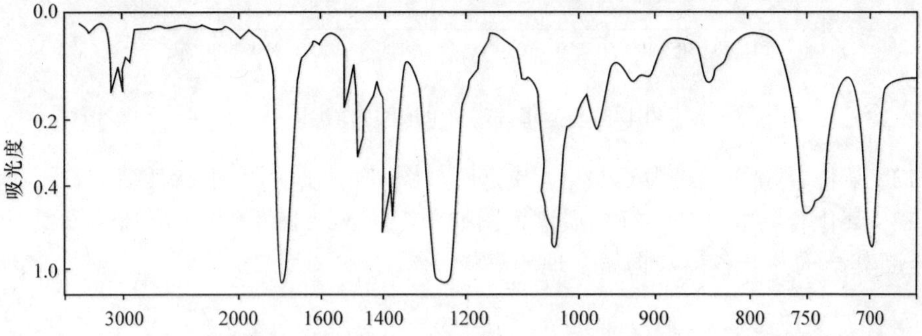

图 12-33 化合物红外吸收光谱图

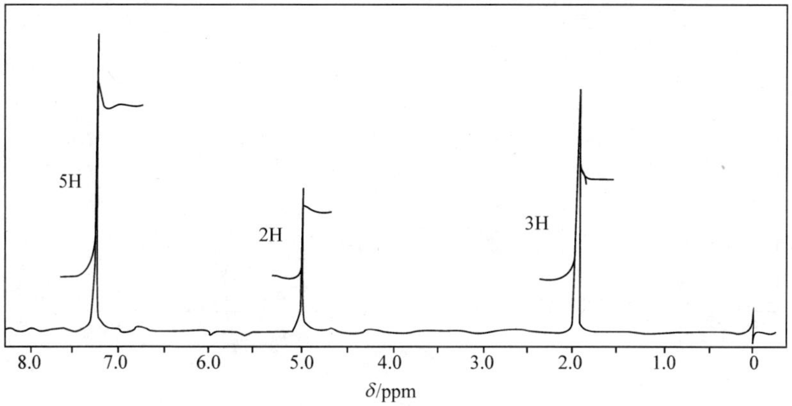

图 12－34　化合物核磁共振波谱图

15. 某化合物的质谱、红外、核磁谱图如图 12－35～图 12－37 所示，推断其结构并对各谱数据做合理的解释。

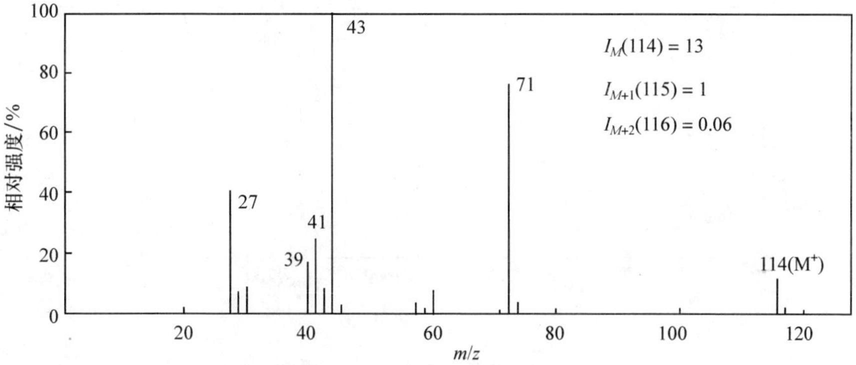

图 12－35　化合物质谱图

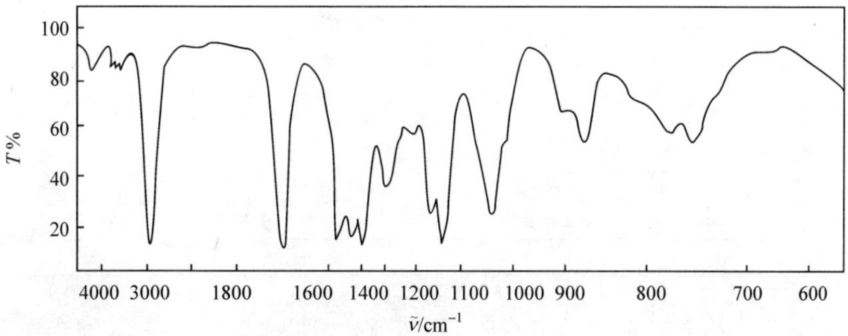

图 12－36　化合物红外光谱图

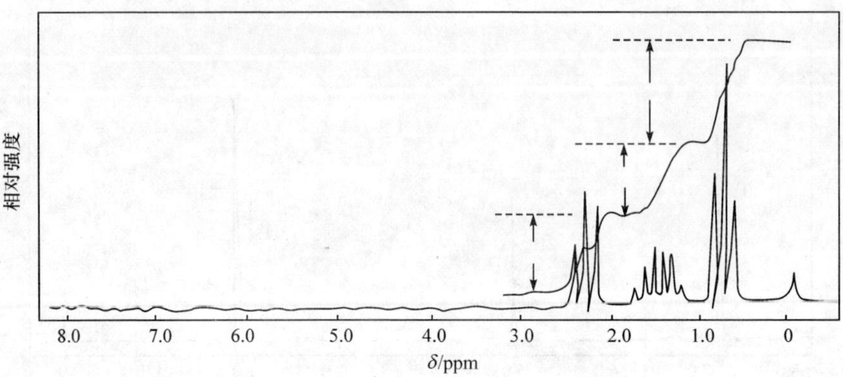

图 12－37　化合物核磁共振波谱图

16．某化合物的红外、核磁、质谱谱图如图 12－38～图 12－40 所示，推断其结构并对各谱数据做合理的解释。

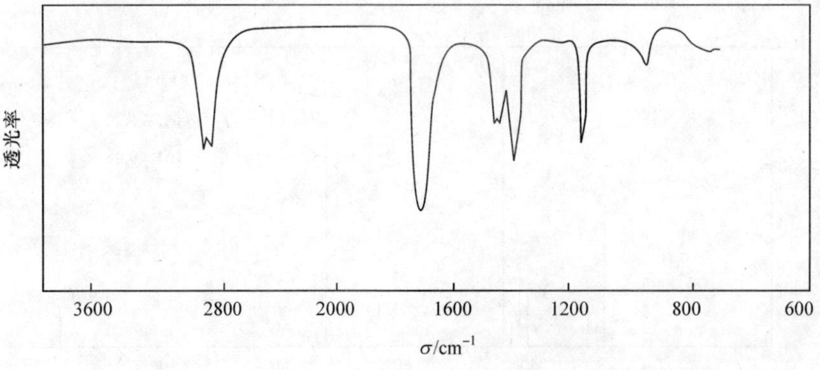

图 12－38　化合物红外光谱图

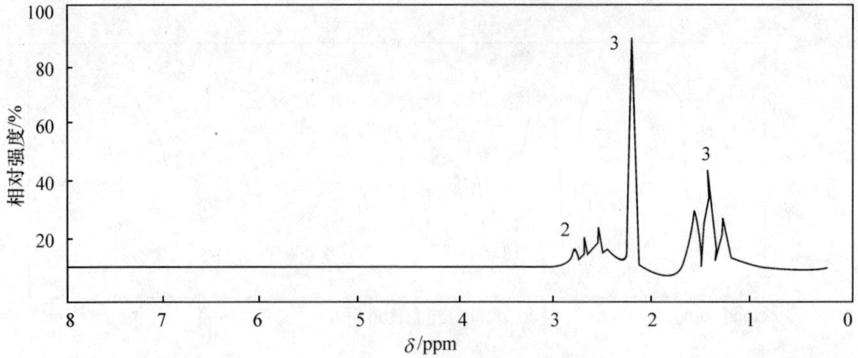

图 12－39　化合物核磁共振波谱图

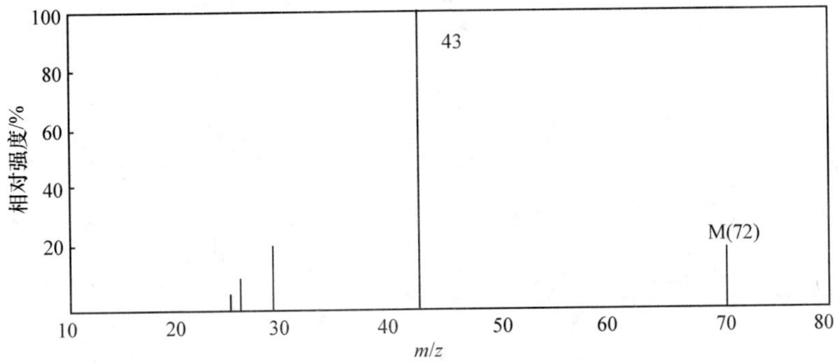

图 12－40　化合物质谱图

17. 某化合物的红外、核磁、质谱谱图如图 12－41～图 12－43 所示，推断其结构并对各谱数据做合理的解释。

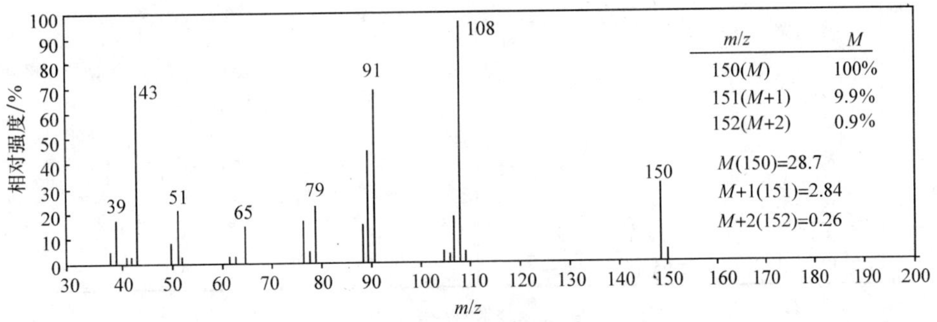

图 12－41　化合物质谱图

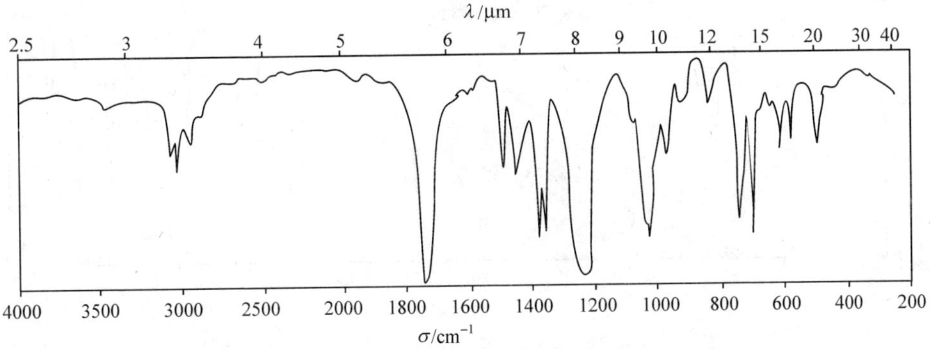

图 12－42　化合物红外光谱图

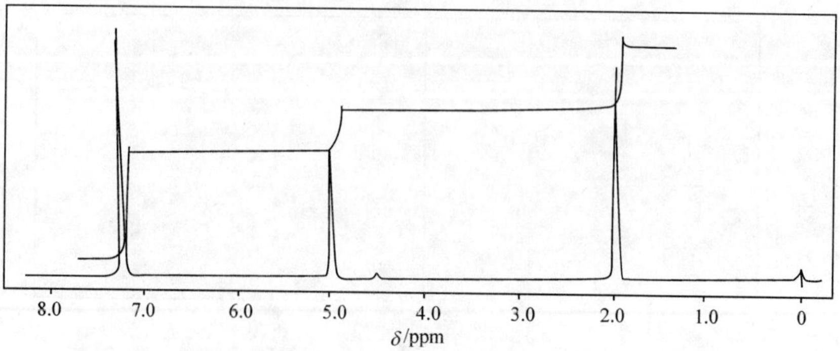

图 12-43　化合物核磁共振波谱图

18. 某化合物的红外、核磁、质谱谱图如图 12-44～图 12-46 所示，推断其结构并对各谱数据做合理的解释。

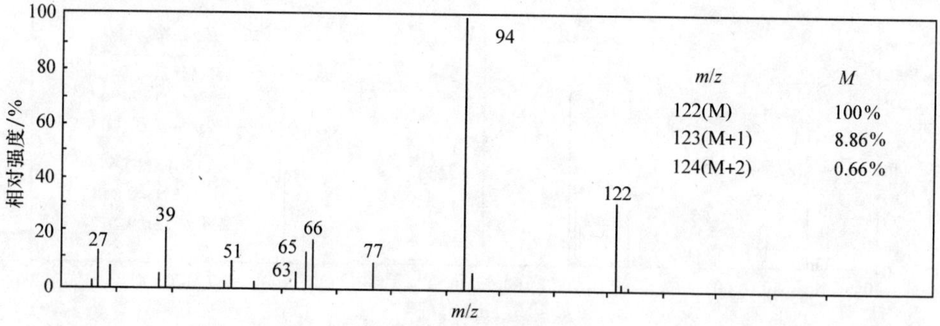

图 12-44　化合物质谱图

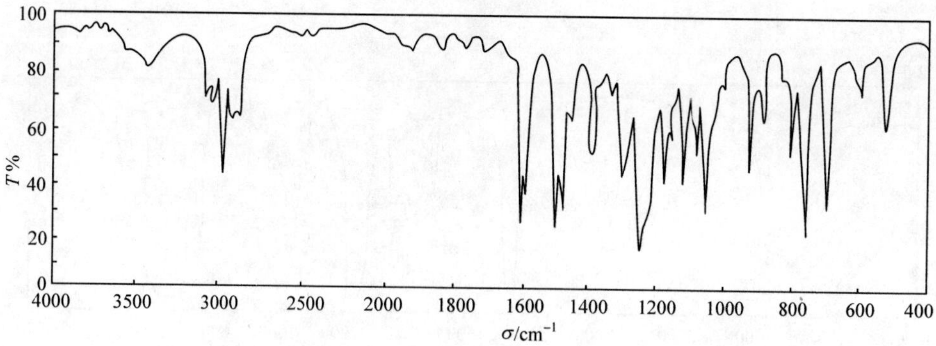

图 12-45　化合物红外光谱图

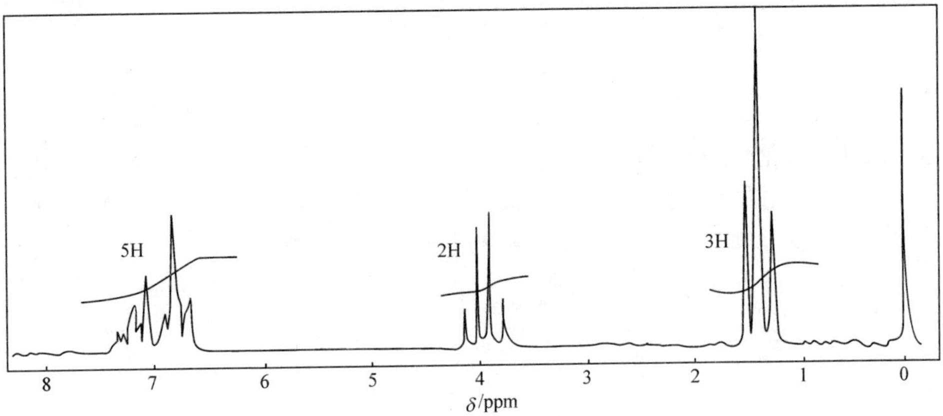

图 12-46 化合物核磁共振波谱图

(四) 问答题

1. 试指出下列化合物中,酮羰基的伸缩振动频率 $\nu_{C=O}$在红外光谱上出现的大致位置,并解释它们之间差异的原因。

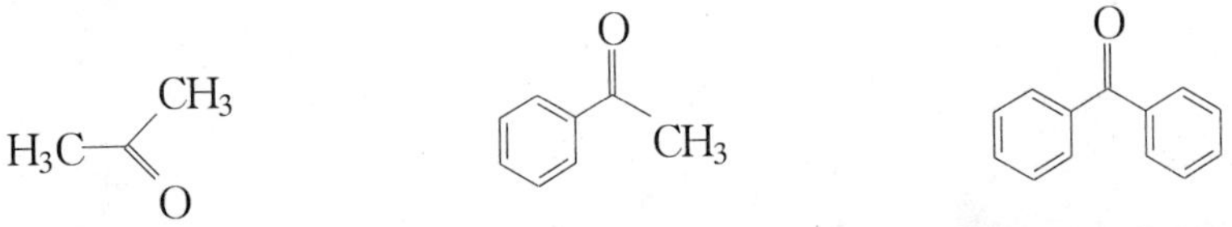

2. 不考虑其他因素影响,试讨论酸、醛、酮、酯、酰卤和酰胺化合物中 C═O 伸缩振动频率的大小顺序。

3. 下面化合物中,所标注质子的屏蔽效应是否不同? 试解释原因。

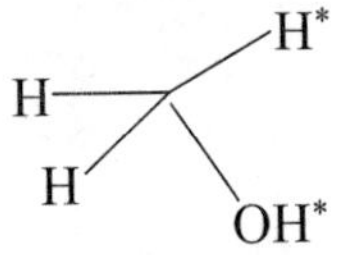

4. 使用 60MHz 仪器,TMS 和化合物中某质子之间的吸收频率差为 360Hz,如果使用 200MHz 仪器,它们之间的频率差是多少? 此数据说明什么?

5. 随着氢核酸性的增加,其他学位移值将是增大还是减小?

6. 讨论乙烷、乙烯、乙炔的化学位移值的大小顺序与产生差异的原因。

7. 核磁共振波谱较复杂时,可采取哪些方法与技术来辅助解析?

8. 如何判断别分子离子峰? 哪些化合物具有较大的分子离子峰? 哪些化合物的分子离子峰不明显?

9. 现有一含四个碳原子的胺类化合物,获得的质谱数据如下表:

m/z	29	41	44	58	73
相对强度/%	9.1	9.4	100	10	1.2

试推断该化合物的结构式并解释之。

10. 从某化合物的质谱图上可以看出其分子离子峰 m/z 为 102，M 和 $M+1$ 峰的相对强度分别为 16.1 和 1.26，从这里可以获得哪些信息？

模拟试题Ⅰ

（2004年武汉大学研究生入学考试分析化学试题）

（一）填空题

1．间接碘量法在有机分析中有广泛的应用。例如，在碱性溶液中，I_2 标准溶液（过量）反应生成的 IO^- 能将葡萄糖定量氧化

$$I_2 + 2OH^- = IO^- + I^- + H_2O$$

$$C_6H_{12}O_6 + IO^- + OH^- = C_6H_{11}O_7^- + I^- + H_2O$$

剩余的 IO^- 在碱性溶液中发生歧化反应

$$3IO^- = IO_3^- + 2I^-$$

酸化试液后，上述歧化反应可转变为 I_2 析出，再用 $Na_2S_2O_3$ 标准溶液进行滴定。

（1）写出碱性溶液中葡萄糖与 I_2（过量）的总的反应方程式；

（2）IO^- 歧化反应产物酸化后的离子反应方程式；

（3）若称取葡萄糖试样 m_s(g)，以 c_{I_2}、V_{I_2}、$c_{S_2O_3^{2-}}$、$V_{S_2O_3^{2-}}$ 及 $M_{C_6H_{12}O_6}$ 等通用符号写出计算葡萄糖质量分数的计算式。

2．标定HCl溶液的浓度时，可用 Na_2CO_3 或 $Na_2B_4O_7\cdot10H_2O$ 为基准物质。若 Na_2CO_3 吸水，则标定结果________，若 $Na_2B_4O_7\cdot10H_2O$ 结晶水部分失去，则标定结果________（以上两项填偏高、偏低或无影响）。若两者不存在上述问题，则选用________基准物质更好；原因是________。

3．以酸碱滴定法测定四乙基二硫化四烷基秋兰姆（$C_{10}H_{20}N_2S_4$，简称Antabuse）。称取含Antabuse的试样0.4613g，将其中的S氧化为 SO_2，再借助 H_2O_2 完全转化为 SO_3 并以 H_2SO_4 形式被滴定，以酚酞为指示剂，需34.85mL 0.025 00mol·L^{-1} NaOH溶液滴定上述 H_2SO_4 溶液。

（1）写出标定NaOH溶液浓度的基准物质名称（2种，以分子式表示）；

（2）计算试样中 $C_{10}H_{20}N_2S_4$ 的质量分数。（已知 $M_{Antabuse} = 296.54 g\cdot mol^{-1}$）

4．离子交换色谱柱中装入1.5g氢型阳离子交换树脂，净化后用NaCl溶液冲洗至甲基橙显黄色，收集全部流出液，用甲基橙为指示剂，以0.1000mol·L^{-1} NaOH标准溶液滴定，消耗24.51mL，试计算其交换容量________ mmol·g^{-1}。

5．精密称取 KIO_3 基准试剂0.1210g（214.00g·mol^{-1}），加水溶解后，加入KI 1g、浓HCl 5mL，用 $Na_2S_2O_3$ 标准溶液滴定至淀粉指示剂蓝色褪去需消耗

41.64mL。计算得到 $Na_2S_2O_3$ 的浓度为__________ $mol \cdot L^{-1}$。

6. 某色谱柱长 100cm,流动相流速为 $0.1cm \cdot s^{-1}$,已知组分 A 的洗脱时间为 40min。问组分 A 在流动相中停留了多长时间(min)? 其保留比 R' 是多少?

7. 氧化还原反应的平衡常数与原电池的标准电动势直接有关。用测定原电池电动势的方法还可确定弱酸的离解常数、水的离子积、难溶电解质的溶度积常数和配离子的稳定常数等。

已知 298.15K 时下列半反应的 $E^{\ominus}$ 值:

$$Ag^+ + e = Ag \qquad E^{\ominus} = 0.799V$$

$$AgCl + e = Ag^+ + Cl^- \qquad E^{\ominus} = 0.222V$$

据此,设计一个原电池:__________;其电池反应为________;该电池的电动势为__________(V);求得 AgCl 的 K_{sp} = __________。

8. 原子发射光谱定量分析是根据____________,赛伯-罗马金经验公式表达为____________。

(二) 推理与分析计算

1. 某人提出了一新的分析方法,并用此方法测定了一个标准样品,得下列数据(%)(按由小至大排列):40.00,40.15,40.16,40.18,40.20。已知标样的标准值为 40.19%(置信水平 95%)。

(1) 用格鲁布斯(Grubbs)法,检验极端值是否应该舍弃?

(2) 试用 t 检验法对新结果做出评价。

附表($\alpha = 0.05$):

n	$G(n, \alpha)$
4	1.46
5	1.67
6	1.82

f	$t_{\alpha, f}$(双侧)
2	4.30
3	3.18
4	2.78

2. 在待测溶液中含有等浓度($0.02mol \cdot L^{-1}$)的 Zn^{2+} 和 Al^{3+},加入 NH_4F 以掩蔽 Al^{3+},调节溶液 pH 至 5.5,用 $0.02mol \cdot L^{-1}$ EDTA 滴定 Zn^{2+}。假如终点时 $[F^-]$ 为 $0.1mol \cdot L^{-1}$,用二甲酚橙作指示剂,已知 $pZn_t = 5.7$,计算证明可否准确滴定其中的 Zn^{2+}? 终点误差为多少? [已知:AlF_6^{3-} 的 $\beta_1 = 10^{6.1}$, $\beta_2 = 10^{11.15}$, $\beta_3 = 10^{15.0}$, $\beta_4 = 10^{17.7}$, $\beta_5 = 10^{19.4}$, $\beta_6 = 10^{19.7}$; $K_{AlY} = 10^{16.3}$, $K_{ZnY} = 10^{16.5}$; pH5.5 时, $\lg\alpha_{Y(H)} = 5.6$]

3. 取 5.00mL 某酒类试液以水稀释至 1L 容量瓶中,移取 25.00mL 稀释液,将其中的乙醇(C_2H_5OH)蒸馏至 50.00mL 0.020 00$mol \cdot L^{-1}$ $K_2Cr_2O_7$ 溶液中,加热

将 C_2H_5OH 氧化为乙酸。冷却后,加入 20.00mL 0.1253mol·L^{-1} Fe^{2+} 标准溶液。过量的 Fe^{2+} 以 7.46mL 上述 $K_2Cr_2O_7$ 标准溶液滴定,以二苯氨磺酸钠为指示剂。写出 $K_2Cr_2O_7$ 氧化 C_2H_5OH 为乙酸的离子反应方程式并计算原试液中 C_2H_5OH 的质量浓度(m/V)。(已知 $M_{C_2H_5OH}=46.07g\cdot mol^{-1}$)

4. 用荧光光谱法测定复方炔诺酮片中炔雌醇的含量时,取本品 20 片(每片含炔诺酮应为 0.54~0.66mg,含炔雌醇应为 31.5~38.5μg),研细溶于无水乙醇中,稀释至 250mL,过滤。移取滤液 5mL,稀释至 10mL,在激发波长 287nm 处和发射波长 307nm 处测定荧光读数。如炔雌醇对照品的乙醇溶液(1.4μg·mL^{-1})在同样条件下荧光读数为 65,则合格品的荧光读数应在什么范围内?

5. A 0.2981g sample of an antibiotic(抗菌素)powder containing sulfanilamide(对氨基苯磺酰胺)was dissolved in HCl and the solution diluted to 100.0mL. A 20.00mL aliquot was transferred to a flask, and followed by 25.00mL of 0.017 67 mol·L^{-1} $KBrO_3$. An excess of KBr was added to form Br_2, and the flask was stoppered. After 10min, during which time the Br_2 brominated the sulfanilamide, an excess of KI was added. The liberated iodine was titrated with 12.92mL of 0.1215mol·L^{-1} sodium thiosulfate($Na_2S_2O_3$). (已知 $M_{sul}=172.21g\cdot mol^{-1}$)

(1) 写出 sulfanilamide 的结构式。

(2) 写出 sulfanilamide 与 Br_2 的溴化反应方程式。

(3) 计算试样中 sulfanilamide 的质量分数。

模拟试题Ⅱ

(一) 填空题

1. 下列专业名词的英文表达为：

标准溶液________________

有效数字________________

分配比________________

化学计量点________________

2. 用基准 $Na_2B_4O_7 \cdot 10H_2O$ 标定 HCl 溶液的浓度时的滴定反应式为：________________。选择________为指示剂。

3. 采用 EDTA 作为滴定剂测定水的硬度时，因水中含有少量的 Fe^{3+}、Al^{3+}，应加入________________为掩蔽剂，滴定时控制溶液的 pH=________。

4. 采用碘量法测定铜合金中铜的含量时，溶解试样最简便的溶剂是________；若用 HNO_3 溶解试样，则应加入________蒸发，以破坏过量的 HNO_3。

5. CaF_2 在 pH3 的溶液中溶解度比在 pH5 的溶液中要________，这主要是源于________。

6. 符合朗伯-比尔定律的某一吸光物质，随浓度增大其吸光度与 λ_{max} 分别________和________

7. 某溶液含 Fe^{3+} 10mg，用等体积的有机溶剂萃取一次后，该溶液中剩余 0.1mg，则 Fe^{3+} 在两相中的分配比 = ________。

8. 在消除系统误差的前提下，可通过____________的方法减小随机误差。

(二) 选择题(可能有 1～2 个选项)

1. 下列有关置信区间的描述中，正确的有

   A. 在一定置信度时，以测量值的平均值为中心的包括真值的范围即为置信区间

   B. 真值落在某一可靠区间的概率即为置信区间

   C. 其他条件不变时，给定的置信度越高，平均值的置信区间越宽

   D. 平均值的数值越大，置信区间越宽

2. 下列器件不属于分光光度计的检测器的有

   A. 光电倍增管　　B. 光二极管阵列　　C. 光敏电阻　　D. 反射光栅

3. 在一定的温度下，下列参数为常数的有

A. 分配系数　　B. 分配比　　C. 比移值　　D. 萃取百分数

4. 下列分析操作会导致结果偏高的有

A. 在 pH3 时用莫尔法滴定 Cl^-

B. 用福尔哈德法测定 Cl^- 时未将沉淀过滤也未加 1,2-二氯乙烷

C. 试液中含有铵盐,在 pH10 时用莫尔法滴定 Cl^-

D. 用福尔哈德法测定 I^- 时,先加铁铵矾指示剂,然后加入过量 $AgNO_3$ 标准溶液

5. 下列各组酸碱物质中属于共轭酸碱对的有

A. $NH_3^+CH_2COOH$-$NH_2CH_2COO^-$　　B. H_2Ac^+-AC^-

C. $(CH_2)_6N_4H^+$-$(CH_2)_6N_4$　　D. H_2SO_4-SO_4^{2-}

6. 氧化还原反应的条件平衡常数与下列哪些因素无关?

A. 氧化剂与还原剂的初始浓度　　B. 氧化剂的副反应系数

C. 两个半反应电对的标准电极电势　　D. 反应中两个电对的电子转移数

7. 下列影响沉淀溶解度的因素中,一定会使溶解度减小的有

A. 酸效应　　B. 盐效应　　C. 温度降低　　D. 同离子效应

8. 下列关于平行测定结果准确度与精密度的描述正确的有

A. 准确度高一定需要精密度高　　B. 精密度高则准确度一定高

C. 精密度高表明方法的重现性好　　D. 存在系统误差则精密度一定不高

(三) 简答与名词解释

1. 系统误差的特点及产生的原因。
2. 常用标准缓冲溶液的组成及 pH 标准值(25℃)(至少三种)。
3. 举例说明络合滴定法中的返滴定与置换滴定方式。
4. 简述正态分布与 t 分布的联系及区别。
5. 解释:$KMnO_4$ 标准溶液不能直接配制而 $K_2Cr_2O_7$ 标准溶液能够直接配制。
6. 各举一例说明共沉淀与继沉淀。

(四) 应用与计算题

1. The purity of a pharmaceutical preparation of sulfanilamide, $C_6H_4N_2O_2S$ (M=168.18g·mol^{-1}), can be determined by oxidizing the sulfur to SO_2 and bubbling the SO_2 through H_2O_2 to produce H_2SO_4. The acid is then titrated with a standard solution of NaOH to the bromothymol blue end point, where both of sulfuric acid's acidic protons have been neutralized. Calculate the purity of the preparation, given that a 0.5136g sample required 48.13mL of 0.1251mol·L^{-1} NaOH.

2. A 0.3284g sample of brass (containing lead, zinc, copper and tin) was dis-

solved in nitric acid. The sparingly soluble $SnO_2 \cdot 4H_2O$ was removed by filtration, and the combined filtrate and washings were then diluted to 500.0mL. A 10.00mL aliquot was suitably buffered; titration of the lead, zinc, and copper in this aliquot required 37.56mL of 0.002 500mol·L^{-1} EDTA. The copper in a 25.00mL aliquot was masked with thiosulfate; the lead and zinc were then titrated with 27.67 of the EDTA solution. Cyanide ion was used to mask the copper and zinc in a 100mL aliquot; 10.80mL of the EDTA solution were needed to titrate the lead ion. Determine the composition of the brass sample; evaluate the percentage of tin by difference.

3. The CO in a 20.3L sample of gas was converted to CO_2 by passing the gas over iodine pentoxide heated to 150℃

$$I_2O_5(s) + 5CO(g) \longrightarrow 5CO_2(g) + I_2(g)$$

The iodine distilled at this temperature was collected in an absorber containing 8.25mL of 0.011 01mol·L^{-1} $Na_2S_2O_3$

$$I_2(aq) + 2S_2O_3^{2-}(aq) \longrightarrow 2I^-(aq) + S_4O_6^{2-}(aq)$$

The excess $Na_2S_2O_3$ was back-titrated with 2.16mL of 0.009 47mol·L^{-1} I_2 solution. Calculate the number of milligrams of CO(28.01g·mol^{-1}) per liter of sample.

4. The thickness of the chromium plate on an auto fender was determined by dissolving a 30.0cm^2 section of the fender in acid and oxidizing the liberated Cr^{3+} to $Cr_2O_7^{2-}$ with peroxydisulfate. After removing the excess peroxydisulfate by boiling, 500.0mg of $Fe(NH_4)_2(SO_4)_2 \cdot 6H_2O$($M$ = 392.14g·mol^{-1}) was added, reducing the $Cr_2O_7^{2-}$ to Cr^{3+}. The excess Fe^{2+} was back-titrated, requiring 18.29mL of 0.003 89mol·L^{-1} $K_2Cr_2O_7$ to reach the end point. Determine the average thickness of the chromium plate given that the density of Cr is 7.20g·mL^{-1}.

5. Color development reactions can be generated between titanium and vanadium with hydrogen peroxide. A 50mL of 1.06×10^{-3}mol·L^{-1} titanium solution, a 25mL of 6.28×10^{-3}mol·L^{-1} vanadium solution, and a 20.0mL of solution containing titanium and vanadium with unknown concentrations were color-developed and diluted to 100mL, separately. The three solutions were detected spectrophotometricly with a 1cm cell under 415nm and 455nm. The absorption obtained is shown in the following table. Determine the unknown concentration of titanium and vanadium.

solution	A(415nm)	A(455nm)
titanium	0.435	0.246
vanadium	0.251	0.377
unknown	0.645	0.555

6．用光度法测定 Fe^{3+} 时得到以下数据：

x(Fe 含量/mg)	0.20	0.40	0.60	0.80	1.00	sample
$y(A)$	0.077	0.126	0.176	0.230	0.280	[un]

其中对样品进行 7 次平行测定得到[un]为：0.205，0.211，0.204，0.208，0.206，0.202，0.205。试计算样品中 Fe^{3+} 的含量。

模拟试题Ⅲ

1. 用 Karl Fisher 法与色谱法测定同一冰醋酸样品中的微量水分,试用统计检验评价色谱法能否用于微量水分含量的测定。(95%置信度)

Karl Fisher 法:0.757%　0.737%　0.745%　0.740%　0.748%　0.750%

色谱法:　　　0.749%　0.733%　0.746%　0.754%　0.748%　0.750%

已知:$T_{0.95,6}=1.82$;$F_{0.05,5,5}=5.05$,$F_{0.05,5,4}=6.26$,$F_{0.05,4,5}=5.19$;$t_{0.15,9}=2.26$。

2. 在某水样中,待测物 A 与干扰物 B 的质量分数为 1,根据下表所列数据计算用哪种溶剂萃取,水相中 A 与 B 剩余质量分数最小(假设采用等体积 1 次萃取)。

溶剂	分配比(D)	
	A	B
a	10^2	10^{-3}
b	10^3	0.12
c	10^4	99

3. 用 $KMnO_4$ 法测定石灰中钙的含量。称取试样 0.5557g,溶于酸,加入过量的$(NH_4)_2C_2O_4$,使 Ca^{2+} 生成 CaC_2O_4 沉淀,将沉淀过滤,洗净之后再溶解于 H_2SO_4 中,以 $KMnO_4$ 标准溶液滴定生成的 $H_2C_2O_4$。已知 $c_{KMnO_4}=0.040\ 44mol\cdot L^{-1}$,滴至终点消耗 $KMnO_4$ 标准溶液 21.80mL,试计算:(1)石灰中 CaO 的含量;(2)如果在(1)中所得的草酸钙沉淀中含有少量草酸镁(相当于 10mg MgO),则真正的 CaO 的含量是多少?在(1)中所得结果的相对误差为多少?(已知 $M_{CaO}=56.08g\cdot mol^{-1}$,$M_{MgO}=40.30g\cdot mol^{-1}$)

4. 某弱碱性指示剂的解离常数 $K_{In}=1.6\times10^{-6}$,此指示剂的理论变色范围约为多少?

5. 碘量法测铜,当试样溶解后加入过量 KI,定量生成碘后,用标准 $Na_2S_2O_3$ 溶液滴定所生成的碘,从而得到铜含量。忽略离子强度的影响,用计算方法说明该滴定方法是可行的。(已知 $\varphi^{\ominus}_{I_2/I^-}=0.545V$,$\varphi^{\ominus}_{Cu^{2+}/Cu^+}=0.159V$,$K_{sp,CuI}=1.1\times10^{-12}$)

6. 称取含 $NaIO_3$ 和 $NaIO_4$ 的混合试样 1.000g,溶解后,于 250mL 容量瓶中稀

释至刻度,准确移取上述试液 50.00mL,用硼砂将试液调至弱碱性后,加入过量 KI,此时 IO_4^- 被还原为 IO_3^-,并释放出碘,然后用 0.040 00mol·L^{-1} $Na_2S_2O_3$ 溶液滴定至终点时,用去 20.00mL;另准确移取试液 25.00mL,用 HCl 调节溶液至酸性,加入过量 KI,所释放出的碘用 0.040 00mol·L^{-1} $Na_2S_2O_3$ 溶液滴定至终点时,用去 50.00mL。计算试样中 $NaIO_3$ 和 $NaIO_4$ 的质量分数。(已知 $M_{NaIO_4}=214.0$ g·mol^{-1},$M_{NaIO_3}=198.0$g·mol^{-1})

7. 在 25.00mL KI 溶液中,用移液管准确加入 10.00mL 0.060 00mol·L^{-1} KIO_3 溶液,再加适量盐酸,加热煮沸,以除去生成的 I_2。冷却后,加入过量 KI,它与溶液中剩余的 KIO_3 反应而产生的碘需要用 30.00mL 0.1000mol·L^{-1} $Na_2S_2O_3$ 溶液滴定。求原来的 KI 溶液的浓度和加热煮沸时所除去的 I_2 的质量?(已知 $M_{I_2}=253.8$g·mol^{-1})

8. 一氯乙酸可用作水果的防腐剂,它能定量地与 $AgNO_3$ 溶液反应

$$CH_2ClCOOH + Ag^+ + H_2O = AgCl + CH_2(OH)COOH + H^+$$

取 150.0mL 试样,用 H_2SO_4 酸化,将其中的 $CH_2ClCOOH$ 萃取到乙醚中去,再用 1mol·L^{-1} NaOH 反萃取,使 $CH_2ClCOOH$ 又进入水溶液。酸化后加入 40.0mL $AgNO_3$ 溶液,滤去 AgCl 沉淀,滤液和洗涤液需用 18.7mL 0.0515mol·L^{-1} NH_4SCN 去滴定。用相同步骤做空白试验需要 38.0mL NH_4SCN 溶液。计算 100mL 试样中 $CH_2ClCOOH$ 的毫克数。(已知 $M_{CH_2ClCOOH}=94.5$g·mol^{-1})

9. 称取含 NaCl 和 NaBr 的试样 2 份,每份的质量均为 0.5000g。第一份溶解后用 0.1000mol·L^{-1} $AgNO_3$ 溶液滴定,终点时耗去 22.00mL;另一份溶解后用 $AgNO_3$处理,得到质量为 0.4020g 的沉淀。计算试样中 NaCl 和 NaBr 的质量分数。(已知 $M_{NaCl}=58.44$g·mol^{-1}, $M_{NaBr}=102.9$g·mol^{-1}, $M_{AgCl}=143.3$g·mol^{-1}, $M_{AgBr}=187.8$g·mol^{-1})

10. 25℃时,用氯电极测定含盐番茄汁中的 Cl^- 含量。取 10.0mL 番茄汁测得电动势为 −17.2mV。若向其中加入 0.100mL 0.100mol·L^{-1}的 NaCl 溶液,再测电动势为 −35.3mV。计算每升番茄汁中所含 Cl^- 的毫克数。

11. 准确称取含铬、锰钢样 0.500g,用热的 1∶1 硫酸和硝酸混酸溶解后定容至 100mL;吸取此溶液 10.0mL 于 100mL 烧杯中,加硫磷混酸,用 Ag^+ 作催化剂、$(NH_4)_2S_2O_8$ 为氧化剂,加热煮沸 1min,将铬和锰分别定量氧化为铬酸根和锰酸根离子,冷却后,转入 100mL 容量瓶,用水稀释至刻度,摇匀。再取 5.0mL 铬标准溶液(含铬 1.00mg·mL^{-1})和 1.0m 锰标准溶液(含锰 1.00mg·mL^{-1})分别置于 2 只 100mL 烧杯中,按上述钢样的显色方法处理。用 2.0cm 比色皿,在波长 40nm 和 540nm 处分别测得名显色溶液的吸光度,测定结果如下表所示,试计算钢样中铬

和锰的质量分数。

溶液	c/(mg/100mL)	A_1(440nm)	A_2(540nm)
Mn的标准溶液	1.00	0.032	0.780
Cr的标准溶液	5.00	0.380	0.011
试液		0.184	0.302

12. 高效液相色谱法分析甲、乙两个组分,测得死时间为0.50min,甲组分的保留时间为4.50min,半高峰宽为0.20min;乙组分的保留时间为5.50min,半高峰宽为0.30min。计算色谱柱对甲、乙两组分的选择性因子、有效塔板数及分离度。

模拟试题Ⅳ

1. 某学生标定 HCl 溶液浓度，得下列数据：0.1011，0.1010，0.1012，0.1013，0.1016(单位为 $mol \cdot L^{-1}$)。请用 Q 检验法检查是否有可疑值应舍去。并计算置信度为 95% 时平均值的置信区间。(已知 $Q_{0.9,5}=0.64$，$t_{0.05,3}=3.18$，$t_{0.05,4}=2.78$)

2. 取 50mL 含特测组分 A 的水样，用氯仿萃取。如果要求萃取回收率达到 99.8%，用每份 10mL 氯仿萃取，需要萃取多少次？($D=19$)

3. 用甲醛法测定工业$(NH_4)_2SO_4$ 中 NH_3 含量。将试样溶解后，用 250mL 容量瓶定容，移取 25.00mL，用 0.2$mol \cdot L^{-1}$ NaOH 标准溶液滴定，则试样称取量应为多少？[已知 $M_{(NH_4)_2SO_4}=132g \cdot mol^{-1}$，$M_{NH_3}=17.0g \cdot mol^{-1}$]

4. 称取含 NaOH 和 Na_2CO_3 的混合试样 0.6780g(杂质不与 HCl 发生反应)，配成 100.0mL 溶液。取此溶液 20.00mL，以甲基橙作指示剂进行滴定，用去 0.1046$mol \cdot L^{-1}$标准溶液 26.82mL。另取样品溶液 20.00mL，加入过量 $BaCl_2$ 溶液，产生 $BaCO_3$ 沉淀，过滤后的滤液又按上述方法滴定，消耗 HCl 标准溶液 20.58mL。计算试样中 NaOH 和 Na_2CO_3 的质量分数。(已知 $M_{NaOH}=40.00 g \cdot mol^{-1}$，$M_{Na_2CO_3}=106.0g \cdot mol^{-1}$)

5. 已知 $\lg K_{ZnY}=16.50$，不同 pH(3，3.5，4，4.5)对应的 $\lg \alpha_{Y(H)}$分别为 10.63，9.45，8.44，7.50。在 pH4.5 时，用 0.02$mol \cdot L^{-1}$ EDTA 滴定 0.02$mol \cdot L^{-1}$的 Zn^{2+} 溶液，问能否准确滴定？计量点时 $p'Zn^{2+}$ 为多少？若滴定终点时的$p'Zn^{2+}=5.0$，求滴定误差 TE。(不计 Zn^{2+}的副反应)

6. 对于反应 $BrO_3^- + 6H^+ + 5Br^- = 3Br_2 + 3H_2O$，求：

(1) 平衡常数($\varphi^{\ominus'}_{Br_2/Br^-}=1.087V$，$\varphi^{\ominus'}_{BrO_3^-/Br^-}=1.520V$)；

(2) 溶液 pH 为 7，$[HBrO_3]=0.1000mol \cdot L^{-1}$，$[KBr]=0.2500mol \cdot L^{-1}$时，游离的 Br_2 的浓度？

7. 称取 KCN 和 KCl 混合物 0.200g，先用 0.1000$mol \cdot L^{-1}$ $AgNO_3$ 滴定到刚呈现浑浊，消耗 $AgNO_3$ 15.50mL，加入过量 $AgNO_3$ 25.00mL，再加铁铵矾指示剂，用 KCNS 返滴定过量的 $AgNO_3$，消耗 0.0500$mol \cdot L^{-1}$ KCNS 12.40mL。计算样品中 KCN 及 KCl 的质量分数。(已知 $M_{KCN}=65.12g \cdot mol^{-1}$，$M_{KCl}=74.55g \cdot mol^{-1}$)

8. 以甲醇为溶剂标定甲醇钠，准确称取苯甲酸 0.4680g，消耗甲醇钠溶液 25.50mL，求甲醇钠的浓度。(已知 $M_{C_6H_5COOH}=122.1g \cdot mol^{-1}$)

9. 计算在 pH2.00, Ca^{2+} 浓度为 $0.1mol\cdot L^{-1}$ 溶液中 CaF_2 的溶解度。(已知 CaF_2 的 $K_{sp}=10^{-10.57}$, HF 的 $pK_a=3.18$)。

10. 已知 $K_{sp,AgVO_3}=5.2\times10^{-7}$, $\varphi^{\ominus}_{Ag^+/Ag}=0.799V$, $\varphi_{SCE}=0.24V$, 计算:

(1) 反应的标准电位, $AgVO_3(s)+e \rightleftharpoons Ag(s)+VO_3^-$;

(2) 以 Ag 为正极, SCE 为负极, 导出电池电动势 E 与 pVO_3 的关系。

11. 某催眠药物浓度为 $1.0\times10^{-3}mol\cdot L^{-1}$, 用 1cm 厚的比色皿在 270nm 下测得吸光度为 0.400, 345nm 下测得吸光度为 0.010。已经证明此药物在人体内的代谢产物在 270nm 下无吸收, $1.0\times10^{-4}mol\cdot L^{-1}$ 的代谢产物在 345nm 下测得吸光度为 0.460。现取尿样 10.0mL, 稀至 100mL, 同样条件下, 在 270nm 下测得吸光度为 0.325, 在 345nm 下测得吸光度为 0.720。计算原尿样中代谢产物的浓度。

12. 高效液相色谱法分离两个组分, 色谱柱长为 30cm。已知在实验条件下, 色谱柱对组分 2 的柱效能为 $26\ 800m^{-1}$, 死时间 $t_M=1.50min$, 组分的保留时间 $t_{R_1}=4.15min$, $t_{R_2}=4.55min$。计算:

(1) 两组分在固定相中的保留时间 t'_{R_1}、t'_{R_2};

(2) 两组分的分配比 k_1、k_2;

(3) 选择性因子 r_{21};

(4) 30cm 长色谱柱的理论塔板数 n。

模拟试题Ⅴ

1. 某学生测得一样品中氯的质量分数分别为：21.64%，21.62%，21.66%，21.54%，21.58%，21.56%（正确的质量分数应为 21.42%）。试计算该学生测定结果的绝对误差、相对误差、相对平均偏差、标准偏差和变异系数。

2. 在萃取分配比 $D=9$ 的萃取体系中，采用等体积萃取，如果使萃取分配比增加 1 倍，则萃取率增加多少？

3. 配制 $0.1mol \cdot L^{-1}$ HCl 溶液 2000mL，应取 $T_{HCl/NaOH}=0.007\ 292g \cdot mL^{-1}$的 HCl 多少毫升？称取基准物 Na_2CO_3 0.1294g 标定所配制的 HCl 溶液的浓度，标定时用去 HCl 22.40mL，求 HCl 溶液的准确浓度。（$M_{HCl}=36.46g \cdot mol^{-1}$，$M_{Na_2CO_3}=106.0g \cdot mol^{-1}$）

4. 已知亚磷酸（H_2PO_3）的 $pK_{a_1}=1.3$，$pK_{a_2}=6.70$，计算：

（1）$0.0500mol \cdot L^{-1}$ H_2PO_3 的 pH；

（2）为了配制 pH 为 6.70 的缓冲溶液 100mL，应取 $0.0500mol \cdot L^{-1}$ H_2PO_3 和 $0.100mol \cdot L^{-1}$ NaOH 溶液各多少毫升？

5. 称取 2.100g $KHC_2O_4 \cdot H_2C_2O_4 \cdot 2H_2O$ 配制于 250mL 容量瓶中，移取 25.00mL，用 NaOH 滴定，消耗 24.00mL；移取 25.00mL，于酸性介质中用 $KMnO_4$ 滴定消耗 30.00mL，求此 NaOH 和 $KMnO_4$ 溶液的浓度。若用此 $KMnO_4$ 标准液测定样品中 Fe 含量，称取 0.5000g 样品消耗 $KMnO_4$ 21.00mL，求样品中 Fe_2O_3 的质量分数。（已知 $M_{KHC_2O_4 \cdot H_2C_2O_4}2H_2O=254.19g \cdot mol^{-1}$，$M_{Fe_2O_3}=159.7g \cdot mol^{-1}$）

6. 称取含有 PbO 和 PbO_2 的样品 1.1960g，用 20.00mL $0.2500mol \cdot L^{-1}$草酸溶液处理，PbO_2 还原为 Pb^{2+}，溶液用氨水中和，使所有 Pb^{2+} 沉淀为草酸铅，过滤并把滤液酸化，用 10.00mL $0.040\ 00mol \cdot L^{-1}$ $KMnO_4$ 滴定。把草酸铅溶入酸，用同浓度 $KMnO_4$ 溶液滴定需 30.00mL，计算样品中 PbO 和 PbO_2 的质量分数。（已知 $M_{PbO}=223.2g \cdot mol^{-1}$，$M_{PbO_2}=239.2g \cdot mol^{-1}$）

7. 计算：

（1）CaF_2 在 $0.050mol \cdot L^{-1}$ HCl 溶液中的溶解度（$K_{sp,CaF_2}=2.7 \times 10^{-11}$，$K_{a,HF}=6.8 \times 10^{-4}$）；

（2）CaC_2O_4 在 pH3.00 时的溶解度（$K_{sp,CaC_2O_4}=4.0 \times 10^{-9}$，$K_{a_1,H_2C_2O_4}=5.6 \times 10^{-2}$，$K_{a_2,H_2C_2O_4}=5.4 \times 10^{-5}$）。

8. 配制高氯酸冰醋酸溶液(0.050 00mol·L^{-1})1000mL,需用 70% $HClO_4$ 4.2mL,所用的冰醋酸含量为 99.8%,相对密度为 1.05,应加含量为 98%,相对密度为 1.087 的乙酐多少毫升,才能除去其中的水分?

9. 称取 CaC_2O_4-MgC_2O_4 混合物 0.6240g,500℃下加热定量转化为 $CaCO_3$-$MgCO_3$ 混合物 0.4830g。求 CaC_2O_4 和 MgC_2O_4 的质量分数。如果在 900℃下加热定量转化为 CaO-MgO 混合物,其质量为多少?($M_{CaC_2O_4}=128.10g\cdot mol^{-1}$, $M_{MgC_2O_4}=112.33g\cdot mol^{-1}$, $M_{CaCO_3}=100.09g\cdot mol^{-1}$, $M_{MgCO_3}=84.314g\cdot mol^{-1}$, $M_{CaO}=56.08g\cdot mol^{-1}$, $M_{MgO}=40.304g\cdot mol^{-1}$)

10. 已知

$$HgAc_2(aq)+2e \rightleftharpoons Hg(l)+2Ac^-$$

$$\varphi^{\ominus}_{HgAc_2/Hg}=0.602V \qquad \varphi^{\ominus}_{Hg^{2+}/Hg}=0.851V$$

试计算反应 $Hg^{2+}+2Ac^- \rightleftharpoons HgAc_2(aq)$的络合平衡常数 K。

11. 甲基红的酸式和碱式的最大吸收波长分别为 528nm 和 400nm,在一定的实验条件下测得数据如下(比色皿厚度为 1cm):甲基红浓度为 $1.22\times10^{-5}mol\cdot L^{-1}$ 时,于 0.1mol·L^{-1} HCl 中,测得 $A_{528}=1.783$,$A_{400}=0.077$;甲基红浓度为 $1.09\times10^{-5}mol\cdot L^{-1}$时,于 0.1mol·$L^{-1}$ $NaHCO_3$ 中,测得 $A_{528}=0.000$,$A_{400}=0.753$;未知溶液 pH 为 4.18,测得 $A_{528}=1.401$,$A_{400}=0.166$,求未知溶液中甲基红的浓度。

12. 用薄层色谱法分离 R_f 值为 0.20 和 0.40 的 A、B 组分。欲使分离后两斑点的距离为 2.5cm,此时,A、B 组分及溶剂前沿分别距原点多远?

模拟试题Ⅵ

(一) 名词解释(10分)

1. 滴定突跃 2. 分布系数 3. 滴定误差 4. EDTA的酸效应 5. 条件电位

(二) 填空题(20分)

1. 系统误差包括________、________及________。

2. 质量平衡是指在一个化学平衡体系中某一组分的________浓度,等于该组分各种________浓度之和。

3. 在pH3的溶液中,氢氰酸($pK_a=9.31$)主要以HCN形式存在,在pH8的溶液中,氢氰酸主要以________形式存在。

4. 计算$1.00mol \cdot L^{-1}$ $NH_3 \cdot H_2O$与$1.00mol \cdot L^{-1}$ HAc等体积混合后的pH为________。($NH_3 \cdot H_2O$的$pK_b=4.76$,HAc的$pK_a=4.76$)

5. 写出$(NH_4)_2CO_3$溶液的质子条件式____________。

6. 在非水滴定中,可以利用滴剂的________效应测定各种酸或碱的总浓度;也可以利用溶剂的________效应分别测定各种酸或碱的浓度。

7. 某EDTA配位反应的$K'_{MY}=10^{8.0}$,若要求该反应的完全程度达99.9%时,反应物的初始浓度至少为________ $mol \cdot L^{-1}$。

8. 氧化还原滴定化学计量点附近的电位突跃的大小和氧化剂与还原剂两电对的________有关,它们相差愈________,电位突跃愈________。

9. 已知AgCl的$pK_{sp}=9.80$,用$AgNO_3$滴定NaCl至化学计量点时,溶液中的pAg=________和pCl=________。

10. 物质在溶剂中的酸碱性不仅取决于________,而且取决于________。因此为提高物质的酸性,常采用________溶剂,为提高物质的碱性,常采用________溶剂。

(三) 计算题(70分)

1. 已知25mL移液管量取溶液时的标准偏差$S_1=0.02mL$,每次读取滴定管时读数的标准偏差$S_2=0.01mL$,现移取$0.12mol \cdot L^{-1}$的NaOH溶液25mL,以$0.1mol \cdot L^{-1}$ HCl标准溶液滴定至终点时消耗30mL,假设HCl的浓度是准确的,计算标定NaOH溶液的标准偏差。

2. 某试样仅含 NaOH 和 Na_2CO_3，现取 0.1860g，以酚酞为指示剂，用 0.1500mol·L^{-1} HCl 滴定，消耗 20.00mL，若用甲基橙为指示剂，应该加入多少毫升有可能到达终点？（已知 $M_{NaOH}=40.00g\cdot mol^{-1}$，$M_{Na_2CO_3}=106.0g\cdot mol^{-1}$）

3. 在 pH5.0 时以二甲酚橙作指示剂，用 0.020mol·L^{-1} EDTA 滴定浓度都为 0.020mol·L^{-1}的 Pb^{2+}、Ca^{2+}、Zn^{2+} 混合溶液中的 Pb^{2+}，用邻二氮菲（phen）掩蔽 Zn^{2+}。已知终点时过量的 phen 总浓度 0.010mol·L^{-1}，计算终点误差，忽略加入掩蔽剂后的体积变化。[已知 $\lg K_{PbY}=18.0$，$\lg K_{ZnY}=16.5$，$\lg K_{CaY}=10.7$，Zn-phen 配合物的 $\lg\beta_1\sim\lg\beta_3$ 分别为 6.4、12.15、17.0，phen 质子化常数 $\lg K_{phen}=5.0$，pH5.0 时 $pPb_t=7.0$ $\lg\alpha_{Y(H)}=6.6$]

4. 计算 AgCl 沉淀在 pH8.0，配位剂 L 的总浓度为 0.10mol·L^{-1}溶液中的溶解度。（已知 AgCl 的 $K_{sp}=10^{-9.74}$，HL 的 $pK_a=10$，AgL_2 的 $\lg\beta_1=3.0$，$\lg\beta_2=7.0$）

5. 称取含有苯酚的试样 0.5000g，溶解后加入 0.1000mol·L^{-1} $KBrO_3$ 溶液（其中含有过量的 KBr）25.00mL，酸化、放置，待反应完全后，加入过量的 KI，滴定析出的 I_2 消耗 0.1003mol·L^{-1} $Na_2S_2O_3$ 溶液 29.91mL，计算苯酚的质量分数。（已知 $M_{C_6H_5OH}=94.11g\cdot mol^{-1}$）

6. 称取含 $BaCl_2$ 试样 0.5000g，溶于水后加 25.00mL 0.050 00mol·L^{-1} KIO_3 将 Ba^{2+}沉淀为 $Ba(IO_3)_2$，滤去沉淀，洗涤，加入过量 KI 于滤液中并酸化，滴定析出的 I_2，消耗 0.1000mol·L^{-1} $Na_2S_2O_3$ 溶液 21.18mL。写出有关反应方程式并计算试样中 $BaCl_2$ 的质量分数。（已知 $M_{BaCl_2}=208.27g\cdot mol^{-1}$）

模拟试题Ⅶ

(一) 填空题(10 分)

1. 按照有效数字的运算规则计算下列结果:

(1) $135.621+0.33+21.2163=$________________;

(2) $58.69+8\times12.01+14\times1.0079+4\times14.0067+4\times15.9994=$ ____________。

2. 在 pH2.0 的 KCN 溶液中,其主要存在形式是____________($K_a=6.2\times10^{-10}$)。

3. 某溶液含 Fe^{3+} 10mg,用等体积的有机溶剂萃取一次后,该溶液中剩余 0.1mg,则 Fe^{3+} 在两相中的分配比=________。

4. 两类误差中,________是可以消除的,而________只能尽量减小。

5. 薄层色谱中使用的吸附剂和展开剂分别属于色谱分离的____________相和____________相。

(二) 选择题(20 分)

1. 下列有关置信区间的描述中,正确的是

A. 在一定置信度时,以测量值的平均值为中心的包括真值的范围即为置信区间

B. 真值落在某一可靠区间的概率即为置信区间

C. 其他条件不变时,给定的置信度越高,平均值的置信区间越窄

D. 平均值的数值越大,置信区间越宽

2. 下列器件属于新型分光光度计检测器的是

A. 激光光栅　　B. 光二极管阵列

C. 流通池　　D. 氩离子激光器

3. 下列各组酸碱物质中属于共轭酸碱对的是

A. $NH_3^+CH_2COOH$-$NH_2CH_2COO^-$　　B. H_2Ac^+-AC^-

C. $(CH_2)_6N_4H^+$-$(CH_2)_6N_4$　　D. H_2SO_4-SO_4^{2-}

4. 以下列出 4 种方法测定某含铝标准试样(已知质量分数为 24.83%)的平均值(x,%)和标准偏差(s),其中准确度与精密度最好的方法是(　　),存在系统误差的方法是(　　)

A. $x=25.28, s=1.46$　　B. $x=24.76, s=0.40$

C. $x = 24.90, s = 2.53$　　D. $x = 23.64, s = 0.38$

5. 下列统计量中,其代数值可能有正负号的是

A. 偏差　B. 平均偏差　C. 标准偏差　D. 相对标准偏差

6. With increasing the concentration of substances, their λ_{max} will

A. Red-shift　B. Blue-shift　C. Not change　D. Change indefinitely

7. Among the following standard solutions, which one can be directly prepared at a accurate concentration?

A. $K_2Cr_2O_7$　B. $Na_2S_2O_3$　C. I_2　D. $KMnO_4$

8. Which one of the following factors will definitely result in a decrease of solubility?

A. Acid effect　B. Salt effect

C. Lower temperature　D. Common ion effect

9. When determining hydrogen peroxide with $KMnO_4$ titration, (　　) should be selected to control the acidity.

A. H_2SO_4　B. HCl　C. HAc　D. HNO_3

10. Generally speaking, to get better amorphous precipitate, which of the following experimental conditions is unreasonable?

A. Higher temperature　B. Stirring

C. Aging　D. Adding colloids

(三) 简答题(30 分)

1. 用实例说明四种滴定方法指示剂的工作原理。

2. 叙述滴定分析法与仪器分析法在定量分析基本原理上的区别。

3. Describe the back-titration and the displacement-titration method in EDTA titrations with examples.

4. Illustrate the least squares principle of linear regression in spectrophotometry.

5. What should analysis do nowadays? Say something in your opinion.

(四) 应用与计算题(40 分)

1. A 25.00mL volumn of commercial hydrogen peroxide solution was diluted to 250.0mL in a volumetric flask. 25.00mL of diluted solution was mixed with 200mL of water and 20mL of $3mol \cdot L^{-1}$ H_2SO_4 and titrated with $0.021\ 23mol \cdot L^{-1}$ $KMnO_4$. The first pink color was observed with 27.66mL of titrant. A blank prepared from water in place of H_2O_2 required 0.04mL to give visible pink color. Find the molarity of the commercial H_2O.

2. Explain the following facts through calculation:

(1) The solubility of CaF_2 in a solution with pH 3.0 is higher than that in a solution with pH4.0($K_{a,HF}=6.6\times10^{-4}$, $K_{sp,CaF_2}=2.7\times10^{-11}$).

(2) It is known that $\varphi^{\ominus}_{Fe^{3+}/Fe^{2+}}=0.771V$, $\varphi^{\ominus}_{I_3^-/I^-}=0.545V$, but Fe^{3+} ion will not interfere the titrimetric determination of Cu^{2+} with iodine in a solution containing F^- ($[F^-]=10^{-1.37}mol\cdot L^{-1}$; $\lg\beta_1$, $\lg\beta_2$ and $\lg\beta_3$ of FeF_3 are 5.2, 9.2 and 11.9, respectively).

3. 称取含铬、锰的钢样 0.500g,溶解后定容至 100mL。取此试液 10.0mL 置于 100mL 容量瓶,加硫磷混酸,沸水浴中以 Ag^+ 离子催化,用 $(NH_4)_2S_2O_8$ 将 Cr 和 Mn 定量氧化为 $Cr_2O_7^{2-}$ 和 MnO_4^-,冷却后定容。再取 5.00mL 铬标准溶液(含 Cr 1.00mg·mL^{-1})和 1.00mL 锰标准溶液(含 Mn 1.00mg·mL^{-1})分别置于两只 100mL 容量瓶中,按上述钢样的显色方法处理。用 2cm 比色池,在波长 440nm 和 540nm 处分别测量各显色溶液的吸光度列于下表,计算钢样中 Cr 和 Mn 的质量分数。

溶液	c/[mg·$(100mL)^{-1}$]	A_1(440nm)	A_2(540nm)
Mn 标准	1.00	0.032	0.780
Cr 标准	5.00	0.380	0.011
试液		0.368	0.604

4. 用光度法测定 Fe^{3+} 时得到以下数据:

x(Fe 含量/mg)	0.20	0.40	0.60	0.80	1.00	sample
$y(A)$	0.077	0.126	0.176	0.230	0.280	[un]

其中对样品进行 7 次平行测定得到[un]为:0.205,0.211,0.204,0.208,0.206,0.202,0.205。试用 $4\bar{d}$ 法处理样品测量数据,并计算样品中 Fe^{3+} 的含量。

模拟试题Ⅷ

（2005年武汉大学研究生入学考试分析化学试题）

（一）基本概念与填空题

1. 按有效数字的运算规则计算：

(1) $9.72\times0.4112\times0.6773=$ ________；

(2) $(3\times0.1238\times15.00-\frac{1}{2}\times0.1028\times5.45)\div6\times26.98=$ ________。

2. 可以选用________和________作为基准物质标定HCl溶液的浓度；若上述两种基准物质保存不当，吸收了一些水分，对标定结果的影响如何？________。

3. 根据HF的$pK_a=3.17$；Ca-EDTA的$\lg K_{CaY}=10.69$；$E^{\ominus}_{Sn^{4+}/Sn^{2+}}=0.154V$。写出相应的酸碱缓冲溶液、络合缓冲溶液及氧化还原反应中电极电位缓冲溶液的数学表达方式：

____；

____；

____。

4. 0.2521g某未知弱酸试样，以酚酞为指示剂，用$0.1005mol\cdot L^{-1}$的NaOH标准溶液滴定，需要42.68mL到达终点。下列最有可能是此弱酸的是________。

(1) ascorbic acid　($M=176.1$)　一元酸

(2) malonic acid　($M=104.1$)　二元酸

(3) succinic acid　($M=118.1$)　二元酸

(4) citric acid　($M=192.1$)　三元酸

5. 有反应

$$H_2C_2O_4+2Ce^{4+}\longrightarrow 2CO_2+2Ce^{3+}+2H^+$$

________mg的$H_2C_2O_4\cdot2H_2O$($M=126.07$)将与1.00mL $0.0273mol\cdot L^{-1}$的$Ce(SO_4)_2$依上式反应。

6. 写出$Al(OH)_3$溶解于$1mol\cdot L^{-1}$ KOH溶液的电荷平衡方程。可能的组分有Al^{3+}、$Al(OH)^{2+}$、$Al(OH)_2^+$、$Al(OH)_3$和$Al(OH)_4^-$。

7. Pb_3O_4可写作$2PbO\cdot PbO_2$，其中的PbO_2在适当条件下对I^-产生定量的氧化反应而产生相当量的$I_2(I_3^-)$，并以间接碘量法测定，而Pb^{2+}可借助EDTA络合滴定。以通用符号表示试样m_s(g)中PbO_2和PbO的质量分数的计算公式。

8. CN^-可用EDTA间接滴定法测定。已知一定量过量的Ni^{2+}与CN^-反应生成$Ni(CN)_4^{2-}$,过量的Ni^{2+}以EDTA标准溶液滴定,$Ni(CN)_4^{2-}$并不发生反应。取12.7mL含CN^-的试液,加入25.00mL含过量Ni^{2+}的标准溶液以形成$Ni(CN)_4^{2-}$,过量的Ni^{2+}需与10.1mL 0.0130mol·L^{-1} EDTA完全反应。另:39.3mL 0.0130mol·L^{-1} EDTA与上述Ni^{2+}标准溶液30.0mL完全反应。含CN^-试液中CN^-的物质的量浓度为________________ mol·L^{-1}。

9. 毛细管电泳分离法的基本原理可简述为____。

10. 吸光光度分析中对朗伯-比尔定律的偏离原因可以分为________________________________。

(二) 应用、推理与计算题

1. 某样品可能含有下列物质:HCl、NaOH、H_3PO_4、HPO_4^{2-}、$H_2PO_4^-$或PO_4^{3-}。用0.1198mol·L^{-1}的HCl或0.1198mol·L^{-1}的NaOH来滴定一份25.00mL的样品,并以酚酞或甲基橙来指示终点。下表给出指示剂终点时所用滴定剂体积(mL),请分别确定样品的组成及有关组分的浓度(mol·L^{-1})。

滴定剂	(酚酞)终点时体积/mL	(甲基橙)终点时体积/mL
(a)HCl	11.54	35.29
(b)NaOH	19.79	9.89
(c)HCl	22.76	22.78
(d)NaOH	29.42	17.48

2. Parda及其同事近期报道了一个间接测定自然界中(如海水、工业废水)硫酸盐的新方法。该法是基于:使SO_4^{2-}生成$PbSO_4$沉淀;将$PbSO_4$沉淀溶解在含有过量EDTA(Y)的氨性溶液中,生成PbY^{2-}络合物;用Mg^{2+}标准溶液滴定多余的EDTA。

利用下面一些已知数据:

$$PbSO_4(s) \rightleftharpoons Pb^{2+} + SO_4^{2-} \qquad K_{sp} = 1.6\times10^{-8}$$

$$Mg^{2+} + Y^{4-} \rightleftharpoons MgY^{2-} \qquad K_f = 4.9\times10^{8}$$

$$Pb^{2+} + Y^{4-} \rightleftharpoons PbY^{2-} \qquad K_f = 1.1\times10^{18}$$

$$Zn^{2+} + Y^{4-} \rightleftharpoons ZnY^{2-} \qquad K_f = 3.2\times10^{16}$$

通过计算回答下列问题:

(1) 沉淀可以溶于含有Y^{4-}的溶液。

(2) Sporek也采用了用Zn^{2+}作滴定剂的类似方法,却发现结果的准确度很低。一种解释是 Zn^{2+} 可能与 PbY^{2-} 络合形成 ZnY^{2-}，用前面的平衡常数说明用 Zn^{2+} 作滴定剂存在这个问题，而用 Mg^{2+} 作滴定剂却不存在这个问题的原因。Pb^{2+} 被 Zn^{2+} 置换导致实验的结果偏高还是偏低？

(3) 在一次分析中，25.00mL 的工业废水样品通过上述过程共消耗 50.00mL 0.050 00mol·L^{-1}的 EDTA。滴定多余的 EDTA 需要 12.24mL 0.1000mol·L^{-1}的 Mg^{2+}。试计算废水样品中 SO_4^{2-} 的物质的量浓度。

3. 本题用到比尔定律。下述步骤提出了检出限低至 0.3μmol·L^{-1}的水溶液中 H_2O_2 的测定。在 500.0mL 含 H_2O_2 的水溶液中，一边搅拌一边小心加入 20mL 浓硫酸，冷却至室温后，以 0.02mol·kg^{-1}(质量摩尔浓度)$KMnO_4$ 标准溶液滴定至出现紫红色。装有滴定剂的滴定管应有很好的活塞开关控制而滴定剂的用量借助滴定前后对具塞锥瓶的称量获得，而被滴定溶液中过量的 $KMnO_4$ 则在实验后以吸光光度法测定。

在一实验中，0.933g 0.020 46mol·kg^{-1} $KMnO_4$(M = 158.03g·mol^{-1})被加入试液中，产生紫红色，而被滴定溶液在 525nm 波长和 1.000cm 吸收池中的吸光度为 0.018，$KMnO_4$溶液在 525nm 处的摩尔吸光系数为 2.45×10^3L·mol^{-1}·cm^{-1}。假定最后滴定的总体积是 500.9mL，求未知试液中 H_2O_2 物质的量浓度。参见本实验的步骤，提出提高实验灵敏度(更低的检出限)的改进意见。

4. 空气中 CO 的浓度可用下法测定：让已知体积的空气通过一充有 I_2O_5 的导管，生成 CO_2 和 I_2，将 I_2 用蒸馏的方法从导管中取出并收集到一个含有过量 KI 溶液的锥瓶中形成 I_3^-，然后用 $Na_2S_2O_3$ 标准溶液滴定这些 I_3^-。

在一分析实例中，4.79L 空气样品按上述方法处理，达到滴定终点时共用去 7.17mL 0.003 29mol·L^{-1} $Na_2S_2O_3$ 溶液。若空气的密度是 1.32×10^{-3}g·mL^{-1}，试写出必要的反应方程式并计算空气中 CO 的含量(用 μg·g^{-1}表示)。(已知 M_{CO} = 28.01g·mol^{-1})

5. 甲、乙两同学对某合成试样的主成分进行分析，结果分别如下(%)：

甲　96.5，95.8，97.1，96.0

乙　94.2，93.0，94.5，93.0，95.0

若 $\alpha = 0.05$，$F_{0.05,4,3} = 9.12$，$t_{0.05,7} = 2.37$，判断比较两同学的分析结果是否存在显著性差异。

2003年中国科学技术大学研究生入学考试分析化学试题(A)

(一) 选择题(每题2分,共40分)

1. 下列有关系统误差的正确叙述是

   A. 系统误差具有随机性

   B. 系统误差在分析过程中不可避免

   C. 系统误差具有单向性

   D. 系统误差是由一些不确定的偶然因素造成的

2. 配制pH9.0的缓冲溶液,缓冲体系最好选择

   A. 一氯乙酸($pK_a=2.86$)-一氯乙酸盐

   B. 氨水($pK_b=4.74$)-氯化铵

   C. 六次甲基四胺($pK_b=8.85$)-盐酸

   D. 乙酸($pK_a=4.74$)-乙酸盐

3. 实验室两位新分析人员对同一样品进行分析,得到两组分析结果。考察两组结果的精密度是否存在显著性差异,应采取的检验方法是

   A. t 检验　　B. Q 检验　、　C. T 检验　　D. F 检验

4. 下列物质中,可以直接用来标定 I_2 溶液浓度的物质是

   A. As_2O_3　　B. 硼砂

   C. 邻苯二甲酸氢钾　　D. 淀粉KI

5. 等体积的 $0.10mol \cdot L^{-1}$ 的羟胺(NH_2OH)和 $0.050mol \cdot L^{-1}$ 的 NH_4Cl 混合溶液的pH为(已知 NH_2OH 的 $pK_b=8.04$,NH_3 的 $pK_b=4.74$)

   A. 6.39　　B. 7.46　　C. 7.61　　D. 7.76

6. 在水溶液中,$HClO_4$ 酸和HCl酸均显示强酸性质而无法区别其强度,是由于

   A. 两种酸本身性质相同

   B. 两种酸均具有Cl元素

   C. 对两种酸而言,水是较强的碱

   D. 水易形成氢键

7. 用 $0.10mol \cdot L^{-1}$ NaOH标准溶液滴定 $0.10mol \cdot L^{-1}$ 甲酸($pK_a=3.75$)时,最好应选择的指示剂是

A. 甲基橙($pK_a=3.4$) B. 甲基红($pK_a=5.2$)

C. 酚红($pK_a=8.0$) D. 酚酞($pK_a=9.1$)

8. 用甲醛法测定 $w_{(NH_4)_2SO_4}\geqslant 98\%$的肥田粉中 NH_4^+ 含量时,若将试样溶解后用250mL 容量瓶定容,用 25.00mL 移液管吸取三份溶液做平行测定,分别用 $0.2000mol\cdot L^{-1}$NaOH 溶液滴定,则应称取多少克试样?[已知 $M_{(NH_4)_2SO_4}=132$]

A. 2.6~4.0 B. 1.3~2.0

C. 5.2~8.0 D. 1.0~1.5

9. 将酚酞分别加入到 MnS(a)和 CuS(b)的饱和水溶液中,所观察到的现象是(已知 $K_{sp,MnS}=2\times10^{-10}$;$K_{sp,CuS}=6\times10^{-36}$;$K_{a_1,H_2S}=1.3\times10^{-7}$,$K_{a_2,H_2S}=7.1\times10^{-15}$)

A. a、b 均无色 B. a 无色、b 呈红色

C. a 呈红色、b 无色 D. a、b 均呈红色

10. 用 $BaSO_4$ 重量法测定煤中的含量,最后洗涤沉淀的洗涤剂应选择

A. H_2O B. 稀 H_2SO_4

C. 稀 $BaCl_2$ D. H_2O+NH_4Cl

11. 使用磺基水杨酸分光光度法测定微量 Fe^{3+} 时,光度计检测器直接测定的是

A. 入射光的强度 B. 吸收光的强度

C. 透过光的强度 D. 散射光的强度

12. 今在铵盐存在下,利用氨水作为沉淀剂沉淀 Fe^{3+},若铵盐浓度固定,增大氨的浓度,$Fe(OH)_3$ 沉淀对 Ca^{2+}、Mg^{2+}、Zn^{2+}、Ni^{2+} 四种离子的吸附量将是

A. 四种离子都增加

B. 四种离子都减少

C. Ca^{2+}、Mg^{2+} 增加而 Zn^{2+}、Ni^{2+} 减少

D. Zn^{2+}、Ni^{2+} 增加而 Ca^{2+}、Mg^{2+} 减少

13. (1)用 $0.050mol\cdot L^{-1}KMnO_4$ 溶液滴定 $0.050mol\cdot L^{-1}Fe^{2+}$ 溶液,(2)用 $0.010mol\cdot L^{-1}KMnO_4$ 溶液滴定 $0.050mol\cdot L^{-1}Fe^{2+}$ 溶液,上述两种情况下其滴定突跃将是

A. 一样大 B. (1)>(2)

C. (2)>(1) D. 缺电位值,无法判断

14. 用莫尔法 Cl^- 测定,控制 pH4.0,其滴定终点将

A. 不受影响 B. 提前到达

C. 推迟到达 D. 刚好等于化学计量点

15. 在配位滴定中用返滴定法测定 Al^{3+} 时,若在 pH5~6 以某金属离子标准

溶液回滴过量的EDTA,金属离子标准溶液应选用

A. Ag^{+}　　B. Zn^{2+}　　C. Al^{3+}　　D. Ca^{2+}

16. 在螯合物萃取体系中,当水相的H^{+}浓度越大时,其萃取效率

A. 越低　　B. 越高

C. 取决于萃取剂的浓度　　D. 取决于萃取常数

17. 在酸碱滴定中,选择强酸强碱作为滴定剂的理由是

A. 强酸强碱可以直接配制标准溶液

B. 使滴定突跃尽量大

C. 加快滴定反应速率

D. 使滴定曲线较美观

18. "持久性有机污染物(POPs)"如二噁英等对环境和人体健康具有极大危害,对此类物质错误的描述是

A. 具有长期残留性和高危害性

B. 只有通过生物方法可以全部降解

C. 主要通过色谱和光谱方法进行分析

D. 高度迁移性使污染有全球化趋势

19. 在$KMnO_4$法测定铁中,一般使用硫酸而不是盐酸来调节酸度,其主要原因是

A. 盐酸强度不足

B. 硫酸可以起催化作用

C. Cl^{-}可能与$KMnO_4$反应

D. 以上均不对

20. 测定酸性黏土试样中SiO_2的含量,宜采用的分解试剂

A. K_2CO_3+KOH　　B. HCl+乙醇

C. HF+HCl　　D. $CaCO_3+NH_4Cl$

(二) 填空题(共26分)

1. (本题3分)0.5000g有机物试样以浓H_2SO_4煮解,使其中的氮转化为NH_4HSO_4,并使其沉淀为$(NH_4)_2PtCl_6$,再将沉淀物着烧成0.1756g Pt,则试样中w_N为________。(已知$A_N=14.01$,$A_{Pt}=195.08$)

2. (本题2分)不同离子交换剂中,下列基团的性质是(填A,B,C,D)

(1) $-CO_2H$ ________;　(2) $-N^{+}(CH_3)_3$ ________;

(3) $-SO_3H$ ________;　(4) $-NHCH_3$ ________。

A. 强酸性　　B. 强碱性　　C. 弱酸性　　D. 弱碱性

3. (本题2分)用普通分光光度法测得标液c_1的透射率为20%,试液透射率

为 12%。若以示差法测定,以标液 c_1 作参比,则试液透射率为________,相当于将仪器标尺扩大________倍。

4. (本题 3 分)在分析化学中,通常只涉及少量数据的处理,这时有关数据应根据________分布处理;对于以样本平均值表示的置信区间的计算式为________。

5. (本题 2 分)以甲基橙为指示剂,用 0.1 mol·L^{-1}HCl 滴定 0.1mol·L^{-1}的 $Na_2B_4O_7$ 溶液,以测定 $Na_2B_4O_7 \cdot 10H_2O$ 试剂的纯度,结果表明该试剂的纯度为 110%。已确定 HCl 浓度及操作均无问题,则引起此结果的原因是________。

6. (本题 2 分)用过量 $BaCl_2$ 沉淀 SO_4^{2-} 时,溶液中含有少量 NO_3^-、Ac^-、Zn^{2+}、Mg^{2+}、Fe^{3+} 等杂质,当沉淀完全后,扩散层中优先吸附的离子是________,这是因为________。

7. (本题 3 分)配制总浓度为 0.20mol·L^{-1}六亚甲基四胺缓冲溶液,最大缓冲指数 β_{max}=________,出现在 pH 为________时。(六亚甲基四胺 $pK_b=8.85$)

8. (本题 4 分)已知 Fe^{3+}/Fe^{2+} 的 $E^\ominus=0.771V$,Sn^{3+}/Sn^{2+} 的 $E^\ominus=0.154V$,当用 Sn^{2+} 还原 Fe^{4+} 时,反应的平衡常数 $\lg K$ = ________,化学计量点电位 E_{sp} = ________。

9. (本题 3 分)写出三种氧化还原滴定指示剂的类型,并各举一个例子:

(1) ________,________;(2) ________,________;(3) ________,________。

10. (本题 2 分)0.10mol·$L^{-1}$$NH_4H_2PO_4$ 和 0.10mol·$L^{-1}$$NH_4CN$ 混合溶液的质子条件式:______________。

(三) 计算题(共 74 分)

1. (本题 15 分)用原子吸收法测定活体肝样中锌的质量分数(μg·g^{-1}),8 次测定结果如下:138,125,134,136,140,128,129,132。请用 Grubbs 法检验分析结果是否有需要舍去的数值。求取舍后合理结果的置信区间。如果正常肝样中标准值是 128μg·g^{-1},问此样品中锌含量是否异常(置信度 95%)?

$P=95\%$

n	3	4	5	6	7	8
$T_{a,n}$	1.15	1.46	1.67	1.82	1.94	2.03

f	3	4	5	6	7	8
$t_{a,f}$	3.18	2.78	2.57	2.45	2.36	2.31

2. (本题 15 分)在 pH10.0 的氨性缓冲溶液(终点时含有 0.010mol·L^{-1}游离氨)中,用 0.020mol·L^{-1} EDTA 滴定同浓度 Cu^{2+} 溶液,分别计算滴定至化学计量点前后 0.1%时的 pCu′和 pCu 值。若用 PAN 为指示剂,计算滴定的终点误差。[已知 CuY 的 $\lg K$ = 18.8, pH10.0 时 $\lg\alpha_{Y(H)}=0.5$, $\lg\alpha_{Cu(OH)}=0.8$, PAN 的 $pCu_{ep}=13.8$, Cu-NH_3 配合物的各级累积常数 $\lg\beta_1\sim\lg\beta_4$: 4.13, 7.61, 10.48, 12.59]

3.(本题 15 分)用 0.1000mol·L^{-1} HCl 标准溶液滴定 0.1000mol·L^{-1} 乙胺($C_2H_5NH_2$)和 0.1 mol·L^{-1}吡啶(C_5H_5N)的混合溶液,若以滴定误差不大于 0.3% 为依据,请问:

(1) 能否进行分别滴定,有几个滴定突跃?

(2) 滴定乙胺至化学计量点时,吡啶反应的百分数?

(3) 滴定至 pH7.80 时的终点误差。

($C_2H_5NH_2$ 的 $pK_b = 3.25$,C_5H_5N 的 $pK_b = 8.77$)

4.(本题 15 分)称取 0.1505g 软锰矿样品用 Na_2O_2-NaOH 处理,锰转化为 MnO_4^{2-},煮沸除去过氧化物。酸化溶液,滤去 MnO_2 沉淀,加入浓度为 0.1104mol·L^{-1} $FeSO_4$ 标准溶液 50.00mL。待反应完全后,再用 0.019 50mol·L^{-1} $KMnO_4$ 标准溶液滴至粉红色,用去 18.16mL,计算试样中 MnO_2 的质量分数。(已知 $M_{MnO_2} = 86.94g\cdot mol^{-1}$)

5.(本题 14 分)称取含惰性物质的 $BaCl_2$ 和少量 $BaCrO_4$ 试样 0.4650g,样品经溶解处理后加入过量稀硫酸,此时 $BaCrO_4$ 不沉淀。沉淀经陈化、过滤、洗涤后置于恒量磁坩埚中,在 800～850℃灼烧至恒量,称其质量为 0.2650g。合并滤液处理后,用莫尔法以 0.1200mol·L^{-1} $AgNO_3$ 标准溶液滴定至终点,用去 28.50mL。计算试样中 $BaCl_2$ 和 $BaCrO_4$ 的质量分数。(已知 $M_{BaCl_2} = 208.24g\cdot mol^{-1}$,$M_{BaCrO_4} = 253.32g\cdot mol^{-1}$,$M_{BaO} = 153.33g\cdot mol^{-1}$)

(四) 设计题(本题 10 分)

今有 50mL 含 Ni^{2+} 水溶液,由于较多的共存离子存在,需萃取分离后才能进行分光光度测定。请设计此萃取实验,使样品萃取后可以直接测定。(需指出实验所需要的主要仪器、试剂,简要实验过程和参比溶液的选择)

2003年中国科学技术大学研究生入学考试分析化学试题(B)

(一) 选择题(每题2分,共30分)

1. 使用$K_2Cr_2O_7$标定$Na_2S_2O_3$溶液时

A. 必须通过一个中间反应

B. 较稀的$K_2Cr_2O_7$可以直接滴定$Na_2S_2O_3$溶液

C. 滴定时必须加热

D. 以指示剂自身颜色变化指示终点

2. 将纯酸加入纯水中制成溶液,则下列表述正确的是

A. 酸的浓度越低,解离的弱酸的百分数越大

B. 酸的"强"和"弱"与酸的物质的量浓度有关

C. 强酸的解离百分数随浓度而变化

D. 每升含1.0×10^{-7}mol强酸,则该溶液的pH为7.0

3. (1)用0.016 67mol·L^{-1} $K_2Cr_2O_7$溶液滴定0.1mol·L^{-1} Fe^{2+}溶液,(2)用0.016 67mol·L^{-1} $K_2Cr_2O_7$溶液滴定0.01mol·L^{-1} Fe^{2+}溶液。上述两种情况下其滴定突跃将是

A. 一样大　　B. (1)>(2)

C. (2)>(1)　　D. 缺电位值,无法判断

4. 能有效减小分析中特定随机误差的方法有

A. 校正分析结果　　B. 进行空白试验

C. 选择更精密仪器　　D. 应用标准加入法

5. 以有色溶液对某波长光的吸收遵守比尔定律。当选用2.0cm的比色皿时,测得透射率为T,若改用1.0cm的吸收池,则透射率为

A. $2T$　　B. $T/2$　　C. T^2　　D. $T^{1/2}$

6. 以下标准溶液可以用直接法配制的是

A. $KMnO_4$　　B. NaOH　　C. As_2O_3　　D. $FeSO_4$

7. 用莫尔法测定Cl^-,控制pH4.0,其滴定终点将

A. 不受影响　　B. 提前到达

C. 推迟到达　　D. 刚好等于化学计量点

8. 将K^+沉淀为$K_2NaCo(NO_2)_6$,沉淀洗涤后溶于酸中,用$KMnO_4$滴定

($NO_2^- \to NO_3^-$,$Co^{3+} \to Co^{2+}$),此时 $n_{K^+} : n_{MnO_4^-}$ 是

A. 5:1　　B. 5:2　　C. 10:11　　D. 5:11

9. 用洗涤的方法能有效地提高沉淀纯度的是

A. 混晶共沉淀　　B. 吸附共沉淀

C. 包藏共沉淀　　D. 继沉淀

10. 沉淀重量法中,称量形式的摩尔质量越大,将使

A. 沉淀易于过滤洗涤　　B. 沉淀较纯净

C. 沉淀的溶解度减小　　D. 测定结果准确度较高

11. 若两电对的电子转移数分别为1和2,为使反应完全度达到99.9%,两电对的条件电位至少应大于

A. 0.09V　　B. 0.18V　　C. 0.24V　　D. 0.27V

12. 用福尔哈德法测定 Ag^+,滴定剂是

A. NaCl　　B. NaBr　　C. NH_4SCN　　D. Na_2S

13. 今欲测定某含Fe、Cr、Si、Ni、Mn、Al等的矿样中的Cr和Ni,用 Na_2O_2 熔融,应采用的坩埚是

A. 铂坩埚　　B. 银坩埚　　C. 铁坩埚　　D. 石英坩埚

14. 用浓度为 $0.1000mol \cdot L^{-1}$ 的一元酸碱滴定同浓度酸碱,其突跃范围为9.70～4.30,则其滴定一定是

A. 强碱滴定强酸　　B. 强碱滴定弱酸

C. 强酸滴定强碱或多元碱　　D. 强酸滴定混合弱碱

15. 在HCl滴定NaOH时,一般选择甲基橙而不是酚酞作为指示剂,主要是由于

A. 甲基橙水溶液较好　　B. 甲基橙终点 CO_2 影响小

C. 甲基橙变色范围较狭窄　　D. 甲基橙是双色指示剂

(二) 填空题(共30分)

1. (本题2分)某矿样含Fe,Al,Mn,Mg,Cu等元素。经 Na_2O_2 熔融,热水浸取后,溶液中有________离子;沉淀中有________(写出沉淀的化学式)。

2. (本题2分)以氨水沉淀 Fe^{3+} 时,溶液中含有 Ca^{2+}、Zn^{2+},当固定 NH_4^+ 浓度,增大 NH_3 浓度时________的吸附量减小,________的吸附量增大。

3. (本题2分)已知 H_2CO_3 的 $pK_{a_1}=6.38$,$pK_{a_2}=10.25$,则 Na_2CO_3 的 $K_{b_1}=$________,$K_{b_2}=$________。

4. (本题2分)Fe^{3+}/Fe^{2+} 电对的电位在加入HCl后会________;加入邻二氮菲后会________(指增加、降低或不变)。

5.（本题2分）某人误将参比溶液的透射率调至98%，而不是100%，在此条件下测得有色溶液的透射率为36%，则该有色溶液的正确透射率应为________%。

6.（本题2分）滴定分析时对化学反应完全程度的要求比重量分析高，其原因是________。

7.（本题3分）在分析化学中，通常只涉及少量数据的处理，这时有关数据应根据________分布处理；对于以样本平均值表示的置信区间的计算式为________。

8.（本题2分）各级试剂所用标签的颜色为(填A,B,C,D)

(1) 优级纯________；(2)分析纯________；

(3) 化学纯________；(4) 实验试剂________。

A. 红色　　B. 黄色　　C. 蓝色　　D. 绿色

9.（本题2分）用过量 Na_2SO_4 沉淀 Ba^{2+} 时，溶液中含有少量 NO_3^-、Ac^-、K^+、Mg^{2+}、Fe^{3+} 等杂质，当沉淀完全后，扩散层中优先吸附的离子是________，这是因为________。

10.（本题3分）用 $0.1000 mol \cdot L^{-1}$ NaOH 滴定 25.00 mL $0.1000 mol \cdot L^{-1}$ HCl，若以甲基橙为指示剂滴定至 pH4.0 为终点，其终点误差 $E_t=$________%。

11.（本题2分）在含 ZnY 的氨性缓冲溶液中加入 KCN，以铬黑 T 为指示剂，为滴定析出的 EDTA，应选择的金属离子是____________。

12.（本题3分）用重量法测定氯化物中氯的质量分数，欲使 10.0 mg AgCl 沉淀相当于 1.00% 的氯，应称取试样的质量____________。($A_{Cl}=35.5$，$M_{AgCl}=143.3$)

13.（本题3分）已知 $E^{\ominus}_{Hg_2^{2+}/Hg}=0.80V$，$pK_{sp,Hg_2Br_2}=22.25$，则 $E^{\ominus}_{Hg_2Br_2/Hg}=$________V。

(三) 计算题(共75分)

1.（本题15分）称取可能含 NaOH、$NaHCO_3$、Na_2CO_3 或其混合物样品(不含互相反应的组分)1.4190g，溶解后稀释至250.00mL。取25.00mL溶液，以酚酞为指示剂，滴至变色时用去 $0.1100 mol \cdot L^{-1}$ HCl 溶液18.95mL；另取一份溶液以甲基橙为指示剂，用 $0.100 mol \cdot L^{-1}$ HCl 溶液滴定至指示剂变色时，用去39.70mL。求此混合碱的组成和各组分的质量分数。($M_{NaOH}=40.00$，$M_{NaHCO_3}=84.01$，$M_{Na_2CO_3}=106.0$)

2.（本题15分）测定某一标准钢样锰的质量分数 w_{Mn}，结果为2.75%、2.78%、2.62%、2.70%。计算95%置信度的平均值置信区间，此区间是否包含真值在内？若置信度定为99%，是否包含真值在内？计算结果说明置信度与显著性

检验有什么关系。(已知标准值 $w_{Mn}=2.85\%$)

f	2	3	4	5
$t_{0.05}$	4.30	3.18	2.78	2.57
$t_{0.01}$	9.92	5.84	4.60	4.03

3.(本题15分)试计算证明用沉淀掩蔽法在pH12时用EDTA能准确滴定Ca^{2+}、Mg^{2+}混合溶液中的Ca^{2+}而Mg^{2+}不干扰。[已知Ca^{2+}、Mg^{2+}及EDTA浓度均为$0.020mol\cdot L^{-1}$,$Mg(OH)_2$的$pK_{sp}=10.7$,CaY的$\lg K=10.7$,MgY的$\lg K=8.7$,pH12时可不考虑酸效应]

4.(本题10分)将0.5578g含锌样品置于坩锅中加热,使有机物分解,其残渣溶于稀H_2SO_4中。加水稀释后,调节酸度将Zn^{2+}以ZnC_2O_4形式沉淀出来。沉淀经过滤、洗涤后,用稀H_2SO_4溶解,然后用$0.021\ 30mol\cdot L^{-1}KMnO_4$滴定,用去25.65mL,计算原样品中ZnO的质量分数。($M_{ZnO}=81.38$)

5.(本题20分)pH5.5的缓冲溶液中,使用$0.020mol\cdot L^{-1}H_3E$滴定含有同浓度Zn^{2+}、Cd^{2+}试液中的Zn^{2+},采用二甲酚橙为指示剂。

(1) 不加入掩蔽剂时,能否准确滴定Zn^{2+}?

(2) 以KI为掩蔽剂掩蔽Cd^{2+}(Zn^{2+}与KI不反应),终点时游离的KI浓度为$0.80\ mol\cdot L^{-1}$,能否准确滴定Zn^{2+}? 计算滴定的终点误差。

(3) 已知二甲酚橙与Zn^{2-}、Cd^{2+}均能显色,选择滴定Zn^{2+}时用二甲酚橙为指示剂是否恰当?

(4) 计算滴定Zn^{2+}至化学计量点时Cd^{2+}与滴定剂反应的百分数。

(已知$\lg K_{ZnE}=14.5$;$\lg K_{CdE}=13.0$;H_3E的$pK_{a_1}=2.6$,$pK_{a_2}=5.5$,$pK_{a_3}=9.8$;Cd-I的$\lg\beta_1\sim\lg\beta_4$分别为2.10、3.43、4.49、5.41;二甲酚橙$pZn_t=5.7$,$pCd_t=5.0$)

(四) 问答题(本题15分)

设计测定$0.1\ mol\cdot L^{-1}HCl$-$0.1\ mol\cdot L^{-1}NH_4Cl$混合液中两种组分浓度的分析方案(指出滴定剂、必要条件、反应式、指示剂,列出分析结果计算式)。

参 考 答 案

第一章自测题

8. 250.0mL　9. 6.902%;22.52%　10. 95.82%　11. 54.31%;77.65%　12. 0.1119 $mol \cdot L^{-1}$　13. 0.020 00$mol \cdot L^{-1}$;0.005 585$g \cdot mL^{-1}$　14. 16$mol \cdot L^{-1}$;约 16mL　15. 11.1mL

16. 9.0mL　17. 43.63mL　18. $w_{Tar} = \dfrac{\frac{1}{2}(cV)_{NaOH} \cdot M_{Tar}}{m_s \times 1000}$　19. 62.65%;21.67%;16.28%

21. (1) $n_{NaClO} : n_{NaClO_3} = 1:2$

(2) $7Cl_2 + 14NaOH = NaClO + 2NaClO_3 + 11NaCl + 7H_2O$

(3) $c_{NaClO} = 0.2mol \cdot L^{-1}$, $c_{NaClO_3} = 0.4mol \cdot L^{-1}$, $c_{NaCl} = 2.2mol \cdot L^{-1}$

22. $8.887 \times 10^{-3} g \cdot mol^{-1}$

23. (1) $I^- + 3Br_2 + 3H_2O = IO_3^- + 6Br^- + 6H^+$, $Br_2 + HCOOH = 2HBr + CO_2 \uparrow$

(2) 防止未反应的 I_2 进入水溶液中

(3) 11.68%

24. 10.3%　25. 31.83%　26. 99.75%;一级化学试剂　27. 1.72mg　28. 0.0926$mol \cdot L^{-1}$

第二章自测题

(一) 填空题

1. 系统　2. 存在系统误差　3. 偏高　4. 系统　5. 增加平行测定次数　6. 21.32;0.021　7. t　8. 做空白实验、做对照实验　9. 重现性;单向性和可测性　10. 95%;9　11. 随机;小　12. 31.76　13. 2;2　14. 大;$\sqrt{n}$　15. 12.4;0.05;2.96　16. 高　17. 精密度;两组结果或测定值与标准值是否存在显著差别(系统误差)　18. 某测定结果是否合理　19. 精密度,误差　20. 越大(或越接近 1)

(二) 计算题

1. 24.30% ±0.11%　2. $1.1 \times 10^{-4} mol \cdot L^{-1}$　3. (1)3;(2)16.72. ±0.60%　4. 45.16%　5. $A = 0.025 + 0.255x$;$\gamma = 0.999$;Fe 的含量为 0.70$\mu g \cdot mL^{-1}$　6. 存在显著差别;仍然存在显著差异　7. 3.124(±0.005);3.124(±0.2%)　8. (0.667±0.001)$mol \cdot L^{-1}$　9. 3　10. 7%　11. $1.7(\pm 0.2) \times 10^{-6}$

第三章自测题

(一) 填空题

1. 大 2. 大 3. $[H^+]=[OH^-]+[Cl^-]$ 4. $[H^+]+[Na^+]=[OH^-]$ 5. $[H^+]+[NH_4^+]=[OH^-]+[Cl^-]$ 6. $[H^+]+[^+NH_3RCOOH]=[OH^-]+[Cl^-]$ 7. 小 8. H_2CO_3 9. 7.63 10. 大 11. $H_2BO_3^- + H_2O = H_3BO_3 + OH^-$ 12. 11.2 13. 5.8 14. 邻苯二甲酸氢甲或草酸 15. $[H^+]$ 16. 6.79 17. $^+NH_3CH_2COOH$ 18. 9.26, −3; 9.26, −3.3 19. $[H^+]=[OH^-]$ 20. $[H^+]+[Na^+]=[OH^-]+[Ac^-]$ 21. 硼砂, Na_2CO_3 22. $[H^+]+[NH_4^+]=[OH^-]$ 23. 7.60 24. 3.74; −3 25. $[H^+]+[H_2CO_3]=[OH^-]+[NH_3]$ 26. H_2Ac^+;小 27. 7.8 28. 5.8 29. 7.0 30. 10.1 31. pH3.4～5.4 32. 1.8×10^{-5} 33. 1.25 34. $K_b=[OH^-][HF]/[F^-]$ 35. 4.19 36. 颜色变化灵敏

(二) 计算题

1. 0.56% 2. 91.45% 3. 0.060 00 4. 2×10^{-5} 5. 6.2 6. 5.09 7. 1.99 8. 0.809 9. pH=1.95; $0.089mol\cdot L^{-1}$ 10. $0.23mol\cdot L^{-1}$; $\Delta pH=0.17$ 11. 9.22; ≈1.00 12. 10.27%; 4.92 13. 0.35 14. 14.81% 15. 48.13% 16. 0.96

第四章自测题

1. 高于 6. 3:2 7. 2.0 8. 4.06% 9. $w_{Pb}=8.518\%$; $w_{Zn}=24.86\%$; $w_{Cu}=64.08\%$; $w_{Sn}=2.54\%$ 10. pH 3.5～6.4 11. −1.5%; 0.11% 12. $TE=0.015\%$; $TE=-0.02\%$ 13. $TE=0.04\%$ 14. $TE=0.34\%$; $TE=4.0\%$ 16. 无干扰 17. 9.42% 18. $w_{Sn}=62.31\%$; $w_{Pb}=37.30\%$ 19. 98.40% 20. $w_{Bi}=27.48\%$; $w_{Pb}=19.98\%$; $w_{Cd}=3.41\%$ 21. $2.4\times10^{-6}mol\cdot L^{-1}$; $3.0\times10^{-4}mol\cdot L^{-1}$ 22. 0.995mg 23. 21.45mL 24. $[Ni^{2+}]=0.0124mol\cdot L^{-1}$; $[Zn^{2+}]=0.007\ 18mol\cdot L^{-1}$ 25. $0.024\ 30mol\cdot L^{-1}$ 26. $0.092\ 28mol\cdot L^{-1}$ 27. $w_s=32.7\%$;理论值为 32.90% 28. 98.08% 29. $pCu'_{sp}=5.50$; $pMg'_{sp}=5.18$;同时被滴定

30. (1) $AlY + 6F^- \longrightarrow AlF_6^{3-} + Y^{4-}$

$Cu\text{-}PAN + Y^{4-} \longrightarrow CuY + PAN$

(2) 还应存有 Cu-PAN;

(3) 不需确知 EDTA 溶液的准确浓度,也不需准确读取其体积 V_1, V_1 不影响最终测定结果。

(4) ① 引入负误差

② 加入少量(不必准确计量)EDTA 溶液,使被滴定溶液重新回到 C 框状态,再以 Cu^{2+} 溶液除去过量的 Y,准确进入 D 框状态;

(5) $\rho_{Al}(g\cdot L^{-1})=\dfrac{c_{Cu}\cdot V_3\cdot M_{Al}}{V_0}$

第五章自测题

(一) 选择题

1. C 2. C 3. B 4. B 5. A 6. C 7. D 8. D 9. A 10. C 11. B 12. D 13. A 14. C 15. A 16. B 17. D 18. D 19. A 20. A

(二) 填空题

1. I^-;Fe;降低 2. ≥6;0.18V 3. 挥发;氧化 4. 恢复到原来的状态;变成其他物质 5. (1)A;(2)D;(3)C;(4)B 6. $H_2C_2O_4$;高 7. I_2 的挥发;I^- 的氧化 8. 条件电位之差;大;完全 9. 被滴物;滴定剂 10. MnO_4^-/Mn^{2+} 电对是不可逆电对;两电对的电子转移数不相等 11. Na_2WO_4;W(Ⅵ);W(Ⅴ) 12. $E_{In}^{\ominus'}\pm\dfrac{0.059}{n}$;$E_{In}^{\ominus'}$ 13. Fe^{3+} 与 SCN^- 形成红色 $FeSCN^{2+}$ 14. NaOH;$NaHCO_3$;8 15. H_2SO_4;室温;Mn^{2+} 16. 增大;增强 17. 加快 $Cr_2O_7^{2-}$ 与 I^- 的反应速率;减小 I_2 的挥发 18. 1∶6 19. I_2;$Na_2S_2O_3$;I_2 20. Br_2;KI;Br_2;I_2;$Na_2S_2O_3$

(三) 计算题

1. 1.47V 2. (1)0.22V;(2)0.32V 3. 0.74V 4. 1.04V;0.53V 5. $E_{As(V)/As(III)}=0.37V$;$E_{Fe^{3+}/Fe^{2+}}=0.47V$ 6. $-0.022V$ 7. $\lg K=12.20$; $c_{Ti(IV)}/c_{Ti(III)}=10^{9.20}$ 8. 0.77V;0.95V;1.34V;1.41V;1.45V 9. 23.05mg 10. $0.1017moL\cdot L^{-1}$;$0.021\,64moL\cdot L^{-1}$;56.08% 11. 67.29% 12. 4.389g 13. 32.41%;13.98% 14. 7.88% 15. T0.0046;0.036% 16. 92.54% 17. 79.13% 18. 23.79%;54.94% 19. 9.89%;23.85% 20. 42.80%;13.20% 21. 1.37%;1.58% 22. 23.78mg 23. 81.31% 24. 39.45mg

第六章自测题

(一) 填空题

1. $M_{P_2O_5}/2M_{MgNH_4PO_4}$ 2. $2M_{FeO}/M_{Fe_2O_3}$ 3. $[Hg_2^{2+}][Cl^-]^2$ 4. $[Cu]^2[Fe(CN)_6]^2$ 5. $[Mg^{2+}][NH_4^+][PO_4^{3-}]$ 6. $[Co^{2+}][Hg(SCN)_4^{2-}]$ 7. $[K^+][B(C_6H_5)_4^-]$ 8. $[Ca^{2+}][F^-]^2$ 9. 水或者稀 HCl;电解质溶液(如稀 HCl 等) 10. CaF_2、Ag_2CrO_4、AgCl 11. 1×10^{-30} 12. $M_{As_2O_3}/6M_{AgCl}$ 13. 2~10 14. 低 15. 杂质共沉淀,后沉淀 16. $AgNO_3$;K_2CrO_4 17. >8.5 18. $5\times10^{-2}mol\cdot L^{-1}$ 19. 稀;热;慢;搅;陈 20. 越大;保持不变

(二) 计算题

1. 12.2 2. 63g 3. 0.1018 4. 0.3914 5. $0.1000mol\cdot L^{-1}$;$0.1216mol\cdot L^{-1}$ 6. 16.045%;

0.56mg 7. $2.4\times10^{-8}mol\cdot L^{-1}$ 8. 2 9. 0.019 14 10. 0.4041 11. 0.1449;0.1460 12. $3.9\times10^{-7}mol\cdot L^{-1}$ 13. $0.3549mg\cdot L^{-1}$ 14. $4.4\times10^{-5}mol\cdot L^{-1}$ 15. $H_2C_5Cl_2$ 16. 0.9727 17. 0.5780;0.4220

第七章自测题

(一) 选择题

1. C 2. B 3. C 4. C 5. D 6. A 7. C 8. D 9. D 10. C 11. B 12. C 13. B 14. A 15. B 16. B 17. D 18. A 19. C 20. A

(二) 填空题

1. 紫外、可见光;振动能级;转动能级;带状 2. 单色光;复合光;400～750nm;按一定比例 3. 按一定比例混合;互补色光 4. 不同波长的光具有选择性吸收 5. 不同波长的单色光;波长;吸光度 6. 最大吸收波长;浓度增大;吸收光谱 7. 最大吸收波长;吸收最大;干扰最小 8. 平行单色光、均匀非散射介质 9. 吸光物质性质、入射光波长、温度;浓度;厚度;没有 10. $L\cdot mol^{-1}\cdot cm^{-1}$;光的吸收能力;灵敏度 11. $\mu g\cdot cm^{-2}$;$S=M/\varepsilon$ 12. 吸光度的加和性 13. 氢;石英;钨;玻璃 14. 吸光度轴 15. F^-;AlF_6^{3-};不再 16. 空白溶液;浓度稍低;吸光度之差;浓度之差;正比 17. 70%;10 18. 46.6% 19. 0.434;溶液浓度;比色皿厚度 20. 参比;参比波长;同一;参比;差值

(三) 计算题

1. $6.25g\cdot L^{-1}$ 2. $2.0\times10^2 L\cdot g^{-1}\cdot cm^{-1}$;$1.1\times10^4L\cdot mol^{-1}\cdot cm^{-1}$;$5.0\times10^{-3}\mu g\cdot cm^{-2}$ 3. 48.8% 4. 37.1% 5. $1.90mg\cdot L^{-1}$ 6. 4.97L 7. 不符合 8. 0.4% 9. 0.12% 10. $79L\cdot g^{-1}\cdot cm^{-1}$;$1.6\times10^6L\cdot mol^{-1}\cdot cm^{-1}$;$1.2\times10^{-4}mg\cdot cm^{-2}$ 11. 40mg 12.0.13% 13.0.020mg 14. 0.073% 15.0.20g 16.0.20g 17. 0.097;2.5%;20%;8 18. ±6.4%;20.0%;±0.64%;10倍 19. $6.55\times10^{-5}mol\cdot L^{-1}$ 20. 能 21. $9.0\times10^{-3}mol\cdot L^{-1}$;$1.25\times10^{-3}mol\cdot L^{-1}$ 22. $2.0\times10^{-3}mol\cdot L^{-1}$;$4.0\times10^{-3}$ 23. $pK_{a_2}=4.64$ 24. $1.13\times10^{-5}mol\cdot L^{-1}$;$K_a=1.02\times10^{-5}$ 25.FeR_3 26. CuR_2;$9.13\times10^3L\cdot mol^{-1}\cdot cm^{-1}$;$3.24\times10^9$

第八章自测题

1. **解** 常用的有 NaOH 法、氨水法、ZnO 法、有机碱法和小体积沉淀分离法等。

NaOH 法是用 NaOH 作沉淀剂,使两性元素与非两性元素分离,两性元素以含氧酸阴离子形态留在溶液中,非两性元素则生成氢氧化物沉淀。

氨水法是在氨性缓冲溶液中,用氨水作沉淀剂,将高价金属离子与大部分的一、二价金属离子分离的方法。

ZnO 法是在酸性溶液中加入 ZnO 悬浊液,ZnO 与酸作用逐渐溶解,使溶液 pH 提高,达到平

衡后,控制溶液的 pH 为 6,使一部分氢氧化物沉淀,达到分离的目的。

有机碱法是利用有机碱缓冲溶液,控制溶液的 pH,使某些金属离子生成氢氧化物沉淀达到沉淀分离的目的。

2. **解** 由红棕色的 $Fe(OH)_3\downarrow$ 的 K_{sp}计算得知,Fe^{3+} 水解 pH≈3,故出现红棕色沉淀时溶液 pH≈3。

加入六亚甲基四胺($pK_b=8.87$)后为 pH≈5 的缓冲溶液,溶液中有 Ca^{2+}、Mg^{2+};沉淀中有 $Fe(OH)_3\downarrow$、$Al(OH)_3\downarrow$、$TiO(OH)_2\downarrow$。

3. 95.56%;99.28% 4. 329.7mg Ca^{2+};378.4mg Na^+ 5. $K_D=21.0$ 6. $w_{NaCl}=61.67\%$;$w_{KBr}=38.33\%$ 7. 0.014mg;0.0011mg;0.015mg 8. 95.19% 9. 10cm 10. 0.37 11. 0.3557mmol;398.95mg·L^{-1}

12. (1)NaOH 沉淀分离:$Fe(OH)_3$,AlO_2^-

(2)加入 HCl:$FeCl_4^-$ 和 Al^{3+} 并以阴离子、阳离子交换树脂分别交换分离

13. 1.842mmol·g^{-1} 14. 0.03064mol·L^{-1} 15. $K_{ex}=K_{D,ML_n}\beta_n\left(\frac{K_{a,HL}}{K_{D,HL}}\right)^n$

16. 0.078 00;0.073 50

17. (1) $R_A=c_A/(c_A)_O$,$R_I=c_I/(c_I)_O$;

(2) $S_{I,A}=(c_I/c_A)/(c_I)_O/(c_A)_O=R_I/R_A$

18. $R_{Cu}=98.91\%$;$R_{Zn}=3.2\%$;$S_{Zn,Cu}=0.032$

第九章自测题

(一) 选择题

1. D 2. A 3. B 4. B 5. C 6. C 7. D 8. B 9. C 10. A 11. C 12. A 13. C 14. C 15. A 16. B 17. C 18. C 19. B 20. B 21. D 22. A 23. B 24. A 25. A 26. B 27. C 28. C 29. C 30. A 31. D 32. C 33. A 34. A 35. C 36. A 37. B 38. A 39. A 40. D 41. A 42. A 43. A 44. B 45. C 46. A 47. D 48. B 49. A 50. D 51. A 52. A 53. C 54. C 55. D

(二) 填空题

1. 参比电极;甘汞电极;Ag-AgCl 电极 2. 扩散;迁移速率 3. 氧化;$\varphi_{阴}-\varphi_{阳}$ 4. 高;$\varphi_+-\varphi_-$ 5. 还原;正(+) 6. 活度;浓度 7. Ag-AgCl 电极;降低 8. 下降 9. F^-;Cl^- 10. F^-;HF 或 HF_2^- 11. 相界电位;扩散电位 12. 线性;玻璃膜电极本身性质 13. 相同;比值 14. 离子活度;测定误差 15. 级差;0.0592;0.0296;小;低;低价 16. 等电位点;等电位浓度 17. 敏感膜;玻璃膜 18. 单晶;混晶;液膜;生物膜 19. 离子载体;钙 20. <;小 21. $\frac{a_i}{a_j^{z_i/z_j}}$;$\frac{K_{ij}(a_j)^{z_i/z_j}}{a_i}\times100\%$ 22. 流动载体膜电极(液膜电极);敏化电极(气敏电极) 23. 保持较大的离子强度;掩蔽干扰离子;保持溶液 pH 24. 正极;正号;负号 25. 碱差;酸差

26. Ag-AgCl电极；HCl溶液 27. Ag-AgCl参比电极；KCl；KF 28. 浸泡24h；不对称电位 29. 标准曲线；标准加入 30. 二阶微商；内插 31. $\frac{c_S V_S}{V_x + V_S}$；$0.023\frac{RT}{nF}$ 32. 5～7；高 33. 5～7；低 34. 等电位；等电位浓度 35. 大；极化；负；正 36. 0.059；0.35；0.20 37. 无关；正比；反比 38. 电极反应单纯；电流效率100% 39. 电活性杂质；氧，背景电流，背景电流 40. 恒电流，电极反应产物 41. EDTA与汞离子；汞离子；EDTA 42. 要小；浓度梯度；静止；扩散层厚度；扩散；惰性电解质；迁移 43. 电子转移数 n；0.013%；0.5 44. 扩散；电极反应速率 45. 电容电流；迁移电流；极谱极大 10^{-6}～10^{-5}；10^{-4}～10^{-2} 46. 电容电流 47. 充电电流；10^{-7}；毛细管噪声；微分脉冲 48. 电解；极谱；富集；溶出 49. 可逆；$56/n$

(三) 计算题

1. 4.4 2. 4 3. 8 4. 0.0568% 5. 3.9%；7.8%；11.7 6. $2.93\times10^{-4}\text{mol}\cdot\text{L}^{-1}$ 7. 0.88% 8. 0.547V；1.11V

9. (1) $1.38\times10^{-7}\text{mol}\cdot\text{L}^{-1}$；(2) 1.9×10^{-14}

10. (1)16.85mL；(2)2.22%；(3) 56MV

11. (1) 6.95mL；21.57mL；(2) Na_2CO_3 4.91%；$NaHCO_3$ 4.30%

12. (1) I为13.56mL，Cl为26.96mL；(2) I为$0.02613\text{mol}\cdot\text{L}^{-1}$，Cl为$0.004\,818\text{mol}\cdot\text{L}^{-1}$

13. $t=2763\text{s}$ 14. $0.0395\text{mg}\cdot\text{mL}^{-1}$

15. (1) Pb^{2+}先析出。阴极电位应控制在-0.270～-0.156V(vs. SHE)

(2) $[Pb^{2+}]=1.37\times10^{-5}\text{mol}\cdot\text{L}^{-1}$

(3) 578C

16. $E_{1/2}=E^{\ominus}+\frac{0.059}{2}\lg[H^+]^2=0.454-7\times0.059=0.041(\text{V})$

17. **解** 扩散电流常数

$$I=607zD^{\frac{1}{2}}$$

$$5.72=607z(1.07\times10^{-5})^{\frac{1}{2}}$$

$$z=2.88\approx3$$

18. **解**

$$z=i_d/(607D^{\frac{1}{2}}m^{\frac{2}{3}}t^{\frac{1}{6}}c)$$

$$=5.8/(607\times0.51\times10^{-2}\times1.50\times1.26\times0.25)=3.97\approx4$$

电极反应为 $O_2+4H^++4e^-=\!=\!=2H_2O$

氧还原产物是水。

19. **解**

$$\frac{i_x}{i_{x+标}}=\frac{c_x}{c_{x+标}}$$

$$\frac{42}{58.5}=\frac{c_x}{\dfrac{c_x\times0.080+1\times10^{-2}\times0.005}{0.080+0.005}}$$

$$c_x=1.30\times10^{-3}$$

20. $c_x = 0.096\mu mol \cdot L^{-1}$

第十章自测题

(一) 选择题

1. B 2. A 3. B 4. C 5. B 6. A 7. B 8. D 9. A 10. C 11. B 12. D 13. C 14. D 15. A 16. D 17. D 18. A 19. D 20. B 21. B 22. D 23. A 24. A 25. B 26. D 27. B 28. B 29 C 30. D 31. B 32. A 33. A 34. B 35. C 36. C 37. B 38. A 39. B 40. B 41. B 42. B 43. C 44. A 45. D 46. C 47. B 48. A 49. D 50. B 51. A 52. C 53. B 54. A 55. D

(二) 填空题

1. 非匀排光谱;匀排光谱 2. $d(\sin\alpha \pm \sin\theta) = n\lambda$;光栅常数 d ;光谱级次 n 3. 棱镜;光谱级-波长 4. 刻线数;宽度;高度;衍射角 5. 凹面反射;色散;聚焦 6. 小;减少谱线间重叠干扰;大;提高谱线强度 7. ICP;火花;ICP 8. 自吸;严重;自蚀 9. 组成和含量;结构信息 10. $\lg I = b\lg c + \lg a$;蒸发、原子化;自吸系数;无自吸;自吸越大 11. 原子线;谱线强度级别;自吸;波长 12. 差;原子总数;概率;试样浓度 13. 激发;稳定性;定量 14. 绝对灵敏度高;背景小;定性 15. 激发能力;蒸发能力;灵敏度 16. 激光;电极放电 17. 光电倍增管;阵列检测器 18. 峰值;积分 19. 共振吸收线 ;特征谱线 20. 热变宽;洛伦兹;压力变宽 21. 小于;中心频率;中心频率 22. 激发态;比值;玻耳兹曼(Boltzmann) 23. 发射线与吸收线的中心频率一致;发射线半峰宽小于吸收线半峰宽 24. 离子;火焰;无火焰 25. 还原性;低;氧化物 26. 自吸;严重;变宽 27. 物理;内标;标准加入 28. 基体;背景 29. 共振 ;邻近 30. 冷;低温;氢化物 31. 分散;雾化器; 原子化;燃烧器 32. Ar气;干燥;灰化;原子化;净化; 33. 光谱干扰;电离干扰;背景干扰;化学干扰;物理干扰 34. 物理;化学 35. 非原子;分子;增加; 正 36. 减少;负 37. 原子;分子;锐线 ;连续;后 ;前 38. 吸光度; 特征浓度;特征质量 39. 电离;NaCl使标样与试样组成接近 40. 激发态;热助;共振 41. 其他原子;以热或其他非荧光;原子化气氛 42. 激发光源;原子化器;单色器;吸收;90°

(三) 计算题

1. **解** 分辨率为

$$R = \frac{\bar{\lambda}}{\Delta\lambda} = nN = 1 \times 6.00 \times 180 = 1080$$

最靠近的两条谱线波长差为

$$\Delta\lambda = \frac{1 \times 10^{-3} \times 10^{7}}{1080} = 9.26(\text{nm})$$

2. **解** 刻线距

$$d = \frac{n\lambda}{\sin\alpha + \sin\theta} = \frac{1 \times 300 \times 10^{-6}}{\sin 40^\circ - \sin 15^\circ} = 7.81 \times 10^{-4}(\text{mm})$$

刻线数

$$1/(7.81\times10^{-4})=1280\text{ 条}\cdot\text{mm}^{-1}$$

3. 解

$$R_{理}=nN=1\times600\times50=30\ 000$$

$$\Delta\lambda=\frac{\bar{\lambda}}{R}=\frac{\frac{1}{2}(310.030+310.66)}{30\ 000}=0.0103(\text{nm})$$

(37.030 − 37.066) >0.0103,能分开。

4. $g_i/g_0=3/1$;$\Delta E=9.296\times10^{-19}\text{J}$;$N_i/N_0=5.38\times10^{-10}$

5. 解 $S=\frac{c\times0.044}{A}=\frac{3\times0.044}{0.3188}=0.041(\mu\text{g}\cdot\text{mL}^{-1})$

6. 0.004 $\mu\text{g}\cdot\text{mL}^{-1}$ 7. 0.493 $\mu\text{g}\cdot\text{mL}^{-1}$ 8. 0.30 $\mu\text{g}\cdot\text{mL}^{-1}$

9. 解 $S=\frac{W}{D}=\frac{4047-4044}{20}=0.15(\text{mm})$,所需狭缝宽度应为 0.15mm

10. 解 $D=\frac{0.02\times2\times1.17\times10^{-3}}{0.157}=2.98\times10^{-4}(\mu\text{g}\cdot\text{mL}^{-1})$

11. 解 $c_x=\frac{A_x}{A_{x+S}-A_x}c_S=\frac{0.314\times20.0}{0.586-0.314}=23.1(\mu\text{g}\cdot\text{mL}^{-1})$

$$w_{Mo}=\frac{23.1\times50.00\times100\times10^{-6}}{10.00\times4.23}\times100\%=0.273\%$$

12. 解 以 ρ_{Na}为横坐标,h 为纵坐标绘制标准曲线。然后从曲线上查得 $h=64.0\text{mm}$ 时所对应的 $\rho_{Na}=0.87\mu\text{g}\cdot\text{mL}^{-1}$。所以在此硅酸盐中 Na_2O 的含量为

$$w_{NaO}=\frac{\left(\frac{61.98}{2\times22.99}\right)\times0.87\times100\times100\times10^{-6}}{25.0\times0.2000}\times100\%=0.235\%$$

13. 3.92 $\mu\text{g}\cdot\text{mL}^{-1}$

14. 0.035 $\mu\text{g}\cdot\text{mL}^{-1}$;未超标

15. 0 mL;1 mL;2 mL;13 mL;1.90$\mu\text{g}\cdot\text{mL}^{-1}$

第十一章自测题

(一) 选择题

1.C 2. D 3. B 4. C 5. A,B 6. A 7. A 8. B 9. C 10. A 11. A 12.D 13.D 14.A 15. C 16.C 17. A 18.C 19.C 20. C 21.D 22.B 23. C 24.B 25.C 26.A 27.B 28.B 29.B 30.B 31.B,D 32 B 33.A 34.A 35.A 36.C 37.B 38.B 39.B 40.C 41.B 42.A 43.D 44.B 45.D 46.C 47.A 48.B 49.D 50.A 51.A 52.C 53.C 54.A 55.C 56.D 57.D 58.B 59.B 60.D 61.D 62.C 63.C 64.B 65.B

(二) 填空题

1. 气相色谱;液相色谱;超临界色谱;薄层色谱 2. 茨维特;马丁 3. 高效分离;高灵敏度;分析速度快 4. 定性能力弱;不适合高沸点热不稳定物质分析 5. 色谱柱;分离 6. He; H_2 7. N_2;H_2 8. 浓度;质量 9. 热导;电子捕获 10. 载气系统;进样系统;色谱柱;检测器 11. 担体;固定液;固定液 12. 比表面积大;化学惰性;具有较高的热稳定性和机械强度;颗粒大小均匀、适度 13. 吸附;脱附;分配 14. 平衡;分配系数 15. 硅胶;分子筛;活性氧化铝 16. 大;慢 17. 零;先 18. 活性氧化铝;CO_2 19. 硅胶 20. 增加;大;高 21. 色谱柱(分离柱);冷凝 22. 大;高;H_2 23. 质量;无机气体;水;CCl_4 24. 保留时间;调整保留时间 25. 柱温;固定相;选择 26. 浓度;质量; $k = K/\beta$ 27. $5.54\left(\frac{t_R}{Y_{1/2}}\right)^2$ 或 $16\left(\frac{t_R}{W_b}\right)^2$ 28. 涡流扩散;分子扩散;传质阻力 29. 传质阻力;分子扩散;涡流扩散 30. 分配;热力学 31. 运动;动力学 32. 归一化法;内标法;外标法(标准曲线法);归一化法 33. 组成;极性;梯度 34. 分流,尾吹 35. 之前;液;液相;紫外 36. 限流器;相 37. CO_2;极性太弱;甲醇 38. 氢火焰离子化;限流器 39. 四; 三;$\sqrt{3}$ 40. 电泳,色谱 41. 细径,高,焦耳热 42. 双电层;电渗流;EOF 43. 电泳力;电渗力;相同;相反 44. 平流;层流;抛物线 45. 正;大;pH 46. 下降;增大;不 47. 增高;增大;增大 48. 负;阴 49. 临界;相反;分配;固定相 50. 毛细管凝胶电泳;凝胶;凝胶的空间排阻

(三) 计算题

1. 解

$$n = 16\left(\frac{t_R}{W_b}\right)^2 = 2645$$

$$H = L/n = 0.76\ (\text{mm})$$

2. 解

$$u_{opt} = \sqrt{B/C} = (\sqrt{0.36/4.3\times10^{-2}})\text{cm·s}^{-1} = 2.9\text{cm·s}^{-1}$$

$$H_{min} = A + 2\sqrt{BC} = (0.15 + 2\sqrt{0.36\times4.3\times10^{-2}})\text{cm} = 0.40\text{cm}$$

3. 解

$$n_{有} = 16\left(\frac{t_R}{W_b}\right)^2 = 16\left(\frac{1.64\times60\text{s}}{9.2\text{s}}\right)^2 = 1830$$

$$H_{有} = L/n_{有} = 1000\text{mm}/1830 = 0.55\text{mm}$$

4. 解

(1) 最佳线速度

不同流速下的塔板高度为

$$H_1 = L/n = \left(\frac{200}{323}\right)\text{cm} = 0.62\text{cm}$$

$$H_2 = \left(\frac{200}{308}\right)\text{cm} = 0.65\text{cm}$$

$$H_3 = \left(\frac{200}{253}\right)\text{cm} = 0.79\text{cm}$$

列方程组求解常数

$$0.62 = A + B/4.0 + 4.0C$$

$$0.65 = A + B/6.0 + 6.0C$$

$$0.79 = A + B/8.0 + 8.0C$$

$$u_{opt} = \sqrt{B/C} = (\sqrt{2.64/0.125})\text{cm·s}^{-1} = 4.6\text{cm·s}^{-1}$$

(2) 最佳线速时的理论塔板数

$$H_{min} = A + 2\sqrt{BC} = (-0.54 + 2\sqrt{2.64 \times 0.125})\text{cm} = 0.61\text{cm}$$

$$n = 200/0.61 = 328.9$$

5. **解**

$$L = 16R^2\left(\frac{r_{21}}{r_{21}-1}\right)^2 \cdot H = 16 \times 1.5^2 \times \left(\frac{1.15}{1.15-1}\right)^2 \times 1\text{ mm} = 2113\text{mm}$$

6. **解**

$$r_{21} = 105/90 = 1.17$$

$$n_{有效} = 16R^2\left(\frac{r_{21}}{r_{21}-1}\right)^2$$

$$R = \sqrt{\frac{1450}{16} \times \left(\frac{1.17-1}{1.17}\right)^2} = 1.38$$

7. 增加1倍

8. (1) 载气的平均线速度 $u = L/t_M = 100/1.10 = 90.90$ (cm·min^{-1});

(2) 组分B的分配比 $k = 5.00$;

(3) 分离度 $R = 1.00$;

(4) 平均有效理论塔板数 $n_1 = 581, n_2 = 720, n_{平均} = 650$;

(5) 两组分完全分离需要色谱柱长为6970mm

9. **解**

(1) $k_A = 6.50 \times 0.422 = 2.74$

$k_B = 6.31 \times 0.422 = 2.66$

(2) $\alpha = 6.50 / 6.31 = 1.030$

(3) $n = 16R^2(\alpha/\alpha - 1)^2(1 + k_A/k_B)^2 = 7.91 \times 10^4$

(4) $t_M = (806 / 7.10) \times (1/60) = 1.89(\text{min})$

由式 $k_A = (t_{RA} - t_M)/t_M$ 可得

$$t_{RA} = 7.07\text{ min}$$

$$t_{RB} = 6.92\text{ min}$$

10. **解**

$$\sum f'_i \cdot A_i = 0.70 \times 34.5 + 0.82 \times 20.6 + 0.95 \times 40.2 + 1.02 \times 20.2 + 1.06 \times 18.3$$

$$= 119.3$$

11. 3.3%

12. 8.03%

第十二章自测题

(一) 选择题

1. A,C　2. A　3. B　4. D　5. D　6. D　7. B　8. A　9. D　10. A　11. A　12. C　13. B　14. B　15. B　16. C　17. A　18. C　19. A　20. D　21. C　22. C　23. B　24. D　25. C　26. B　27. D　28. C　29. B　30. A　31. D　32. A　33. B　34. A　35. A　36. A　37. D　38. C　39. A　40. A　41. C　42. B　43. D　44. C　45. C

(二) 填空题

1. 偶极矩;单原子;同核分子　2. 吸收峰;偶极矩;红外,非红外活性　3. 伸缩;变形;对称伸缩;反对称伸缩;剪式;平面摇摆;扭曲;垂直　4. 4000～1300;官能团(或特征频率);1300～600;指纹区　5. 后者;低　6. 偶极矩;强;弱　7. 升高;强;高　8. 减小;低;减小;降低　9. 3750～3000;3300～3000;3000～2700　10. 1550～1930;酰胺(1680cm^{-1})＜酮(1715cm^{-1})＜醛(1725cm^{-1})＜酯(1735cm^{-1})＜酸(1760cm^{-1})＜酸酐(1817cm^{-1}和1750cm^{-1});低;高　11. 2400～2100;1900～1650;1650～1500　12. 迈克耳孙干涉仪;单色器;灵敏度高、分辨率高、测量时间短、测定波长范围宽　13. 核有自旋(磁性核);自旋核位于外磁场中,使能级产生裂分;$\nu_0/B_0=\gamma/(2\pi)$　14. 相反;屏蔽;大;位移;化学位移　15. 电负性;磁各向异性;氢键效应;空间效应　16. 所有氢;单峰;高磁场;沸点;回收　17. 自旋-自旋;屏蔽;强;减弱;增大;低　18. 化学环境;化学位移　19. 化学位移;偶合常数;磁;磁;化学;化学;磁　20. 1;1;2;2;4;4

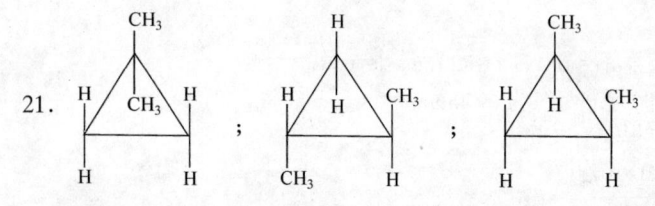

21. 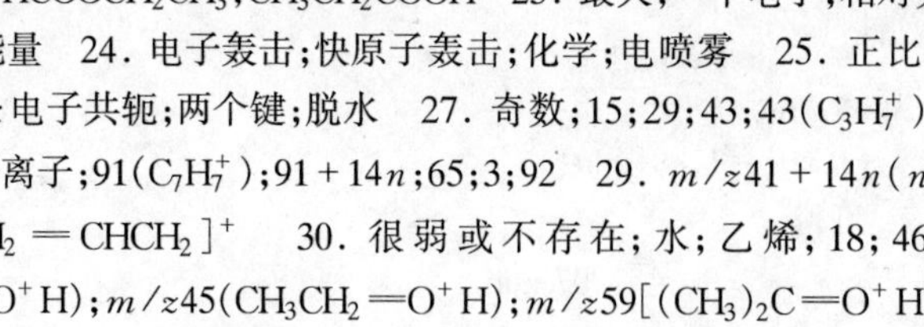

22. $HCOOCH_2CH_3$;CH_3CH_2COOH　23. 最大;一个电子;相对分子质量;相对强度;离子源的轰击能量　24. 电子轰击;快原子轰击;化学;电喷雾　25. 正比;同位素离子;64;66;3∶1　26. 强;π电子共轭;两个键;脱水　27. 奇数;15;29;43;43($C_3H_7^+$);57($C_4H_9^+$);较大的烷基　28. 分子离子;91($C_7H_7^+$);91+14n;65;3;92　29. m/z41+14n(n=0,1,2,…)碎片离子;m/z41;$[CH_2=CHCH_2]^+$　30. 很弱或不存在;水;乙烯;18;46;β-;较大体积的;m/z31($CH_2=O^+H$);m/z45($CH_3CH_2=O^+H$);m/z59$[(CH_3)_2C=O^+H]$　31. 较强;α-;较大烷基;$C_6H_5-C\equiv O^+$　32. 较强;McLafferty;CHO^+;$M-29$;$C_6H_5-C\equiv O^+$　33. 较强;45,59,73…碎片离子峰(31+14n);α-;29,43,57,71;$C_6H_5-O^+H$;$CH_2=CHR$　34. 明显;α-;45;$NH_2-C\equiv O^+$;$R_1-C\equiv O^+$;44;$HO-C\equiv O^+$;γ-　35. 分子离子;甲苯正离子;草鎓离子;正丙基苯　36. $C_4H_9CH-C^+H_2$;水;乙烯　37. 分子离子;重排离子 $CH_2=CH-O^+H$;$HC\equiv O^+$;正丁醛　38. CH_3OCH_3;$CH_3CH_2OCH_2CH_2CH_2CH_3$

(三) 谱图解析题

1. C_6H_5CHO 2. $C_6H_5C{\equiv}CCH_2OH$ 3. $H{-}C{\equiv}C{-}CH_2{-}OH$ 4. 环己酮

5. $C_6H_5C{\equiv}CCOOH$ 6. $C_6H_5CH(CH_3)_2$ 7. $CH_3COOCH_2CH_3$ 8. $CH_3COOCH(CH_3)_2$

9. $CH_3CH_2{-}CO{-}CH_2CH_2{-}CO{-}O{-}OCH_2CH_3$ 10. $HC(OC_2H_5)_3$

11. $CH_3CH_2{-}CO{-}CH_2CH_2CH_3$ 12. $C_6H_5CH_2CH_2CH_2CH_3$ 13. $CH_3CH_2CH(CH_2){-}O{-}CH_2CH_3$

14. $C_6H_5CH_2{-}O{-}CO{-}CH_3$ 15. $CH_3CH_2CH_2{-}CO{-}CH_2CH_2CH_3$

16. $CH_3{-}CO{-}CH_2CH_3$ 17. $C_6H_5CH_2{-}O{-}CO{-}CH_3$ 18. $C_6H_5{-}O{-}CH_2CH_3$

模拟试题Ⅰ

(一) 填空题

1. (1) $C_6H_{12}O_6 + I_2 + 3OH^- = C_6H_{11}O_7^- + 2I^- + 2H_2O$

(2) $IO_3^- + 5I^- + 6H^+ = 3I_2 + 3H_2O$

(3) $w_{C_6H_{12}O_6} = \dfrac{[w_{I_2} - \frac{1}{2} w_{S_2O_3^{2-}}] \times M_{C_6H_{12}O_7}}{m_s \times 1000}$

2. 偏高;偏低;$Na_2B_4O_7 \cdot 10H_2O$;HCl 与两者均按 1:2 计量比进行反应,硼砂摩尔质量大,称量的相对误差小

3.(1) $H_2C_2O_4 \cdot 2H_2O$, 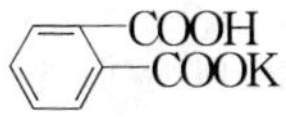

(2) $w_{C_{10}H_{20}N_2S_4} = \dfrac{\frac{1}{8} w_{NaOH} \times M_{C_{10}H_{20}N_2S_4}}{m_s \times 1000} \times 100\% = 7.001\%$

4. 1.6 $mmol \cdot g^{-1}$ $\left[\dfrac{0.1000 \times 24.51}{1.5} = 1.6\ (mmol \cdot g^{-1})\right]$

5. $c_{Na_2SO_3} = \dfrac{\frac{6}{1} \times 0.1210 \times 1000}{214.0 \times 41.64} = 0.081\,47(mol \cdot L^{-1})$

6. **解** 流动相流过色谱柱所需时间即死时间 t_0,也就是组分 A 在流动相中停留的时间

$$t_0 = \frac{L}{u} = \frac{100}{0.1 \times 60} = 16.7(min)$$

组分 A 的洗胶时间即其保留时间 t_R。

保留比

$$R' = \frac{t_0}{t_R} = \frac{16.7}{40} = 0.42$$

7. **解** 设计一个原电池

$(-)Ag|AgCl|Cl^-(1.0\ mol \cdot L^{-1}) \| Ag^+(1.0\ mol \cdot L^{-1})|Ag(+)$

电极反应为

$$Ag^+ + e \rightleftharpoons Ag$$
$$-\quad AgCl + e \rightleftharpoons Ag + Cl^-$$

电池反应为

$$Ag^+ + Cl^- \rightleftharpoons AgCl$$

$$E^\ominus = \varphi^\ominus_{Ag^+/Ag} - \varphi^\ominus_{AgCl/Ag} = 0.799 - 0.222 = 0.577(V)$$

$$\lg K = \frac{nE^\ominus}{0.059}$$

$$K = \frac{1}{K_{sp}}$$

$$n = 1$$

$$-\lg K_{sp} = \frac{nE^\ominus}{0.059} = +9.75$$

$$K_{sp} = 1.8 \times 10^{-10}$$

8. 被测元素谱线强度来确定元素的含量；$I = ac^6$ 或 $\lg I = b\lg c + \lg a$

(二) 推理与分析计算

1. 解

(1) $\bar{x} = \dfrac{40.00 + 40.15 + 40.16 + 40.18 + 40.20}{5} = 40.14$

$S = 0.079$

$G = \dfrac{|x_{可疑} - \bar{x}|}{S} = \dfrac{|40.00 - 40.14|}{0.079} = 1.77$

查 G 临界值表，$G_{5,0.05} = 1.67$，即 $G > G_{5,0.05}$，故 40.00 应该舍弃。

(2) $\bar{x} = \dfrac{40.15 + 40.16 + 40.18 + 40.20}{4} = 40.17$

$S = 0.022$

$t = \dfrac{|\bar{x} - \mu|}{S}\sqrt{n} = \dfrac{|40.17 - 40.19|}{0.022} \times \sqrt{4} = 1.82$

查表得，$t_{0.05,3} = 3.18$，即 $t < t_{0.05,3}$，故新方法未引入系统误差。

2. 解　游离[F^-]为 0.1 mol·L^{-1}时

$$\begin{aligned}\alpha_{(Al)F} &= 1 + \beta_1[F^-] + \beta_2[F^-]^2 + \cdots + \beta_6[F^-]^6 \\ &= 1 + 10^{6.1} \times 0.1 + 10^{11.15} \times 0.1^2 + 10^{15.0} \times 0.1^3 \\ &\quad + 10^{17.7} \times 0.1^4 + 10^{19.4} \times 0.1^5 + 10^{19.7} \times 0.1^6 = 10^{14.5}\end{aligned}$$

溶液中游离的$[Al^{3+}] = \dfrac{c_{Al(sp)}}{\alpha_{(Al)F}} = \dfrac{0.010\text{mol}\cdot\text{L}^{-1}}{10^{14.5}} = 10^{-16.5}\text{mol}\cdot\text{L}^{-1}$

$$\alpha_{Y(Al)} = 1 + K_{AlY}[Al^{3+}] = 1 + 10^{16.3} \times 10^{-16.5} = 1.4$$

pH5.5 时　$\lg\alpha_{Y(H)} = 5.6$

$$\alpha_Y = 10^{5.6} + 1.4 \approx 10^{5.6}$$

$$\lg K'_{ZnY} = \lg K_{ZnY} - \lg\alpha_{Y(H)} = 16.5 - 5.6 = 10.9$$

$$\lg cK'_{ZnY} \geqslant 6$$

$$pZn_{sp}=1/2(10.9+2.0)=6.5$$

从指示剂变色点 $pM_t=\lg K_{MIn}-\lg\alpha_{In(H)}$ 可算出：pH5.5 时，$pZn_t=5.7$。

$$\Delta pZn=5.7-6.50=-0.80$$

$$TE=\frac{10^{-0.80}-10^{0.80}}{\sqrt{10^{10.99}\times 0.010}}\times 100\%=0.02\%$$

3. **解**

$$c_{K_2Cr_2O_7}\times V=(50.00+7.46)\times 0.020\ 00=1.1492(\text{mmol})$$

和剩余量的 $K_2Cr_2O_7$ 反应的 Fe^{2+} 的量

$$20.00\times 0.1253\times\frac{1}{6}=0.417\ 67(\text{mmol})$$

和 C_2H_5OH 反应的 K_2Cr_2O7 的量为 $1.1492-0.417\ 67=0.731\ 53$mmol，$C_2H_5OH$ 的相对分子质量为 46.07，则 C_2H_5OH 的质量为

$$0.731\ 53\times\frac{3}{2}\times 0.046\ 07=0.050\ 552(\text{g})$$

$$w_{C_2H_5OH}=\frac{0.050\ 552}{5.00\times 25.00/1\ 000}\times 100\%=40.44\%\quad(\text{或 }40.4\%)$$

4. **解** 测定荧光时，测定液浓度范围在 $\frac{31.5\mu g\times 20}{250mL}\times\frac{5mL}{10mL}$ 至 $\frac{38.5\mu g\times 20}{250mL}\times\frac{5mL}{10mL}$ 之间，即 $1.26\mu g\cdot mL^{-1}\sim 1.54\mu g\cdot mL^{-1}$ 之间为合格。

对照品溶液 $1.4\mu g\cdot mL^{-1}$ 荧光读数 65。

因为 $\frac{F_x}{F_S}=\frac{C_x}{C_S}$，所以合格品荧光读数在 58.5～71.5 之间。

5.(1) 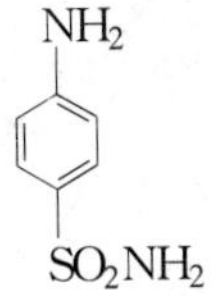

；

(2) 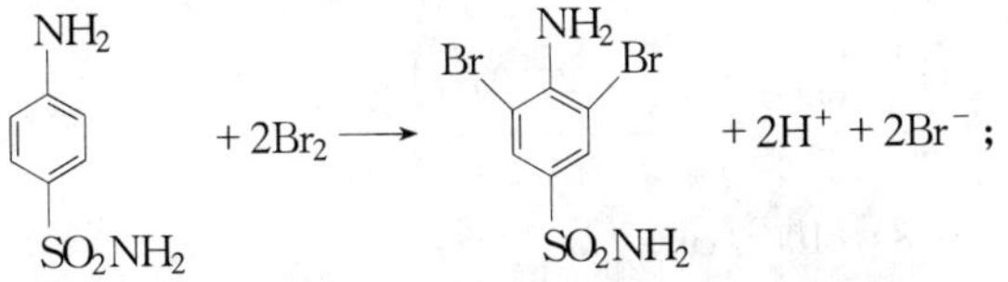

；

(3) 总 $n_{Br_2}=25.00\times 0.017\ 67\times 3=1.325\ 25(\text{mmol})$

$$\text{过量 }n_{Br_2}=\text{过量 }n_{I_2}=12.92\times 0.1215\times\frac{1}{2}=0.784\ 89(\text{mmol})$$

$$\Delta n_{Br_2}=1.325\ 25-0.784\ 89=0.540\ 36(\text{mmol})=\Delta n_{I_2}$$

$$w_x=\frac{0.540\ 36\times\frac{1}{2}\times 172.21\times 10^{-3}}{0.2891\times\frac{20}{100}}\times 100=80.47\%$$

模拟试题Ⅱ

(一) 填空题

1. standard solution; significant figure; distribution ratio; stoichiometric point 2. $Na_2Br_4O_7\cdot 10H_2O+2HCl=\!=\!=4H_3BO_3+5H_2O+2NaCl$;甲基红 3. NaF 或乙醇胺;10 4. $HCl+H_2O_2$;H_2SO_4 5. 大;酸效应 6. 增大;不变 7. 99 8. 平行多次测定后取平均值

(二) 选择题

1. A C 2. D 3.A 4.A C 5. C 6. A 7.D 8.A C

(四) 应用与计算题

1. sul～H_2SO_4～2NaOH;$\frac{2m_{sul}}{M_{sul}}=w_{NaOH}$;$m_{sul}=0.5063g$;$w_{sul}=\frac{0.5063}{0.5136}\times100=98.58\%$

2. $w_{Pb}=8.51\%$;$w_{In}=24.86\%$;$w_{Cu}=64.08\%$;$w_{Sn}=2.54\%$

3. $5CO\sim I_2\sim 2S_2O_3^{2-}$

$$n_{CO}=\frac{5}{2}(n_{1S_2O_3^{2-}}-n_{2S_2O_3^{2-}})$$
$$=(0.090\,83-0.0409)\times\frac{5}{2}$$
$$=0.1248(\text{mmol})$$
$$\rho_{CO}=\frac{0.1248\times28.01}{20.3}$$
$$=\frac{3.4956\text{mg}}{20.34\text{L}}$$
$$=0.172\text{mg}\cdot\text{L}^{-1}$$

4. 解 $Cr_2O_7^{2-}+6Fe^{2+}+14H^+=\!=\!=2Cr^{3+}+6Fe^{3+}+7H_2O$

$$h=\frac{\left(\frac{1}{6}\ \frac{m}{M}-w_{Cr_2O_7^{2-}}\times2\times M_{Cr}\right)}{\rho_w\cdot S}$$
$$=6.80\times10^{-5}(\text{cm})$$

5. 解

$$\begin{cases}\varepsilon_{Ti}^{415}\ b\,c_{Ti}=0.435\\ \varepsilon_{Ti}^{455}\ b\,c_{Ti}=0.246\\ \varepsilon_{V}^{415}\ b\,c_{V}=0.251\\ \varepsilon_{V}^{455}\ b\,c_{V}=0.377\end{cases}$$

代入有关数值求每组分在两不同波长处的 ε,再代入未知试样

$$\begin{cases}821\times1\ c'_{Ti}+160\times1\ c'_{V}=0.645 & c'_{Ti}=0.537\times10^{-3}M\\ 464\times1\ c'_{Ti}+240\times1\ c'_{V}=0.555 & c'_{Ti}=1.27\times10^{-3}M\end{cases}$$

所以试样中

$$c_{Ti}=\frac{100}{20}c'_{Ti}=2.69\times10^{-3}(mol\cdot L^{-1})$$

$$c_V=\frac{100}{20}c'_V=6.35\times10^{-3}(mol\cdot L^{-1})$$

6．**解**

$$\bar{x}=0.60$$

$$\bar{y}=0.178$$

$$b=\frac{\sum(x_i-\bar{x})(y_i-\bar{y})}{\sum(x_i-\bar{x})^2}=\frac{0.102}{0.4}=0.255$$

$$a=\bar{y}-b\bar{x}=0.0248$$

所以

$$y=0.0248+0.255x$$

$$\bar{y}=0.206$$

$$x_{Fe}=\frac{y-a}{b}=\frac{0.206-0.0248}{0.255}=0.71(mg)$$

模拟试题Ⅲ

1．**解** (1)先确定可疑值的取舍，有

Karl Fisher 法：$\bar{X}=0.746\%$，$S=0.000\ 071\ 9$，可疑值为 0.757%，$T=1.53$，小于查表值，应保留。

色谱法：$\bar{X}=0.747\%$，$S=0.000\ 072\ 0$，可疑值为 0.733%，$T=1.94$，大于查表值，应舍弃。

重新计算色谱法的均值和标准偏差

$$\bar{X}=0.749\%$$

$$S=0.000\ 029\ 7$$

(2) F 检验：$F=5.86$，$F_{计}<F_{0.05,5,4}$，两组数据精密度无显著性差异。

(3) t 检验：合并标准偏差，$S=0.000\ 057\ 1$，$t=0.87$，$t_{计}<t_{0.05,9}$，故色谱法能用于微量水分含量的测定。其测定结果与 Karl Fisher 法相比，无显著性差异。

2．**解** 根据 $w_{水}=w_0\left(\frac{1}{D+1}\right)$，则

$$\frac{w_{水(A)}}{w_{水(B)}}=\frac{w_{0(A)}}{w_{0(B)}}\times\left(\frac{1}{D_A+1}\right)\Big/\left(\frac{1}{D_B+1}\right)$$

使用溶剂 a，$w_{水(A)}/w_{水(B)}=0.0099$；使用溶剂 b，$w_{水(A)}/w_{水(B)}=0.0011$；使用溶剂 c，$w_{水(A)}/w_{水(B)}=0.0100$。故使用溶剂 b 时，水相中 A 与 B 剩余质量分数 $w_{水(A)}/w_{水(B)}$ 最小。

3．**解** (1)有关反应为：

溶解 $$CaO+2HCl=CaCl_2+H_2O$$

沉淀 $$Ca^{2+}+C_2O_4^{2-}=CaC_2O_4$$

沉淀溶解 $$CaC_2O_4+2H^+=H_2C_2O_4+Ca^{2+}$$

滴定 $$5C_2O_4^{2-}+2MnO_4^-+16H^+=2Mn^{2+}+10CO_2+8H_2O$$

由以上反应式可知，CaO 与 $KMnO_4$ 的物质的量之间的关系为

$$n_{CaO} = n_{C_2O_4^{2-}} = n_{H_2C_2O_4} = \frac{5}{2} n_{KMnO_4}$$

故$\frac{a}{t} = \frac{5}{2}$。

$$w_{CaO} = \frac{m_{CaO}}{m_s} \times 100\% = \frac{\frac{5}{2} c_{KMnO_4} \cdot V_{KMnO_4} \cdot \frac{M_{CaO}}{1000}}{m_s} \times 100\%$$

$$= \frac{\frac{5}{2} \times 0.040\,44 \times 21.80 \times \frac{56.08}{1000}}{0.5557} \times 100\% = 22.24\%$$

(2) $w_{CaO} = \frac{m_{CaO}}{S} \times 100\%$

$$= \frac{\left(\frac{5}{2} c_{KMnO_4} \cdot V_{KMnO_4} - \frac{m_{MgO}}{M_{MgO}}\right) \frac{M_{CaO}}{1000}}{m_s} \times 100\%$$

$$= \frac{\left(\frac{5}{2} \times 0.040\,44 \times 21.80 - \frac{10}{40.30}\right) \times \frac{56.08}{1000}}{0.5557} \times 100\%$$

$= 19.74\%$

误差为

$$\frac{22.24\% - 19.74\%}{19.74\%} = 12.7\%$$

4. **解**　若以 InOH 表示弱碱，它在水溶液中的解离平衡为

$$\underset{碱色}{InOH} \rightleftharpoons \underset{酸色}{In^+} + OH^-$$

已知

$$K_{In} = 1.6 \times 10^{-6}$$

$$pK_{In} = pK_b = 5.82$$

则

$$pK_a = pK_w - pK_b = 14 - 5.82 = 8.18(理论变色点)$$

故变色范围约为 7.18～9.18。该指示剂的理论变色范围 pH 在 7.18～9.18 之间。

5. **解**　测定进行的反应为

$$2Cu^{2+} + 4I^- = 2CuI\downarrow + I_2$$

对 Cu^{2+}/Cu^+ 电对　　$Cu^{2+} + e \rightleftharpoons Cu^+$

$$\varphi_{Cu^{2+}/Cu^+} = \varphi^{\ominus}_{Cu^{2+}/Cu^+} + 0.059\lg\frac{c_{Cu^{2+}}}{c_{Cu^+}}$$

当生成 CuI 沉淀后，其 $c_{Cu^+} c_{I^-} = K_{sp}$。根据

$$\varphi_{Cu^{2+}/Cu^+} = \varphi^{\ominus}_{Cu^{2+}/Cu^+} + 0.059\lg\frac{c_{Cu^{2+}} c_{I^-}}{K_{sp,CuI}}$$

若 $c_{Cu^{2+}} = c_{I^-} = 1\ mol \cdot L^{-1}$，则此条件下 Cu^{2+}/Cu^+ 电对的条件电位为

$$\varphi^{\ominus'}_{Cu^{2+}/Cu^{+}}=\varphi^{\ominus}_{Cu^{2+}/Cu^{+}}+0.059\lg\frac{c_{I^-}}{K_{sp,CuI}}$$

$$=0.159+0.059\ \lg\frac{1}{1.1\times10^{-12}}V=0.865V$$

对 I_2/I^- 电对

$$I_2+2e \rightleftharpoons 2I^-$$

$$\varphi^{\ominus'}_{I_2/I^-}=\varphi^{\ominus}_{I_2/I^-}=0.545V$$

$$\Delta\varphi^{\ominus'}=\varphi^{\ominus'}_{Cu^{2+}/Cu^{+}}-\varphi^{\ominus'}_{I_2/I^-}=0.320V$$

表明 Cu^{2+} 可将 I^- 氧化成 I_2,即可用碘量法测铜的含量。

6. **解** 在弱碱性溶液中

$$IO_4^-+H_2O+2I^- = IO_3^-+I_2+2OH^-$$

$$I_2+2S_2O_3^{2-} = 2I^-+S_4O_6^{2-}$$

$$IO_4^- \sim I_2 \sim 2S_2O_3^{2-}$$

$$w_{NaIO_4}=\frac{c_{Na_2S_2O_3}\cdot V_{Na_2S_2O_3}\cdot\frac{M_{NaIO_4}}{2000}}{m_s\times\frac{50.00}{250.00}}$$

$$=\frac{4.040\,00\times20.00\times\frac{214.0}{2000}}{1.000\times\frac{50.00}{250.00}}=42.80\%$$

在酸性溶液中

$$IO_4^-+8H_2O+7I^- = 4I_2+2H_2O$$

$$I_2+2S_2O_3^{2-} = 2I^-+S_4O_6^{2-}$$

$$IO_4^- \sim 4I_2 \sim 8S_2O_3^{2-}$$

由此可见,还原相同量的 $NaIO_4$ 需 $Na_2S_2O_3$ 的量将是在碱性介质中的 4 倍,由于此时 $NaIO_4$ 的量为碱性介质中的一半,故需 $Na_2S_2O_3$ 的量将是在碱性介质中的 2 倍。对 IO_3^- 在酸性介质将有如下反应

$$IO_3^-+6H^++5I^- = 3I_2+3H_2O$$

$$I_2+2S_2O_3^{2-} = 2I^-+S_4O_6^{2-}$$

$$IO_3^- \sim 3I_2 \sim 6S_2O_3^{2-}$$

$$w_{NaIO_3}=\frac{(0.040\,00\times50.00-2\times0.040\,00\times20.00)\times\frac{198.0}{6000}}{m_s\times\frac{25.00}{250.00}}=13.20\%$$

7. **解** 滴定反应式为

$$IO_3^-+5I^-+6H^+ = 3I_2+3H_2O$$

$$I_2+2S_2O_3^{2-} = 2I^-+S_4O_6^{2-}$$

$$IO_3^- \sim 5I^- \sim 3I_2 \sim 6S_2O_3^{2-}$$

整个加入的 KIO_3 将消耗在与 KI 反应和与 $Na_2S_2O_3$ 反应中，则

$$c_{KIO_3} \times V_{KIO_3} = \frac{1}{5} c_{KI} \times V_{KI} + \frac{1}{6} c_{Na_2S_2O_3} \times V_{Na_2S_2O_3}$$

$$c_{KI} = \frac{c_{KIO_3} \times V_{KIO_3} - \frac{1}{6} c_{Na_2S_2O_3} \times V_{Na_2S_2O_3}}{\frac{1}{5} V_{KI}}$$

$$= \frac{10.00 \times 0.060\,00 - \frac{1}{6} \times 30.00 \times 0.1000}{\frac{1}{5} \times 25.00} \text{mol·L}^{-1} = 0.020\,00 \text{mol·L}^{-1}$$

$$m_{I_2} = c_{KI} \times V_{KI} \times \frac{3}{5} \times \frac{M_{I_2}}{1000}$$

$$= 0.020\,00 \times 25.00 \times \frac{3}{5} \times \frac{253.8}{1000} \text{g} = 0.076\,14 \text{g}$$

8. **解**

$$\frac{(38.0 - 18.7) \times 0.0515}{150} \times 100 \text{ mg·(100mL)}^{-1} = 62.6 \text{mg·(100mL)}^{-1}$$

9. **解** 设 0.5000g 混合试样中 NaCl 和 NaBr 的质量分别为 x g 和 y g，则

$$x/58.44 + y/102.9 = 0.1000 \times 22.00 \times 10^{-3} \tag{1}$$

$$(143.3/58.44) \times x + (187.8/102.9) \times y = 0.4020 \tag{2}$$

求解上述两个联立方程，得

$$x = 0.0147$$

$$y = 0.2005$$

所以

$$w_{NaCl} = \frac{0.0147}{0.5000} \times 100\% = 2.94\%$$

$$w_{NaBr} = \frac{0.2005}{0.5000} \times 100\% = 40.10\%$$

10. **解**

$$c_x = \Delta c \left(10^{\left| \frac{\Delta E}{S} \right|} - 1 \right)^{-1}$$

$$\Delta c = \frac{0.100 \times 0.100}{10.0} \text{mol·L}^{-1} = 1.00 \times 10^{-3} \text{mol·L}^{-1}$$

$$\Delta E = [-35.3 - (-17.2) \text{mV}] = -18.1 \text{mV}$$

$$\left| \frac{\Delta E}{S} \right| = \left| \frac{-0.0181}{0.059} \right| = 0.307$$

$$c_x = 1.00 \times 10^{-3} (10^{0.307} - 1)^{-1} \text{mol·L}^{-1} = 9.73 \times 10^{-4} \text{mol·L}^{-1}$$

$$9.73 \times 10^{-4} \times 35.5 \text{g·L}^{-1} = 0.0345 \text{g·L}^{-1} = 34.5 \text{mg·L}^{-1}$$

11. **解** 根据标准溶液的测定结果，可以计算 Cr 和 Mn 的波长 440nm 和 540nm 的吸光系数。先对标准溶液中 Cr 和 Mn 的浓度进行换算：$c_{Mn} = 0.0100 \text{g·L}^{-1}$，$c_{Cr} = 0.0500 \text{g·L}^{-1}$。

根据光吸收定律计算各自的吸光系数

$$a_{Mn}^{440}=A_1/bc_{Mn}=1.6 \qquad a_{Mn}^{540}=A_2/bc_{Mn}=39$$

$$a_{Cr}^{440}=A_1/bc_{Cr}=3.8 \qquad a_{Cr}^{540}=A_2/bc_{Cr}=0.11$$

再根据吸光度的加和性原则,利用上述 a 值及表中数据,可联立方程组,得

$$\begin{cases} A_1^{440}=0.184=1.6bc_{Mn}+3.8b\,c_{Cr} \\ A_2^{540}=0.302=39bc_{Mn}+0.11b\,c_{Cr} \end{cases}$$

解得

$$c_{Mn}=0.003\,82\text{g}\cdot\text{L}^{-1}$$

$$c_{Cr}=0.0226\text{g}\cdot\text{L}^{-1}$$

因此钢样中 Mn 和 Cr 的质量分别为 1.52% 和 9.04%。

12. **解**

$$r_{乙甲}=\frac{5.50-0.50}{4.50-0.50}=1.25$$

$$n_{e(甲)}=5.54\left(\frac{4.50-0.50}{0.20}\right)^2=2216$$

$$n_{e(乙)}=5.54\left(\frac{5.50-0.50}{0.32}\right)^2=1352$$

$$R=\frac{5.50-4.50}{0.20+0.32}=1.92$$

模拟试题Ⅳ

1. **解** 若 $0.1016\text{mol}\cdot\text{L}^{-1}$ 为可疑值

$$Q=\frac{|0.1016-0.1013|}{0.1016-0.1010}=0.5$$

计算的 Q 值小于查表值,无可疑值应舍去。

$$\bar{x}=0.1012\text{mol}\cdot\text{L}^{-1}$$

$$s=2.302\times10^{-4}\text{mol}\cdot\text{L}^{-1}$$

$$\mu=(0.1012\pm0.0003)\text{mol}\cdot\text{L}^{-1}$$

置信度为 95% 时平均值的置信区间:$0.1009\sim0.1015\text{mol}\cdot\text{L}^{-1}$。

2. **解** 根据萃取回收率 $=\left[1-\left(\frac{V_w}{DV_o+V_w}\right)^n\right]\times100\%$,则

$$99.8=100\left[1-\left(\frac{50}{19\times10+50}\right)^n\right]$$

解得 $n=4$。

3. **解** 用 NaOH 滴定 $(NH_4)_2SO_4$ 的反应为

$$NH_4^+ + NaOH = Na^+ NH_3\cdot H_2O$$

由于 $(NH_4)_2SO_4$ 含有 2 个 NH_4^+,可知:$\frac{a}{t}=\frac{1}{2}$。滴定时,为减小滴定误差,一般将消耗的标准溶液的体积控制在 20～30mL 之间,所以

$$m_{(NH_4)_2SO_4}=\frac{a}{t}c_{NaOH}\cdot V_{NaOH}\cdot\frac{M_{(NH_4)_2SO_4}}{1000}\times\frac{250.00}{25.00}$$
$$=\frac{1}{2}\times0.2\times(20\sim30)\times\frac{132}{1000}\times\frac{250.00}{25.00}g=2.6\sim4.0g$$

故试样的称取范围为2.6～4.0g。

4. **解** 以甲基橙作指示剂,用HCl标准溶液滴定,可指示Na_2CO_3的第二个计量点的到达,所以,第一份试样测定的是NaOH和Na_2CO_3的总量。第二份试样中加入过量$BaCl_2$溶液,CO_3^{2-}生成了$BaCO_3$沉淀,滤液中滴定的只是NaOH的含量。根据反应

$$HCl+NaOH=\!=\!=NaCl+H_2O$$
$$n_{NaOH}=n_{HCl}$$

20.00mL试液中NaOH的物质的量为

$$n_{NaOH}=c_{HCl}\cdot V_{HCl}$$
$$=0.1046mol\cdot L^{-1}\times0.020\ 58L=2.153\times10^{-3}mol$$

20.00mL试液中NaOH的质量为

$$n_{NaOH}\cdot M_{NaOH}=2.153\times10^{-3}mol\times40.00g\cdot mol^{-1}=0.086\ 12g$$

试液中NaOH的质量分数为

$$w_{NaOH}=\frac{0.8612g}{0.6780g\times20.00mL\cdot100mL^{-1}}=0.6351$$

滴定Na_2CO_3消耗HCl标准溶液的体积为

$$26.82mL-20.58mL=6.24mL$$

根据反应

$$2HCl+Na_2CO_3=\!=\!=2NaCl+CO_2\uparrow+H_2O$$
$$n_{Na_2CO_3}=\frac{1}{2}n_{HCl}$$

20.00mL试液中Na_2CO_3的物质的量为

$$n_{Na_2CO_3}=\frac{1}{2}\times0.1046mol\cdot L^{-1}\times0.006\ 24L=3.62\times10^{-4}mol$$

20.00mL试液中Na_2CO_3的质量为

$$n_{Na_2CO_3}\cdot M_{Na_2CO_3}=3.62\times10^{-4}mol\times106.0g\cdot mol^{-1}=0.0346g$$

试液中Na_2CO_3的质量分数为

$$w_{Na_2CO_3}=\frac{0.0346g}{0.6780g\times20.00mL\cdot100mL^{-1}}=0.255$$

试液中NaOH的质量分数为0.6351,Na_2CO_3的质量分数为0.255。

5. **解**

$$M+Y=\!=\!=MY\qquad \lg K_{ZnY}=16.50$$

pH4.5时

$$\lg\alpha_{Y(H)}=7.5$$
$$\lg K'_{ZnY}=\lg K_{ZnY}-\lg\alpha_{Y(H)}=16.5-7.5=9.0$$

$\lg CK'_{ZnY}>6$，在此条件下可以准确滴定。计量点时体积增大 1 倍，$c=0.01\text{mol}\cdot\text{L}^{-1}$。由

$$[\text{M}]'=\sqrt{\frac{c_{\text{M(sp)}}}{K'_{\text{MY}}}}$$

$$\text{pM}'=(\text{p}c_{\text{sp}}+\lg K'_{\text{ZnY}})=5.5$$

若滴定终点时的 $\text{p}'\text{Zn}^{2+}=5.0$，则

$$\Delta\text{pM}'=5.0-5.5=-0.5$$

$$TE=\frac{10^{\Delta\text{pM}}-10^{-\Delta\text{pM}}}{\sqrt{c_{\text{sp,M}}K'_{\text{MY}}}}\times100\%=\frac{10^{-0.5}-10^{0.5}}{\sqrt{c_{\text{sp}}K'_{\text{MY}}}}\times100\%$$

$$=-2.85/10^{3.5}=-0.1\%$$

6. **解** （1）$\lg K'=\dfrac{n(\varphi^{\ominus}_{\text{Ox}_1/\text{Red}_1}-\varphi^{\ominus}_{\text{Ox}_2/\text{Red}_2})}{0.059}=\dfrac{5(1.520-1.087)}{0.059}$

（2） $$K'=\frac{[\text{Br}_2]^3}{[\text{BrO}_3^-][\text{Br}^-][\text{H}^+]^6}=\frac{[\text{Br}_2]^3}{0.1000\times0.2500\times(10^{-7})^6}$$

$$[\text{Br}_2]=0.0050\text{mol}\cdot\text{L}^{-1}$$

7. **解** 向含 CN^- 和 Cl^- 溶液中加入 Ag^+，首先生成 AgCN 沉淀；Ag^+ 过量则生成 AgCl 沉淀，用 CNS^- 反滴过量 Ag^+，直至铁铵矾指示剂变色至终点

$$n_{\text{KCN}}=c_{\text{AgNO}_3}V_{1,\text{AgNO}_3}=0.1000\times15.50\text{mmol}=1.550\text{mmol}$$

$$n_{\text{KCl}}=c_{\text{AgNO}_3}V_{2,\text{AgNO}_3}-c_{\text{KCNS}}V_{\text{KCNS}}-n_{\text{KCN}}$$
$$=(25.00\times0.1000-0.050\,00\times12.40-0.1000\times15.50)\text{mmol}$$
$$=0.3300\text{mmol}$$

$$w_{\text{KCN}}=\frac{1.550\times65.12}{0.2000\times1000}\times100\%=50.47\%$$

$$w_{\text{KCl}}=\frac{0.3300\times74.55}{0.2000\times1000}\times100\%=12.30\%$$

8. **解** $\text{C}_6\text{H}_5\text{COOH}+\text{CH}_3\text{ONa}=\!=\!=\text{C}_6\text{H}_5\text{COONa}+\text{CH}_3\text{OH}$ 反应达计量点时，有

$$n_{\text{C}_6\text{H}_5\text{COOH}}=n_{\text{CH}_3\text{ONa}}$$

$0.4680/122.1=c\cdot V$，所以

$$c=\frac{0.4680\times1000}{122.1\times25.50}\text{mol}\cdot\text{L}^{-1}=0.1503\text{mol}\cdot\text{L}^{-1}$$

9. **解** 因为 $\alpha_{\text{F(H)}}=2s/[\text{F}^-]=1+[\text{H}^+]/K_{\text{a}}$

$$=1+10^{-2.00}\times10^{3.18}=10^{1.18}$$

所以

$$[\text{F}^-]=2s/\alpha_{\text{F(H)}}=2s\times10^{-1.18}$$

根据 K_{sp}的定义，得

$$K_{\text{sp}}=10^{-10.57}=[\text{Ca}^{2+}][\text{F}^2]^2$$
$$=(s+0.10)(2s\times10^{-1.18})^2$$
$$\approx0.10\times(2s\times10^{-1.18})^2$$

故

$$s = 2.69\times10^{-7}\text{mol}\cdot\text{L}^{-1}$$

10．解　(1) $\varphi = 0.799 + 0.0591\lg c_{\text{Ag}^+}$

$$c_{\text{Ag}^+} = \frac{K_{\text{sp}}}{c_{\text{VO}_3^-}} = \frac{5.2\times10^{-7}}{c_{\text{VO}_3^-}}$$

标准电位时

$$c_{\text{VO}_3^-} = 1.00\text{mol}\cdot\text{L}^{-1}$$

$$\varphi = 0.799 - 0.059\lg\frac{c_{\text{VO}_3^-}}{K_{\text{sp}}}$$

$$= \left(0.799 - 0.059\lg\frac{1.00}{5.2\times10^{-7}}\right)\text{V} = 0.428\text{V}$$

(2) 电池

$$\text{SCE}\parallel\text{VO}_3^-(X\text{mol}\cdot\text{L}^{-1}),\text{AgVO}_3(\text{饱和})|\text{Ag}$$

$$E = 0.428 - 0.059\ \lg c_{\text{VO}_3^-} - 0.241 = 0.187 + 0.059\text{pVO}_3$$

11．解　$\varepsilon_{270}^{药} = A/bc = 0.400/(1\times1.0\times10^{-3})\text{L}\cdot\text{mol}^{-1}\cdot\text{cm}^{-1}$

$= 4.0\times10^{2}\text{L}\cdot\text{mol}^{-1}\cdot\text{cm}^{-1}$

$\varepsilon_{345}^{药} = A/bc = 0.010/(1\times1.0\times10^{-3})\text{L}\cdot\text{mol}^{-1}\cdot\text{cm}^{-1}$

$= 10\ \text{L}\cdot\text{mol}^{-1}\cdot\text{cm}^{-1}$

$\varepsilon_{270}^{代} = 0$

$\varepsilon_{345}^{药} = 0.460/(1\times1.0\times10^{-4})\text{L}\cdot\text{mol}^{-1}\cdot\text{cm}^{-1}$

$= 4.6\times10^{3}\ \text{L}\cdot\text{mol}^{-1}\cdot\text{cm}^{-1}$

12．解　(1) $t'_{\text{R}_1} = t_{\text{R}_1} - t_{\text{M}} = (4.15-1.50)\text{min} = 2.65\text{min}$

$t'_{\text{R}_2} = t_{\text{R}_2} - t_{\text{M}} = (4.55-1.50)\text{min} = 3.05\text{min}$

(2) $k_1 = \dfrac{t_1 - t_{\text{M}}}{t_{\text{M}}} = \dfrac{4.15-1.50}{1.50} = 1.77$

$k_2 = \dfrac{t_2 - t_{\text{M}}}{t_{\text{M}}} = \dfrac{4.55-1.50}{1.50} = 2.03$

(3) $r_{21} = \dfrac{k_2}{k_1} = \dfrac{2.03}{1.77} = 1.15$

(4) 30 cm 长色谱柱的理论塔板数 n 为

$$n = \frac{26\ 800}{100}\times30 = 8040$$

模拟试题Ⅴ

1．解　测定值的平均值

$$\bar{x} = 21.60\%$$

绝对误差

$$E=0.18\%$$

相对误差

$$RE=0.84\%$$

相对平均偏差

$$R_{\bar{d}}=0.18\%$$

标准偏差

$$S=0.047\%$$

变异系数

$$RSD=0.22\%$$

2. **解** 根据 $E(\%)=\frac{D}{D+1}\times 100\%$，有

$$D=9 \quad E(\%)=90.00\%$$

$$D=18 \quad E(\%)=94.74\%$$

增加倍率为1.05。

3. **解** 根据 $T_{T/A}=\frac{a}{t}c_T\cdot\frac{M_A}{1000}$，可计算出 $T_{HCl/NaOH}=0.007\ 292\ g\cdot mL^{-1}$ HCl的浓度为 $0.2mol\cdot L^{-1}$，则由

$$0.1mol\cdot L^{-1}\times 2000mL=0.2mol\cdot L^{-1}\times V$$

得

$$V=1000mL$$

即配制 $0.1mol\cdot L^{-1}$ HCl溶液2000mL，应取 $T_{HCl/NaOH}=0.007\ 292\ g\cdot mL^{-1}$的HCl 1000mL。

标定时反应为

$$Na_2CO_3+2HCl = 2NaCl+H_2CO_3$$

由反应式可知：$\frac{a}{t}=\frac{1}{2}$。根据 $\frac{m_A}{M_A}=\frac{a}{t}c_T\cdot V_T\cdot\frac{1}{1000}$，得

$$\frac{0.1294}{106.0}=\frac{1}{2}c_{HCl}\times 22.40\times\frac{1}{1000}$$

得

$$c_{HCl}=0.1090mol\cdot L^{-1}$$

4. **解** (1) H_2PO_3 在水中的质子转移分步进行，其质子条件式为

$$[H^+]=[HPO_3^-]+2[PO_3^{2-}]+[OH^-]\approx[HPO_3]$$

$$K_{a_1}=[H^+][HPO_3^-]/(c-[H^+])=[H^+]^2/(c-[H^+])$$

$[H^+]=0.031mol\cdot L^{-1}$(在此条件下，不能用最简式计算)

(2) 要配制pH为6.70的缓冲溶液100mL，应选择$[HPO_3^-]\sim[PO_3^{2-}]$。

作为缓冲系，由pH计算公式

$$pH=pK_{a_2}+\lg([B^-]/[HB])=6.70$$

则平衡体系中$[HPO_3^-]=[PO_3^{2-}]$，即平衡体系中

$$n_{HPO_3^-}=n_{PO_3^{2-}}$$

$$n_{NaOH}=1.5n_{H_2PO_3}$$

设所需 NaOH 溶液体积为 V,则 H_2PO_3 的体积为 $100-V$,得

$$0.1V=1.5\times0.05(100-V)$$

$$V=42.86\text{mL}$$

则需 NaOH 溶液的体积为 42.86mL,H_2PO_3 溶液的体积为 57.14mL。

5. **解** 滴定反应式

$$KHC_2O_4\cdot H_2C_2O_4\cdot 2H_2O+3OH^-=\!=\!=2C_2O_4^{2-}+5H_2O+K^+$$

$$2MnO_4^-+5C_2O_4^{2-}+16H^+=\!=\!=2Mn^{2+}+10CO_2\uparrow+8H_2O$$

$$MnO_4^-+5Fe^{2+}+8H^+=\!=\!=Mn^{2+}+5Fe^{3+}+4H_2O$$

根据等物质的量的关系,选择$\frac{1}{3}KHC_2O_4\cdot H_2C_2O_4\cdot 2H_2O$作为基本单元,有

$$c_{NaOH}=\frac{c_{\frac{1}{3}KHC_2O_4\cdot H_2C_2O_4\cdot 2H_2O}\times V_{\frac{1}{3}KHC_2O_4\cdot H_2C_2O_4\cdot 2H_2O}}{V_{NaOH}}$$

$$=\frac{\left(\frac{2.100}{254.19/3}\div0.2500\right)\times25.00}{24.00}\text{mol}\cdot\text{L}^{-1}=0.1033\text{mol}\cdot\text{L}^{-1}$$

同理,选择$\frac{5}{4}KHC_2O_4\cdot H_2C_2O_4\cdot 2H_2O$作为基本单元,有

$$c_{KMnO_4}=\frac{c_{\frac{5}{4}KHC_2O_4\cdot H_2C_2O_4\cdot 2H_2O}\times V_{\frac{5}{4}KHC_2O_4\cdot H_2C_2O_4\cdot 2H_2O}}{V_{KMnO_4}}$$

$$=\frac{\left(\frac{2.100}{254.19\times5/4}\div0.2500\right)\times25.00}{30.00}\text{mol}\cdot\text{L}^{-1}=0.022\,03\text{mol}\cdot\text{L}^{-1}$$

$$w_A=\frac{\frac{a}{t}c_T\cdot V_T\cdot\frac{M_A}{1000}}{m_s}\times100\%$$

测定结果以 $w_{Fe_2O_3}$ 表示,因每个 Fe_2O_3 中含有两个 Fe^{2+},故

$$\frac{a}{t}=\frac{5}{2}$$

$$w_{Fe_2O_3}=\frac{\frac{5}{2}c_{KMnO_4}\cdot V_{KMnO_4}\cdot\frac{M_{Fe_2O_3}}{1000}}{m_s}\times100\%$$

$$=\frac{\frac{5}{2}\times0.022\,03\times21.00\times159.7}{6.5000\times1000}\times100\%$$

$$=36.94\%$$

6. **解** 反应式为

$$2H^++PbO_2+H_2C_2O_4=\!=\!=Pb^{2+}+2CO_2+2H_2O$$

$$Pb^{2+} + C_2O_4^{2-} \xrightarrow{NH_3 \cdot H_2O} PbC_2O_4$$

$$PbO + H_2C_2O_4 \xlongequal{} PbC_2O_4 + H_2O$$

$$PbC_2O_4 + 2H^+ \xlongequal{} Pb^{2+} + H_2C_2O_4$$

$$6H^+ + 5H_2C_2O_4 + 2MnO_4^- \xlongequal{} 2Mn^{2+} + 10CO_2 + 8H_2O$$

加入的草酸一部分用于将 PbO_2 还原为 Pb^{2+}，一部分用于沉淀 PbO 和 PbO_2 为 PbC_2O_4，最后剩余的过量的草酸在滤液中与 $KMnO_4$ 反应

$$5Pb^{2+} \approx 5H_2C_2O_4 \approx 2MnO_4^-$$

$$n_{PbO+PbO_2} = \frac{5}{2} \times 0.040\ 00 \times 30.00\text{mmol}$$
$$= 3.000\text{mmol}$$

由滤液滴定消耗 $KMnO_4$ 的物质的量可知过量 $H_2C_2O_4$ 的物质的量为

$$n_{H_2C_2O_4(\text{过量})} = \frac{5}{2} \times 0.040\ 00 \times 10.00\text{mmol}$$
$$= 1.000\text{mmol}$$

则第一部分还原 PbO_2 的草酸的物质的量为

$$n_{H_2C_2O_4} = n_{PbO_2} = n_{H_2C_2O_4(\text{过量})} - n_{PbO+PbO_2} - n_{H_2C_2O_4(\text{过量})}$$
$$= (20.00 \times 0.2500 - 3.00 - 1.000)\text{mmol}$$
$$= 1.000\text{mmol}$$

$$w_{PbO_2} = \frac{1.000 \times 239.2}{1.1960 \times 1000} \times 100\% = 20.00\%$$

$$w_{PbO} = \frac{2.000 \times 223.2}{1.1960 \times 1000} \times 100\% = 37.32\%$$

7. 解 （1）$s = \sqrt[3]{\dfrac{K_{sp}\alpha_{A(H)}^2}{4}}$ $\alpha_{A(H)} = 1 + \dfrac{[H^+]}{K_a}$

$$s = \sqrt[3]{\frac{2.7 \times 10^{-11}\left(1 + \dfrac{0.050}{6.8 \times 10^{-4}}\right)^2}{4}}\text{mol} \cdot \text{L}^{-1} = 3.3 \times 10^{-3}\text{mol} \cdot \text{L}^{-1}$$

（2）
$$s = \sqrt{K'_{sp}} = \sqrt{\frac{K_{sp}}{\delta_2}}$$

$$\delta = \frac{K_{a_1}K_{a_2}}{[H^+]^2 + K_{a_1}[H^+] + K_{a_1}K_{a_2}}$$

$$= \frac{5.6 \times 10^{-2} \times 5.4 \times 10^{-5}}{[10^{-3}]^2 + 5.6 \times 10^{-2[10^{-3}] + 5.6 \times 10^{-2} \times 5.4 \times 10^{-5}}} = 0.050$$

$$s = \sqrt{\frac{K_{sp}}{\delta_2}} = \sqrt{\frac{4.0 \times 10^{-9}}{0.050}}\text{mol} \cdot \text{L}^{-1} = 2.8 \times 10^{-4}\text{mol} \cdot \text{L}^{-1}$$

8. 解 除去 $HClO_4$ 中的水需

$$V_1 = \frac{102.09 \times 4.2 \times 30\% \times 1.75}{18.02 \times 1.087 \times 98\%} = 11.72(\text{mL})$$

除去冰醋酸中的水需

$$V_2=\frac{102.09\times1000\times0.2\%\times1.05}{18.02\times1.087\times98\%}=11.16(\text{mL})$$

$$V=V_1+V_2=22.88(\text{mL})$$

9. **解** 设混合物中 CaC_2O_4 的质量为 x g,则 MgC_2O_4 的质量为$(0.6240-x)$g

$$x\times M_{CaCO_3}/M_{CaC_2O_4}+(0.6240-x)\times M_{MgCO_3}/M_{MgC_2O_4}=0.4830$$

解此方程得

$$x=0.4773,0.6240-x=0.1467$$

所以

$$w_{CaC_2O_4}=\frac{0.4773}{0.6240}\times100\%=76.49\%$$

$$w_{MgC_2O_4}=1-76.49\%=23.51\%$$

换算成 CaO-MgO 的质量,则为

$$(0.4773\times M_{CaO}/M_{CaC_2O_4}+0.1467\times M_{MgO}/M_{MgC_2O_4})\text{g}=0.2615\text{g}$$

10. **解**

$$\frac{[HgAc_2]}{[Hg^{2+}][Ac^-]^2}=K$$

当 $c_{HgAc_2}=c_{Ac^-}=1\text{mol}\cdot\text{L}^{-1}$时,$c_{Hg^{2+}}=\dfrac{1}{K}$

$$\varphi_{Hg^{2+}/Hg}=\varphi^{\ominus}_{Hg^{2+}/Hg}+\frac{0.059}{2}\lg c_{Hg^{2+}}$$

$$\varphi^{\ominus}_{HgAc_2/Hg}=\varphi^{\ominus}_{Hg^{2+}/Hg}+\frac{0.059}{2}\lg\frac{1}{K}$$

$$0.602=0.851-\frac{0.059}{2}\lg K$$

$$K=2.75\times10^8$$

11. **解** 依题意可知

$$\varepsilon_{528}^{HIn}=1.783/(1.22\times10^{-5})\text{L}\cdot\text{mol}^{-1}\cdot\text{cm}^{-1}$$

$$=1.46\times10^5\text{L}\cdot\text{mol}^{-1}\cdot\text{cm}^{-1}$$

$$\varepsilon_{400}^{HIn}=0.077/(1.22\times10^{-5})\text{L}\cdot\text{mol}^{-1}\cdot\text{cm}^{-1}$$

$$=6.31\times10^3\text{L}\cdot\text{mol}^{-1}\cdot\text{cm}^{-1}$$

$$\varepsilon_{400}^{In}=0\ \text{L}\cdot\text{mol}^{-1}\cdot\text{cm}^{-1}$$

$$\varepsilon_{400}^{In}=0.753/(1.09\times10^{-5})\text{L}\cdot\text{mol}^{-1}\cdot\text{cm}^{-1}$$

$$=6.91\times10^4\text{L}\cdot\text{mol}^{-1}\cdot\text{cm}^{-1}$$

因为

$$A_{528}=\varepsilon_{528}^{HIn}c_{HIn}+0$$

故

$$c_{HIn}=1.401/(1.46\times10^5)\text{mol}\cdot\text{L}^{-1}=9.60\times10^{-6}\text{mol}\cdot\text{L}^{-1}$$

同理

$$A_{400}=\varepsilon_{400}^{\mathrm{HIn}}c_{\mathrm{HIn}}+\varepsilon_{400}^{\mathrm{In}}c_{\mathrm{In}}$$

故

$$c_{\mathrm{In}}=(0.166-6.31\times10^{3}\times9.60\times10^{-6})/(6.91\times10^{4})\mathrm{mol\cdot L^{-1}}$$
$$=1.52\times10^{-6}\mathrm{mol\cdot L^{-1}}$$
$$c=c_{\mathrm{HIn}}+c_{\mathrm{In}}=(9.60\times10^{-6}+1.52\times10^{-6})\mathrm{mol\cdot L^{-1}}$$
$$=1.11\times10^{-5}\mathrm{mol\cdot L^{-1}}$$

12．**解** 设 a、b 分别为 A、B 组分斑点中心至起始线的距离，c 为溶剂前沿至起始线的距离

$$R_{f_A}=0.20=\frac{a}{c}$$

$$R_{f_B}=0.40=\frac{b}{c}=\frac{a+2.5}{c}$$

解得

$$a=2.5\mathrm{cm}\qquad b=5.0\mathrm{cm}\qquad c=12.5\mathrm{cm}$$

模拟试题Ⅵ

（一）名词解释

1．在化学计量点前后±0.1%，溶液浓度（或参数）发生的急剧变化。

2．溶液中某型体的平衡浓度占溶质总浓度中的分数。

3．滴定终点与化学计量点不完全一致所造成的相对误差。

4．由于 H^+ 的存在，在 H^+ 与 Y 之间发生副反应，使 Y 参加主反应能力降低的效应。

5．在一定条件下，氧化态与还原态的分析浓度均为 $1\mathrm{mol\cdot L^{-1}}$ 时，校正了离子强度及副反应影响后的实际电位。

（二）填空题

1．方法误差；仪器或试剂误差；操作误差 2．分析；型体的平衡 3．HCN 4．7.00 5．$[H^+]+[HCO_3^-]+2[H_2CO_3]=[NH_3]+[OH^-]$ 6．均化；区分 7．10^{-2} 8．条件电位差；大；大 9．4.90；4.90 10．物质本身的酸碱强度；溶剂的酸碱强度；碱性；酸性

（三）计算题

1．$S_{\mathrm{C(NaOH)}}=1.2\times10^{-4}\mathrm{mol\cdot L^{-1}}$ 2．26.67mL 3．0.5% 4．$4.68\times10^{-5}\mathrm{mol\cdot L^{-1}}$ 5．37.64% 6．$Ba^{2+}+2IO_3^-=\!=\!=Ba(IO_3)_2\downarrow$；$IO_3^-+5I^-+6H^+=\!=\!=3I_2+3H_2O$；$2S_2O_3^{2-}+I_2=\!=\!=2I^-+S_4O_6^{2-}$；18.36%

模拟试题Ⅶ

（略）

模拟试题Ⅷ

(一) 基本概念与填空题

1. 2.707;23.79 2. Na_2CO_3;$Na_2B_4O_7\cdot 10H_2O$;偏高

3. $pH = 3.17 + \lg\frac{[F^-]}{[HF]}$;$pCa = 10.69 + \lg\frac{[Y]}{[CaY]}$;$E = 0.154 + \frac{0.059}{2}\lg\frac{[Sn^{4+}]}{[Sn^{2+}]}$

4. (3) 5. 1.72 6. $[H^+] + 3[Al^{3+}] + 2[Al(OH)^{2+}] + [Al(OH)_2^+] + [K^+] = [OH^-] + [Al(OH)_4^-]$ 7. $w_{PbO_2} = \frac{\frac{1}{2}(cV)_{S_2O_3^{2-}}\cdot M_{PbO_2}}{m_s \times 1000}$;$w_{PbO} = \frac{[(cV)_{EDTA} - \frac{1}{2}(cV)_{S_2O_3^{2-}}]\cdot M_{PbO}}{m_s \times 1000}$

8. 0.0926 9. 是在充有流动电解质的毛细管两端施加高电压,利用电位梯度及离子淌度的差别,实现流体中组分的电泳分离 10. 非单色光、介质不均匀、由于溶液本身的化学反应(如解离、缔合、形成新的化合物或互变异构等)导致偏离

(二) 应用、推理与计算题

1. (a)$[PO_4^{3-}] = 0.0553 mol\cdot L^{-1}$,$[HPO_4^{2-}] = 0.0585 mol\cdot L^{-1}$;(b)$[H_3PO_4] = 0.0474 mol\cdot L^{-1}$;(c)$[NaOH] = 0.1091 mol\cdot L^{-1}$;(d)$[HCl] = 0.026\ 54 mol\cdot L^{-1}$,$[H_3PO_4] = 0.057\ 22 mol\cdot L^{-1}$

2. 解 (1) $\begin{cases} PbSO_4(s) \rightleftharpoons Pb^{2+} + SO_4^{2-} \\ Pb^{2+} + Y^{4-} \rightleftharpoons PbY^{2-} \longrightarrow PbSO_4 + Y^{4-} \rightleftharpoons PbY^{2-} + SO_4^{2-} \end{cases}$

$$K = (1.6\times10^{-8})\times(1.1\times10^{18}) = 1.8\times10^{10}$$

所以可以溶解含有 Y^{4-} 的溶液。

(2)

$$PbY^{2-} \rightleftharpoons Pb^{2+} + Y^{4-}$$

$$Zn^{2+} + Y^{4-} \rightleftharpoons ZnY^{2-}$$

$K = (1.1\times10^{18})^{-1}\cdot(3.2\times10^{16}) = 0.029$,少量置换!而用 Mg^{2+},$K' = 4.5\times10^{-10}$,可以!

(3) $w_{EDTA} = w_{SO_4^{2-}} + w_{Mg^{2+}}$,所以 $c_{SO_4^{2-}} = 0.051\ 04 mol\cdot L^{-1}$

3. 解

$$2MnO_4^- + 5H_2O_2 + 6H^+ = 2Mn^{2+} + 5O_2\uparrow + 8H_2O$$

$$0.020\ 46mol\ KMnO_4 \sim \frac{3.233g\ KMnO_4}{1kgH_2O}$$

①0.933g 滴定剂含 $0.933\times\frac{3.233}{1003.2} = 3.007mg\ KMnO_4 \sim 19.03\mu mol\ KMnO_4$。

②未反应的过量 $KMnO_4$

$$A = \varepsilon b[KMnO_4]$$

所以

$$[KMnO_4] = 7.35\mu mol\cdot L^{-1}$$

总体积为 500.9mL,所以 $n_{KMnO_4} = 7.35\times0.5009 = 3.68(\mu mol)$。

③与 H_2O_2 反应的 $KMnO_4$ 的量为$(19.03 - 3.68) = 15.35(\mu mol)$。

④$n_{H_2O_2} = \frac{5}{2}\times15.35 = 38.38\mu mol$

所以未知试液中 H_2O_2 的浓度为 76.8μmol·L^{-1}(0.5000L)。

⑤改进:更稀的 $KMnO_4$ 溶液、增大吸收池的厚度。

4. **解** 若为 1.23×10^{-3}g·mL^{-1},则结果为 280μg·g^{-1}

$$m_{CO}=1.65\times10\text{g}$$

$$5CO+I_2O_5 \rightleftharpoons 5CO_2+I_2$$

$$\frac{m_{CO}}{28.01}=\frac{5}{2}w_{S_2O_3^{2-}}$$

$$\frac{1.65\times10^{-3}\text{g}\times10^6\mu\text{g}\cdot\text{g}^{-1}}{4.79\times10^3\times1.32\times10^{-3}}=261\mu\text{g}\cdot\text{g}^{-1}$$

5. **解** 两组数据中无可灵数值,分别计算得

$$\bar{x}=96.4\% \qquad S_1=0.58\%$$

$$\bar{x}_2=93.9\% \qquad S_2=0.9\%$$

①先进行 F 检验

$$F_{计}=\frac{S_2^2}{S_1^2}=2.41<F_{0.05,4,3}$$

②再进行 t 检验,合并标准偏差

$$S=\sqrt{\frac{(n_1-1)S_1^2+(n_2-1)S_2^2}{n_1+n_2-2}}=0.78\%$$

$$t_{计}=\frac{\bar{x}_1-\bar{x}_2}{S}\sqrt{\frac{n_1n_2}{n_1+n_2}}=4.78>t_{0.05,7}$$

所以两同学的分析结果有显著性差异。

2003年中国科学技术大学研究生入学考试分析化学试题(A)

(一) 选择题

1. C 2. B 3. D 4. A 5. D 6. C 7. C 8. A 9. C 10. A 11. C 12. C 13. A 14. C 15. B 16. A 17. B 18. B 19. C 20. A

(二) 填空题

1. 5.04 2. (1) C; (2)B; (3) A; (4) D 3. 60%;5 4. t;$\mu=\bar{x}\pm\frac{t_{a,f}f}{\sqrt{n}}$ 5. $Na_2B_4O_7\cdot10H_2O$失去部分结晶水 6. NO_3^-;扩散层吸附负离子,且 $Ba(NO_3)_2$ 溶解度较小 7. 0.115mol·L^{-1};5.15 8. 20.92;0.36 9. 自身指示剂;$KMnO_4$;显色(特殊)指示剂;淀粉-KI(KSCN);氧化还原指示剂;二苯胺磺酸钠 10. $2[H_3PO_4]+[H_2PO_4^-]+[H^+]=[NH_3]+[CN^-]+[PO_4^{3-}]+[OH^-]$

(三) 计算题

1. **解**　(1) $\bar{x}=133$　　$s=5.2$

离群最远的数据为 125,设 125 为可疑值

$$T=\frac{133-125}{5.2}=1.54<T_{0.05,8}=2.03$$

因此 125 应保留。

(2) $\mu=\bar{x}\pm\frac{t_{a,f}s}{\sqrt{n}}=133\pm\frac{2.36\times5.2}{\sqrt{8}}=133\pm4.4$

(3) $t=\frac{|\bar{x}-\mu|}{s}\sqrt{n}=\frac{|133-128|}{5.2}\times\sqrt{8}=2.72>t_{0.05,7}$

所以存在显著性差异,因此有 95%的可能性,此肝样中锌含量异常。

2. **解**　$\alpha_{Cu(NH_3)}=1+\beta_1[NH_3]+\beta_2[NH_3]^2+\beta_3[NH_3]^3+\beta_4[NH_3]^4$

$$=1+10^{-2.00-4.13}+10^{-4.00+7.61}+10^{-6.00-10.48}+10^{-8.00+12.59}=10^{4.87}$$

$$\alpha_{Cu}=10^{4.87}+10^{0.8}-1=10^{4.87}$$

$$\lg K'_{CuY}=18.8-4.87-0.5=13.43$$

化学计量点

$$pCu'_{sp}=(13.43+2.0)/2=7.72$$

$$pCu=7.72+4.87=12.6$$

(1) 化学计量点前 0.1%

$$[Cu']=\frac{0.020\times0.1\%}{2}=10^{-5.0}(mol\cdot L^{-1})$$

$$pCu'=5.0$$

$$pCu=5.0+4.9=9.9$$

化学计量点后 0.1%

$$[Cu']=\frac{[CuY]}{[Y]K'_{CuY}}=\frac{10^3}{1}\times\frac{1}{10^{13.4}}=10^{-10.4}(mol\cdot L^{-1})$$

$$pCu'=10.4$$

$$pCu=10.4+4.9=15.3$$

(2)

$$pCu'_{ep}=13.8-4.87=8.93$$

$$pCu'_{ep}=7.72$$

$$\Delta pCu'=1.21$$

$$TE=\frac{10^{\Delta pM'}-10^{-\Delta pM'}}{\sqrt{K'_{MY}\quad c_M^{sp}}}\times100\%$$

$$=\frac{10^{1.21}-10^{-1.21}}{\sqrt{10^{13.43}\times0.010}}\times100\%=0.003\%$$

3. **解**　(1) $\frac{c_1K_{b_1}}{c_2K_{b_2}}\geqslant10^5$,且 $c_2K_{b_2}<10^{-8}$,以误差不大于 0.3%为标准能进行分别滴定,有一个滴定突跃。

(2) 滴定乙胺至化学计量点时，产物为 $C_2H_5NH_3^-$ 和 C_5H_5N 混合物

$$[H^+]=\sqrt{\frac{0.050}{0.10}\times 10^{-14+3.25}\times 10^{-14+8.77}}=10^{-8.14}$$

所以化学计量点时，溶液的 $pH_{sp}=8.14$。

$C_5H_5NH^+$ 的分布分数即为吡啶反应的百分数

$$\delta_{C_2H_5NH^+}\times 100\%=\frac{10^{-8.14}}{10^{-8.14}+10^{-5.23}}\times 100\%=0.12\%$$

(3) 化学计量点，溶液中的 PBE 为

$$[H^+]+[C_5H_5NH^+]=[OH^-]+[C_2H_5NH_2]$$

又

$$c_{HCl}^{sp}\approx c_{HCl}^{ep}$$

$$\begin{aligned}TE &=\frac{[H^+]+[C_5H_5NH^+]-[OH^-]-[C_2H_5NH_2]}{c_{HCl}^{sp}}\times 100\% \\ &=\left(10^{-7.80}+\frac{10^{-7.80}}{10^{-7.80}+10^{-14+8.77}}\times\frac{0.200}{2}-10^{-14+7.80}\right. \\ &\quad\left.-\frac{10^{-14-3.25}}{10^{-2.80}+10^{-14+3.25}}\times\frac{0.100}{2}\right)\Big/\frac{0.100}{2}\times 100\% \\ &=0.54\%\end{aligned}$$

4. **解**　$1\ MnO_2\sim\frac{10}{3}Fe^{2+}$

$$1\ KMnO_4\sim 5\ Fe^{2+}$$

$$w_{MnO_2}=\frac{(0.1104\times 50.00-5\times 0.019\ 50\times 18.16)\times\frac{3}{10}\times\frac{86.94}{1000}}{0.1505}\times 100\%$$

$$=64.98\%$$

5. **解**　设 $BaCl_2$ 量为 xg，$BaCrO_4$ 量为 yg，则有

$$153.33(x/208.24+y/253.32)=0.2650 \tag{1}$$

而

$$x=\frac{0.1200\times 28.50\times 208.24}{2000}=0.3561(\text{g})$$

将 x 代入式(1)得

$$y=0.004\ 624\ \text{g}$$

所以

$$w_{BaCl_2}=\frac{0.3561}{0.4650}\times 100\%=76.58\%$$

$$w_{BaCrO_4}=\frac{0.004\ 624}{0.4650}\times 100\%=0.99\%$$

(四) 设计题

1. 主要仪器试剂：分液漏斗(支架，烧杯，玻璃棒)；丁二酮肟-正丁醇(或其他合理的萃取试

剂和溶液剂，但必须能与 Ni^{2+} 显色)，蒸馏水。

2. 简单过程：(1)将溶液全部装入分液漏斗中，定量加入含有一定量丁二酮肟的正丁醇(5.00～25.00mL)，振摇分液漏斗 1min 萃取，静置；(2) 溶液分层后，弃去水相，有机相直接放入比色皿中；(3) 同样步骤，萃取蒸馏水一份，作为参比溶液。

2003年中国科学技术大学研究生入学考试分析化学试题(B)

(一) 选择题

1. A 2. A 3. A 4. C 5. D 6. C 7. C 8. C 9. B 10. D 11. D 12. C 13. C 14.C 15. B

(二) 填空题

1. AlO_2^-、MnO_4^{2-}；$Fe(OH)_3$、$Mg(OH)_2$、$Cu(OH)_2$ 2. Zn^{2+}；Ca^{2+} 3. 3.75；7.62 4. 减低；增加 5. 36.7 6. 重量分析可借加入过量沉淀剂使反应完全，而容量分析只能进行到化学计量点，不可多加试剂，故后者对反应完全度的要求高 7. t；$\mu=\bar{x}=\pm\frac{t_{\alpha,f}\cdot s}{\sqrt{n}}$ 8. D; A; C; B 9. NO_3^-；因为吸附层优先吸附 Ba^{2+}，而 $Ba(NO_3)_2$ 的溶解度最小，所以吸附 NO_3^- 10. −0.20% 11. Ca^{2+} 12. 0.2477 13. 0.144

(三) 计题题

1. **解** 酚酞体积 18.95mL＜甲基橙体积 39.70 − 18.95 = 20.25(mL)，所以混合碱组成为 $NaHCO_3+Na_2CO_3$

$$w_{Na_2CO_3}=\frac{0.110\times18.95\times2\times\frac{106.0}{2000}}{2.3500\times\frac{25.00}{25.00}}\times100\%=94.0\%$$

$$w_{NaHCO_3}=\frac{0.110\times(39.20-18.95\times2)\times\frac{94.01}{1000}}{2.3500\times\frac{25.00}{250.00}}\times100\%=5.11\%$$

2. **解** $\bar{x}=2.71\%$，$s=0.070\%$

$p=95\%(\alpha=0.05)$时

$$\mu=\bar{x}\pm\frac{t_{0.05,3}\cdot s}{\sqrt{n}}=2.71\pm\frac{3.18\times0.07}{\sqrt{4}}=(2.71\pm0.11)\%$$

2.60%～2.82%，95%的把握该区间不包含真值在内。

$p=99\%(\alpha=0.01)$时

$$\mu=\bar{x}\pm\frac{t_{0.01,3}\cdot s}{\sqrt{n}}=2.71\pm\frac{5.84\times0.07}{\sqrt{4}}=(2.71\pm0.20)\%$$

2.51%～2.91%，99%的把握该区间包含真值在内。

计算结果说明，置信度越高，置信区间的范围越宽。

因此，对显著性检验应设置适当的置信度。

3. **解** 对 CaY

$$\begin{aligned}\lg K'_{CaY} &= \lg K_{CaY} - \lg[\alpha_{Y(H)} + \alpha_{Y(Mg)} - 1]\\&= 10.7 - \lg(1 + K_{MgY}[Mg^{2+}] - 1)\\&= 10.7 - \lg\left[10^{8.7} \times \frac{10^{-10.7}}{(10^{-2.0})^2}\right]\\&= 10.7 - 2.0 = 8.7\end{aligned}$$

$\lg c_{Ca^{2+}} K'_{CaY} = 6.7 > 6$，所以 Ca^{2+} 可以准确滴定。

4. **解** 由题可知，其相当量关系为

$$Zn^{2+} \sim C_2O_4^{2-} \sim \frac{2}{5}KMnO_4$$

$$w_{ZnO} = \frac{0.021\ 30 \times 25.65 \times \frac{5}{2} \times \frac{81.38}{1000}}{0.5578} \times 100\% = 19.93\%$$

5. **解** $\alpha_{E(H)} = 1 + \beta_1[H^+] + \beta_2[H^+]^2 + \beta_3[H^+]^3$

$$= 1 + 10^{9.8} \times 10^{-5.5} + 10^{9.8+5.5} \times (10^{-5.5})^2 + 10^{9.8+5.5-2.6} \times (10^{-5.5})^3 = 10^{4.60}$$

(1) 不加掩蔽剂时

$$\Delta\lg(Kc) = (14.5 - 2.00) - (13.0 - 2.00) = 1.50 < 6$$

所以不能准确滴定。

(2) 加入 KI 后

$$\alpha_{Cd(I)} = 1 + 10^{2.10} \times 0.80 + 10^{3.43} \times 0.80^2 + 10^{4.49} \times 0.80^3 + 10^{5.41} \times 0.80^4 = 10^{5.09}$$

$$\alpha_{E(Cd)} = 1 + K_{CdE} \cdot \frac{c_{Cd}^{sp}}{\alpha_{Cd(I)}} = 1 + 10^{13.0} \times \frac{0.010}{10^{5.09}} = 10^{5.91}$$

$$\alpha_E = \alpha_{E(H)} + \alpha_{E(Cd)} - 1 = 10^{4.60} + 10^{5.91} - 1 = 10^{5.93}$$

$$\lg cK'_{ZnE} = 14.5 - 2.00 - 5.93 = 6.57 > 6$$

可以准确滴定。

$$pZn_{ep} = pZn_t = 5.7$$

$$pZn'_{sp} = \frac{1}{2}(\lg K'_{ZnE} - \lg c_{Zn}^{sp}) = 5.28$$

$$\Delta pM' = 5.7 - 5.28 = 0.42$$

$$TE = \frac{10^{0.42} - 10^{-0.42}}{\sqrt{10^{8.57} \times 0.010}} \times 100\% = 0.12\%$$

(3) Cd 要显色需

$$pCd'_{ep} = 5.0 - 5.91 = -0.91$$

而此时 $[Cd^{2+}]'_{ep} = 10^{-2}/10^{5.09} = 10^{-7.09}(mol \cdot L^{-1})$

因此 Cd 不会与二甲酚橙显色。

(4) 在滴定 Zn^{2+} 达到化学计量点时，Cd^{2+} 反应百分数为

$$
\begin{aligned}
[\mathrm{CdY}]' \times 100\% &= [\mathrm{Cd}^{2+}]'_{sp}[\mathrm{Y}]'_{sp}K'_{\mathrm{CdE}} \times 100\% \\
&= \frac{0.010}{10^{5.09}} \times 10^{-5.28} \times 10^{13.0-5.91} \\
&= 5 \times 10^{-4}\%
\end{aligned}
$$

(四) 问答题

(1) $HCl + NH_4Cl \xrightarrow[\text{标准 NaOH 滴定 HCl}]{\text{甲基红指示剂}} NaCl + NH_4Cl \xrightarrow[\text{标准 } AgNO_3 \text{ 滴定 } Cl^-]{K_2CrO_4 \text{ 指示剂}} AgCl$

(2) 直接用甲醛法测 NH_4Cl 中的 NH_4^+，反应式为

$$4NH_4^+ + 6HCHO = (CH_2)_6N_4H^+ + 3H^+ + 6H_2O$$

再用 NaOH 标准溶液滴定至酚酞变红色。

参 考 文 献

北京大学《大学基础化学》编写组.2003.大学基础化学.北京:高等教育出版社

大连理工大学分析化学教研室组.2004.分析化学.第二版.大连:大连理工大学出版社

华中师范大学,东北师范大学,陕西师范大学,北京师范大学.2001.分析化学.第三版.北京:高等教育出版社

孟凡昌,蒋勉.1997.分析化学中的离子平衡.北京:科学出版社

潘祖亭,曾百肇.2004.定量分析习题精解.第二版.北京:科学出版社

彭崇慧,冯建章,张锡瑜等.1997.定量化学分析简明教程.第二版.北京:北京大学出版社

武汉大学.2000.分析化学.第四版.北京:高等教育出版社

武汉大学化学系.2001.仪器分析.北京:高等教育出版社

David Harvey.2000.Modern Analytical Chemistry.New York:McGraw-Hill

Gary D Christian. 2004.Analytical Chemistry.6th ed. Wiley

Harris D C.2003.Quantitative Chemical Analysis.6th ed. New York: Freeman

Kellner R, Mermet J M,Otto M et al.2001.Analytical Chemistry.李克安,金钦汉译.北京:北京大学出版社

Skoog D A,West D W, Holler F J.1996.Fundamentals of Analytical Chemistry.7th ed. Singapore:Harcourt College Publisher